U0489239

KHA

Kerry Hill
Architects

克里·希尔

建筑事务所

作品
与
项目全集

[澳大利亚]克里·希尔建筑事务所 著
杨安琪 译

北京理工大学出版社
BEIJING INSTITUTE OF TECHNOLOGY PRESS

克里·希尔

建筑事务所
作品与项目全集

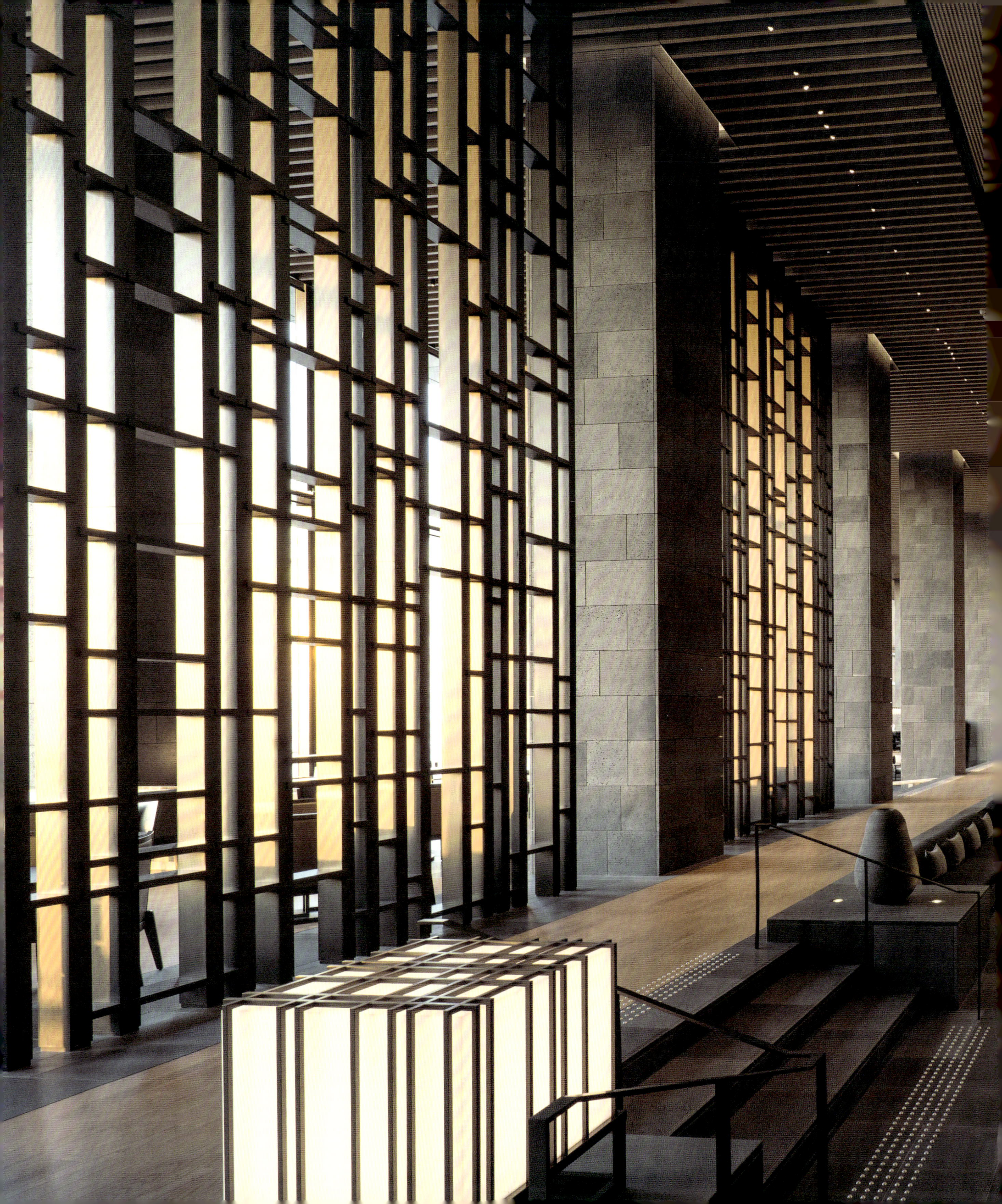

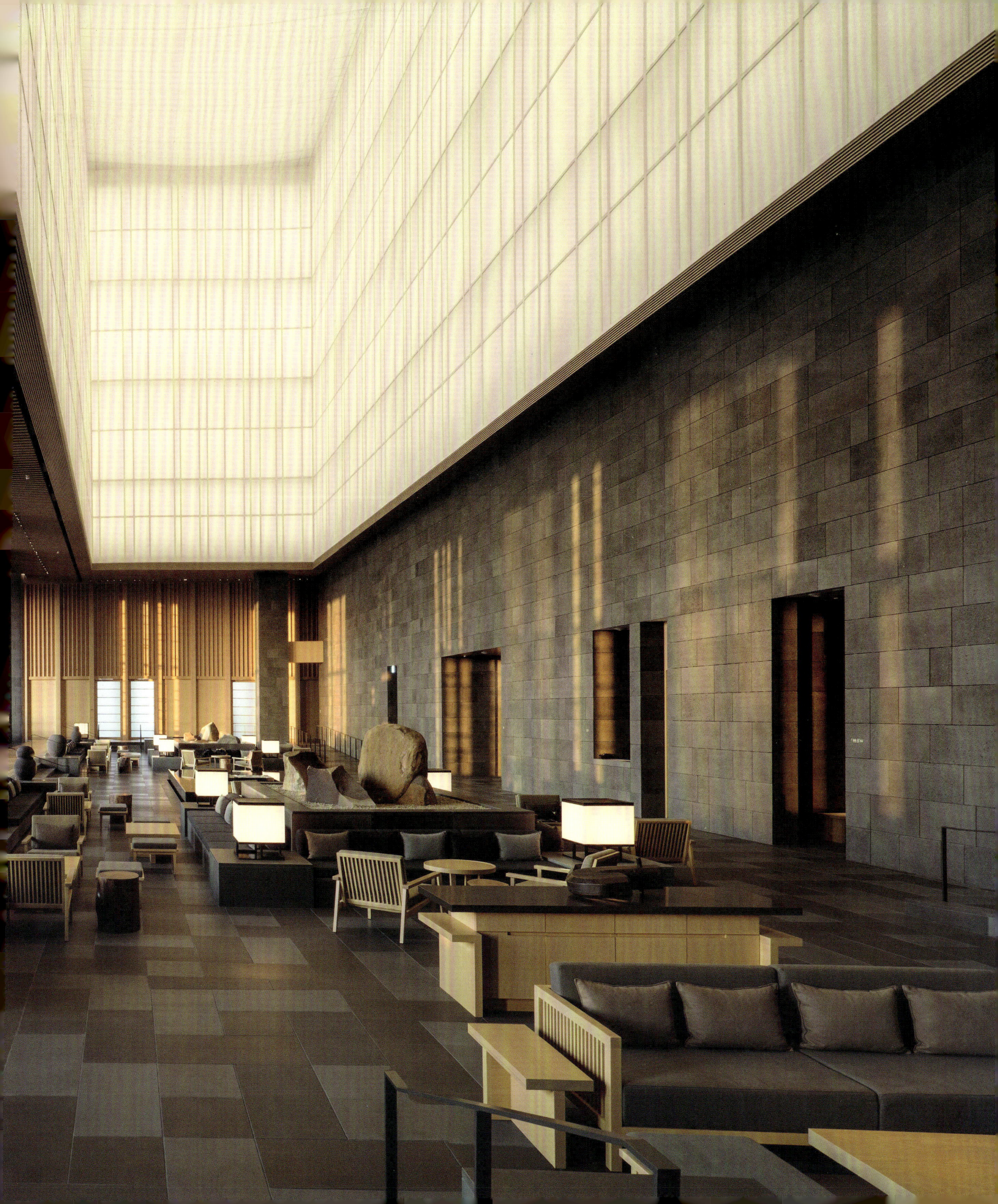

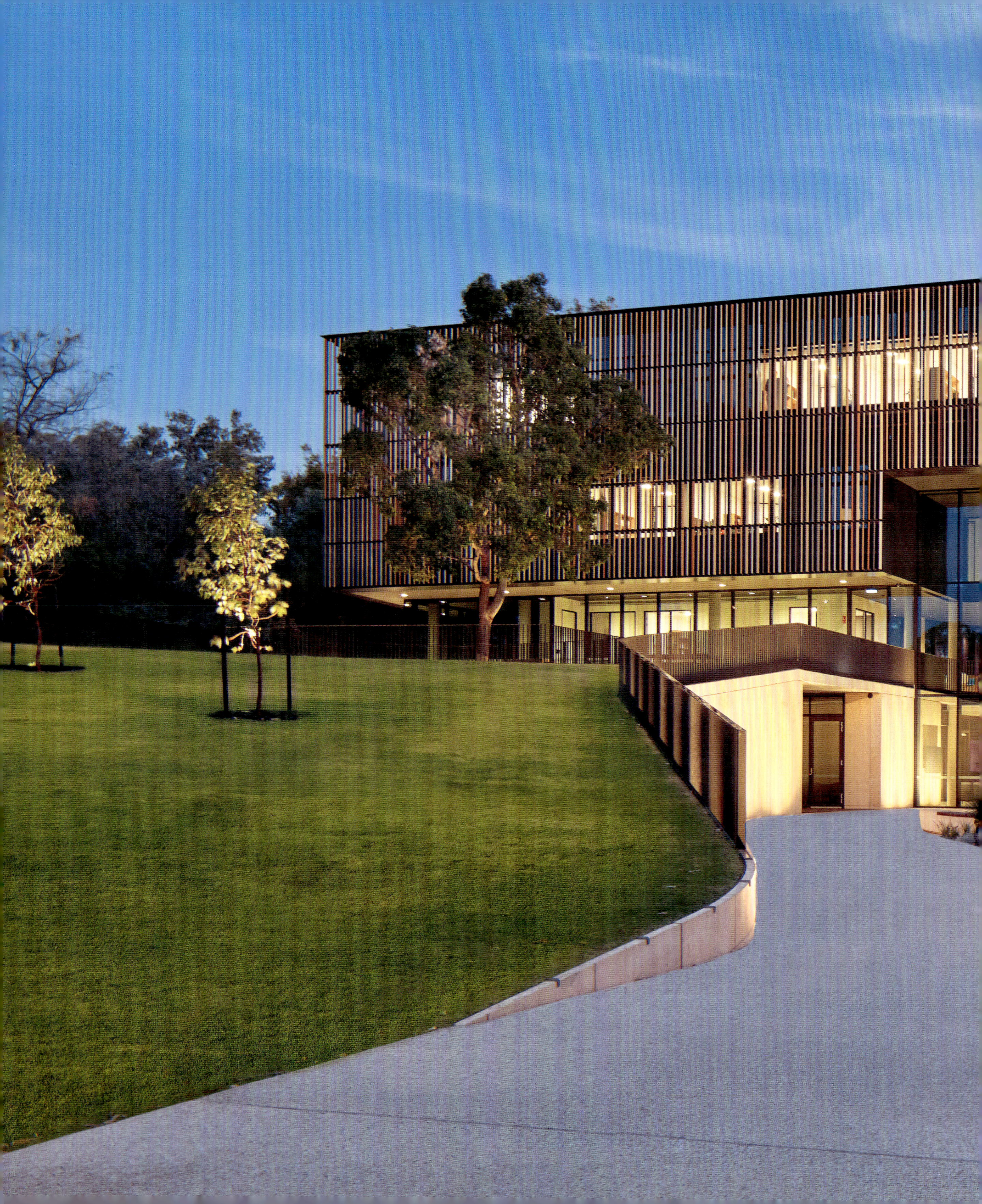

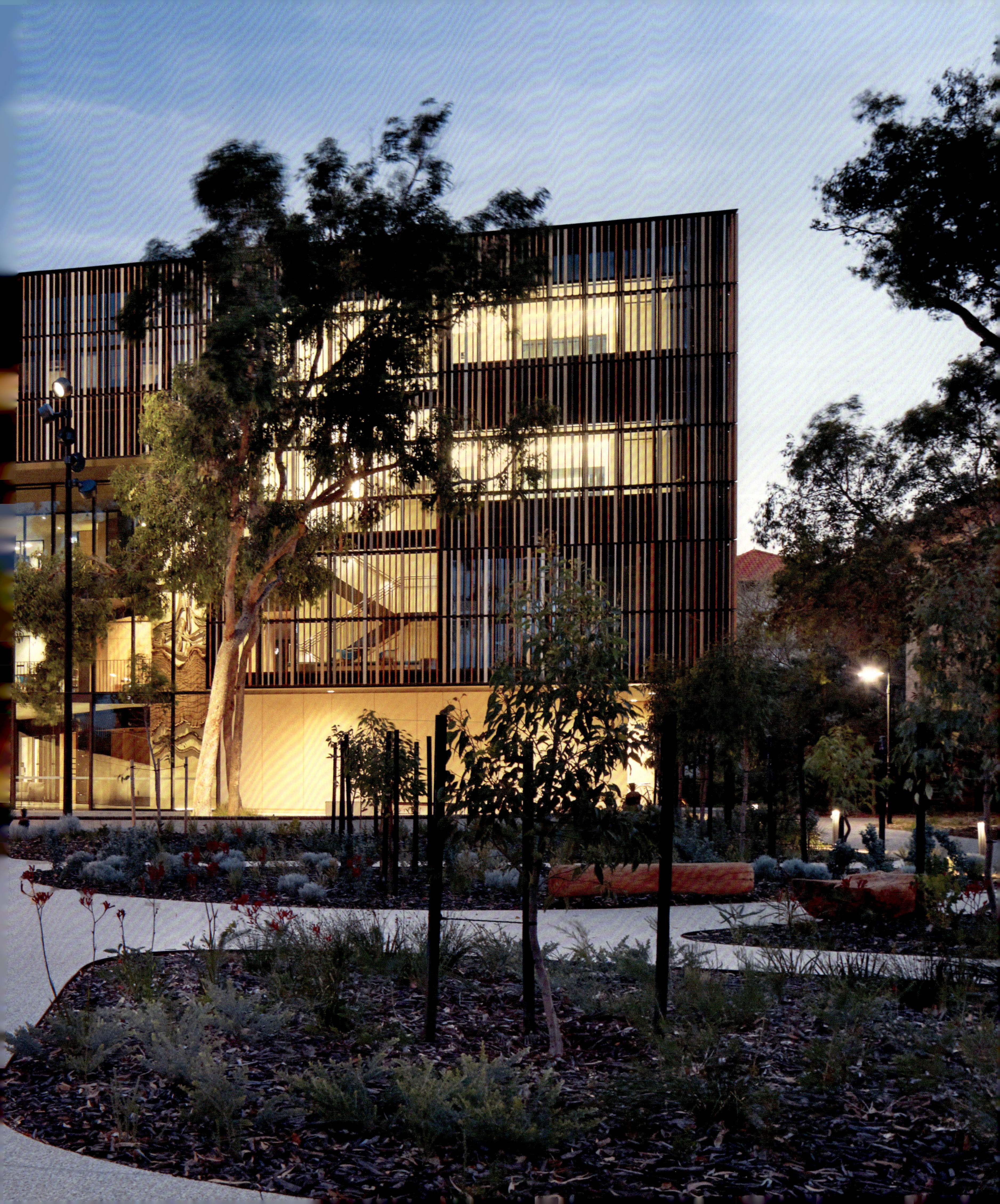

目录

前言：设计实践的本质   10

克里·希尔先生/阿米蒂奇山住宅（Armitage Hill）   26

作品精选1989—2021年   34

达泰酒店（the Datai）   36
劳恩斯大楼（Genesis）   40
奥伊度假屋（Ooi House）   44
米尔占乡间别墅（Mirzan House）   50
新加坡板球协会场馆（Singapore Cricket Association Pavilion）   54
涵碧楼酒店（the Lalu）   58
ITC索纳酒店（ITC Sonar）   68
棕榈沙漠酒店（Desert Palm）   80
奥格尔维别墅（Ogilvie House）   86
新加坡动物园入口广场（Singapore Zoo Entrance Plaza）   92
索伊路53号公寓（Soi 53 Apartments）   98
安缦库拉系列酒店（Amankora）   102
安缦库拉帕罗酒店（Amankora Paro）   104
安缦库拉廷布酒店（Amankora Thimphu）   108
安缦库拉普那卡酒店（Amankora Punakha）   112
安缦库拉岗提酒店（Amankora Gangtey）   116
安缦库拉布姆唐酒店（Amankora Bumthang）   120
安缦京都酒店（Aman Kyoto）   124
清迈切蒂酒店（the Chedi Chiang Mai）   142
加里克大道住宅（Garlick Avenue House）   150
安缦新德里酒店（the Aman, New Delhi）   156
西澳大利亚国家剧院中心（State Theatre Centre of Western Australia）   166
皮博迪住宅（Peabody House）   180
素可泰酒店（the Sukhothai Residences）   186
哈纳酒店（Hana）   192
安缦东京酒店（Aman Tokyo）   196
阿迈伦住宅（Amalean House）   208
马丁路38号公寓（Martin No. 38）   212
英格玛乡村住宅（Ingemar）   218
城市套房公寓（Urban Suites）   226
圣淘沙湾七棕榈住宅（Seven Palms Sentosa Cove）   230
安缦巴杜酒店（Amanbadu）   236
COMO珍宝酒店和大教堂广场（COMO the Treasury and Cathedral Square）   240
拉·阿尔加拉博萨乡间住宅（La Algarrabosa）   250

青岛涵碧楼酒店（the Lalu Qingdao）   258
珀斯图书馆大楼与广场（City of Perth Library and Plaza）   270
安缦养云酒店（Amanyangyun）   280
独一无二迪沙鲁海岸酒店（the One & Only Desaru Coast）   294
安缦伊沐酒店（Amanemu）   302
瓦雅鲁普市政广场（Walyalup Civic Centre）   312
福雷斯特学者公寓楼（Forrest Hall）   318
基尔马诺克海滩公寓（Kilmarnock）   324
滨海古宅民俗度假村（the Beach House）   330
马尔代夫丽思卡尔顿酒店（the Ritz Carlton Maldives）   338
西澳大利亚大学土著研究学院（Bilya Marlee, School of Indigenous Studies, University of Western Australia）   350
农舍（Farmhouse）   360

尚未落成的项目   364

印第安纳茶馆（Indiana Teahouse）   366
环形码头一号（One Circular Quay）   368
达摩双塔（Dharma Towers）   370
伊丽莎白西码头（Elizabeth Quay West）   372
朗特里乡间酒店（Resort Hotel, Langtry Farms）   376
度假酒店和别墅（Resort Hotel and Villas）   378
宁格罗海滩灯塔度假村（Ningaloo Lighthouse Resort）   380
龙池度假酒店（Resort Hotel, Longchi）   382
巴瑟尔顿表演艺术和会议中心（Busselton Performing Arts and Convention Centre）   384
布洛克曼酒庄（Brockman Winery）   386
神奇的小酒庄（Small Wonder Winery）   390
安缦黑格拉酒店（Aman, Hegra, Al'Ula）   392

项目年表   400

序言作者简介   419
工作室成员   422
项目合作者   423
模型制作   424
参与展览   428
项目获奖   430
文章著述   433
项目索引   434
图片索引   438
致谢   439

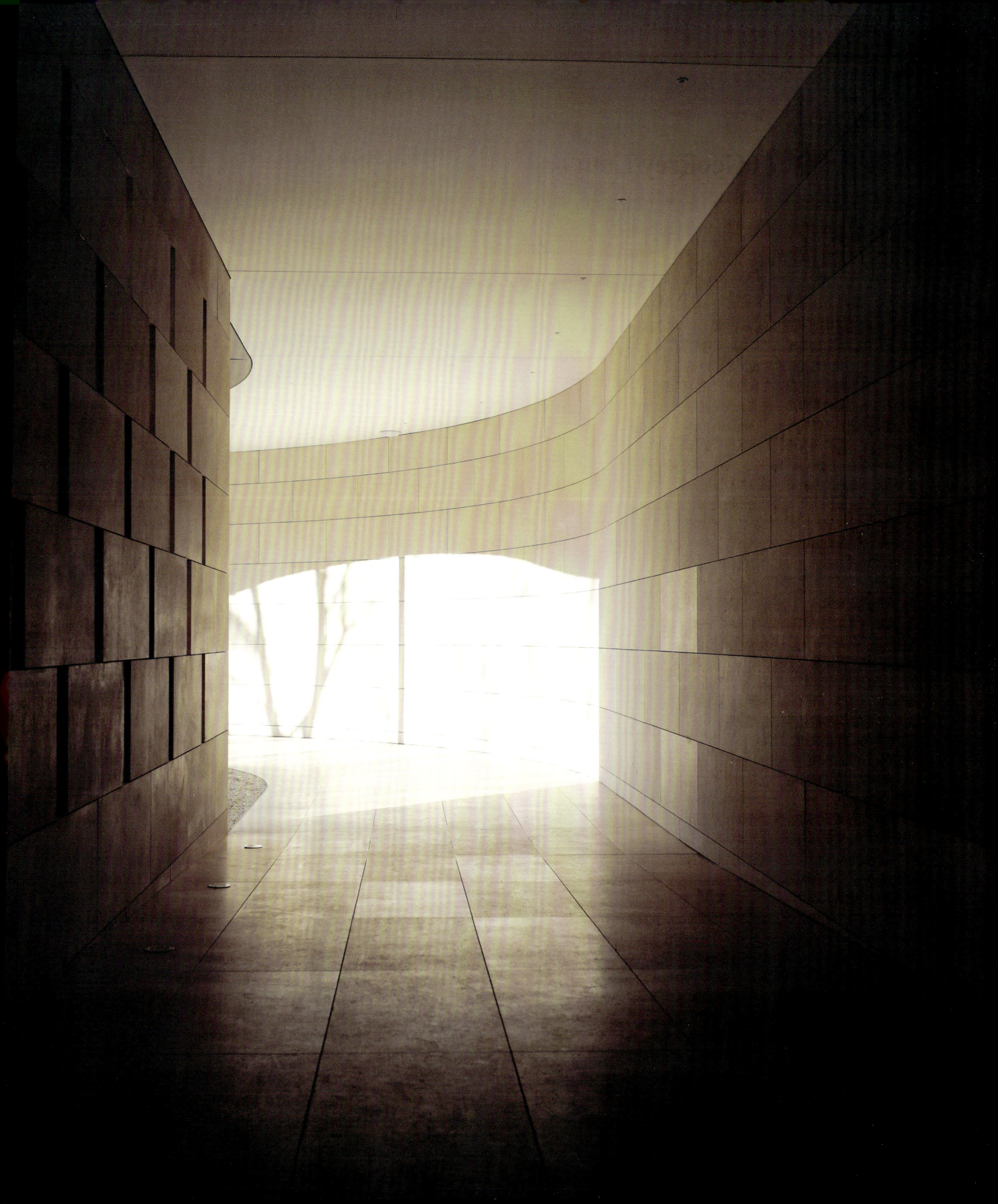

前言
设计实践的本质
杰弗里·伦敦（Geoffrey London）

这本书是继克里·希尔（Kerry Hill）工作室2012年出版了第一本专著之后的又一续作。本书除了增加了早期的实践作品，也包含了2012年后完成的设计项目。其中，有一篇我修改后的文章。为了纪念与我相识多年的朋友克里·希尔先生2018年的溘然长逝，文章的重点并非仅仅是赞颂这位造诣颇高的独立建筑师，而是转向对其作品一路发展传承的探讨。

克里·希尔建筑事务所（Kerry Hill Architects）是一所曾在多项设计竞赛中摘得头筹的设计实践机构。其项目横跨世界很多地方，从西班牙到澳大利亚，到沙特阿拉伯，到日本，到印度，到新加坡，到中国。克里·希尔建筑事务所在两个地方分设了办公室，其一为新加坡，另一个为澳大利亚西海岸城市弗里曼特尔（Fremantle）。两地有五小时的飞行距离。

克里·希尔建筑事务所的员工，呈现极大的文化多样性，他们其中很多人都在跨越大洲的距离，参与着事务所的项目实践。而事务所也一直在有意识地培养卓越的建筑师。他们在这里工作了很长时间，与工作室一同成长。当事务所的创始人离世，这些已经成长起来的建筑师，将会把事务所的设计实践指引向更成熟的新阶段。

克里·希尔先生的出现和他在设计实践中的影响力，创造出一份遍布甚广且历时甚久的建筑遗产。这份遗产的重要价值不仅仅体现在对建筑的形式塑造，因为他笔下的建筑形式已经获得了应有的知名度。他留下的更重要的建筑遗产包括众多一系列对于建筑设计的观点和态度。譬如他对于设计原则的详细阐释和精炼总结，都共同在其设计作品中得以表达。又如在建筑方案创作中，他对于设计过程和设计策略也有一定的建构。还包括建立、推广一种善于探索和实验性的工作室文化，以及建立一种能够适用于工作室的所有项目的、非常严谨的设计推进流程。

他时常声称，他处在"建筑的生意之中，而非在做生意的过程中从事建筑设计"。在建筑事务所的设计作品中，这一概念持续地被强调，并为设计作品水准的提升提供了基础。在建筑设计方面，希尔先生有很强的直觉，他也具备建筑学的专业常识和一种简化方案的设计手法。当他认为，场地条件需要被强调时，他就会推动场地边界条件以生成与众不同且契合环境的设计方案。他的设计实践中首要的目标是，设计高质量的作品，并依托这些作品形成有关建筑学的国际对话。

在希尔先生的指引下，建筑事务所发展出一种前所未有的工作模式。后来的事实证明，无论他在世还是逝世，良好的工作模式不仅有利于催生优秀的设计作品，也对建立起一条能够不断提升设计实践水平的发展之路至关重要。希尔先生曾表示，每一个项目都会形成一个核心概念。一旦这一概念得到工作室广泛采纳，建筑师便会在接下来的实践中，长期而缓慢地去检验它，并且会在这一概念下进行更深入的设计尝试。设计伊始，希尔先生时常会使用蓝色铅笔绘制简单的小草图，来开创和探索不同的设计方案。他也将这些概念草图看作促使概念生成的思维训练方法。概念草图，往往是高度抽象的设计图示，是被精简成几根有限线条的思维表达。概念草图中既包含建筑设计中心概念的"内核"，也包括建筑师构想中将要采用的条理性设计策略。

澳大利亚昆士兰阳光海岸（Sunshine Coast）落成的奥格尔维别墅（Ogilvie House，2002）的草图，就很好地展现出最初的设计概念，这座小住宅被用蓝色铅笔描绘而出（见图1）。一堵背朝周边社区的、坚实的后墙；转角处，支撑着内部空间的建筑结构；小住宅的开窗取决于视线移动的方向；房屋为抵御东南寒风的围护结构。所有的设计概念最终都体现在平面图中，图纸上的呈现与最初的设计草图颇为相近。到现在为止，大多数设计项目的最终方案，都与设计概念产生时的草图颇为相似。

设计的下一个阶段是要对这些早期的草图进行深化和推进，将它们绘制成初阶状态下计算机图纸中更为确定的线条。克里·希尔先生的计算机操作技能有限，他会与工作室的其他建筑师一同完成大量的粗略绘图工作。在建筑渲染图中，草图也能够不断为设计添加新的想法，如材料，开窗，比例该如何考虑，光线如何进入建筑，如何形成空间对流。用希尔先生本人的话说，"（草图可以表达）塑造建筑空间的所有设计因素"（见图2）。

重要的是，设计方案的构想通常始于工作室内建筑师们集思广益的结果。这些构想可能来源于实习学生的设计思考，也可能来源于项目总监的职业经验。所有的设计概念都会在一个开放的、学院式的研讨环境下得到检验。在希尔先生的指导之下，某一个设计概念或某一种设计方法会最终被选定，并将被开展更深层的测试，随后再被发展深化。在较早设计阶段，建筑师们这种持续性的参与，能够提升个人的自信，增强对工作室其他合作者的信任，以及对所有过程性设计概念的充分尊重。这种工作模式最大程度凸显出设计本身的重要性，对激发、挖掘好的建筑师颇有裨益，并在实践过程中，能够帮助引导设计的延续性。

工作室也开发出一种程序，能够较快地生成完成版效果图，仅供内部使用。这些作为设计工具的操作，能够在设计过程中，帮助建筑师尽早做出设计决策。在新加坡和弗里曼特尔的工作室里，都有专门的效果图专业绘制师。在他们工作的同时，建筑师可以基于渲染图所表现出的建筑信息，对诸多设计选择做出判断。

尽管建筑师们有意愿重新阐释早期的设计概念，去探索一些替代性设计方案。但事实上，当设计的方向一旦确定下来，人们很少会将设计方案再经历重大的变化，而是倾向于对最早的设计草图进行持续的深化。除了设计竞赛方案可能是个例外，在其他的实际项目中，任何一点对设计方向的实质性调整，往往都只发生在设计初期。

在工作室的工作方式中，制作实体模型是一项持久而重要的工作。肯恩·林（Ken Lim）是工作室长期供职的模型制作师。他制作出精巧的工作模型，为设计早期检验建筑空间的三维效果提供参考。很多时候，建筑模型是碎片化的，只是用来展现"建筑实体的局部"效果，也有一些模型是为展示一个单独的项目而制作。例如，工作室曾为印度加尔各答的ITC索纳酒店（ITC Sonar，2003）项目，制作了十几个模型（见图3、图4）。

一些情况下，收藏实体模型成为业主对于一个设计珍惜和尊重的体现。

1

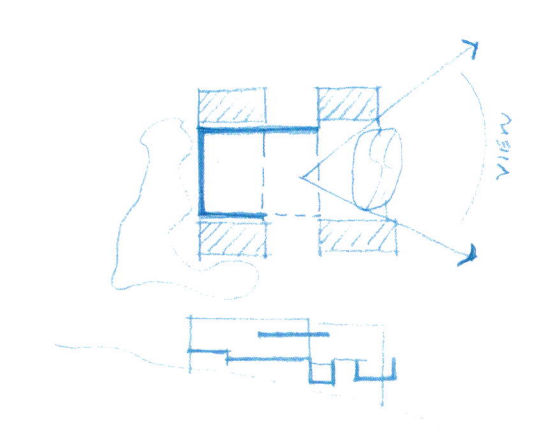

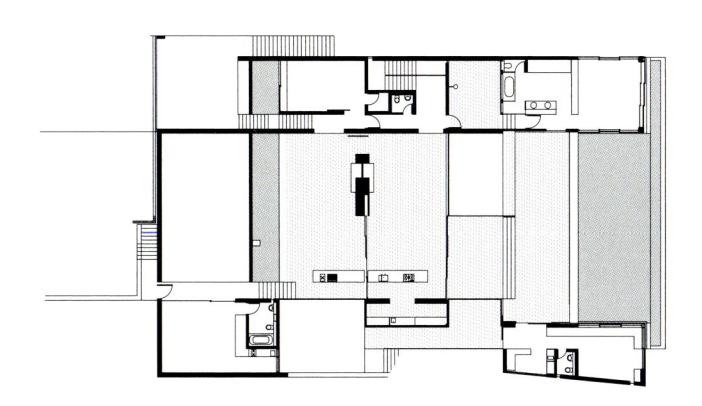

2

3 4

就如在奥格尔维别墅设计过程中，业主要求收藏这个项目原始的模型。十几年间，每当模型有轻微损坏，业主要求进行修补之时，事务所便及时地更换新的模型替换。

度假村和酒店类的项目，构成了工作室早期从业阶段的主要设计内容。这些作品一般有很长的酝酿期，这允许设计工作可以以一种缓慢而深思熟虑的方式推进。相比普通的商业建筑项目，酒店项目的进程不那么急切，可以提供足够长的时间，因此建筑师需要对设计有更多的耐心，建筑师也可以更好地打磨设计。这种过程增强了建筑师对于设计能力的信心，他们相信自己能持续地创作出视觉力强且风格独特的作品。与此同时，他们也开始关注建筑空间的氛围营造，并对建筑声源环境的宁谧感和平静感具有更强烈的渴望。对"宁谧空间"的追求，随即成为事务所设计作品的DNA。对他们而言，原本由于项目周期的拖延而产生的挫败感，转化为一种积极向上的力量。放慢的节奏、孵化设计的过程，能够让设计概念在建筑师脑海中充分酝酿。这对于建筑师来说，无疑是一种宛如"特权"的境遇，是可遇而不可求的。而这种设计状态，后来很快在应对酒店项目设计竞赛的需求时，戛然而止，这给工作室带来巨大挑战。

建筑设计扩初（Design Development，DD）阶段是一个重要的设计阶段。工作室对这一阶段予以充分的重视。在这个阶段中，设计方案能够被充分地发掘出所有的潜质。最终，设计图纸会经历众多修改和返工，通过多次的迭代，直到图纸看起来简单，但其中却呈现出形式逻辑演变的必然性。细部的塑造和材料的选择，也经历着一个同样严苛的修改细化和逐渐精简的过程，以确保项目的所有局部都与最初的设计意图非常匹配。这个过程是一种对空间秩序的选择和重组，但同样需要一定程度的抽象能力，需要熟悉现代主义的源头，需要关注空间连续性，以及对墙壁、开窗、格栅和屋顶等独立性元素清晰衔接，同时也需要对极简主义细节的混合使用保持慎重的态度。

正如克里·希尔所说：

"在一些国家中，你能够将我们工作室的建筑扩初图纸直接拿去施工。而我们画的施工图，就是被做了各类标记的扩初图纸。由于我们的设计项目很多都位于其他地区，远离我们的工作室驻地，而我们的专业合作团队也时常分散各处，如照明设计师在日本，结构工程师在新加坡，景观设计师在黎巴嫩。这些成员其实都在为同一个项目远程服务。因此，在绘制交付一套'施工图纸'之前，我们必须要将所有的项目配套服务都协调并整合到这一个项目之中。"

出于工作室对于项目质量把控的需要，事务所会花费相当长的时间在场地前期调研之上，并确保在项目的施工阶段，建筑师一定要亲临工地现场。当某些项目的基址距离工作室的两处办公地点都很远时，事务所就会新设一处办公驻地，为现场踏勘提供服务。譬如事务所在不丹设计了安缦库拉系列酒店（Amankora），在悉尼（Sydney）设计了奥格尔维别墅和特里古博夫别墅（Triguboff Houses），以及在斯里兰卡设计了安缦维拉酒店（Amanwella）和安缦加勒酒店（Amangalla）。事务所也都曾在这些项目现场设立驻地办公室。

克里·希尔建筑事务所一直致力于发扬简约的设计风格。但在设计阶段早期，事务所依然追求秩序井然而训练有素的建筑平面设计。这种做法能够让后期的设计重心，更多关注到建筑平面设计之外的其他方面。这样的设计策略来源于路易斯·康（Louis Kahn），他对于平面秩序的关注让我们倍感启发。通过这种训练，路易斯·康更有能力建立起其作品中无处不在的空间秩序。此外，人们时常会钦佩路易斯·康对材料和光线的把控，将现代与古代建筑元素相互衔接的能力，以及将复杂的建筑综合体，简化提炼为简约而强有力的建筑形式

设计实践的本质　11

的设计手法。路易斯·康对克里·希尔先生的影响最为持续且深刻,事实上,希尔先生亦充分吸收了其他建筑师的优势和专长。譬如:勒·柯布西耶(Le Corbusier)颇为原始的设计思想,以及对概念的精准演绎;密斯·凡·德·罗(Mies van der Rohe)对抽象性设计手法的运用,以及对极其简化的建筑形式的追求;弗兰克·劳埃德·赖特(Frank Lloyd Wright)对轴线和空间界面明确而清晰的分级和限定,对层叠建筑体量的追求。所有这些有影响力的建筑大师,都曾尝试通过对亚洲建筑传统的理解,来丰富他们的作品。克里·希尔建筑事务所同样在践行这一种思路,其作品也呈现出对东西方文化错综复杂的混合。

克里·希尔建筑事务所清晰而深刻地关注着传统建筑空间、光和材料的诗学,但他们的设计作品还是在更为从容地讨论着建筑的实用性。正如希尔先生自己所说:"我更倾向通过建筑作品的空间体验来诠释我们的建筑,而不是通过建筑师本人的设计理论来推想。我想,建筑作品和空间特色应该由其他人来揭示和阐释。"这本书也是一种解释和展现建筑的方式。

启程

为了更好地赏析由他署名的建筑设计作品,对克里·希尔先生早年的专业经历的了解,则是非常必要的。

作为一名在西澳大利亚珀斯(Perth)就读建筑系的学生,克里·希尔先生在阿德尔菲酒店(Adelphi Hotel)的酒吧里遇见过杰弗里·豪利特(Jeffrey Howlett)。这个酒吧是知名建筑师定期生活聚会的场所。在这里,他们会表现出很生活化的一面。毕业之后,希尔先生就进入了豪利特&贝利建筑事务所(Howlett and Bailey Architects)工作。该事务所因创始人1961年赢得了珀斯议会大厦(Perth's Council House)设计竞赛而创立。在竞赛中,豪利特&贝利建筑事务所(见图5)采用了一个精致巧妙的玻璃棱镜体量,其外侧包裹的独特的T形遮阳板悬挂在大理石饰面的梁和柱之上。当珀斯议会大厦施工的时候,它曾一度被看作珀斯的城市地标建筑。其简约的形体凸显出它的现代性和未来感。

克里·希尔先生在豪利特&贝利建筑事务所工作了三年,深度参与到建筑设计的工作之中。他积极评价了豪利特先生作为"设计指导者"的角色,并回忆起豪利特对重要细部节点设计的重视和坚持。豪利特先生所有的草图都用铅笔手绘完成,因为这样最易于修改。豪利特先生也很擅长以适度的方式来深化细部设计。豪利特&贝利建筑事务所早期的设计作品,常带有看似的简约形式、紧凑的极简主义的清晰逻辑,擅用现代主义策略作为个性化设计的起点。希尔先生日后在发展自己的事务所时,也沿用了这些设计风格。

1971年,希尔先生在中国香港的帕尔默&特纳事务所(Palmer and Turner)获得了一份工作。帕尔默&特纳事务所大部分员工都是外派建筑师。此后,他从一个生活在珀斯郊区的舒适的年轻建筑师,变成一个亚洲城市的高密度工作者。希尔先生曾回忆说,在那时,亚洲被人们广泛地认为是"澳大利亚飞往欧洲旅途中的必经之地"。

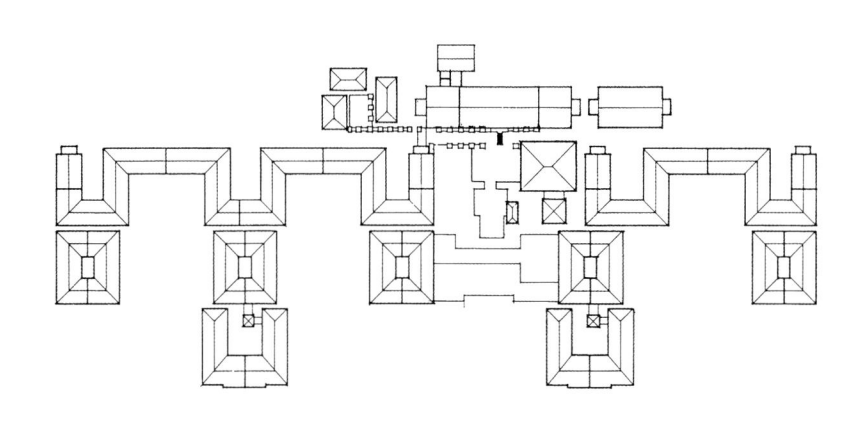

恰逢他到达帕尔默&特纳事务所的时候,事务所正在接受委托,为巴厘岛(Bali)设计一家凯悦酒店(Hyatt)。事务所承诺在特定期限之内完成酒店设计。结果,建筑图纸快速就完成了,但尚有很多细节设计需要修改和优化。希尔先生发现了这个机会,于是主动请缨承担了驻场建筑师的工作。

这位年轻的、经验尚浅的建筑师,几乎从未涉足过施工现场。他很快陷入了工作的困境,不得不快速地学习。他与中国香港的事务所总部联系非常困难,仅能够依靠巴厘岛首府登巴萨(Denpasar)邮局的一部电报机。在这样缺乏与上级建筑师保持联络的形势之下,希尔先生感到自己还没有准备好独立地进行设计决策工作。但正如他回忆的那样,他被他的老板所说的一句话鼓舞着,"做你认为的最好的选择,如果你选错了,我们也会和你站在一起"。这种信任让希尔先生很享受独立的工作状态,并因自己的管理能力而信心倍增。由于他成为施工方的直接领导者,他学习得很快,并在工地上开展设计工作,重新设计了酒店主要公共空间。

希尔先生的学习范围也扩展至凯悦酒店项目之外。对希尔先生而言,巴厘岛使他产生了瞬间的迷恋情感。这也是一种深深植根于日常生活中的对文化的迷恋,具有一种让人感觉独特而诱人的文化。他观察发现,巴厘岛是一个特殊的地方,在这里,个人生活的每个行为都有一些精神基础。无论是去寺庙,是准备一餐饭,还是在筹备或建造一座建筑,在巴厘岛的每一个行为都基于人们的精神信仰。而在他的家乡,这是不存在的。那时,住在巴厘岛的外国人还不到一百人,旅游业才刚刚起步。在刚到那里的时候,希尔先生经介绍与杰弗里·巴瓦(Geoffrey Bawa)相识。巴瓦曾受邀加入萨努尔海边别墅(Sanur)的设计团队。尽管希尔先生在此到访之前,从未听说过这位著名的斯里兰卡(Sri Lanka)建筑师,但这成为他们友情的开端。这段友情对希尔一生来说都是非常重要的。

希尔先生回忆到,巴瓦对于萨努尔海边别墅的设计灵感来源于对巴厘岛的宫殿建筑设计原则的探讨。正是宫殿建筑平面中颇为规整的空间结构吸引了巴瓦。此后,他使用这些巴厘岛的设计语汇,包裹所有自己的设计作品,仅仅因为他认为这样做是最为明智的。希尔先生坚持认为,巴瓦将茅草屋顶运用在巴厘岛的建筑中,在那时是非常有意义的。他自己也在巴厘岛凯悦酒店和后来的项目中采用了这样的茅草顶。这是他可以使用的最便宜的屋顶形式,具有非常有效的保温隔热性能,其中不仅自带天花板,而且也能够成为当地景观环境的一部分。事实上,希尔先生反复使用茅草屋顶是出于这些实际考虑,而不是为

了让建筑看起来像巴厘岛的风格。他所采用的茅草屋顶，也并非是简单的拱状结构，而是使用真正的科学和技术建造的茅草屋顶。譬如一个建造拙劣的茅草屋顶仅可以使用五年，而一个建造良好的茅草屋顶却可以使用二十五年之久。

希尔先生承认，珀斯的当代建筑特别是豪利特&贝利事务所的作品，以及20世纪60年代珀斯的现代住宅，确实影响了他早期的设计方法。但他知晓，当他到了巴厘岛之后，他就已失去了对建筑现代性的关注度。"任何我先前想法都被抛到脑后，最终我完全沉浸于一种全新文化和那些根植于这些文化的建筑作品之中。一段时间中，我用当地的方言开着玩笑。这些乡土的力量比我所受到的专业训练，所给予我的鼓励和启发都多得多。"在巴厘岛工作期间，希尔先生结识了正在这里度假的埃德里安·泽查（Adrian Zecha）。泽查后来成立了安缦酒店集团（Aman Resorts）。但在那时，他仅仅刚成立了丽晶酒店（Regent Hotels）集团，并邀请希尔先生在巴厘岛金巴兰湾（Jimbaran Bay）设计一家酒店。

希尔先生选择独立承担丽晶酒店的项目。恰在此时，他创立了自己的小工作室。他花了1979年全年的时间，致力于这个项目。那个向四周扩展的大型酒店综合体的建筑设计，借鉴了巴瓦对巴厘岛本地宫殿建筑的空间回应。希尔先生认为，应当在景观环境中，对建筑内部进行空间布置，并创造出一种具有控制性的户外空间序列。建筑的外部空间设计被看作与建筑本身的设计同等重要。这是克里·希尔先生工作室设计方法的开端，这种方法也将成为他此后设计实践中持续践行的一个法则（见图6）。

金巴兰湾度假酒店的工程开始后，在酒店建筑已建成三分之一的时候，工程经费成了一个难题。整个工程项目被迫转手他人。这座建筑蛰伏在那里，如同一堆废墟，被渐渐侵入的树丛吞噬着。直到投资方决定将酒店扩建，新的业主拆除了所有已建成的部分，重新开始设计，而设计团队没有了希尔先生。

克里·希尔建筑事务所早期的设计项目受到了博福特集团（Beaufort Group）的邀请，致力于新达尔文中心（New Darwin Centre，1986）内表演艺术中心（Performing Arts Centre）部分的设计工作（见图7）。贾斯汀·希尔（Justin Hill）当时在达尔文中心工作。他与克里·希尔并无亲缘关系。1981年，贾斯汀·希尔也参与到这个项目之中。1990年，贾斯汀成为克里·希尔建筑事务所的第一批董事之一。他一直是实践管理的核心人物。他从达尔文中心项目中获得的对剧院和舞台设计的实践经验，对事务所未来的相关实践项目起到了至关重要的作用。

在达尔文中心的项目之后，三座博福特酒店（Beaufort Hotel）的设计委托接踵而至。第一座就是位于澳大利亚布里斯班（Brisbane）的遗产酒店和港口办公室设计项目（the Heritage Hotel and Port Office，1990）。这是一个与当地财团杰弗里·皮耶（Geoffrey Pie）、Alan Marrs and Lindsay Clare合作开展的设计项目。这个项目采用的设计策略是，运用一个单面走廊让每一间酒店的客房，都拥有面向河流的良好景观视野。独特的L形的酒店塔楼形式，连同临侧的现存建筑港口办公室建筑，以口袋公园的形式，形成布里斯班一个新的城市中心区。

紧随此项目之后的是位于泰国曼谷（Bangkok）的素可泰酒店（the Sukhothai Residences，1991）（见图8），这是一个在喧嚣城市中，塑造出的一个有围墙的、宁静的院子。第三次委托是位于新加坡的博福特圣淘沙岛酒店（the Beaufort Sentosa）。素可泰酒店标示了克里·希尔建筑事务所标志性建筑元素的引入：运用院落和高直且有顶棚的柱廊，对到达的人群形成一种明确的轴线序列，同时依靠柱廊形成很好的框景视野；走廊的延伸也为人员在建筑内穿行提供了一条清晰的路径。这些元素都在其后续的设计作品中持续出现。希尔先生称，这个不断演进的设计策略，来源于"对亚洲乡土建筑和欧洲西方古典设计原则的融合，将院落作为主要的空间组织媒介"。希尔先生采用的建筑形式产生自一种对东南亚建筑理想化的认识，运用一种精心组合的创作方案，对这种建筑形式进行剥离、简化和秩序化。

在对建筑价值观的塑造方面，日本建筑无疑对希尔先生产生过至关重要的影响。从1975年起，出于对当地文化和生活方式的迷恋，他曾经到访日本六十多次。他在一次次走访中，结识了约翰·麦基（John McGee），一位加拿大裔的茶艺大师。约翰·麦基对日本人给予了高度的评价。根据希尔先生所述，日本有理想的社会治安，"（日本国内）所有的门户都敞开着"。事实上，麦基一直在极力促成克里·希尔建筑事务所在日本完成一个项目，尽管时隔二十年之久，这个项目才最终实现。

10

通过约翰·麦基，希尔先生被引荐至京都（Kyoto）的一块场地，位于金阁寺（the Golden Pavilion，日文直译为Kinkaku-ji,）所在小山的另一侧。这个八英亩的场地，被设计成为一个景观化的精巧的花园，其周边森林和峡谷环绕，近乎与世隔绝。这个场地的所有者是日本最受尊重的和服腰带制造商（Obi makers）之一。他收集了世界闻名的国际纺织品，并想要在花园中建造一处纺织品博物馆，计划用不同高度的台地去支撑博物馆的不同建筑（见图9）。曾经修复过名古屋城堡（Nagoya Castle）的石匠们，也被召集来建造这些台基，但业主却在博物馆建成之前意外离世了。他的家人并不能体味到他对这个项目的兴趣，决定出售这块土地。1995年，他们安排希尔先生来访此地，希尔先生被这一处花园的美景深深打动。拜访之行结束时，一位老园丁给予希尔先生一些照片。希尔先生此后向埃德里安·泽查展示过这组相片，希尔先生认为他或许会想要将这片场地打造为一所安缦酒店。

埃德里安·泽查在随后的一周走访了这片场地。他此后花费了数年时间来协商，想要买下这块土地并最终如愿以偿。这些石制的基座，最初是为了那个纺织品博物馆而准备，而今它们被用在安缦酒店之中，最终以若干座长条形的建筑矗立于花园中。这个设计概念为这个项目建立起一个关键的设计原则，即在设计中，建筑师对建筑空间和室外庭院空间的使用，都给予同等高度的关注，这一原则在传统的日本建筑和克里·希尔建筑事务所的作品中所共有。当希尔先生谈及自己曾见证了日本接纳西方习俗的过程时，他认为，日本的传统建筑展示出的形式逻辑、建造理性与文化含义之间如此清晰的关系，这实在难能可贵。

希尔先生观察认为，日本和巴厘岛有一些重要的文化相似性，援引他的话就是"两国文化的完整性"，也就是说，"生活的方方面面都有精神性的支撑"。他同样看到，不丹（Bhutan）也具有这样的文化特质。不丹是一个佛教国家。在这里，他为安缦酒店集团设计了五座乡间酒店。对于希尔先生而言，漫步于不丹的修道院，如同走入日本的修道院一般，宁谧、安详是这两处环境的共同特征。如何设计出一座宁谧的建筑，也成为克里·希尔建筑事务所普遍性的设计目标和不懈的设计追求。

1979年，希尔先生第一次造访斯里兰卡。斯里兰卡也是一个以佛教为主的国家。他走访了多座巴瓦的建筑作品，包括著名的卢努甘加庄园（Lunuganga Estate）地产项目。希尔先生称其为"世界上最伟大的私家花园之一"。在每一个巴瓦的设计作品中，他都能揣摩出"大概念"的存在，这个概念造就了该项目中极富特色和纪念性的建筑维度。而这些设计项目中的其他部分，则采用了他们很惯常的形式表达方式。这些特色空间，时常与入口空间序列有关。如位于阿亨加拉（Ahungalla）的特里同酒店（Triton Hotel）就有一条很长的入口车道，能够指引参观者的视野穿过门厅直至远处的海洋；而本托塔海滩酒店（Bentota Beach Hotel）将游客到达区设在摩崖雕琢的隐秘石洞中，在光线的照射之下，很突然地出现在人们的视野中。

这种对空间序列的编排在卢努甘加酒店（Lunuganga）建筑中达到顶峰。正如希尔先生回忆的，在这里，巴瓦有了一种固定化的设计方式，即他会带着参观者依次到达一系列的空间，这就是他所实现的一个高招或者"大概念"。巴瓦的设计能够移动或降低山峰的高度，通过高塔和湖泊打开你的观景视野。

阿米蒂奇山住宅

正如巴瓦在卢努甘加酒店中所做的设计那样，希尔先生为阿米蒂奇山住宅（Armitage Hill）所做的设计中，也编排了一个延伸性的入口空间序列。阿米蒂奇·希尔住宅是克里·希尔先生于1992年买下的一处房产，它位于斯里兰卡加勒市（Galle）的内陆地区。希尔先生运用一系列的坡道、台阶、平台、绿植和不同的空间界面，使得游赏的路径拥有了极富纪念性的体验。经过很长一段时间，希尔先生将弃置的茶叶种植园转化成为宛如天堂的杰作。这座19世纪20年代的种植小屋，残存的屋顶被抬起，建筑师在其中建造了一个新的楼板，运用混凝土的"井字梁"结构进行支撑，铺设了天蓝色与灰色相间的空心楼板。并将整个室内装饰为纯白色。他同样想要在山顶上设立一个新的入口庭院，让两条道路穿过整座建筑，到达露台更宽的一侧，再逐步向人们展现那动人的景观视野。

全新的中心性庭院，带着沙砾和混凝土铺就的地面，百合花池塘和抬升的草坪平台环绕在新建筑周围，为它带来新的设计支点。这个庭院空间被厨房和餐厅、客房和一个"黑色凉亭"围合，凉亭插入庄园椰子树林的坡地之中。从封闭的庭院望去，视野开阔；从凉亭到泳池，却可以看到四面八方的壮观景象（见图10）。

这一组安静的建筑、庭院和泳池的建筑群，经过了二十多年间的精心布置和改造。这一新建筑为希尔先生提供了一个机会，在以简单、直接的方式建造的同时，创造性地实验当地材料和建筑技巧的使用情况。他为当地的水泥煤渣砖和当地的湿施工技法，开发了新的工艺。通过对建筑、平台、植物仔细的定位，对建筑层高的改变进行合理调整，最终他创造出极具特色的户外空间和沉浸景观中的建筑空间。

石头的基座和轻质的上层结构，共同搭建起"黑色之屋"（Black Pavilion）。这也成为希尔先生向其他项目延伸的建筑策略。在这里，上层的起居室空间向外开放，成为一个复杂而精巧的景观化房间，柱子将屋顶抬升得很高，直入棕榈林。交替开合的百叶窗，能够带给人们眺望周围环境的独特视野。下层的卧室空间是内向性的，为围护结构，且颇为凉爽。卧室周围的石头墙体构成了建筑的基座，现在已经成为长满爬藤的绿植墙。

希尔先生时常能够看到阿米蒂奇山住宅的潜能，认为阿米蒂奇山住宅为他后续提供了一个前哨。在这里，设计团队可以更集中于项目。遗憾的是，这种愿望并未成为现实。

对于一个受教于20世纪中叶经典现代主义风格的建筑师而言，在亚洲的热带

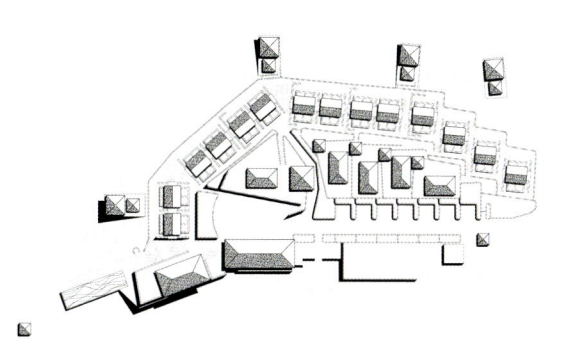

地区工作，能够热切地了解这里的文化丰富性，其实是很自由而解放的事。巴厘岛和日本提供了一些有关传统社会的活生生的例子，在那里，生活的方方面面都与道德信仰系统相联系。这都在无声地证明，文化连续性是可能存在的，而且建筑将在延续区域文化方面发挥重要的作用。

尽管金巴兰湾的项目最终惨遭夭折，却被证实为是一次卓有成效的实践。它检验了希尔先生沉浸在巴厘岛文化中获得的知识，以及在那里生活的经验，包括他自己对环境中的建筑所做的回应。早期的三个博福特酒店为克里·希尔先生与贾斯汀·希尔先生之间的长期的建筑合伙人的关系奠定了基础。这个项目同样提供了一种去理解当地的气候条件和建造传统的方式，和对传统院落与建筑群的空间形式的一种回应。这需要对建筑室内与室外空间关系具备精确而微妙的控制和拿捏。

这些早期的建筑经验和教训成为克里·希尔建筑事务所发展的基石。它们提供了设计方向，后期的实践作品在继续发展着这些更本质的设计路径，并创造出一些更为复杂的对环境的回应方式。

早期的度假酒店项目

由于在达尔文港（Darwin）、布里斯本（Brisbane）、曼谷和新加坡的项目纷至沓来，进行的项目数量达到了十六个，他们就在新加坡繁华的武吉蒂马路（Bukit Timah Road）的一处旧商店中，开设了新的工作室。

埃德里安·泽查曾经一度被金巴海湾的项目而打动，在他组建安缦酒店集团之前，他也有意愿与克里·希尔建筑事务所合作，来确保博福特酒店的项目委托顺利达成。他对公司发展的观点是，每一个度假酒店都将提供一种独一无二且温馨舒适的居住体验，并且酒店只需有少量的独立套房即可。度假酒店的设计，应当经过精心的场地布置，并采用当地的建筑材料，以表达对当地文化的尊重，回应建筑周边超乎寻常的优美的自然环境。1988年，泽查先生开设了第一家安缦酒店，就是位于泰国普吉岛（Phuket）的安缦布里酒店（Amanpuri）。其设计师为爱德华·塔特尔（Edward Tuttle）。紧随其后的，是位于巴厘岛的安缦达瑞酒店（Amandari），由澳大利亚建筑师皮特·米勒（Peter Muller）设计。克里·希尔先生受邀设计了第三座安缦酒店（见图11），同样也位于巴厘岛。

1992年，安缦努沙酒店（Amanusa）的设计开启了一个冒险的设想。建筑师根据场地的轮廓形态，最终设计了一系列茅草屋顶的房子，环绕在一个巨大的游泳池周围，形成一个很深的U字形平面，U形外侧包裹以结实的石头挡土墙。石头墙体和游泳池的尺度与度假村的轴向相同，长长的藤架构成了人们远距离眺望海面的视线通廊，两副对称的大型楼梯，一边一部，创造出空间的纪念性和仪式感。正如一个再次供人居住的古老的废墟，在其中，人们可以去设想一些在仪式礼拜中发生的场景和行为。

对于克里·希尔建筑事务所而言，更为重要的是，这是第一个能够纳入安缦酒店设计品牌中的酒店。业主们的持续一致性及其漫长的酝酿期，让建筑师们有机会发展一种更为细致的建筑形式。这些实践能够为度假酒店这一类型建筑，积累更多专业经验和专业知识。更为重要的是，较长的酝酿时间也提供给建筑师以研究和打磨设计方法的契机。

作为一种建筑类型，度假酒店有一种必要的维度，就是创造一个独特且功能强大的"剧院"。这也是决定这一酒店能否在建筑设计和商业价值上取得成功的关键因素。作为帝国统治遗产的一部分，东南亚地区的大型酒店就都会设置一处剧院，而剧院往往与酒店奢华的标签相联系，渲染出宏大或奢华的感觉，与当地的生存条件形成鲜明对比。希尔先生并不能绕过这种差异，但他确实体验到良知的遣责。当他在印度加尔各答（Kolkata）设计一座豪华酒店时，很多人都在借此尖锐地批评他。在这里，贫困随处可见，酒店标示出极度的特权阶层。酒店与这个城市大多数人的生活现实形成了截然的对立。他被这个问题深深困扰着。

达泰酒店（the Datai, 1994）是紧随安缦努沙酒店的另一件作品，是位于马来西亚西海岸最大岛屿兰卡威岛（Langkawi）的度假酒店。达泰酒店彻底地开创了它所在的类型，设计了一个非常引人注目的建筑化的剧院空间。这个度假酒店可以通过穿越一条激动人心的热带雨林景色的蜿蜒小径而到达，并且可以由这个多层的综合体建筑的顶层进入建筑之中。这被认为是一个非常壮观且极具吸引力的建筑设计策略。一旦人们进入了建筑的舞台，就可以看到起落于海面的史诗般的圆形画幕，远处的泰国的岛屿出现在云朵之端。

这个建筑综合体的设计很好地回应了它所在环境、气候条件和当地的建造习俗和建筑材料，它也经历了一个严苛的探索过程。陡峭的石墙从森林中贸然升起，正如在安缦努沙酒店项目中一样，唤醒了一些长期被人们遗忘的废墟，在丛林中半荒废状态之下，提供给这座新建筑以建造的基础。巨大的承重石墙和开放的、明亮的木结构支撑着巨大的婆罗洲铁木的木瓦屋顶，形成了鲜明的对照。开放的结构体系以临时性结构出现，等待着在热带地区万物衰败的下一个轮回。

下一个建筑作品为位于巴厘岛的巴利纳酒店（Balina Serai, 1994）。这是一所比安缦努沙酒店更为经济的三星级酒店，而非五星级。某种程度上，正由于一些局限性，酒店的公共空间并不那么宽敞，但设计得很有创意。巴利纳酒店开创了一种不同寻常的设计策略，即将达泰酒店引入的步行空间，与建筑本体相分离，使它们能够到达各个客房之中。实质上，这种方式产生了丰富空间体验的作用，而非单一的处于功用考虑的设计过程。这个步道位于中部楼层，能够起到向上和向下的楼梯相连的作用，并且可由此通达至四座两层的客房建筑。酒店的底层房间如同洞穴一般，外墙包着厚实的石墙基础，而以上的结构都是轻质结构，在悬挑深远的屋顶之下，有数个阳台插入建筑之中（见图12）。

希尔先生随后为通用酒店管理公司（General Hotel Management）设计的另外两座酒店，都位于印度尼西亚（Indonesia）。这个公司委托的设计作品紧随达泰酒店和巴利纳酒店——深受现代主义形式影响的位于爪哇岛（Java）的万隆切蒂酒店（the Chedi Bandung, 1994）和巴厘岛上的线形村庄式综合建筑群乌布切蒂酒店（the Chedi Ubud, 1996）（见图13）。这两个项目较少公开地采用传

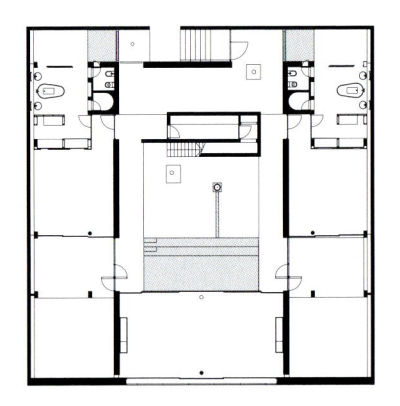

统的建筑样式,这一定程度暗示出他们下一阶段的实践作品的风格。由此在万隆切蒂酒店中所采用的规划设计和平面形式,也与弗兰克·劳埃德·赖特早期的作品颇为相像。这两所酒店就宛如放大版的"草原住宅"(Prairie House)[1]。

这些都是克里·希尔建筑事务所早期的重要设计作品。他们在实践中,已建立起了整个设计团队针对度假村和酒店建筑类型,在建筑形式和设计方法上的基本策略。在分别位于印度(India)、迪拜(Dubai)和中国的三个重要建筑作品中,这些建筑设计方法得到了深化和发展。

ITC索纳酒店项目是一个城市绿洲。业主想要在其原址上重建印度的加尔各答市。正如亚洲大多数现代城市的重建一样,加尔各答有着丰厚的建筑遗产,希尔先生也曾将它们当作热带地区建筑的优良范本。他们很好地处理了如何在建筑中并置沉重的材料和轻质材料,如何使建筑更具包容性,同时又有更开放的空间。ITC索纳酒店项目寻求对这些先例进行现代化建筑的处理,同时也兼有考虑增加气候调节的设施,以及使用当地的建造技术和工艺传统。例如,印度制造的百叶格栅,采用玻璃纤维增强混凝土(Glass-Fibre Reinforced Concrete,GRC,后文简称GRC混凝土),并用砂砖粉加以着色(见图14)。这些建筑都拥有一种乡野气质,而不是如同欧洲赤土陶砖建筑那样的精致。

双层的格栅墙带来了光线始终变化的效果。在光线照射下,金色树叶形状的室内装饰墙面也在日夜变化着装饰效果。大面白墙上开有小的窗口,斜面坡道,蜿蜒的空间,出挑深远的遮阳屋面,这些设计手法都是对勒·柯布西耶(Le Corbusier)及其在印度的建筑遗产的追忆和致敬。而层叠在这些元素之上的是建筑师对于大量材料的运用,对于形成一个宽大体量的信心,以及材料与空间之间的充分互联,它们很清晰地对当地的局限性进行叙述,并强有力地设定新建筑与传统的并置,清晰地描绘了这个设计作品出现的过程和实践印记。

位于迪拜的棕榈沙漠酒店(Desert Palm, 2002)是一个较大规模的度假中心综合体。它的发起来源于贝多因[2](Bedouin)业主们对于饲养马的热忱。庭院、流水、几何形式,是这个建筑规划设计中反复出现的元素,而这些有限的做法却暗示出事务所早期的设计路径,其中涵盖着希尔先生本人所描述为"空白的墙、一些开窗、一个帷幕和一些流水或反光的池塘"。截止到这个项目过早地中止,共建成了四十座别墅式客房和一座套房式酒店的空间原型。

贯穿事务所在迪拜的项目,庭院是一种重要的建筑元素。作为设计创作中最关键的平面组合部分,庭院的体量建立起建筑形制中的等级秩序。在此,对于庭院的使用直接与伊斯兰先例建筑相联系,它是气候的调节者,也是远离恶劣外部环境的避难所。套房式酒店空间原型运用了丰富的探索性设计概念和形式元素,这个项目成为此后设计实践的试验田。运用正方形高墙作为分隔,高度控制的平面几何结构将这些空间划分为由斑驳的光影、流水、青石围合而成的私密空间,它是一座沙漠绿洲,也是尘世中的伊甸园(见图15)。

在之后的设计实践中,对于庭院的使用也被发展成为事务所持续使用的建筑设计方法。更为实用主义地说,庭院能够提供许多创造可控人工环境的途径。在气候条件极端的地区,出于调节微环境的目的而最大程度地利用空间,很多项目会提出使用院落的设计,作为创造另一种理想世界的方式。此外,这种建筑空间形式也被项目作为一种复杂的手段,来调和文化与物质空间的差异性。这种将庭院作为一种媒介方式,明显地成为克里·希尔建筑事务所的作品中持续使用的、重要的建筑设计方法,尽管后续的项目场地,处于多种多样的气候区域、地理位置和项目需求之中。

传统的中国四合院构成了涵碧楼酒店(the Lalu, 2002)设计的基本原型。这是一座位于壮观景色之间、场地地势险峻的酒店建筑,从场地中可以眺望到中国台湾的日月潭(Sun Moon Lake)。酒店客房和院落共同组成了合院式建筑群,并且以与迪拜当地住宅颇为不同的方式来进行空间组织。也就是说,这里没有对称的空间秩序,为了抵御严寒,专门提供了巨大壁炉;还往往会设计内向性且位置隐蔽的庭院空间。酒店的建筑一侧与断崖峭壁相接,断崖另一侧直入万丈峡谷,成就了一个无需使用空调带动空间流通的壮阔空间(见图16)。

安缦库拉系列酒店(Amankora, 2007)包含五座安缦旅舍。它们被建造在喜马拉雅山脉地区的不丹的非凡地理环境之中。在得到当地政府用地许可的帮助之下,克里·希尔建筑事务所精心挑选了每一座建筑的场地。事务所不仅设计了建筑物,还设计了它的室内环境和家具。由于保证建筑将具有持续的品质输出,因此事务所专门在当地建立了一个办公室,来对场地内的施工状况进行监督。对工作室来说,在工地驻场是颇为乐意做的事。目前距离克里·希尔先生2007年第一次到访这个场地,并完成这五个客舍的设计竞赛,已经过去十五年。坦纽·戈恩卡(Tanuj Goenka)目前是设计项目的负责人。2003—2006年,他的妻子同时也是他的同事乌瓦拉·奈可·戈恩卡(Ujjwala Naik-Goenka)离开新加坡的公司驻地,居住在不丹,来经营这个远距离的公司分部。

---

[1] 译者注:草原住宅(Prairie House)是赖特早年的重要设计风格,并非为一处建筑物的名字,是对他设计的一类别墅设计风格的统称。
[2] 译者注:贝多因人为阿拉伯民族中一类游牧人群。

18　　　　　　　　　　　　　　　19　　　　　　　　　　　　　　　　　　　20

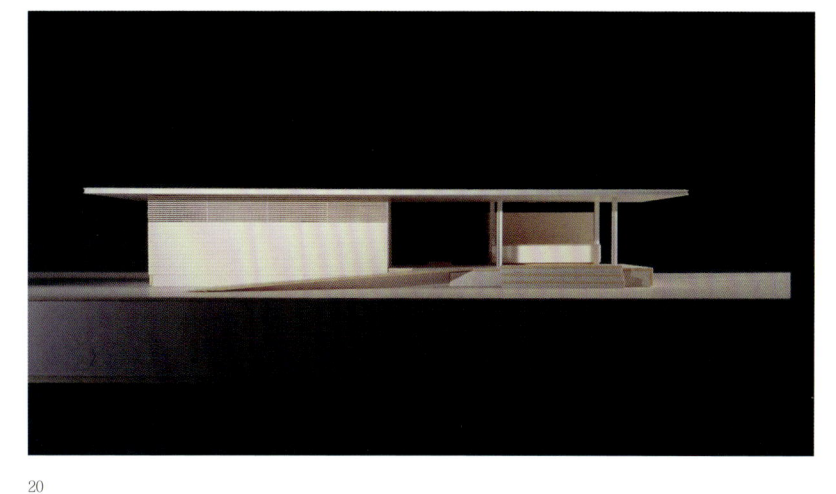

不丹政府声称要保持不丹独一无二的文化特征，并且对所有新建建筑提出明确的要求，需要这些建筑回应传统的建筑形式，并具体落实到细部设计中，譬如建筑的开窗尺寸和装饰元素等。所有设计项目都需要最大程度地尊重这些规定，并设计出简约，甚至是简朴的组件，组合在一起以回应场地的要求以及项目的建筑信条。在此要求下做出的酒店建筑，在建筑形式和空间精神上都践行着宁静的、修道院式的不丹风格（见图17）。

传统的泥制建筑技术被更具抗震性且无需修理的夯土结构所取代。贾尔斯·霍嫩（Giles Hohnen）曾极大程度地改进了西澳大利亚（Western Australia）玛格丽特河（Margaret River）流域的建造形式。克里·希尔建筑事务所也是从贾尔斯·霍嫩了解到这样的夯土工艺的。虽然事务所在材料的选择上恪守传统，但在材料的加工工艺上大大地革新。不丹的安缦库拉系列酒店的建造经验不仅运用到这五个单体建筑之上，同样也通过公路传播到不丹的其他广大地区。它也从一个侧面，向旅客们特别地介绍了不丹这个令人惊讶的、封闭而多山的内陆国家所具有的文化和技艺。

安缦新德里酒店（the Aman, New Delhi，2009）坐落于印度首都市中心区域，这是一座融合了酒店与公寓的综合体建筑。这个建筑作品，整体规划的时候就严格遵照了垂直正交的形式原则，在对非承重且有横梁凸出的墙体组织中，其正交形式也随处可见。这些墙体与印度冈格阿普尔（Gangapur）石头所制成的平整墙面对立布置。整个建筑综合体，对古代遗迹进行了充分的再利用。通过在通高空间内的中心柱子之间插入GRC混凝土格栅墙面，空间获得了更大的深邃感。采用GRC混凝土格栅墙面是对当地气候条件的回应，它能够形成斑驳的光影效果和自然通风。事实上，墙体的细部造型还是参考了印度传统上加利镂空格栅（Jali Screen）的做法，同时利用了当地颇为成熟的GRC混凝土加工产业（见图18）。

以上对于克里·希尔建筑事务所早期酒店建筑设计实践的讨论，是并不全面的。尚有一些建成或未建成的作品，在设计方法上呈现出多元的技法。在早期的作品中，一些建筑主题已经出现，并很好地沿袭至其后期的作品中。正如位于新加坡的博福特圣淘沙酒店和位于巴厘岛的安缦努沙酒店，皆采用了契合当地主体文化的空间形式。这些建筑并不是特别参照了某种特殊性地域文化，而是更多回应了当地的环境风貌、气候条件以及当地的建造技艺和建筑材料选取的可能性。陡峭而沉寂的人字形茅草屋顶、出挑深远的阳台、有顶棚遮阳的走廊、大而浅的水池，皆以轴线正交的形式被组织起来。以上种种特色也都展现出事务所早期建筑作品的特征。这些度假酒店几乎都始终如一地选取了环境优美且并不常规的场地，其建筑形式也成为杰弗里·巴瓦和彼得·穆勒所开创的建筑谱系中的一部分。其中的沿袭和追随，体现在他们通过策略调节当地特色气候，对当地特殊材料选取和使用，以及对施工组织形式的选择。

一段时间以来，这些酒店设计项目构成了克里·希尔建筑事务所的全部工作。因此，事务所的设计关注点，必然较多地偏重于这种并不常规的建筑类型和较为偏远的场地。很快，事务所尝试将设计关注点转向城市环境综合体，以及对城市环境中所存在的建筑问题的探讨。希尔先生曾反思，如何使这些偏远的酒店设计项目影响事务所通行的设计实践方法。他表示："我们尝试开创一种设计规划方法，它聚焦于建筑物的空间品质。这种设计策略将关注于拆除完整的体量；设计开始于对建筑空间的简化，使之形成一个更有规则的，更具功能层级感的空间序列。伴随着我们对于开放空间价值的认识不断加强，我们对于控制开放空间变化特性的设计能力也在增强。我们目前已知晓，度假型酒店在方方面面上如何运转和使用。此后我们就不会再为这些设计问题而苦恼，因为我们有把握能够让酒店很好地运转起来。这些经验给予我们极大的设计自由，让我们能够运用一系列不同的建造方式，将与设计相关的空间诉求整合在一起，并更加聚焦于建筑本体的设计之上。我想，我并不能够用这些经验来设计医院建筑，因为设计策略的形成需要建立在对某一种建筑类型的实践经验之上。"

新的方向

度假酒店项目为事务所开创了一些新的设计概念和设计方法，并且经过细化和提炼，最终使得这些想法变得更强大和更具适用性。事务所期待运用更普世的设计方法，来化解工作室内单一项目类型的困境。度假酒店的项目让希尔建筑事务所有时间在设计决策和空间设计方面不断测试、发展，并使他们获得了很多信心，但他们更希望能够扩充和发展单一的工作方式和单一的设计过程。这些计划显然对事务所后续建筑实践的方向和深度都有较大影响。

但正如克里·希尔先生所说："当你完成了一个又一个酒店的设计，突然之间你就被视为专家。酒店建筑随之成为你的实践工作的全部。"这种情况下，事务所继续在这一条轨道上行进，继续做出更多、更细致的酒店建筑。"但如果想要检验你的实践作品，则应当深度参与到更广泛的建筑类型的设计当中。"

全新的建筑类型

即便在新加坡办公，实践项目也并不在新加坡本地。直到1997年在武吉蒂路（Bukit Timah Road）事务所早期办公地点的原址上，开发商要求设计一栋功能混合的劳恩斯大楼（Genesis）。劳恩斯大楼建造时，开发商拮据的预算给项目带来了很大的设计局限。但作为一个取代了原先四个传统新加坡店屋商铺的当代建筑，劳恩斯大楼平面和剖面还是以非常现代主义的方式形成了相互联系的空间体形。

该设计深受先前酒店设计的影响，并能够很好地回应场地的传统和当地惯用的材料。然而，酒店在高度、形式、平面、剖面等方面，都需要符合新加坡城市发展署的规划引导条例。这些条例形成一些很严格的限制，这是以前的设计

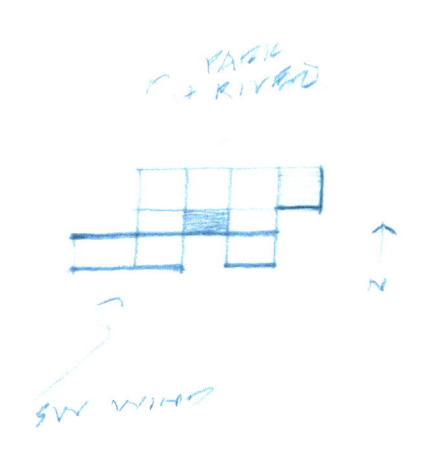

惯例中从未处理过的一些问题。此外，当事务所再次评估新加坡当地的建筑类型时，设计师认为劳恩斯大楼应当是一个参与到城市文化议题中的建设项目。该项目设计采用了传统店屋中很深的采光和通风天井。其外挂式遮阳构件，可同时遮阳和遮挡噪声，既能控制空气流动也能塑造外观造型，是对传统建筑格栅墙壁的一种现代主义阐释方式。这个大型可开合的木格栅被安装在钢龙骨框架上，包裹了大楼顶部四层的外立面，强有力地形成了建筑的主要表皮（见图19）。劳恩斯大楼标志着克里·希尔建筑事务所开始进军新的项目类型，即城市商业住宅设计。

新加坡板球协会场馆（Singapore Cricket Association Pavilion, 1999）（见图20）和新加坡动物园入口广场（Singapore Zoo Entrance Plaza, 2003）设计也是希尔建筑事务所在项目实践类型的转型方面的两个重要的项目。这两个项目都具有突出的公众使用属性，同时事务所在其中尝试使用了更抽象和更具雕塑感的建筑形式。动物园广场入口，是一个引人注目且具有热带地区特征的具有接待性、引导性的公共场所。其中使用了与度假酒店相似的建筑元素，如具有空间组织性的庭院、倒影水池和列柱走廊，来为游客提供遮蔽和引导。所有这些度假酒店中使用过的建筑元素，在此都被重新组织，并会适当扩大规模去创造仪式感，并承担着人群聚集和疏散的公共空间功能。

在劳恩斯大楼建成的同一年，该工作室在新加坡完成了克吕尼山住宅（Cluny Hill House, 1997）的设计。这是该事务所设计的第一座独立住宅，也是他们对住宅建筑类型探索的开始。与热带度假酒店设计方案一样，克吕尼山住宅采用了许多仅一间进深的建筑单体，设计成围合着中心庭院的建筑群体组合形式，建筑单体之间形成了良好的自然通风。这一方案的目的是在新加坡"黑白风格"的住宅形式的基础上，创造一个更好的当代建筑版本。这种类型的住宅建筑已被证明能够很好地适应当地气候。目前，克吕尼山住宅已经被拆除，为建设更高密度的房子让了路。

希尔建筑事务所还为同一客户，在西澳大利亚的玛格丽特河完成了奥伊度假屋（Ooi House, 1997）的设计（见图21、图22）。这是克里·希尔先生自1990年完成的布里斯班传统酒店之后，在他出生的国家澳大利亚完成的又一个作品。奥伊度假屋采用了与克吕尼山住宅截然不同的空间策略，其中布置了两座平行的建筑。北侧建筑由钢和玻璃建造，其中为起居空间；并设计了一个大坡屋顶，面向北方温暖的阳光打开。在这里，主人既可以享受凉爽的夏日微风，也可以欣赏到国家公园的美景。南面的建筑是用夯土结构建造，背向南侧，用以抵御寒冷的西南风。其中设置了卧室。正是这个项目中对夯土结构的完美运用，促使事务所在不丹的安缦酒店中再度使用这种结构形式。

从很多层面上说，位于吉隆坡的米尔占乡间别墅（Mirzan House, 1999）算是一座迷你度假胜地。其中一处宁静而空间有序的庭院景观，与远处的森林形成了强烈的对比。主要的空间组织方式，是沿着一条线形的"脊柱"而布置，营造出一个"漫步式"的建筑空间。廊道两侧有黑色花岗岩砌筑的线形倒影水池。水池对调节空间的温度大有裨益（见图23）。

澳大利亚昆士兰州阳光海滩上的奥格尔维别墅坐落于海滩的高处。其三面围合形成了隔离外部世界的缓冲区，住宅与大面积的起居空间上的阶梯式平台相邻，整体形成一个融合了多种空间功能的单一空间。它在空间的内外边界、有顶棚与无顶棚之间，创造了有趣的模糊性。建筑的一侧提供远望水面的良好视野。这是一个非常宁谧的空间；也像是一个有用的器具，能够根据特定的生活活动和天气条件进行自如地调节。这座房子的设计概念，产生于对地点特殊条件的敏锐的感受力。就像劳恩斯大楼一样，它很好地解决了体量复杂性的问题，也为事务所内建筑师后来的实践工作，打下了一定的经验基础（见图24）。

加里克大道住宅（Garlick Avenue House, 2005）在很多方面都形似"新加坡版"的阳光海岸住宅，只是没有海景而已。相反，它建立了一个宁静的热带保护区，为其主人紧张的工作生活提供了一个宁谧的休憩场所。在这里，建筑师对于形式和功能的组合处理，宛如一篇被精确控制的文章。这也是对热带环境中的建筑设计主题和设计策略的一种更深入的探索（见图25）。

公寓街区提供了一定的规模，能够允许建筑师在住宅设计中进行一些实验性的探索。曾经奥格尔维别墅的三维空间复杂性，在曼谷索伊路53号公寓（Soi 53 Apartments, 2004）设计中得到了一定的深化。若干正交的木格栅盒子中，设计了宽敞的而相互咬合的内部空间。同样，加里克大道住宅的热带建筑元素也被应用在这个项目中。但这一项目进一步深化的方式是，热带建筑元素的顺序组织形成了柔和的经过过滤的光线，水面反射的美丽倒影，以及引导空气流动的建筑装置。这些设计要素与建筑精确控制的几何造型，以及对自然建筑材料的审慎选择，共同营造出一个充满异常宁谧气氛的建筑。

早期的住宅和街区公寓设计，都是非常有价值的实践项目。它们建构起一系列的设计思想和设计策略，并成为设计新思想的试验场。这些设计思想和设计策略，随后在不同建筑类型的大型项目中，都得到了广泛的发展。这些项目

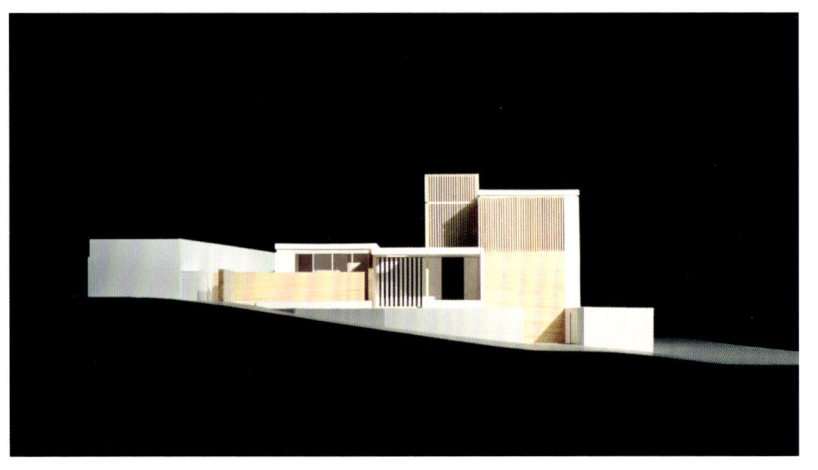

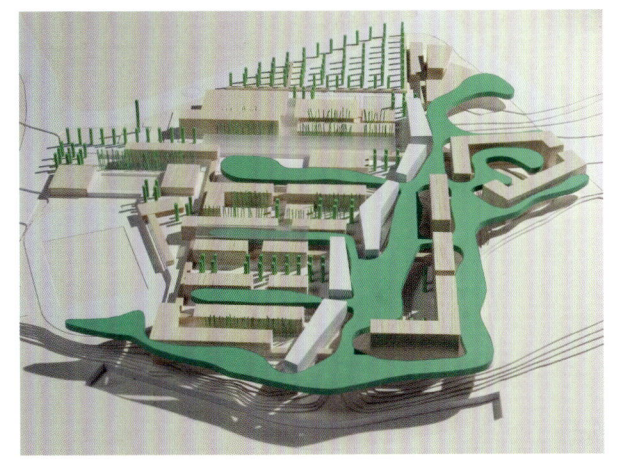

26   27   28

也使希尔建筑事务所的建筑师们，获得了与城市空间进行直面接触的机会。希尔先生认识到，这些项目在过去几年里扮演了重要的角色。尽管这样的项目很少有较大的商业回报，但他有意识地决定，在任何时候，工作室都至少要做一个这样具有实验性和挑战性的项目。

建筑设计竞赛

为了继续扩大事务所的实践范围，参与更多与公民和公共空间相关的设计工作，克里·希尔建筑事务所决定走进充满风险的建筑竞赛世界。自那以后，希尔建筑事务所在设计竞赛中获得了极大的成果，2005年赢得了西澳大利亚国家剧院中心（State Theatre Centre of Western Australia）的国际竞赛。这一竞赛的夺魁，使希尔建筑事务所的项目又能回到澳大利亚，事务所也在弗里曼特尔（Fremantle）创立了一个完整的设计工作室。

西澳大利亚国家剧院中心的设计竞赛，是由总部位于珀斯的大型工程公司穆堤皮勒克斯（Multiplex）发起的。2001年，该公司邀请了澳大利亚国内和国际的建筑公司，为西澳大利亚科茨洛（Cottesloe）地区的海洋海滩酒店（Ocean Beach Hotel）开发项目，开展了一次非公开的设计竞赛。克里·希尔建筑事务所与阿奇泰克斯（Architectus）事务所的联合方案赢得这项设计竞赛。阿奇泰克斯事务所也是位于澳大利亚和新西兰的本土设计机构。这一商住两用的公寓住宅项目，旨在形成珀斯沿海郊区地带一处新的海滨地标。单元住宅的设计与其所在的空间位置相适应。墙体的百叶提供了可调节的建筑表皮，可以调节室内气温和空间的私密程度。具有讽刺意味的是，希尔先生35年前曾在豪利特&贝利供职时，就在同一地点参与了一个公寓开发项目。遗憾的是，这两个项目都没有进行下去。

2005年，克里·希尔建筑事务所参与了由新南威尔士大学（University of New South Wales，UNSW）举办的"新加坡海外校园设计"的两阶段的设计竞赛，并赢得了这项竞赛（见图26）。该项目是在主要的建筑委员会的带领下，为校园的整体规划做出设计，然后持续参与校园其他建筑的深化设计。该项目最终完成了完整的施工图纸，并开始了打桩工作，但后期大学决定不再继续进行本项目。

由于新南威尔士大学的设计项目，在很长一段时间内占用了事务所太多的时间和精力，希尔建筑事务所曾初步决定不再参加2005年的西澳大利亚国家剧院的中心舞台设计竞赛。但这个项目的前景太具有吸引力，事务所很想在克里·希尔先生的家乡建成一座文化类建筑，并期待充分利用事务所的合伙人贾斯汀·希尔先生在戏剧方面丰富的专业知识，最终希尔建筑事务所还是决定参与这项设计竞赛。

两阶段的国际比赛，都是由西澳大利亚州政府赞助。其第一阶段是公开且匿名的。克里·希尔建筑事务所赢得了第二阶段的比赛，创造了三次参赛均获头奖的完美记录。然而2010年完工的西澳大利亚国家剧院，是这三个项目中唯一一个建成的设计方案。

西澳大利亚国家剧院获奖方案的独特之处在于，建筑师将两个剧院体交叠在一起。该方案在狭窄的场地角落里释放出一个户外表演空间，并在内部将无需采光的"黑盒子"剧院与主要排练空间毗邻设置，从而创造出相当大的使用灵活性。剧院与排练空间之间通过大型声学滑动门连接。在该方案中，一系列抽象的盒子通过分层方式与周边环境相结合。从两层的沿街面开始，这些盒子的规模逐步加高，末端与场地中心的白色照明塔相连。在这片区域内，白色照明塔宛如珀斯文化中心一个"发光的心脏"（见图27）。场地周边的这些建筑被要求妥善保留，西澳大利亚国家剧院的新建筑体量，小心地穿插到现有的遗产建筑中。这些遗产建筑与新建筑场地角落内的一个黑色折叠钢架雨棚相邻。项目之所以难度较大，是因为其周边有着一座难以处理的历史建筑。

西澳大利亚国家剧院项目为希尔建筑事务所当时的三位总监提供了一个共同合作项目的契机。克里·希尔担任本项目的设计总监，贾斯汀·希尔担任内部戏剧空间的指导顾问，工作室前任总监西蒙·坎迪（Simon Cundy）成为项目主管，主要指导项目施工图设计，并创立事务所在弗里曼特尔的新办公室。在西澳大利亚国家剧院中心的推荐下，希尔建筑事务所于2008年受邀参加到约旦安曼达拉国王阿卜杜拉二世表演艺术中心（见图28）的内部设计竞赛中。这一邀请标志着克里·希尔建筑事务所已进入欧洲设计竞赛的新领域，并与几个主要的欧洲建筑事务所建立了联系。当时，克里·希尔建筑事务所是唯一一家受邀参加的非欧洲建筑师事务所。对于克里·希尔先生来说，了解设计竞赛在欧洲如何运作，以及竞赛为何在欧洲变得如此普遍是很有启发性的。他注意到，设计竞赛促使欧洲的建筑事务所形成了程序化的项目工作方式。虽然他自己的设计实践也曾从当地的建筑形式和本土材料中汲取设计灵感，但欧洲的设计公司已通过设计竞赛，持续性加深他们对当前建筑关注点的研究和探索。对于克里·希尔先生来说，设计竞赛创造了"一种真正的紧迫感"和难得的项目学习契机。因为每一次参加竞赛联合汇报，都会住在约旦的同一家酒店，这有利于事务所与其他设计公司建立新的专业交往。正如克里·希尔先生所说："与五位欧洲顶级建筑师同台竞技的经历，让每一分钟的付出都值得了。"

最终，扎哈·哈迪德建筑事务所（Zaha Hadid Architects）赢得这个项目比赛。但仅仅由于参与其中，克里·希尔建筑事务所也获得了始料未及的项目机会。约旦国王阿卜杜拉二世（King Abdullah II）和王后拉尼娅·阿卜杜拉（Rania al-Abdullah）对希尔建筑事务所的竞赛方案非常青睐。2009年，希尔建筑事务所受邀设计了约旦的皇家军事学院（Royal Military Academy）。在这些经历的鼓舞下，希尔建筑事务所继续积极参与国际设计竞赛，并试图使竞赛过程成为推动工作室发展的重要力量。

悉尼的环形码头一号（One Circular Quay）是一对公寓大楼的设计项目。这两座大楼坐落于悉尼中央商务区的黄金地段，建筑体量一高一矮（见图29）。该公寓的开发商于2009年组织了这项设计竞赛。克里·希尔建筑事务所的参赛方案采用了降低场地容积率但增加建筑舒适度的极具风险的设计策略。公寓大楼的空间布置最大程度地提升了景观视野、空间采光和自然通风情形，同时建筑形式被置于精确控制的现代主义美学框架之中，用木格栅和玻璃窗完成立面设

29　　　　　　　　　　　　　　30　　　　　　　　　　　　　　　　31

计。在评委团一致的明智决定中，建筑的"舒适性"最终赢得了胜利。

2011年，珀斯市为全新的城市图书馆（City Library）组织了一场建筑竞赛，克里·希尔建筑事务所提交了两份参赛方案。这两个方案都是事务所设计策略的一种变体形式。事务所最终获得了一、二等奖。获奖的设计方案采用了一个被截断的圆柱建筑体型，其立面包裹着垂直的遮阳构件。这样大胆的建筑形体（见图30），就坐落在一个十字形的19世纪城市教堂之侧，圆柱体的曲线可以引导人们的视线，远望相邻的漂亮的地政总署（Lands Department）和产权大楼（Titles Building），同时为这个英式的圣乔治大教堂（St George's）创造了一个全新公共广场。

瓦雅鲁普市政广场（Walyalup Civic Centre，2021），是西澳大利亚的港口城市弗里曼特尔市的新建市政办公中心。克里·希尔建筑事务所在2013年国际建筑竞赛中赢得了这个项目的委托。希尔建筑事务所的方案将新建筑与一座1887年的市政厅相互联系，并成功激活了这座历史建筑（见图31）。与此同时，此方案还创造了兼具功能性、市民性和空间渗透性的公共空间。设计中，建筑师采用了朝北的大面积草坪斜坡，并在新建筑顶部设置了一条宽敞的公共走廊。虽然新建筑在形式和色彩上都受到了一定的限制，但它仍采用大胆的几何形式来回应三角形的场地。建筑师还用悬挂的穿孔金属板覆盖了整个建筑的外立面。这个项目彻底改变了弗里曼特尔市的老城中心地带的城市面貌。

对于希尔建筑事务所而言，除了能通过在设计竞赛中的高命中率而获得更多的工作机会，参加比赛的过程也有助于改变和优化事务所的设计工作方式。由于设计竞赛通常会对设计条件和出图时间有严格的限制，所以，事务所开展建筑设计的进程也会比早期的实践项目更紧凑、更高效。以往，希尔建筑事务所的建筑师们会有足够时间对一个建筑项目展开细致的深化设计，能够绘制出完善的平面图和剖面图。在很大程度上，建筑设计的最终成果其实是这样的工作机制直接带来的结果。而对于竞赛而言，建筑师通常只是从一个简单的想法出发，顺手勾出一个关键性的方案草图。如果这个方案被认为较有价值，建筑师再去继续深化它。在这个阶段，事务所几乎无法获得资金收入，但合伙人们会用其他办法让工作室能够运转。设计竞赛也有助于促进建筑师们更快地进行方案设计，同时对于建筑形式的构思，都可以通过3D建模的方式得到印证和检测。克里·希尔先生认为，参与设计竞赛过程能够促使建筑诗意构思与设计实践项目更快地结合。迄今为止，希尔建筑事务所已经具备了参加竞赛的良好条件。

设计竞赛带来的工作设计方式，也不可避免地渗透到其他项目的工作进程中。因此，设计竞赛对克里·希尔建筑事务所的影响是无处不在的。克里·希尔先生曾说："设计竞赛要求设计者思维敏捷且思路清晰，我认为这是所有设计师都应该参与的重要过程。"在他的建筑实践中，希尔先生一直有着很好的运气。但这种运气是也是因为他有着勇于冒险的工作精神而获得的。希尔先生曾经置身家乡澳大利亚，而后主动离开自己小有成就的度假酒店设计类型的舒适圈，继续探索颇具不确定性的国际设计竞赛。

整合与巩固

在过去几年里，克里·希尔建筑事务所同时经历了发展和收缩。20世纪90年代末出现了严重的经济衰退现象。事务所的一些员工陆续离开，但公司不再招聘新人。直到2001年，经济局势才出现了转机，设计工作也开始运转起来。1997年，位于弗里曼特尔的工作室曾在玛格丽特河奥伊度假屋项目完工后关闭了一段时间，但当事务所在2005年赢得了西澳大利亚国家剧院中心项目后，弗里曼特尔工作室又重新运行起来。从那时起，弗里曼特尔工作室一直稳步发展。现在，它也像新加坡工作室一样，拥有大约40名员工，呈现出一种蓬勃发展的态势。

虽然事务所有意识地想将经营领域扩展到度假村和酒店类型之外的建筑项目中，但依然在陆续从事着酒店和度假村的设计项目。事实上，在项目数量和地点范围上，这类建筑项目有增无减。希尔先生确实思考过："如果有业主问我，一家酒店的设计图纸你们会需要修改多少次？我会告诉他们说，其实我们已经找到了解决这个难题的另一种方法。"他承认，酒店设计方案已经经过了他的事务所的充分演练。相比早期项目时期，建筑师们可以更自如地处理建筑空间。因为在事务所早期创业时期，建筑方案的复杂性很大程度上都聚焦在建筑形式的丰富程度之上。与之相反，现在事务所的重心转移到建筑场所性的构建，强调更多地回应建筑的场地特殊性。后来，希尔先生越来越多地谈到，让酒店的客人"进行一场发现之旅"。他期待自己的设计能够为旅客提供一种从到达酒店开始便展开的空间序列性，以及一些意想不到的视觉体验，他希望旅客通过自己的"发现之旅"能够更多地体味到这座酒店所带来的场所感。

事务所从遍布世界各地的新兴度假酒店的设计实践中受益匪浅，也从更多的城市空间和公共空间设计项目中获得启发。这些新时代的酒店项目，同样完全需要回应场地区位、气候特征和传统文化，但它们的形式需要设计得更为抽象。建筑师需要通过进一步对空间形式的精确把控和对建筑材料的审慎选择才能更好地完成。正如城市空间内的设计，人们从其中可明显地感受到现代主义经典作品和经典理论对其产生的深远影响。

在多次婉拒了中国大陆的设计项目之后，希尔建筑事务所最终承担了青岛涵碧楼酒店（the Lalu Qingdao，2014）（见图32）的设计工作。这个项目由中国台湾日月潭拉鲁酒店的客户委托，项目为事务所在中国开展进一步的工作打开了大门。而后，事务所很好地完成若干位于中国大陆的设计项目，如上海郊区的安缦养云酒店和正在进行的四川龙池国家森林公园度假酒店。这些优秀的设计作品最终成为事务所的"名片"，呈现出事务所在酒店建筑设计上能够达到的预期水平。

在过去的十年里，希尔建筑事务所同样承担了多项安缦度假酒店的设计项目。安缦巴杜酒店（Amanbadu）坐落于约旦阿勒颇松林中。这个项目的形式法则显然是在迪拜流产的棕榈沙漠项目的基础上发展而来。但安缦巴杜酒店的外观却显得更加简朴。巴杜酒店使用的材料精简，将当地的石材用于室内室外所有的墙壁、地板和立面格栅之中。与迪拜的安缦酒店一样，巴杜酒店客房的设计原则是建立一个更大的空间容器，其中包含着卧室、浴室和独立庭院。这个始于2008年的酒店开发项目，带给人们一种如同现代圣经中的村庄的感觉，充满了宁静祥和的气氛（见图33）。

32　　　　　　　　　　　　　　　　　　33　　　　　　　　　　　　　　　　　　34

对于举世闻名的连锁酒店集团来说，安缦东京酒店（Aman Tokyo, 2014）是一个不同寻常的项目。因为这家安缦酒店位于东京金融区一座办公楼的顶层六层，其建筑形式具有高度的城市化特征。这个酒店提供了在一个给定的体积中进行精细化体量组织的经典范本。同样在日本，还有位于伊势岛国家公园（Ise-Shima National Park）的安缦伊沐酒店（Amanemu, 2016）（见图34）。安缦伊沐酒店坐落在一个很大的场地上，单层农舍般的建筑形体与安缦东京项目形成了鲜明的对比。然而，这两个安缦酒店使用的建筑材料和空间策略，都与日本的文化传统密切相关，传递出一种普遍性的宁静的秩序感。

安缦养云酒店（Amanyangyun, 2018）位于上海市郊一个新兴村落的中心地带。希尔建筑事务所当时正在做这个村落的新农村整体规划。作为养云村镇发展的一部分，安缦养云酒店是一项意义非凡的工程项目。为了修建这家酒店，人们辛苦地从异地拆除并迁移来26座古建筑，同时在这块场地及周边移栽了数千棵古老的樟树。由于江西省修筑了一个新的大坝，所有这些建筑都可能受到洪水的威胁。对于这位富有远见的业主客户马达东先生来说，该项目旨在着眼于对中国文化传统的保留和发扬上。建筑师对旧建筑的改造，以及将古建筑与新元素巧妙融合的做法，与业主的诉求不谋而合。同时，这个酒店的设计方案也提供出一套独特的当代建筑空间的处理手法（见图35、图36）。

安缦京都酒店（Aman Kyoto, 2019）的场地，就位于克里·希尔先生于1995年首次造访过的那片精巧的花园之中。它的落成标志着日本首家安缦酒店长达25年的策划、构思、施工的历程最终结束。该项目设计过程的顺利开展，得益于希尔先生在那一时期对日本文化传统和京都花园遗产的深入了解，以及他在日本实现其他项目时所获得的经验。这些因素结合在一起，于一个当代的设计项目中，注入了日本传统上对景观植物的崇敬精神，同时也践行了希尔先生对室内外空间同等关注的设计理念。整个建筑中随处可见传统和现代材料有辨识度的衔接工艺，以及建筑师对室内空间、光线和景观的控制能力（见图37）。在酒店施工过程中，工匠们特别地小心，以确保花园不被破坏。整个酒店建筑都采用预制装配的形式，以减少对场地环境的破坏。施工过程中，道路上的苔藓被摩擦带走，当施工车辆离开后，苔藓才慢慢恢复生长。

安缦黑格拉酒店（Aman, Hegra, Al'Ula）（见图38）是位于被联合国教科文组织（UNESCO）列入的沙特阿拉伯考古区缓冲区的一个酒店项目。黑格拉是一个具有鲜明美感的国际重要遗址区，因此，这个酒店项目也更显得责任重大。克里·希尔建筑事务所受邀接受了这个项目的委托。因为业主认可事务所对场地的敏感度，以及对历史传统一丝不苟的尊重态度。

马来西亚的独一无二迪沙鲁海岸酒店（the One&Only Desaru Coast, 2020）是一个嵌入海岸森林环境的度假胜地，其有序的几何规划增强了它营造出的宁静氛围。这个线性的开发项目建造在石头基座上，沿着台阶的纵深方向，酒店空间一直可延伸到大海。建筑旁边有长满草的露台和热带花园（见图39）。建筑师再度运用了努力提升建筑小环境的气候舒适度的设计策略。在酒店公共空间中，建筑师将墙壁打开并抬高天花板，以促使空间内形成对流通风。46间客房中的每一间，都围合在一个中央庭院周围，形成了开放和私密空间的互通与联系。在面向大海的阳台上，可开合的格栅墙面为客人提供了可控的微风、阳光和空间私密度。

玛法尔乎岛（Maafalhu）潟湖边缘的四个人工岛屿，为马尔代夫丽思卡尔顿酒店（the Ritz Carlton Maldives, 2021）提供了仙境般的场地。该项目采用了弯曲的几何图形，其规划灵感来自水和风的圆形作用力。酒店最终的体量形式，以及运用交叉层压木材的预制建造方法，都与克里·希尔建筑事务所作品中容易识别的建筑特征有所不同。这进一步证明了，该事务所对场地环境具有很强的设计回应能力。

设计方案中的宁格罗海滩灯塔度假村（Ningaloo Lighthouse Resort）位于西澳大利亚埃克斯茅斯（Exmouth）的最北端。这里是联合国教科文组织评定的"宁格罗海岸遗产地"（Ningaloo Coast World Heritage Area）的范围之内。风化、荒凉、广袤的景观特征，成为度假村规划的标志性设计因素。场地内因

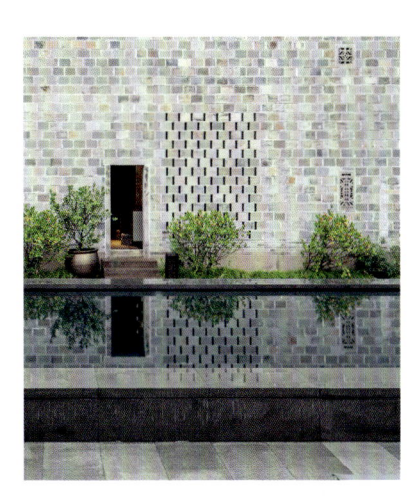

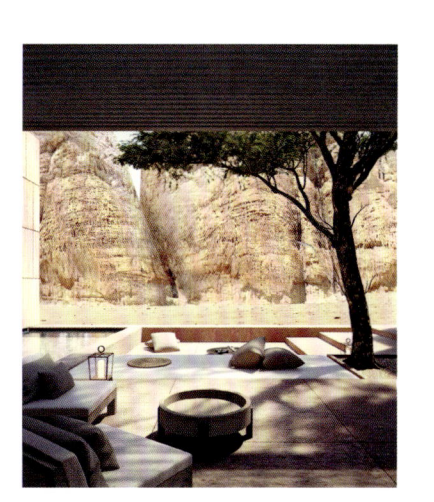

35　　　　　　　　　　　　36　　　　　　　　　　　　37　　　　　　　　　　　　38

设计实践的本质　21

39

40

施工而受到干扰的景观地带被种植成本土的花园，较小尺度的建筑体量凸显出景观形成的空间轮廓。这样的设计为酒店赢得了最高品质的观景视野。整体建筑形式简单，宽阔的廊道遮蔽着阳光和海风。

在很多国际项目中，大力支持的业主对项目的完成功不可没。克里·希尔建筑事务所很早就开始高度重视客户在高质量建筑工程实施中的作用。事实上，遇见珀斯项目的委托人，对事务所而言就是非常幸运的事了。除了在竞赛中获胜的珀斯城市图书馆和广场项目，希尔建筑事务所还被委托翻新设计临近的政府机关大楼。这是一座废弃的办公综合体，曾经也是一座宏伟的公共建筑，其历史可追溯到19世纪中期。建筑师在历史建筑中插入了一个新的多层办公大楼，即大卫·马尔科姆司法中心（David Malcolm Justice Centre）。这个大型改造项目于2016年完成，其施工部分由颇具创新思维的开发商艾德里安·菲尼（Adrian Fini）挂帅。这个项目不仅仅包括对老建筑的改造，其中也有不同的建筑风格。在不同的楼层设置迷宫般的交通系统，使之变成精品酒店、餐厅、酒吧和众多零售店面。与城市图书馆和办公大楼项目一样，这个城市综合体在室内和室外，都提供了一系列通透的公共空间。它最终成为珀斯的一个新地标。其设计和施工的水平也抬高了这座城市的建筑质量标准。在同一个城市街区，建筑师还完成了码头街3号的办公楼（见图40）设计。这是一座隶属于圣公会教区的小型办公楼，整体造型精致优美。在这一城市中所有的实践项目汇集在一起，为希尔建筑事务所提供了非常丰富的城市空间设计经验，以及城市人群对其作品的反馈凭证。

自2010年以来，希尔建筑事务所设计完成了许多住宅开发项目，包括雷顿海滨公寓（Beachside Leighton，2010）。该住宅建筑包含60套公寓，是一个分两阶段开发项目的一部分。雷顿海滨公寓位于弗里曼特尔北部原始海滩上的一个新兴公共空间的两侧。这个公寓建筑以及事务所后期的其他项目，为西澳大利亚高密度沿海社区的开发提供了更高水平的设计保障。

希尔建筑事务所其他参与的公寓项目包括曼谷的素可泰酒店（the Sukhothai Residences，2011）、新加坡的城市套房公寓（Urban Suites，2013）（见图41）和圣淘沙湾七棕榈住宅（Seven Palms Sentosa Cove，2013）。马丁路38号公寓（Martin No. 38，2012）是一个商住两用的开发项目，其场地位于新加坡河（Singapore River）附近，靠近新加坡中央商务区（Singapore Central Business District），先前这里是一片仓库区。建筑立面由可开合的铝制遮阳板构成一种不断变化的正交纹理，形成美好的光影效果（见图42）。

希尔建筑事务所还参与设计了一个如同校园的规划项目，在昆士兰州圣灵群岛的海曼岛上建造了21座度假别墅。该设计是由一套标准空间组件发展而来，所有的空间组件都来源于事务所在众多住宅项目中所建立起的设计元素系统。如为加里克大道住宅设计的双倍尺度的遮阳格栅装置，此时被用在岛上最先建成的皮博迪住宅（Peabody House，2011）之中。双倍尺度的遮阳格栅装置用于热带建筑特有的中庭之中，能够将进入室内空间的日光遮蔽一部分；同时，中庭作为一个附加的盒子，悬吊在住宅体量之上，以凸显出它的重要的功能作用。

在新加坡，作为一家城市安缦酒店，哈纳酒店（Hana，2014）应运而生。

最终，它被重修成一个公寓式酒店建筑。在一个小小的三角形场地之上，应相关规划条例设定的场地要求，哈纳酒店被设计成为一个高大细长的塔楼。围绕一个核心筒设置独立的公寓空间，公寓建筑的每一层，都设置有大量的服务设施。基尔马诺克海滩公寓（Kilmarnock，2019）位于珀斯海滨郊区的科特斯洛（Cottesloe）。这座建筑仅由10套宽敞的公寓组成，公寓建筑拥有公共的屋顶平台。这座三层高的建筑（见图43）下设地下停车场，其屋顶设置也回应了周边的地形条件，保持在规定的高度限制范围内。建筑师用当地的砂岩建造了底层的基础，其上支撑着两个拥有白色边框的建筑体量。该公寓占满了整个街区。套型内的起居空间向内凹入，伴随有阳台延伸到建筑外缘。哈纳酒店和基尔马诺克海滩公寓都通过建筑体形处理方式，最大程度地利用了当地气候的优势条件，实现了对流通风和对日光的控制。两者都展示出非常完善的设计深度，最大程度地为居住者提供了舒适且具私密性的高品质住宅空间。

悉尼的环形码头一号是一个在竞赛中胜出的住宅项目。项目于2009年开工，目前仍在进行中。由于其有着独特的场地区位，周边也有令人惊叹的自然景色，

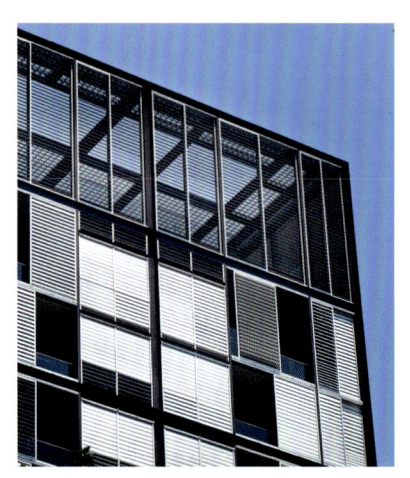

41

42

43

44

45

建筑师在设计上对这座塔楼四个立面给予同等的关注度，四个面完全向景观打开，最大程度地实现了被动式太阳能设计。住宅的主要空间朝北，两个垂直循环核心给公寓增加了自然通风。珀斯的伊丽莎白西码头（Elizabeth Quay West）是另一个在竞赛中获胜的大型住宅塔楼项目。该项目于2016年开始建造。塔楼内包括一个酒店，同时在裙房中混合了零售店铺和其他公共设施，不同的空间用途被融合在复合化的独立建筑体量中，以独特的组合方式来进行空间表达。公寓塔楼形似一个细长的玻璃盒子。由于它正好位于河边，其玻璃包被的立面设计，最大化地适合当地的气候条件，并提供了宽阔的观景视野。在塔顶层还设置有一条公共观景通廊，其成为地面公共空间的延伸部分。

雅加达的达摩双塔（Dharma Towers）是2016年设计的工程项目。它包括两座25层的塔楼，楼体之间呈九十度角。其中一座为公寓，另一座包含了商业办公空间。与此前的公寓项目一样，大厦的立面巧妙地运用网格和框架的划分形式，将可开合或固定的格栅表皮置于这些框架之中。在实践项目中，如格栅百叶这样反复出现的属于气候适应性的建筑元素，成为精细化的设计手法，同时也有助于对设计主题的表达。

单体别墅住宅项目也在事务所的设计实践中，持续地发挥着重要作用。如位于科伦坡（Colombo）的阿迈伦住宅（Amalean House，2010），这是一座设计巧妙的进深为一间的建筑群。在庭院的分隔下，建筑单体由有顶棚或无顶棚的走廊连接。从立面上看，走廊宛如遮挡建筑形体的"门楣"一般（见图44）。

英格玛乡村住宅（Ingemar，2012）（见图45）坐落于玛格丽特河的天然灌木之中，这里是西澳大利亚西南部的一个著名的葡萄酒产区。英格玛乡村住宅由一系列黑色的木盒子组成。盒子之间的连接处理和空间组织是影响建筑空间体验的关键——住宅墙面对于观景视野的开放和框限，住宅在一天不同时间为居住者提供的空间体验，体现出建筑师卓越的专业功力。

拉·阿尔加拉博萨乡间住宅（La Algarrabosa，2019）是坐落于西班牙安达卢西亚（Andalucia）的一座私人住宅。整个建筑位于一片大规模的开放场地中，可以三百六十度俯瞰毗邻的国家公园。该住宅保留了两座经过修缮的农舍，新建的房屋形式则是对西班牙庄园建筑的当代诠释。以庭院为核心的空间组织方式，再次被作为最核心的设计策略。两个连通的庭院由两栋交错的L形建筑围合。其中一个用作卧室空间，另一座用作起居空间（见图46）。住宅外观采用了清水石材墙基、白涂料粉刷砖墙和白色滑动百叶窗。外墙形成直通屋顶的围合高墙，并嵌入庭院中。住宅完全采用简单而质朴的建筑形式，运用当地的材料和建造形式形成了对地域的回应。最终，在绵延起伏的风景中，拉·阿尔加拉博萨乡间住宅营造出一片宁静且有秩序感的绿洲地带。

与拉·阿尔加拉博萨乡间住宅一样，位于澳大利亚西南部农村的农舍（Farmhouse，2020）也采用了类似的庭院设计，使用了简单的直线型建筑空间形式。该建筑坐落在山坡上，人们从中可以欣赏到如画的风景。庭院按要求设计成为同一家族几代人的隐居之所。其中的庭院既是住宅建筑的空间组织核心，也是通过控制风和阳光来应对气候变化的设计手段。住宅将垂直的木材翅片延伸到玻璃墙面上，以满足住宅的遮阳和隐私性空间需求（见图47）。

滨海古宅民俗度假村（the Beach House，2019）位于珀斯科特斯洛的印度洋边缘。这座房子位于一个很宽阔的场地上，并需要围绕着一个重要的遗产建筑展开设计工作。该建筑由线条清晰的直线型建筑组成，其体量向西延伸到场地的边界。建筑师在新旧建筑之间，创造出安静的景观空间。钢框架和玻璃的上层空间两侧为走廊和可开合的百叶窗。建筑师使用遮阳百叶等有限的设计元素，在环境中为建筑提供对风和光线的控制。当百叶窗打开时，建筑是开放而宽敞的，阳光能够穿透房屋。从这里，人们可以随时看到庭院内的水面、远处的海洋，以及房屋西侧更隐蔽的水体。

希尔建筑事务所受西澳大利亚大学委托，基于其在珀斯的已有的工作基础，为西澳大利亚大学校园东部地带设计两个关键的建筑项目。从这两个建筑中，人们可以欣赏到天鹅河（Swan River）的侧翼美景。福雷斯特学者公寓楼（Forrest Hall，2021）为研究学者和访问学者提供高品质的住宿空间。其每座楼都有一个种满草的回廊，并设有图书馆、会议室等公共空间。福里斯特大楼外观以砂岩面砖铺就，以呼应主校区的老建筑的色彩和风格（见图48）。而另一座土著研究学院（Bilya Marlee，2020）是一座玻璃建筑。其北立面运用赤陶土和石材制成的竖条形幕墙百叶，用以遮挡直射的阳光（见图49）。立面所用板材采用了冲积色，呈现出非常独特的表面效果。这归功于在整个设计过程中，建筑师与尼昂加尔（Nyoongar）当地艺术家和顾问团的密切接触。艺术家的参与令建筑与景观的联系更加紧密。具体体现在：建筑中有一处用于户外教学的斜面草坪；入口空间运用了一个庆祝尼昂加尔6个季节的小型花园；一个安静的花园中种植着成熟的红杏树，这些红杏树林勾勒出建筑南侧弯曲的轮廓。

同样在西澳大利亚，希尔建筑事务所正在设计巴瑟尔顿表演艺术和会议中心（Busselton Performing Arts and Convention Centre），以及玛格丽特河的布洛克曼酒庄（Brockman Winery）（见图50）。与瓦雅鲁普市政广场和土著研究学院大楼一样，布洛克曼酒庄也使用了坡道景观。建筑在草地斜坡中嵌入了服务功能，虽一定程度限制了建筑的视线范围，却也同时提供了一个抬高视线的观景机会。建筑使用夯土结构，这是当地特有的建筑结构形式。夯土墙体包裹着酒庄和后勤服务区域。一个面向阳光和景观的木质建筑，包含了地窖门厅和餐厅空间。这是一座带给人善意和温暖的建筑，其呈现出的建筑与景观之间的交融性设计，使得建筑与景观成为不可分割的整体。

如同希尔建筑事务所的其他作品一样，建筑师精良的设计构思，在建筑平面中对几何形式抽象化、功能化的使用，以及在建造形式上呈现出的清晰的处理方式，对内部和外部空间同等的关注，使这些分布甚广的建筑项目，共同获得了超乎寻常的空间质感。

延续至今的实践项目

克里·希尔建筑事务所的实践基础是建立在建筑师对每一处陌生地点、每一种陌生文化、每一个不同类型的项目不断探索熟悉的过程中。这是克里·希尔建筑事务所与其他设计公司最大的区别。他们的设计项目，会有取舍也借鉴当地的传统建筑，并充分考虑景观地貌特征。因此，景观很早就成为克里·希尔建筑事务所最为主要的设计因素之一。对场地的界定，对场地景观环境的回应，在事务所的设计中都变得至关重要。在很多设计实践中，敏感地回应场地的条件和特征，也成为事务所建筑设计手法中的关键性原则。

通过在建筑中引入景观元素，对建筑与景观进行融合处理的手法，在事务所最近的设计实践中，变得更加清晰明显。西澳大利亚的三个项目就是这种设计方法的典范之作。瓦雅鲁普市政广场通过大面积的斜坡草坪，将新的公共城市空间引入建筑中心；布罗克曼酒庄将建筑的一部分嵌入覆盖着当地杂草的斜坡上，营造出一个不同寻常的公共空间；土著研究学院大楼的设计，在与当地顾问磋商后，在建筑和景观中嵌入特有的文化叙事。同样由于地处热带气候区，新加坡的项目也一直受益于建筑与景观元素的密切互动。

在另一个层面上，克里·希尔建筑事务所与景观设计相关的项目，其规模在不断增大。2017年，建筑师接受以茶闻名的云南普洱市的委托，从整体上规划了一个约1 600公顷，已达到城市规模的建筑开发项目，其规划范围内包括博物馆、住宅、商业建筑和必要的基础设施建筑。

克里·希尔建筑事务所的设计实践工作带有鲜明的特征。其项目多数是在不同的地点设计操作，项目之间没有文化和地理条件上的一致性。虽然事务所有一以贯之的建筑设计方法，但所有的项目都会以其所在的区位和气候条件，作为空间回应的标志信号。设计通过对材料的选择，对建筑形式的推敲和对当地风俗的深刻理解，践行着事务所的基本设计原则。这种设计手法上的连贯性，也是由于该事务所决定采用"成套零部件"的体系性的设计思想，即在有限范围内把控材料和细节设计水准，遵循一套具有一致性的设计策略。如同希尔先生所说，设计过程中的权威性和自信心主要产生于"找寻自己的位置"（finding-your-voice）。

克里·希尔先生将事务所的设计作品描述为"简单而适度的建筑"。这种轻描淡写的语气，掩盖了其设计过程的复杂性，避讳了他们在不断推进设计项目时所经受的艰难考验，淡化了其建筑及景观空间所提供的不同寻常的感官体验，未提及设计与交付一致的建筑质量，以及其在"宁谧"空间架构下的创作实践能力。

在给予他们的设计作品充分欣赏的过程中，对其建筑空间的体验是至关重要的。这些抽象、简约的图纸、照片与实际的丰富空间体验之间，有着永远无法逾越的鸿沟。高直的体量所带来的豁然，合理布局的窗框对观景视线的限定，精致的细部节点的处理，在每个项目中定义审慎而有趣的游赏路径，对光线穿透空间界面时的精准控制，对材料和表皮表面共同表达空间的设计探索，对建筑空间能够产生的声响的关注，以及在热带地区的项目中，尤其注重栽种的植物所带来的芳香，以上种种的空间特质，都不足以能通过图纸和照片来传达。

倘若以更宏观的角度来审视克里·希尔建筑事务所的设计作品，"宁谧"的确是其最为重要的空间内核之一。这显然是深受希尔先生长期以来的"拥抱东方"的文化思想的影响。希尔先生对东方文化的热衷，大概也是一种乌托邦式的文化精神追求。它来源于建筑师对一种理想状态之下所暗含的文化潜力的不断探索。对于希尔先生来说，理想的状态往往能够替代纷繁的当代世界。这种理想状态可以表现为一个包含着内化世界的、宁静且尺度可控的庭院，可以表现为一种有秩序的、清晰可理解的空间和形式，也可以表现为项目的所有部分都有详细可行的设计方案。我想，这就是一种将浓烈的建筑意志加诸一切可控制事物之上的、最为虔诚的设计过程。

克里·希尔先生曾承认说："我们的工作中最统一的设计策略是建筑平面设计……我们建筑平面植根于现代主义的传统。而在亚洲则相反。在那里，建筑平面通常来源于一种对空间秩序的理想化图解。"

庭院是践行空间秩序的必要组成部分，它明确限定了建筑的外部空间应当作为一个独立的空间部分来设计。同时，它也被用作一种空间组织元素，能够将建筑的不同部分结合在一起，能够允许复杂的空间在此有略微的"喘息"片刻。最后，庭院也应当作为一种使规划图清晰有序的空间设计手段，作为一种改变气候条件的空间方式，以及作为一种隔离远离尘世喧嚣的空间形式。

在设计实践工作中，平面图也变得功能越来越强大，就像一种强大的、可读取的表意文字，时刻指导着设计的方方面面。这里的平面图，不仅仅是一个空间的二维表达模式，其中也隐含着一系列能够被理解的对三维空间的设计可能性。这种清晰和强大的设计逻辑，虽然会导致建筑略显生硬，其形式显得严肃呆板，但事实上，在他们的很多设计案例中，这样的空间效果已被另一些设

49

50

计语言所抵消，譬如西澳大利亚国家剧院中心的门厅内具有高度装饰感的纹样，约旦皇家军事学院文化中心自由的形式设计，以及马尔代夫丽思卡尔顿酒店的曲线设计等。

过去十年中，克里·希尔建筑事务所的工作数量和项目质量都得到了蓬勃的发展，新老客户的项目源源不断，位于城市的项目也在不断增加，同时开发商和商业世界的直接参与也越来越多。了解其运作方式和交付效果的人，还在努力寻找委托他们进行设计的机会。

当克里·希尔先生去世后，客户很快就意识到，工作室的设计方法仍然能够很好地满足他们的项目预期。他们明白，多年来希尔先生已赋予了同事对设计进行决策的权力，并对他们的能力充满信心。业主们纷纷称赞，一个强大的团队已经建立。这是一个在项目实践中有悠久历史，并正在引领公司未来的设计团队。在新加坡分部，设计项目由贾斯汀·希尔（Justin Hill）、安吉洛·克里斯蒂斯（Angelo Kriziotis）、坦纽·戈恩卡（Tanuj Goenka）和伯纳恩·李（Bernard Lee）来领导，而在弗里曼特尔分部，设计项目由帕特里克·科斯基（Patrick Kosky）和肖恩·麦克吉文（Sean McGivern）来领导。他们都在克里·希尔建筑事务所工作了数十年。

此外，各种流程步入正轨，且拥有准备充分的技术控制系统，这使得设计实践的发展进入崭新的阶段。由于项目的性质，以及在长期孵化期间形成的对项目的承诺，事务所工作人员一直对设计项目保持着高度的一致性和忠诚度。很多项目都可以理解为一个千载难逢的设计机会，是赋予事务所的一种工作特权，也是提升设计高度和设计责任感的表现形式。事务所对设计的重视程度非常高，这种企业文化强化了设计工作的使命感，有助于建筑师群体的人员稳定。此外，事务所的设计顾问已经成长为值得信赖的合伙人，这也扩增了他们对团队和设计方法的理解深度。

事务所的建筑工作也遵循自己独特的轨迹，表达出一种非常特殊的对于地理和建筑的组合理解。这表现在事务所接触到的所有项目中，以及对自己的设计方法的成熟和自信。希尔建筑事务所的作品具有充分的现实感。建筑形式往往由强大的几何形式决定，但若深入景观设计中，对设计的把握又是异常小心的。对形式的抽象和几何秩序的把控，与持续关注的空间中的感官体验相互平衡，形成一个有机整体。

建筑的精心制作、材料的选择、连接处的细节、它们吸收或反射光线的方式、它们彼此"表达敬意"的方式，都经过了长期的打磨，也是对多年来实践在何处以及如何工作的回应。克里·希尔先生将这种品质称为"精确"，是一种精确建造的野心，"任何东西都不太多也不太少"。

的确，正是这种对建筑设计的严谨和热情，对文化和景观的积极回应，以及多年持之以恒的设计探索，让我们体验到克里·希尔建筑事务所那些庄严的现代空间背后所独有的平静、安宁和愉悦的空间氛围。

杰弗里·伦敦

说明：
1 文中提及的建筑物标示的年份为竣工时间。
2 文内标注的引用是克里·希尔先生的回忆，来源于2011年7月作者在斯里兰卡阿米蒂奇山住宅（Armitage Hill）进行的一系列采访。

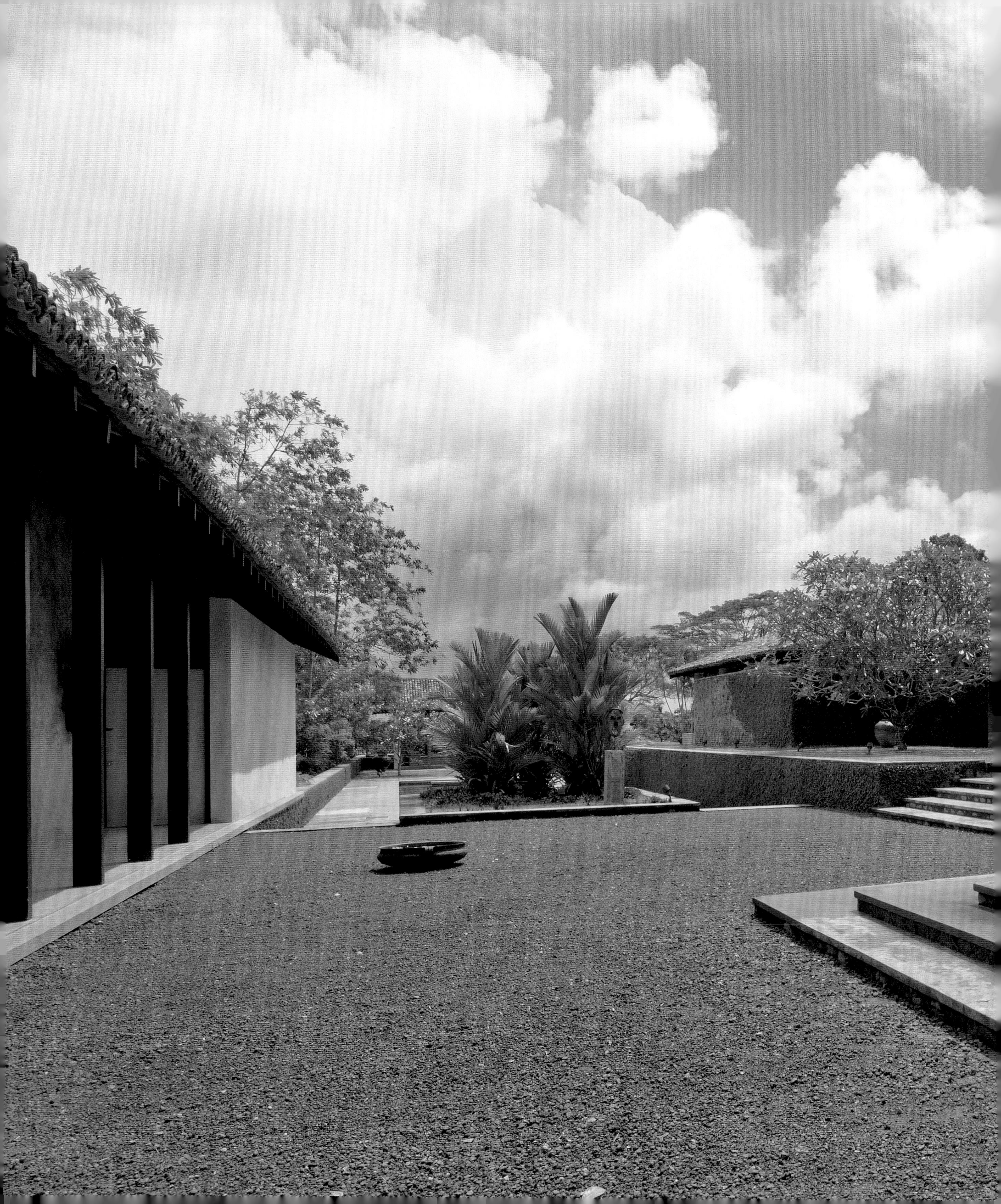

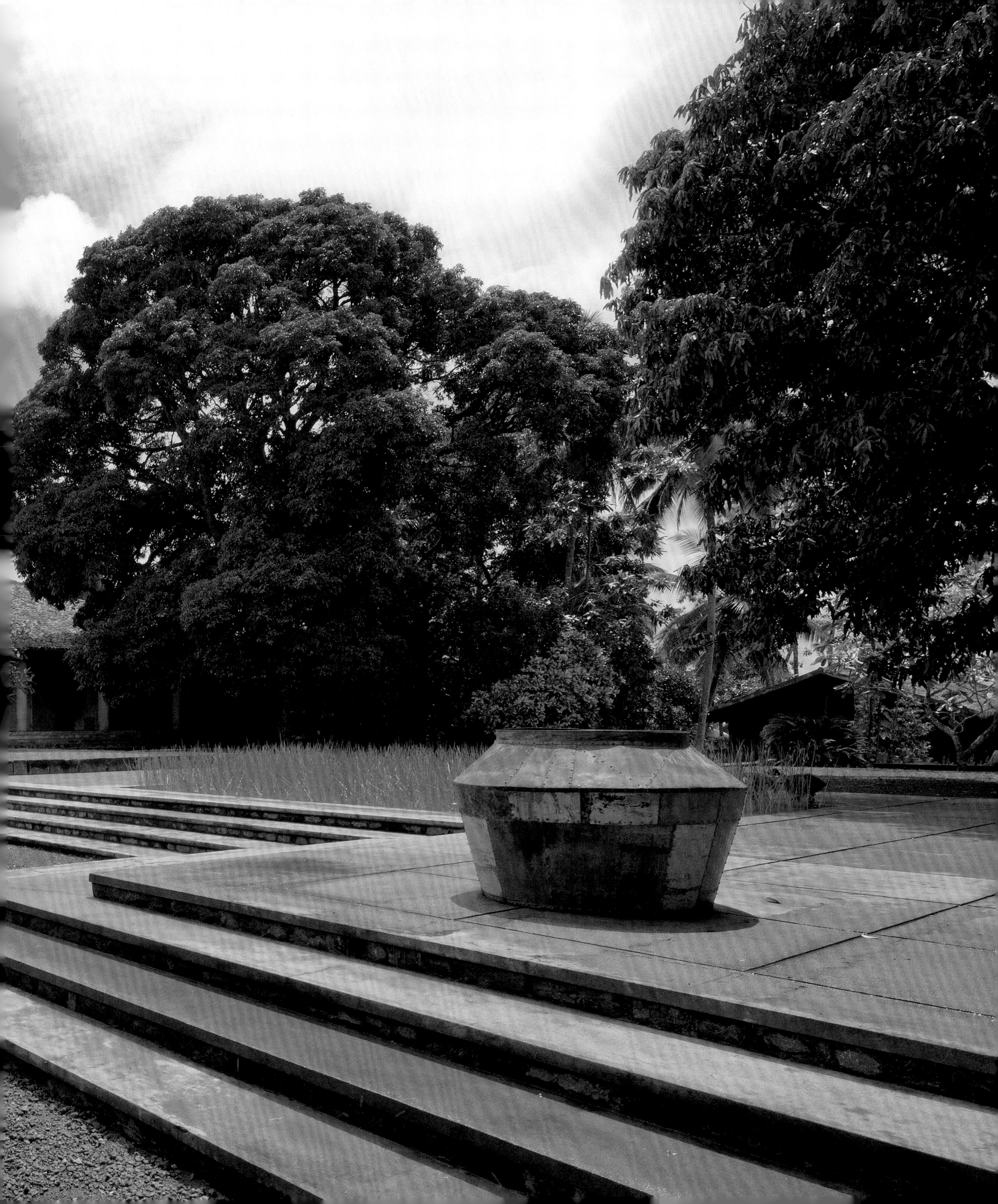

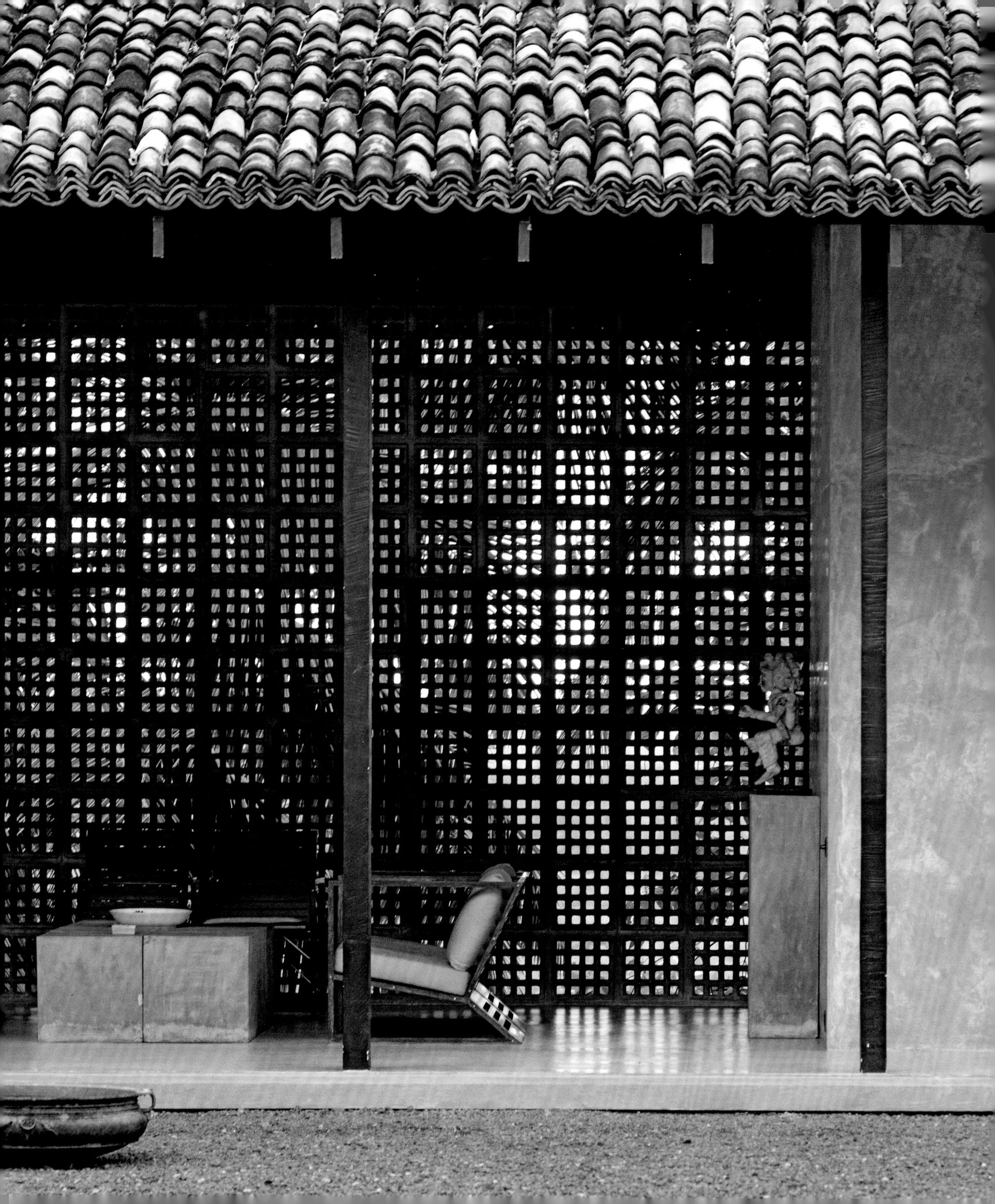

克里·希尔先生
1943—2018

阿米蒂奇山住宅
斯里兰卡, 哈普古拉（Hapugala）
1992—2018

克里·希尔先生和露丝·希尔先生（Ruth Hill）在斯里兰卡的私人住宅，是建筑和平的地方，也是一个能够思考的地方。阿米蒂奇山住宅也是克里先生的一个试验场。他经过30年的精心设计，其间逐步设计建筑空间，增加土地，扩建花园，后来，完善建筑细部，研究空间比例，艺术和室内都恢复至它们传统上的重要作用，所有元素都被和谐地结合在一起。露丝一直想知道项目何时能完工，但事实上，它从未真正被完成，因为设计过程和成果就是与它有关的一切，需要时间去体味。

它讲述了一个常常被人们忽视的重要事情，在当今世界这样社会压力逐渐增加的环境中：我们对一种地域文化、一种景观环境或者一种设计过程，是否还具备学习、理解和采信的能力？我们对待他人时，还具有怎样的预期？如果我们对自己所做的事情深信不疑，并且有意愿着手开始设计之路，然后像作曲家在交响乐中那样改进各种乐章，这种挑战就会变得很有吸引力。

这就是多年来我从曾经的同事克里·希尔那里学到的最重要的东西之一。这些领悟也将持续成为我们设计实践中的一种精神遗产，伴随我们所有的作品一路前行。

贾斯汀·希尔先生

阿米蒂奇山最初是一个橡胶种植园，多年来在一些著名和臭名昭著的居住者的要求下不断被开发。其中有埃弗拉姆家族（Ephram Family），他们在1840年到1880年间拥有这片土地。他们同时也是加勒古堡（Galle Fort）新东方酒店（New Oriental Hotel，现在被称为Amangalla）的所有者。

1992年，克里·希尔先生买下了这处房产。他开始对现有建筑进行实质性的改造，并增加了新的建筑。他将新建建筑用作建造和塑造热带空间的建筑理念的试验场。新建筑的建造采用了当地的方法和材料，包括石头、木材、回收黏土瓦片、抛光水泥和当地市场上的砌块。

黑色之屋（The Black Pavilion, 2005—2007）也是该项目的一部分。该建筑的起居空间是一个"花园式房间"，高悬在棕榈树之间，向四面开敞。进入室内，人们能看到建筑那黑色结构的剪影，且在不同方位有不同的视野。这样的空间体验创造出一系列犹如山水画般的空间印象。在这里，你会觉得自己距离大自然异常近，可听见松鼠在鸣叫、猴子在嬉戏，暴风雨来了又去。卧室空间更加具有封闭性和保护性，仅对晨光开敞。爬藤植物覆盖着整片石墙，形成一个绿色的空间背景。

26—27页图：阿米蒂奇山的中央庭院，砾石，混凝土铺装，水花园和凸起的草地平台。

对页图：客房建筑的起居空间，用水泥封住砌块墙。

本页图：克里·希尔先生AO[1]

---

[1] 译者注：AO为Officer of the Order of Australia英文缩写，译为澳大利亚荣誉官员勋章，简称AO勋章，授予对整个澳洲或著人类做出杰出成就和竭诚服务的人士。

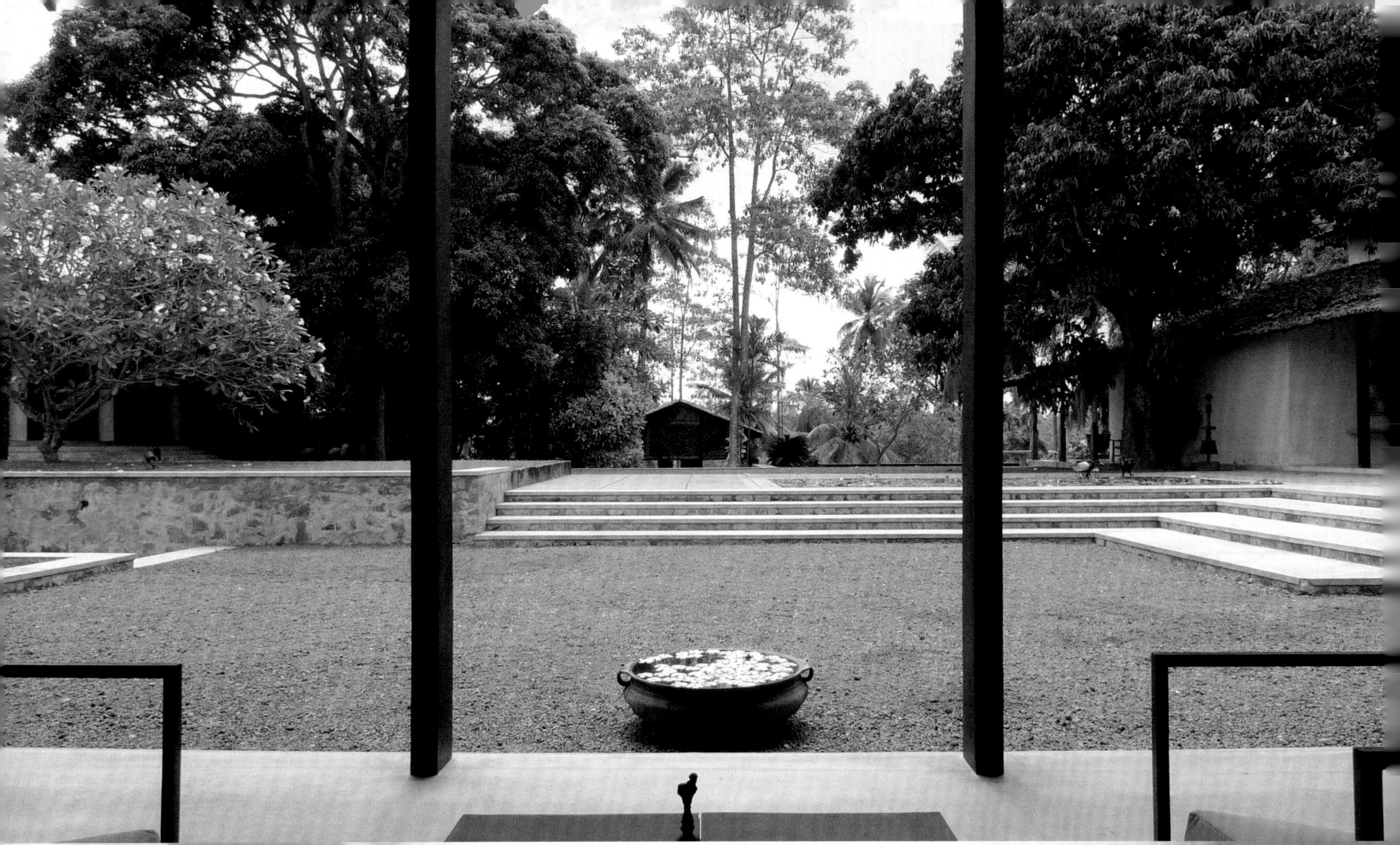

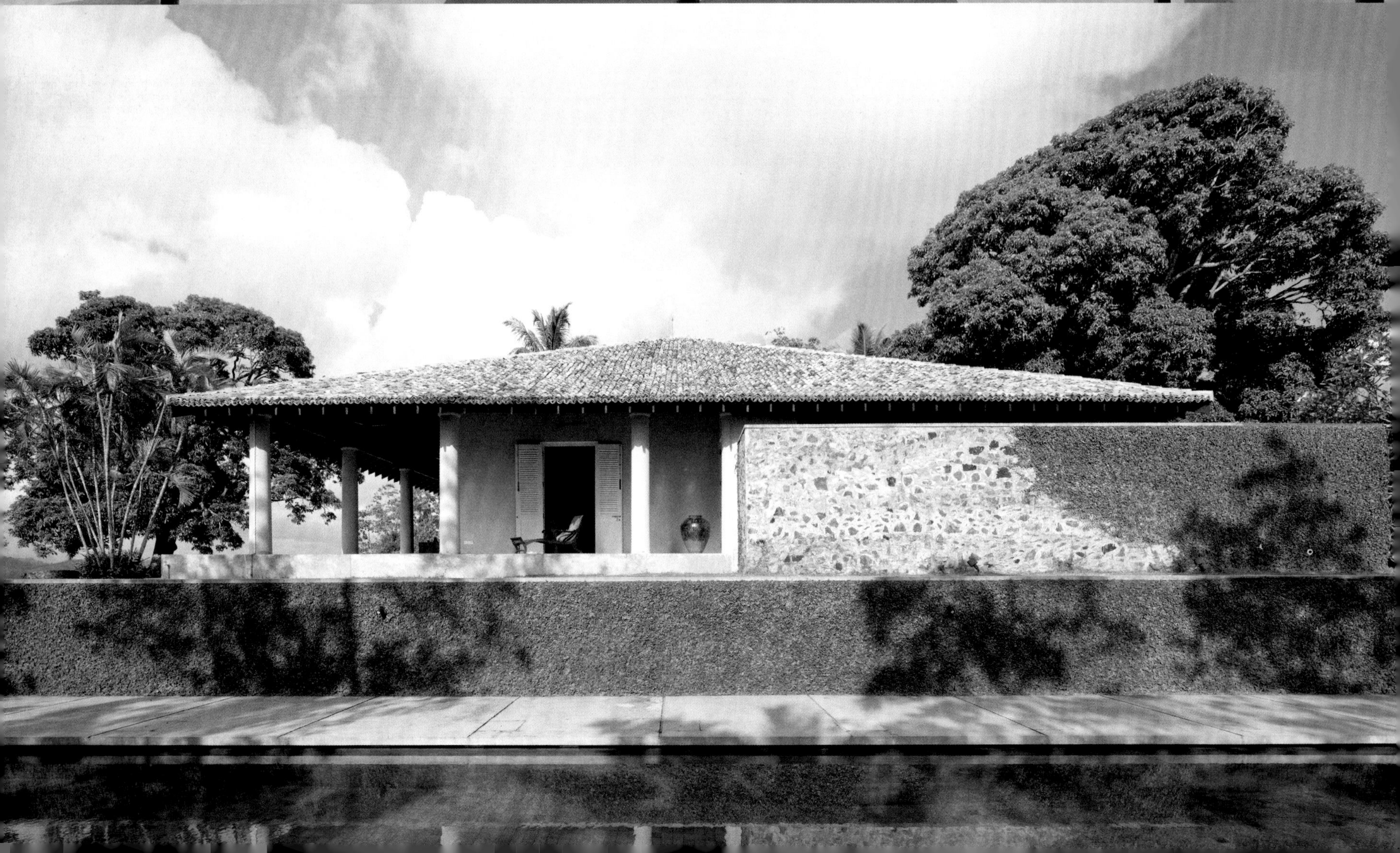

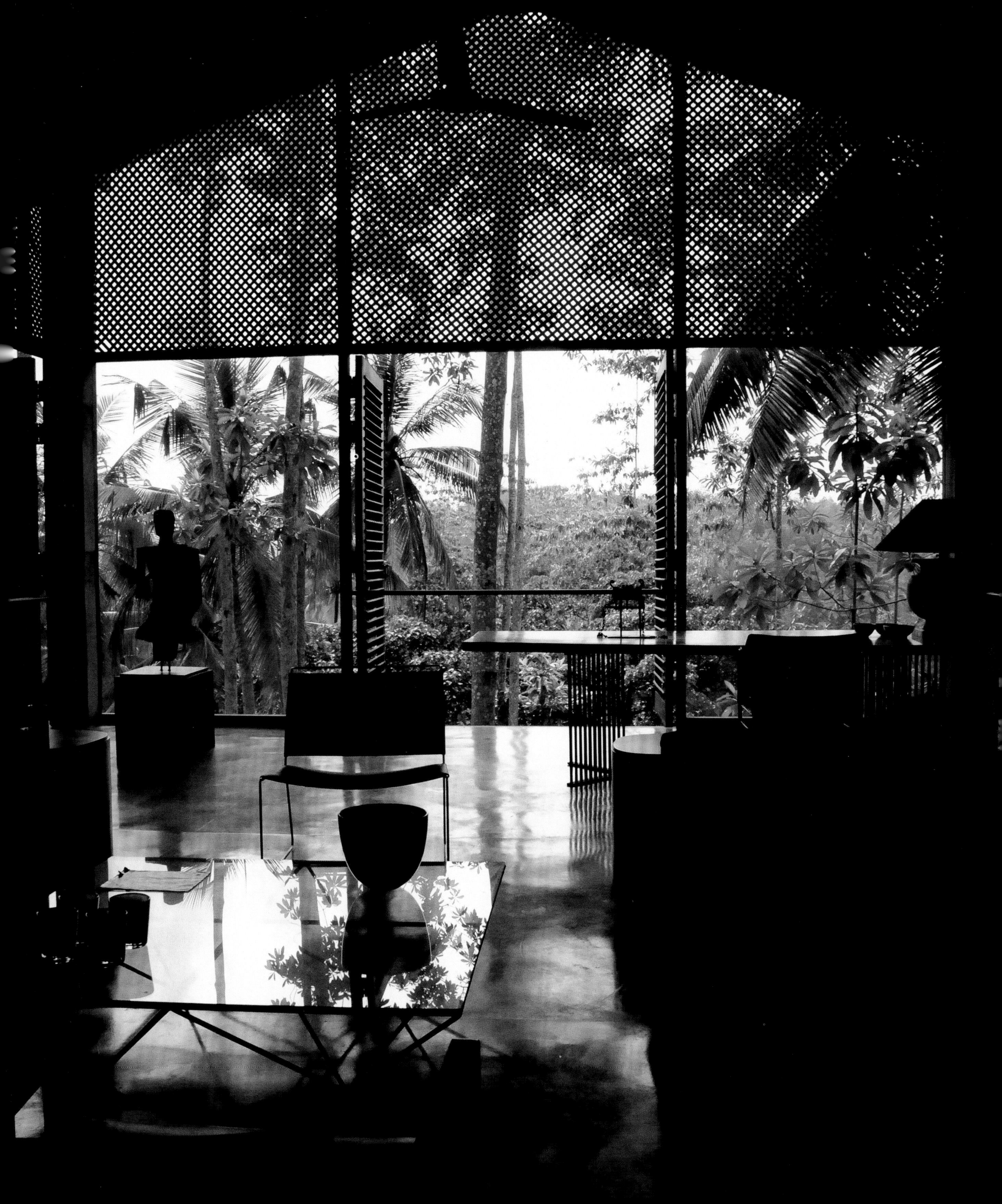

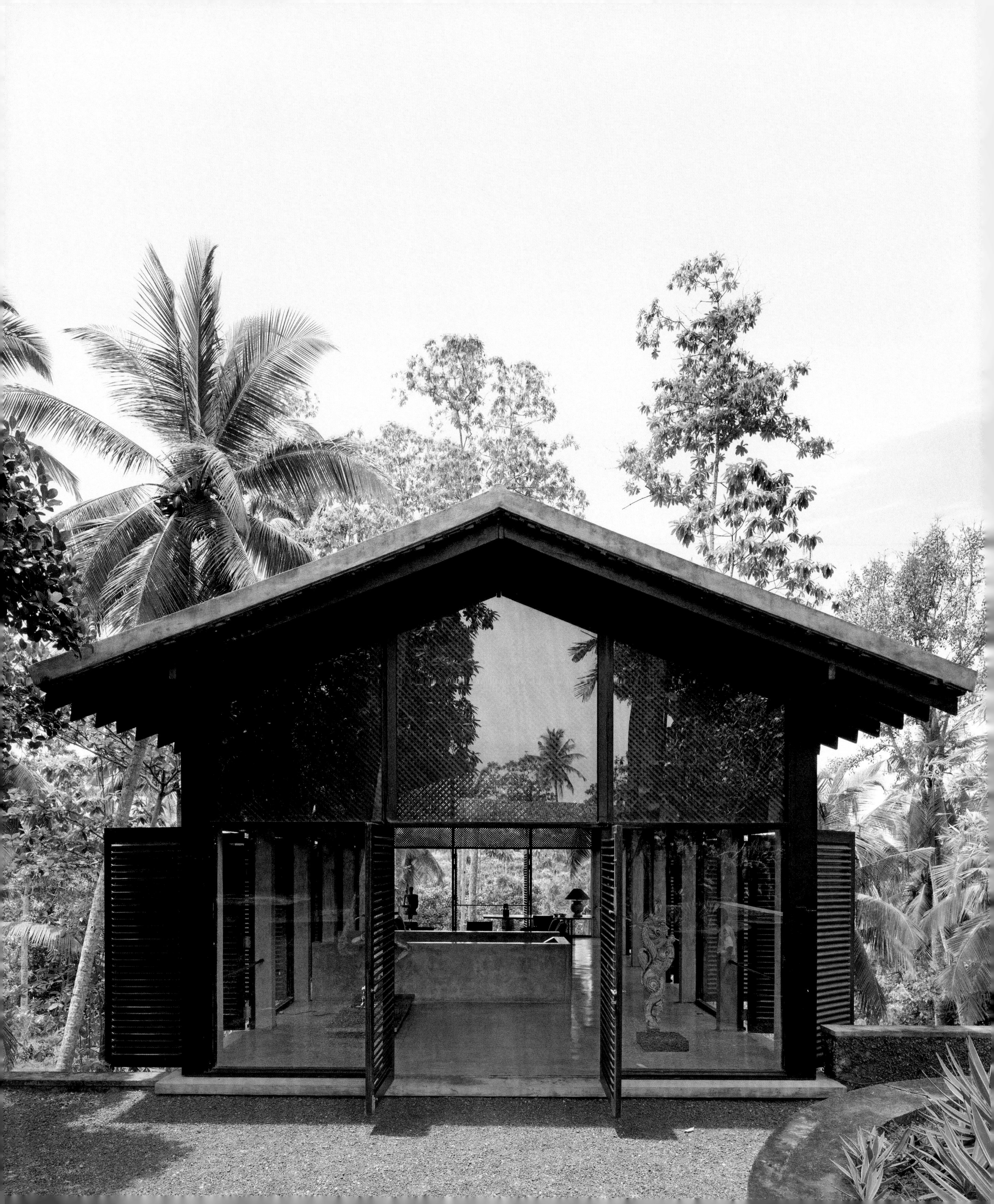

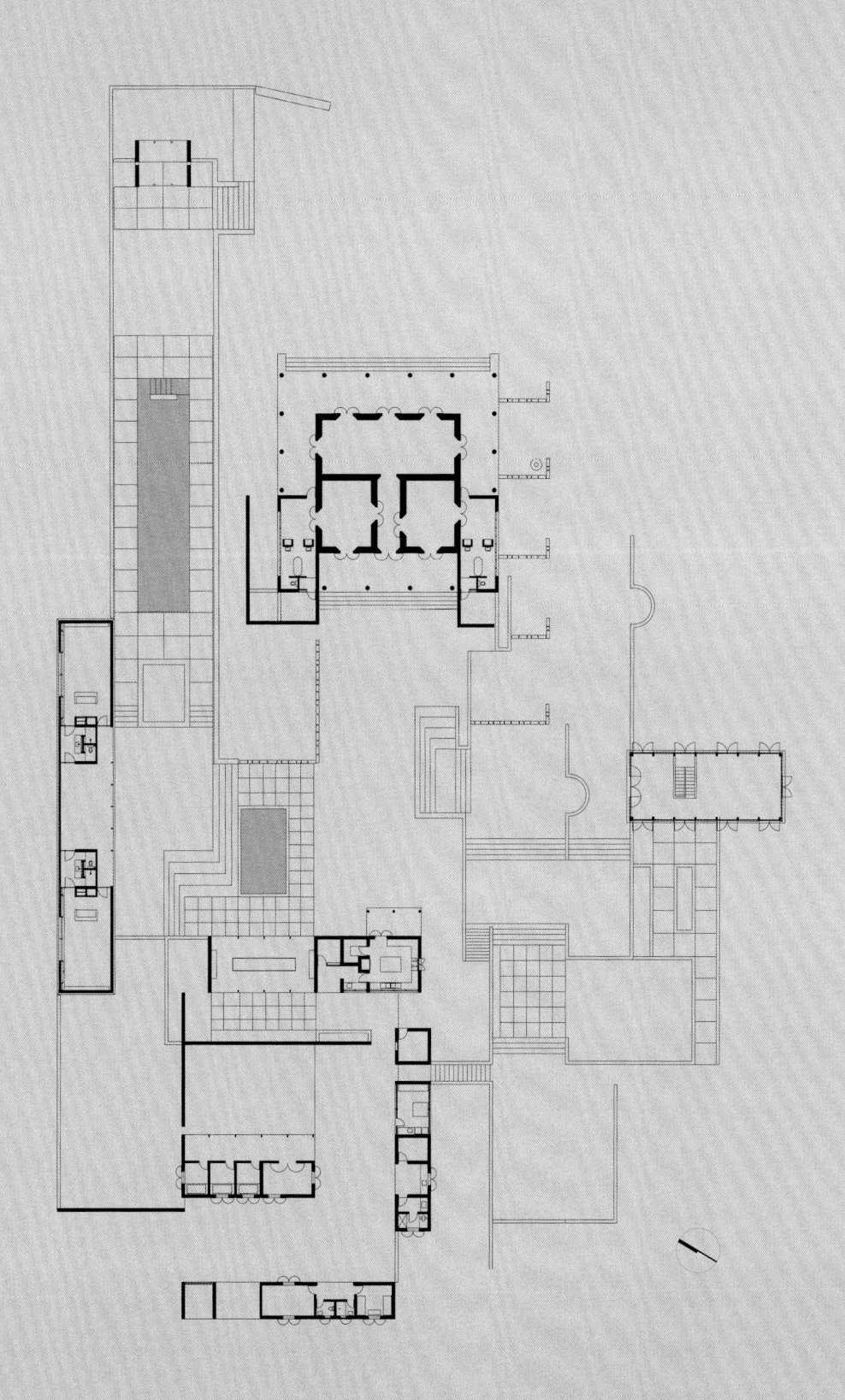

30—31页图： 从客房建筑的阳台上，可以看到中央庭院；从游泳池对面可以看到主楼的景色；黑色建筑的内部可以看见结构体系的剪影和框架效果。

上方图： 总平面图。

对页图： 黑色之屋。

作品精选
1989—2021

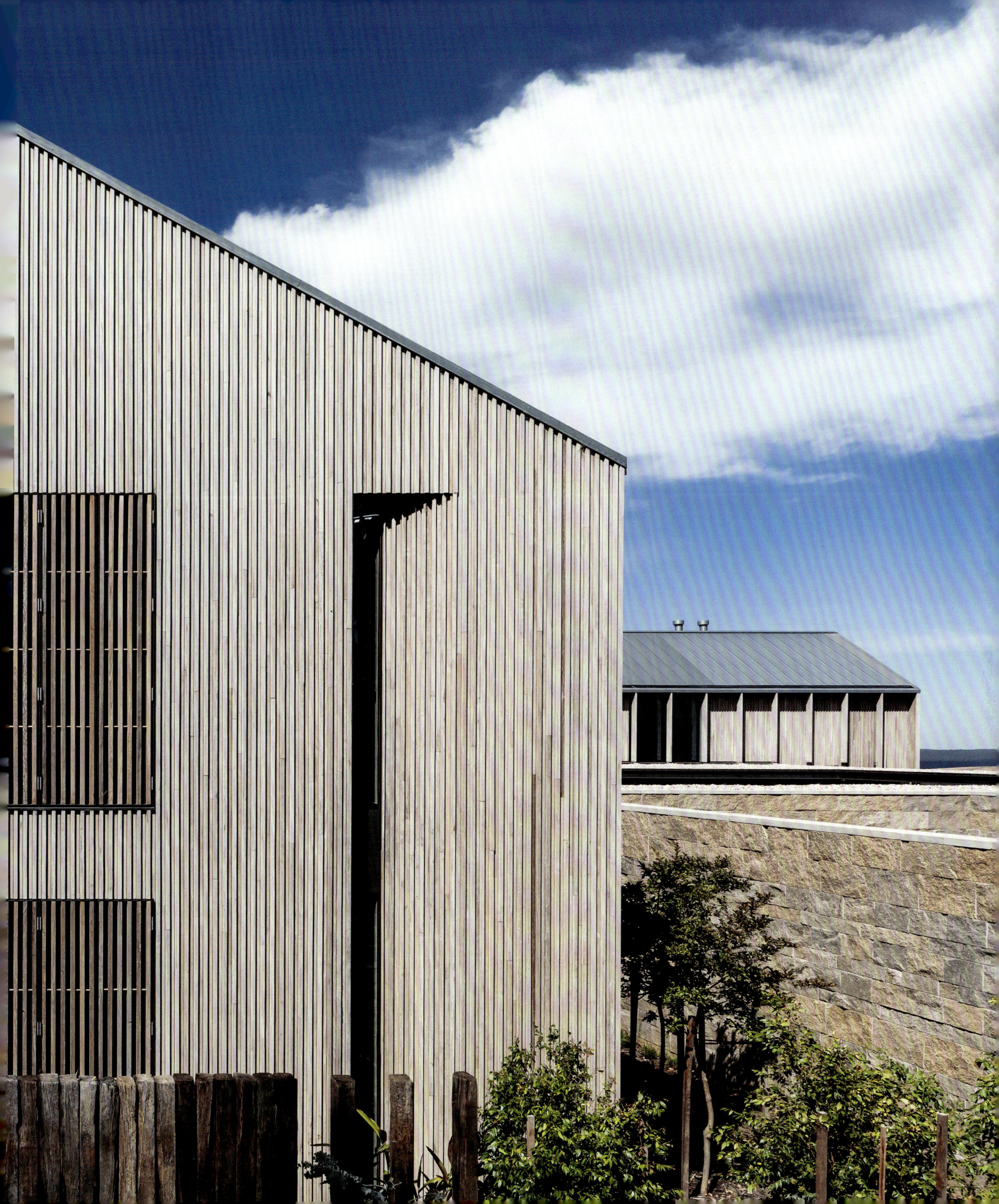

达泰酒店（the Datai）
马来西亚，兰卡威岛
1989—1994

这座奢华的度假酒店坐落在兰卡威岛（Langkawi）的西北远端。它被树林阴翳的达泰湾（Teluk Datai）的丘陵缓坡团团环绕着。建筑场地一直延伸至沙滩海湾和布满珊瑚的海域。场地所在的区域内，也存在一片生物种类丰富的沿海沼泽与潺潺溪流的过渡地带。

为了避免惊扰脆弱的生态系统，我们决定将这座度假村建设在大片的雨林之中。这里环境宜人，我们几乎无需砍伐任何树木。这块场地距离海滩约三百米，高出海平面约四十米。当人们从海上远眺时，度假村中的小型海滨俱乐部是周围唯一的地标建筑物。如果人们从海岸出发，步行就可到达度假村主要的旅馆区。这一段漫漫步程，也是人们发现、观察并与自然亲密接触的大好机会。

从整体上看，达泰酒店所在的建筑体量被分解成若干客房体块和独栋别墅。所有这些建筑，都被隐匿在森林之中。通过垂直的走廊、庭院、平台、连桥所形成的交通系统，零散的建筑体块与度假村的公共区域相联系。整个建筑的核心区域是一个高台泳池，即一处人工搭起的平台。在它周围，布置着度假村主要的公共服务区。这个升高的平台能够为人们提供新的观景视野。从这里放眼远眺，我们能获得瞭望海洋的极佳视角，也能看到周围树木蓬盖纷纷展开的开阔景象。

度假村建设所用的所有建筑材料都取材于本地。支撑着餐厅空间的那些结实的硬木柱子，都是由为了清空建筑场地而砍伐的树木的树干制作而成。高耸的坡屋面也都由传统的婆罗洲铁木（Belian-timber）木瓦所覆盖。用于垒砌挡土墙的粗粝石材，也将森林中的苔藓植物群悄然带来。这使得建筑物与其周边的环境，更亲密地融合在了一起。

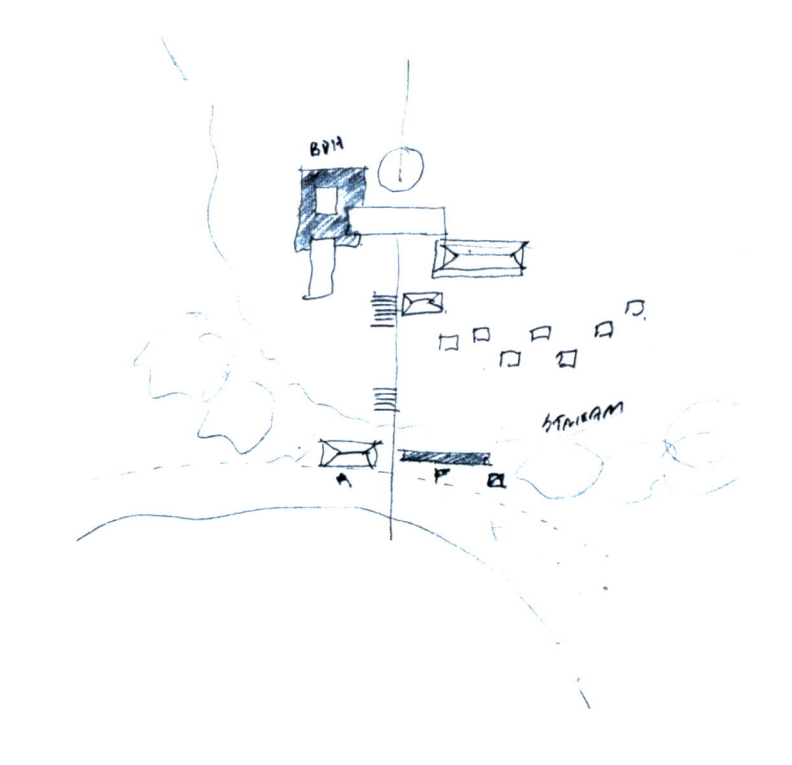

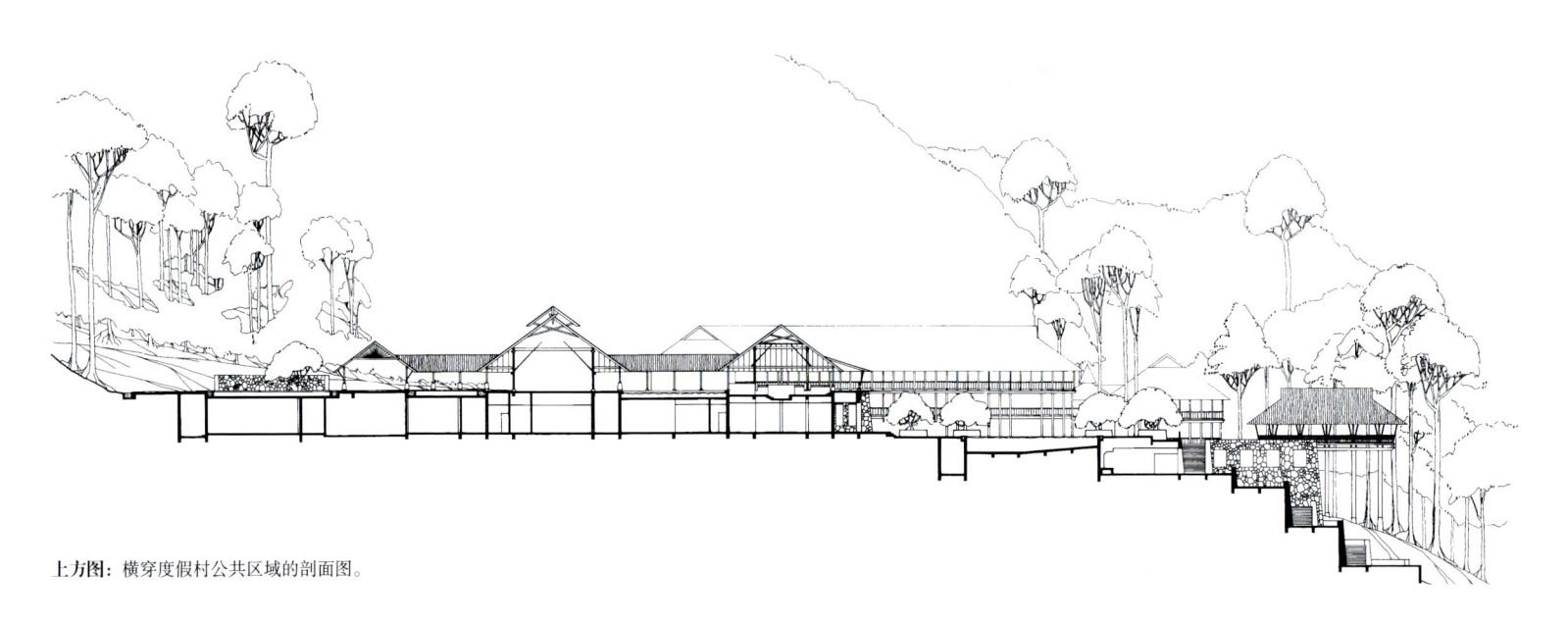

上方图：横穿度假村公共区域的剖面图。

上方图：餐厅建筑盘踞于周围的树木顶端。

右侧图：度假村主要的公共性功能都集中布置在石头平台之上。

达泰酒店 马来西亚，兰卡威岛

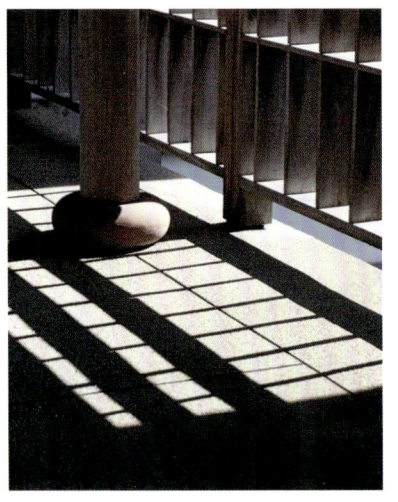

下方图：建筑中采用的传统材料，包括用于客房阳台的本地木材和屋顶上的铁木瓦。

底部图：细部很简单，但工艺精良。

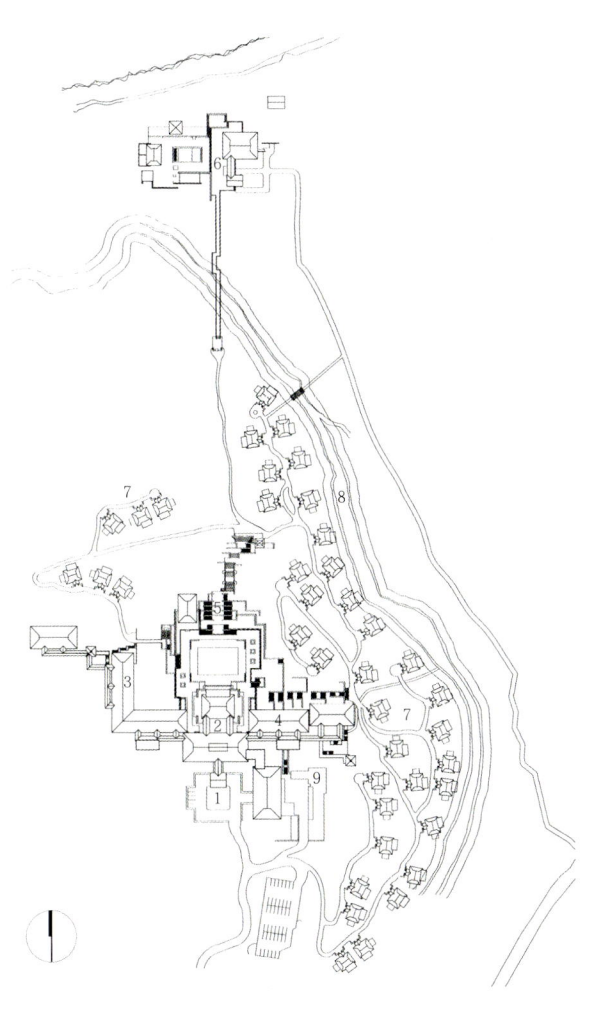

上方图： 总平面图。

1) 入口广场
2) 核心酒店区域
3) 度假村西翼的客房体块
4) 度假村东翼的客房体块
5) 大台阶
6) 海滨俱乐部
7) 别墅客房区
8) 溪流
9) 酒店服务庭院

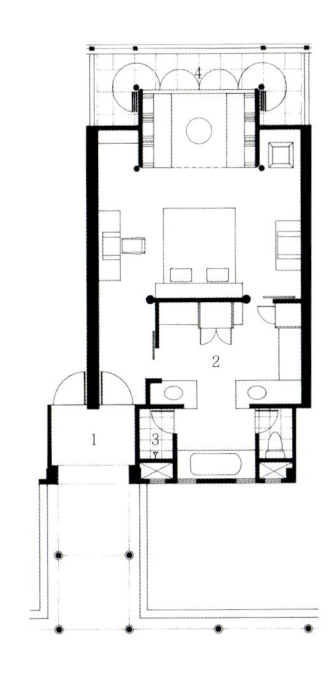

左侧图： 典型的客房一层平面。

1) 入口
2) 盥洗室
3) 淋浴间
4) 阳台

上方图： 走廊与客房之间的采光天井能够提供自然通风；不同区域的房间可通过连桥相互通达。

达泰酒店 马来西亚，兰卡威岛

劳恩斯大楼（Genesis）[1]
新加坡
1994—1997

  劳恩斯大楼之所以采用商住两用的建筑形式，最初主要归因于开发商工程预算的拮据。在此地严苛的城市规划指标的要求之下，这座建筑将容积率做到最大化。由于劳恩斯大楼的建设，拆除了其原址上的四座老式骑楼[2]，建筑师有意识地将骑楼这种被拆除的建筑类型，再次融入这座新建筑之中。在劳恩斯大楼中，人们可以居住在他们办公场所的楼上。因为与传统的骑楼建筑相似，劳恩斯大楼建筑的上层也拥有公寓式住宅，而其底层空间则用作零售商铺和写字间。

  劳恩斯大楼进深很大的平面空间被一些散布的采光井打断。日光和自然风可以通过采光井渗透到所有的居住空间中。虽然这座建筑的公寓层平面尺寸适中，但建筑师却最大程度地将内部空间设计得宽敞且开放。大楼东立面和西立面运用了与主体结构相脱离的木质格栅作外饰面，一排排木格栅由钢框架来固定。一部分光线和穿堂风能够通过木格栅形成的帷幕，进入建筑中来；与此同时，对居住者而言，木格栅饰板也能较好地保护建筑的私密性，一定程度地起到遮阳和隔绝噪声的作用。在木格栅和玻璃幕墙的夹层之间，设有公寓挑出的阳台。阳台的立面被电动的竖条木百叶所遮蔽。

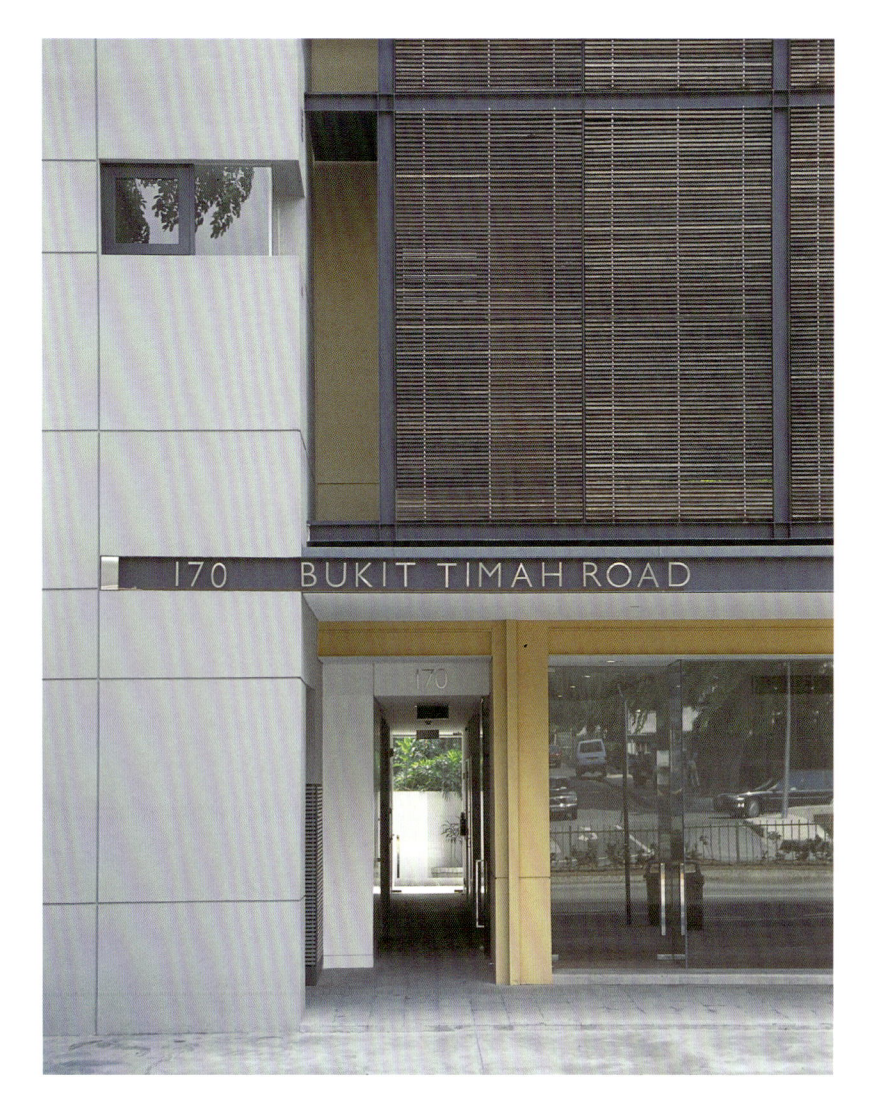

---

[1] 注：Genesis 也有圣经中创世纪的意思。
[2] 译者注：热带、亚热带地区较为常见的兼作住宅的门面房。

顶端图： 建筑主入口。

上方图： 展示出电动木百叶饰板的建筑立面细部图。

对页图： 从武吉知马路（Bukit Timah Road）回望建筑物。

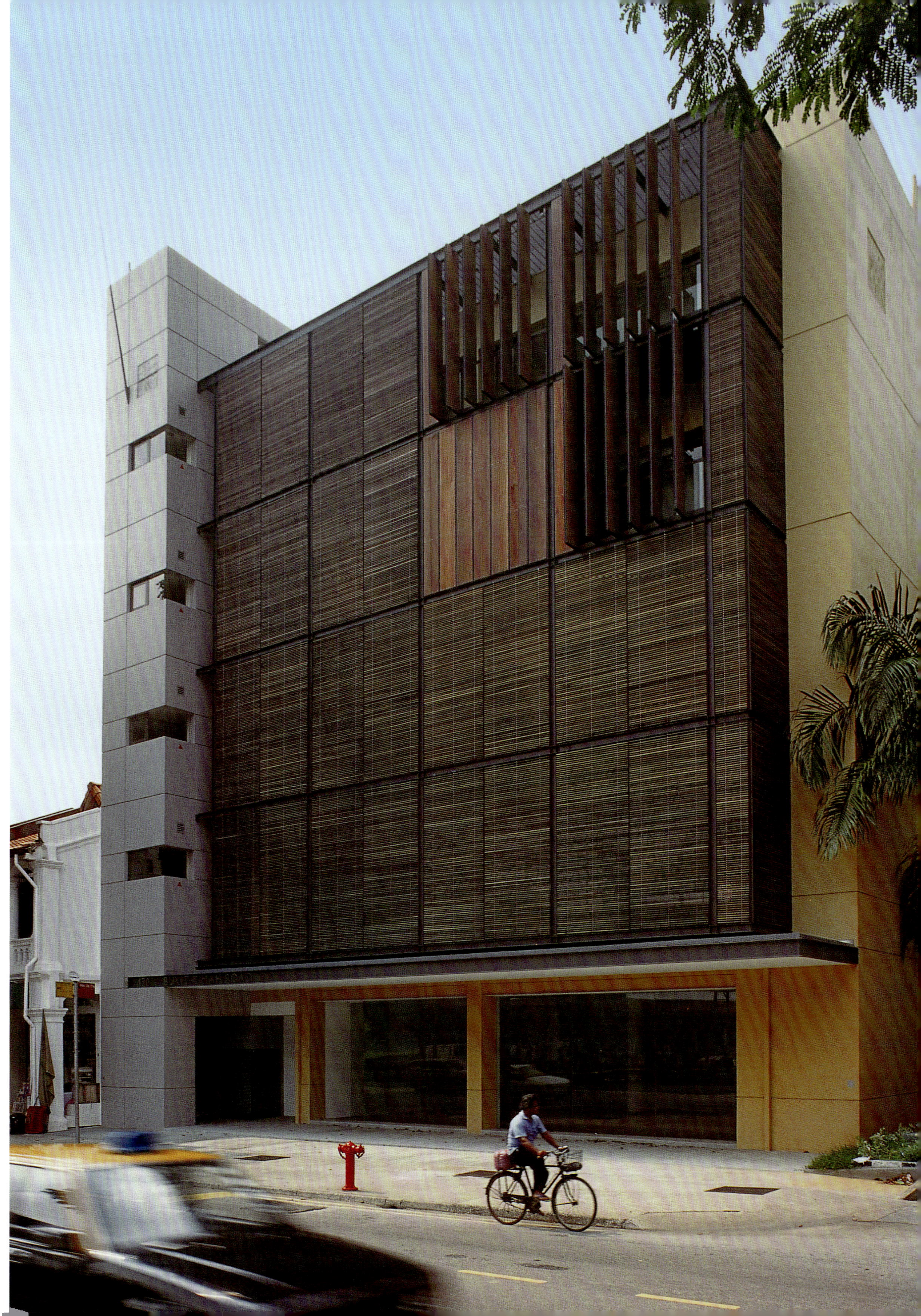

下方图： 四层平面图和五层平面图。

底端图： 二层平面图和三层平面图。

1) 电梯厅
2) 采光井
3) 办公空间
4) 通向公寓入户门的走廊
5) 起居室和餐厅
6) 卧室
7) 厨房
8) 阳台

右侧图： 针对剖面设计和立面设计的工作模型。

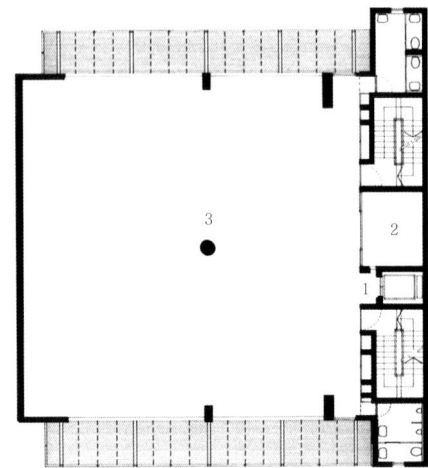

右侧图： 起居室和餐厅空间充斥着穿透木格栅的日光，且拥有观赏绿色植物的极佳视野。

劳恩斯大楼 新加坡

奥伊度假屋（Ooi House）
澳大利亚，玛格丽特河
1996—1997

　　奥伊度假屋坐落在澳大利亚西南部，位于玛格丽特河畔（Margaret River）一处闻名遐迩的葡萄酒出产地和冲浪运动的胜地。整座建筑被建造在河谷处朝向北方的南山坡上。在这里，人们可以俯瞰国家公园的胜景，远眺印度洋。在最初的设计中，奥伊度假屋由一个主体别墅和四间客舍小屋组成。但最终建成时，这座建筑仅有一间别墅客房和一间小型客舍。

　　而今我们猜测，这座建筑的设计可能选取了"遮蔽"和"融合"的意象。奥伊度假屋虽然遮蔽了冬日的冷风，但它主动融入了场地内的景观环境和宜人的气候条件之中，特别是将冬日的暖阳和夏季凉爽的微风引入建筑当中。两座主体建筑呈平行排列的态势，也正因这样的建筑格局，它才能够取得这样好的室内环境效果。其中一座建筑单体，运用钢和玻璃的结构，来围合出起居室空间。而另一座建筑，则使用了敦实的泥土和木材来建造，其内部设置为卧室空间。面对西南方面的寒风，由木板与泥墙搭建起的建筑成为一道坚固的屏障。而那座钢和玻璃的建筑，通透而明亮。它朝向北方，因而获得了良好的景观视野和充足的冬日采光。在两排建筑之间，设有一个内向的庭院。这个庭院在度假屋的中心区域，形成了一处避风的向阳空间。

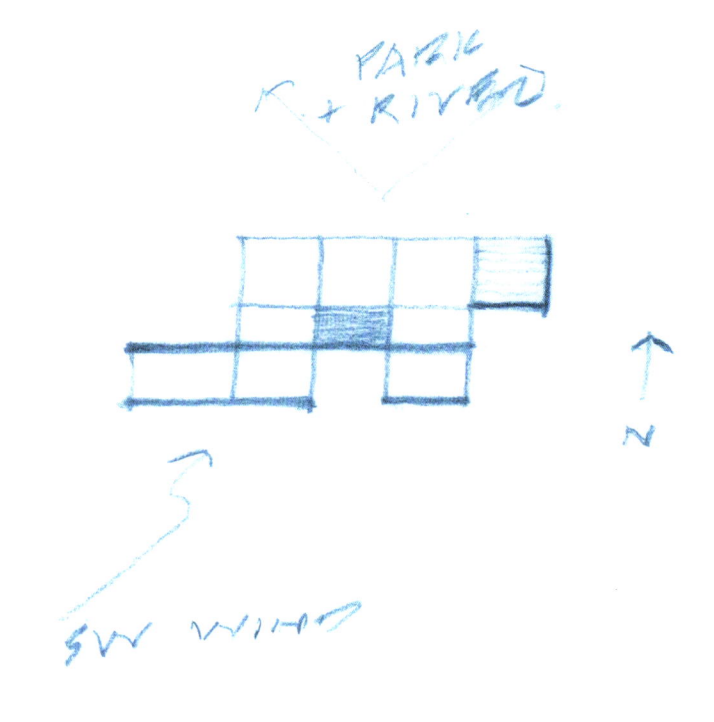

左侧图：场地模型。

对页图：由夯土墙围合而成的卧室建筑体量，有效地保护了起居室建筑，免受寒冷的西南风的侵袭。

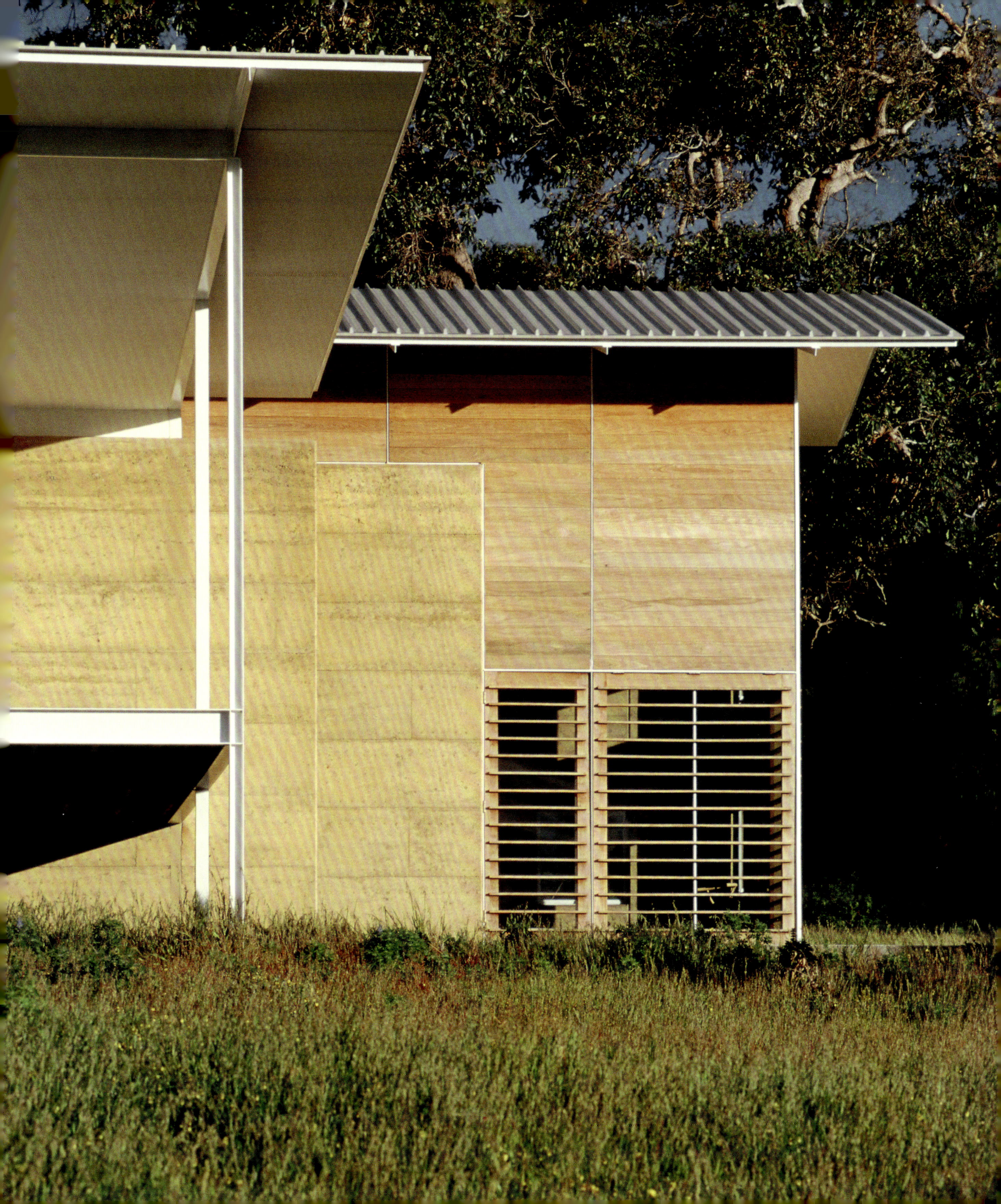

右侧图： 别墅客房建筑平面图。

1) 入口
2) 起居室/餐厅
3) 庭院
4) 小客厅
5) 阳台
6) 露台
7) 卧室

下方图： 朝向草地和远处海景的北立面。

上方图： 从厨房和起居室空间，可以欣赏到国家公园的美丽景致。

右侧图： 冬日的阳光穿透并温暖着整间厨房。

奥伊度假屋 澳大利亚，玛格丽特河 47

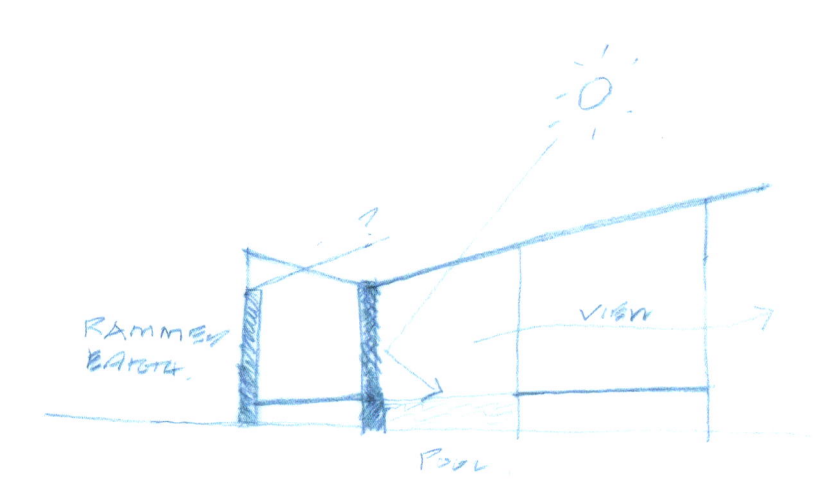

左上图：从图书馆一角的框景口望去，可看见横贯室内和室外空间的多层次空间结构。　**右上图**：小片水面反射的倒影，增强了起居室空间的光线感和空间纵深感。

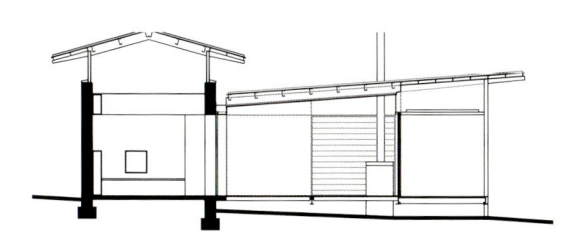

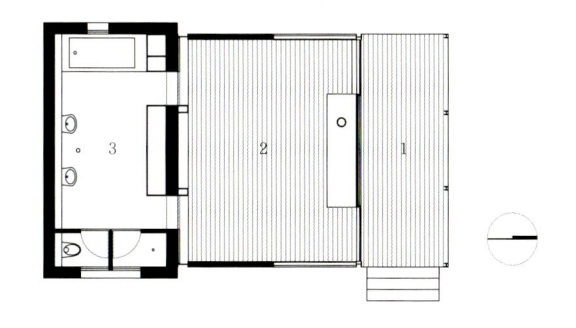

上方图： 平面图和横穿阳台的剖面图。

1) 阳台
2) 卧室
3) 卫生间

顶端图： 从设计概念上看，小客舍的空间结构近乎是别墅客房的微缩版。

上方图： 小客舍的阳台。

奥伊度假屋 澳大利亚，玛格丽特河 49

米尔占乡间别墅（Mirzan House）
马来西亚，吉隆坡
1996—1999

尽管米尔占乡间别墅坐落于城市中心的大片居住区之间，但它依然位于绿荫环抱的小山丘之侧，其周围的环境格外宁静。建筑师让这座建筑物的体形，主要沿着一条绿荫遮蔽的水渠的边界展开。水渠是一条宽阔的、由深色花岗岩铺设的水域。在这条轴线的一侧是线性的服务空间，另一侧是主要的生活场所，由一系列独立的楼宇组成。这些楼阁之间的空间，有的形成了几处私密的庭院，有的拥有开放的远距离眺望的良好视野。当人们穿过整座别墅时，一直在变换的庭院围合感和光影效果，会带给他们一些奇妙而丰富的感官体验。

米尔占乡间别墅的设计方案，主要参考了战前马来西亚住宅的建筑原型。经过漫长的时间考验，人们证实了它独特优美的造型和结构，完美地与赤道地区的气候相适应。整栋房屋沉重的砖石基础支撑着其上层轻质的建筑结构，建筑立面被木百叶包裹着。屋顶由铁木木瓦铺设而成，向外延伸出宽大挑檐。如此，即便在热带雨季时节有暴风雨的来临，整座房子也能向着花园自由地开敞。

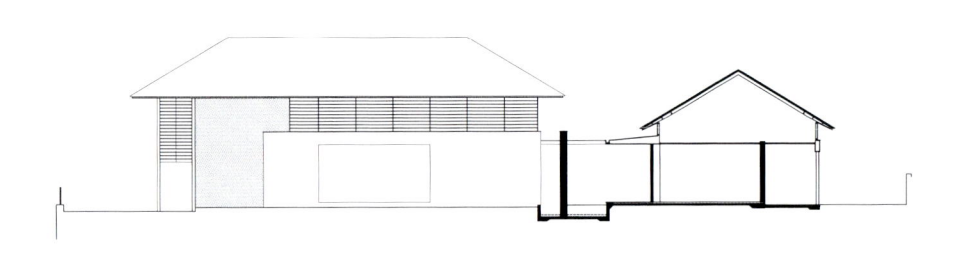

上方图：庭院步道的剖面图及起居建筑的立面图。

右侧图：行走于庭院步道间，可以感受到周围墙体的围合感，以及光影关系在时刻变化着。

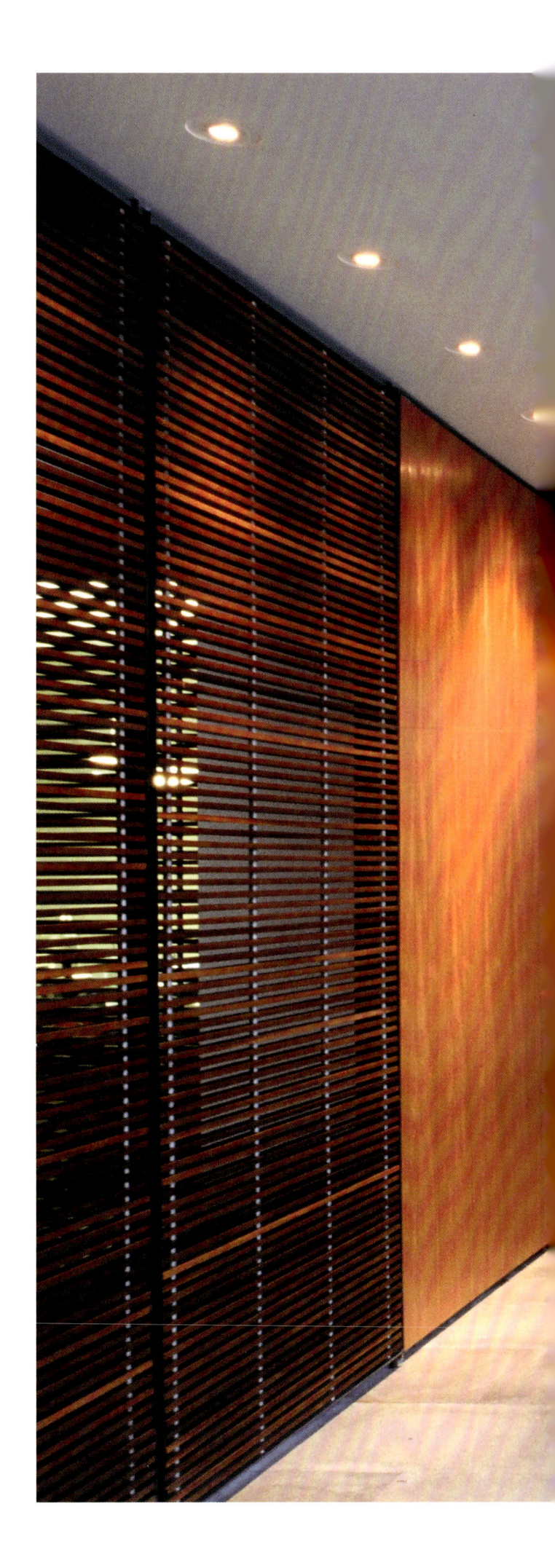

米尔占乡间别墅 马来西亚，吉隆坡

下方图：在宽大屋檐的遮蔽下，客舍的木质立面可以向外侧的花园敞开，提供给游客很好的观赏视野。

右上图：展示出主体建筑、网球场和客舍的工作模型。

右下图：有顶棚的长廊构成了整座建筑组织轴线。

对页图（自左向右）：首层平面图；二层平面图。

1）入口庭院
2）客厅
3）图书馆
4）餐厅
5）厨房
6）家庭房
7）办公室
8）秘书房
9）卧室
10）客房
11）保姆房
12）流水景观
13）游泳池

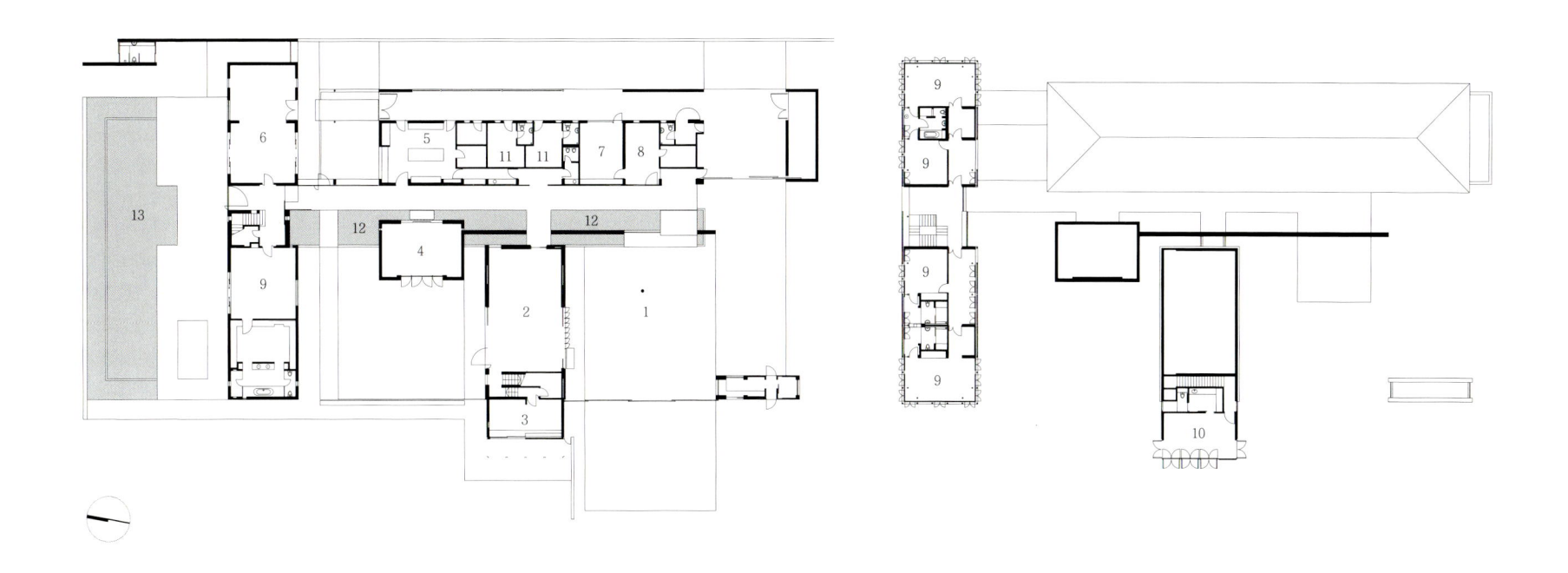

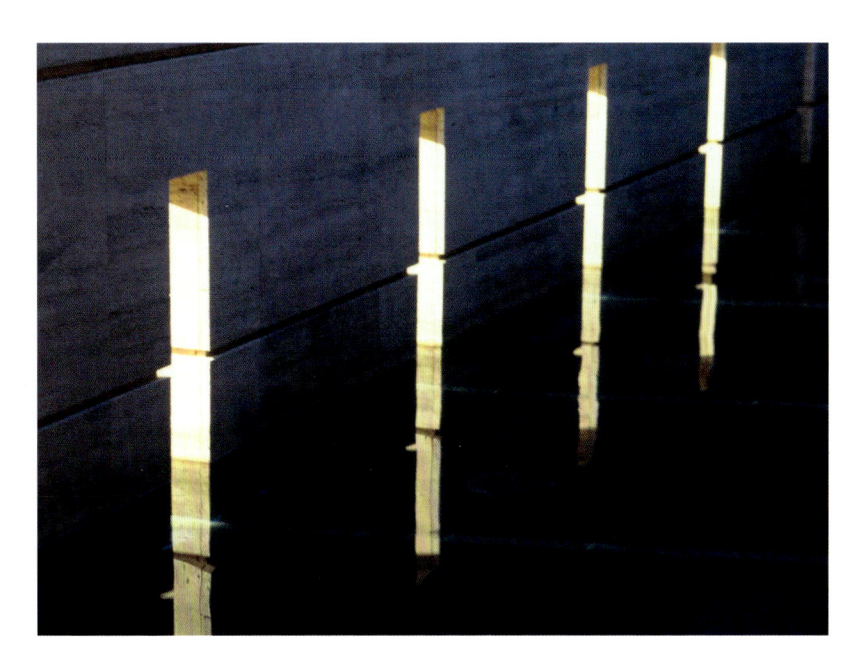

上方图： 一缕缕灯光透射在由深色花岗岩池壁围合的水面上。这样的照明贯穿整个长廊。

右侧图： 游泳池和周围的荷塘莲花池，被设计成一片完整的水域。在这片人造环境周围，茂盛的树林在完全的自然环境之下蓬勃生长，二者相映成趣，形成了鲜明的对比。

米尔占乡间别墅 马来西亚，吉隆坡

新加坡板球协会场馆（Singapore Cricket Association Pavilion）
新加坡
1998—1999

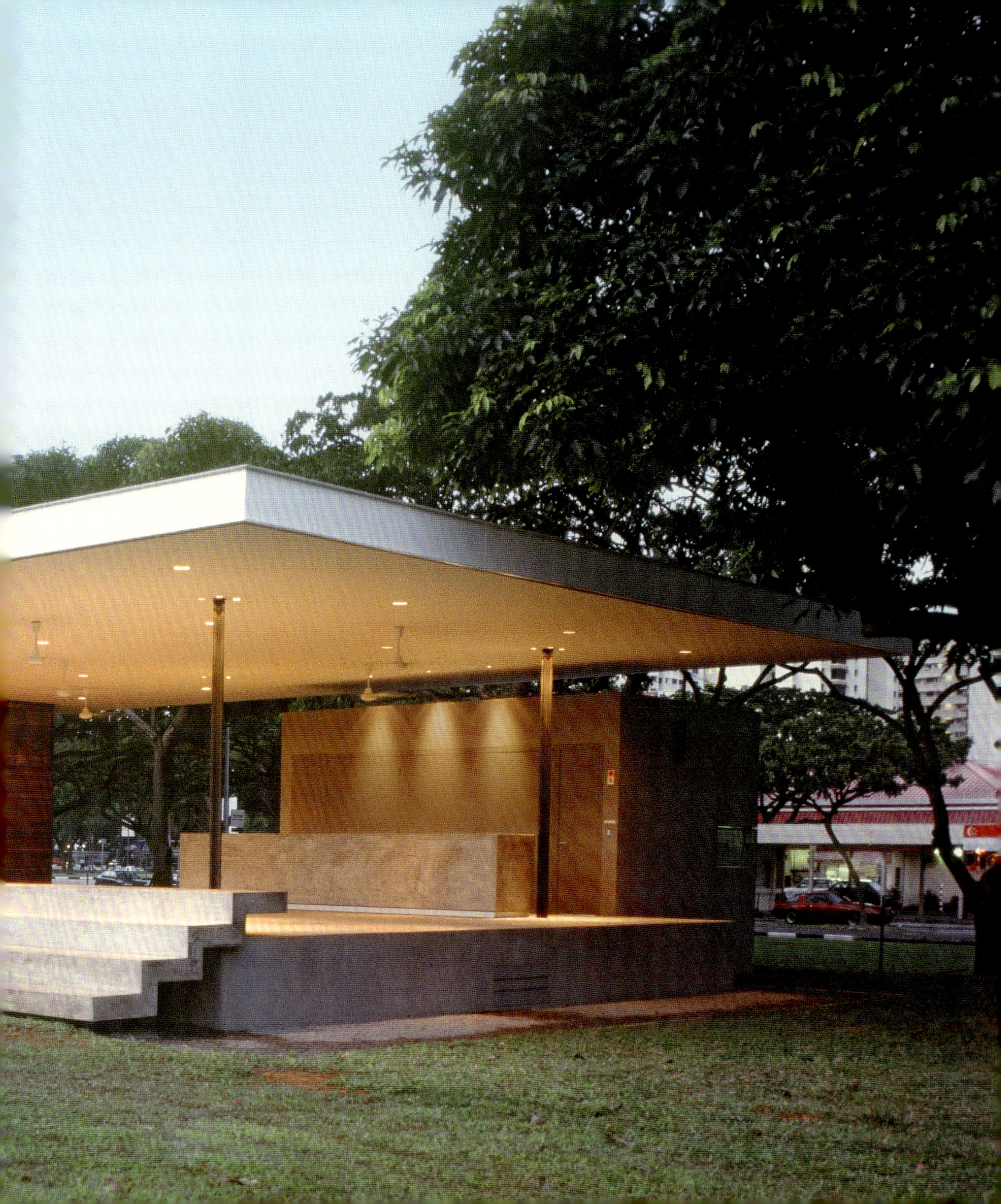

新加坡板球协会场馆，形似一座精美的雕塑。它既是专为业余板球比赛而设计的场馆，也是一座适应新加坡热带气候的、具有现代主义风格的建筑作品。

建筑师之所以选择这个场地，是因为它能给观众提供观赏板球比赛最佳的视野，而避免赛场助视屏在移动时对观赛视线造成的干扰。这块场地周边绿荫环绕，与此同时，城市的全景天际线，都成为观众们欣赏板球比赛的优美背景。

此场馆主要由两个水平的平面构成，即屋顶和台基，并采用木百叶在房屋的一端来调节建筑的采光。建筑的另一侧为开放性的功能空间。屋顶下方的房屋，一端是木隔板围成的更衣室，另一端是对观众开放的功能空间。在台基的边缘是层层砌筑的混凝土台，它形成了适合观众使用的阶梯状坐席。场馆空间中另一个重要的建筑元素是坡道。坡道与场馆主体形成了一定的角度。当运动员在坡道之间行进时，坡道与建筑之间的角度会使得其间进行的活动更有仪式感。

建筑的顶部看起来是用白色金属饰面搭就的漂浮的平屋面，事实上，这块金属薄板遮盖了下方微倾斜的金属屋顶。白色金属饰面与屋顶的排水道完全分离，以避免它在雨水浸泡下锈蚀。水平向的木格栅立面围合着更衣室空间，这不仅能确保更衣室的隐蔽性，还能有效地实现自然通风，同时也能方便运动员们从更衣室内部观看比赛的实况。在白天，立面上的木百叶能够形成致密无缝隙的外墙饰面；而黄昏时，温暖的光线穿过木条的缝隙，使整个建筑看起来如同一盏发光的灯笼，仿佛整座场馆成为一个赛后庆祝的舞台。

由于这座场馆建造于一处短期租赁的场地之上，它目前已被拆除。

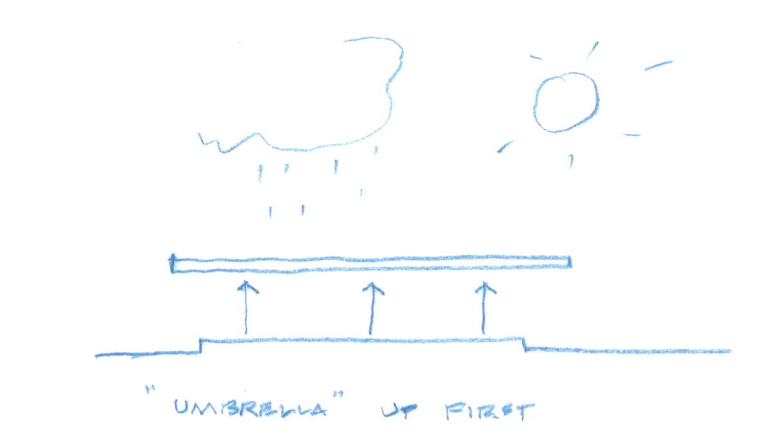

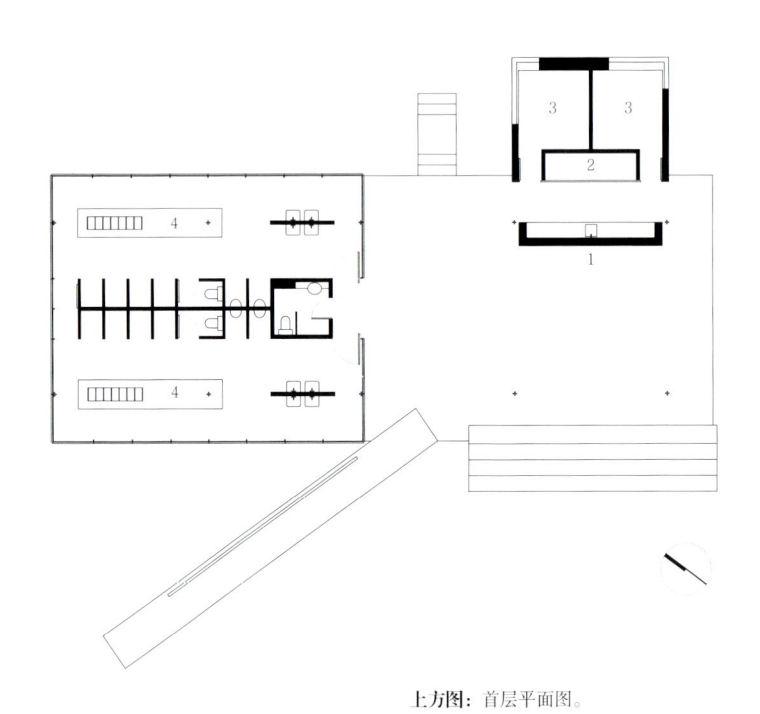

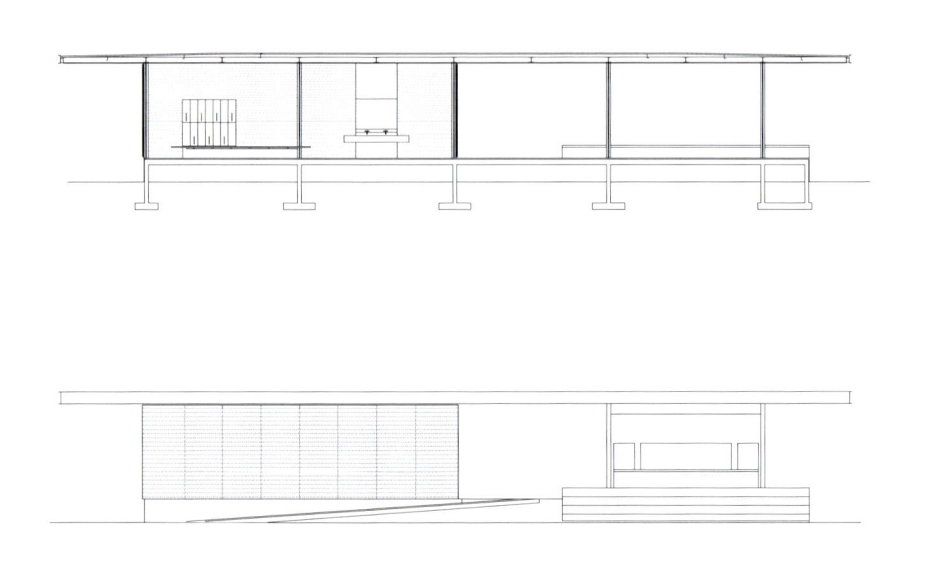

54—55页图：楼梯、观众的阶梯坐席、零食吧台和坡道，都成为极富雕塑感的造型元素，被安放在凸起的矩形台基上。

上方图：首层平面图。
1）开敞的大厅
2）零食吧台
3）裁判员更衣间
4）更衣间

顶端图：横剖主体建筑的剖面图。

上方图：西南立面图。

56　作品精选 1989—2021

左上图：木格栅立面为更衣室提供了极好的私密性、充足的自然光线和良好的通风条件。

上方图：一个斜向的坡道，增加了运动员们列队行进的仪式感。

涵碧楼酒店（the Lalu）
中国，台湾
1998—2002

涵碧楼酒店在设计之时，正值1999年台湾遭遇毁灭性大地震之后。此时，整个社会都在经历重大的变革和自我恢复。因此，涵碧楼被誉为台湾现代建筑里程碑式的佳作。

涵碧楼酒店坐落于风景秀丽的日月潭（Sun Moon Lake）之畔。酒店所在的场地，背靠着陡峭的山体，在面朝日月潭的一侧还与一处悬崖绝壁相邻。在这里，曾经建造过三座历史建筑；其中仅有一座在地震灾害中幸存。地震致使这座早期建筑物残存的结构与山体岩壁之间，产生了一些深邃的缝隙。恰恰是这些裂隙，被建筑师加以利用，形成了新酒店独一无二的建筑特征。

涵碧楼的功能组主要包含三个部分，即一组豪华的别墅套房，一个包含公共活动空间的现代风格酒店，一座植入了综合性水疗设施的五层高的震后改造建筑。整座酒店安装了长达一百米的玻璃屋顶，其外饰以遮阳百叶。这个百米屋顶遮蔽着其下方宽敞明亮的走廊空间。而这条通廊则串联了酒店中的每一个功能组，并能够到达所有的公共空间。

酒店的入口位于建筑物的最顶层。考虑到与周围建筑体形的协调，在临近山顶一侧，涵碧楼的建筑体量呈现似乎为单层，但其内部其实为较大规模的多层建筑。当人们进入建筑物之后，才能够对整座酒店的建筑空间一览无余，且有壮丽的湖光山色美景展现在人们眼前。在入口层的下方，设置有90间客房。每一间客房都有同样好的景观视角，皆能够远眺美好的湖景。所有的阳台外侧还配备有滑动的木板。它们可用来遮阳，也可用来抵御岛上台风的侵袭。

连接客房的走廊，都依靠着建筑后部与石壁之间贯穿上下的天井，从中获得自然的通风和采光。这一条如同峡谷一般的空间内，遍植翠竹，再向下方，可以一直延伸到一处漆黑的水池。客房走廊大都对外开敞，且无需使用空调。旅客身处其中，宛如置身于一种宁谧、明媚的感官体验中。

在酒店主要长廊的西北侧，修建有6套带庭院的豪华别墅客房。这些客房由小径连接，其空间宛如中国传统的建筑群组。那幢在地震中幸存下来的早期建筑物，其围护结构已经被完全拆除，只存留了混凝土框架结构。建筑师在此结构的基础上，重建了这座建筑，并在其中增设了完善的水疗设施。

右侧图： 从长廊能够远眺日月潭，同时它也是将每一座分离的建筑相互连接的建筑空间，是通向所有建筑公共区域的通道。

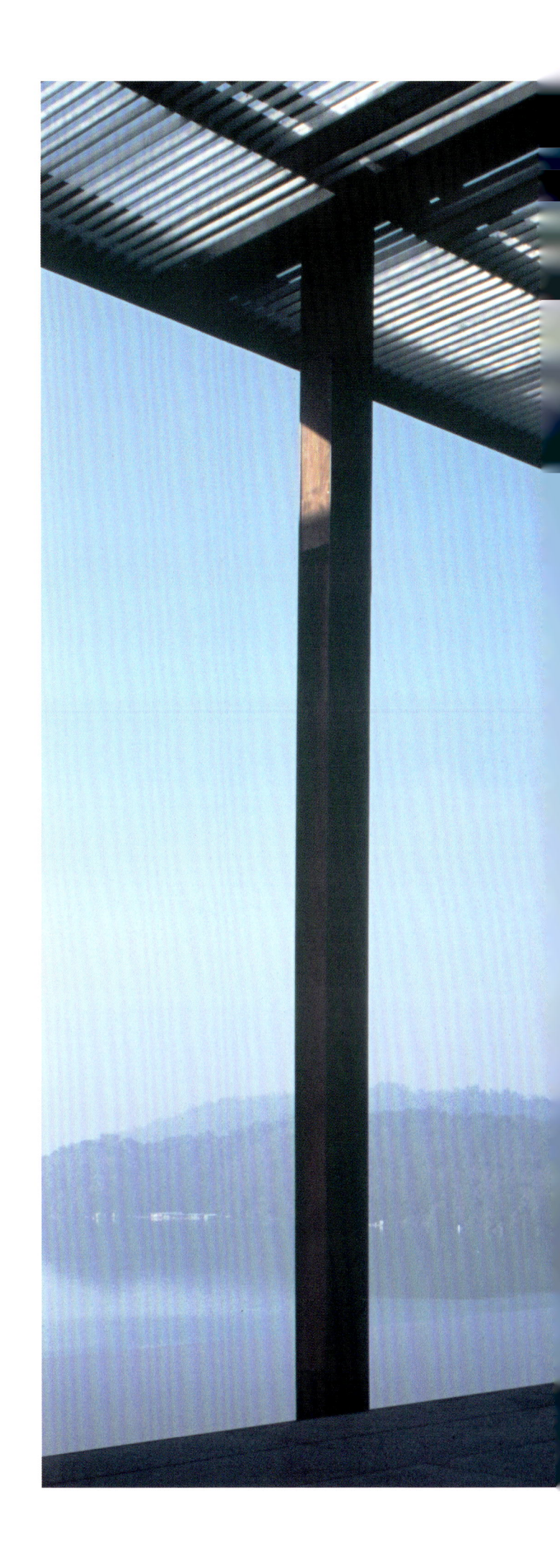

涵碧楼酒店 中国，台湾

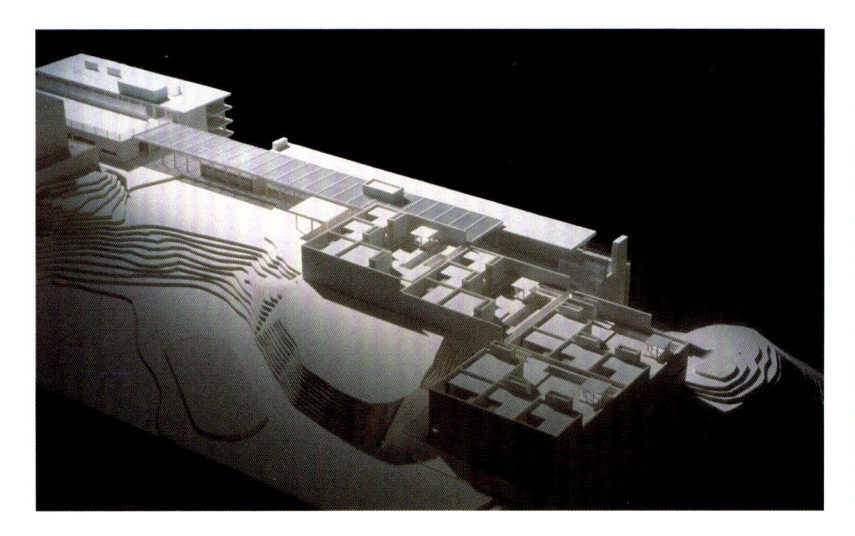

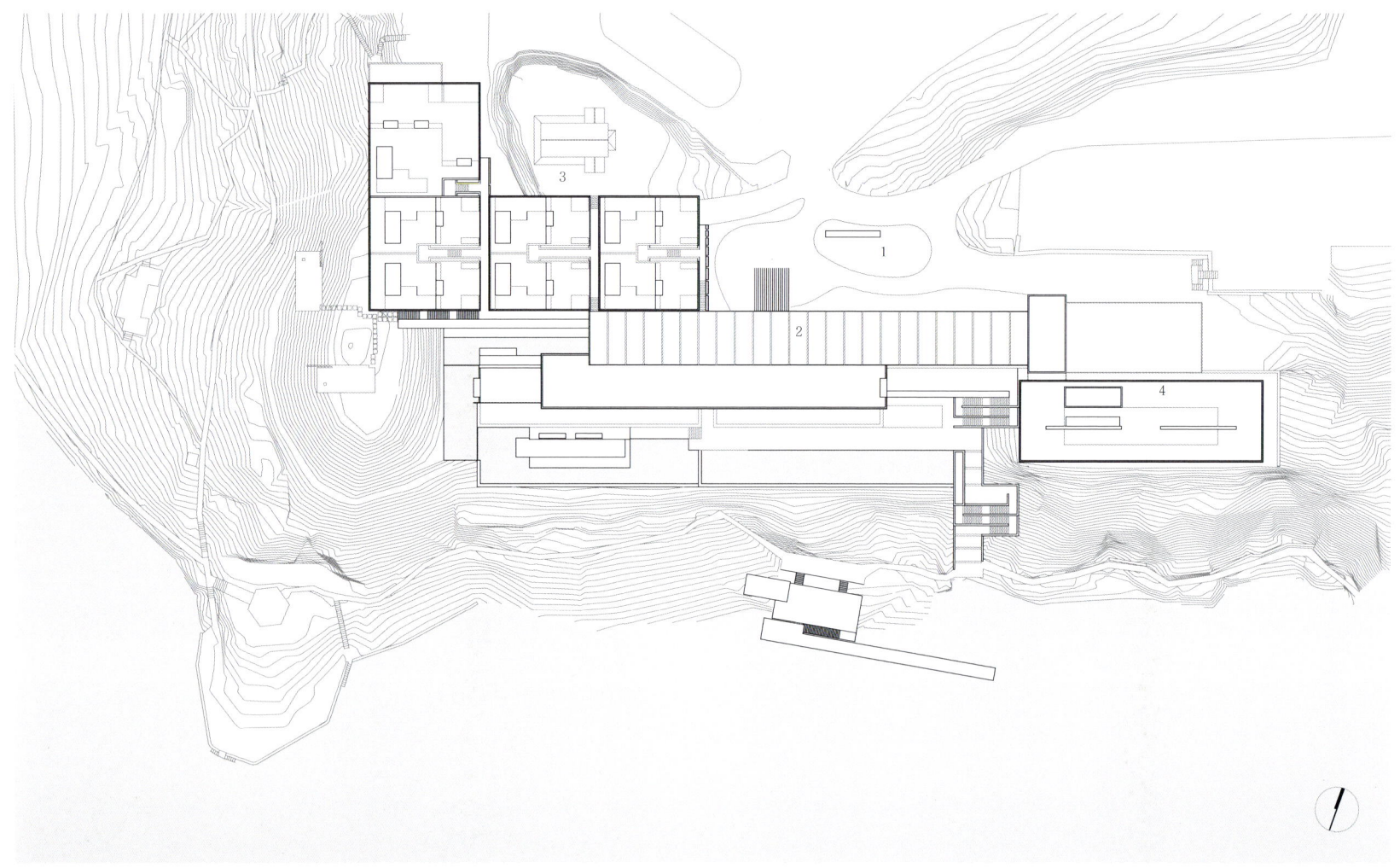

顶端图（自左而右）： 从西北方向鸟瞰整个建筑模型；对入口大厅局部放大的建筑模型。

上方图： 总平面图。

1）主入口
2）新建酒店
3）别墅群
4）修复后的建筑物

右侧图（自上而下）：湖面方向的立面图；七层平面图。

1）入口大厅
2）服务台
3）休息大厅
4）精品店
5）水疗中心接待处
6）水疗中心休息大厅
7）健身房
8）酒吧
9）更衣室
10）网球场
11）茶馆
12）按摩馆
13）水池边的平台
14）别墅客房

右下图：游泳池修建于山前坡上。即便置身于客房，游泳池也不会遮挡游客欣赏日月潭的美丽景色。

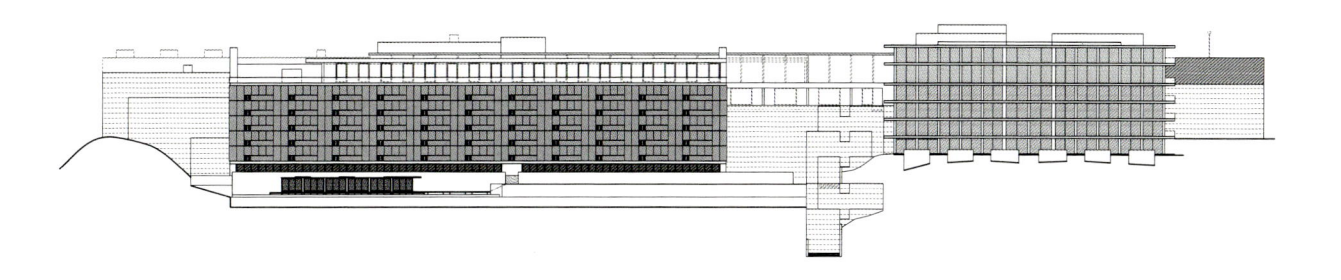

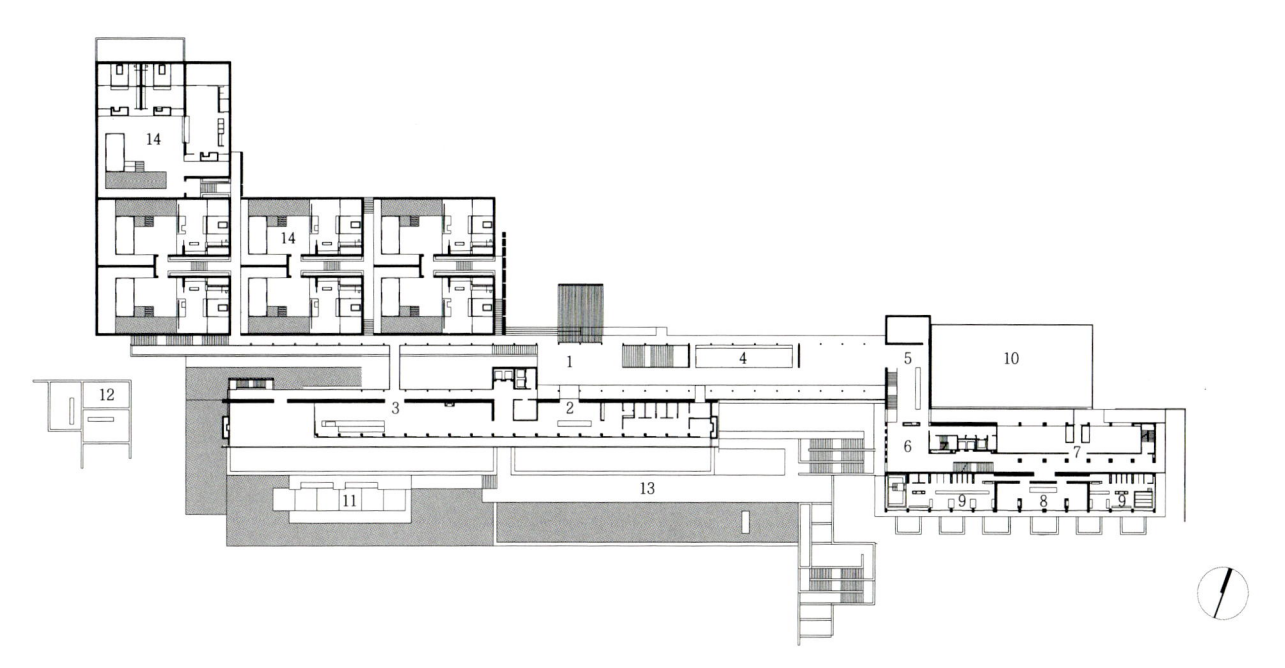

涵碧楼酒店 中国，台湾

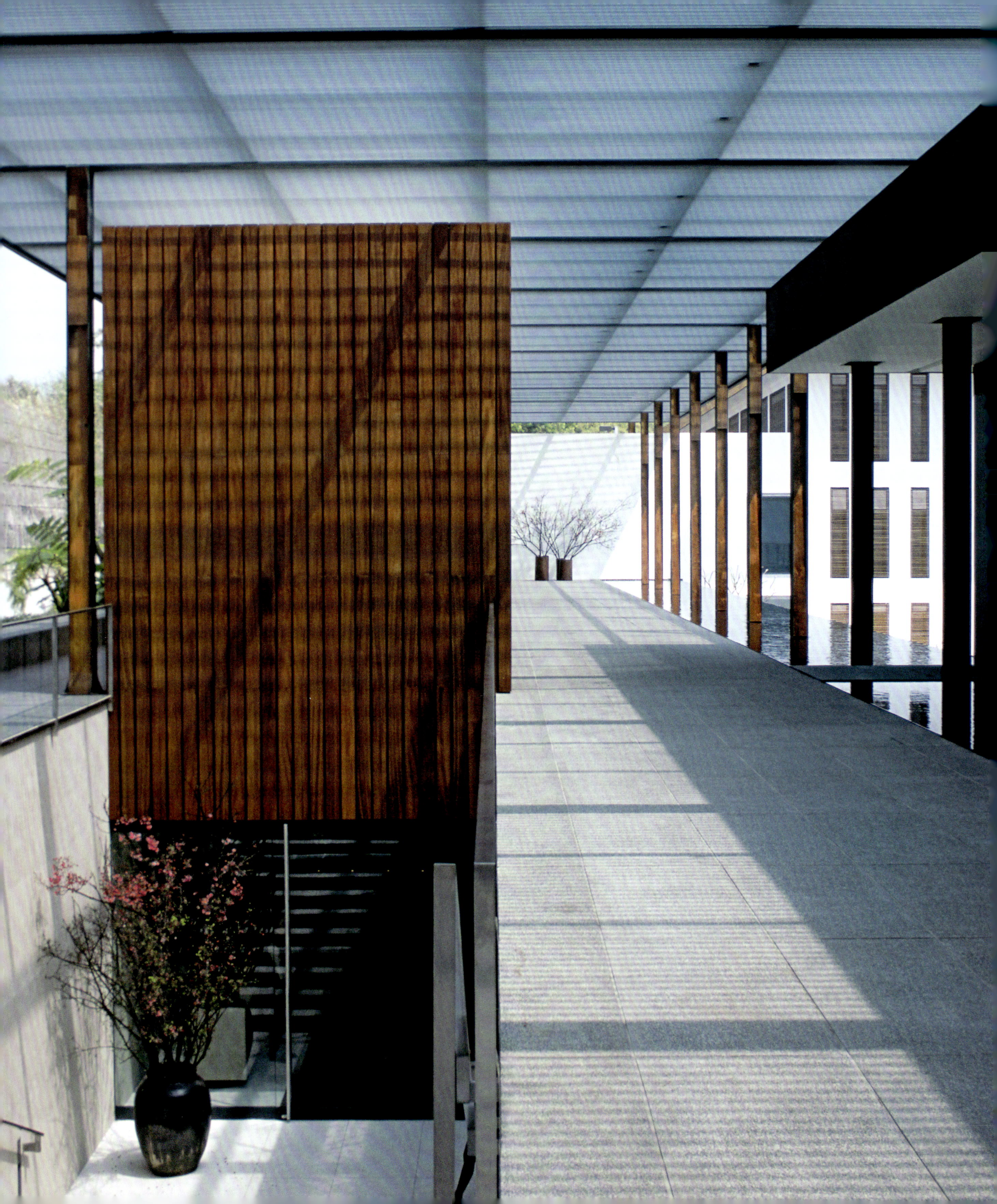

对页图： 精品零售店位于木板贴面的"方盒子"之中，穿插在入口大厅一侧。

右侧图： 建筑与后方石壁之间的天井，为客房走廊提供了天然的采光和通风。天井内种植着竹子，向下一直延伸至黑色水池。

下方图： 在入口大厅处，木材、石材和玻璃三种
建筑材料被巧妙而均衡地整合在一起。

右侧图： 从门廊的雨棚处眺望环绕别墅客房群的石墙。

右侧左图： 从上层廊道俯瞰风景秀丽的日月潭。

右侧右图： 镶嵌在墙底端的灯具，是为这一处石材贴面的楼梯照明专门设计的。

涵碧楼酒店 中国，台湾 65

右侧图： 通过长廊看向西侧的剖面图。

下方图： 可调节的木百叶窗隔，可以为客房的阳台遮挡适当的日光，客人也可以通过它按需调整房屋的私密性。

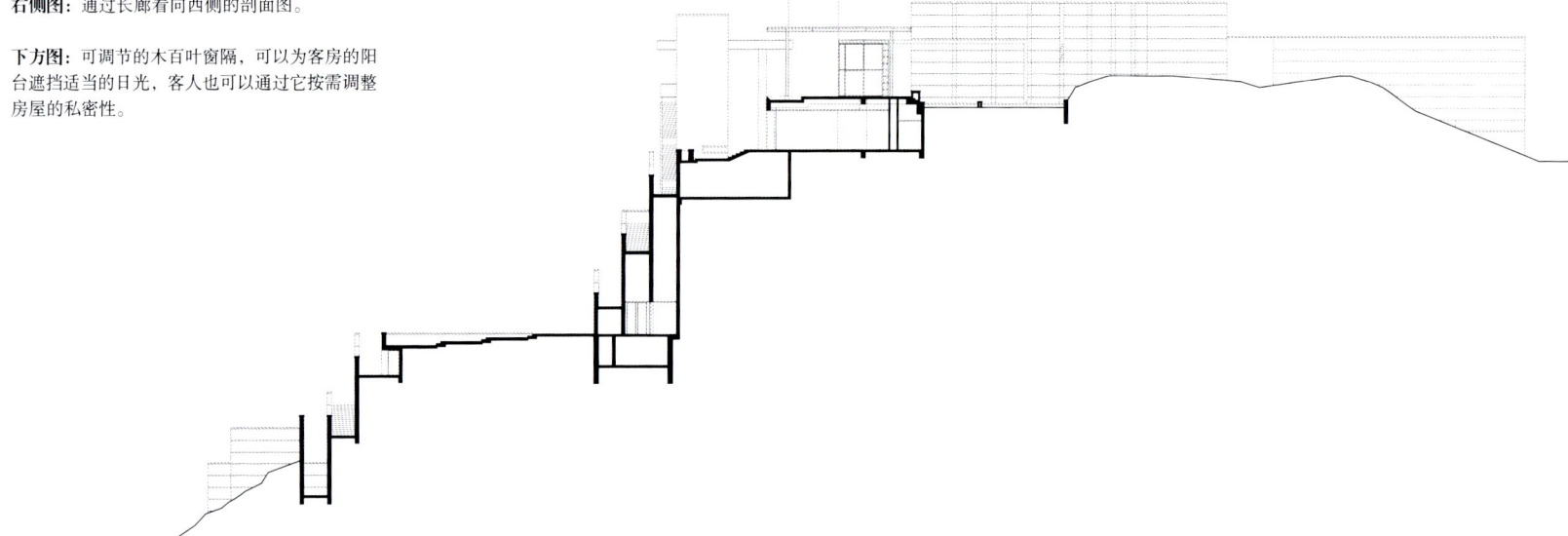

66　作品精选 1989—2021

左侧图： 看向东侧的剖面图。

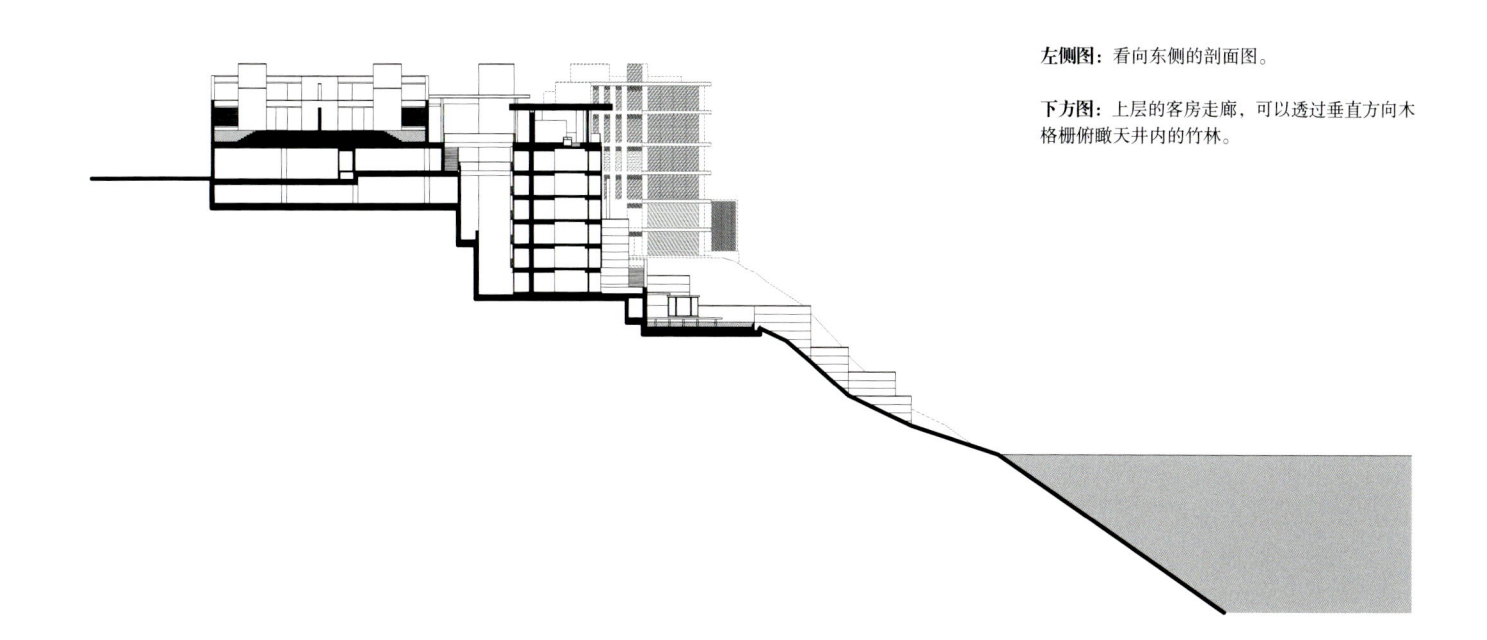

下方图： 上层的客房走廊，可以透过垂直方向木格栅俯瞰天井内的竹林。

涵碧楼酒店 中国，台湾

ITC索纳酒店（ITC Sonar）
印度，加尔各答
1998—2003

在业主的设想中，坐落于印度加尔各答的ITC索纳酒店，应当是预示印度建筑复兴的伟大作品。加尔各答市也因它的落成，而成为前卫的现代主义建筑之都。在这样宏大理念的指引下，ITC索纳酒店在快速发展的加尔各答市郊区最终建成。在其同一建筑内，建筑师设计了三个不同的建筑体，以提供不同等级的住宿服务。虽然其中每一部分都拥有自己独立的体量和空间，但它们共享并锚固在酒店宽敞的公共空间周围。

建筑师完全认同并接纳这种"现代主义"的设计理念，但同时颇为关注将这个建筑与当地的文化和传统进行深度结合。在规划中，对于水系和庭院的使用，对建筑材料的选择，处处都能体现出建筑师对于传统孟加拉地区传统建筑的关注和崇尚。

ITC索纳酒店建筑设计的核心是，将现有的水面景观，设计转化为由棕榈树和莲花装点的更大范围的水景院。这片长约120米、宽约40米水景院，位于酒店综合体的中心地带，所有的公共空间和客房建筑都围绕在这片宁静的水景周围。在树木景观的映照下，这座酒店远离了周边街区喧嚣的噪声和耀眼的眩光。

为了连接不同的功能空间，ITC索纳酒店设置了众多能够穿越中心庭院，或是围绕庭院的走廊和通道。在酒店公共空间中，几个又深又窄的采光井，极大程度地削弱了这座建筑超大的尺度，巧妙地完成了从室外尺度向建筑内部尺度的过渡。那座小巧的茶亭，坐落于水景边缘，与酒店的巨大体量形成了鲜明的对比。酒店的建筑内部有着颇为高耸的空间。其机械通风主要依靠顶棚上安装的"传统庞卡"（traditional punkah）设备，也就是一种顶棚悬吊电扇。

在酒店项目中，建筑师运用玻璃纤维混凝土中来浇筑外墙百叶或格栅板，并在其中掺入一定比例的砂砖粉进行着色。这种格栅构件的设计借鉴了孟加拉地区传统运用的陶瓦，其中还特意引入了孟加拉地区的手工技艺（当地方言称为"卡地"，Khadi）。这些共同铸就了这座酒店独一无二的建筑特征，以及与所在场地之间不可分割的从属关系。

下方图：半封闭的人行廊道，穿过水景院将酒店的公共空间与贵宾客房连接在一起。

对页图：穿过中央的水景院，从西面远观休息厅的夜景。此处的创作灵感来自加尔各答的建筑，尤其是借鉴了它们将沉重与轻盈的元素碰撞、并置的设计手法。

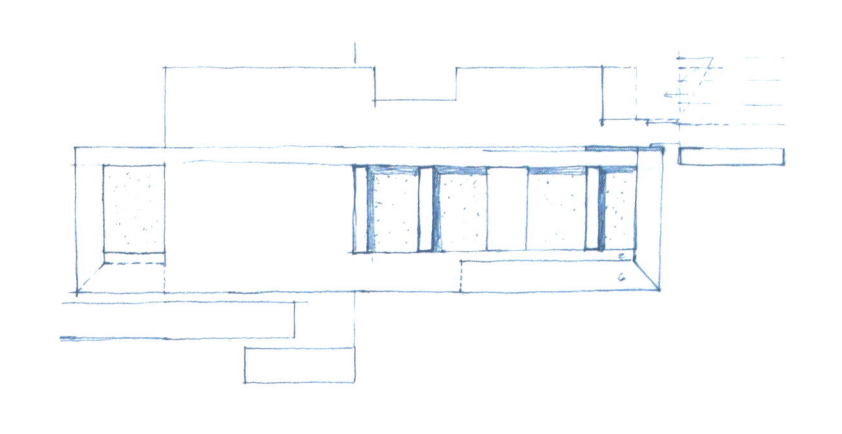

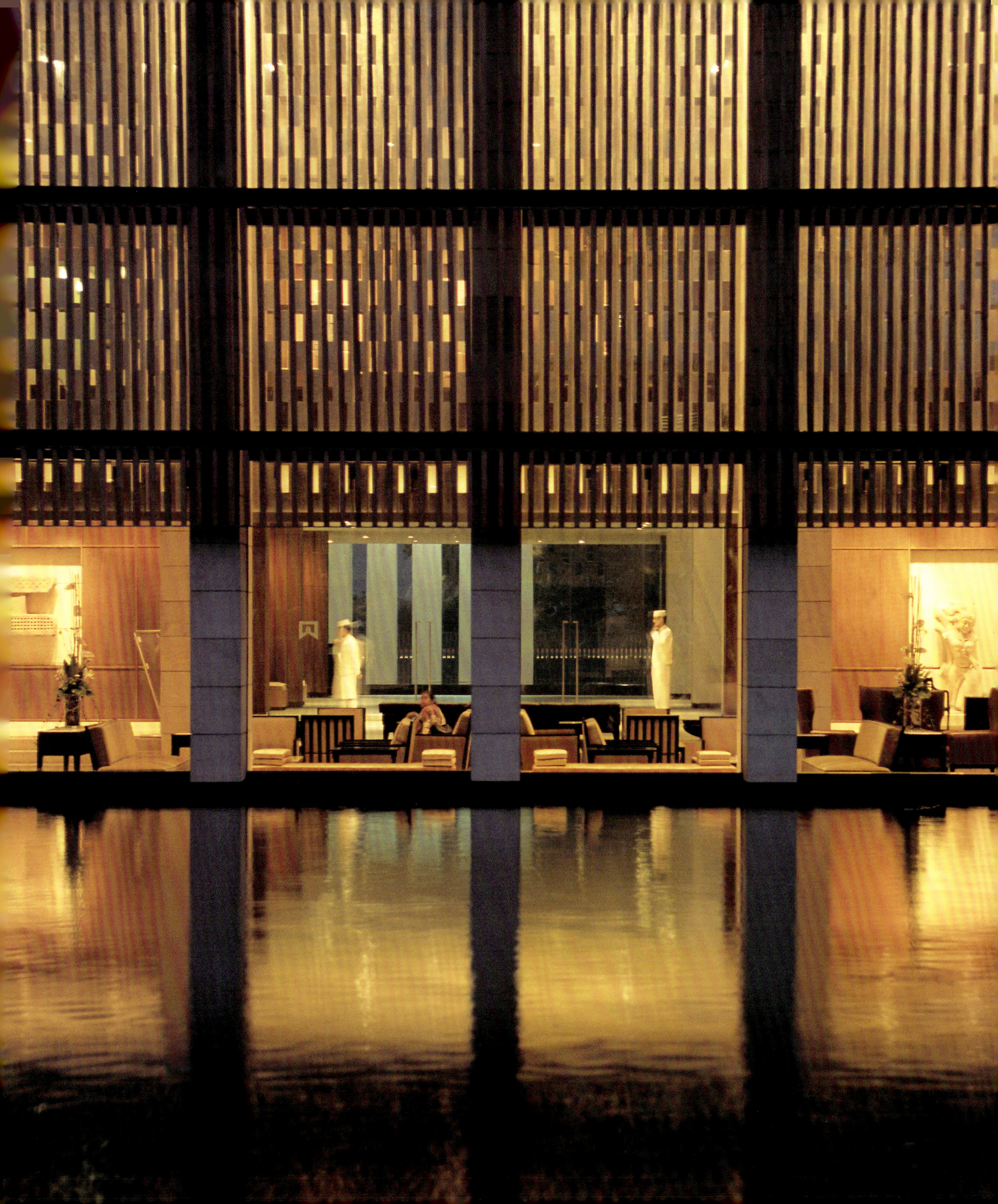

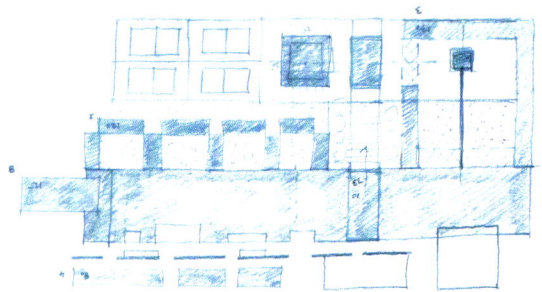

对页图（**自上而下**）：用于表达休息厅、主要楼梯细部设计的工作模型；表现建筑整体的工作模型；表现酒店公共空间在街道一侧的立面的细节工作模型。

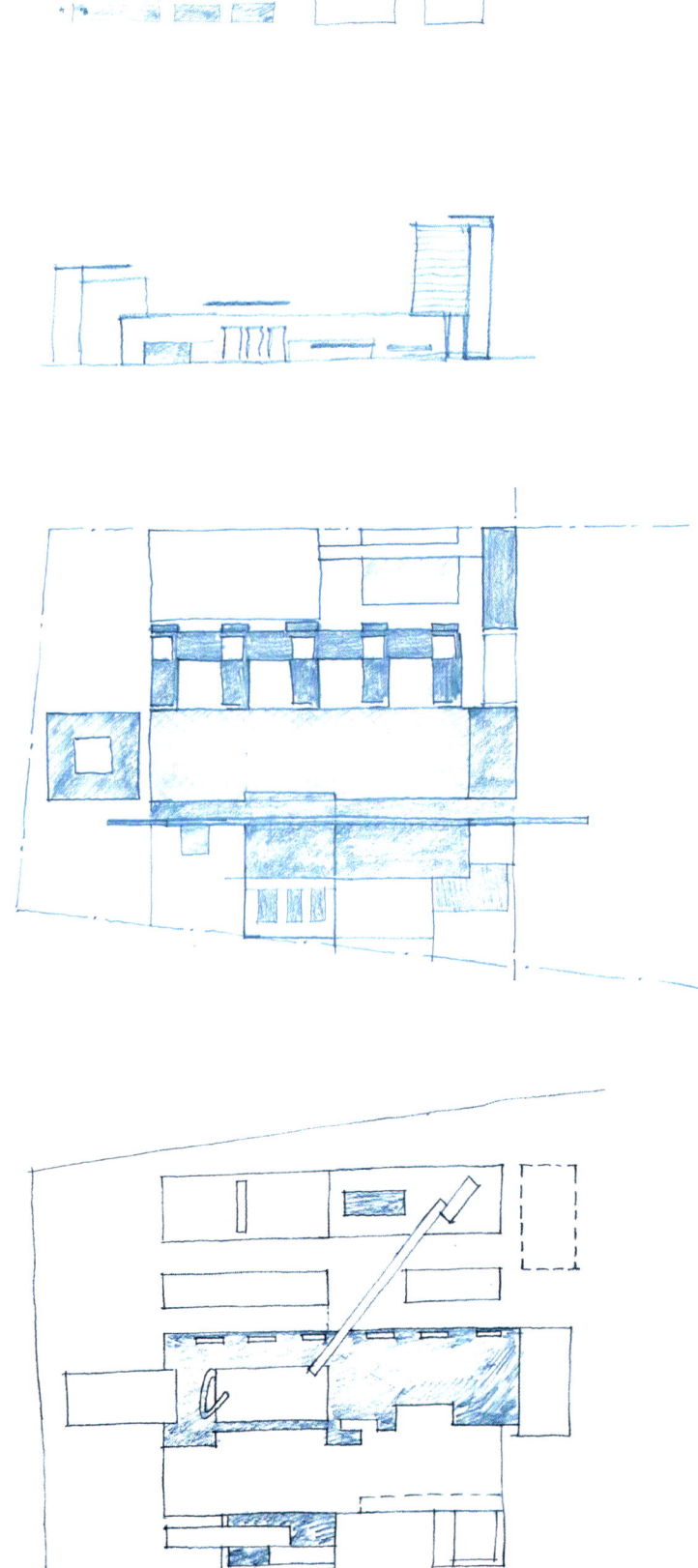

70　作品精选 1989—2021

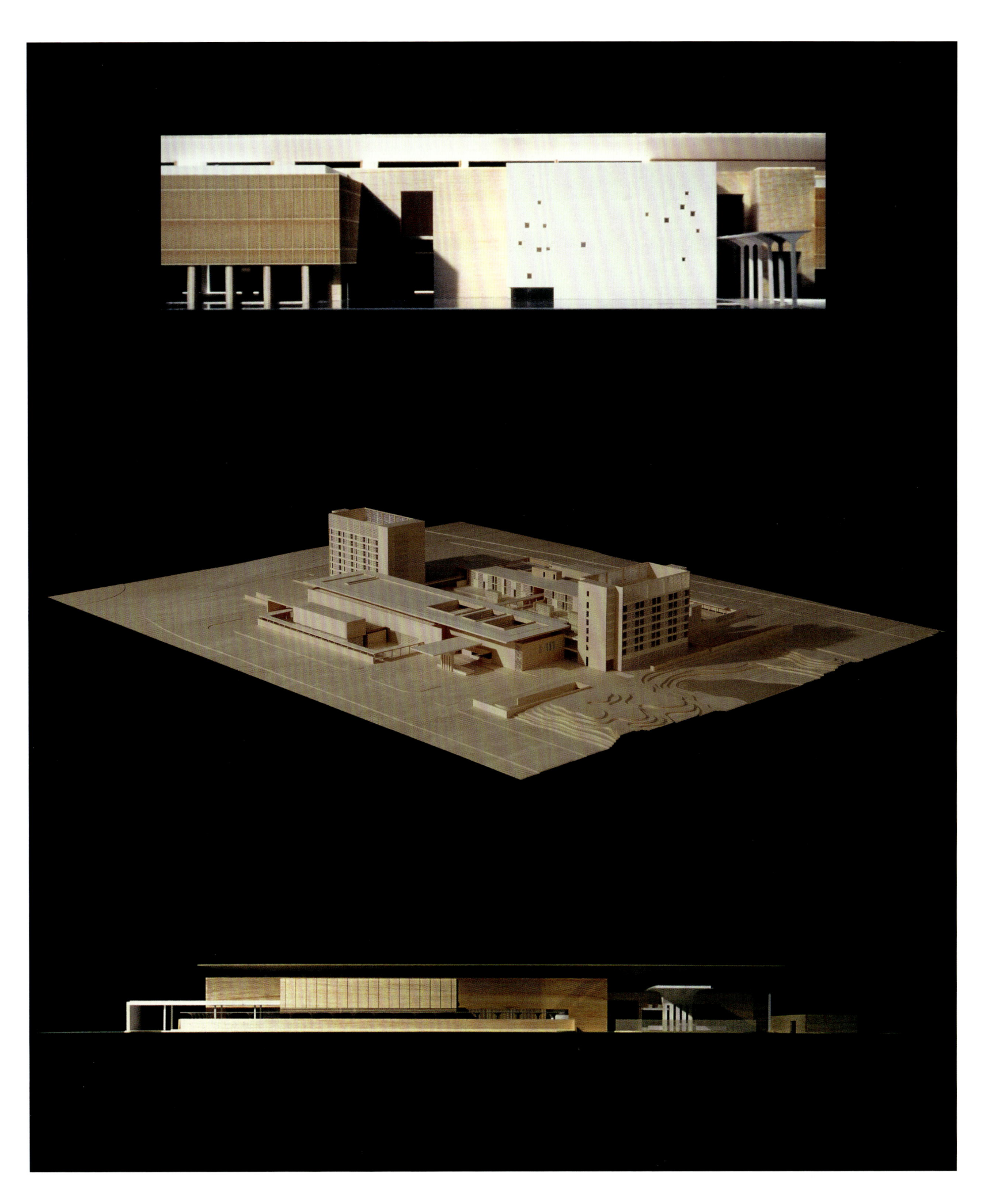

ITC索纳酒店 印度，加尔各答　71

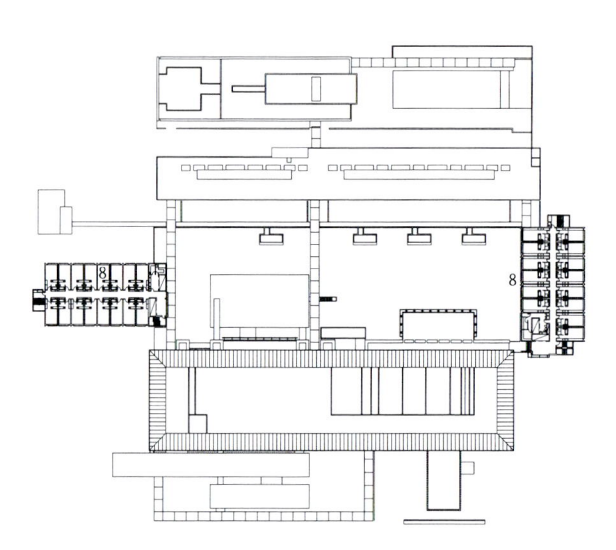

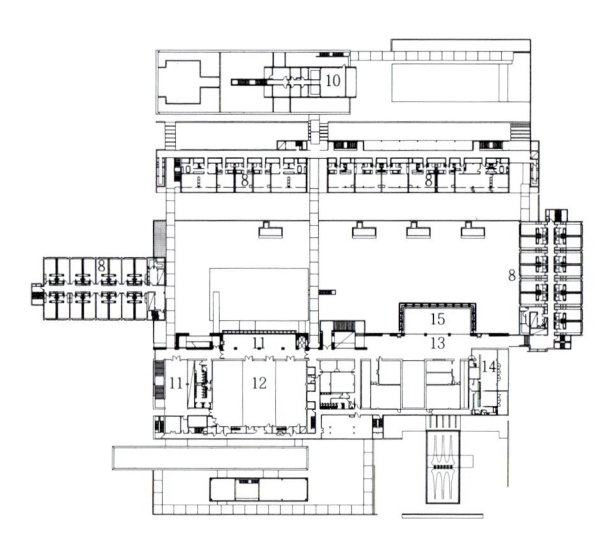

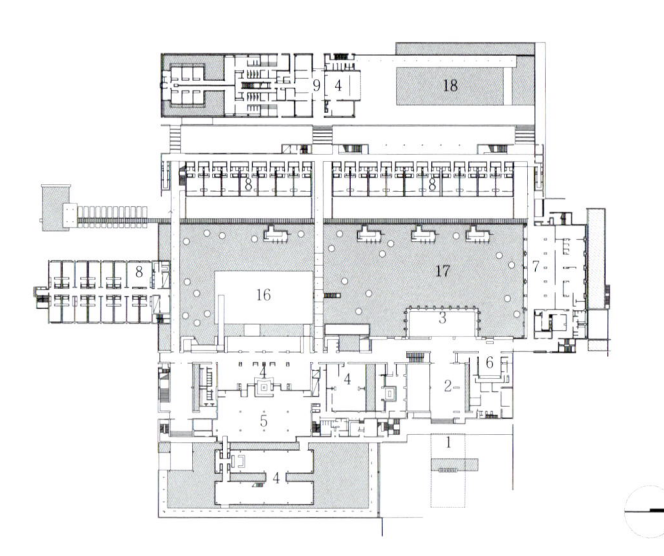

左侧图（自上而下）：六层平面图；二层平面图；首层平面图。

1) 车行出入口
2) 前院
3) 休息厅
4) 餐厅
5) 厨房
6) 服务台
7) 宾客休息室
8) 客房
9) 康体俱乐部
10) 健身房
11) 舞厅前厅
12) 舞厅
13) 会议中心
14) 贵宾豪华套房
15) 休息厅上空
16) 草坪
17) 水景院
18) 游泳池

下方图：休息厅外侧立面百叶的工作模型。

对页图（自上而下）：主要楼梯与围护结构的工作模型；休息厅立面百叶的工作模型；茶楼立面工作模型。

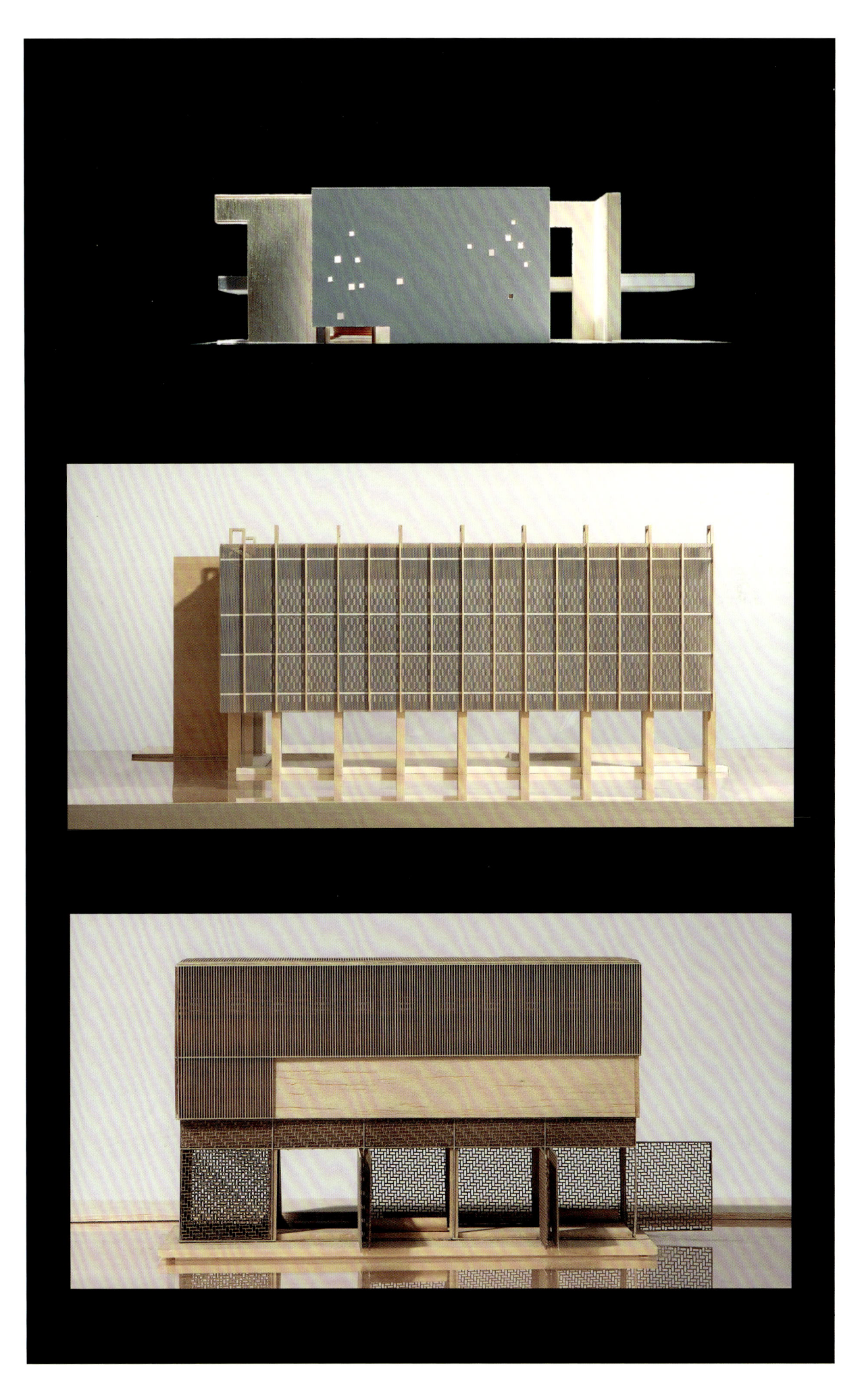

ITC索纳酒店 印度，加尔各答 73

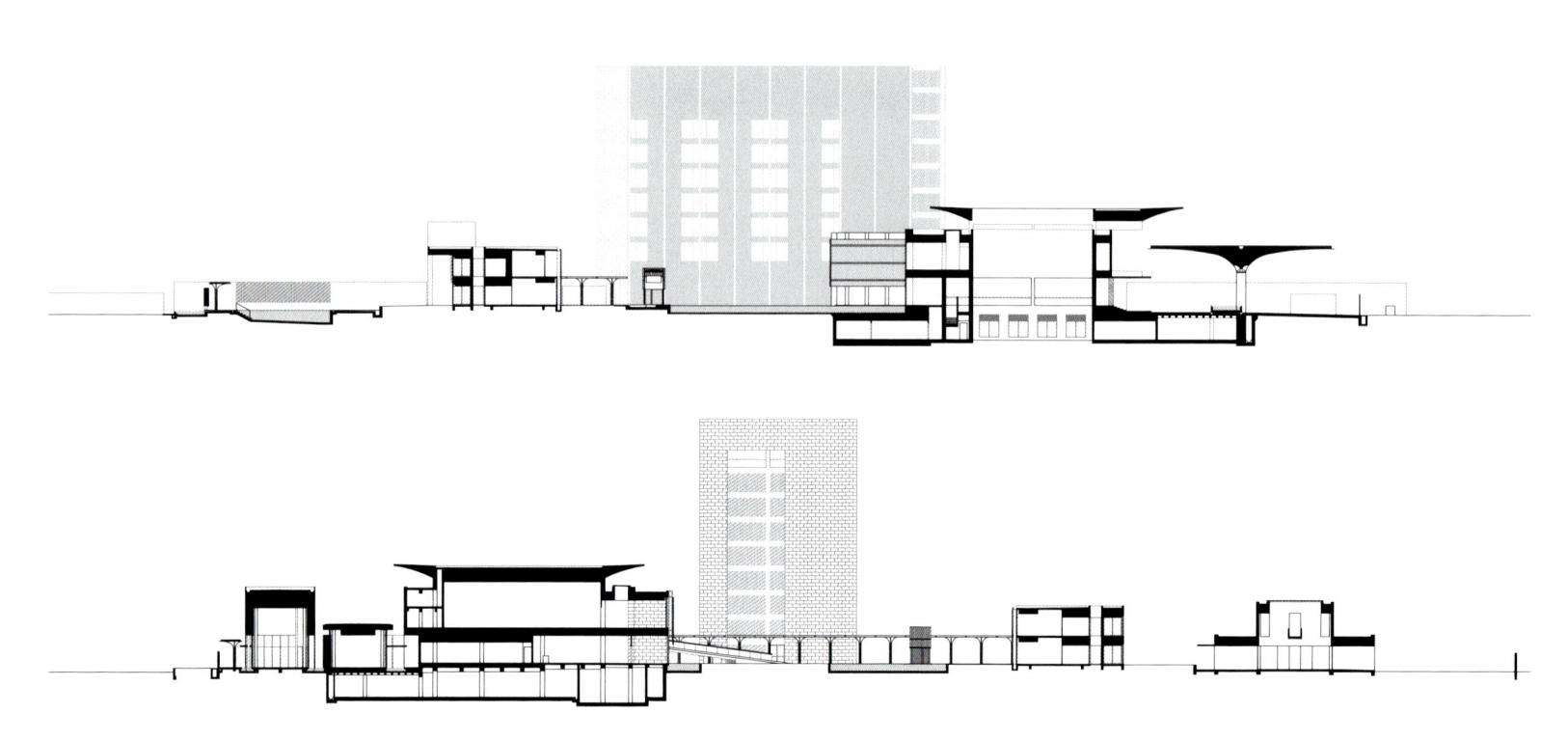

顶端图：120米长的水景空间被置于整个酒店建筑群的中央。

上方图（自上而下）：北向剖面图；南向剖面图。

对页图：陶土色的百叶环绕着休息厅，也在日间为休息厅遮阳。

74　作品精选 1989—2021

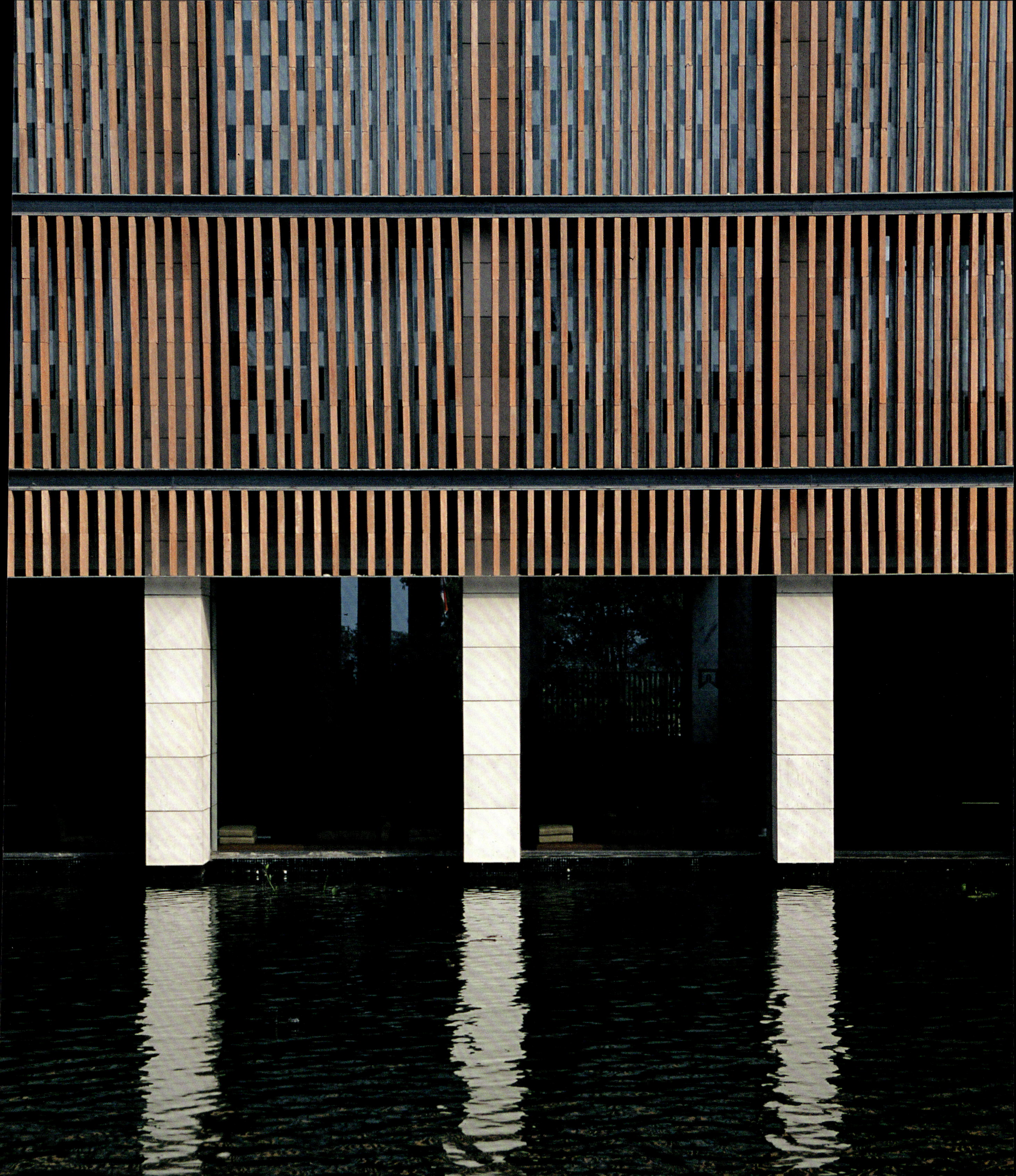

上方图：外墙百叶会因白天和晚上日光的变化而改变外观。

右上图：休息大厅的室内百叶由镀金胶合板制成，还饰面以金色树叶。

对页图：休息大厅内景。

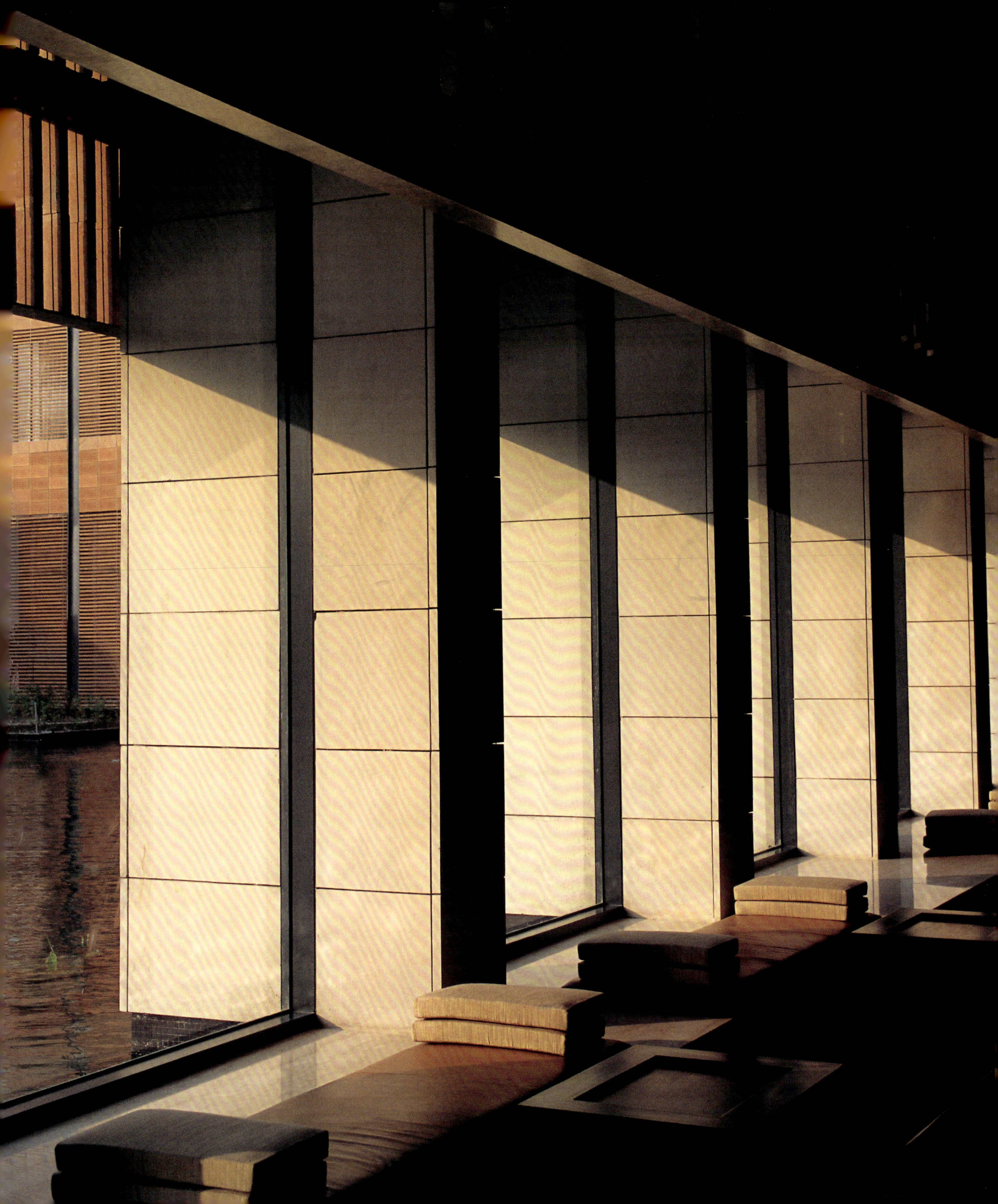

上方图：主要楼梯"漂浮"于水池上方。

右上图：主要楼梯位于建筑物一侧的围墙内，它可通达至每一个公共楼层。

左侧图： 客人套间里，树荫遮蔽的阳台。

上方图： 在这个两层建筑内，面积较大的客房皆可俯瞰中央的水景。

ITC索纳酒店 印度，加尔各答

棕榈沙漠度假酒店（Desert Palm）
阿联酋，迪拜
1999—2002

棕榈沙漠度假酒店坐落于迪拜的城市外缘。这个项目的业主是阿拉伯游牧民族贝多因人的后裔。他建造这座沙漠度假别墅的构想，来源于其个人对于沙漠和马球运动的喜爱。

棕榈沙漠度假酒店的基址，本身就拥有很独特的地域感。这里有被围墙包绕的沙丘、高耸的棕榈树林、层层种植的梯田，周边还围绕着五个完美的马球场。这个建筑项目的设计核心在于对庭院的运用。作为主要设计元素，庭院为每座建筑提供了舒缓的景观，同时也在楼宇之间塑造出空间的等级感。庭院同样也是调节气候的重要空间要素。如同我们在迪拜随处可见的伊斯兰古建筑一样[1]，在这里，水流通过狭窄的槽沟，穿过庭院，流经每一座建筑物；水流不仅能为建筑环境降温，也能够将建筑物的内、外部空间完美地衔接在一起。位于酒店庭院中央的水池，成为具有象征意味的水流的发端和源头。

庭院外围高大的围墙，采用也门产的石灰岩来砌筑，其表面涂有迪拜本地产石灰和沙子混合而成的抹灰饰面。耸立的围墙围合出荫蔽且高直的室外空间，其周围环绕布置着酒店的起居单元。酒店的套房平面可被划分为私密的居住空间与院落共享空间两部分。单个客房的庭院中，有着建筑投下的阴影，斑驳的阳光和水流。这些景观在石头围合的院落中，形成一片片沙漠中的绿洲，每一片绿洲都宛如人间天堂。建筑师吸纳了迪拜地区传统的伊斯兰建筑风格，采用精致镂空的希伯伦石板制成大规模、可旋转的遮阳石墙。这些墙壁既能够分隔不同功能的空间，也能够遮蔽白天耀眼的日光。夜晚时分，通体明亮的建筑透过镂空的墙面，投射下斑驳的光影，营造出如同灯笼一般的场所氛围。

虽独具巧思，但棕榈沙漠度假酒店的施工复杂程度并没有超过别墅型和套房型酒店的建造。

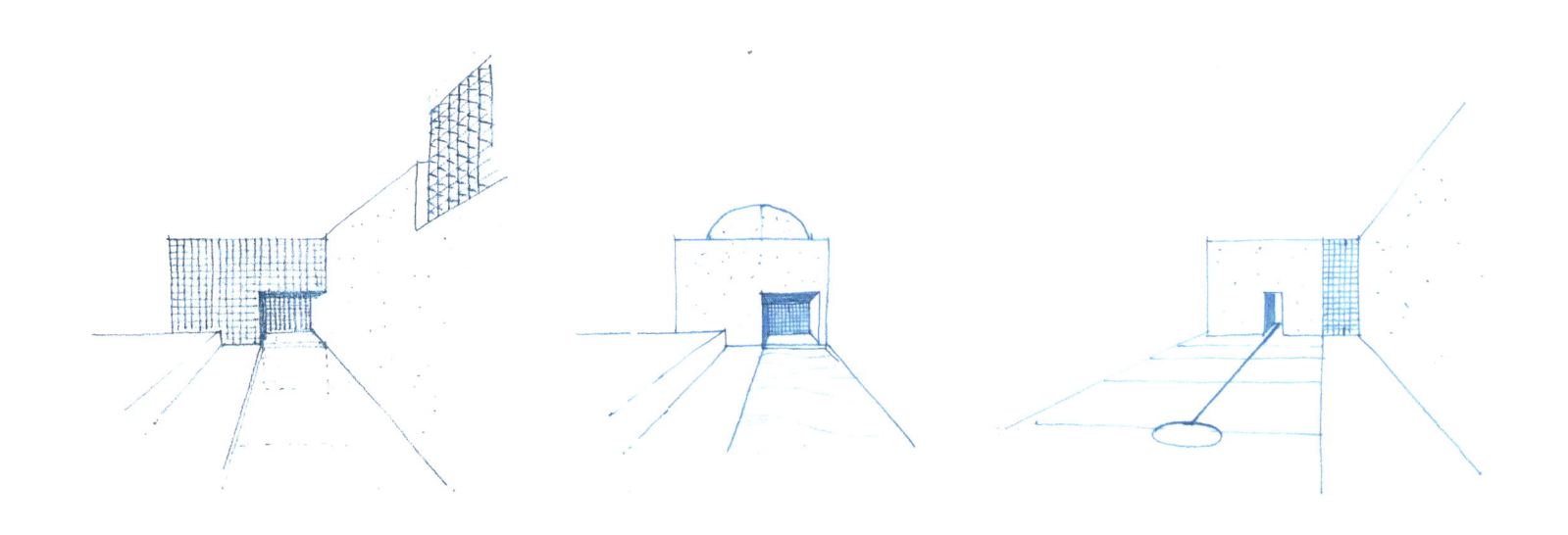

[1] 译者注：水流对于伊斯兰文化具有独特的象征意义。

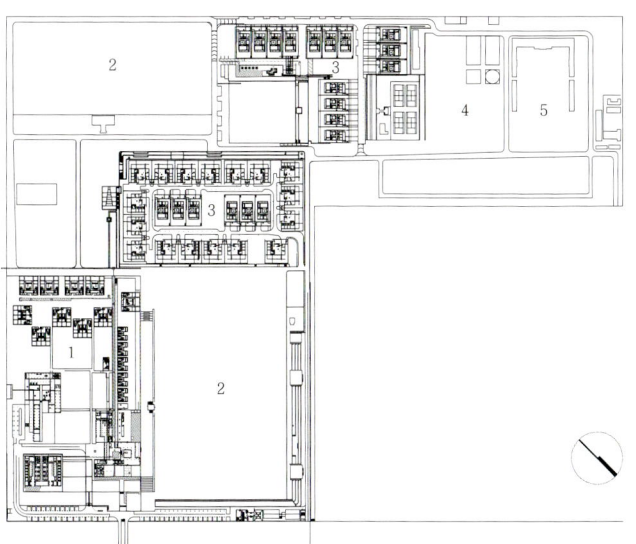

上方图： 具有典型沙漠地区"内向型"建筑风格的别墅型酒店。

左侧图： 首层平面图。

1）酒店
2）马球场
3）别墅型酒店
4）室内运动场
5）马厩

棕榈沙漠度假酒店 阿联酋，迪拜

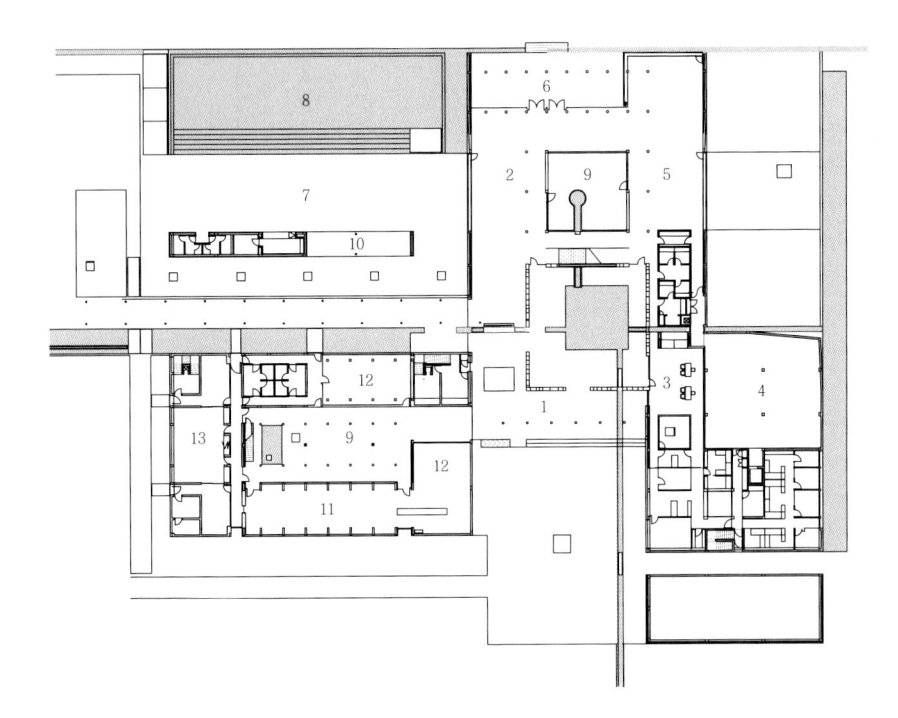

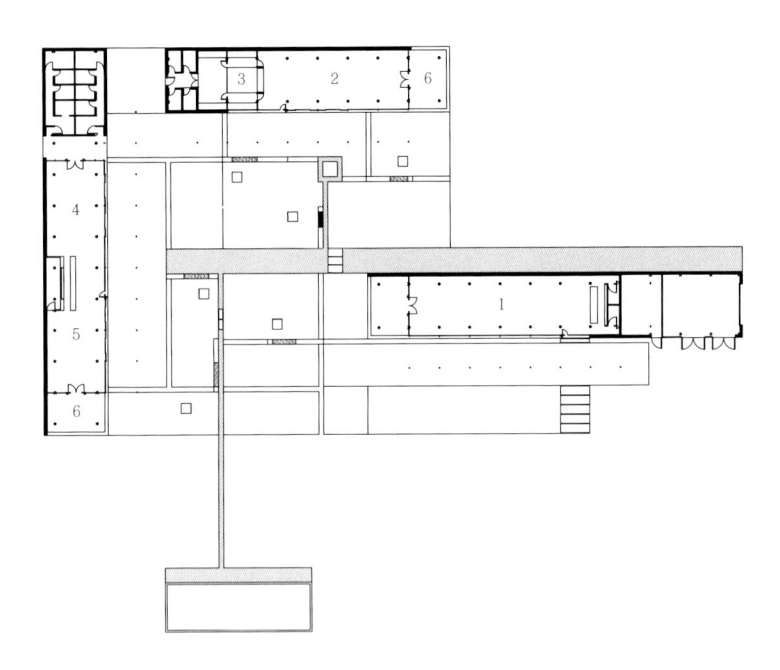

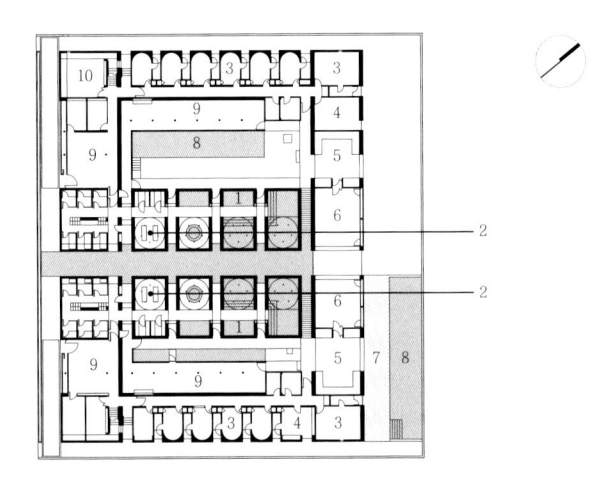

左上图：酒店公共空间平面图。

1）车辆送客通道
2）大堂
3）前台
4）厨房
5）餐厅
6）露台
7）水池平台
8）游泳池
9）庭院
10）休闲睡椅
11）长廊
12）零售商店
13）会议厅

左中图：商业空间平面图。

1）零售商店
2）小餐厅
3）厨房
4）台球室
5）酒吧
6）露台

左下图：水疗中心平面图。

1）浴室
2）蒸汽浴室
3）推拿按摩室
4）水疗室
5）休闲睡椅
6）健身房
7）水池平台
8）游泳池
9）休息室
10）美容室

对页图（自上而下）：酒店公共区域的工作模型；商业空间的工作模型；水疗中心的工作模型。

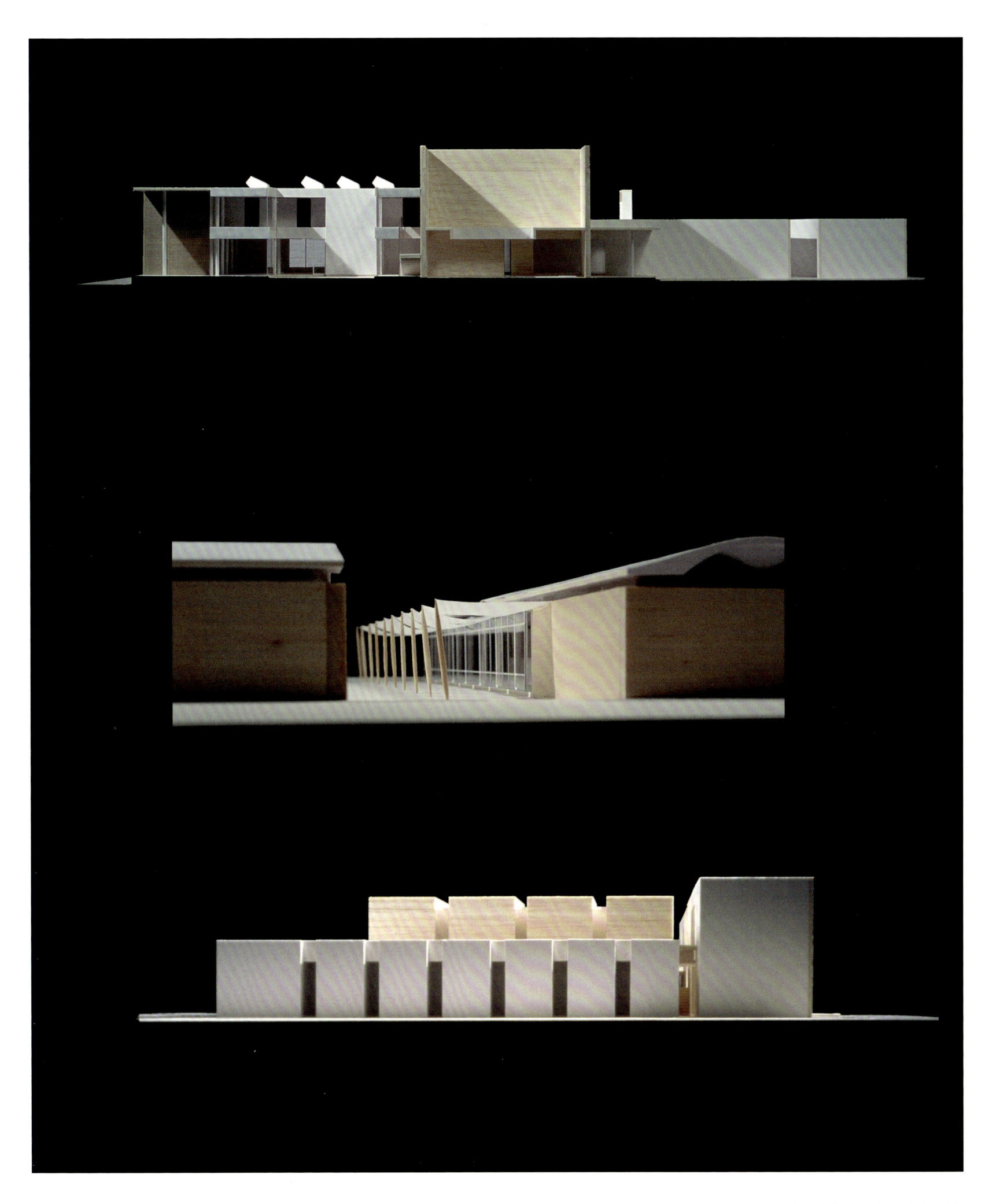

棕榈沙漠度假酒店 阿联酋，迪拜 83

左侧图和上方图：套房庭院内的私人游泳池和活水水源。

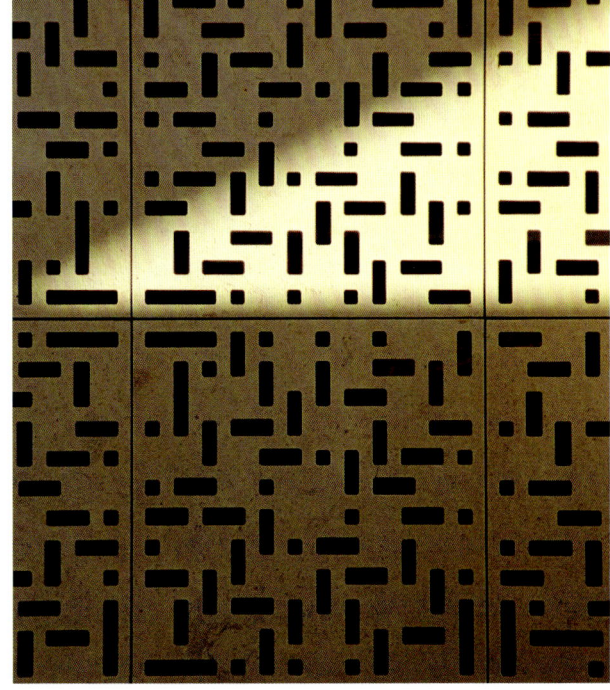

上方图： 套房的私人庭院内景，可见希伯伦石砌筑的可旋转的遮阳石墙。

右侧图： 镂空的希伯伦石墙细部图。

棕榈沙漠度假酒店 阿联酋，迪拜

奥格尔维别墅（Ogilvie House）
澳大利亚，阳光海岸
1999—2002

　　澳大利亚阳光海滩、太平洋和努沙国家公园（Noosa National Park）优美的自然景色，共同为奥格尔维别墅的设计构思带来了灵感。在建筑师的创作构想中，建筑通过内部的流动空间捕捉壮丽的海景；而在面对邻旁的房屋和凛冽的东南风时，则采用一种不甚通透的立面形式。

　　旅客需要通过底层的水院入口，方可进入酒店建筑的内部。一条室内的长廊环绕在倒影池旁，人们可以通过它到达起居空间，或是向下层通达至健身房和可以俯瞰海景的客人房。在二层，较为封闭的私密空间被置于房屋边缘，限定出一个大型半露天起居室的空间界线。这个长36米、宽12米的起居室，内设众多功能区域，以适用天气变化时的不同使用需求。在整座别墅的外侧边缘，一个铺砌了沙色瓷砖的宽敞的游泳池赫然设立。清澈的池水与无垠的海面连成一片，形成了视觉上完美的衔接关系。

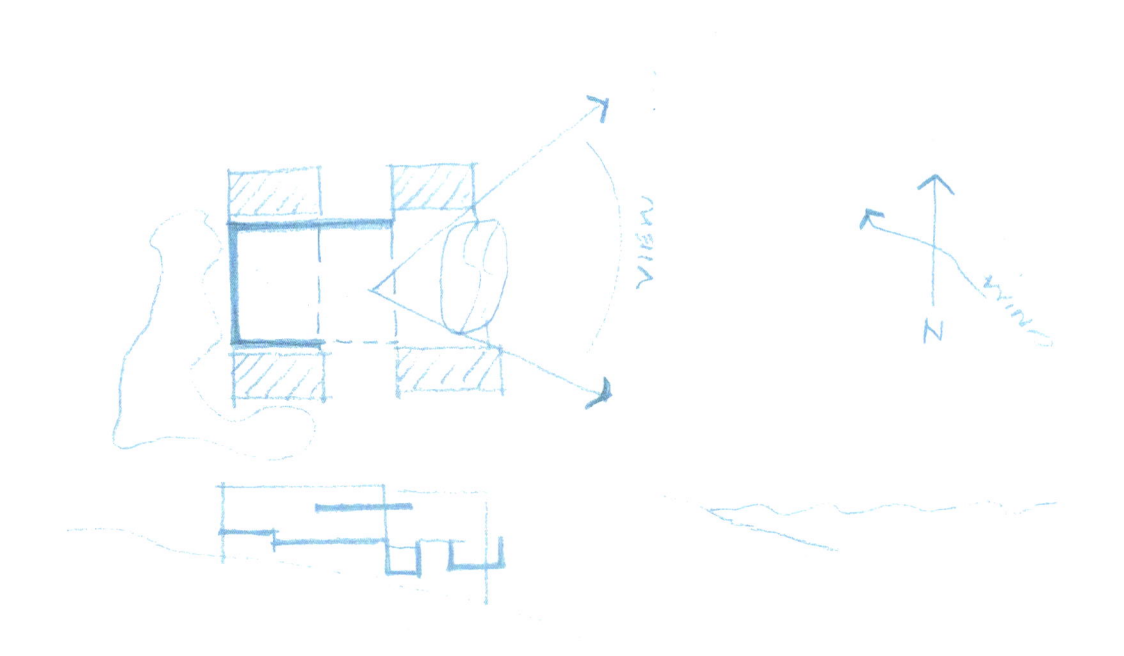

对页图：主要的起居空间拥有很多模糊的空间特质，如介于室内与室外之间，介于地面和水域之间，介于围合与露天之间，介于开敞与封闭之间。

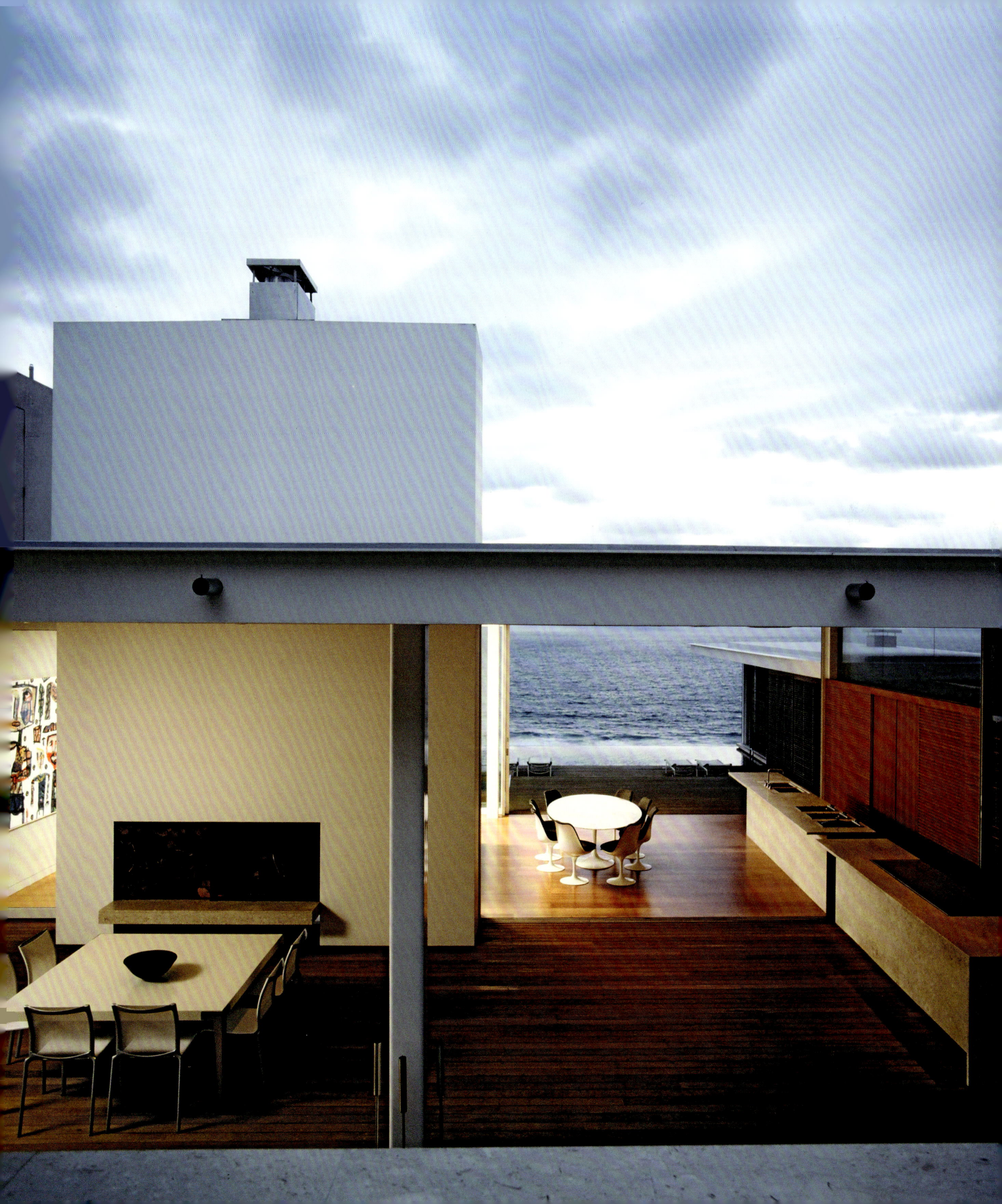

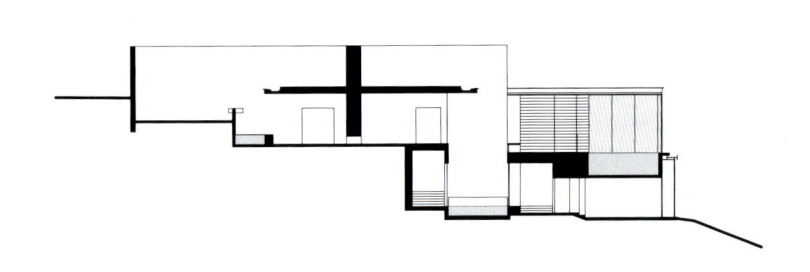

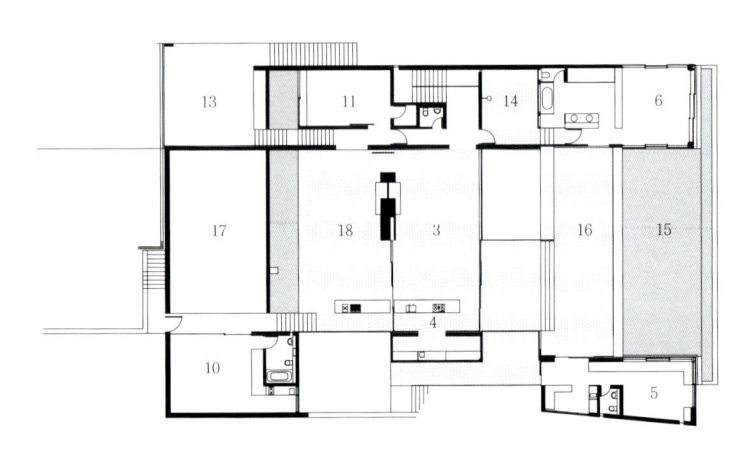

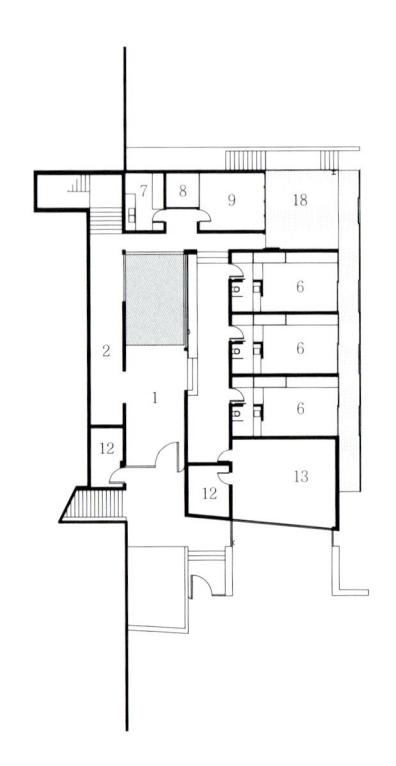

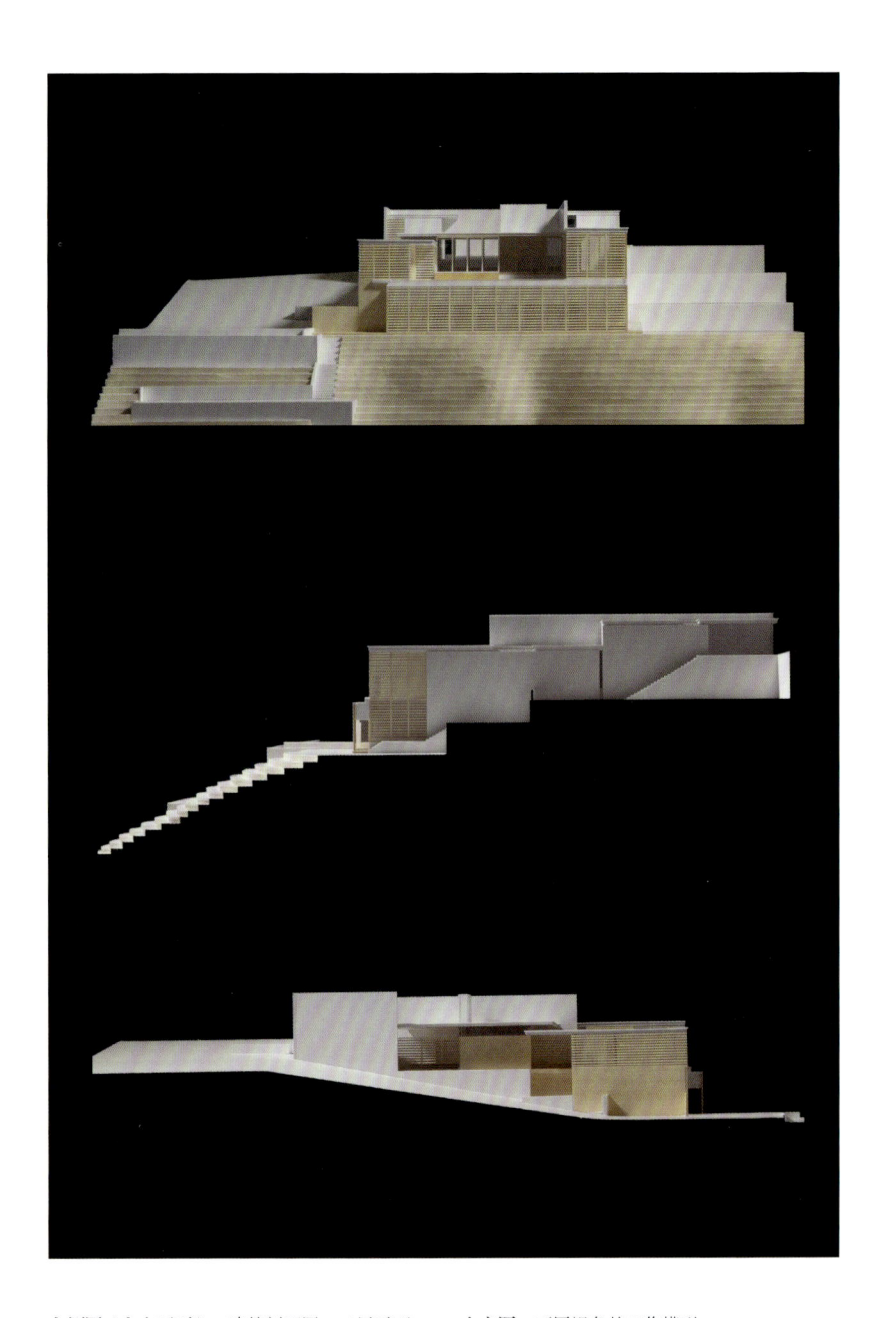

左侧图（自上而下）：建筑剖面图；二层平面图；底层平面图。

1) 入口
2) 走廊
3) 起居室/餐厅
4) 厨房
5) 书房
6) 卧室
7) 洗衣房
8) 蒸汽浴室
9) 健身房
10) 门卫室
11) 影音室
12) 储藏室
13) 车库
14) 庭院
15) 游泳池
16) 游泳池露台
17) 花园
18) 露天平台

上方图：不同视角的工作模型。

对页图：从游泳池露台和主卧室都可以远眺浩瀚的太平洋。

88　作品精选 1989—2021

奥格尔维别墅 澳大利亚，阳光海岸

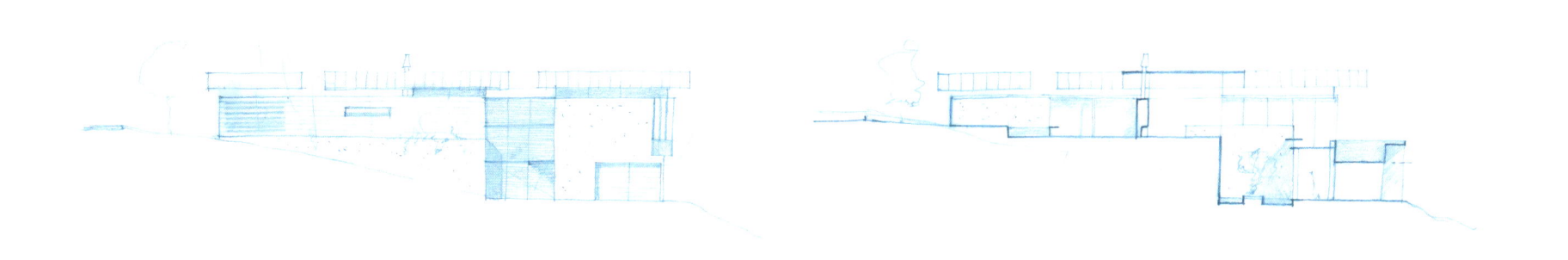

上方图： 从二层的起居室望出去，游泳池水面
与浩瀚的海洋融为一体。

上方图：封闭的私密空间被置于别墅场地的边缘，勾勒出室内和室外起居空间的界线。

右侧图：从海滩上仰望别墅。

奥格尔维别墅 澳大利亚，阳光海岸

新加坡动物园入口广场（Singapore Zoo Entrance Plaza）
新加坡
2000—2003

    作为新加坡最重要的国家级景点之一，新加坡动物园每年吸引超过一百五十万来自世界各地的游客。动物园亟待修建一个新的入口广场，用于疏导成千上万搭乘多种交通工具前来的游客，同时为他们提供更为便捷的导航、信息查询和票务售卖的服务。这亦是向游客展示动物园更为现代的形象的大好契机。建筑师可以精心安排一个颇具仪式感的游客入园流线，同时也能够带给游客充满趣味性和兴奋感的入园体验。

    新加坡动物园的入口包括四个主要组成部分：其一为组织节庆活动的广场；其二是一处标志性入口门廊；其三为列布着园区所有职能空间的庭院；其四为直接引导游客通向动物园内的三处柱廊空间。入口庭院内的木栈台上，安放着几根娑罗枕木，周围有热带树木的绿荫和一处倒影水池环绕。这些景观设计共同为游客营造出一个荫蔽、凉爽，能够聚集人气且有导向性的入口空间。在庭院的周围分布着园区办公室、游客服务中心和康体娱乐设施。这些建筑皆采用钢框架结构，并覆以交错排列的船用胶合木板作为围护结构。按照建筑师的预想，这些从船只上拆下来的木板，在搭建房屋之前，就已拥有了时间留下的风化印记。一缕阳光穿过木板与玻璃建造的屋顶，如同透过乔木的华盖，在一天中不同的时间，呈现出变幻无穷的光影效果。当日光穿过娑罗木格栅墙和随机排列的带有纹理的石柱时，这种光影效果再度被加强。光影的变化也为游客的交通流线增添了几分生机和活力。

右侧图：被郁郁葱葱的热带植物环绕的广场新建筑。

新加坡动物园入口广场 新加坡

顶端图：建筑工作模型的立面视角。

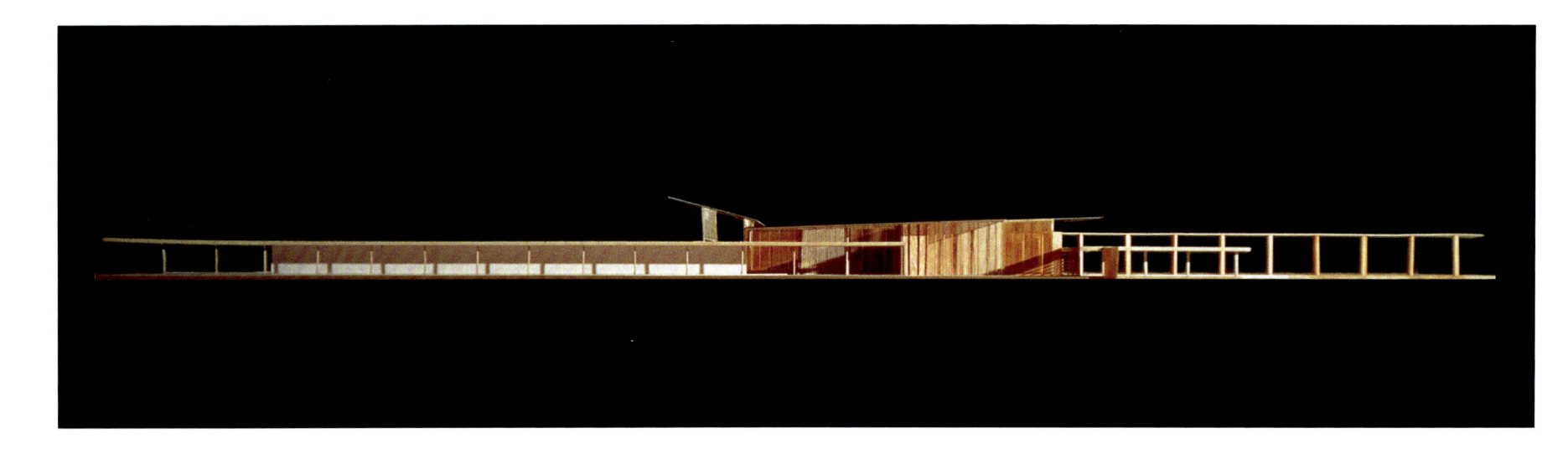

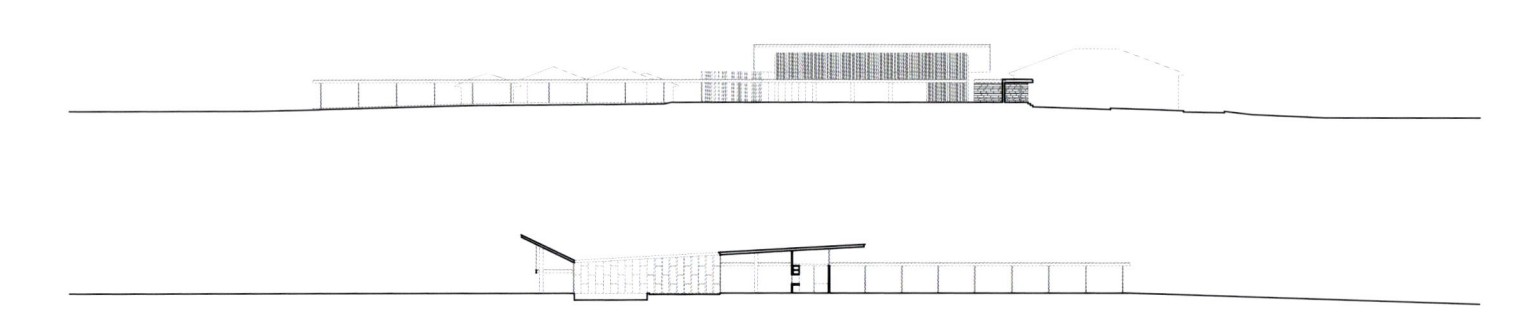

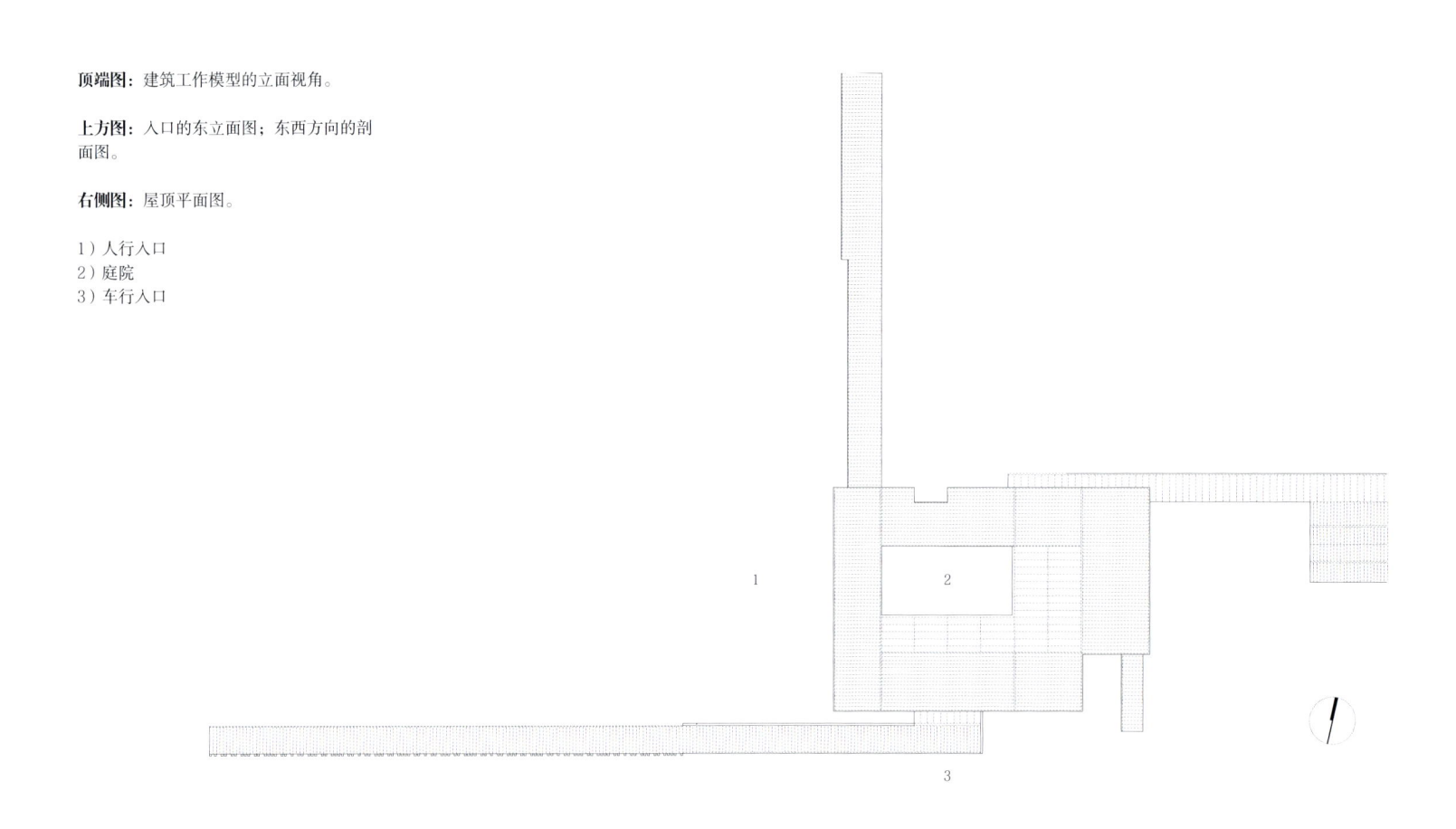

上方图：入口的东立面图；东西方向的剖面图。

右侧图：屋顶平面图。

1）人行入口
2）庭院
3）车行入口

对页上图：入口广场的主体结构位于动物园入口处，为建筑物之间一个绿树成荫的露天空间。

对页下图：为学校师生专门设置的单独入口。

新加坡动物园入口广场 新加坡

上方图：一缕阳光透过由木格栅和玻璃建造的顶棚洒落在室内。

右侧图：入口广场的主体空间，唤起游客的认同感和场所感。

上方图： 由巨大的屋顶遮蔽的广场内，涵盖了售票厅和信息中心。这两座建筑环绕在内部景观空间的外侧。

右侧图： 广场内使用船用胶合板搭建的房屋。

最右图： 水景花园细部。

新加坡动物园入口广场 新加坡

索伊路53号公寓（Soi 53 Apartments）
泰国，曼谷
2002—2004

　　这座私人公寓住宅退后于曼谷繁忙的素坤逸路（Sukhumvit Road），其主要立面正对一条名为"索伊"的小街。建筑内部空间主要为四套宽敞的公寓，一套供主人居住，其他三套分别供其成年的子女居住。这一方案将居住空间进行垂直方向的堆叠，以适应此处的城市环境和场地限制，是对传统的泰国大家族式复合住宅空间进行的全新阐释。

　　公寓的底层是开放性公共空间，用于组织家庭内部或朋友间的大型聚会。此空间由两层高的石墙环绕，局部开设天窗。底层四周的墙体围合出一片私人空间，其中包括一处狭长的游泳池以及露天公共餐厅、厨房、健身房和入口门厅。在建筑师的精心布局下，墙体上垂直的条形窗，允许光线在某些位置射入室内。

　　二层以上就是公寓部分。其中包含了一个直线型的建筑体，其周围环以开有小窗的三面石墙和一面透明的玻璃墙。沿着玻璃墙，布置着每层楼主要的起居空间和卧室。每套公寓都拥有超过四层的空间，其中采用了双层复式的空间单元，以形成室内空间在垂直方向上的联通。每套公寓的外部，都有一处两层高的外向性挑台；它可将起居室的内部空间延伸至室外。由精致的木格栅围合的阳台，悬挑至一层的游泳池上方空间。上层的挑台与底层的公共空间之间拥有很好的视线联系。同时，它们也为公寓立面的玻璃墙面提供了荫蔽和遮阳。对于上层的公寓而言，这两个由格栅墙围合的体量，从二层一直延伸至屋顶，营造出一种更为舒适的阳台空间。这样的空间不禁让人们回想起泰式"萨拉"，也就是一种颇为传统的开敞的亭式建筑。

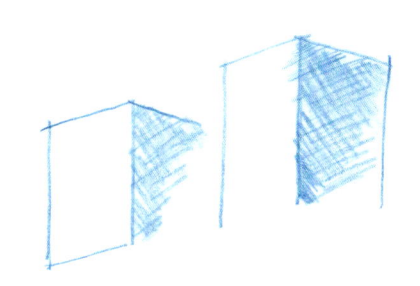

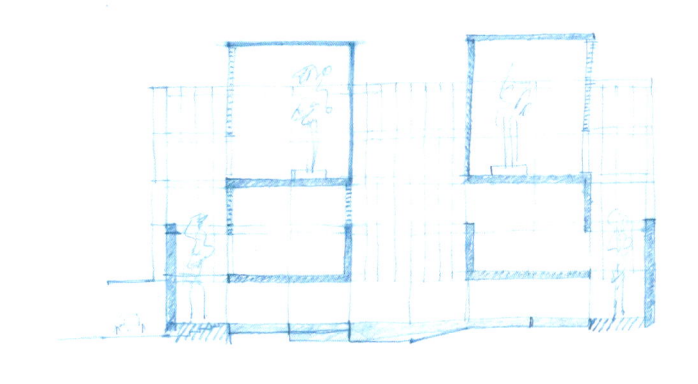

左下图：公寓楼朝向街道立面的工作模型。

右下图：建筑北向的工作模型。

对页图：在建筑师的精心布局下，墙体上的垂直条形窗允许光线在某些位置射入泳池空间。

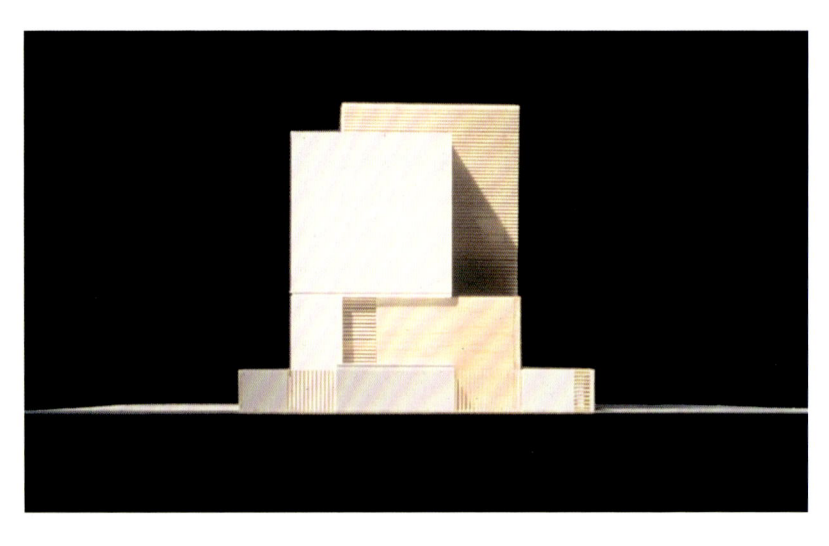

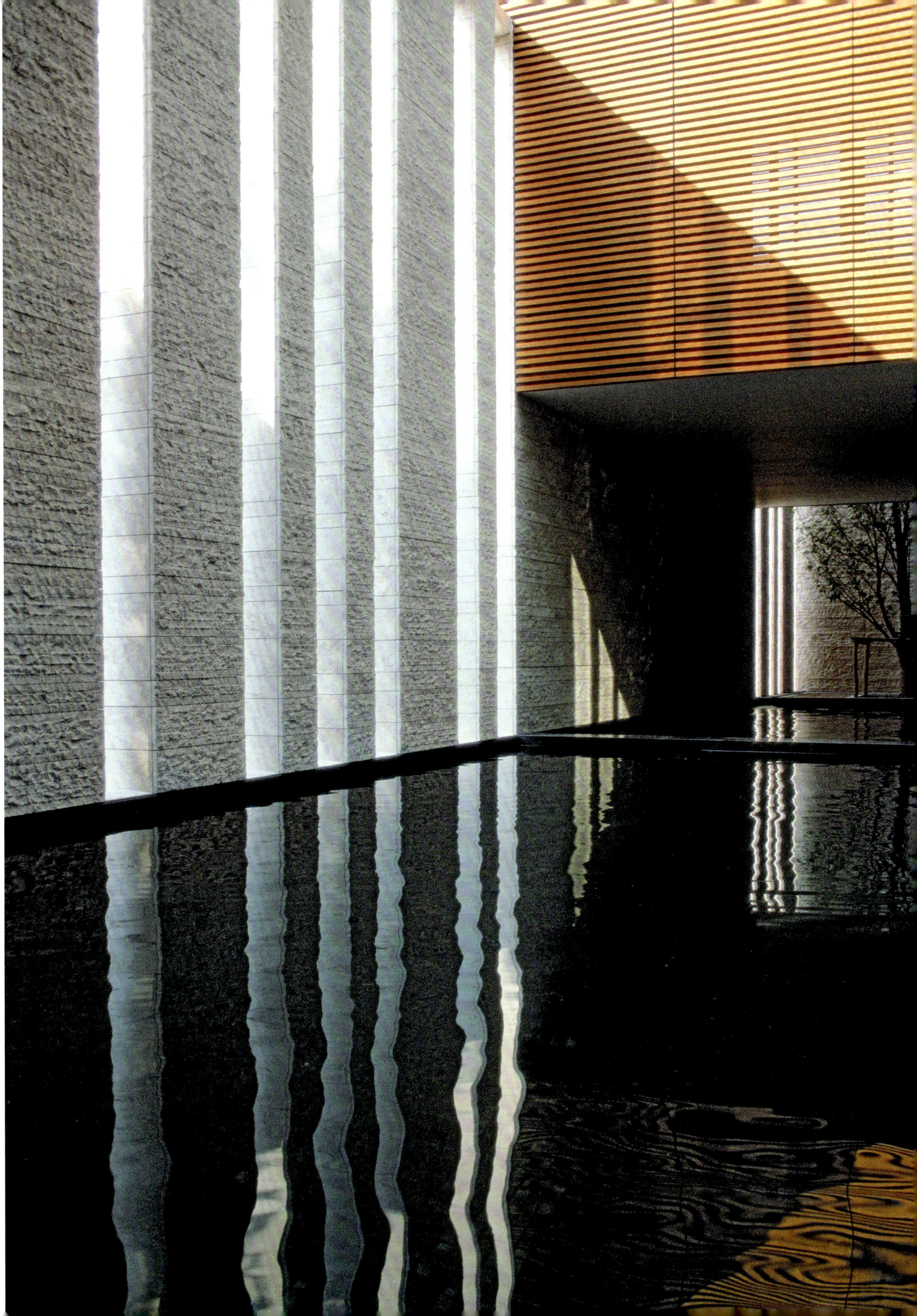

右侧图（从上至下）：各层平面图和横剖面图。

1）车辆送客通道
2）主入口
3）门卫室
4）长廊
5）电梯间
6）起居室
7）餐厅
8）酒吧
9）厨房
10）书房
11）卧室
12）浴室
13）健身房
14）蒸汽浴室
15）储藏室
16）游泳池
17）金鱼池
18）中庭

下方图：表达第五层空间的工作模型。

Level 4

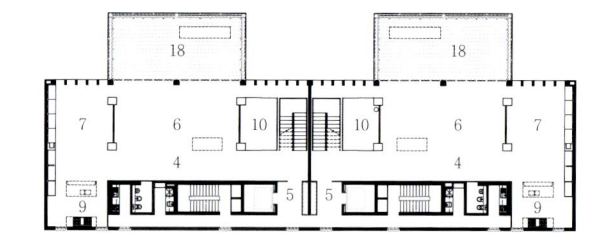

Level 3

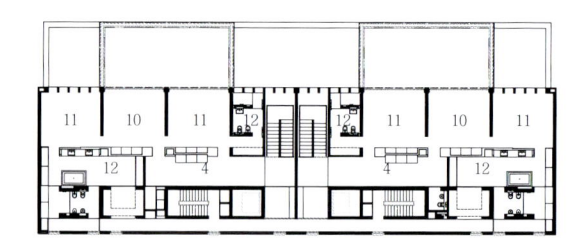

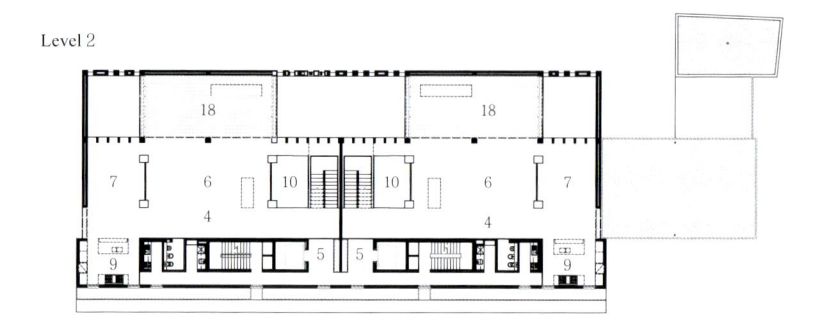

Level 2

Level 1

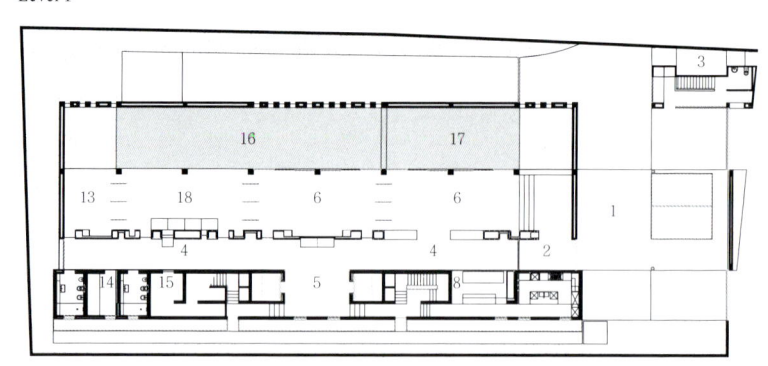

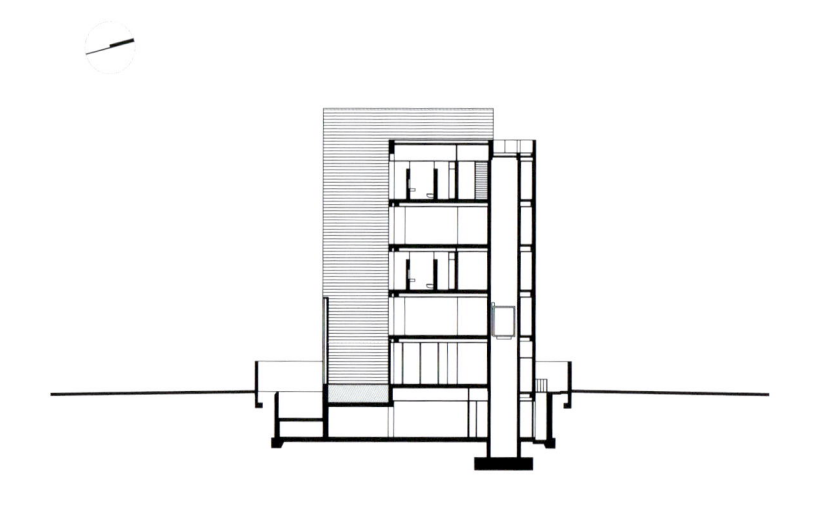

上方图：将坚实的材料与轻质材料并置，让建筑在一个本该私密和隐蔽的空间中，拥有一定的透明性。

右上图：一个两层高的室外挑台，或可称为"热带建筑的中庭"，从每个公寓的起居室，延伸至室外空间。

右侧图：首层的共享活动空间，其中包括游泳池、公共餐厅、健身房和入口。

索伊路53号公寓 泰国，曼谷　101

安缦库拉系列酒店（Amankora）
不丹
2002—2007

希尔·克里建筑事务所在不丹设计完工的五座豪华酒店之旅，始自20世纪90年代后期，正是在我们对项目场地的第一次踏勘之后。这些项目皆是为豪华酒店的先驱者埃德里安·泽查（Adrian Zecha）先生而设计。历经多年，安缦库拉酒店项目最终于2007年在不丹的布姆唐（Bumthang）落成。从那以后，该项目不断为这些酒店添置各类设施。直至2020年，安缦普那卡（Punakha）完成了最新的一次扩建。事务所在不丹的设计实践之旅延续了二十余年，开创了一段非凡的项目从业历程。正如克里·希尔在事务所的第一本书《匠造现代主义》（Crafting Modernism, 2010）中写道：

"不丹是一个神秘的喜马拉雅小王国。不丹也是世界上唯一以大乘佛教作为官方信仰的国家。它拥有独一无二的宗教文化。在不丹境内，就犹如置身于农村社会一样，城市中只有两种传统的建筑类型：一是宗教建筑，譬如有防御性的修道院；另一类就是家用建筑，通常是村民们修建的农舍。这些建筑兼具装饰性和实用简约的优点。

"我们在不丹设计了六座小型酒店，每座酒店分别设置8~24个客房不等，最终落成。在长达七年的时间里，我亲自选择了每一座建筑的场地。目前五个地点的施工建设既已全部完成。每个酒店建筑中都包含一些标准的建筑构件，根据场地和计划的情况，在平面中加以组合操作。酒店的屋顶采用了不丹地区传统的倾斜十一度的坡屋面。这种屋顶在不丹的建筑中颇为常见。酒店的整体建筑采用由石材或夯土砌筑的厚重而结实的墙体。根据其周边的自然环境，建筑师尽可能不做建筑装饰。每座酒店都外型简约，甚至如同修道院那样简洁纯粹。

"我们采用了配筋的稳定性夯土结构，取代了本地传统的简易夯土墙做法。这样做能够增强建筑的抗震性能，还能够使夯土墙免于维护。这里，传统的工艺被现代技术革新发展，但传统的材料交接方式却得以保留。机缘巧合之下，在飞往不丹的航班上，我有幸坐在一位尊贵的喇嘛旁边。他是一位受人尊敬的长者，时任不丹国家档案馆（National Archives）的馆长。他关切地询问我在不丹做什么工作。当我向他介绍这个项目的情况之后，他回答说：'啊，是的，我已经去看过你们工地上的土墙。它们的确非常漂亮。但请您告诉我，你们为什么要用那些机械夯具夯土呢？'

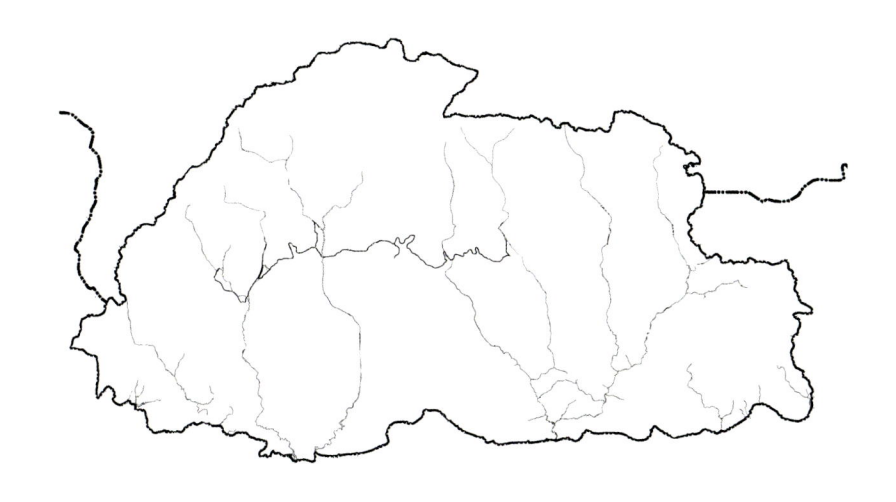

"他告诉我，工地上使用的那些机械夯土锤，对于不丹的建筑来说，没有任何益处。因为按照不丹本国的传统，村里的妇女们会一边唱着歌，一边用她们的脚来夯实泥土。这才是不丹的民间建造传统流传下来的方式。当我们的飞机着陆后，我感到非常不快，立即给在澳大利亚珀斯的一个承包商打电话询问。承包商说，按照传统的方式来夯造是可以的，但是在澳大利亚，我们通常负担不起这样高昂的人工费用。我将情形如实告诉了喇嘛，这才如释重负。

"酒店的室内墙面铺设了胶合板，整个建筑犹如一只大木盒子套着一只小木盒子。其中一个酒店建筑，甚至包含了一座修缮后的不丹传统农舍。在那间农舍中，我们所做的设计干预，仅仅是把我们在工作室中设计好的家具，放入这一破旧的建筑中，并建造全新的夯土建筑，去清楚地区分新、旧建筑的差别。

"总的来说，在不丹的设计项目虽然历经万难，却是非常有价值的。特别是，工作室还在这里经历了超过12年的项目时光。对于建筑师而言，去了解、抽象不丹人的身份认同和精神内核，远比观察不丹人的外表特质更具有吸引力。尽管如此，不丹政府对本国工程项目涉及的技术和内容，都做出过明确的指示。不丹政府在书面文件中明文规定，所有的建筑物必须看起来像本国的建筑。设计师必须践行这句话的字面含义。同时，《政府指南》也对门窗的开洞入口尺寸和房屋的装饰元素进行了规定。因此，我们对这几座酒店建筑的设计，仅能够在当地政府所规定的有限范围内进行。不过到目前为止，我们还是认为，或许这样的规定会对不丹本国更为有利。"

左侧图： 从杜克耶古堡（Drukgyel Dzong）和喜马拉雅山的珠穆朗玛峰回望安缦库拉帕罗酒店。

上方图： 一座不丹的传统农舍。

安缦库拉帕罗酒店（Amankora Paro）
不丹
2002—2004

　　站在安缦库拉帕罗酒店的窗前，你能够俯瞰远处杜克耶古堡的断壁残垣和珠穆朗玛峰的壮美景致。而若想要通达到这里，则需要步行穿过一大片针叶林。安缦库拉帕罗酒店，犹如一个传统的村落。六个"配筋夯土结构"[1]建造的客房建筑，簇拥着环绕在中心建筑周围。客房建筑在此选址也是为了获得周围美好的框景。从建筑眺望而出，这些景观显得既亲切又遥远。酒店的室内设计采用了木材和胶合板。与安缦库拉的其他几处酒店一样，帕罗酒店的建筑设计，无论从建筑形式、材料选择和设计精神，都沿用了与不丹传统一致的建筑风格，但没有采用传统的建筑装饰。

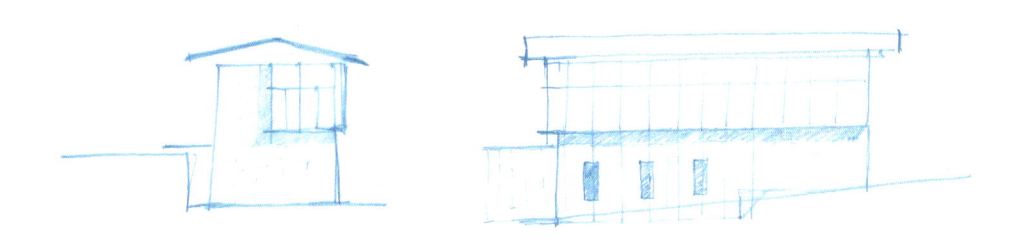

[1] 译者注：根据英国工程词典的解释，"stabilized-earth"一词的含义是，一种在其中加入钢筋或其他添加物而使之性能有所加强的特殊的夯土结构。国内暂没有对应的词汇表达，因此暂只用"配筋夯土结构"来描述。网址来源：http://www.stabilizedearth.org/rammed-earth-faq/stabilized-earth/。

对页图： 一条走廊，连接着餐厅和套房。柔和的日光从墙壁上无玻璃的竖条窗透入室内。

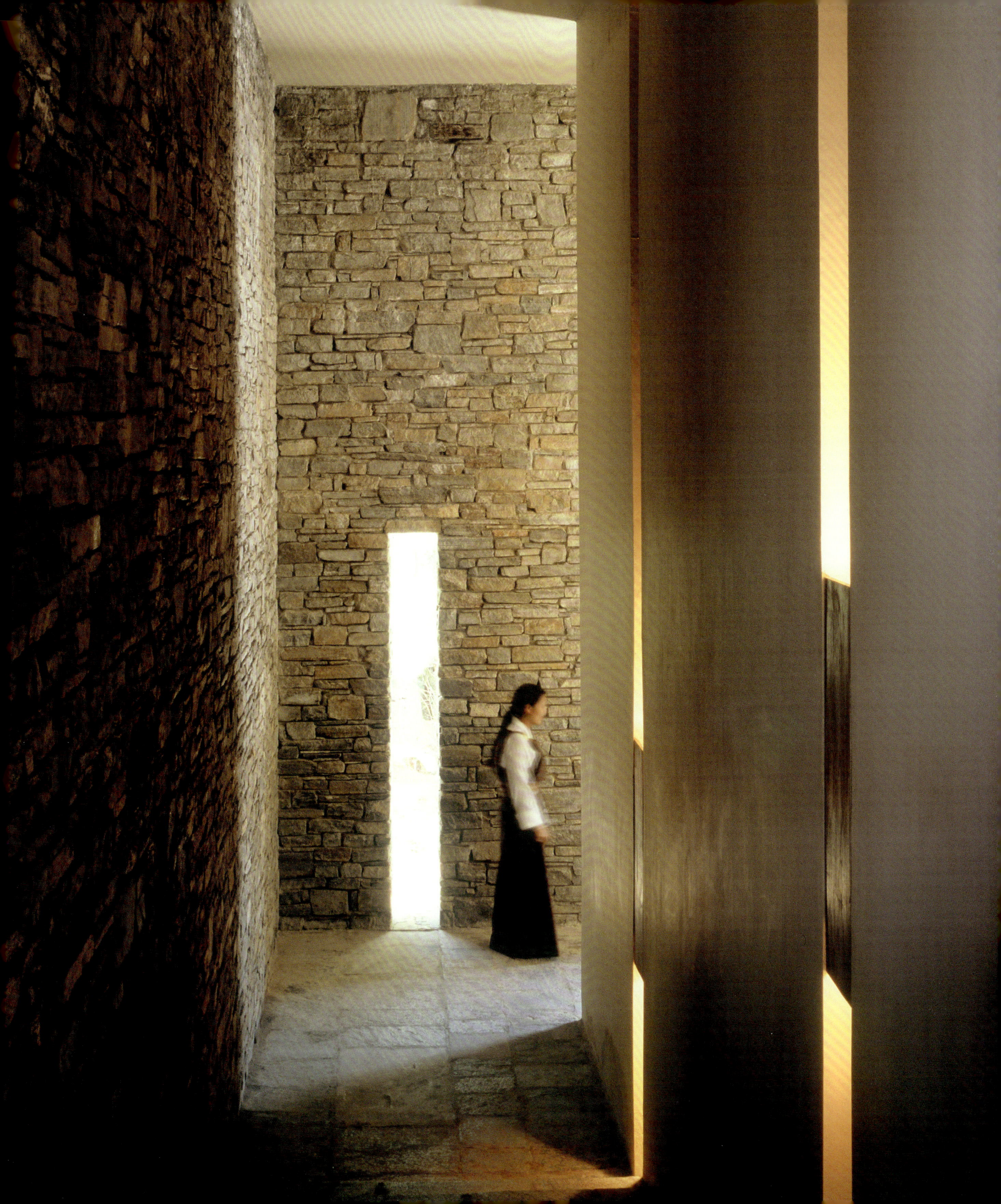

上方图：酒店的公共活动区域，位于主体建筑的上层，其中包括一个宽敞明亮的起居空间。从这里，人们可以远望喜马拉雅之巅珠朗穆玛峰的美景。餐厅位于酒店的底层空间。

右侧图：总平面图。

1）入口庭院
2）起居空间
3）水疗中心
4）后勤服务空间
5）客房

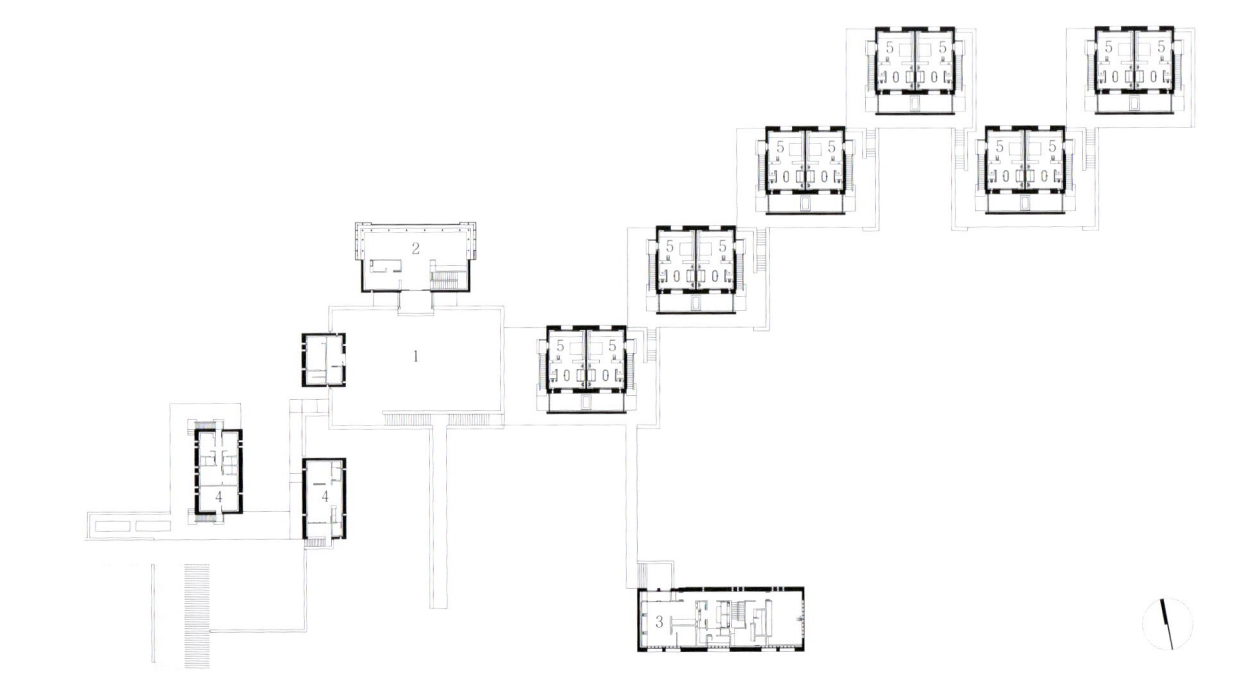

上方图： 夯土墙和木制楼梯的建筑细部。

右上图： 传统泥墙工艺由坚固的"配筋夯土结构"所取代，既利于抗震又无需维护。

右中图： 内设不丹传统布哈里（Bukhari）精巧壁炉的客房。客房的内墙均采用胶合板分隔，整个房间犹如套在大木盒子内的小木盒子。

右侧图： 标准的客房平面图。

1）入口
2）客房
3）浴室

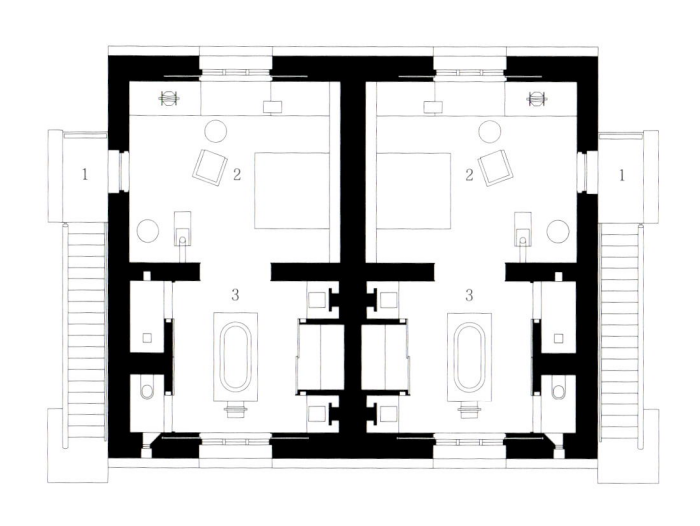

安缦库拉帕罗酒店 不丹　107

安缦库拉廷布酒店（Amankora Thimphu）
不丹
2002—2005

安缦库拉廷布酒店，坐落于不丹的首都廷布（Thimphu）山谷上游的一片蓝松林中。整个酒店包含若干座造型简单、体量高大且立面平坦的建筑，其中每座建筑均由当地的白色石制台基来承托。在庭院的周围，建筑师将这些刷白的建筑体块进行了高低错落的组合。这或许能够使人联想起不丹僧院中的庙宇和民俗建筑。客房的室内设计得舒适而宁静，似乎能够成为抵御喜马拉雅山区严酷气候的"庇护所"。客房内的墙壁、地板和天花，皆用当地木材加以包裹，在石墙围合的建筑中，形成一个温暖的木盒空间。

右上图：从山坡上松树林放眼望去，建筑的竖条窗呼应着松林的韵律造型。

右侧图：旅客穿过一条幽静的长廊到达客房。长廊贯穿整个客房空间。

对页图：高大的刷白石墙，阻隔了外部的空间。

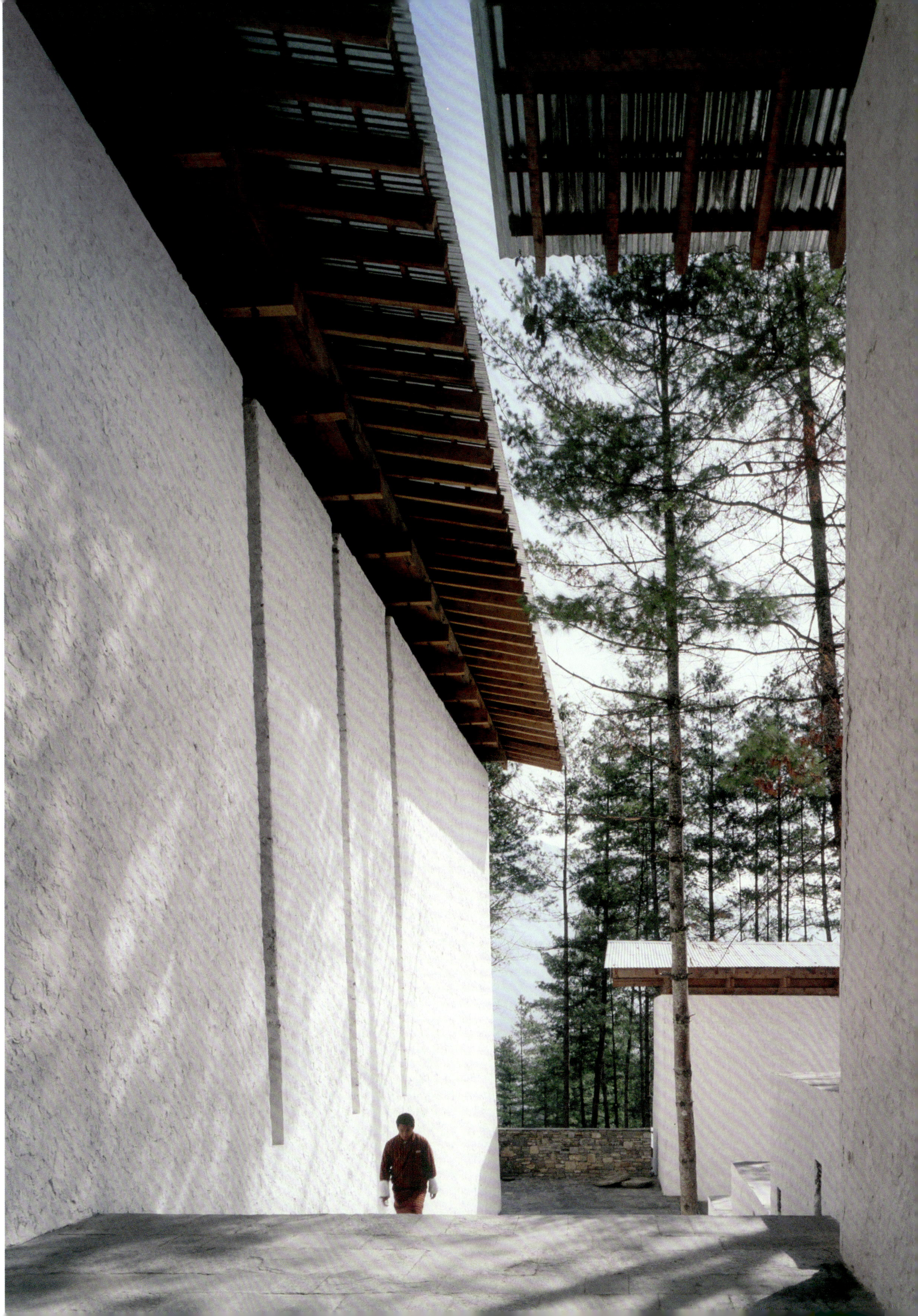

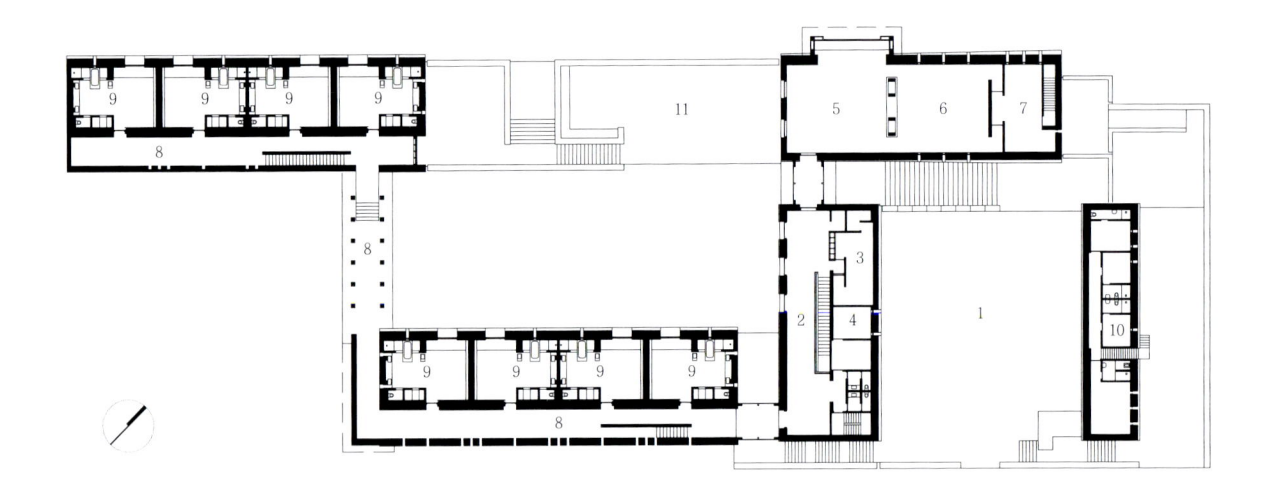

左上图：工作模型。

上方图：高大挺拔的松树，在庭院白色墙壁上透射下交错复杂的阴影，形成迷人的入口空间。

左侧图：二层平面图。

1）入口庭院
2）前台
3）零售商店
4）办公室
5）客厅
6）餐厅
7）厨房
8）长廊
9）客房
10）后勤服务空间
11）起居空间的庭院

左下图：剖面图。

对页图：酒店室内均采用温暖的本地木材做饰面。

110　作品精选 1989—2021

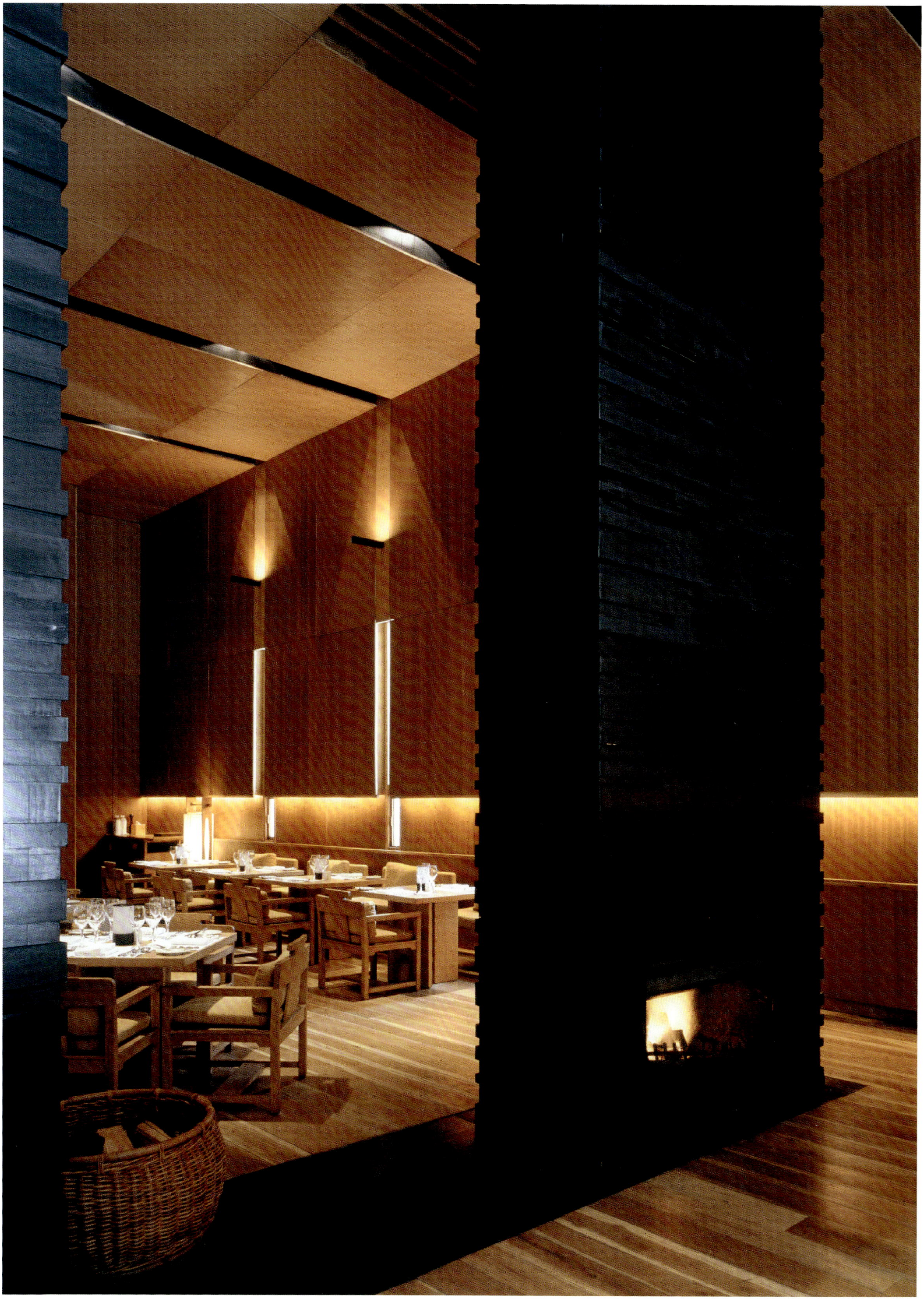

安缦库拉普那卡酒店（Amankora Punakha）
不丹
2002—2005

下方图： 横跨普那卡河的悬索桥。

对页上图： 新建筑外观采用夯土结构，与既有的农舍外观大不相同。

对页下左图： 新落成的游泳池坐落于橘园的一侧。从这里可以远望周围的稻田。

对页下右图： 茶楼的室内，光线幽暗，让人想起旧日农舍中那间烟熏火燎的厨房。

安缦库拉普那卡酒店位于一片橘子园中。在这里，人们可以全景式地远望周围的稻田，也能够眺望普纳卡河（Punakha River）上那座65米跨度的悬索桥。普那卡酒店的12间客房，围绕着一座传统的不丹农舍而布置。这座农舍经过整修和改造后，可以为酒店提供一些公共设施，譬如一个由动物养殖所改造而成的餐厅等。

此外，我们还设计了一系列简约质朴的现代家具，来增加不丹农舍的乡野风格。新建的3座客房建筑，由夯土结构建造而成。它们与修缮后的原有农舍，形成了鲜明的对比。

近年来，安缦库拉普那卡酒店还在不断增添新的设施，包括增设了两个双卧室的套间。在临近橘子园的地方，酒店修建一个崭新的游泳池，更大程度地利用了泳池周边的稻田景观。

安缦库拉普那卡酒店 不丹

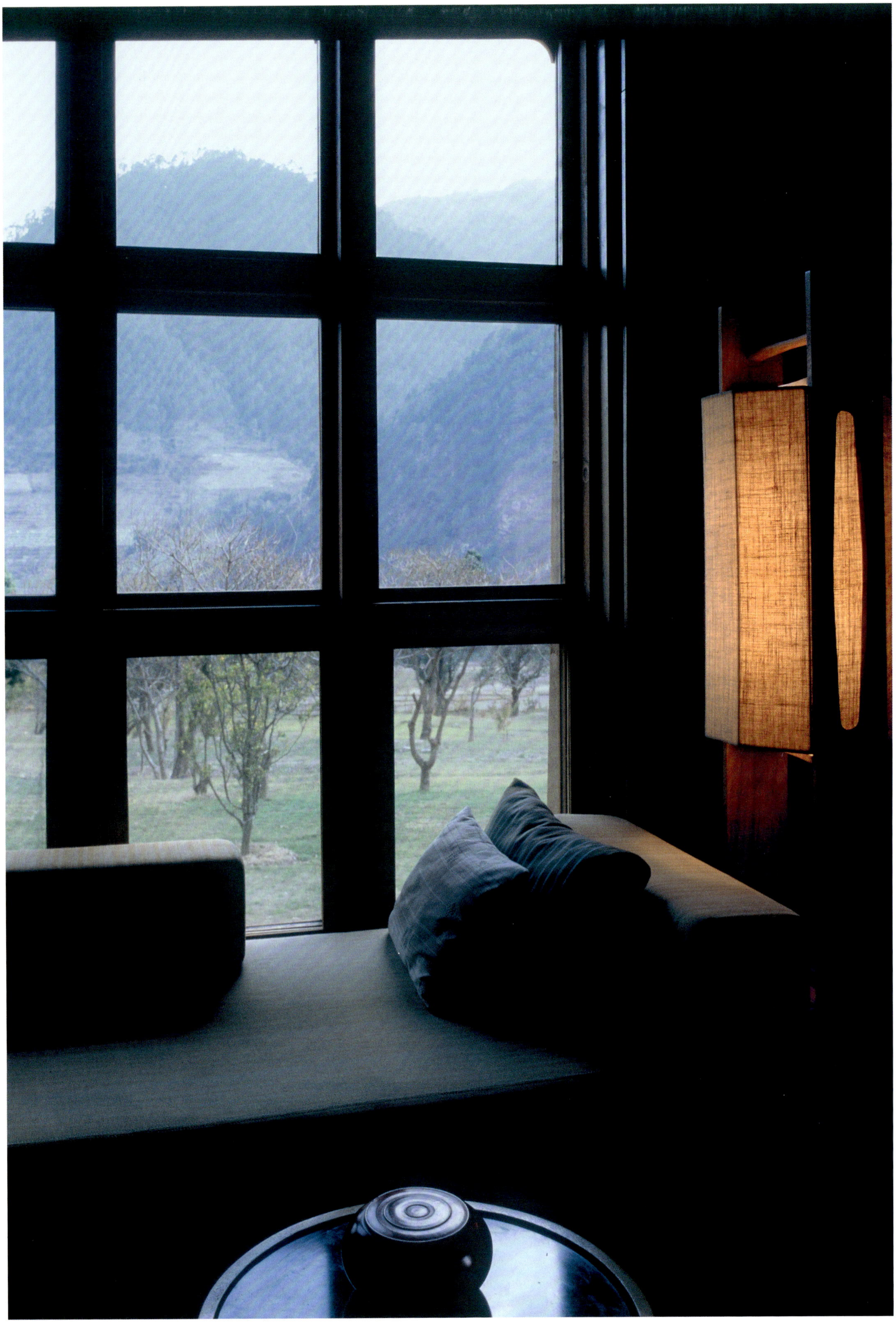

对页图：从客房远望果园。

右侧图：总平面图。

1）入口庭院
2）农舍
3）茶楼
4）水疗中心
5）客房
6）双卧室的套房
7）游泳池
8）办公室
9）后勤服务空间

下方图：昔日农舍内传统的室内空间得以修缮，并在其中补充了现代家具。

右下图：餐厅由原本的动物养殖所改造而来。

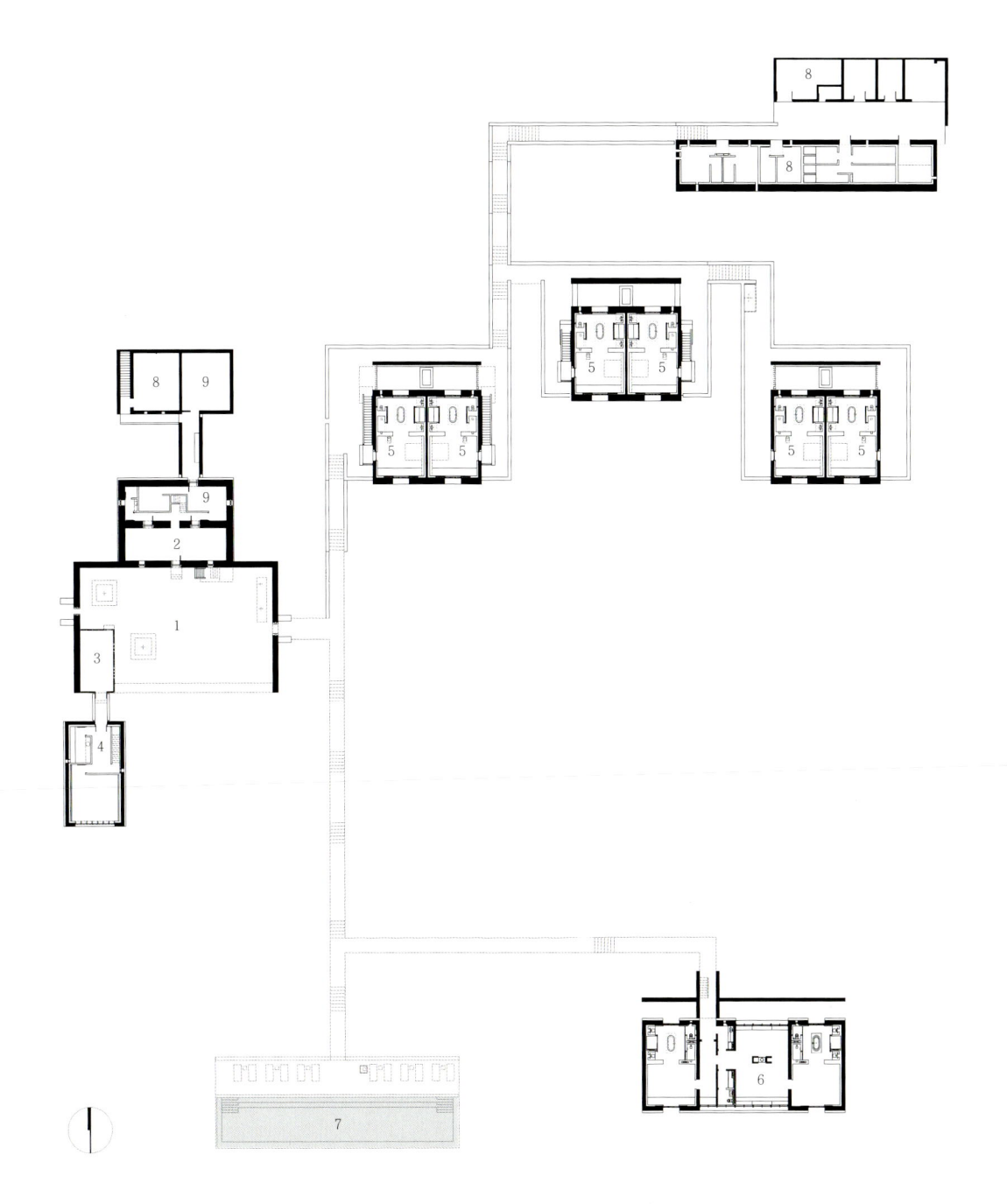

安缦库拉普那卡酒店 不丹　115

安缦库拉岗提酒店（Amankora Gangtey）
不丹
2003—2005

若旅客想要到达这个仅有8间客房的安缦库拉岗提酒店，他们需要步行穿过一大片森林覆盖的山坡。在这里，旅客可以远望到广阔的冰川峡谷和一座16世纪修建的重要寺庙。每逢冬天，这个山谷便成了一群群从西伯利亚迁徙而来的黑颈鹤的家园。

安缦库拉岗提酒店采用了非常坚固的夯土结构，这种工程技术是对传统泥土建造技术的改进。在保留了当地夯土结构的材料交接方式的基础上，新的建造技术使墙体具有更强的抗震性能，且无需维护。

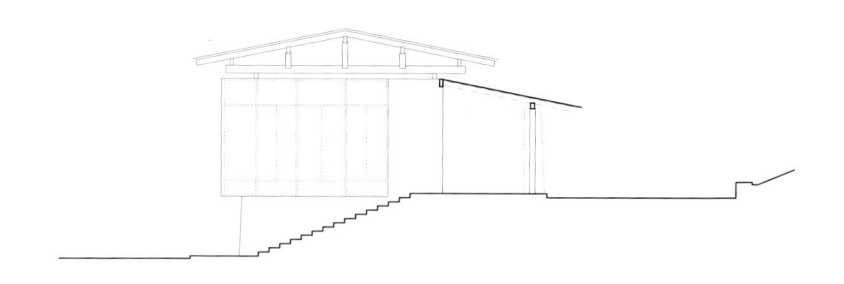

上方图：剖面图。

左下图：顺着通向酒店的山路望去，远处的山峰和周边的森林紧密地融为一体。

下方图：从森林步行至酒店入口处时，远望酒店建筑。

对页图：从旅客入口处远眺岗提山谷（Gangtey Valley）。

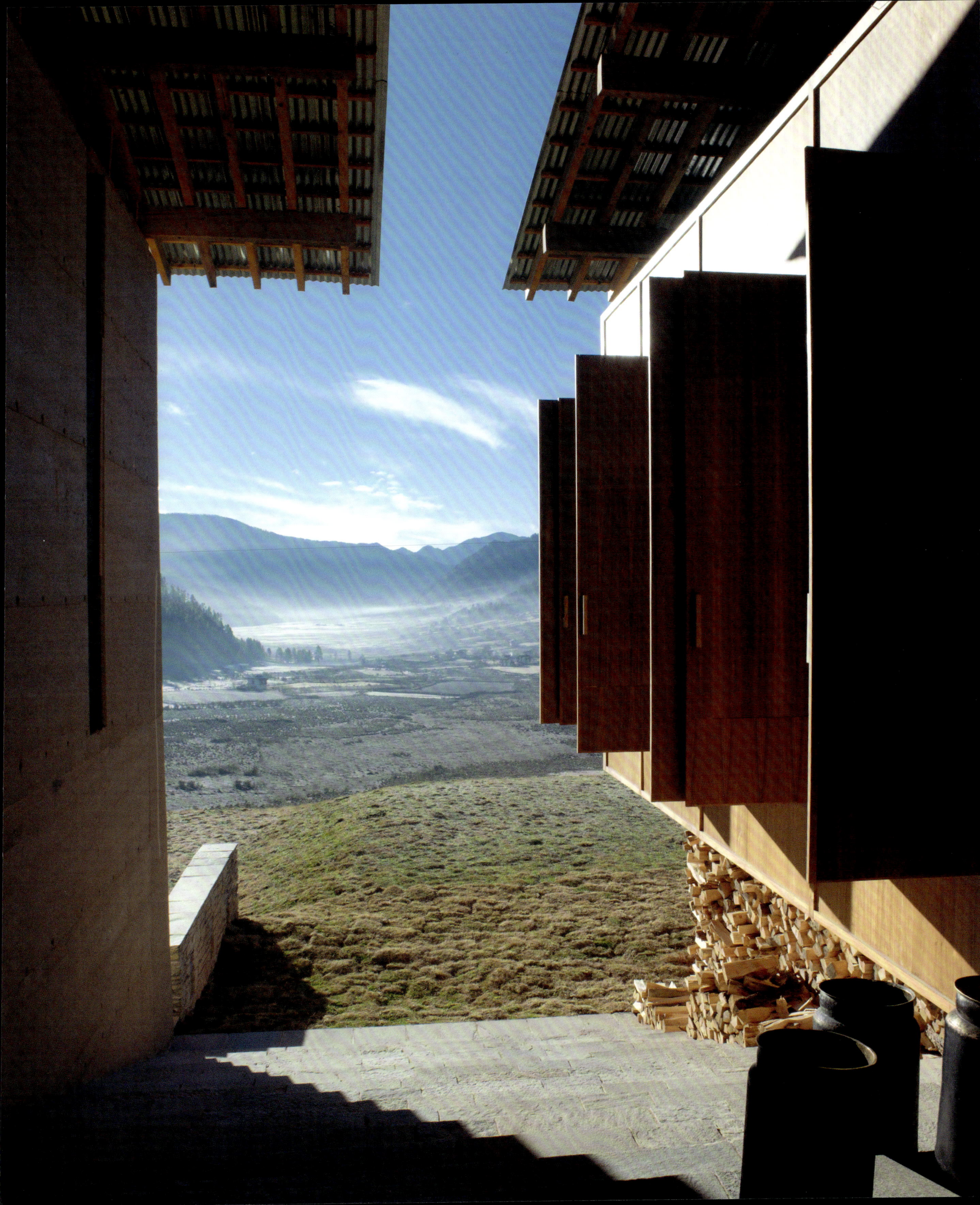

上方图：从起居空间可以远眺冰川峡谷。

右侧图：二层平面图。

1）入口
2）森林小径
3）入口庭院
4）起居室
5）餐厅
6）厨房
7）长廊
8）客房
9）后勤服务空间
10）员工膳宿空间
11）服务性院落

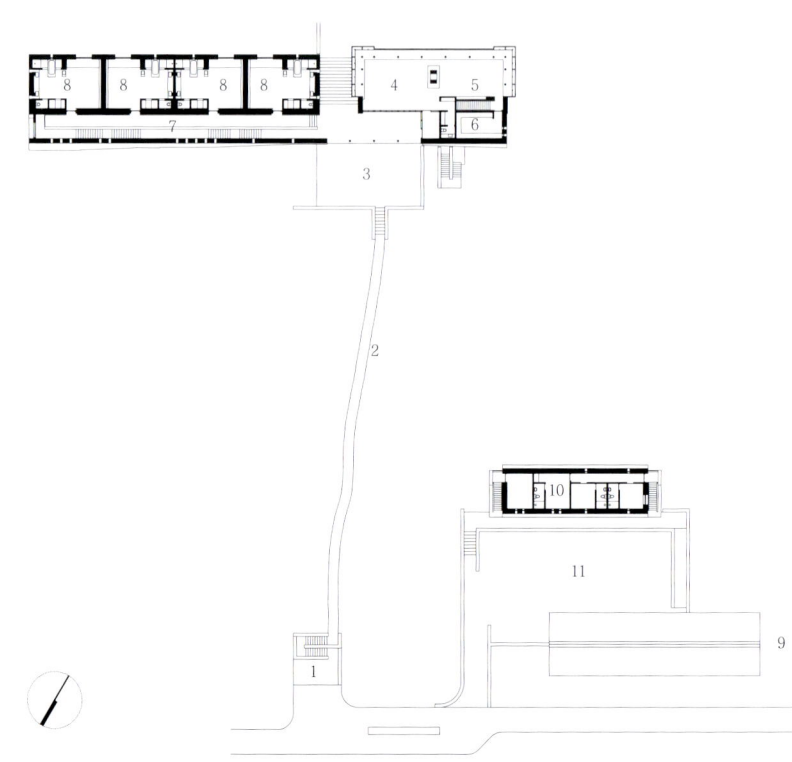

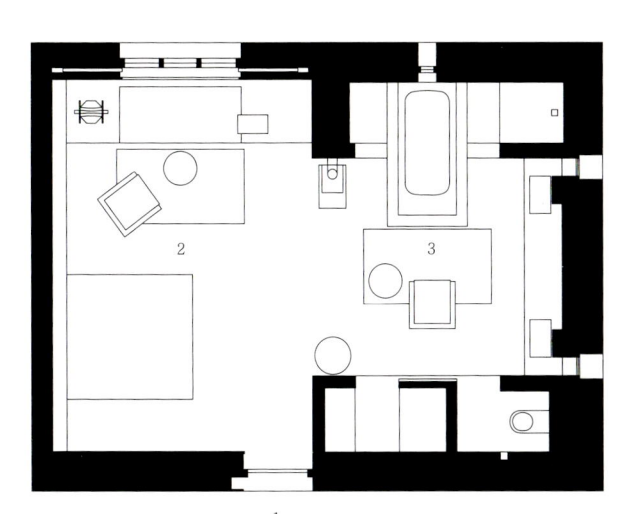

左上图：浴室成为旅客在酒店生活和居住的空间内不可缺少的一部分；在浴室的中心位置，添置了沿袭不丹传统布哈里的小壁炉。

上方图：客用走廊通向起居空间和餐厅。

左侧图：标准的客房平面图。
1）入口
2）客房
3）浴室

安缦库拉岗提酒店 不丹

安缦库拉布姆唐酒店（Amankora Bumthang）
不丹
2004—2007

安缦库拉布姆唐酒店，仅仅拥有16间套房。它运用紧凑而常规的平面布局，形成了毗邻寺庙和旺迪佐林宫（Wangduechhoeling Palace）一处全新的旅客聚居地。建筑师以线形的交通空间连接双层的客房建筑。旅客需要穿过75米长由石墙环绕的长廊，方可到达客房。在邻旁的古代建筑前，客房与走廊共同形成一种谦恭而适度的建筑姿态。

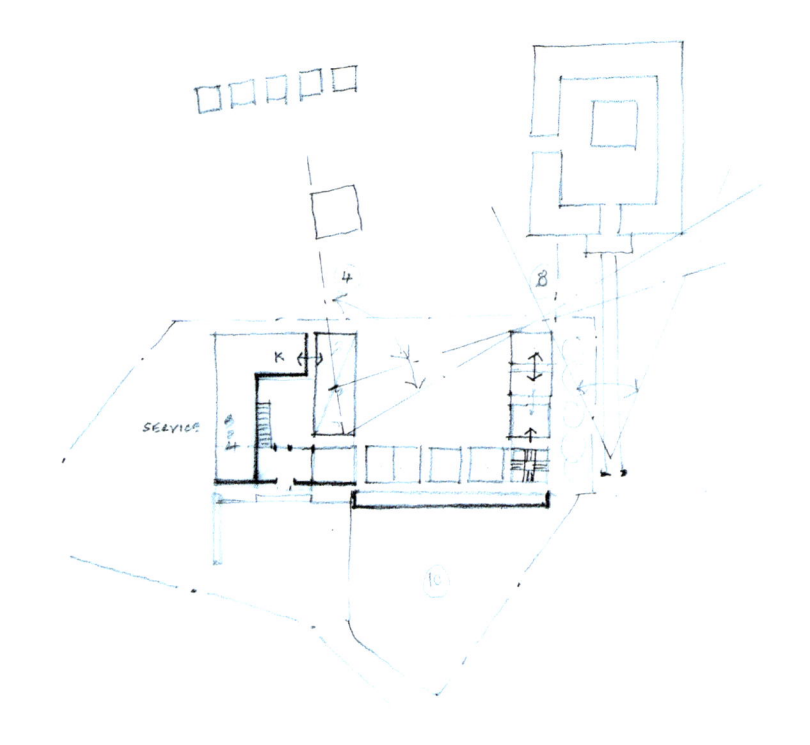

左侧图：一棵桃树成为入口庭院中的视觉中心。

对页上图：旅客到达处的入口庭院和酒店主体建筑的入口。

对页下图：工作模型。

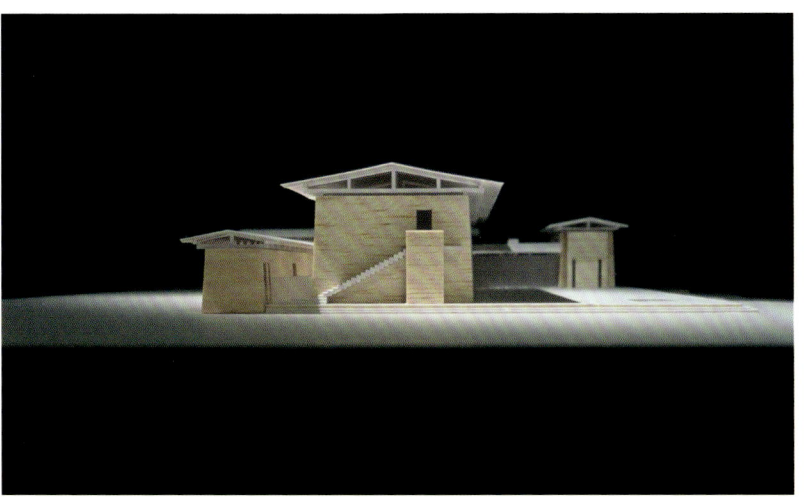

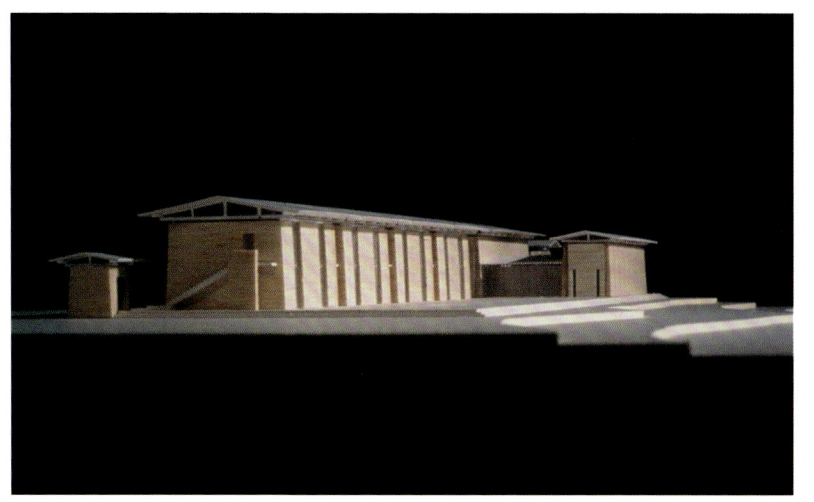

安缦库拉布姆唐酒店 不丹   121

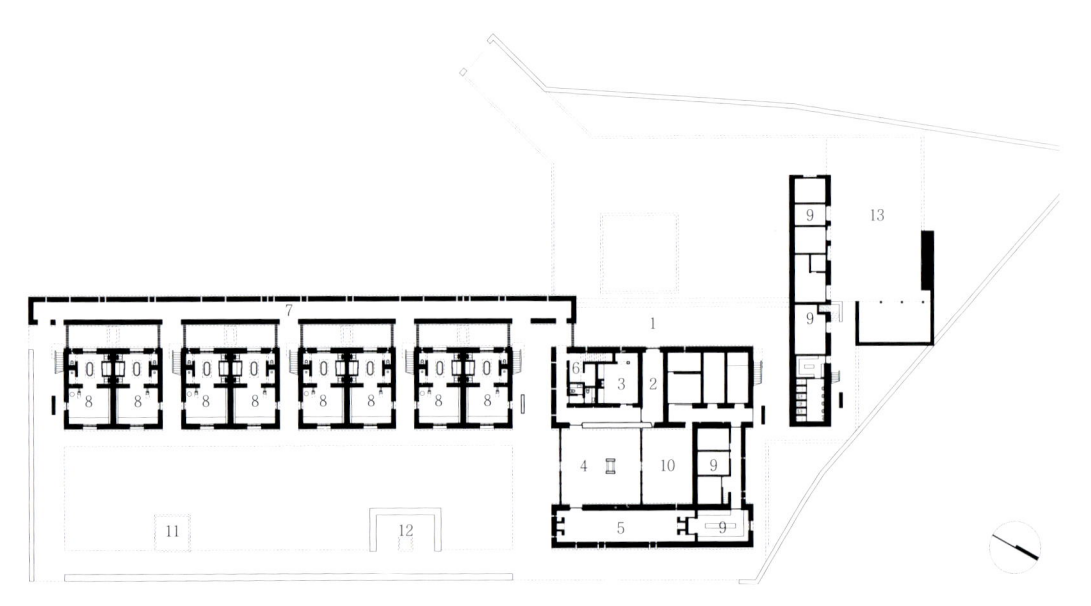

上方图： 在其周边满覆装饰的建筑面前，新建的酒店形成了简约的"背景板"。

左侧图： 一层平面图。

1）入口
2）入口处走廊
3）图书馆
4）起居室
5）餐厅
6）水疗中心
7）客用走廊
8）客房
9）后勤服务空间
10）庭院
11）莲花池
12）壁炉平台
13）服务性庭院

对页图： 旅客需要穿过75米长的石墙长廊，方可到达客房。

安缦库拉布姆唐酒店 不丹

安缦京都酒店（Aman Kyoto）
日本，京都
1995—2019

数十年来，人们也许不知道，在日本京都著名的金阁寺（Golden Kinkaku-ji Temple）近旁，一扇精致的铜镀大门之后，隐藏着一座秘密花园。这个八英亩的场地，最初想作为一个私人纺织品博物馆。场地周边种植有一片防护林，同时也有观赏性的树木、潺潺清泉、砂岩路和大型的雕塑。人们仿佛置身于野口勇[1]式的场景布局[2]之中。1995年，当我们初次造访这片场地之时，我们就相信，这里将会成为豪华酒店引领者安缦集团在日本的第一个产业。此后，安缦京都酒店项目从此开启了长达25年间歇性开工、停工的曲折之旅，直到2019年才最终竣工开业。

安缦京都酒店最初被定位为一个现代日式旅馆，同时也是一个传统的日本客舍。酒店包括四座主体建筑，每座建筑承担一种独特的空间功能，如抵达接待、起居活动、餐饮服务和休闲水疗。这些中心建筑周围环绕着三座二层建筑和两座单层别墅，其内共设有26间可眺望主体花园的客房。建筑师力图最大程度地降低建筑物对既有环境的干扰，酒店所采用的简约式建筑形体，也是为了保留景观在场地中的主导地位。建筑材料的选取和使用比例的把控，都是建筑师经过精心思考而确定的，意图使酒店建筑既具有日式风格，却并不拘泥传统式样。

镀锌金属建造的坡面屋顶，出檐深远。其整体主要由预制的钢框架来支撑。深褐色的木格栅和木质墙板与钢结构体系完美交接，搭配适宜。一条新铺的石板路将酒店建筑与场地衔接在一起；它也与四周美丽的花园融为一体。套房的室内设计最大程度地满足度假旅客的需求的同时，也给人带来日式居住的氛围。穿过连接上、下两层套房的共享而私密的

右侧图：起居空间向一个大型露天餐厅开敞，平台四周下沉，与主体花园相连接。

[1] 译者注：日裔美国人野口勇(Isamu Noguchi,1904—1988年)是20世纪最著名的雕塑家之一，也是最早尝试将雕塑和景观设计结合的人。野口勇曾说："我喜欢想象把园林当作空间的雕塑。"其一生都致力于用雕塑的方法塑造室外的土地。
[2] 译者注：原文用词为"mise en scene"，为法国戏剧中的用词，可英译为"putting on stage"，大意为"场景调控"或"场景布置"。本文采用的含义参见韦氏字典，网址为Mise-en-scène Definition & Meaning - Merriam-Webster。

安缦京都酒店 日本，京都 125

休息大厅，旅客顺利进入酒店套房。每间套房采光充足，内饰精美温馨，旅客可俯视窗外花园和远处的绿色美景，尽情享受宁静、舒适、轻松愉快的美妙时光。在每间套房的地板上，铺设和式榻榻米地板，墙壁上的内衬装饰当地的浅色木板材条，不远处安放一张略高的台床。浴室内，围绕着一个巨大的日式箱状浴缸，由滑动木板包围，通过玻璃门窗与卧室空间相连，置身于此，可以欣赏到远处僻静而美丽的花园景色。

当光线透过整洁干净的套房，室内阳光明媚。相比之下，公共馆内部空间的装饰，色调则略显深暗。在公共馆内，可见极富日式风格的装饰，栅式松木屏风落地窗，正中央悬挂着一盏交错几何线条、带有古典风味的小灯笼。安缦京都内的6栋独立的庭阁，26间客房，每栋造型、风格各异，但均采用一系列日式精美的乐烧瓷砖装修，并用当地传统的艺术品装饰，加上独特的季节性的花道，全部无一例外诠释了对日本本民族设计文化由衷的敬意。

顶端图：覆盖着苔藓的宽阔台阶通向隐蔽的森林空地和场地上方的水源。

上方左图：曾经的入口大门。

上方中图：从冬季庭院内的草坪向酒店场地望去，一座座旅客居住的客房建筑和别墅映入眼帘。

上方右图：从高处向下俯瞰，通向林间空地的层层阶梯看上去宛如一条长长的斜坡。

126　作品精选 1989—2021

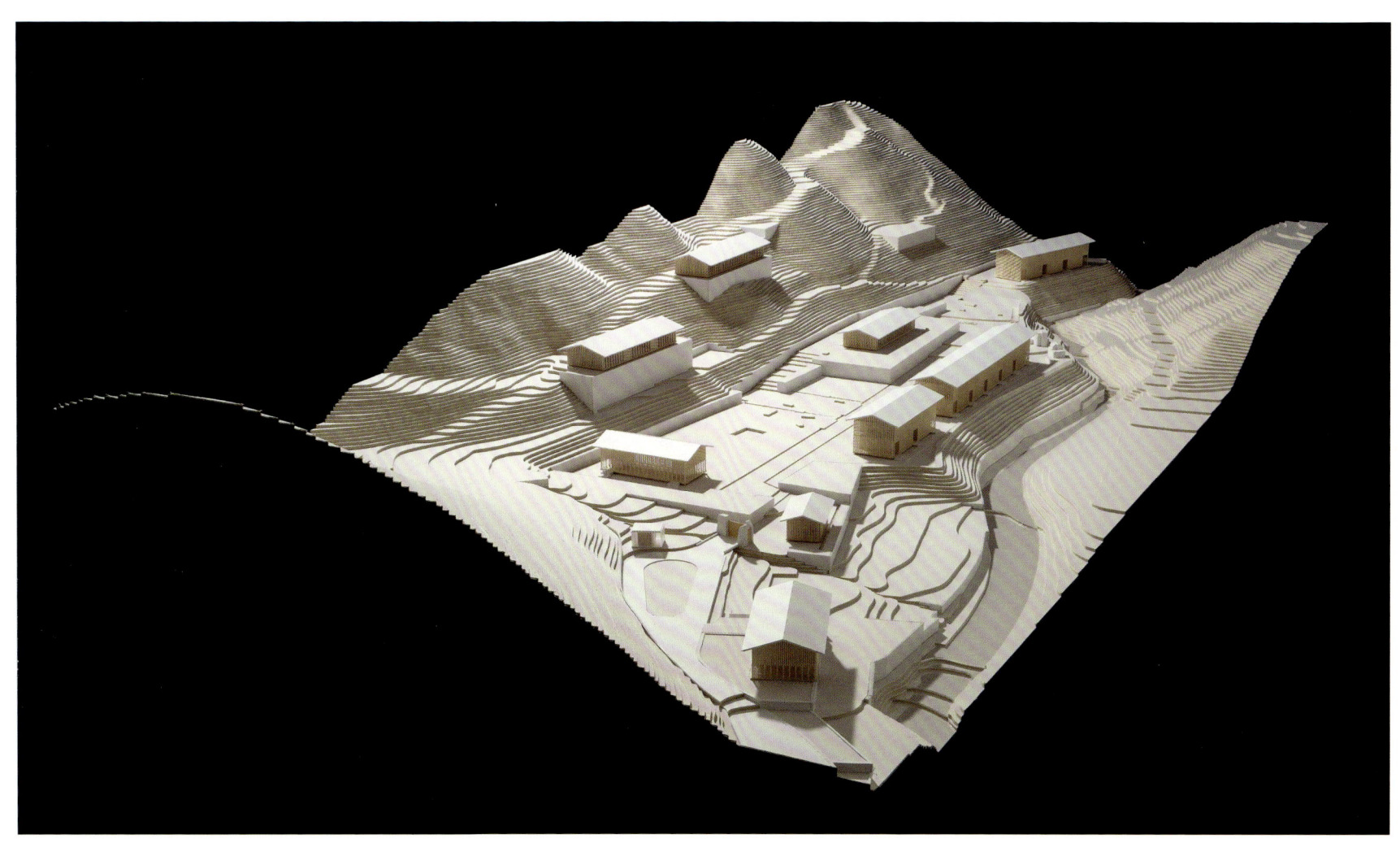

上方图：整体规划的工作模型。

下方图：总平面图。

1) 日式餐厅
2) 庭阁
3) 客房
4) 起居空间
5) 水疗中心
6) 总统套房

128—129图：由两侧茂密的枝叶荫蔽的石板台阶路，布满了青苔，引领旅客们绕过花园，抵达他们居住的客房。

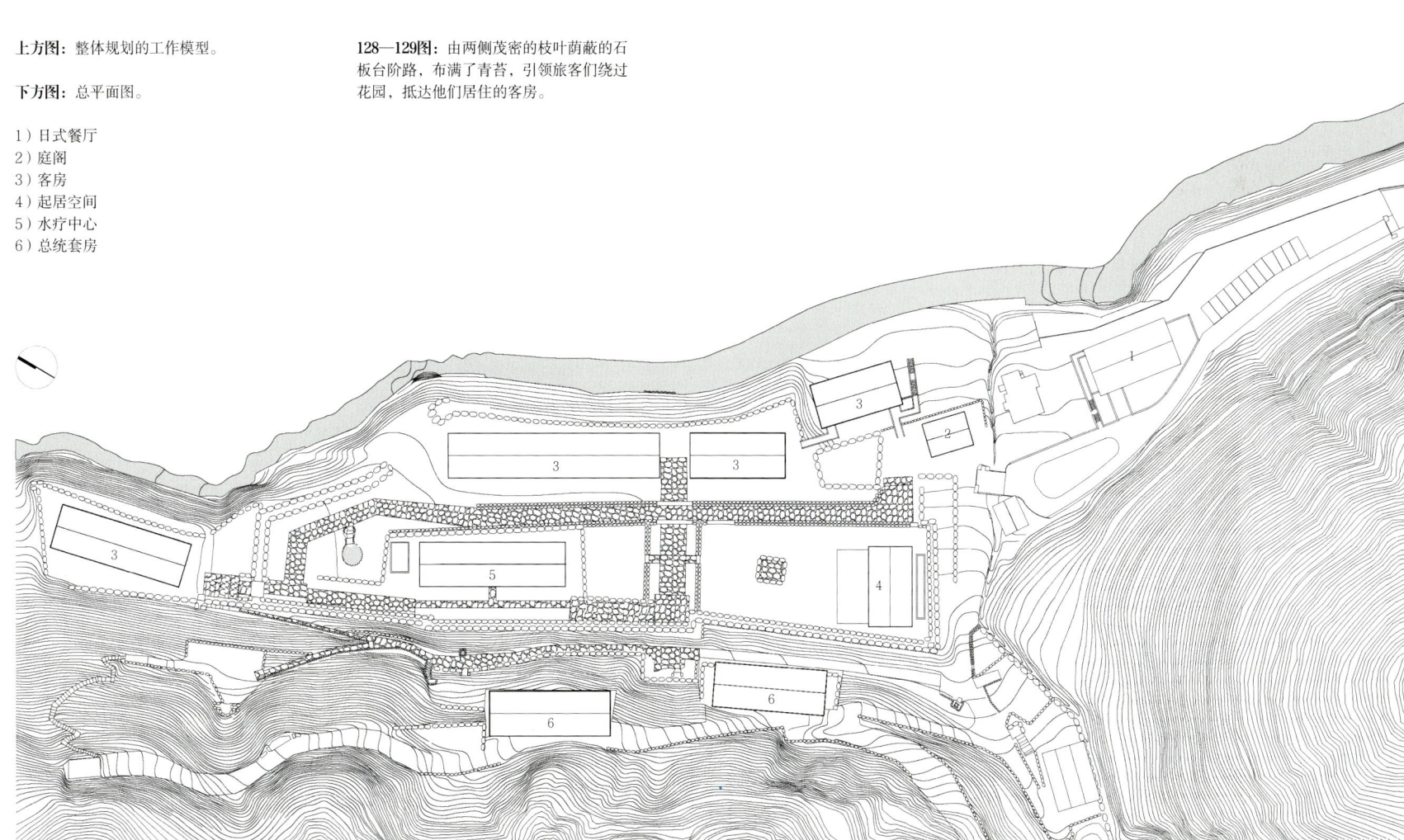

安缦京都酒店 日本，京都 127

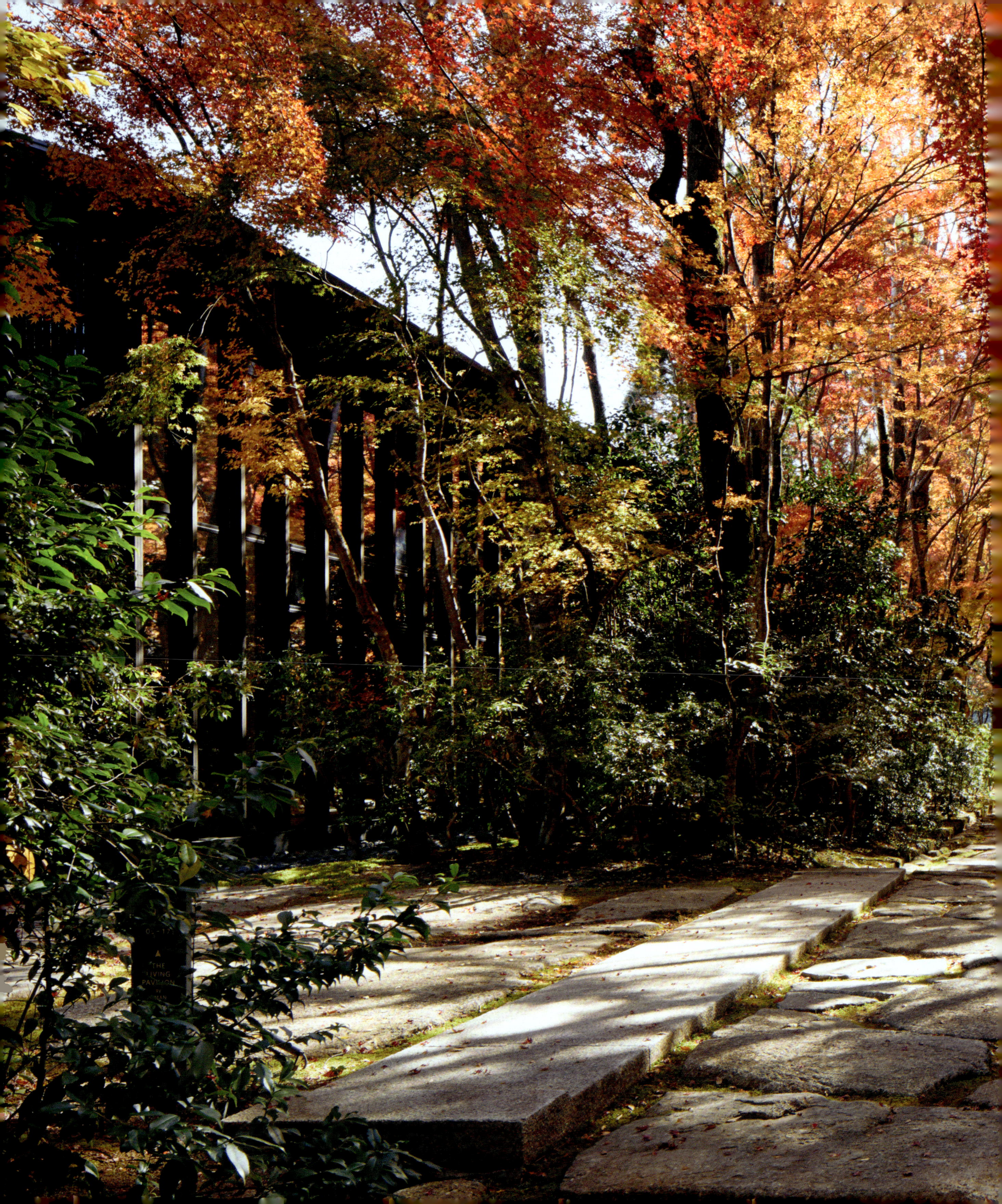

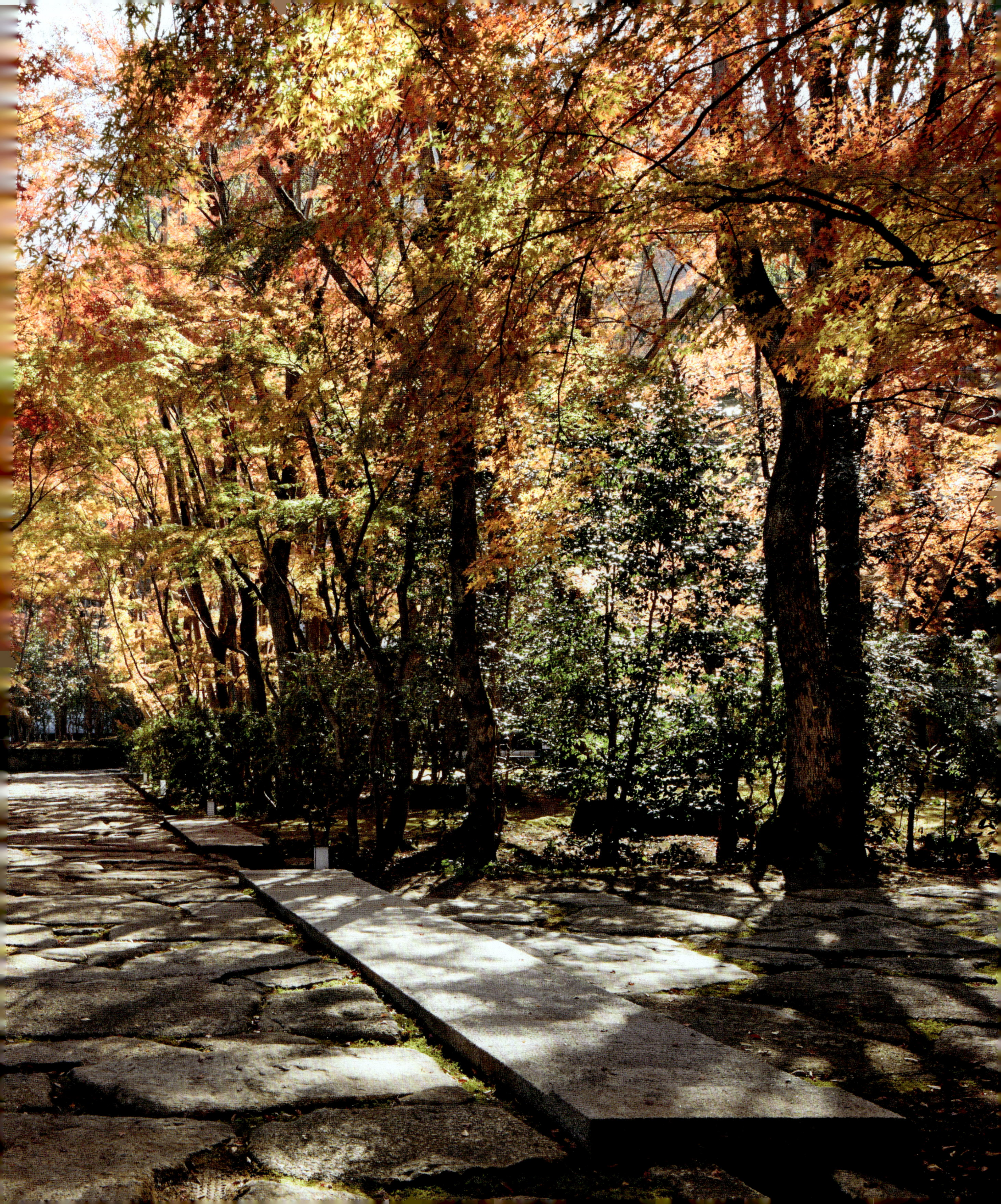

左侧图：小型接待厅内景。

下方图：起居建筑的工作模型。

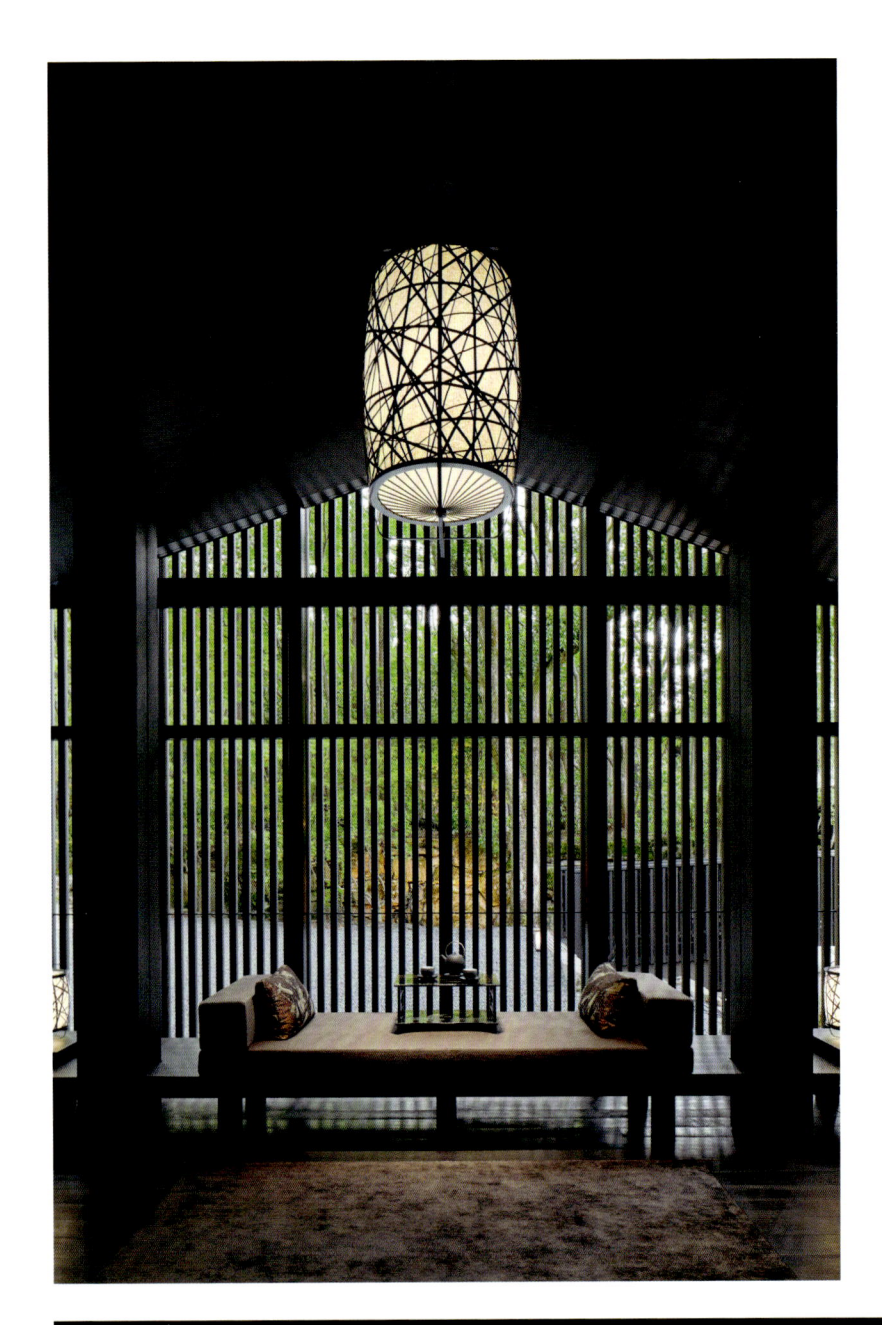

130　作品精选 1989—2021

左侧图: 起居空间平面图。

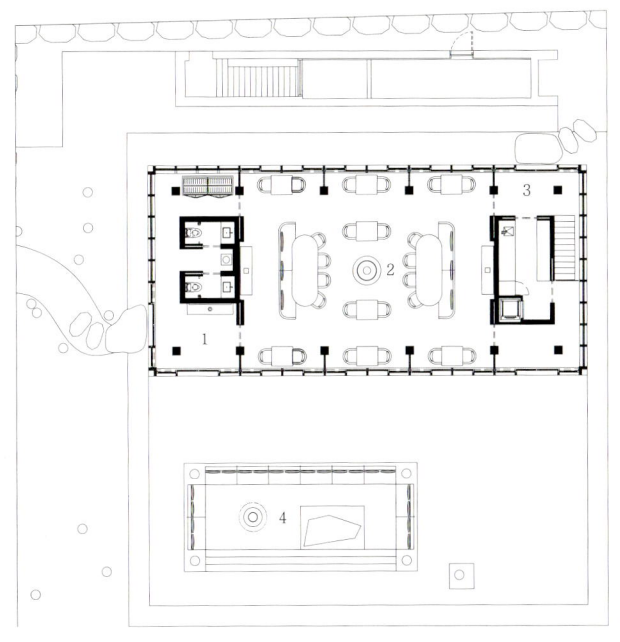

1) 入口
2) 起居空间
3) 服务入口
4) 户外露台

上方图: 起居空间中的家具都环绕着开敞的火炉而布置。

安缦京都酒店 日本，京都

左侧图： 安缦京都酒店的建筑，在视觉上追求极致的简化。它简约的体形使环境和景观在场地中仍处于主导地位。

对页图： 从起居空间的露台远望主要花园。

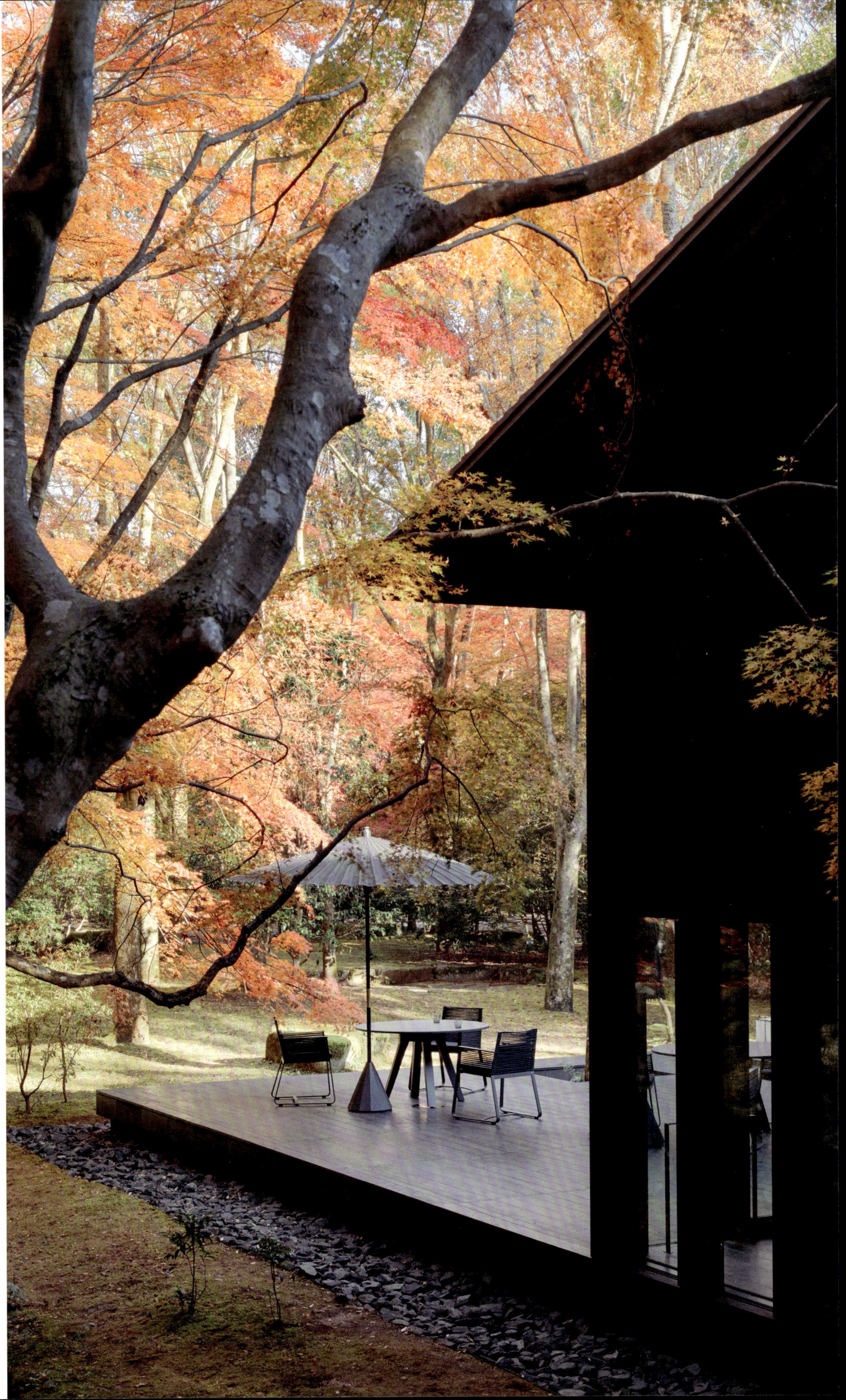

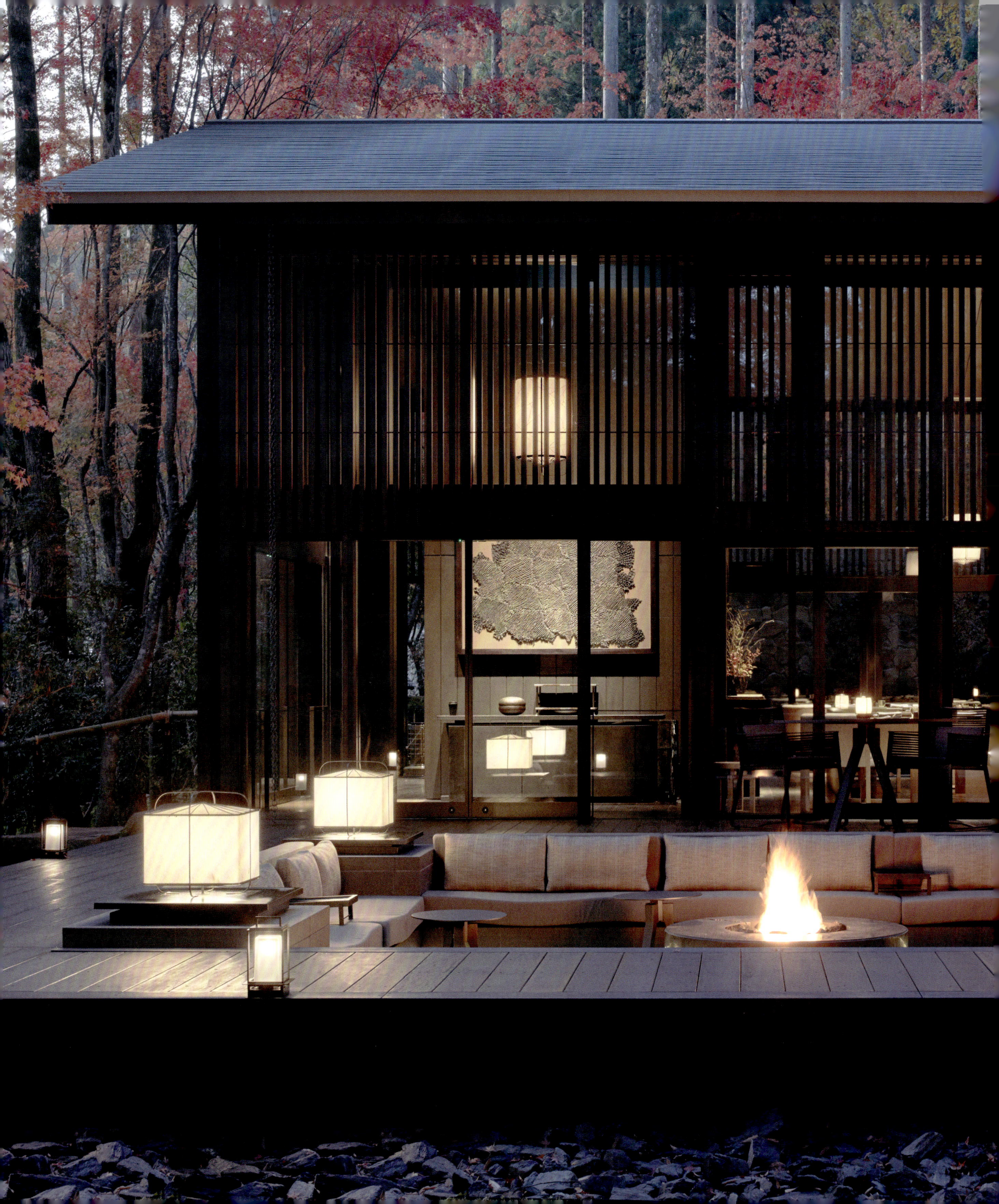

对页图： 独特的下沉式的餐厅和露台位于主花园与生活馆的入口。

右侧图： 水疗中心平面图。

1）入口
2）服务台
3）医疗室
4）休闲娱乐室
5）更衣室
6）室内温泉馆
7）室外温泉馆

下方图： 酒店的温泉采用了当地富含矿物质的温泉水源。

右下图： 水疗中心接待处。

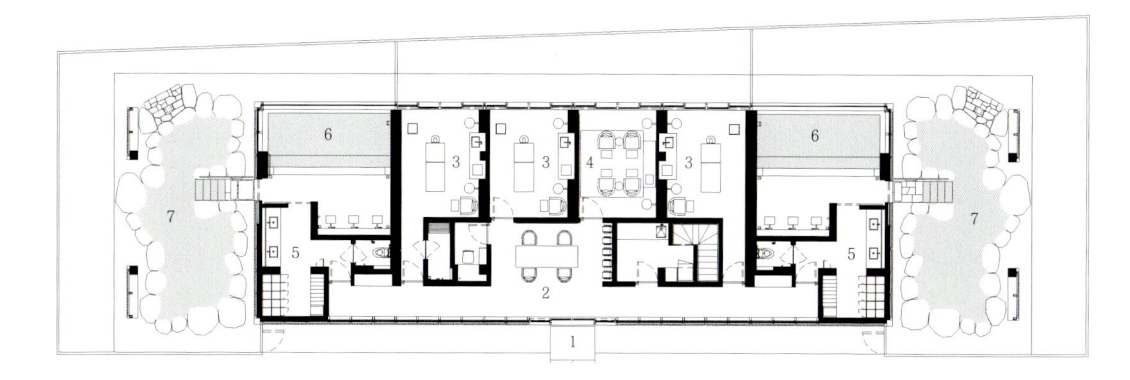

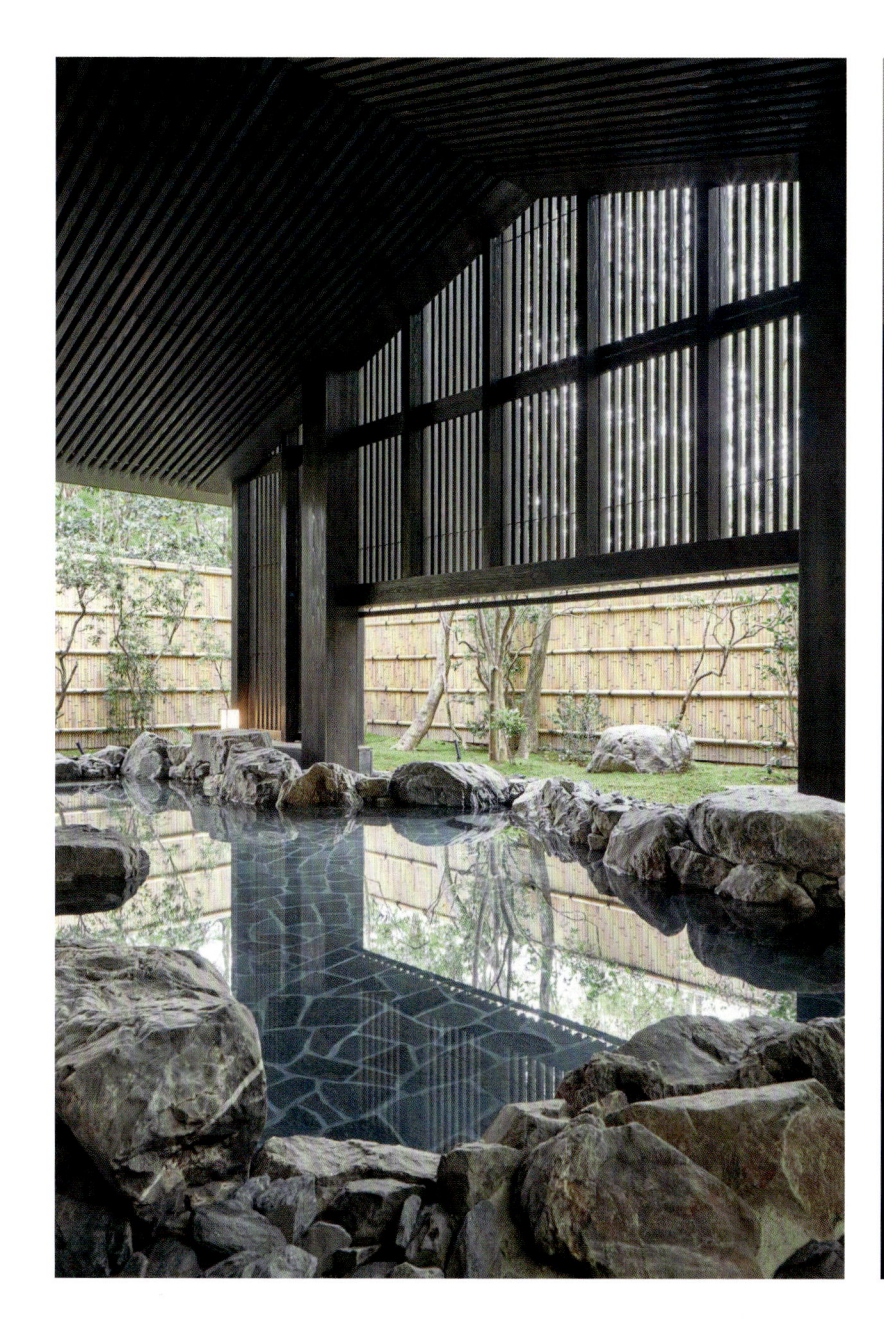

安缦京都酒店 日本，京都

136　作品精选 1989—2021

对页上图：两层客房建筑的工作模型。

对页下图：通过花园中的石板路和石台阶可通达至客房建筑。

上方图：客房空间向酒店内部的花园开敞。

安缦京都酒店 日本，京都

下方图：传统的日式榻榻米整齐地靠墙摆放在客房中央的地板上。

对页右下图：客房平面图。

1）大堂
2）入口
3）客房
4）日式壁龛
5）浴室
6）大堂
7）淋浴间

顶部图和中部图： 木格栅隔墙环绕的客房通过浴室空间，对外开门。

上方图： 浴室空间的中心，放置着一个日式扁柏木浴缸。

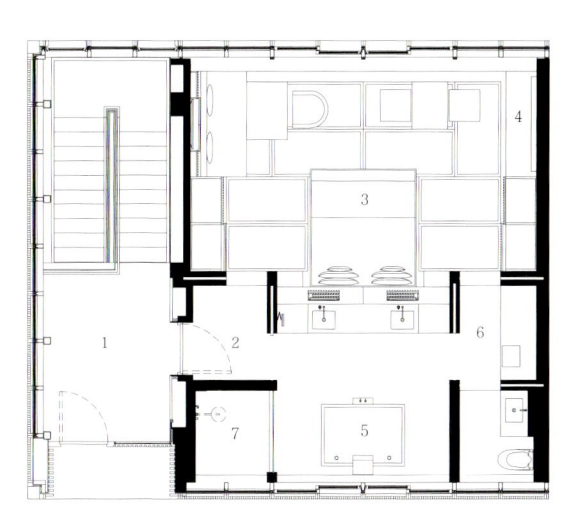

顶端图： 客房内部的传统日式壁龛。

安缦京都酒店 日本，京都　139

上方图： 从专属的小花园回望日式餐厅。

右侧图： 日式餐厅平面图。

1）入口
2）服务台
3）餐厅
4）私密餐厅
5）厨房

下方图： 餐厅内的边台座位。

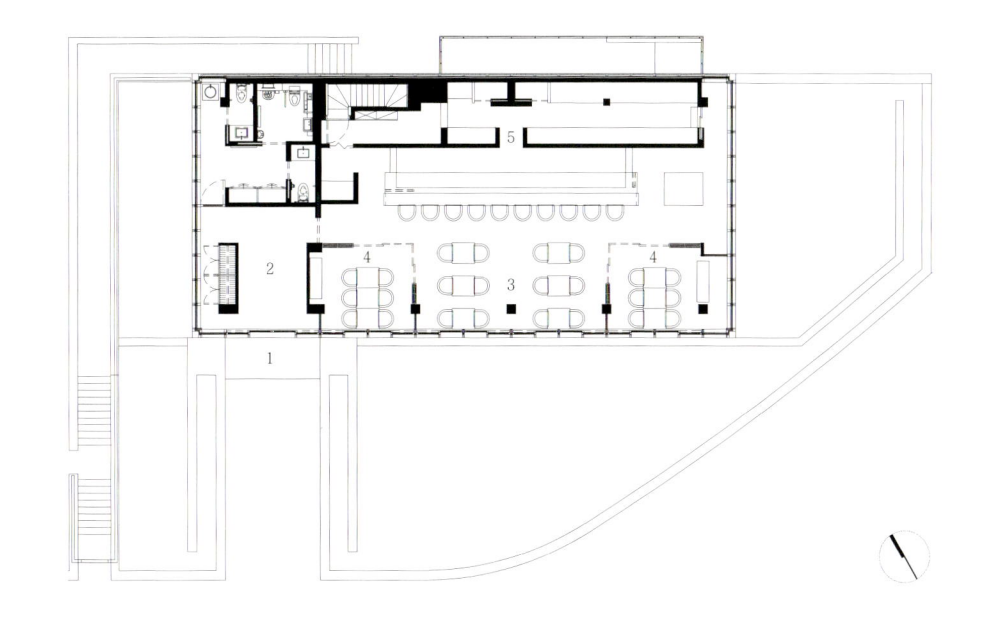

安缦京都酒店 日本，京都　141

清迈切蒂酒店（the Chedi Chiang Mai）
泰国，清迈
2003—2005

对页图：木隔墙的细部设计，抽象自传统的泰式建筑，暗示着酒店与传统之间的内在联系。这种设计方法是参考传统，而非照搬传统。

144—145页图：回望景观池以及后侧的原英国领事馆建筑。

昔日的泰国清迈的英国领事馆旧址，现已改造成为一座全新的酒店。早在20世纪20年代，英国领事馆建筑就被改造成为一家餐厅。而切蒂酒店的主体空间被设置在朝向湄公河（Mae Ping River）的两座新建筑中，其背立面面向城市道路。修建的新酒店围绕着两个中心庭院而建。那座早期的领事馆建筑，矗立于其中一个庭院的中心位置。

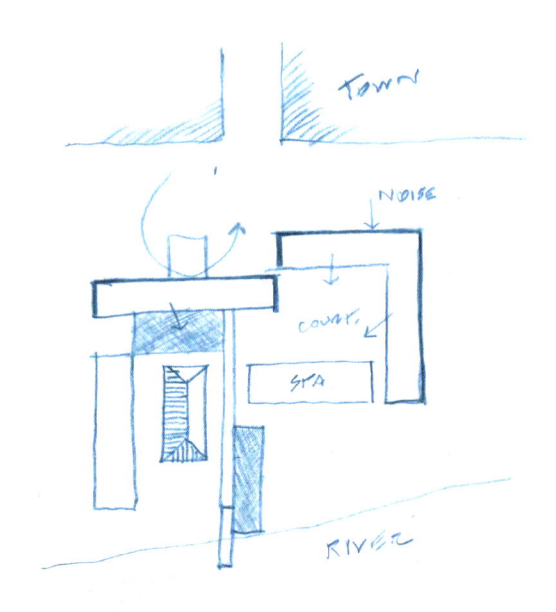

右侧图和右上图：客房的走廊面朝街道。这里采用单面走廊，且走廊与主体建筑相分离，使所有房间都可以形成良好的自然通风。

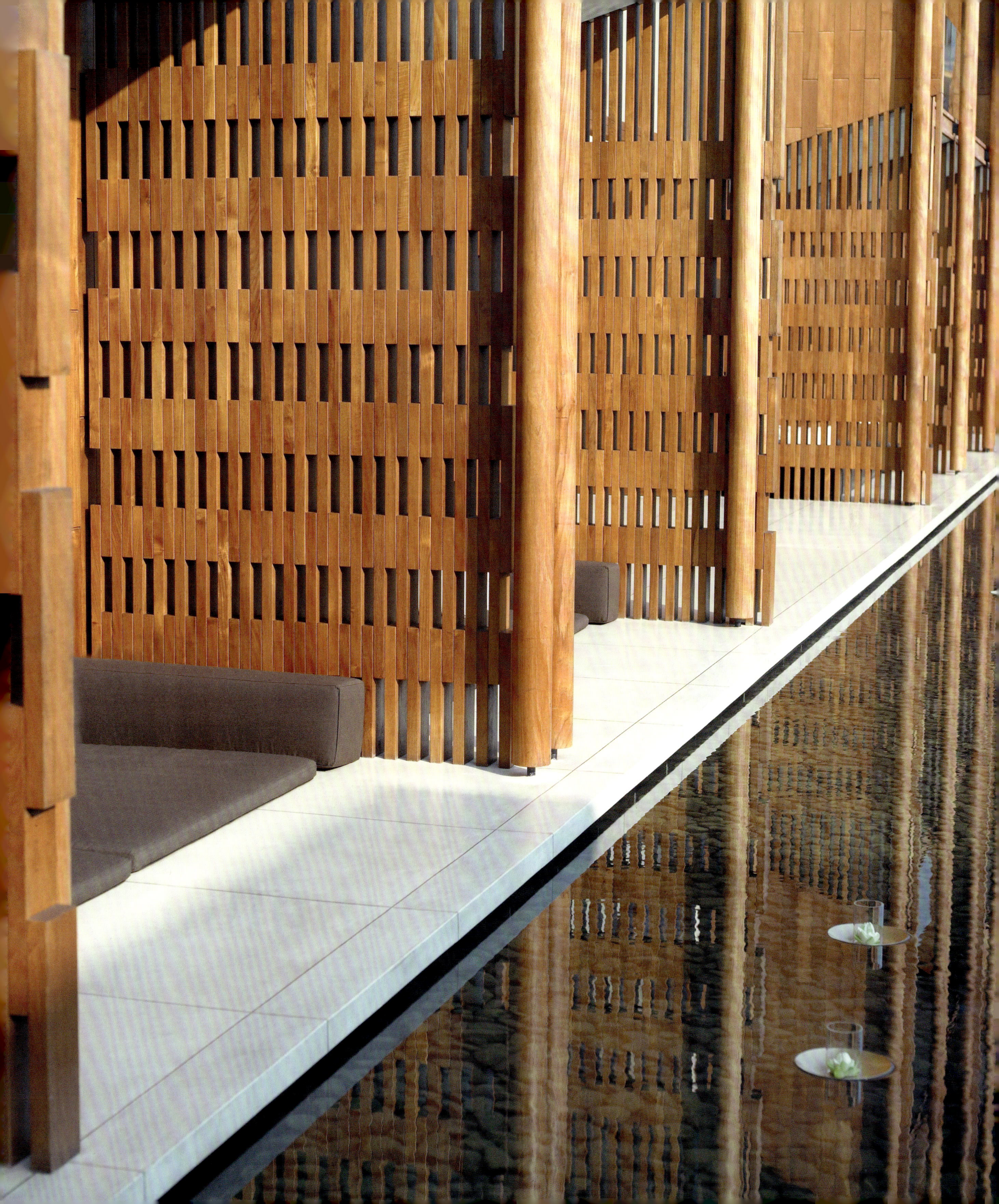

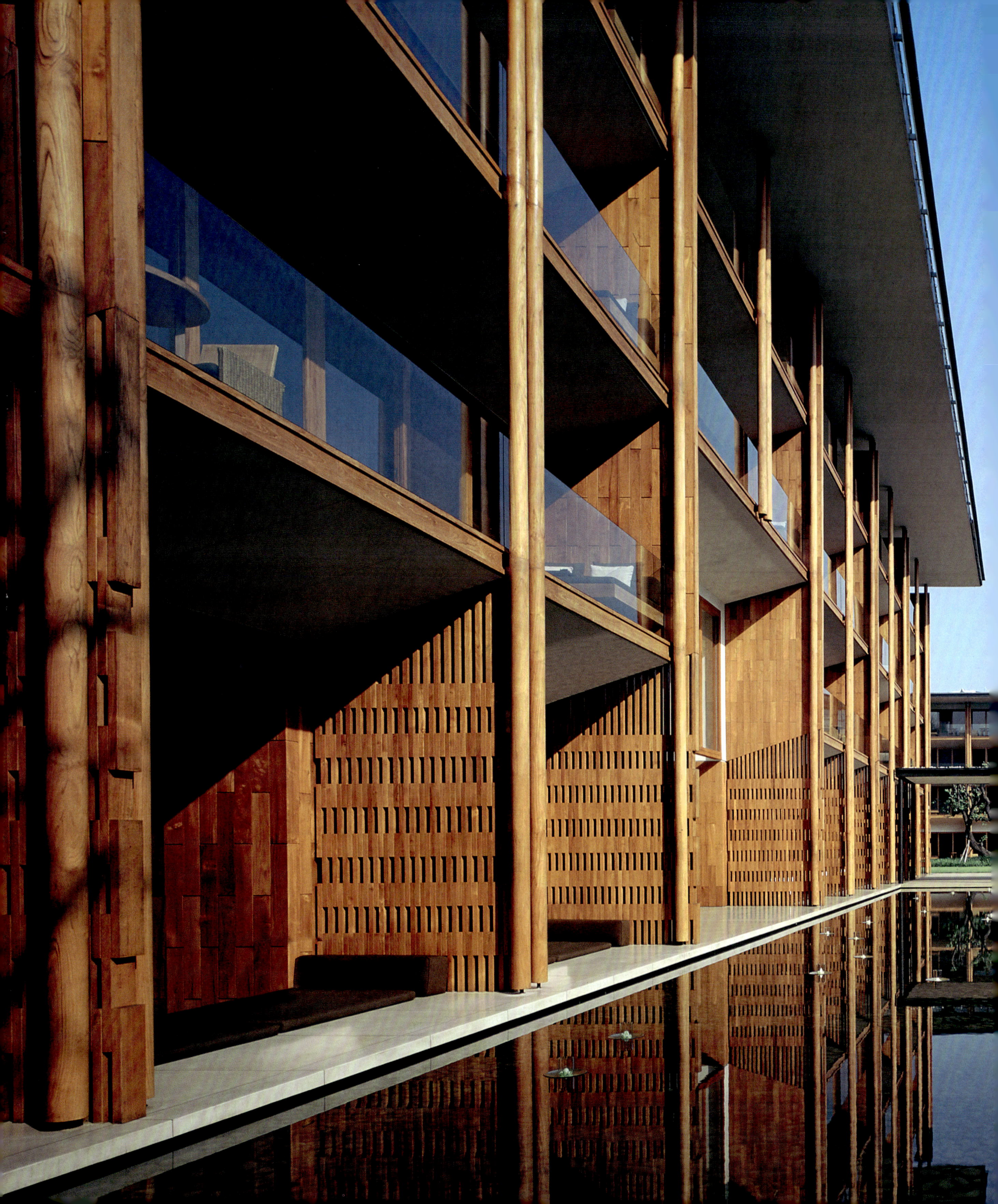

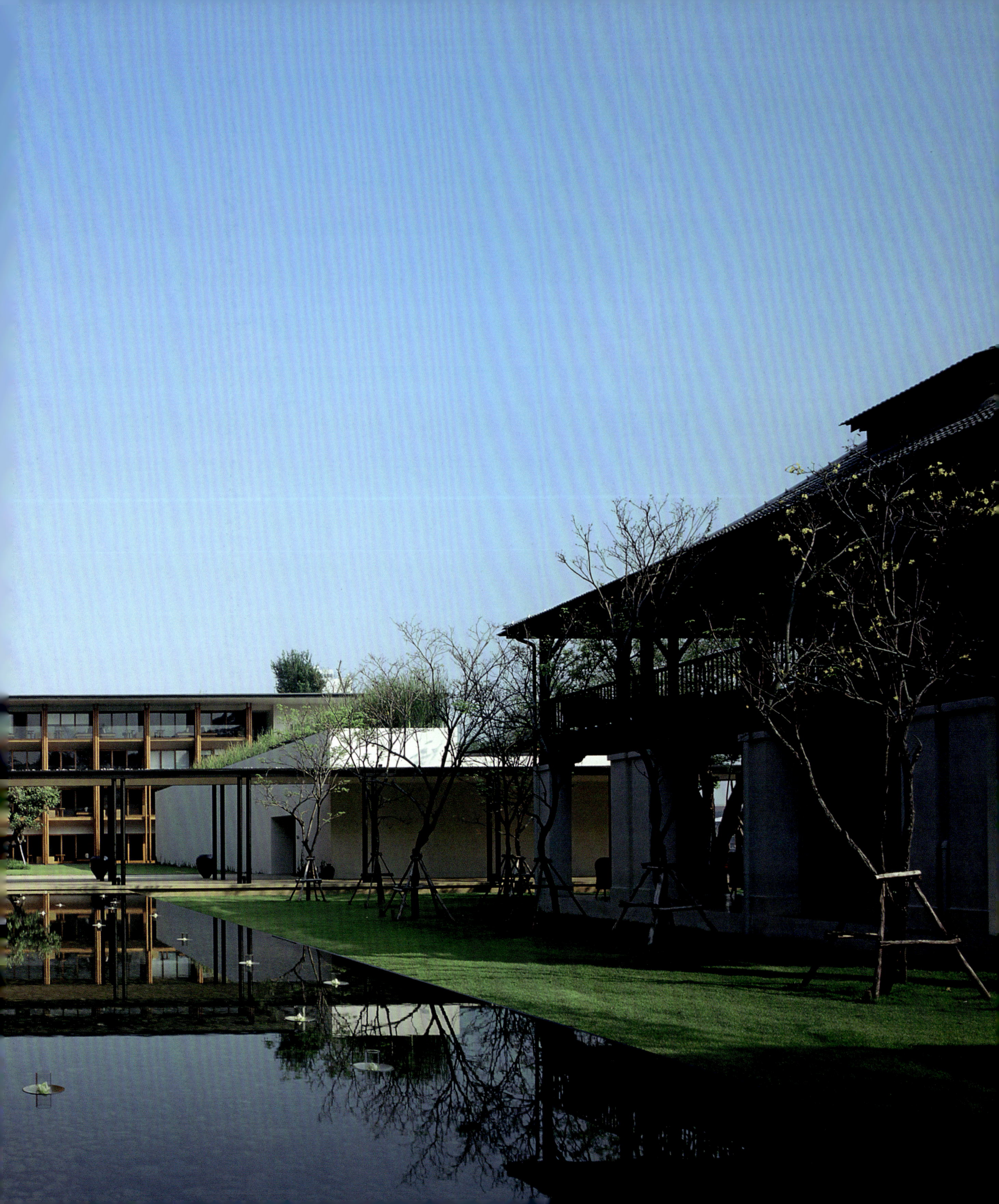

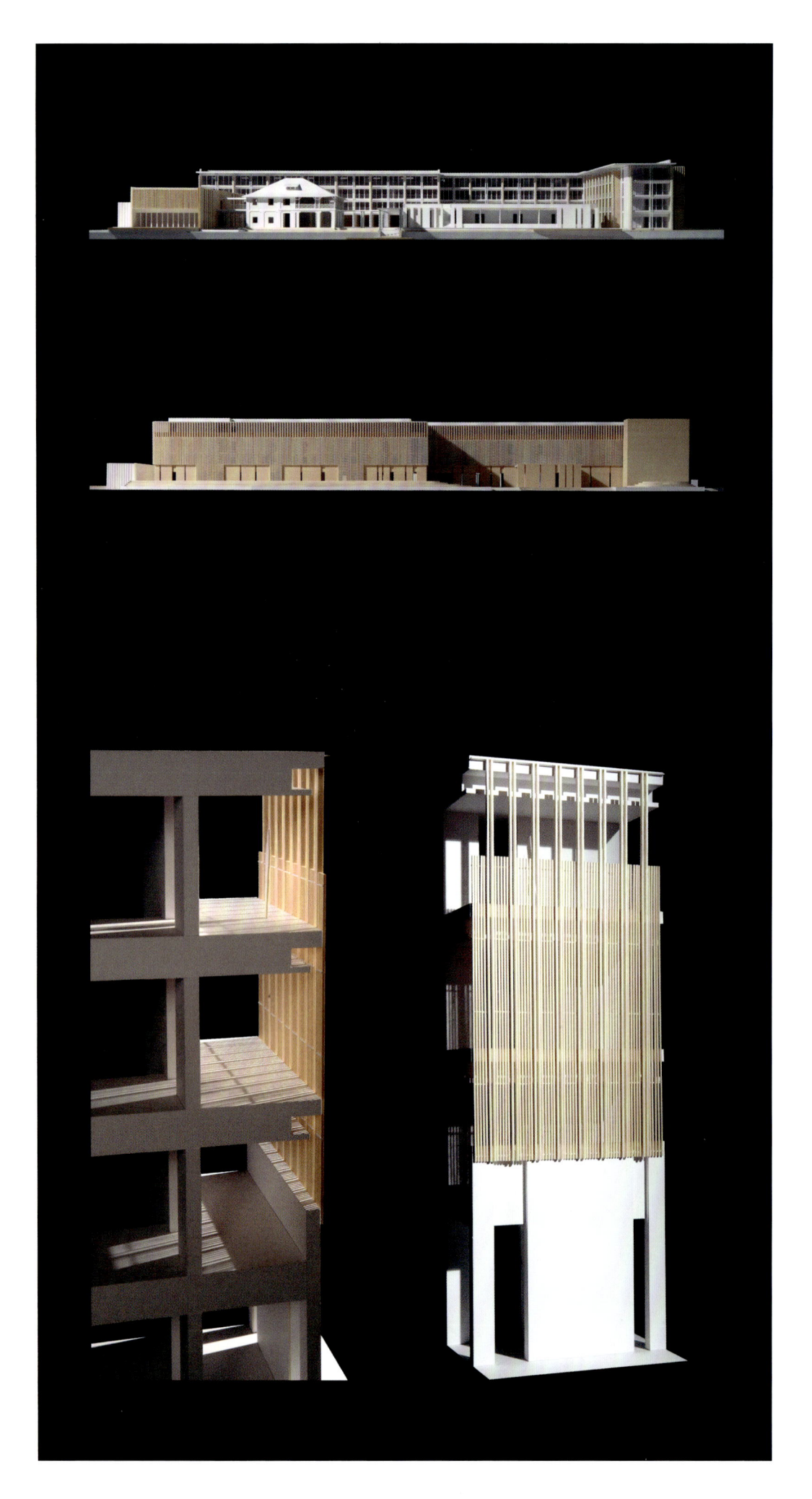

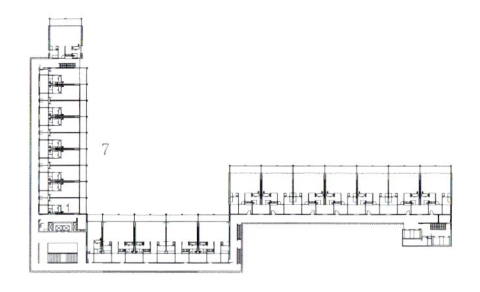

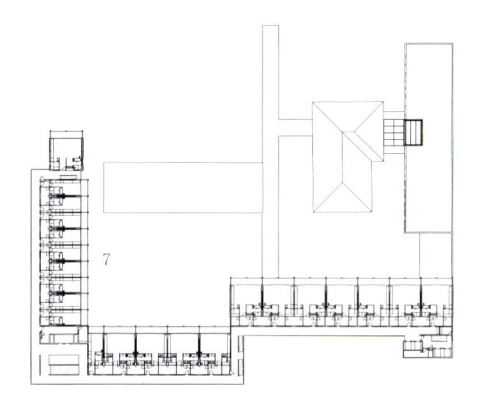

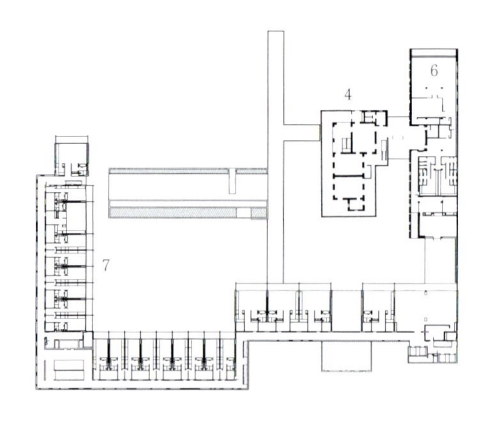

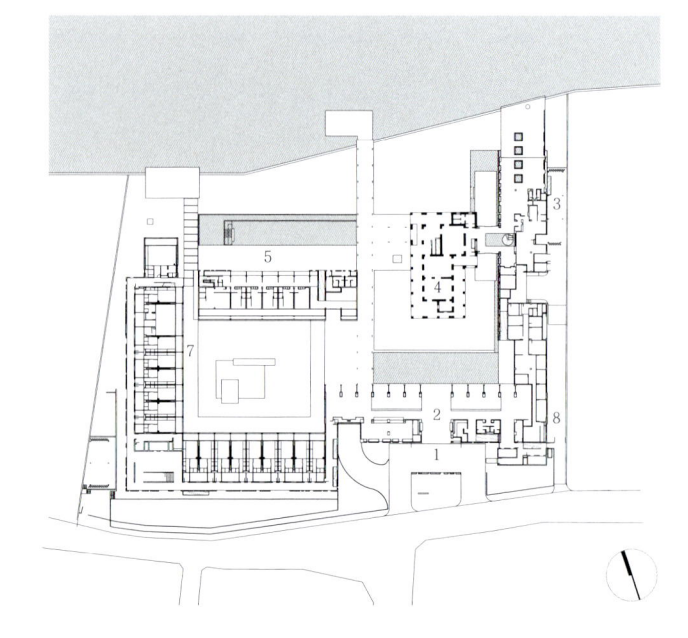

146　作品精选 1989—2021

对页左侧图（自上而下）：工作模型的北侧面、南侧面和细部设计。

对页右侧图（自上而下）：四层平面图；三层平面图；二层平面图和首层平面图。

1）车辆送客通道
2）大堂及公共活动空间
3）餐厅
4）修复后的领事馆建筑
5）温泉
6）健身房
7）豪华客房
8）后勤服务空间

下方图：设有游泳池和莲花池的水疗中心。

在切蒂酒店中，旅客对新旧建筑间关系的了解，对于提升他们的居住体验至关重要。旅客可以通过入口大厅墙上的餐厅的简化框架图，对酒店的新旧建筑有所了解。水疗中心和游泳池同时被置于在庭院之中，共同创造出层叠、多样的空间序列。独立的木质长廊，阻挡了城市嘈杂的环境对客房空间的影响，也使得每个客房和每层的走廊，都能获得良好的对流空气和自然通风。

旅客需要通过一个光线充足的独立院落，才能到达客房的入口。在室内，取材于本地的硬木地板，手工制作的红色釉面墙砖，水磨石底座和当地产的柚木、藤条家具，以及专门设计的纸艺或金属灯饰，共同营造了一种独一无二的空间感。浴室运用的半透明玻璃，既能过滤部分自然光线，也能使其中获得自然通风。木格栅细部参考了泰式住宅中的设计元素。通过首层的木格栅隔墙，可眺望庭院和公共空间。在这一项目中，对于泰式木格栅壁板的设计使用，都尽可能去除了装饰，以呈现出建筑中体现的静谧感，最终共同形成一种"刻意营造"的"宁谧"的建筑意象。

左侧图：木格栅的外立面语汇一直延伸至客用交通空间。

左上图：建筑室内远离城市的喧嚣，呈现为一个宁静的休憩场所。

上方图：树木和木格栅交叠留下的影子交织在一起，落在客房走廊那纯净的白墙面上。

左侧图： 典型客房平面图。

1）入口
2）客房
3）浴室
4）行李房
5）游廊

上方图： 门厅与走廊同英国领事馆大楼内的餐厅相连。

清迈切蒂酒店 泰国，清迈 149

加里克大道住宅（Garlick Avenue House）
新加坡
2003—2005

一对职业夫妇想要在这个宁静的地段建造一座休憩住宅，以远离他们繁忙的工作环境。这个场地的长轴自东而西设置。其北面是三米高的挡土墙，与南侧的建筑之间有三米的高差。

加里克大道住宅设计方案敏锐地回应了周围的环境特征。起居室、卧室和餐厅空间，被建在同一平层内。地面铺以石灰石。院内的水体几乎贯穿场地，从东西方向上将房屋整体分割成两部分，将入口连接到后面的游泳池和露台。泳池外侧平台被设计成为客厅、餐厅和长廊空间的延伸，其局部处形成两层木格栅包绕的中庭空间。

加里克大道住宅背面朝向街道，其主要空间的每一层皆一定程度能够远望周围花园景观，这为建筑空间增加了些许静谧感。书房、健身房和卧室位于建筑上层，似乎位置比较遥远，但这些房间在视觉上和空间上通过挑空的中庭与起居空间相连接。地下一层为车库和其他服务设施。设计选取了传统热带建筑的常用形式语言，如屋檐、庭院、水体和木格栅墙，形成了相互嵌套的盒子和平面形式。庭院内芬芳的热带花卉，同样带来了宁谧的空间体验。花园既可以成为提升住宅私密感的空间屏障，也是场地内的视觉中心。

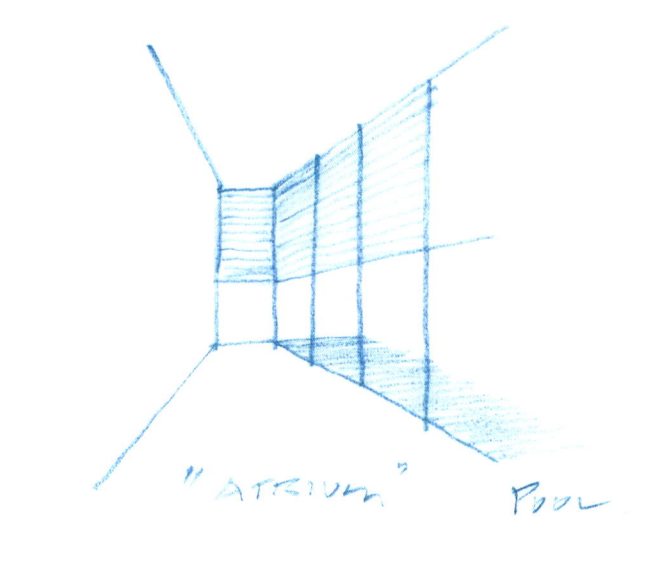

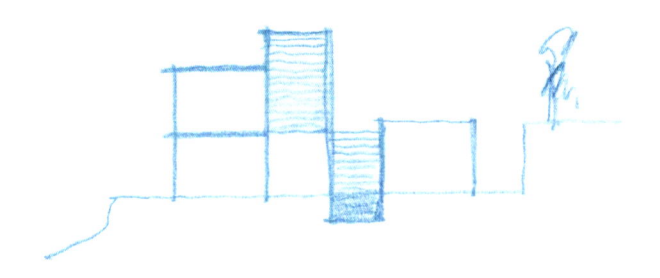

对页图： 加里克大道住宅设计采用传统热带建筑的常用形式语言，有屋檐、庭院、水体和木格栅等。

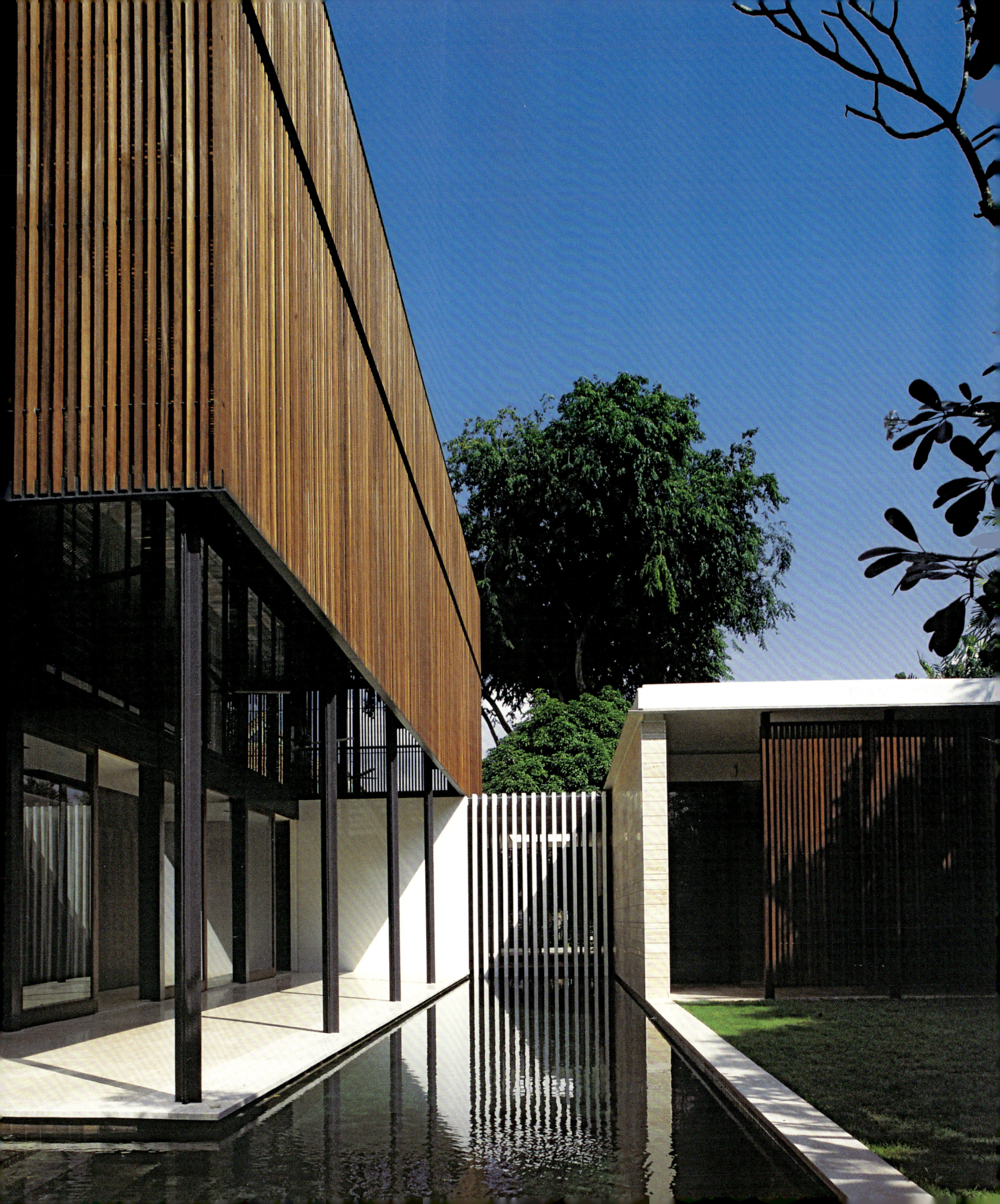

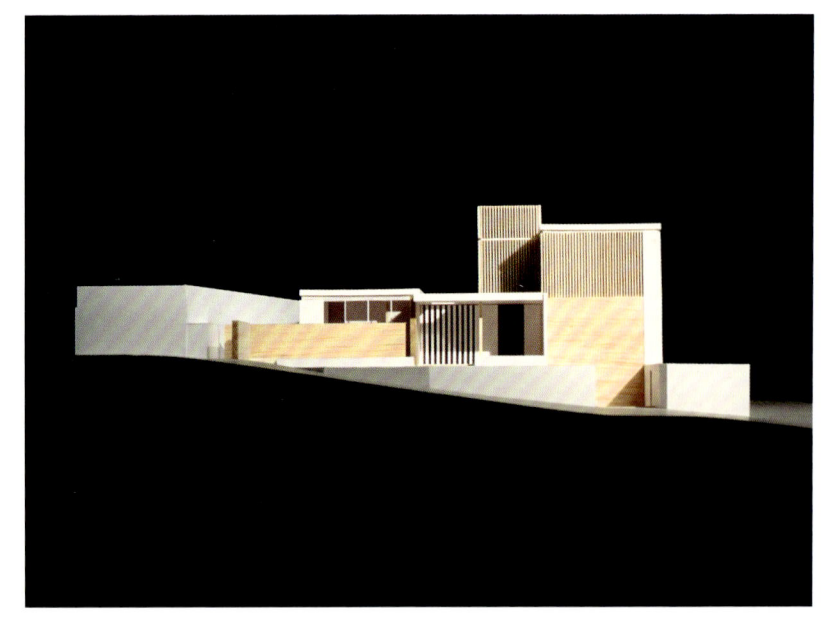

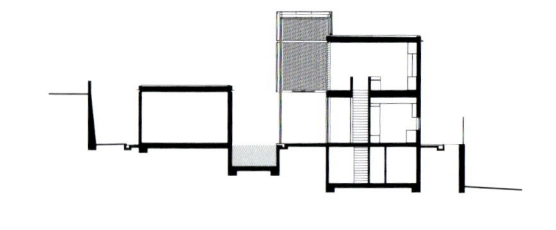

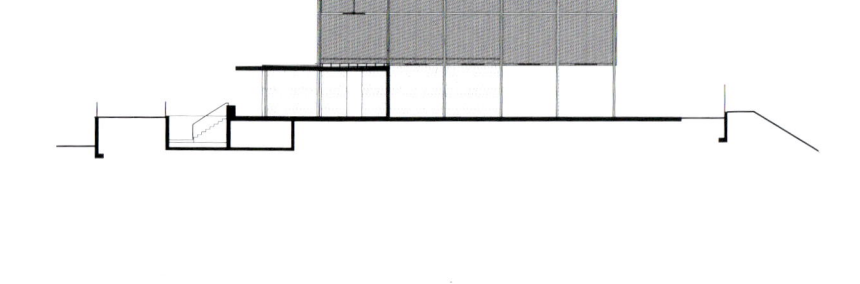

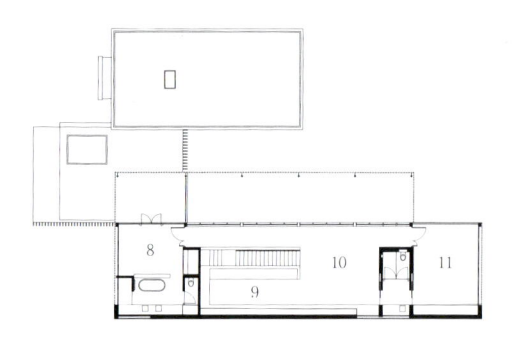

上方图：工作模型。

右侧图（自上而下）：剖面图A；剖面图B；二层平面图；一层平面图。

1) 邻近街面的入口
2) 住宅入口
3) 起居室/餐厅
4) 厨房
5) 露天平台
6) 主卧室
7) 游泳池
8) 客房
9) 书房
10) 起居室
11) 健身房

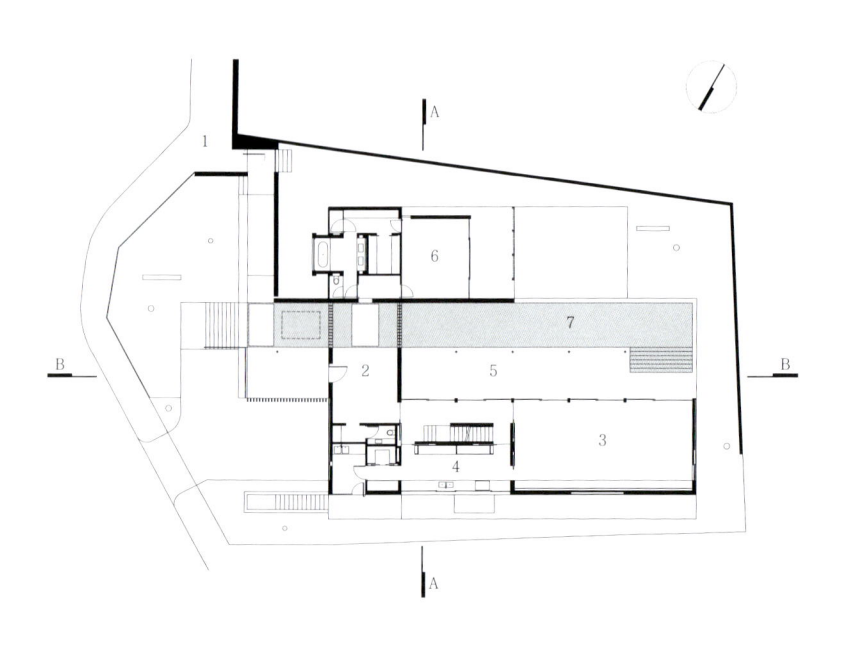

上方图：起居室、卧室和餐厅都设置在同一平层的空间之中。

右上图：木格栅墙细部。

加里克大道住宅 新加坡

左侧图和左下图：格栅墙与主卧室之间的连接空间。

对页图：顶层的书房空间。本住宅最大限度地增加了自然通风，室内很少使用空调。

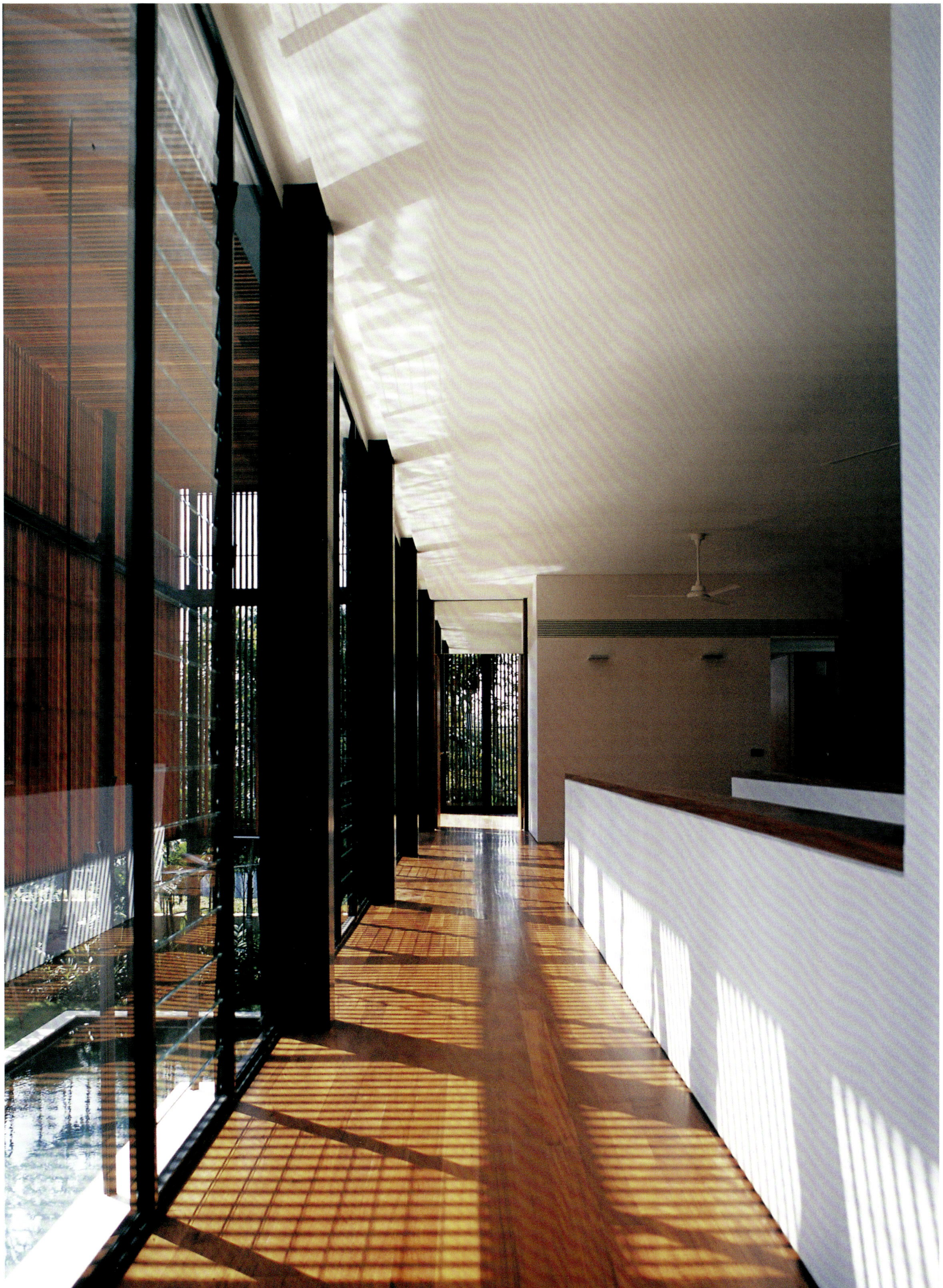

安缦新德里酒店（the Aman, New Delhi）
印度，新德里
2003—2009

  安缦国际集团利用创造一个豪华酒店的机会，一方面充分满足游客度假生活的各种需要，不断完善各种公共活动设施，另一方面，也与游客对当代城市生活中的社交活动期望，密切相结合。这个项目是安缦开发的第一个城市物业，安缦已经是独家度假酒店领域的领导者。这是一个创造豪华酒店的机会，它将度假客人所期望的排他性与各种各样的公共设施和社会参与相结合，融入当代城市生活中。

  酒店坐落在新德里的中心地区，毗邻一个繁忙的交通枢纽和胡马雍（Humayun）的坟墓，距离一个著名的16世纪莫卧儿纪念碑很近。我们的设计是克制和清晰的，主要由庭院、水、柱子和屏风组成。所有的主要空间都围绕着一个长庭院，配有草坪、倒影池和成熟的树木。在更私密的尺度上，客房和住宅包括有屏风的游廊空间和私人庭院，大多数都在通高的体量内设置了石头覆盖的反射水池。

  建筑语言以一种简单而直接的方式出现在空间的构想中，这是大多数莫卧儿建筑固有的建筑形式。柱放置在紧密的中心，内外都覆盖着当地的冈厄普砂岩（Gangapur）。这提供了一种统一内部和外部空间的秩序感。

  穿孔格栅墙似乎漂浮在柱子之间。这种设计元素在整个项目中反复出现。它们不仅可以过滤阳光，为室内提供隐私，但也允许人们通过它们薄纱般的表面看到外面的景色。参考了印度传统建筑的雕花砖石屏风，穿孔格栅墙是专为该项目设计的当代诠释。它们由玻璃纤维增强混凝土成型，用不锈钢支架固定在建筑的砖石框架上。一整天，格栅墙在建筑物表面投下生动的影子，但是到了晚上，它们几乎是透明的。

  这家酒店的奢华是通过空间、光线和精细的饰面来实现的，而不是通过使用昂贵的材料。传统是通过暗示和联想而不是复制或模仿来引用的。这家酒店现在由另一家集团经营，并已更名为新德里罗迪酒店（Lodhi）。

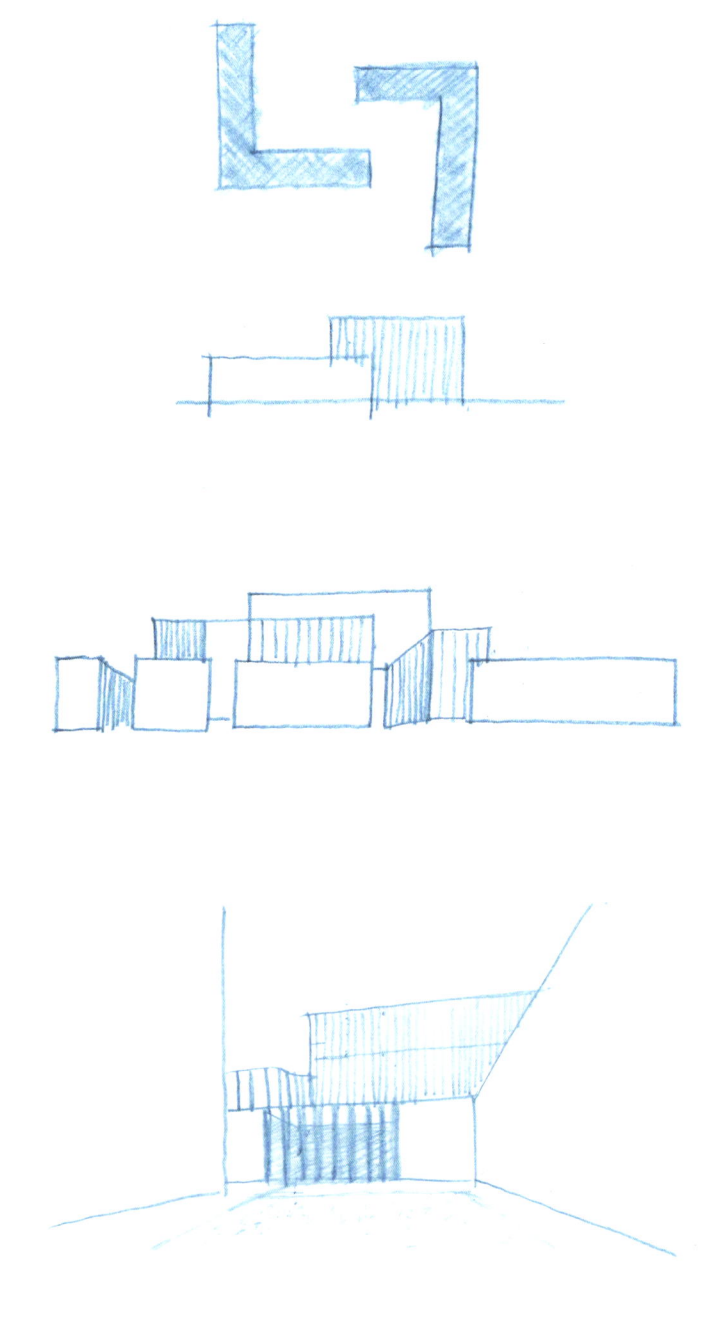

对页图：穿孔格栅墙采用玻璃纤维增强混凝土浇筑。

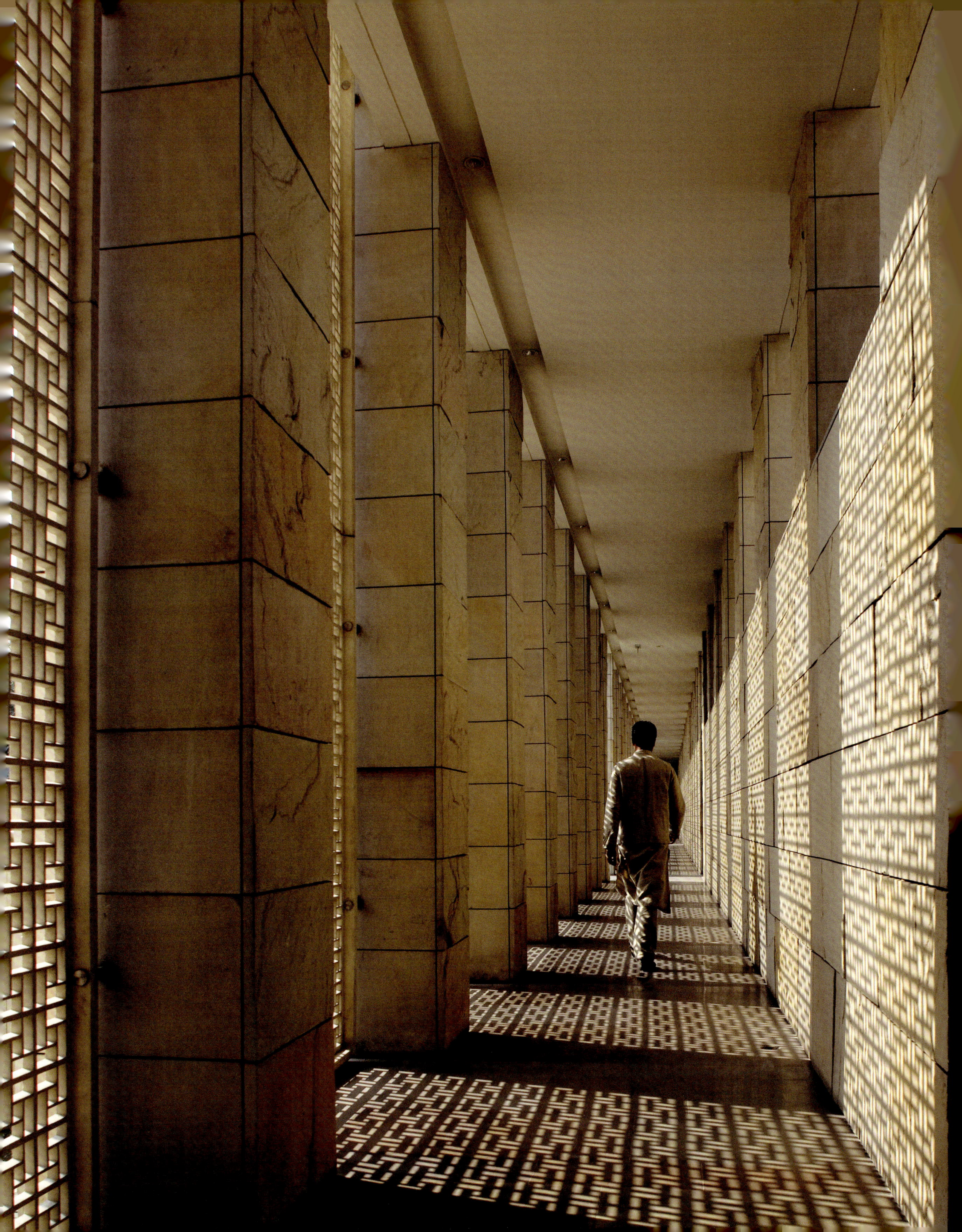

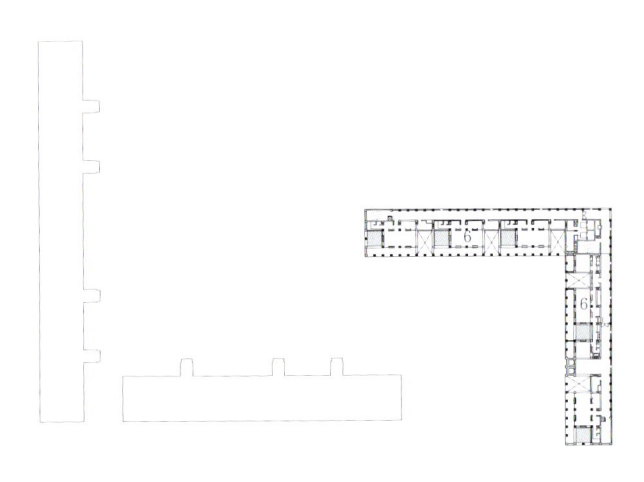

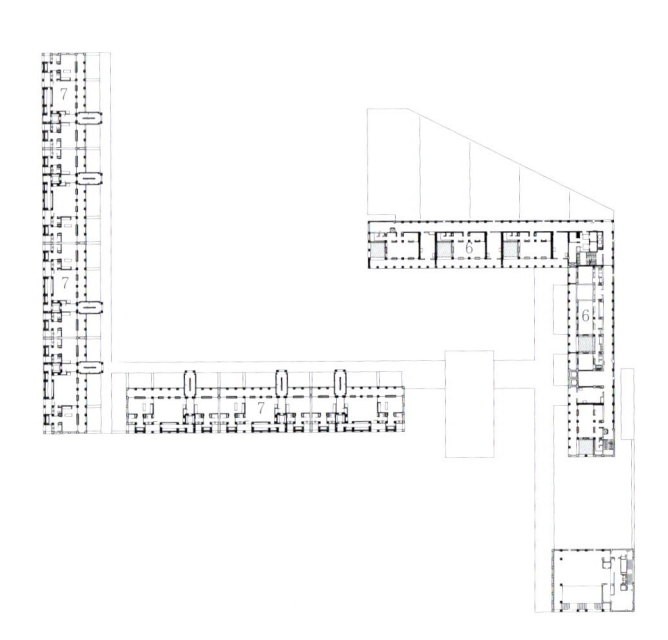

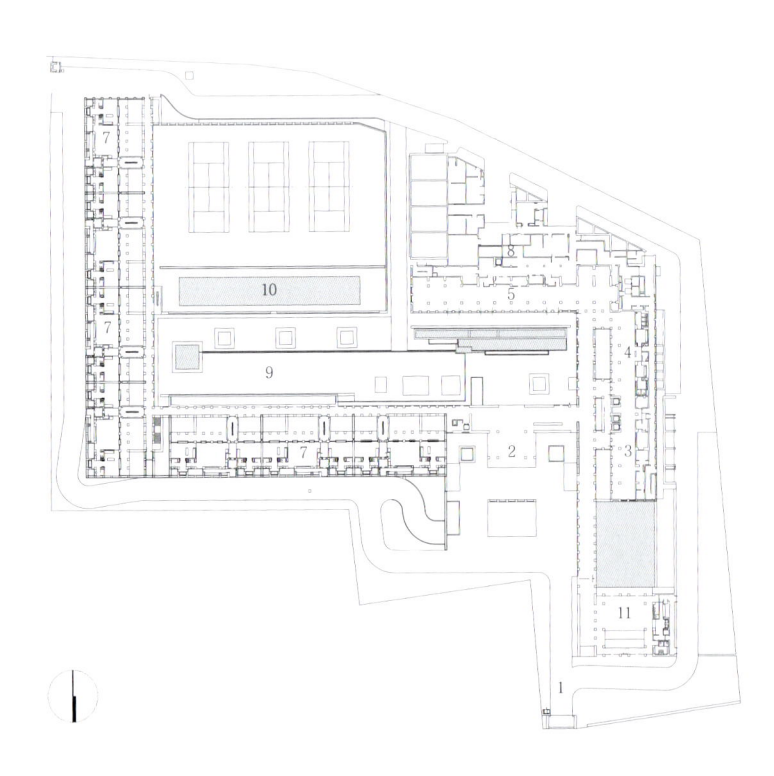

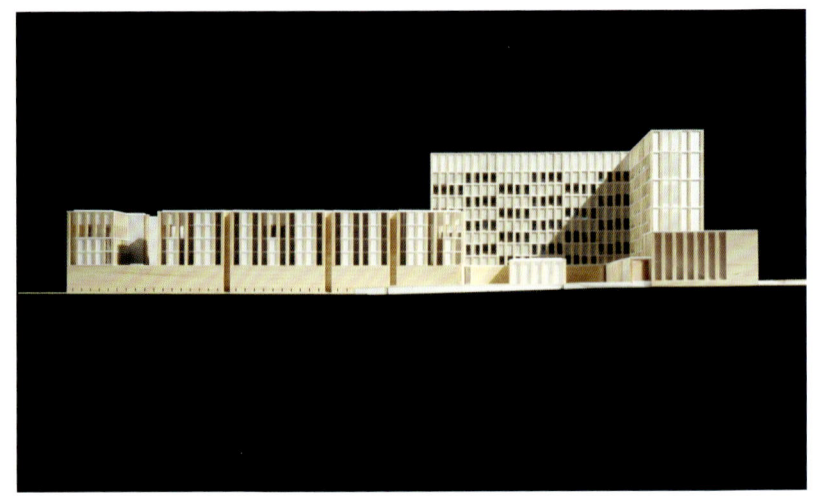

左侧图：（自上而下）六层平面图；二层平面图；一层平面图。

1) 入口
2) 车辆送客通道
3) 服务台
4) 大堂
5) 餐厅
6) 客房
7) 服务人员宿舍
8) 后勤服务空间
9) 庭院
10) 游泳池
11) 餐厅

右上图：工作模型，从中央草坪远望车辆送客通道。

右中图：罗迪路视角的工作模型。

右下图：酒店整体建筑工作模型。

对页上图：位于餐厅和主要公共区域之间的水庭院。柱子是主要的建筑元素。

对页下图：一条宽阔平整的石砌车道，从罗迪路一直通往车辆通道。

安缦新德里酒店 印度，新德里

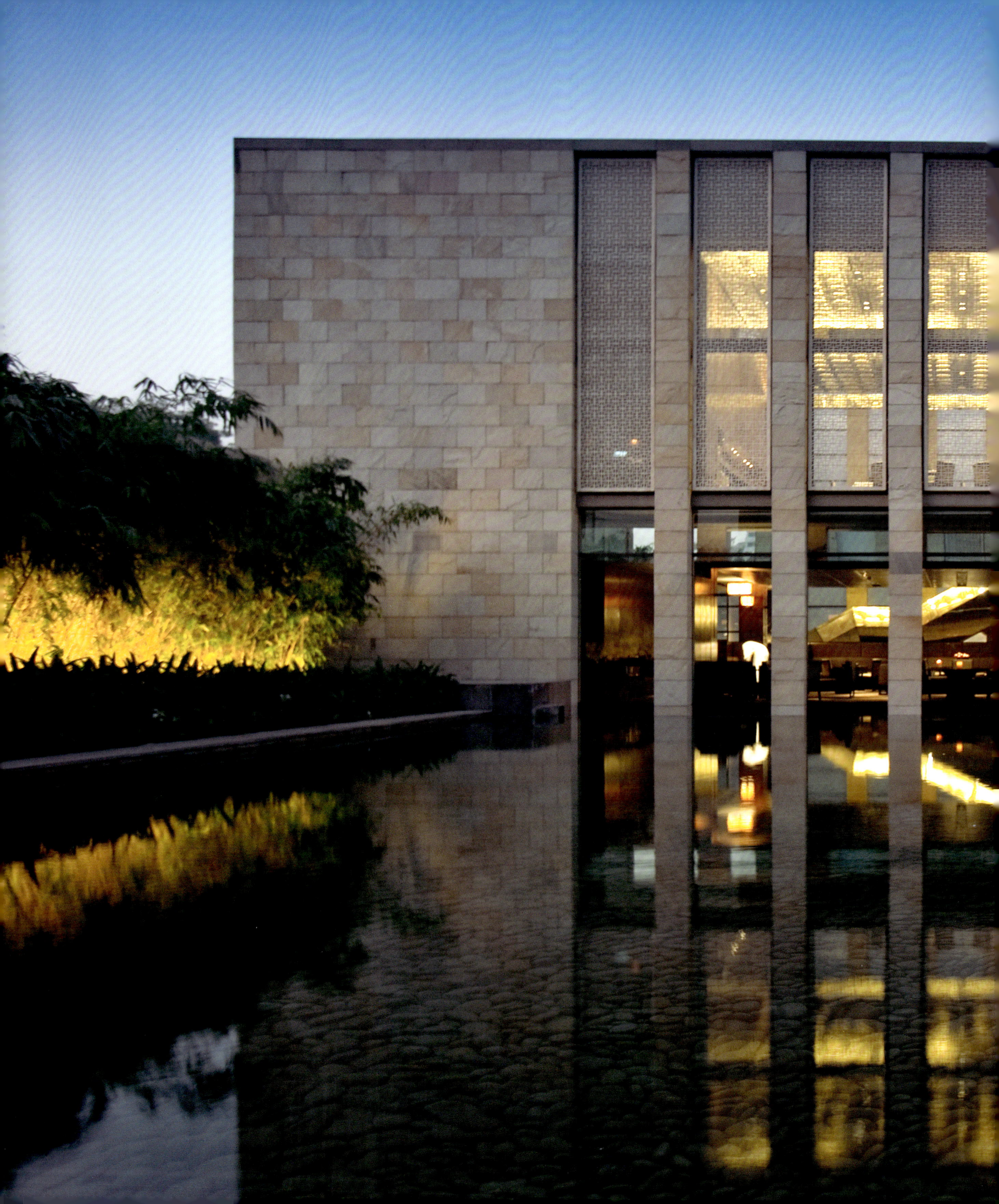

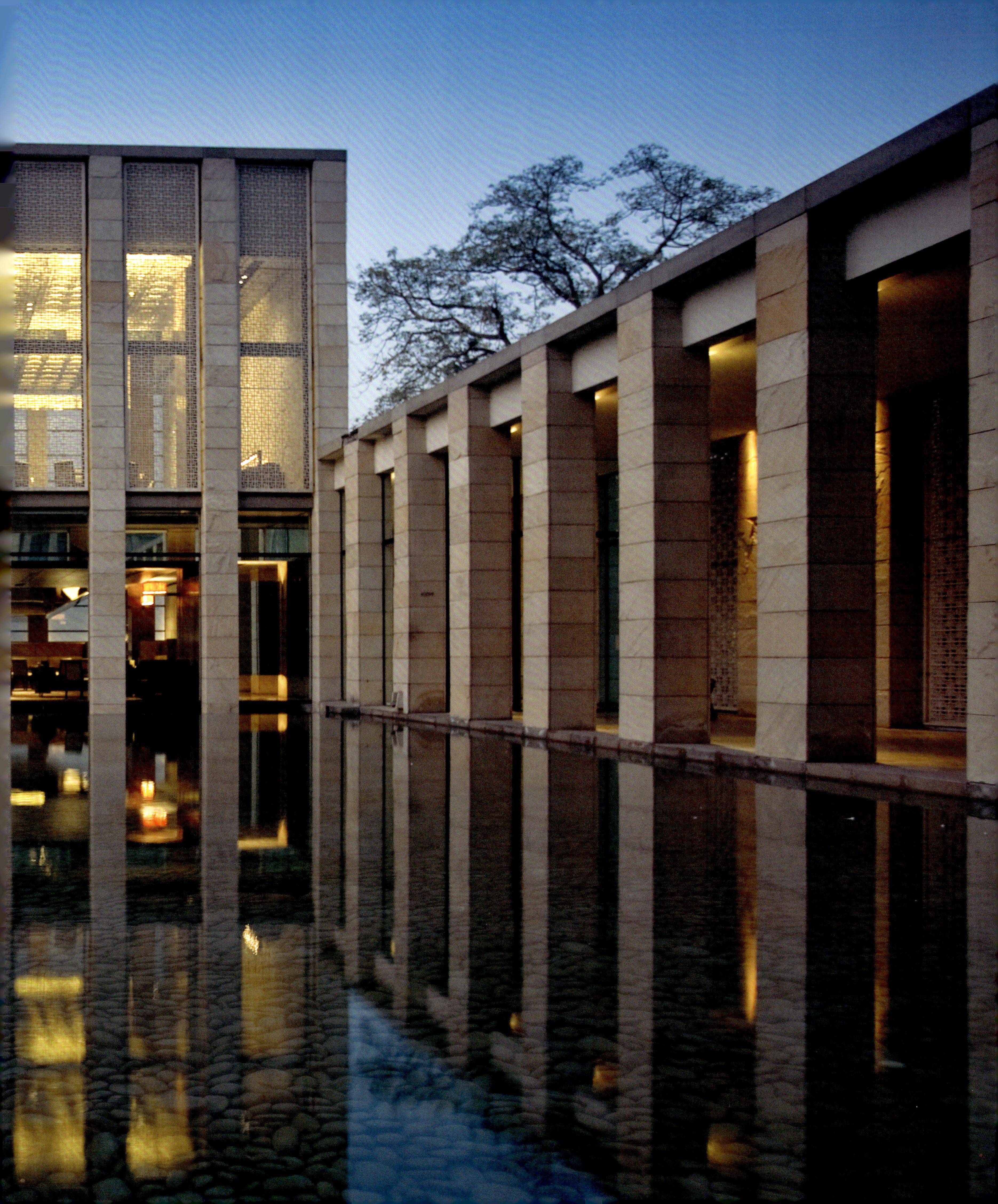

160—161页图：餐厅设计超过三层，每层提供不同的美食。

左侧图：下沉庭院是水疗中心和健康设施的中心。

下方图：平面图。

对页图：游泳池设在一个由石柱围成的院子里。

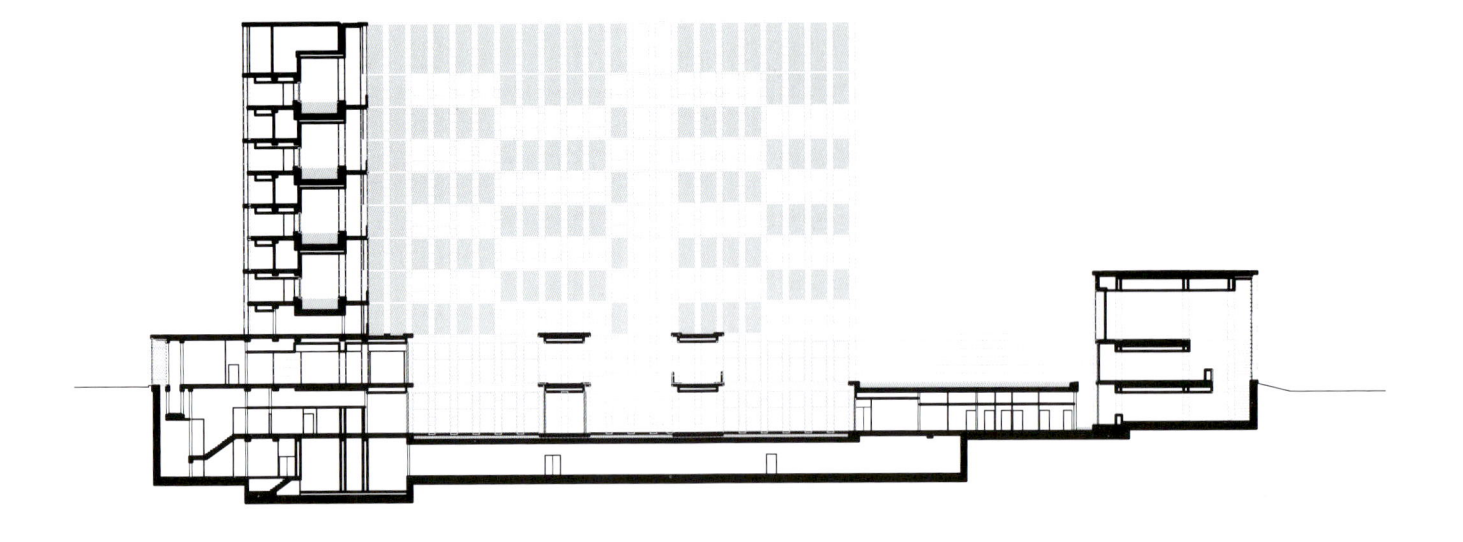

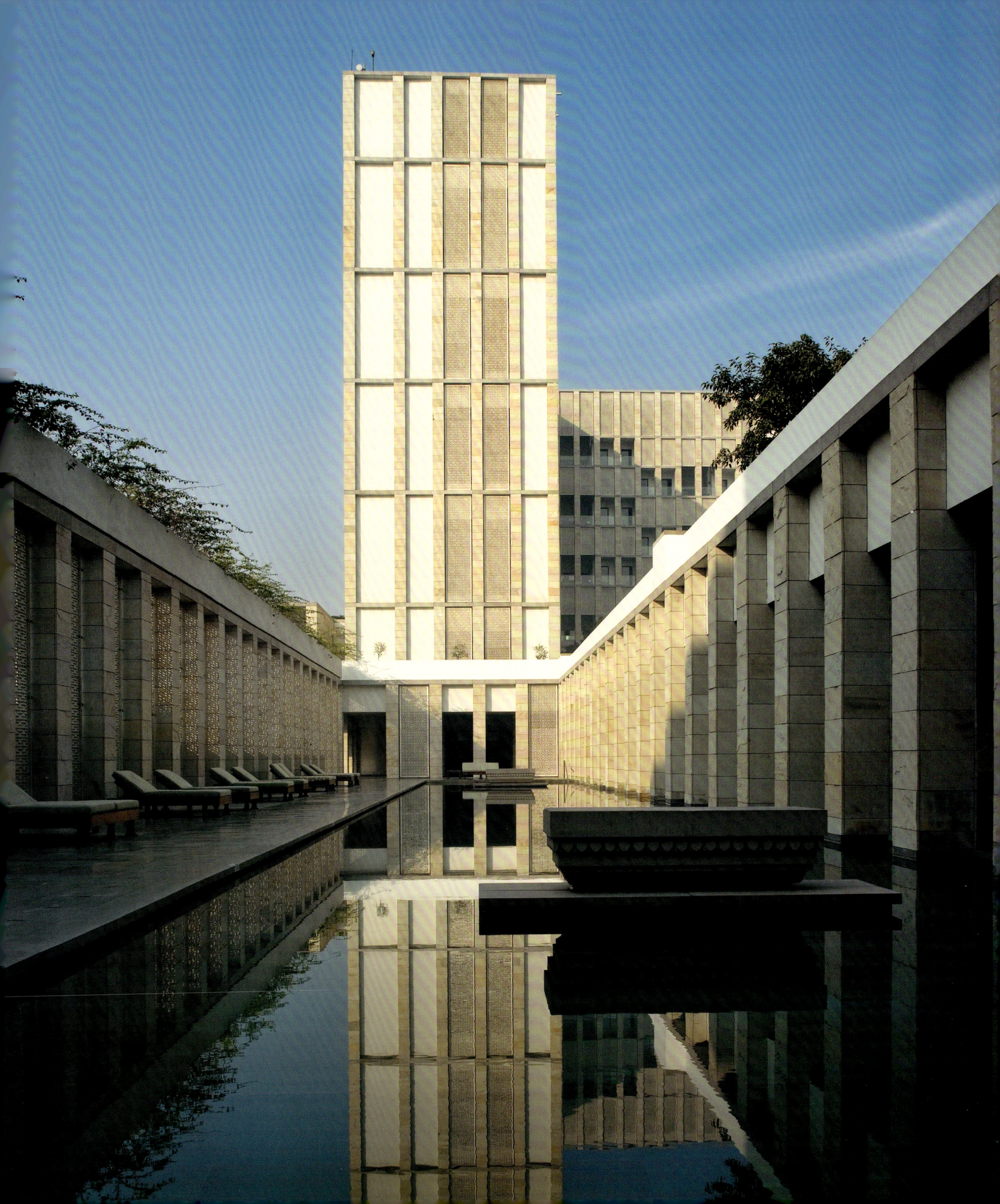

作品精选 1989—2021

对页图：每间客房都有一个两层楼高的私人游泳池。

左侧图：客房可以完全由滑动的木板封闭。

左下图：瀑布水潭的细部视角。

下方图：标准客房平面图。

1）入口
2）客房
3）浴室
4）游廊
5）瀑布水潭

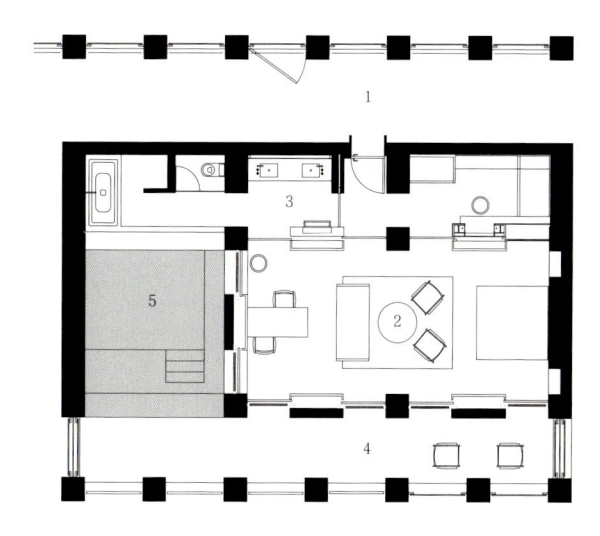

安缦新德里酒店 印度，新德里　165

西澳大利亚国家剧院中心（State Theatre Centre of Western Australia）

澳大利亚，珀斯

2005—2010

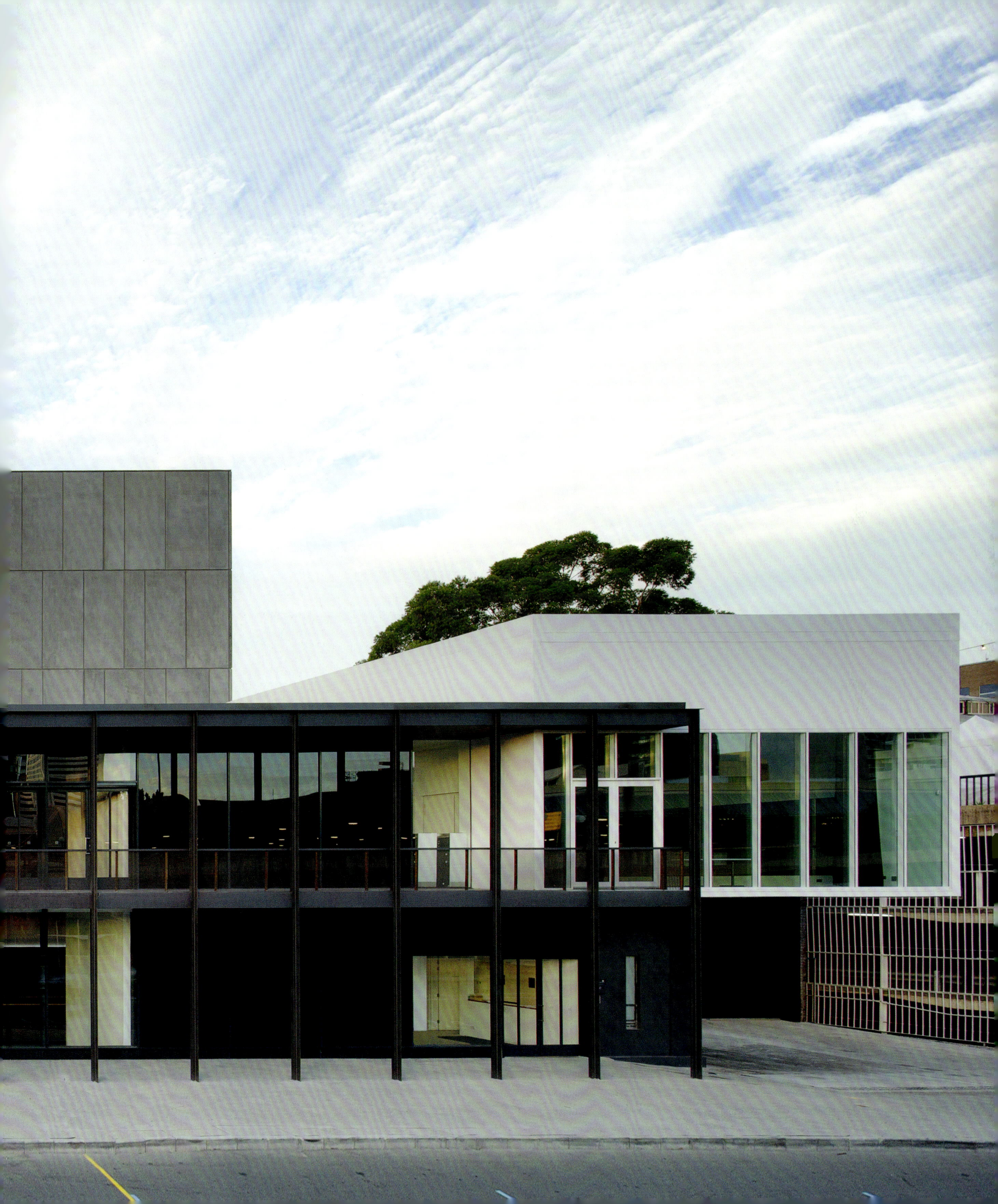

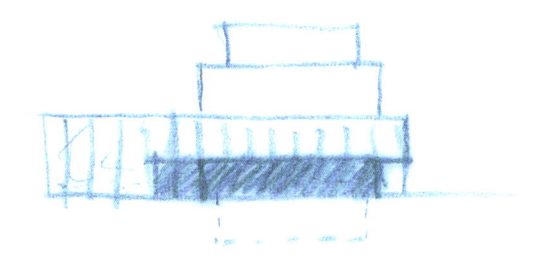

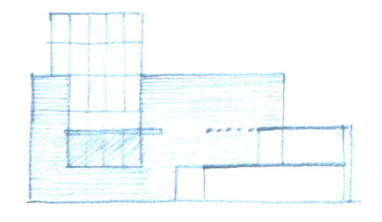

166—167页图：剧院南向临街的立面，面向珀斯市中心。

左下图：剧院东南方向的远景。

下方图：抽象的组成和建筑的物质性减少了主舞台飞塔体量的视觉体积。

对页图：中心的主要入口是一个戏剧性的钢制门廊，位于一个繁忙的街角。

为了振兴建筑文化，在宁静而美丽的西澳大利亚首府珀斯市举办了一场国际建筑竞赛，每位参赛者需要设计一座剧院。我们的获奖作品试图将空间戏剧传递为观看剧院的体验，并从各种对立力量的对话演变而来:黑暗与光明的感觉，大量和透明的表达，以及一种既粗犷又精致的构建语言。

主要的建筑体在场地上清晰地相互连接。两个礼堂垂直堆叠，位于中央，为大庭院腾出空间，作为城市绿洲和户外活动空间。周围是较低的透明体量形式的剧院门厅，恢复了周围街道的城市规模，可以从街上看到参加剧院表演的节日活动，同时也展示了精致的内部空间，令人惊喜。多个入口创造了一个渗透的、欢迎的场地，与城市肌理交织在一起。

在透明和固体体量的外壳内驻留着两个剧院，每个剧院都具有独特的个性。拥有575个座位的希斯·莱杰剧院有宽敞的楼梯通向礼堂，剧院弯曲的木鼓从封闭的混凝土外壳剥落。鼓的内部是一个温暖的木材和金色色调的内部世界。希斯·莱杰剧院的下面是一个200座的剧院——地下工作室——在声学和结构上都是隔离的。游客通过一个由深色砖块和条纹胶合板组成的地下世界进入。这个剧院的内部展示了网格和桁架的健壮的工业语言，结构是灵活的表演空间的基本要求。一个大开口将这个空间连接到主要的排练室，扩展了表演的可能性。

西澳大利亚国家剧院中心 澳大利亚，珀斯

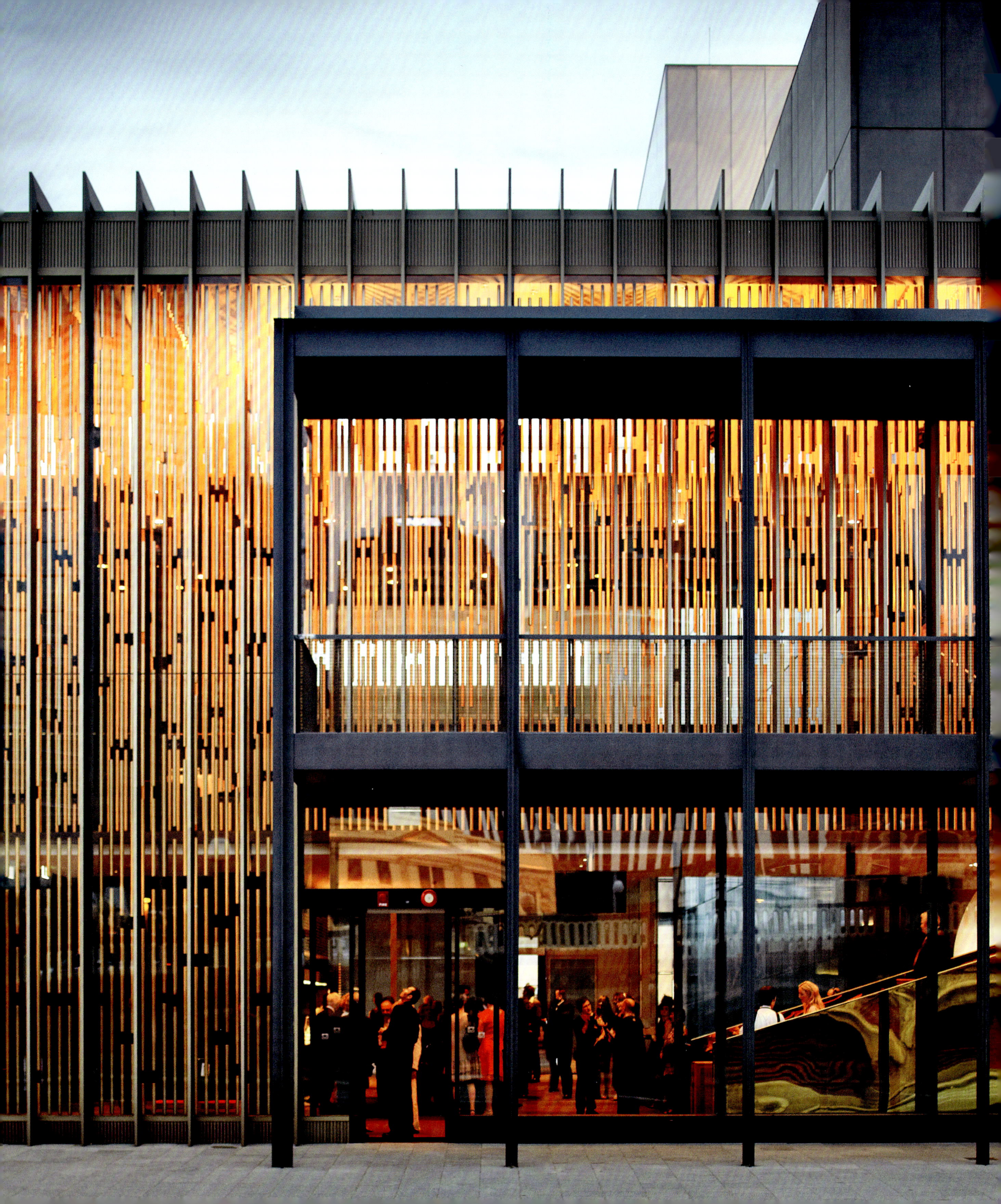

对页图：双层的南阳台参考了布罗姆总督酒店的建筑，该酒店曾经矗立在场地上。

下方图：（自左侧始沿顺时针方向）首层平面图；楼座平面图；二层平面图；地下层平面图。

1）罗伊街入口
2）公众聚集的广场
3）售票处
4）主庭院
5）剧院开放性入口
6）休息室
7）正厅前排座位
8）楼座
9）大舞台
10）舞台塔
11）酒吧
12）排练厅
13）地下剧院的演播室
14）升降式前舞台
15）辅助舞台

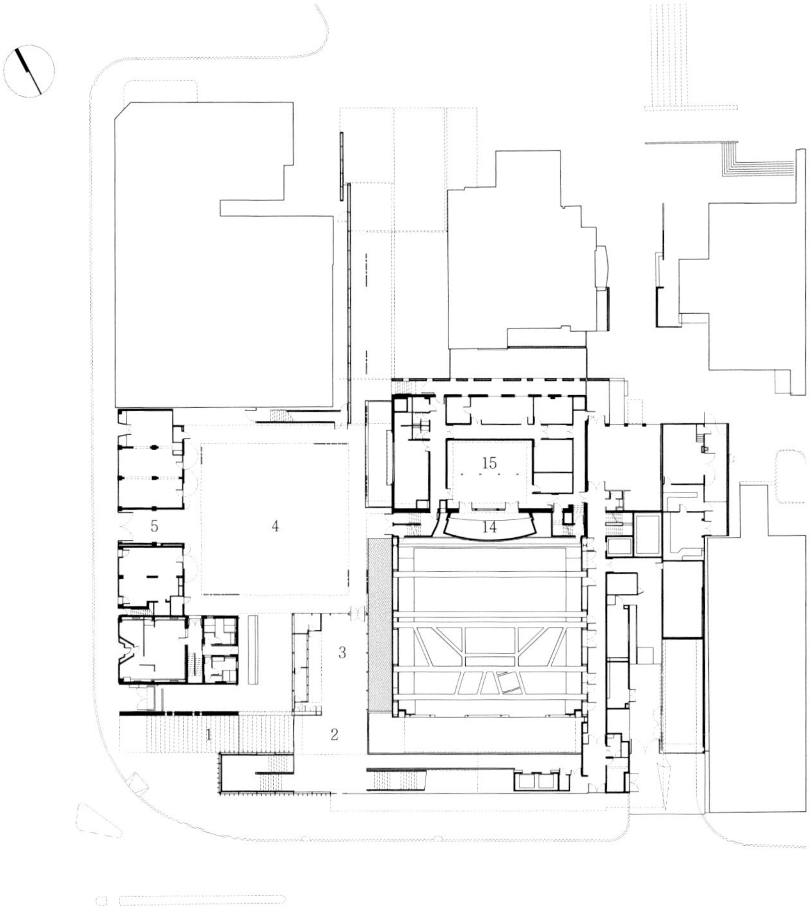

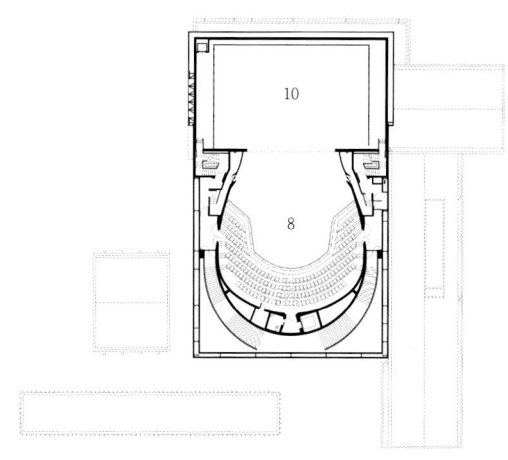

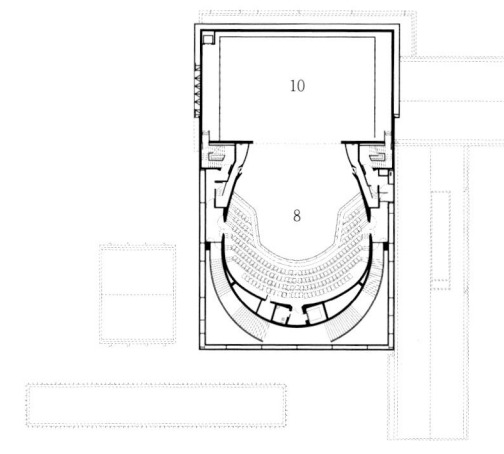

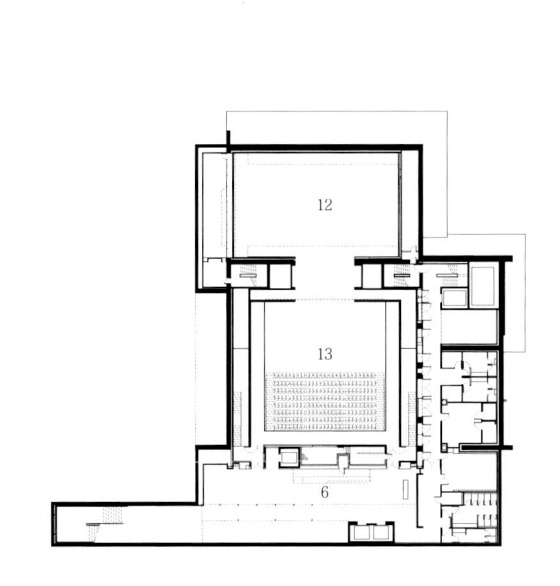

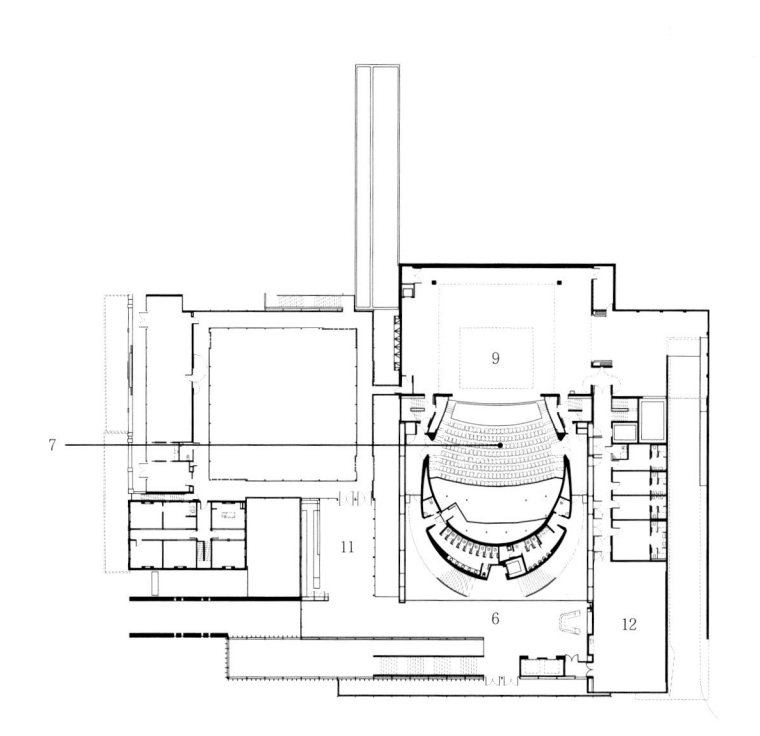

西澳大利亚国家剧院中心 澳大利亚，珀斯　171

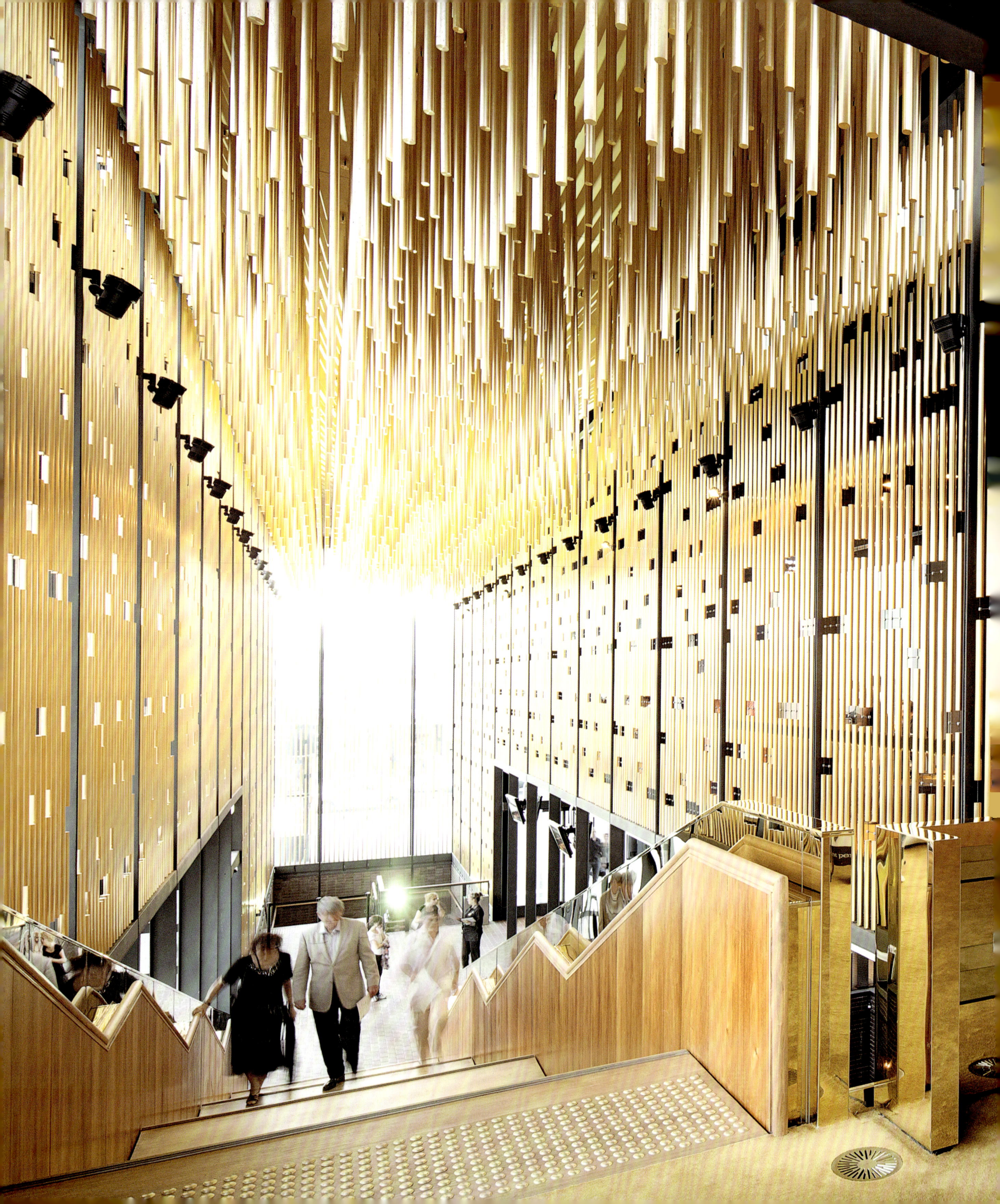

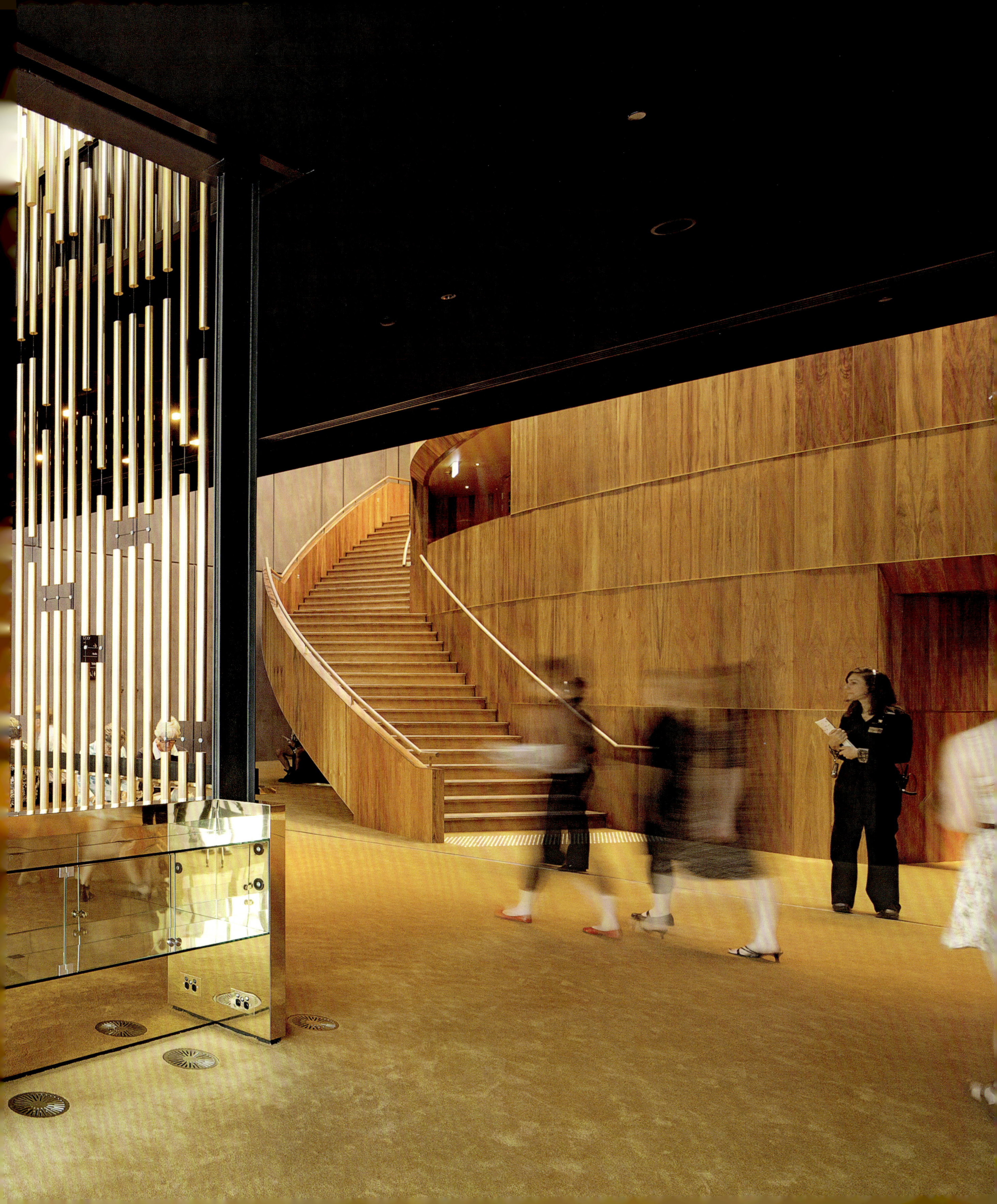

172—173页图： 希斯·莱杰剧院白天的主要门厅。楼梯和空隙的空间序列沿袭了传统的剧院体验，让观众感受到空间奇观。

下方图： （从上向下沿顺时针方向）展示街道立面的概念模型；显示通往主剧场楼梯的剖面模型；主剧场的门厅和楼梯的剖面模型。

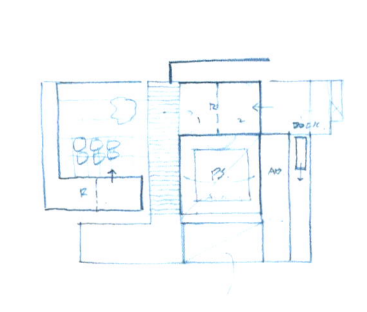

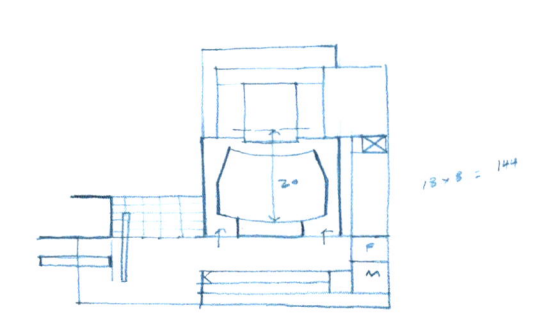

174　作品精选 1989—2021

下方图： 通往主剧场带扶手的实木旋转楼梯。

右侧图： 主剧场的鼓面覆盖着温暖的塔斯马尼亚黑木镶板。

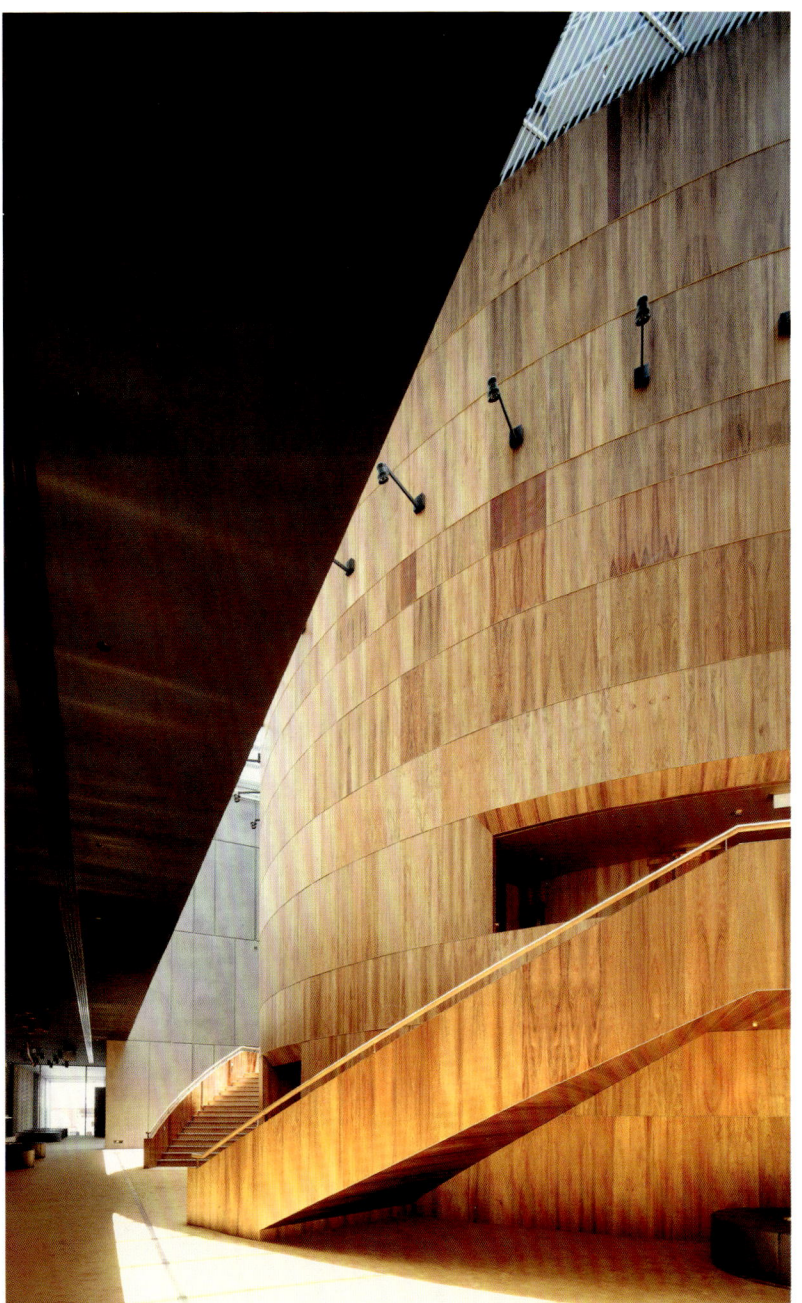

西澳大利亚国家剧院中心 澳大利亚，珀斯

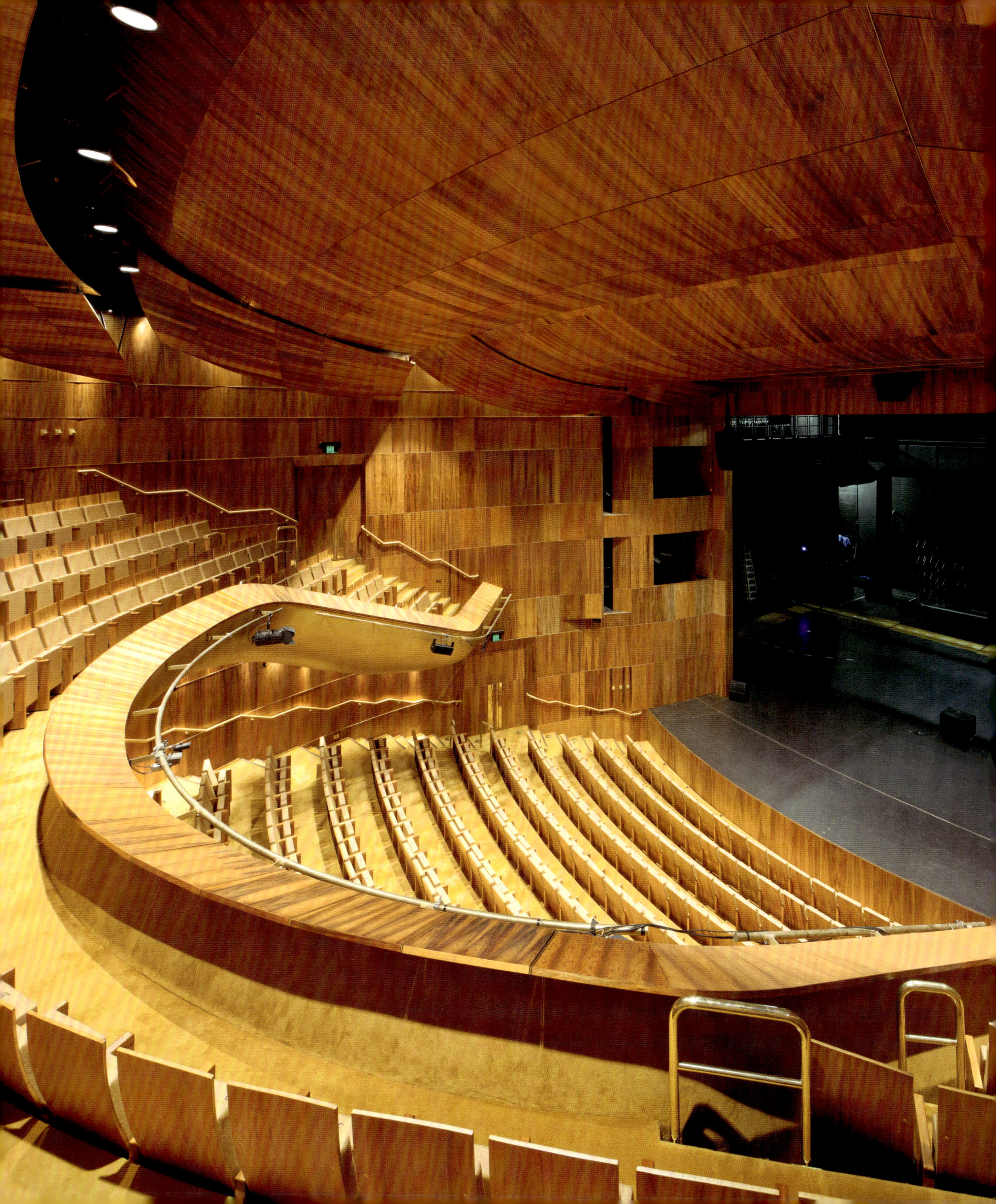

左侧图和下方图： 主剧场的声学设计完全依靠直接声反射。温暖的木质面板表面排列在礼堂的主体上，发挥着重要的声学功能。

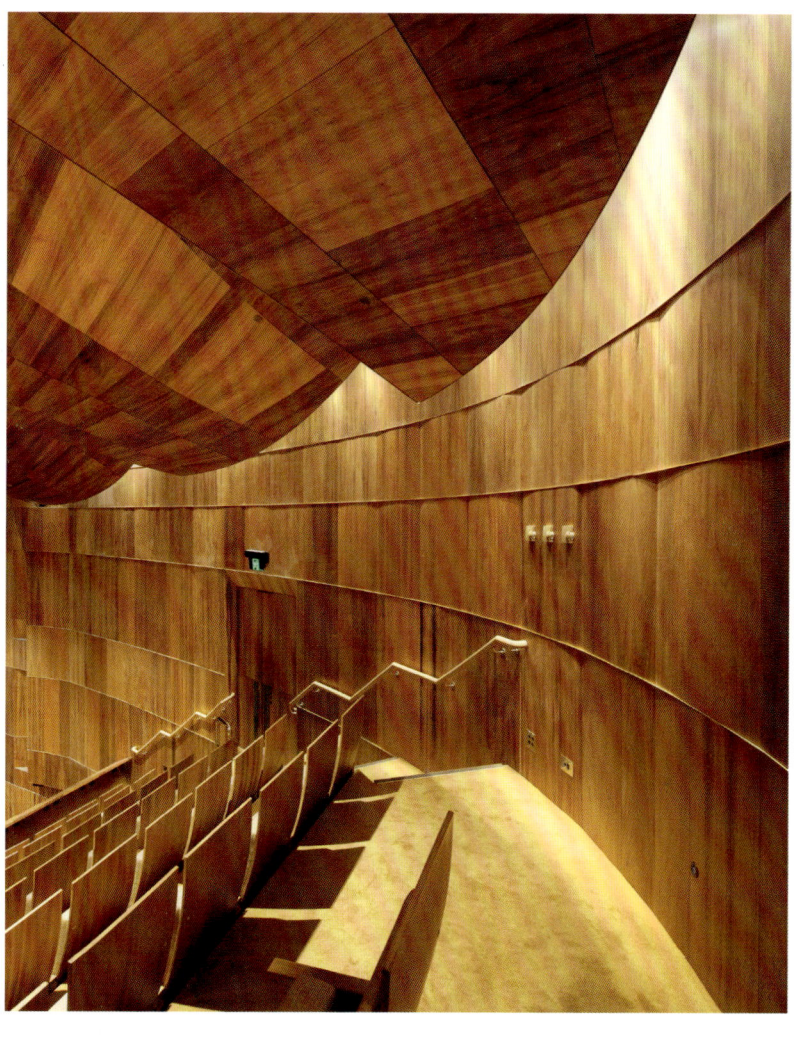

西澳大利亚国家剧院中心 澳大利亚，珀斯

左侧图和下方图：地下工作室、剧院门厅和酒吧。

上方图：地下剧场与排练厅完美地组合成为一体，创造了一个大型的演出剧场。

右侧图：主排练室。

西澳大利亚国家剧院中心 澳大利亚，珀斯　179

皮博迪住宅（Peabody House）
澳大利亚，海曼岛
2006—2011

事务所曾针对大堡礁（Great Barrier Reef）上的岛屿进行了整体规划，其中包括21座山坡上的私人住宅，其中6座已经建成。我们在2011年完成了第一个项目。它由三个亭子组成，中间的入口位于山坡上，就在主要生活空间的上方。宽敞的楼梯由精致的木质屏风围合，通往起居层。一个类似的屏风画廊遮蔽了房子的后部，并提供通往楼上客房的通道。在面向大海的立面上，一个阳台和一个两层的屏蔽体块控制着热带的阳光和微风。

倾斜的场地在向陆地一侧创造了一个下沉的景观庭院，保持私密性，同时让光线和通风进入下层的生活空间。庭院的墙壁包围着玻璃生活体块，它的主要景观通过通高的游廊向珊瑚海望去。

与起居建筑稍有不同的是建于山坡上的玄武岩覆盖的池边建筑。它可以欣赏到游泳池和大海的景色，两者在圣灵群岛的背景下融合在一起。

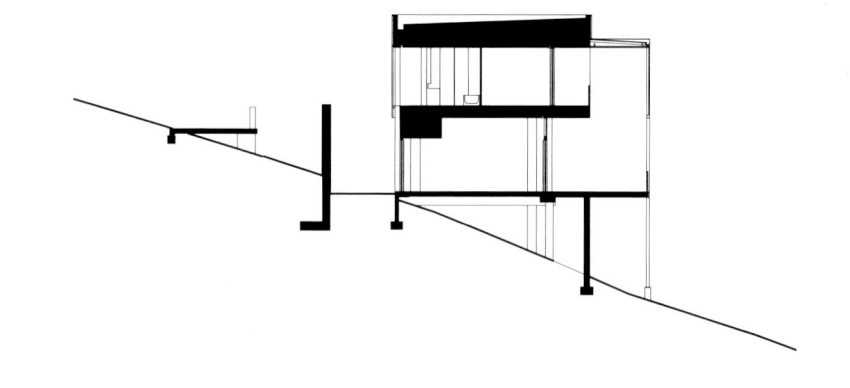

上方图：剖面图。

上方图：从住宅俯瞰北向的降灵水道。

182—183页图：夜幕降临时，木屏风看起来就像灯笼一样。

皮博迪住宅 澳大利亚，海曼岛

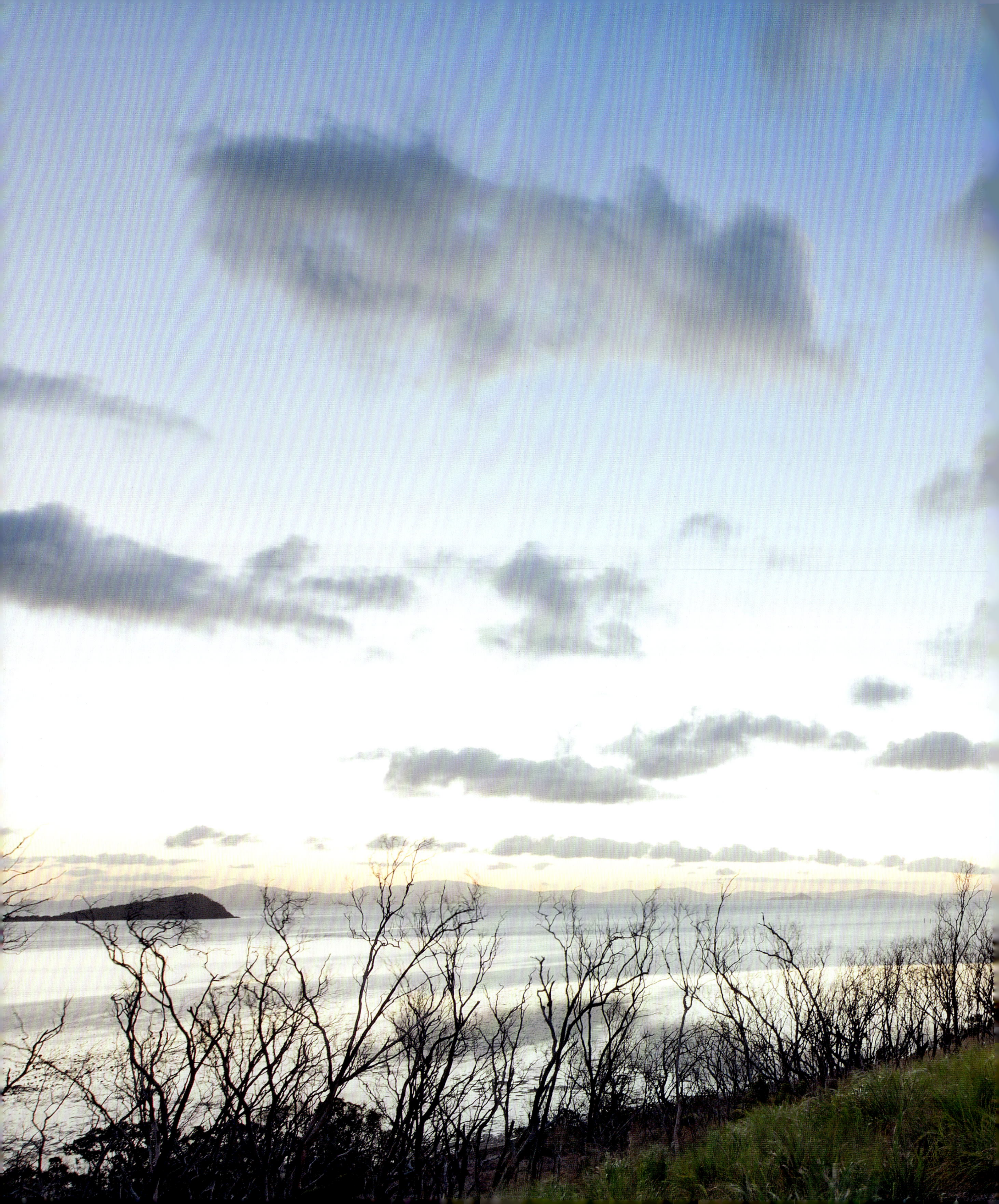

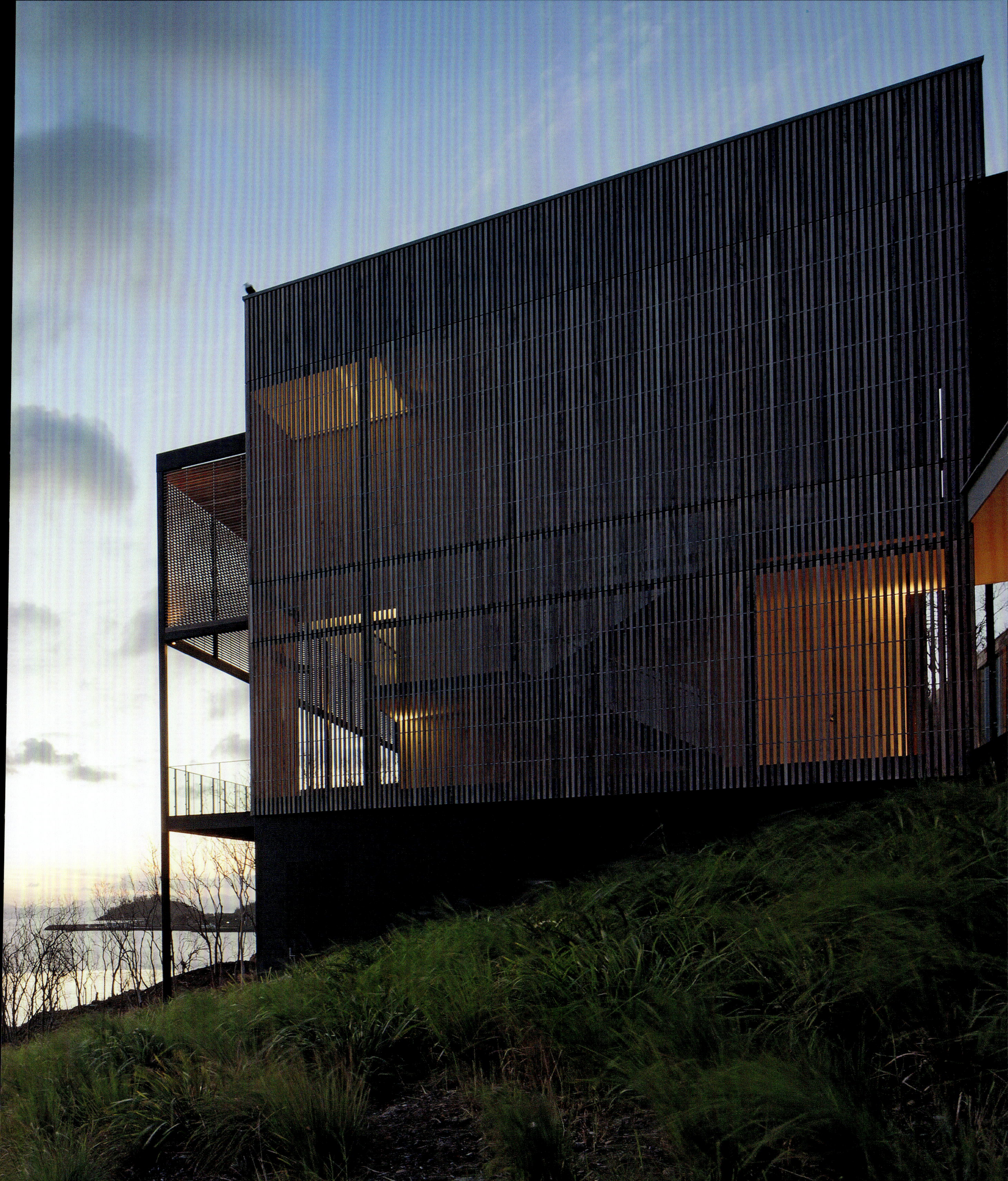

顶端图（自左而右）：建筑群立面朝向降灵水道和珊瑚海的工作模型。

上方图：在入口处木翅的细部结构。

对页图：双层体量的中庭延伸了住宅的生活空间。

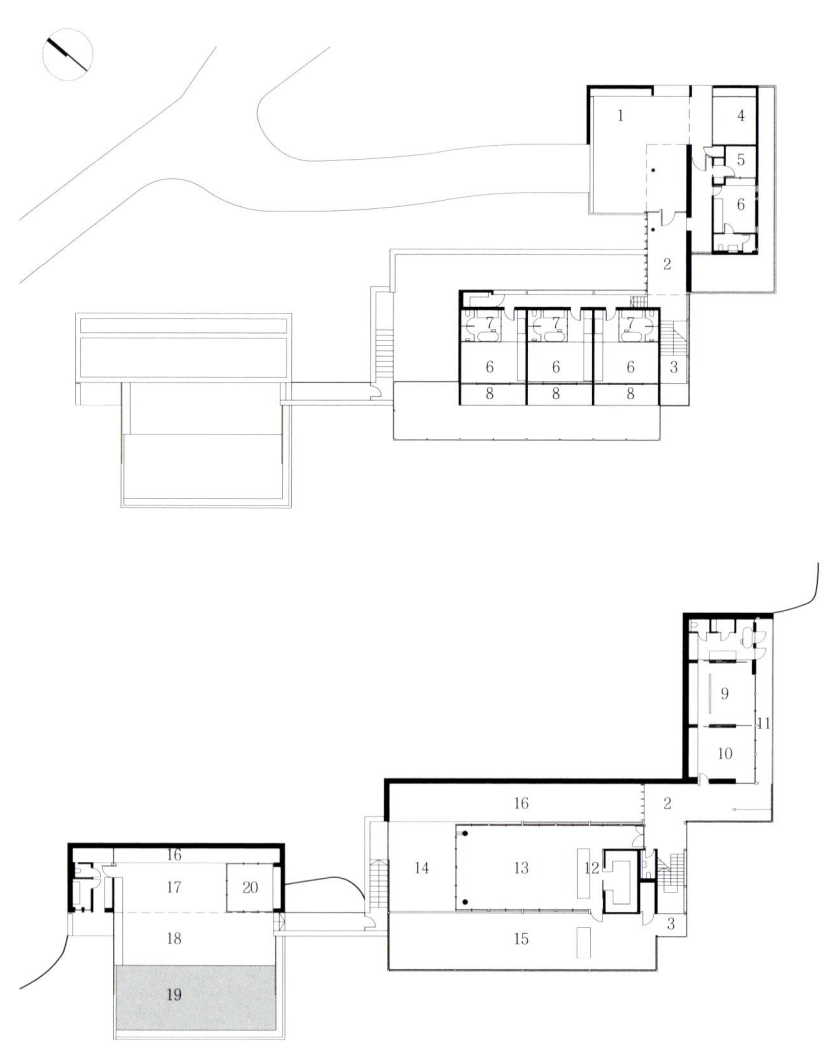

上方图：（从中间起）一层平面图；二层平面图。

1) 前院
2) 前厅
3) 主楼梯
4) 车库
5) 洗衣房
6) 卧室
7) 浴室
8) 阳台
9) 主人卧室
10) 主人书房
11) 主阳台
12) 厨房
13) 起居室兼餐厅
14) 客房阳台
15) 餐饮露台
16) 花园庭院
17) 凉廊
18) 游泳池露台
19) 游泳池
20) 客房

皮博迪住宅 澳大利亚，海曼岛

素可泰酒店（the Sukhothai Residences）
泰国，曼谷
2006—2011

2006年，我们回到了我们最早的作品之一——曼谷素可泰的场地。这个项目创建了一个邻近的住宅，作为这一区域不断发展的整体规划的一部分。新开发项目包括两栋建筑：一栋165米高的公寓大楼，包含187个单元，其中包括9套顶层公寓；还有一个两层楼高的游泳池，附带酒吧、更衣室和健身房。

酒店的空间构成与传统建筑的抽象参照相结合，与住宅形成了鲜明的对比，使用了一种全新的类型。它们与场地的联系主要是通过立面作为气候调节器的公开使用来实现的。

塔楼在平面和立面上都连接成两个互锁的矩形板块。它们通过平面和颜色的变化来区分，由屏蔽立面内创建的深度来实现。屏幕为内部围护结构提供阴影，由预制模块组成，使建筑充满了重力感，同时从远处看实现了短暂的复杂。许多公寓是分层的，在立面开口的组成上有一定的自由度。在屏幕深度内，阳台空间的随机排列显然利用了这一点。其结果是一个多层次的立面，由日夜变化的光影游戏所激发。

在建筑一层，一个长长的到达大厅达到了9米的高度，通过通高的玻璃墙可以看到游泳池。三个充满竹子的大采光井将大堂与泳池露台隔开，同时为三层地下室停车场提供自然采光和通风。50米长的游泳池创造的视觉印象被两端的水上花园延伸，而附属建筑镶有白色玻璃鳍，被放置在泳池的轴线上，创造出宝石般的效果，与砖石公寓塔形成对比。

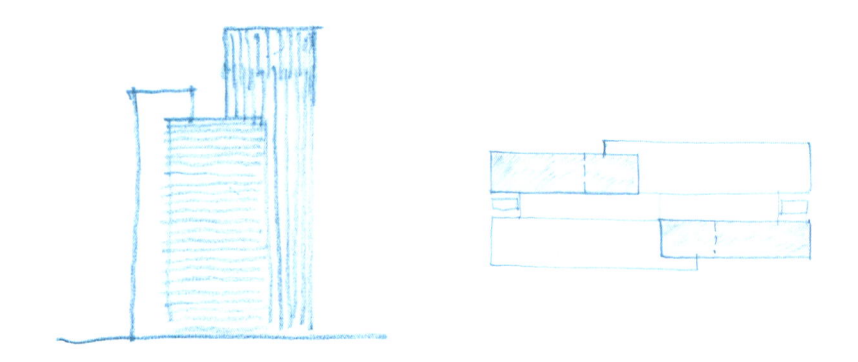

上方图： 塔位于素可泰酒店左前侧。

对页图： 预制混凝土遮阳板。

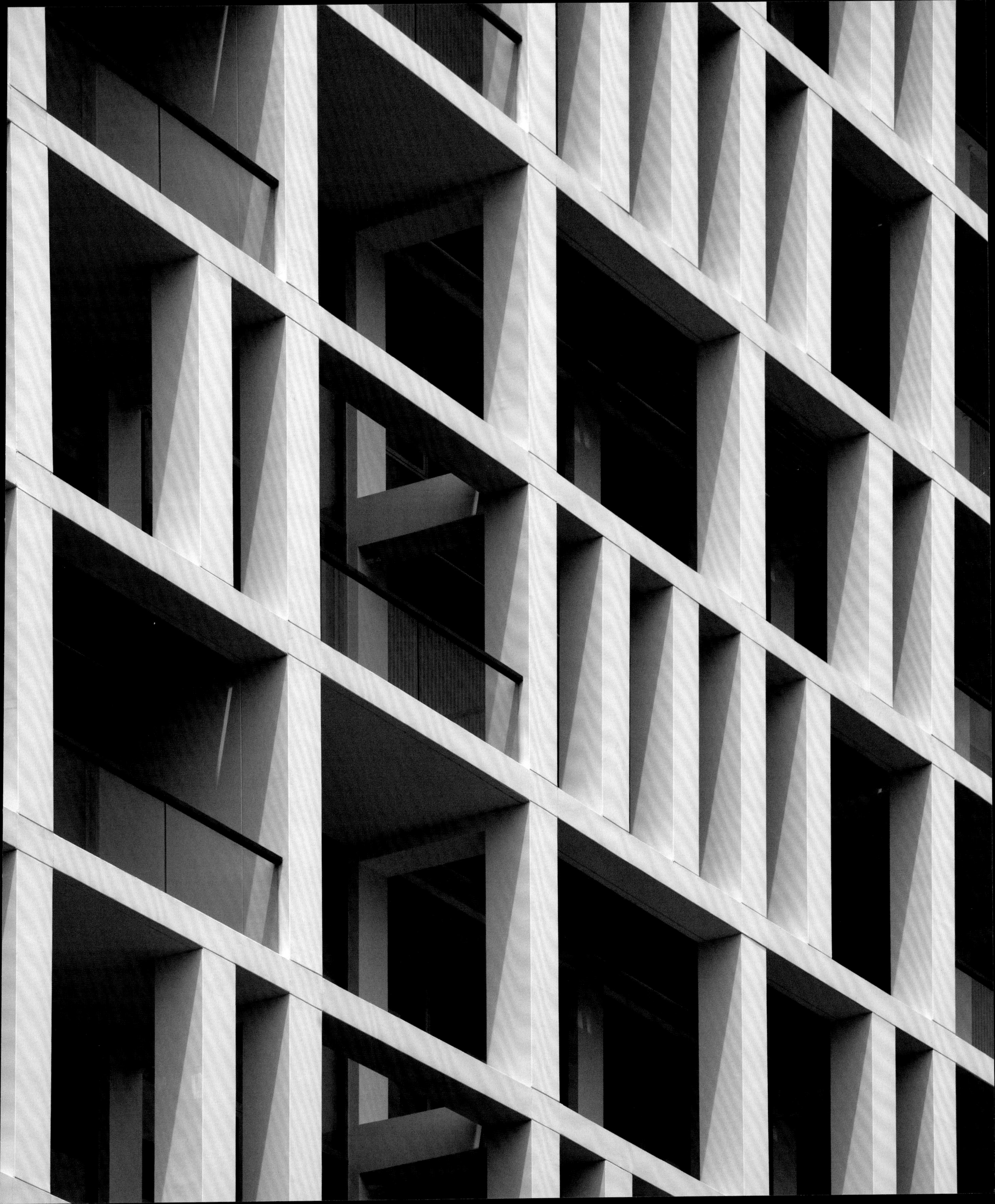

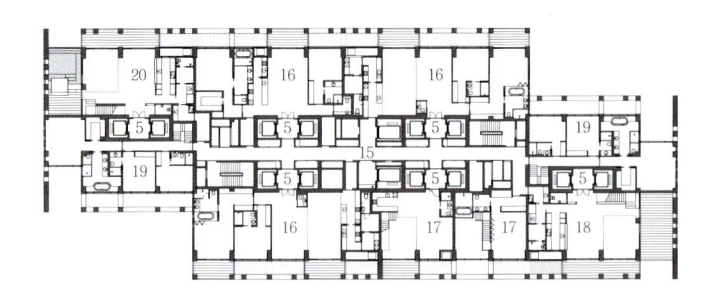

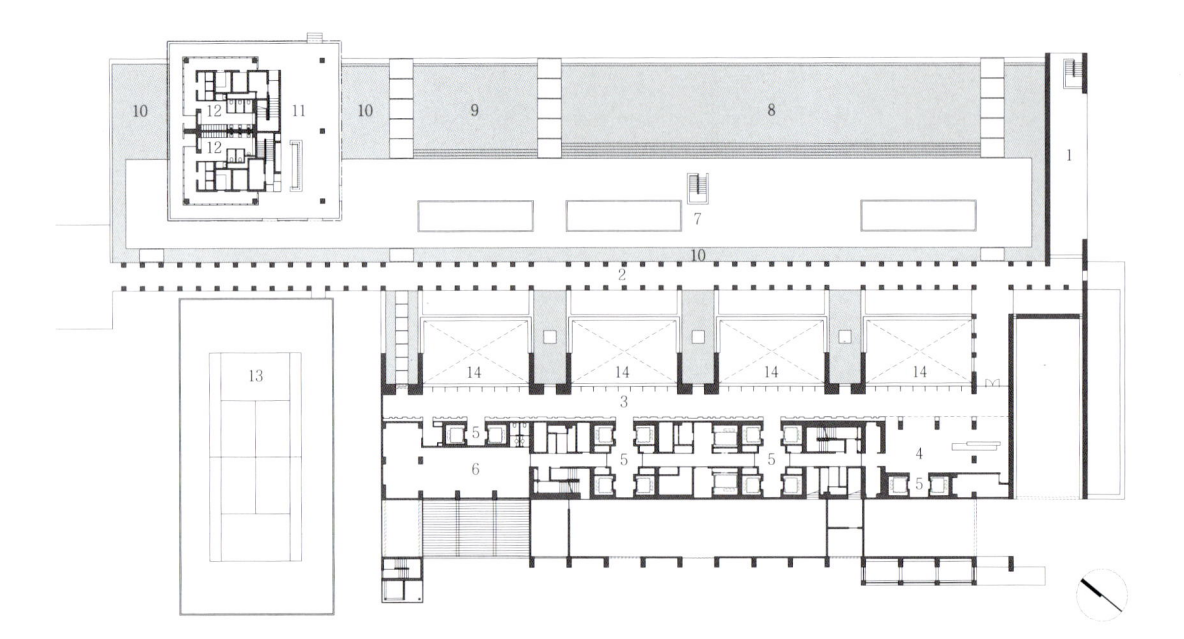

左侧图（自上面下）：标准层平面图；首层平面图。

1）入口
2）柱廊
3）休息大厅
4）门房
5）电梯大厅
6）儿童屋
7）游泳池边休息平台
8）游泳池
9）儿童游泳池
10）荷花池
11）池畔露台
12）更衣室
13）网球场
14）采光井
15）服务区走廊
16）（三间卧室）单身公寓单元
17）（两间卧室）复式单元
18）（四间卧室）复式单元
19）（三间卧室）复式单元
20）（四间卧室）带游泳池的复式单元

对页上图：从车辆送客通道可以看到柱廊的轴向视图。

对页下图：日光通过地面上的切口进入停车场地下室。

下方图：柱廊将新建筑与素可泰酒店连接起来。

素可泰住宅 泰国，曼谷

左侧图： 公寓立面和遮阳天窗之间的空间设有遮阳装置和阳台。

对页图： 池亭如宝石般浮在荷塘之上。

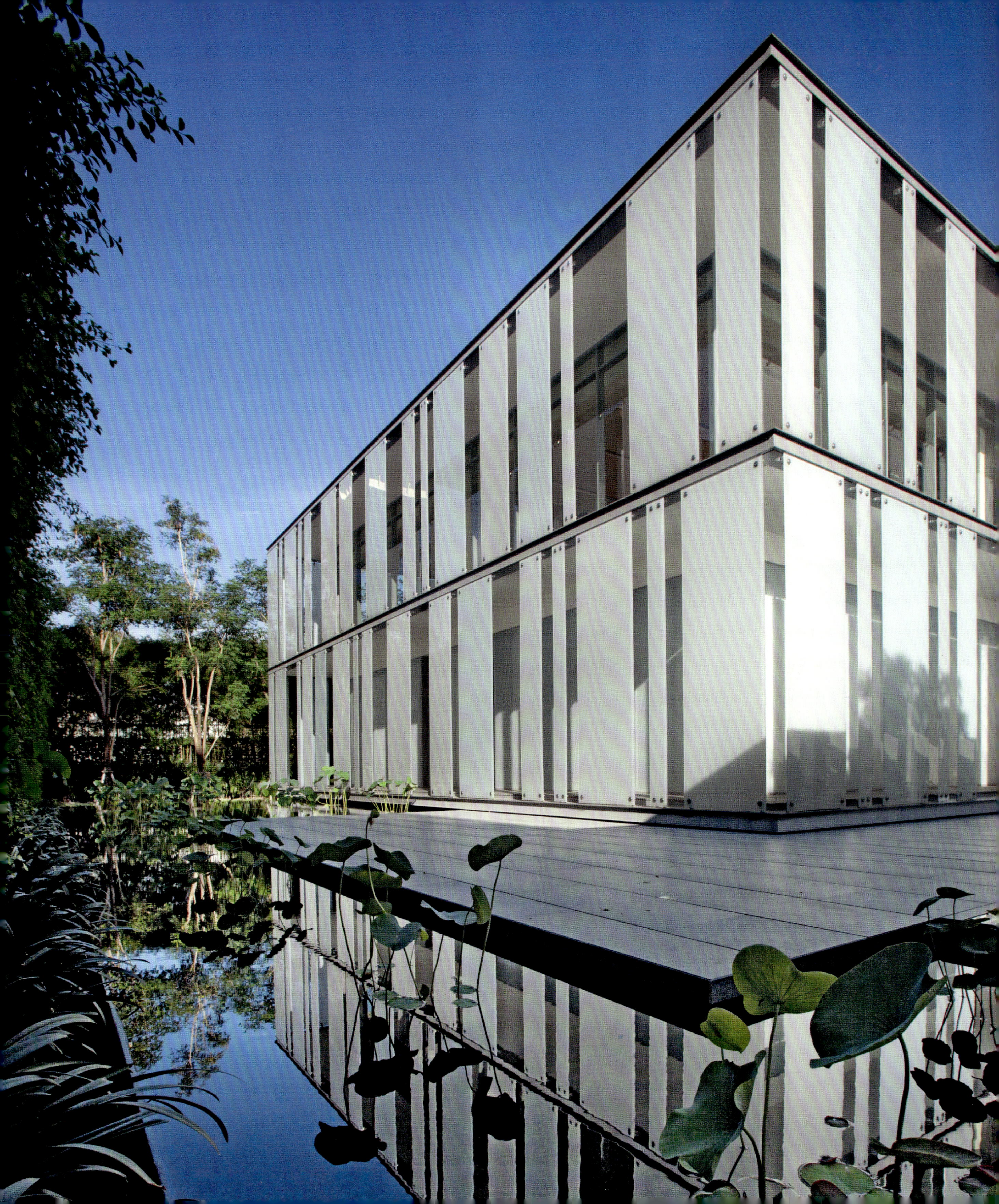

哈纳酒店（Hana）
新加坡
2006—2014

　　这座简单而优雅的114米高的塔楼掩盖了一个复杂的工程历史。该项目最初被设想为位于乌节路（Orchard Road）边缘的安缦酒店，并于2002年获得批准，随后被改造为一个带有小型商业元素的住宅开发项目。改变需要在一个已经紧凑的2900平方米的三角形场地中进行深度的调整，这对设计提出了重大挑战。

　　其结果是一座占地面积为31层的塔楼。该项目包含26个住宅单元，每个单元都占据一层，还有一个地下停车场，一个地面的到访大厅，一个空中露台，三个商业单元，以及一个6米高的屋顶屏蔽机械设备。

　　在建筑的每一层内，我们都创造了一系列的生活空间，提供360度全景乌节路地区的视野。每个单元都有一个室外跳水池，其中包括一个两层高的体量，通过在交替楼层上镜像平面图来创建。泳池与客厅和餐厅用滑动玻璃隔断隔开，让所有三个空间连接起来。为了鼓励自然交叉通风的使用，起居室、餐厅和卧室的顶部悬挂的窗户呈现了不间断的风景。它们被一系列水平和垂直的遮阳板遮阳。

　　该项目的地面设有一个长21米长的游泳池、一个儿童泳池和一个烧烤区。变电站位于游泳池附近，隐藏在绿色的墙后面，作为景观的一部分。二层的空中露台容纳了健身房和位于7米高空间内的居民休息室。它被垂直的爬藤包围，既提供了与邻近建筑的隐私，又提供了遮阳。

顶端图：从汤姆森林绿荫道回望。

上方图：车辆送客通道。　　　　**对页图**：二层空中露台的水景。

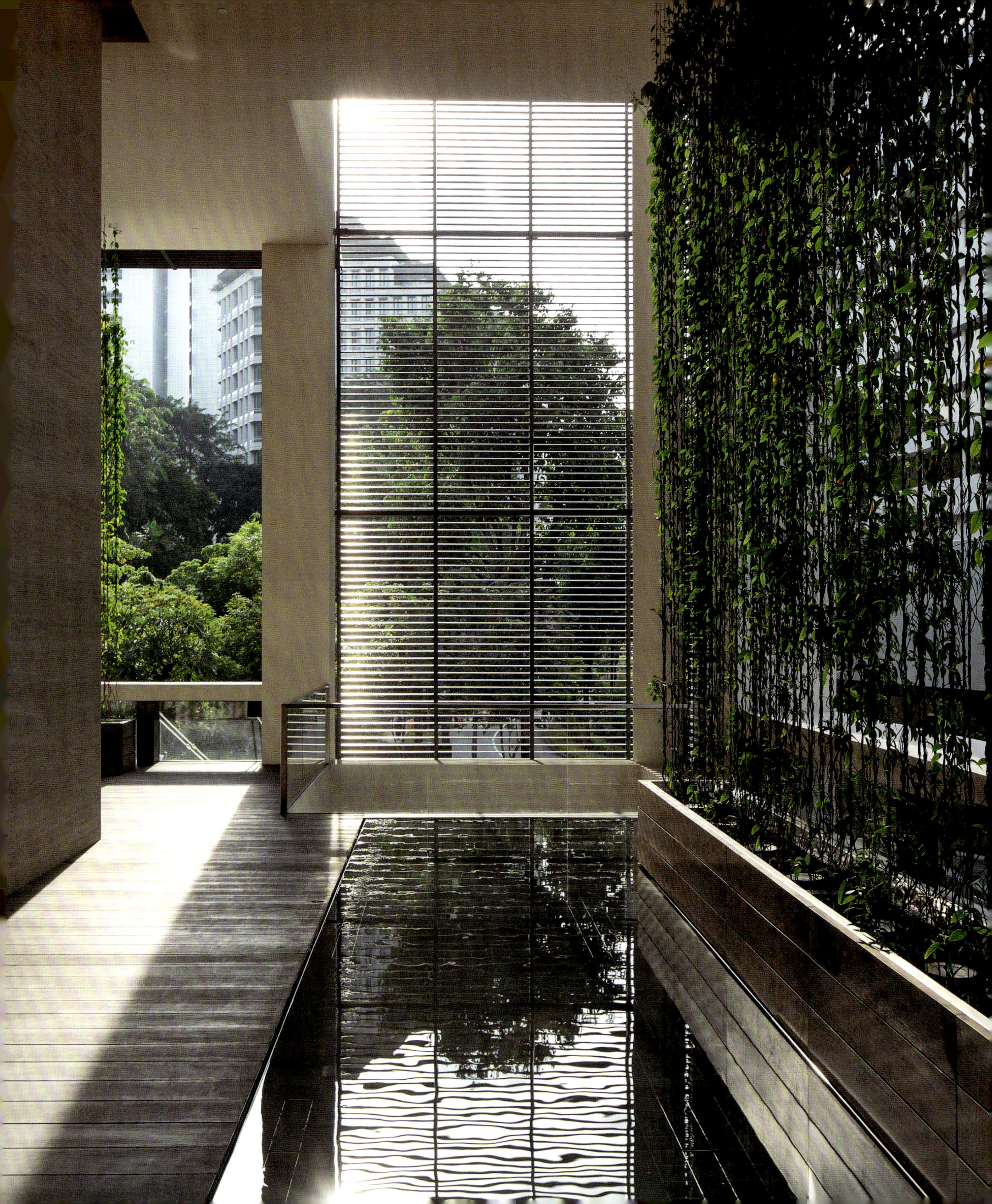

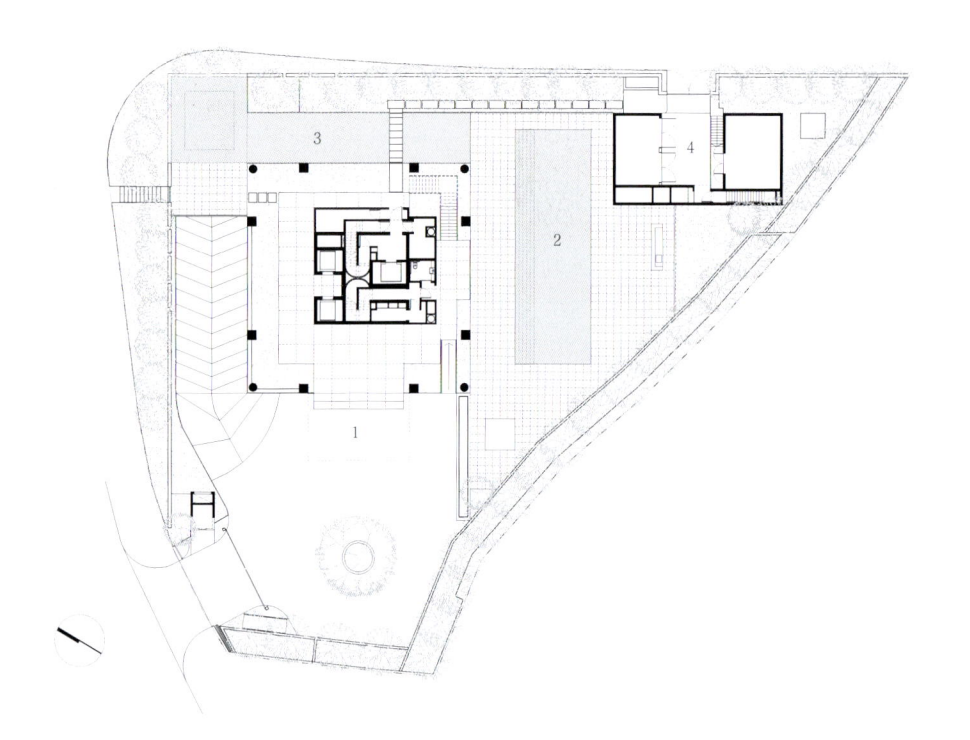

左侧图： 一层平面图。

1）入口处
2）游泳池
3）水景花园
4）配电站

左下图： 位于第一层楼的水景花园。

下方图： 游泳池。

右下图： 空中露台与游泳池的空间连接。

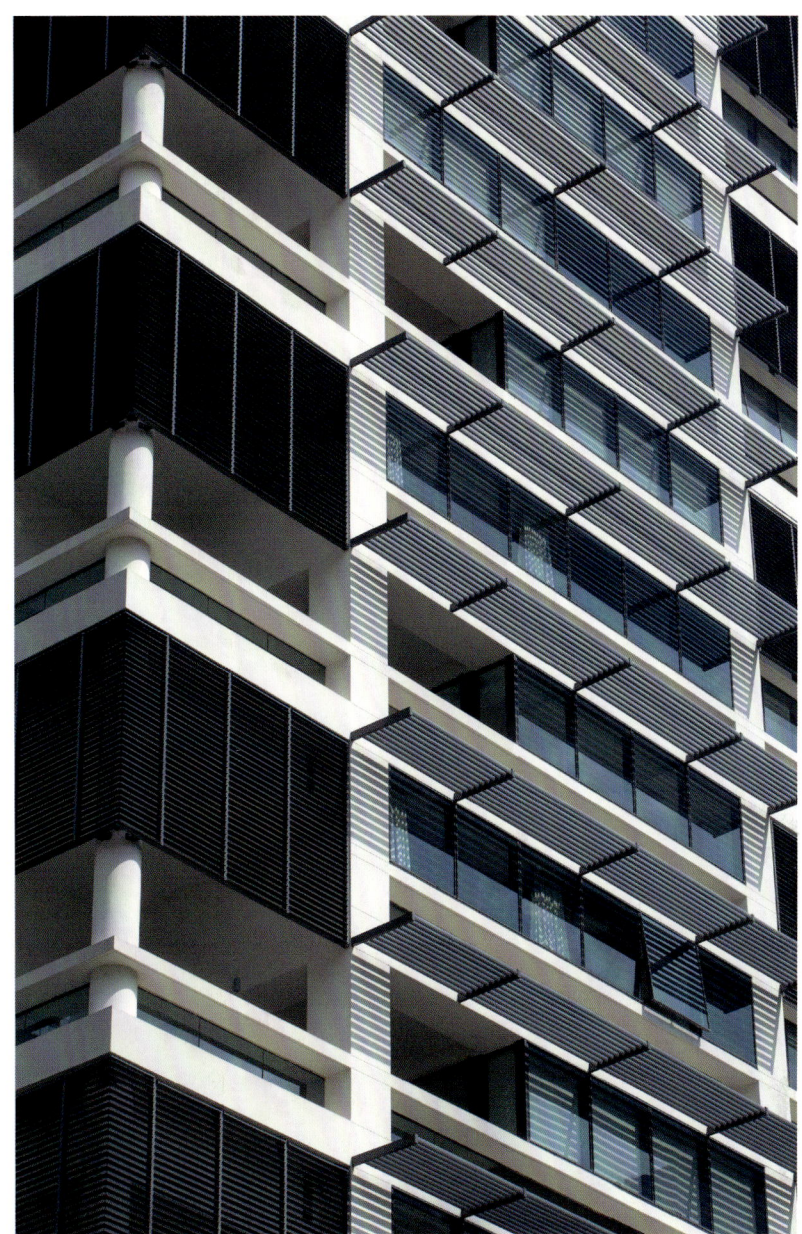

上方图： 每套公寓均配备一个私人游泳池。

右上图： 公寓平面的旋转平台，使得每个游泳池上方，都形成了一个两层高的空间。

右侧图： 二层平面图。

1）电梯间
2）水景花园
3）空中花园
4）健身房

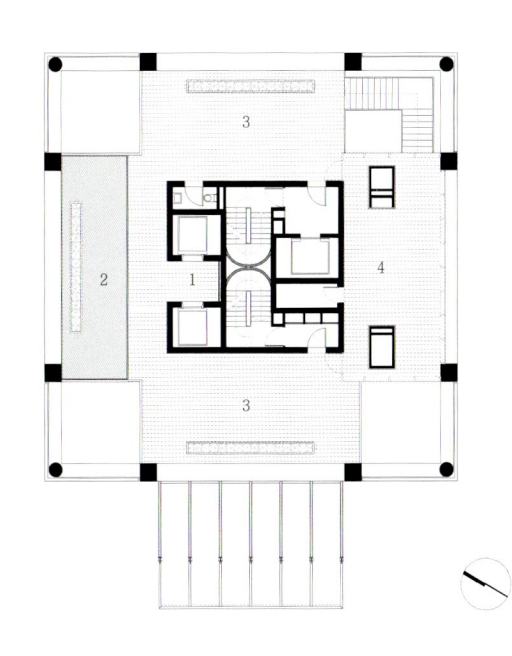

安缦东京酒店（Aman Tokyo）
日本，东京
2006—2014

这家酒店位于东京市中心区之内的金融区，位于一座38层商业大厦的顶端（33—38层）。大厦由安缦集团运营，占地面积约1.8万平方米，从一个方向俯瞰皇宫的庭院，从另一个方向俯瞰环绕塔楼的密集城市中心。

就像最近在东京新商业建筑的高层开发的许多酒店一样，这些酒店的设计在建造前几年就已经开始了。2006年，我们受房地产公司Tokyo Tatemono的委托开发室内设计。该项目跨越三个阶段：概念设计，与福克斯（Kohn Pedersen Fox）建筑事务所和大成建设株式会社（Taisei Corporation）进行设计开发，以及家具、固定装置和设备的设计，后来的艺术品调试。

我们的设计是提供一系列豪华和平静的空间。由于空间规划和参考日本设计文化的材料调色板，设计被强烈的地方感所锚定。酒店客人从街道上的单独接待处进入，乘坐快速电梯到达33层的大堂休息室。这个大厅通向一个巨大的4层楼高的空间，整个空间被和纸包裹，从后面戏剧性地照亮，看起来像一个悬挂在空间上方的灯笼。两个石雕和一个带有季节性插花的中央水景将人们的注意力集中到下面玄武岩铺成的休息室，它被设想为建筑中心的当代日本花园。它被一个像廊道一样的步行空间所包围，这是在日本传统建筑中发现的，它通向在这一层的柱廊内设计的公共空间。较小的休息室、餐厅、酒吧、图书馆和会议室位于周边；其中大多数都是通高空间，都能看到壮观的天际线。还有一个隐蔽的25米长的室内游泳池，连接到上层的大型水疗中心和健身中心。

客房分布在公共区域上方，包括40间75平方米的豪华套房和另外40间两倍大的套房。与石材覆盖的公共区域形成对比的是，套房的内衬是日本森木，并利用滑动的轻屏幕——这些细节让人联想到传统的国内建筑。内部空间充分利用了酒店高耸的地理位置，例如，结合了一个连接到睡眠区的低矮座位区，以及浴室中的一个大石头浴缸。这两个建筑都靠近窗户，可以欣赏到城市的壮观景色。

对页图：大堂酒廊的中央水景。

Cloak
クローク

对页图：大堂酒廊及中庭。
下方图：33~38层剖面图。

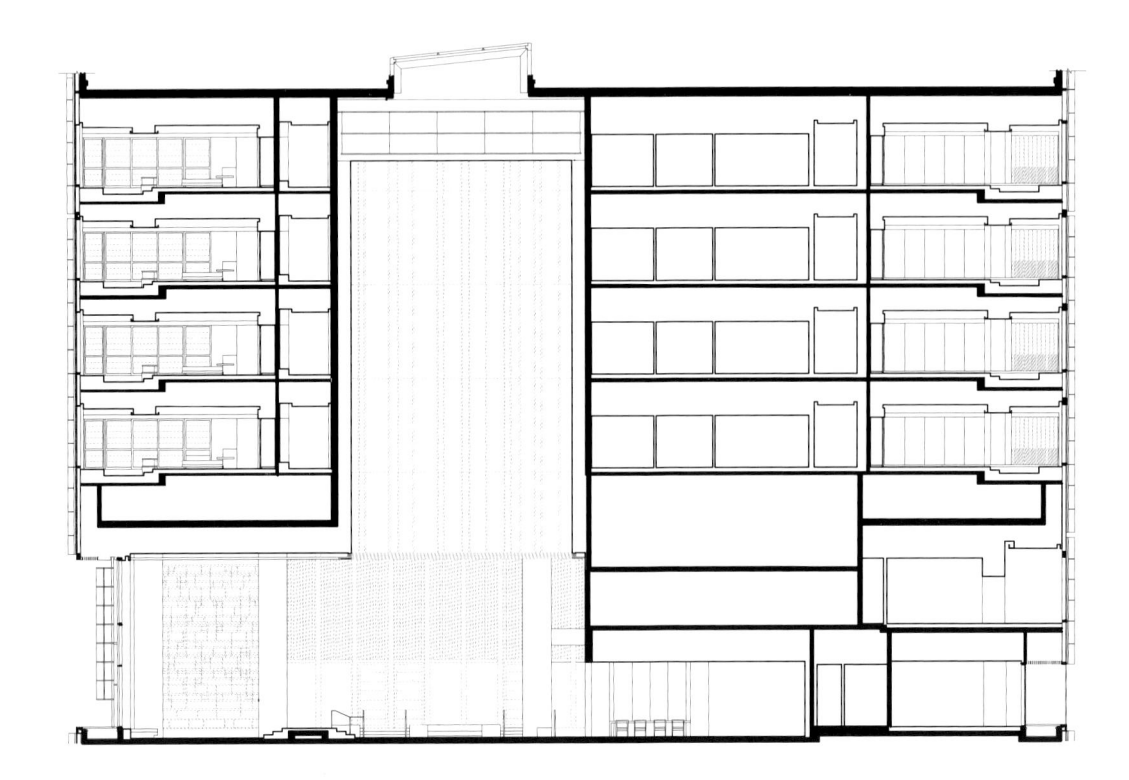

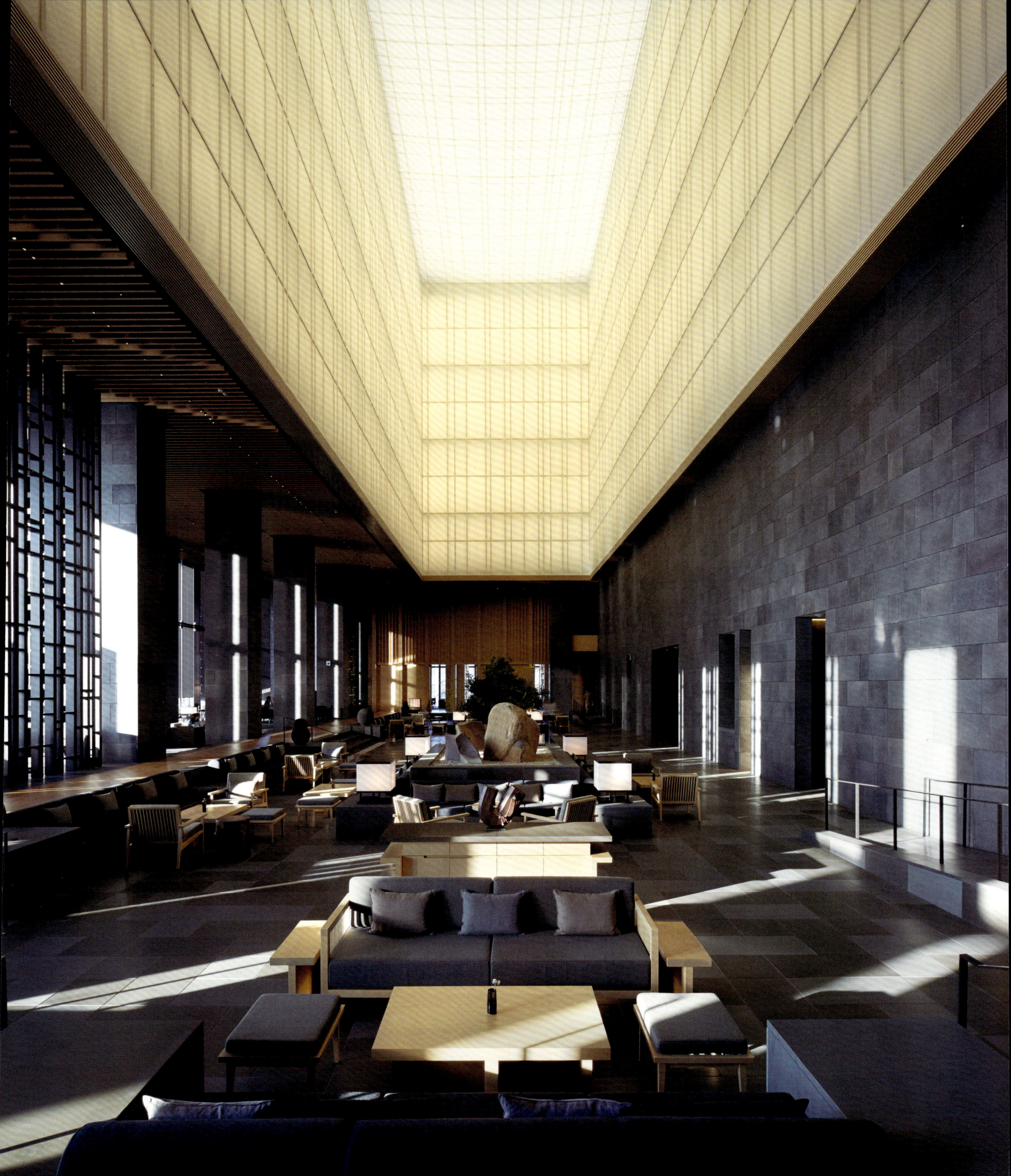

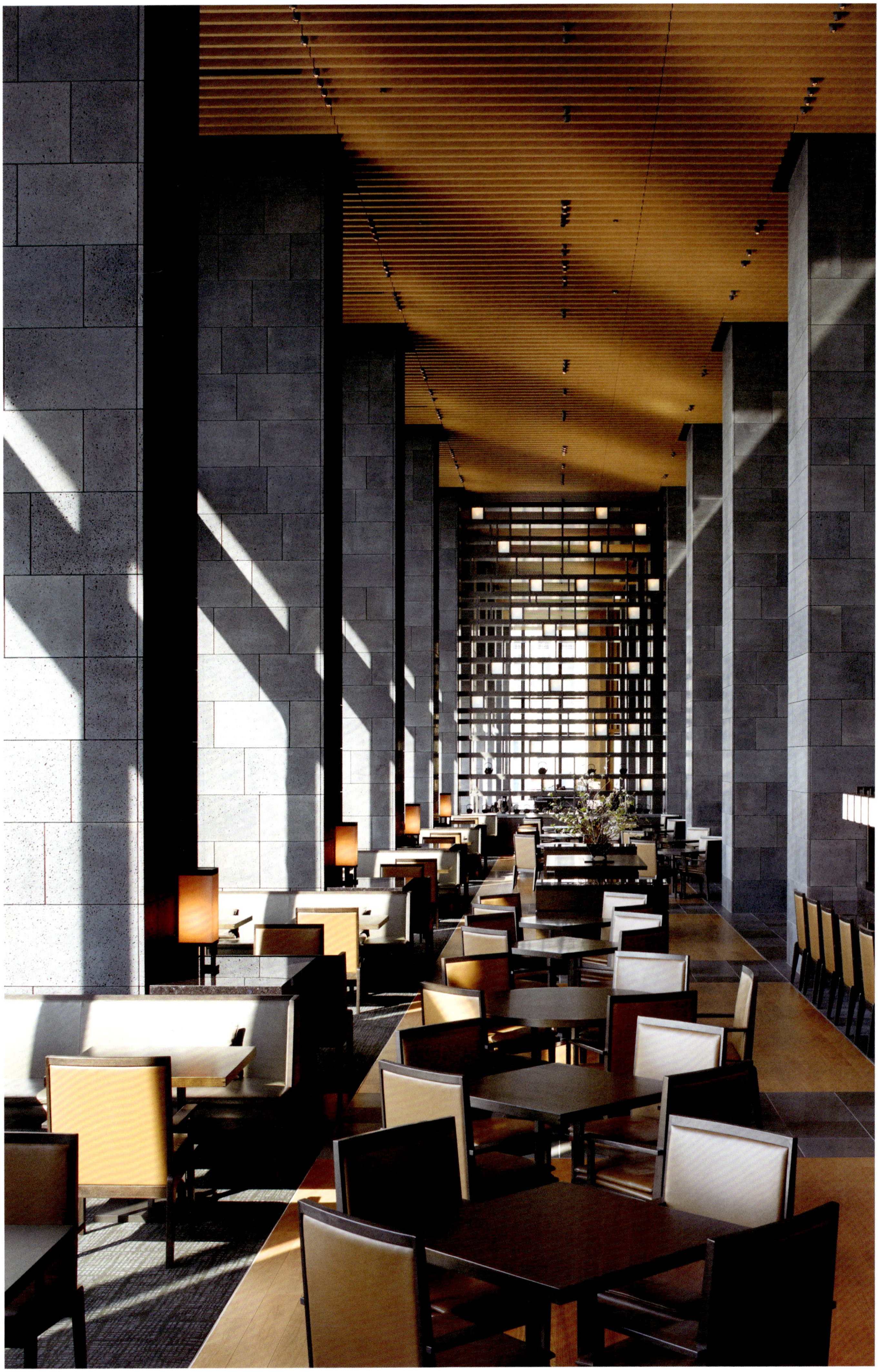

对页图：主要餐厅空间。

右上图：33层平面图。

1）入口处电梯间/礼宾室
2）大堂酒吧
3）客人电梯大厅
4）行李寄存处
5）酒窖
6）餐厅
7）厨房
8）宴会餐厅
9）休息大厅
10）酒吧
11）酒廊
12）图书馆
13）会议室
14）商业中心
15）后勤服务区
16）女性水疗中心
17）女更衣室
18）男更衣室
19）男性水疗中心
20）健身房
21）游泳池

右下图：34层平面图。

1）水疗中心接待处
2）瑜伽馆
3）普拉提健身房
4）单人理疗室/双人理疗室
5）闲暇娱乐区
6）后勤服务区
7）接待大厅
8）私人餐厅

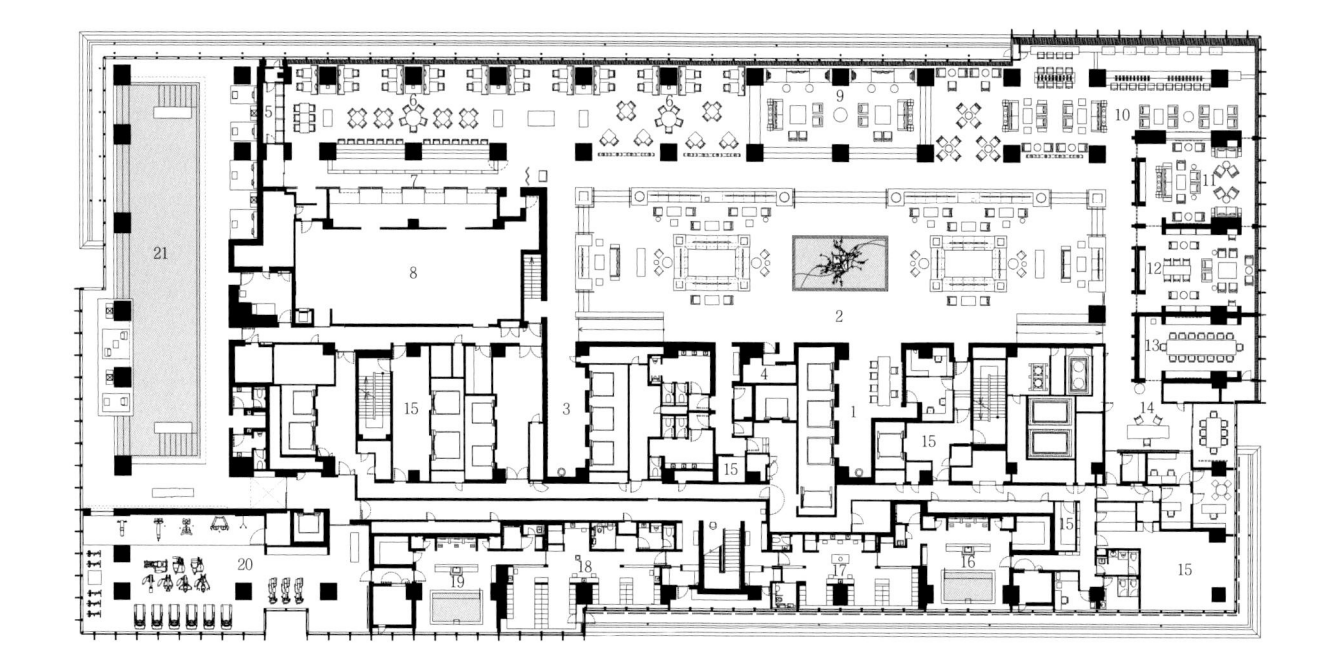

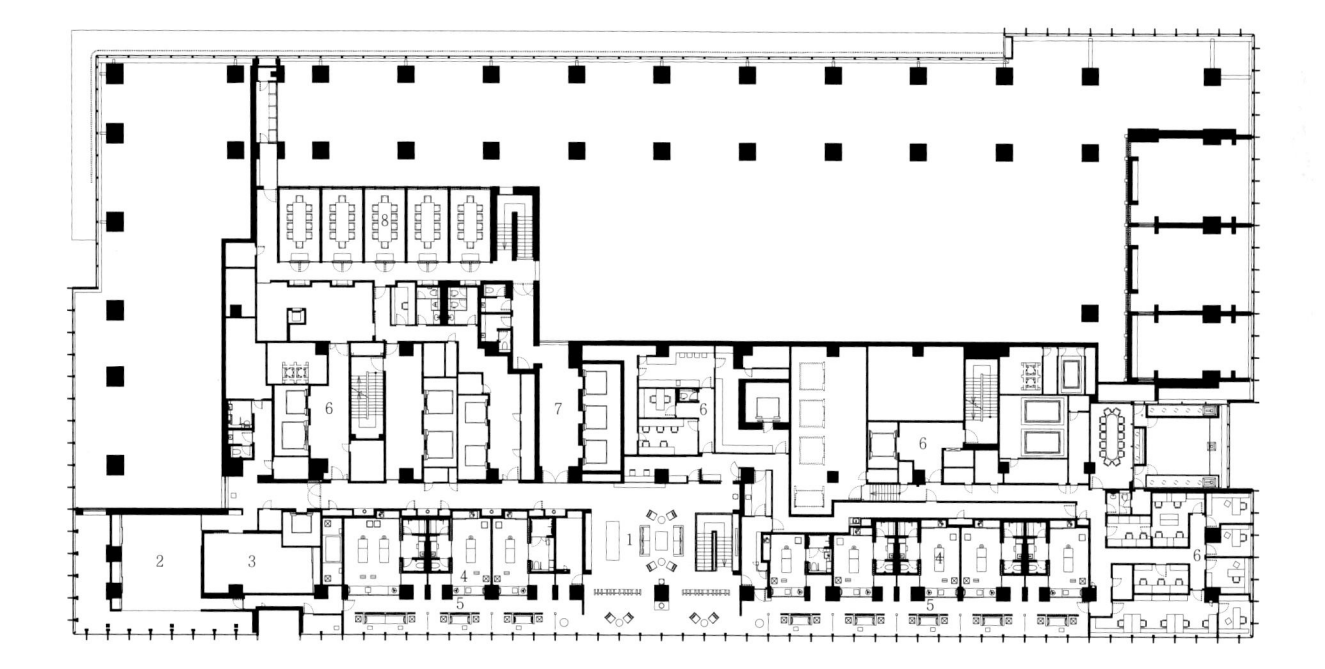

左侧图：客用大厅。

左下图：酒廊。

上方图：从客用大厅远望餐厅。

右上图：大堂酒廊的石墙和格栅墙细部。

右下图：从餐厅可以俯瞰东京的全景。

安缦东京酒店 日本，东京

上方图：标准客房内景。

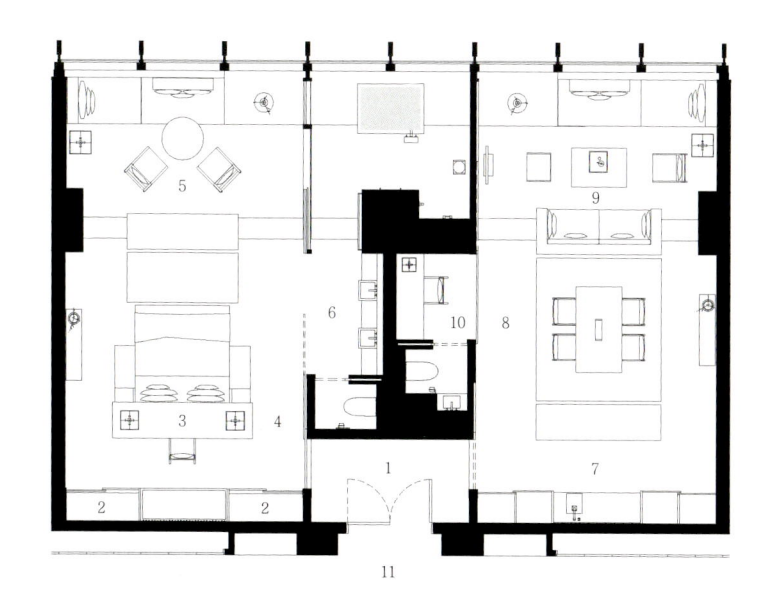

顶端图：两间的客房平面图。

1）入口
2）更衣室
3）服务台
4）卧室
5）会客大厅
6）浴室
7）餐具室
8）餐厅
9）起居室
10）盥洗室
11）长廊

左侧图和上方图：标准的客房里的石头浴缸。

206—207页图：室内游泳池。

安缦东京酒店 日本，东京

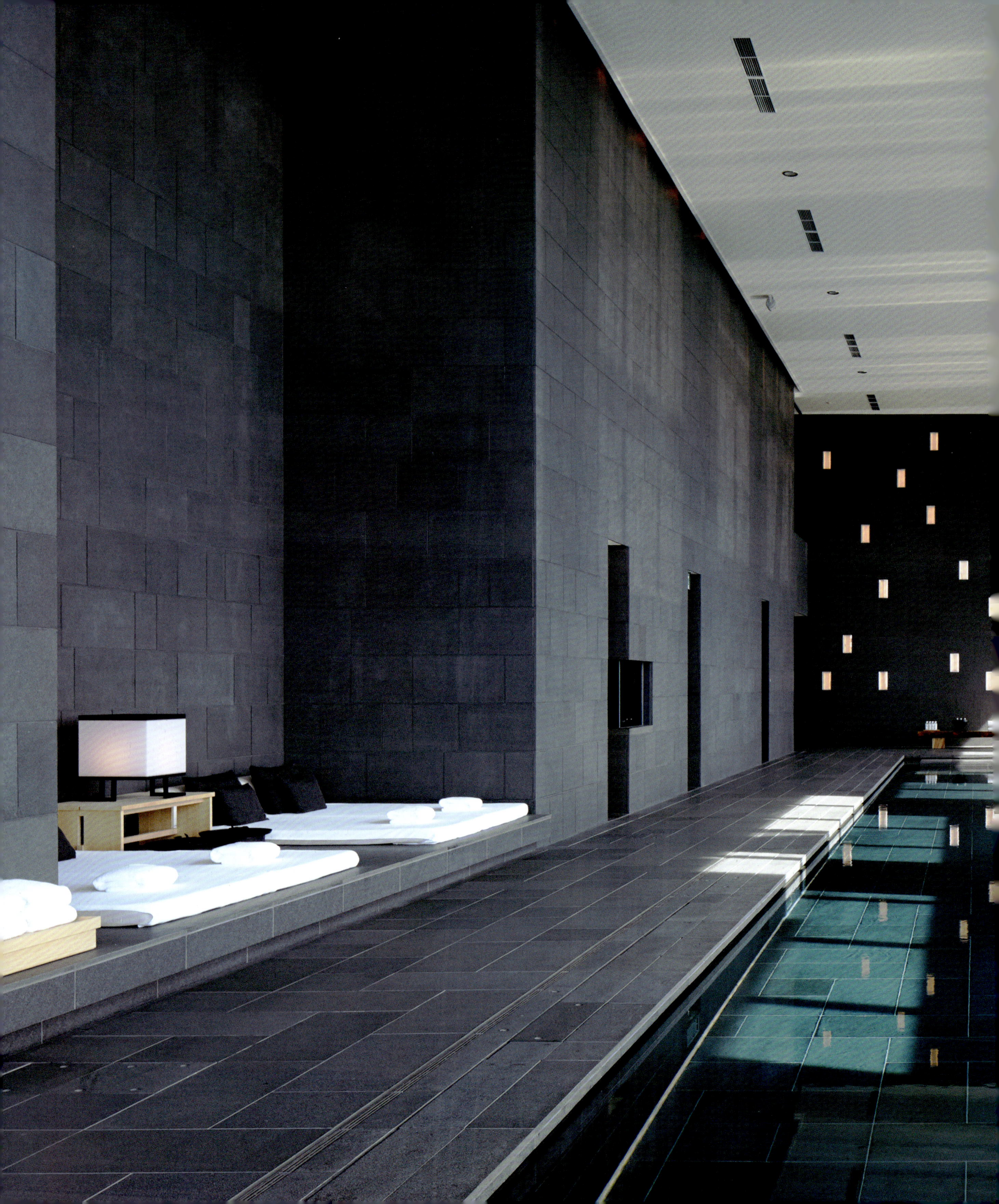

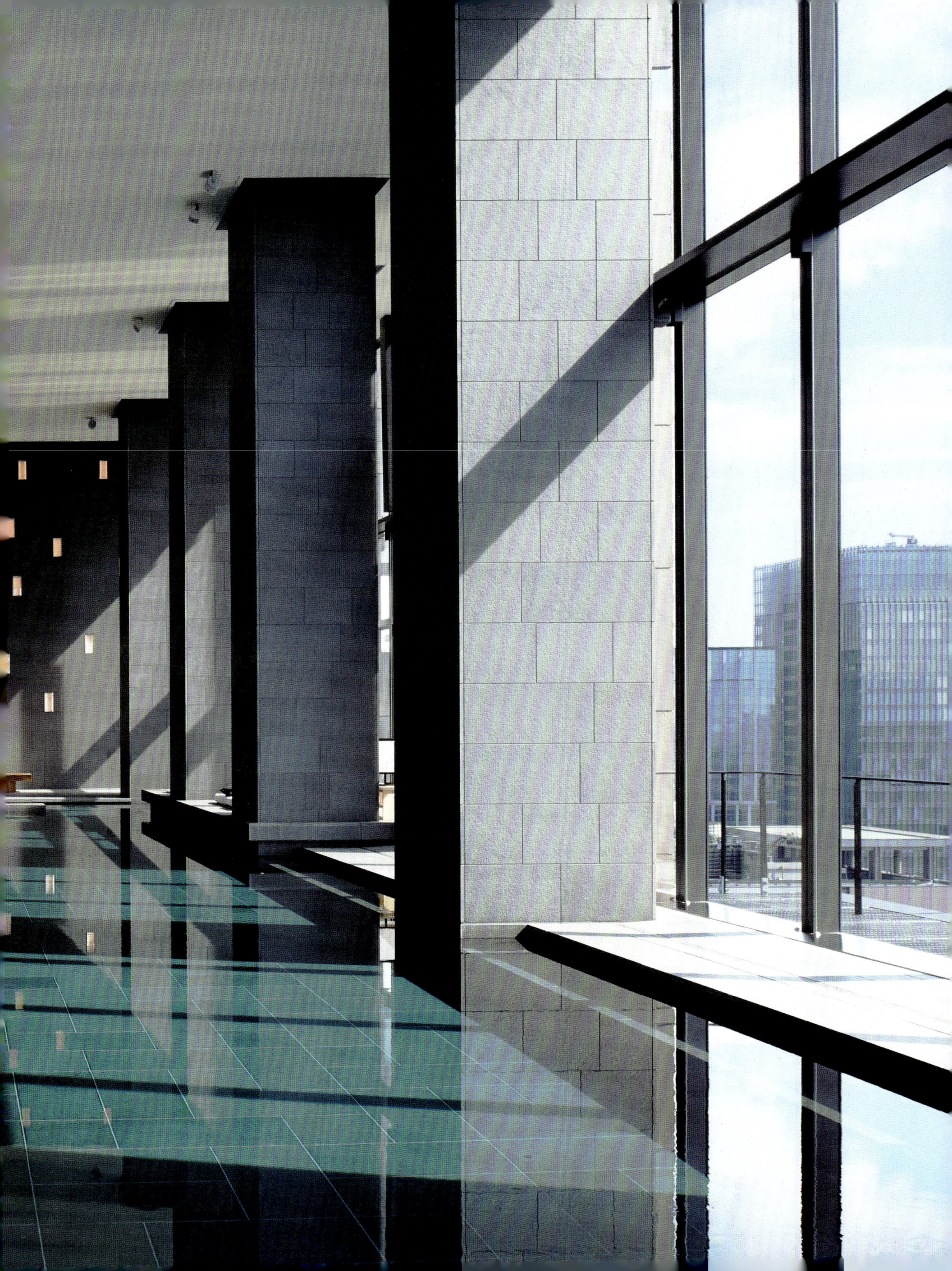

阿迈伦住宅（Amalean House）
斯里兰卡，科伦坡
2007—2010

　　客户为他们在科伦坡绿树成荫的肉桂花园郊区的新住宅设计的简介是"房子中的房子"。在建筑围护结构内，位于房屋的外部部分，有娱乐区域、书房、接待区和访客与儿童的卧室。一个更私密的内部区域容纳了日常家庭生活所需的房间。因此，当父母独处时，房子拥有公寓的包容和亲密感，但也可以举行更大的聚会。

　　我们围绕三个庭院进行了房子的规划：一个花园庭院、一个池塘和一个铺设的汽车庭院。花园庭院周围是公共区域，客厅、餐厅以及客房由一个带顶棚的走廊连接起来，供娱乐使用。池塘位于私人家庭区域的中心——围绕它的是家庭娱乐室、厨房和主卧，主卧有一个私人阳台，居住者可以坐在外面。汽车庭院位于房屋的一侧，通过一条通往入口和雨蓬门的私人巷道进入。

　　通过打开餐厅和家庭活动室的墙壁，可以从根本上改变房子的空间体验。这使得花园庭院和池塘之间可以看到长长的、分层的景观，在一个广阔的地面上连接室内外。传统僧伽罗黏土瓦片的屋顶向下倾斜到池塘，其低屋檐的高度强调了这个空间的亲密感。相反，屋顶的最高点决定了花园的立面，花园看起来像一个6米高的砖石墙，给这个更多的公共区域带来了令人印象深刻的比例。同样面向花园庭院，提供了一个更柔和的对比，它是一个简洁细致的两层铁木盒子，包含了客房。它背向街道，在这座多层房屋的围合中扮演着重要的角色。

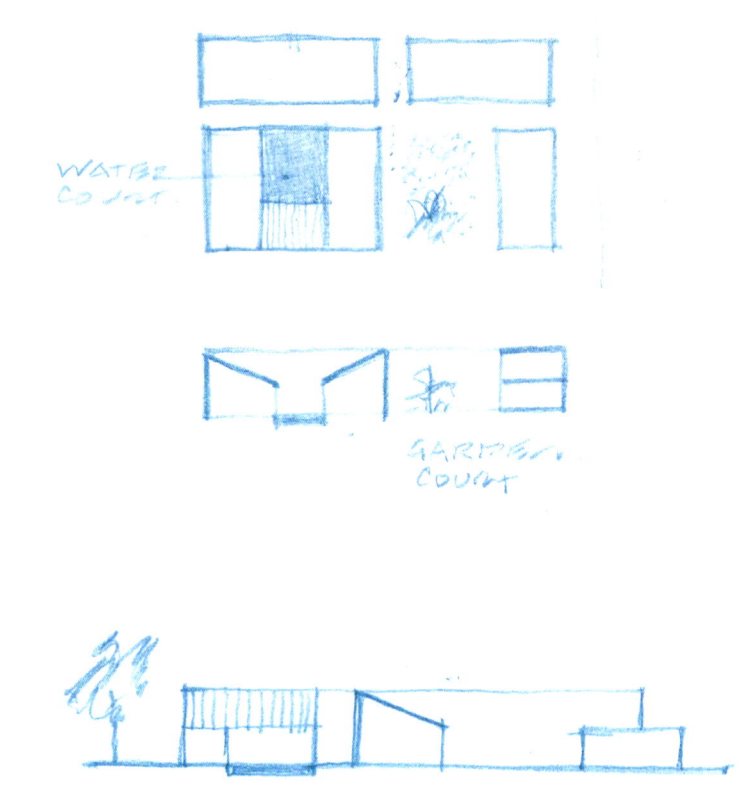

对页上图：高厄街建筑立面。

对页下图：木质格栅的客房建筑有其独特性。

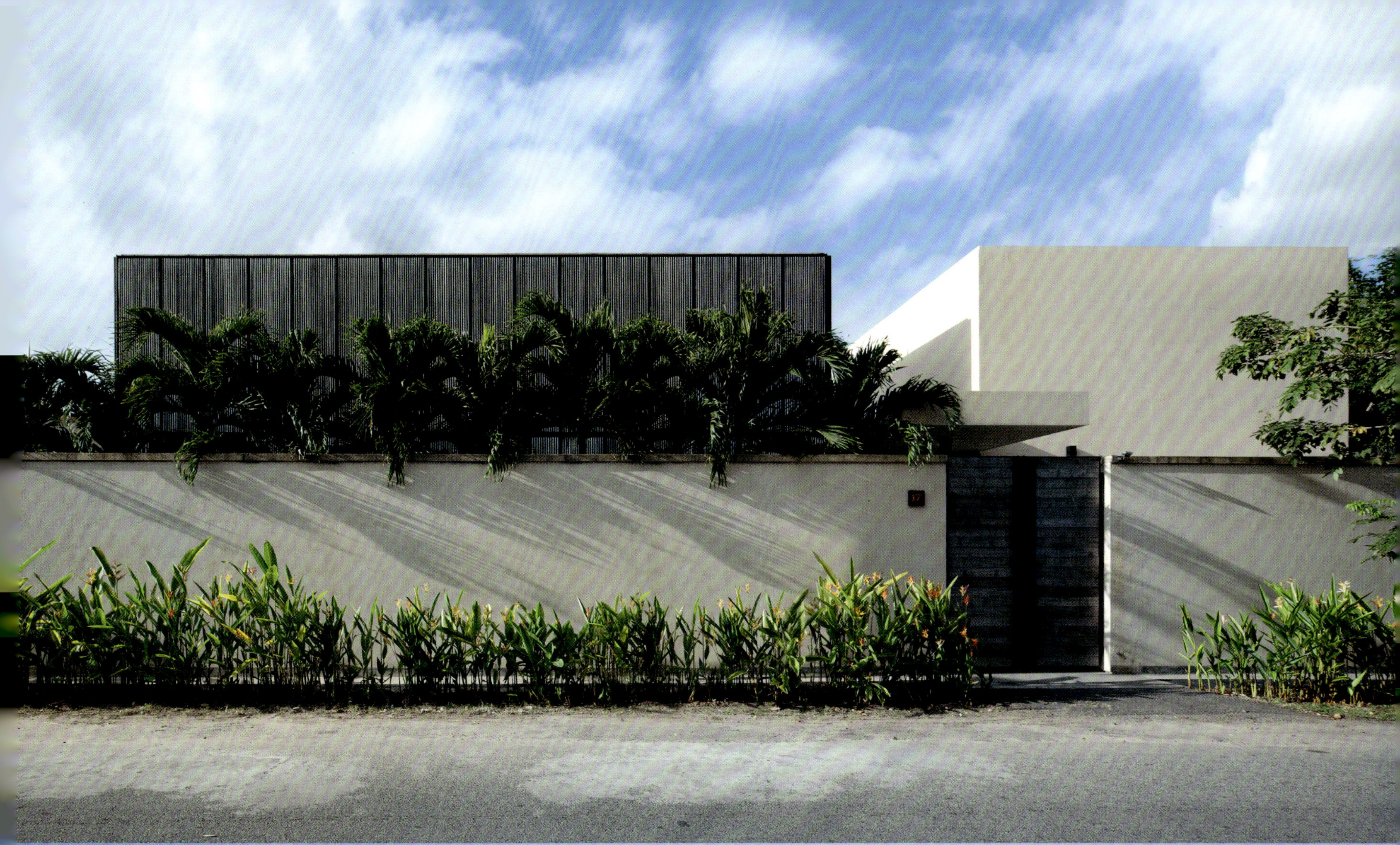

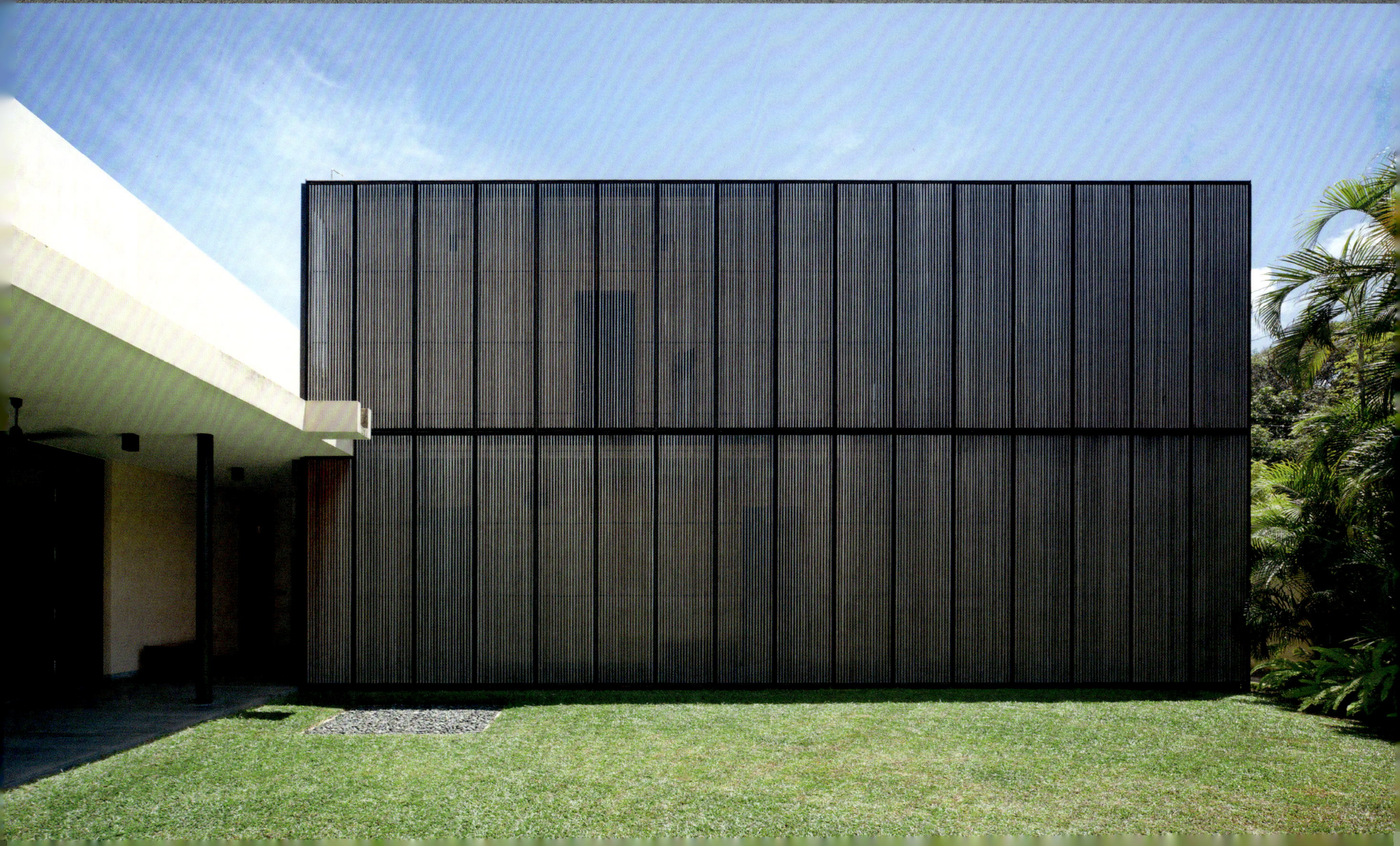

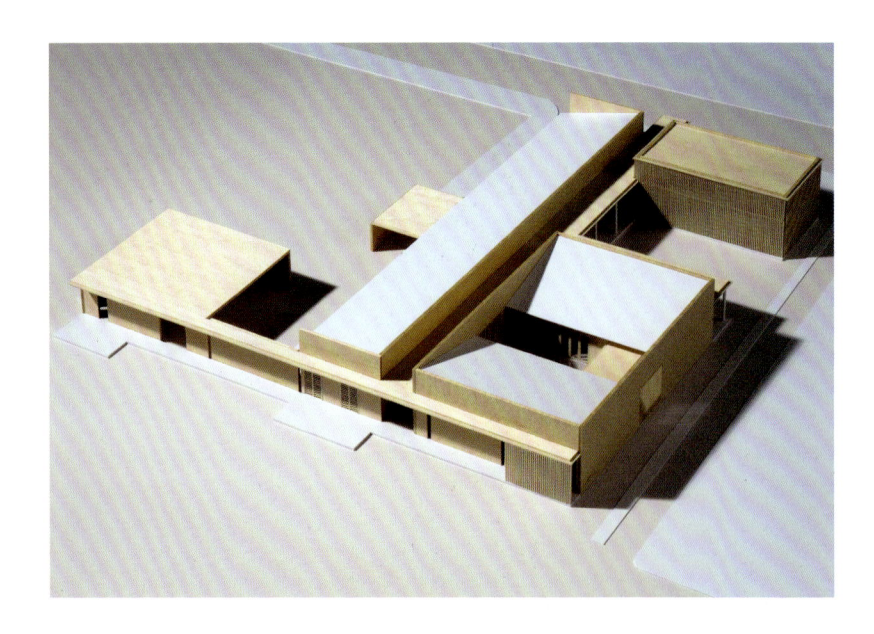

上方图：工作模型。

右侧图：（自上而下）剖面图；上层平面图；首层平面图。

1）入口
2）车辆送客通道
3）侧门
4）起居室
5）书房
6）客房
7）庭院
8）媒体室
9）餐厅
10）家庭活动室
11）干厨房
12）湿厨房
13）洗手间
14）洗衣房
15）主卧室
16）游廊
17）员工室
18）服务空间
19）警卫室

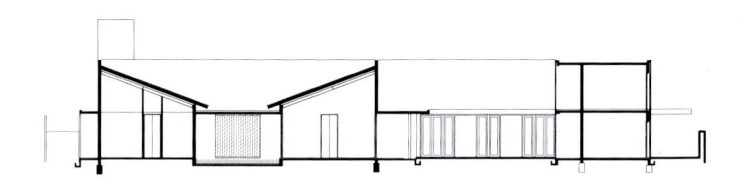

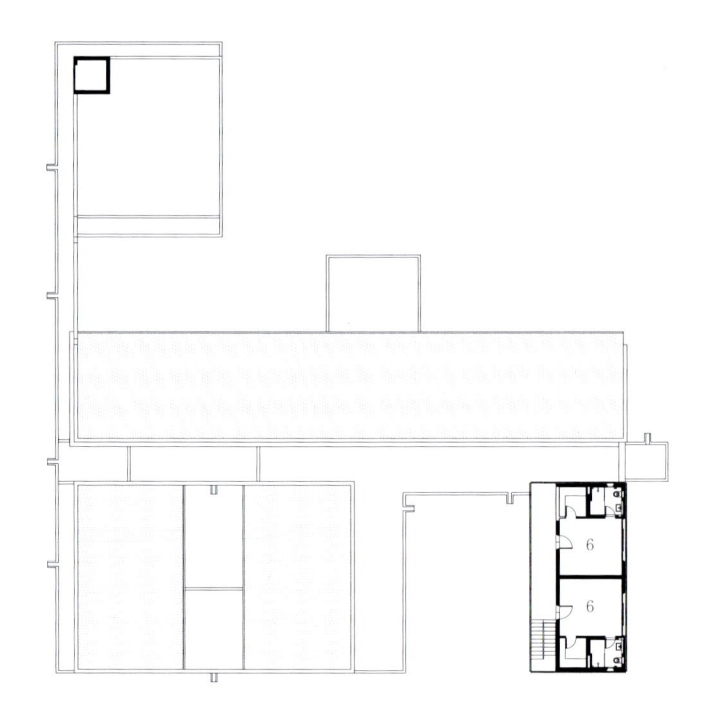

顶端图：起居和用餐区延伸到以花园庭院为中心的走廊。

上方图：水景庭院是家庭活动区域的核心空间。

阿迈伦住宅 斯里兰卡，科伦坡

马丁路38号公寓（Martin No. 38）
新加坡
2007—2012

历史上，这片场地是新加坡河的仓库地带。近年来，城市当局一直鼓励从商业用途转向混合用途，这一政策导致了住宅和商业的发展。

设计的目的是为年轻的专业人士提供阁楼式的空间。他们希望生活在中央商务区的边缘，但也希望在繁忙的工作生活中有一个避难所。我们的回应是规划各种开放式布局的公寓类型，以最大限度地提高空间使用的灵活性。

建筑的主要体量是一座15层的塔楼，包含两卧室和三卧室的公寓，拥有充足的阳台，可以欣赏到城市的景色和清新的微风。带私人屋顶露台和游泳池的顶层公寓提供了建筑顶部的广阔视野。单卧室的临时公寓单元堆叠在三座9层的塔楼中，它们位于主塔楼的北部，面向一片热带植被。

商业部分位于一幢面向马丁路的两层建筑内。在一层，它包括一个咖啡馆和餐厅，而在外围的有顶走道形成了对传统"五英尺路"的当代诠释，提供了一个公共步行区。位于第二层的大型体育馆向公众和居民开放，带有30米长的游泳池、木制日光浴平台和公共设施的空中露台将商业和住宅分开。

材料的选择是稳健的，但有丰富的纹理、明暗。主墙和天花板元素都由混凝土制成，用于外部和内部。主立面是铝制遮阳板，每个公寓都可以单独控制。其结果是一个不断变化的外观，由个体居民调整与外部世界的界面所激活。

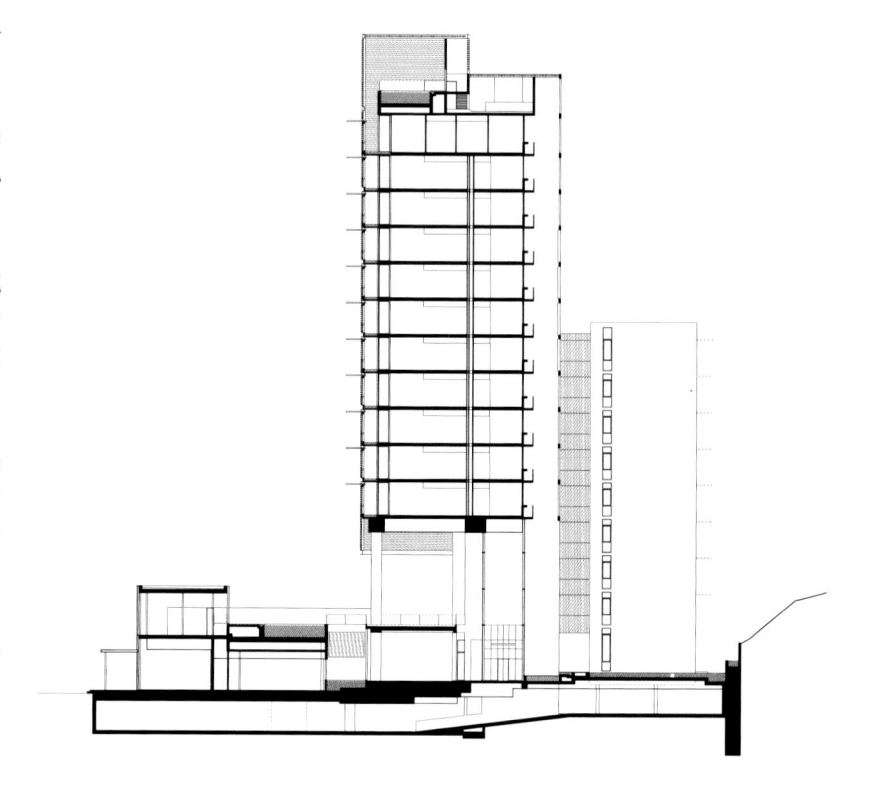

上方图：剖面图。

对页图：建筑立面由一系列可由公寓业主操作的旋转或滑动的百叶面板构成。

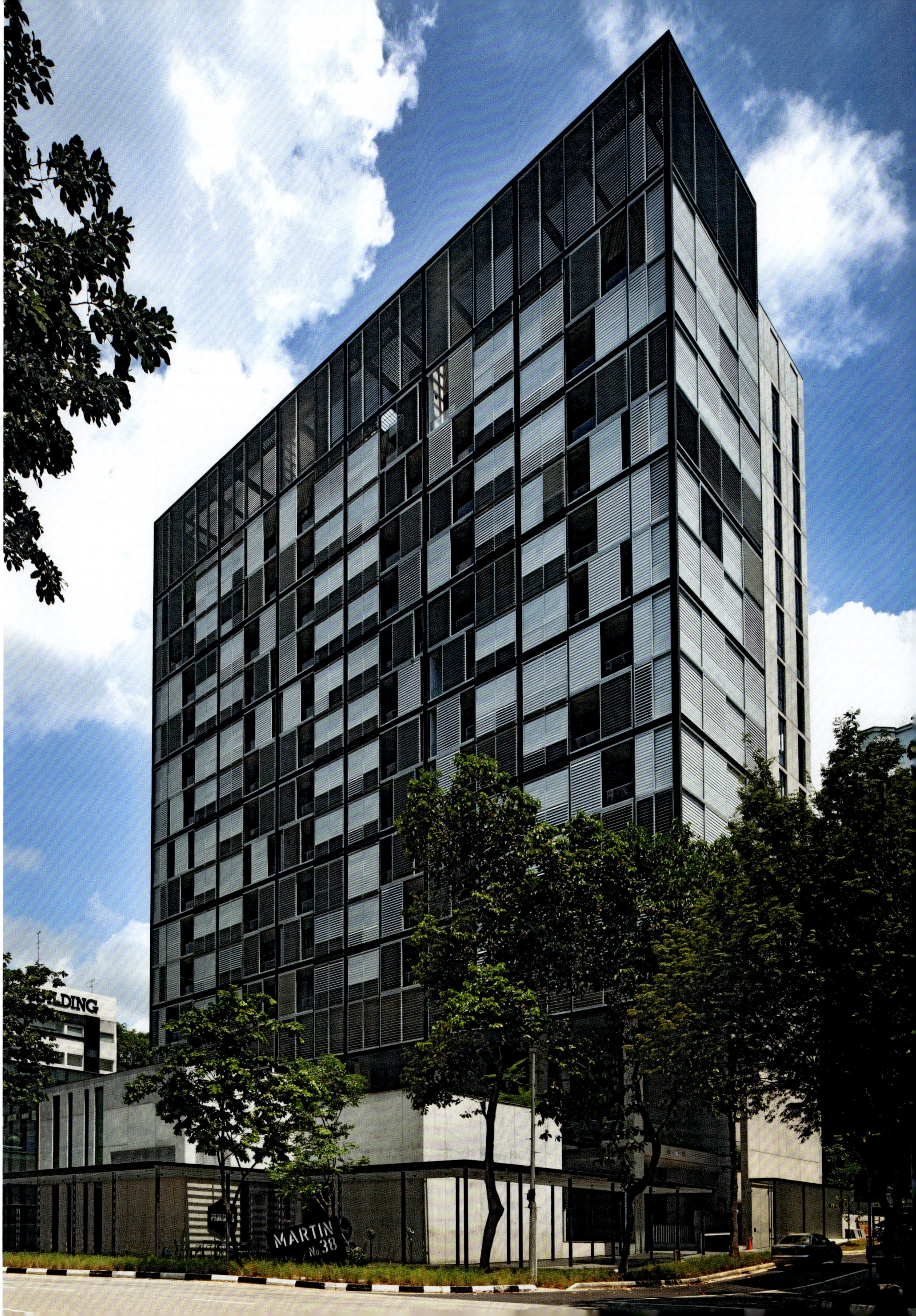
MARTIN
No 38

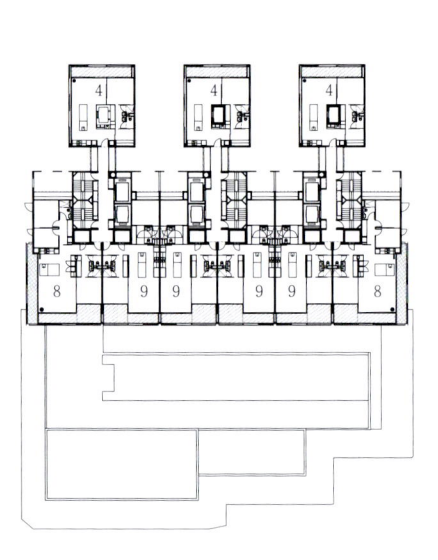

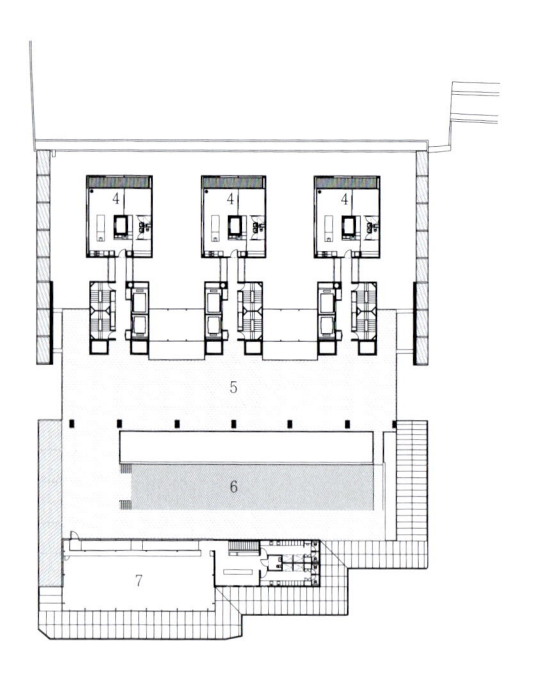

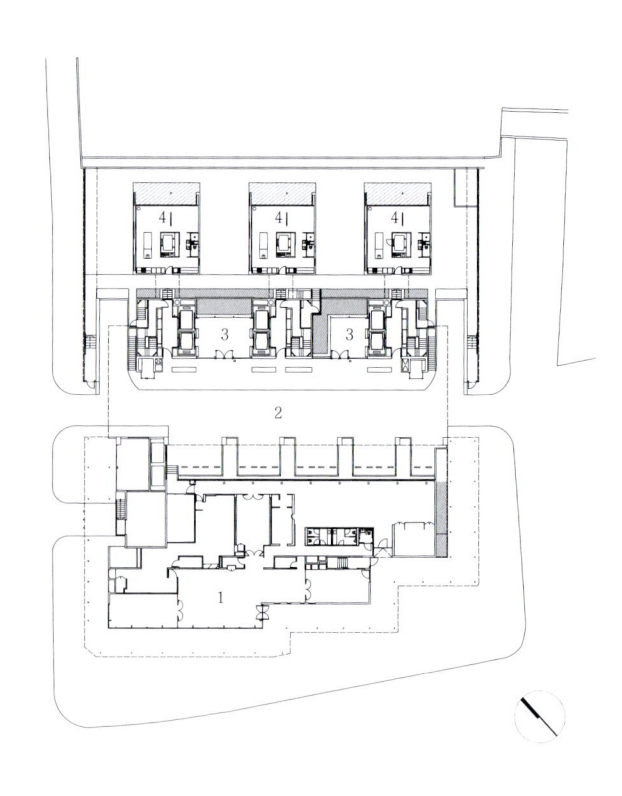

上方图（自左而右）：二层平面图；标准层平面图；首层平面图。

1) 餐厅
2) 公寓接待处
3) 休息室
4) 单卧室公寓
5) 摩天露台
6) 游泳池
7) 健身房
8) 双卧室公寓
9) 三卧室公寓

左侧图：工作模型。

对页图：西北立面。外部和内部的主要墙体元素都使用了变形混凝土。

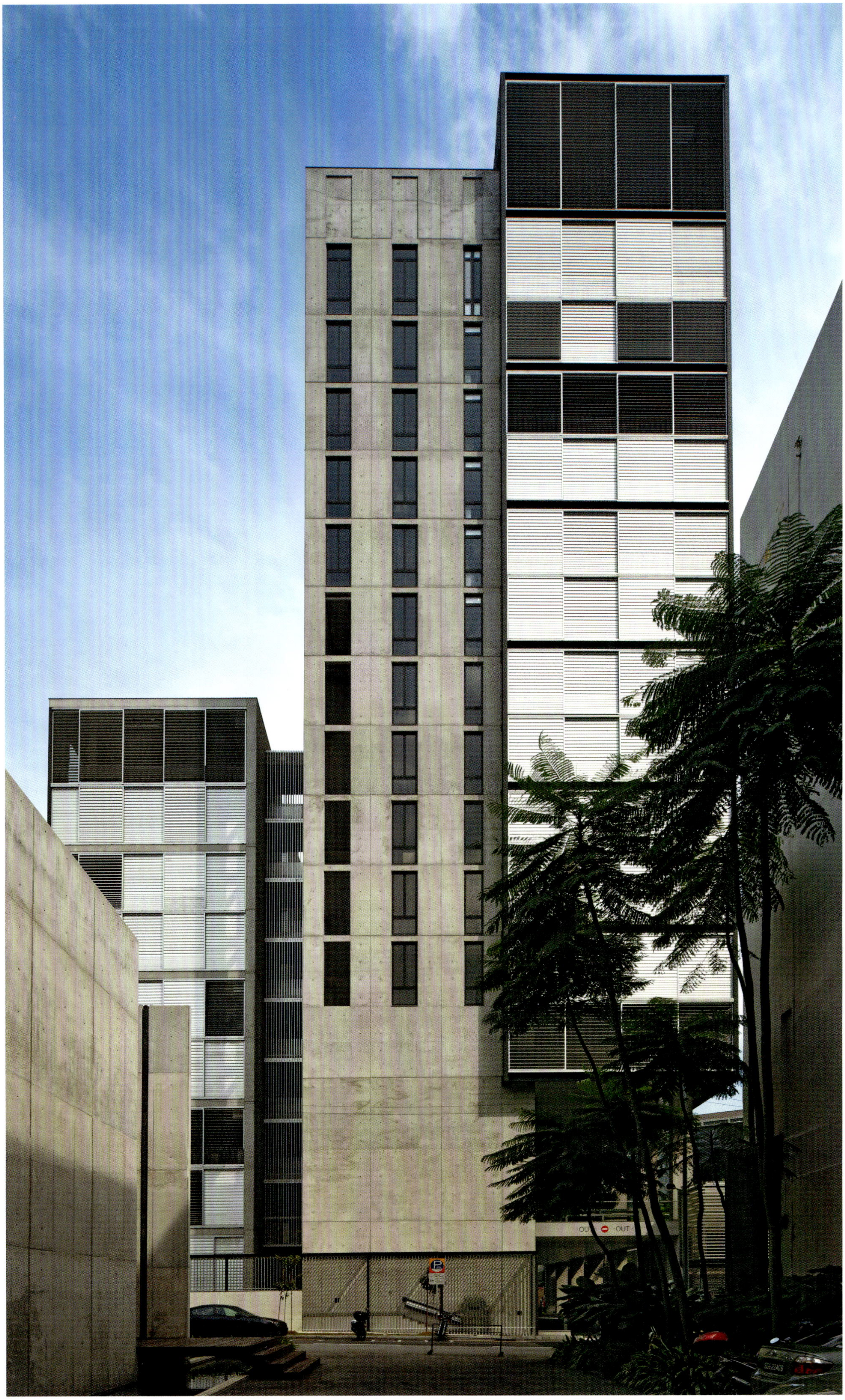

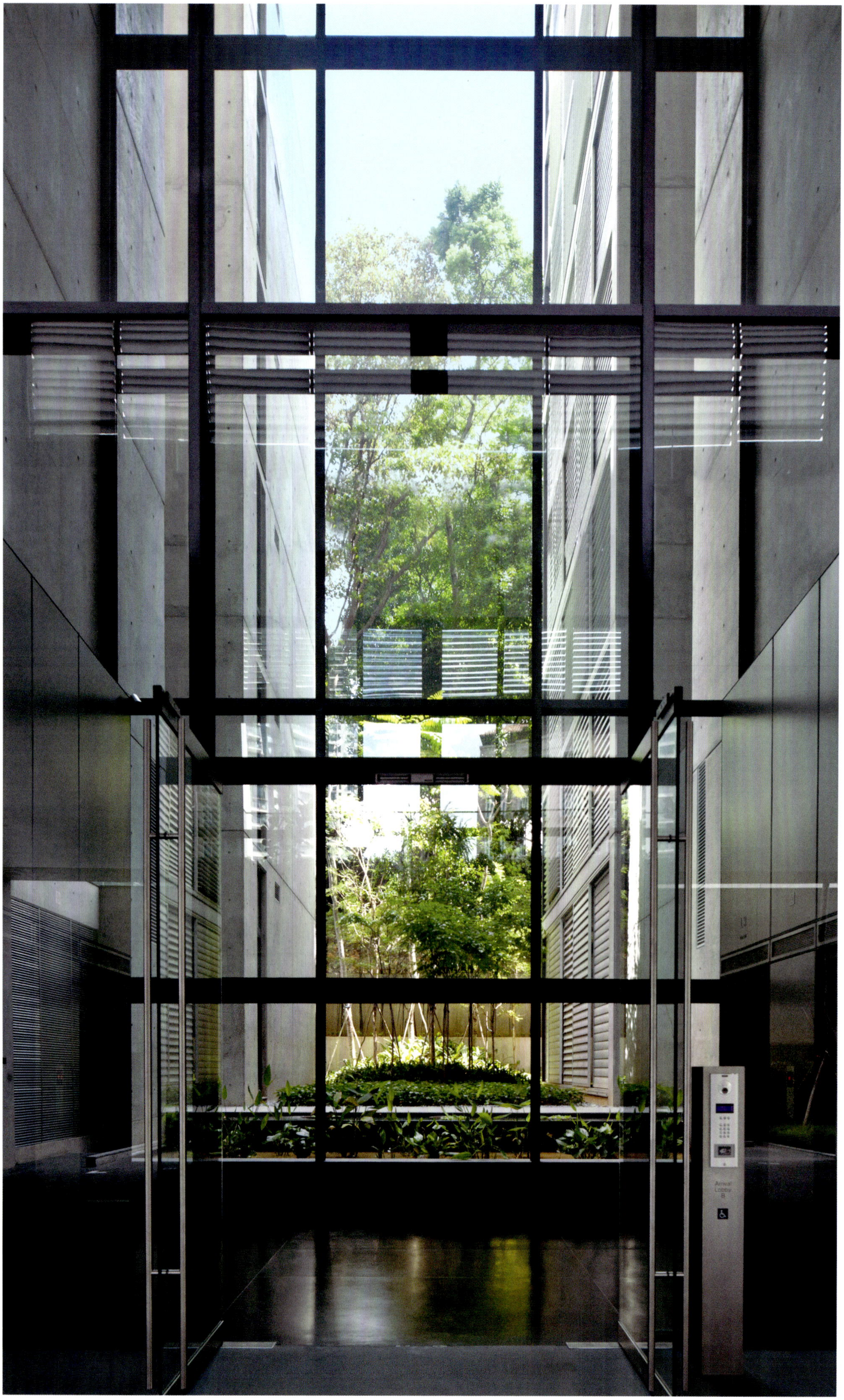

对页图： 高大的电梯大厅自然通风，可以看到远处的水上花园和成熟的树木。

右上图： 由铝制遮阳板组成的表皮，可以为每个公寓单独控制。

右中图： 阳台与按摩浴缸。

右下图： 公寓采用开放式布局设计，允许不同的空间使用，内部空间具有灵活性。

下方图： 标准的单卧室公寓平面图。

1) 入口
2) 书房
3) 浴室
4) 卧室
5) 阳台
6) 起居室
7) 厨房和餐厅

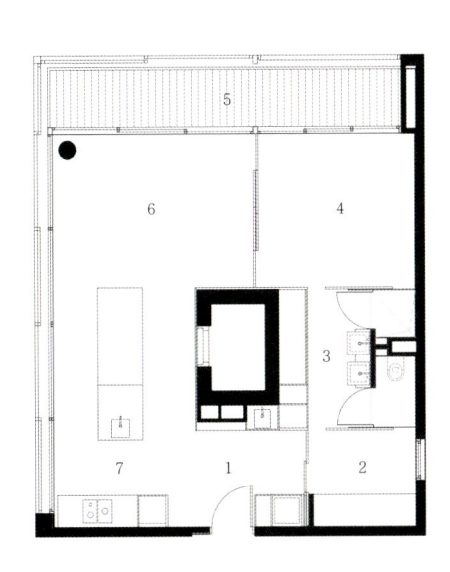

马丁路38号公寓 新加坡

英格玛乡村住宅（Ingemar）

澳大利亚，玛格丽特河

2007—2012

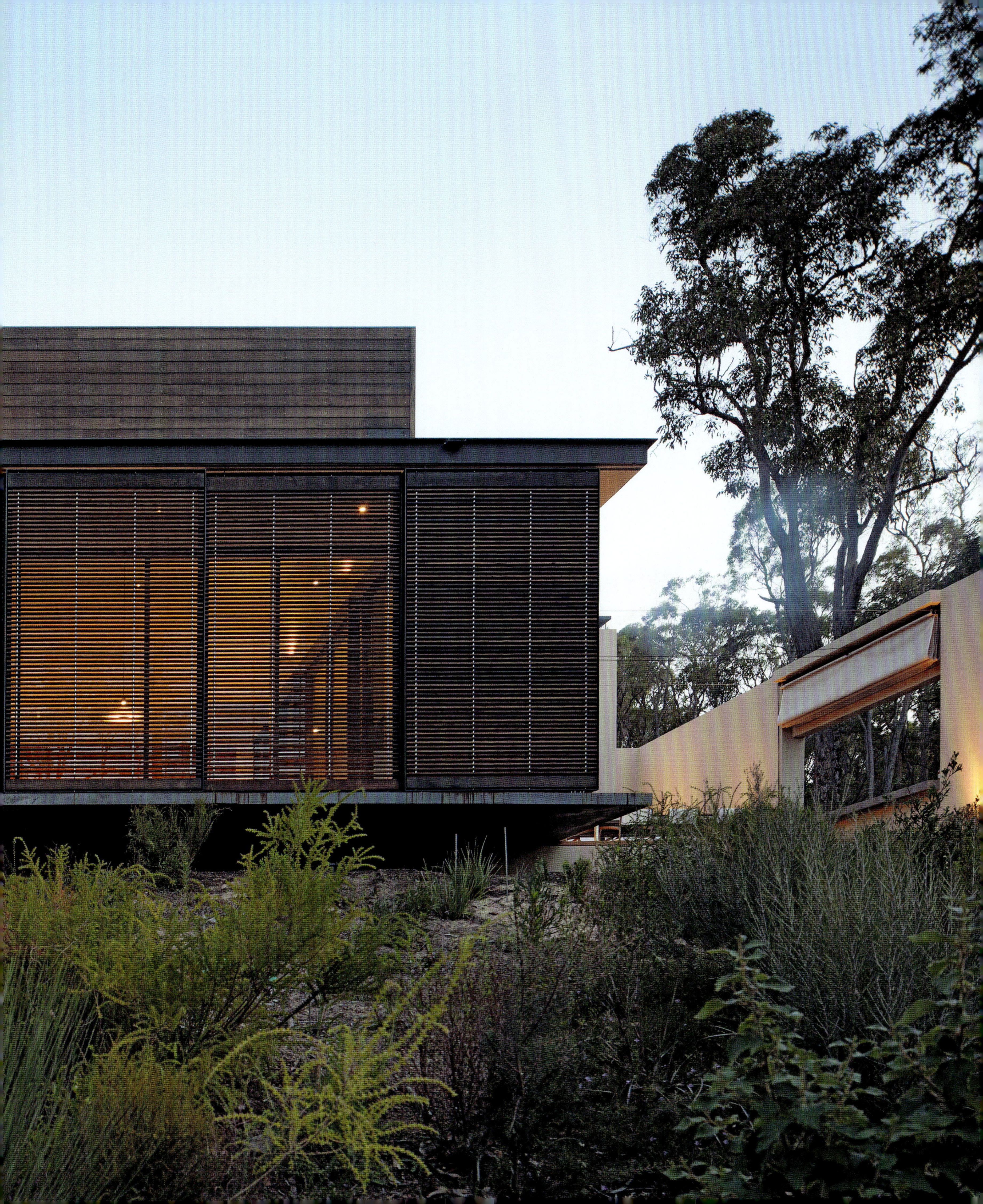

这座位于西澳大利亚南部的乡村住宅坐落在4公顷的原始灌木丛中，可以看到玛格丽特河的景色，让人完全沉浸在丰富和不断变化的自然环境中。

房子设计有五个独立的生活区和相关的庭院。起居空间是简单的木质盒子，轻轻地铺在地形上，创造了一个分散的平面，房间有被自然包围的感觉，灌木丛的生命可以自由地在场地上编织。每个庭院都有不同的特点，放大了不同的日子和季节的品质。深蓝的阳台将生活空间扩展到周围的景观中，模糊了建筑的边缘。地面从房子向北下降，起居区域上升到周围树冠的高度，并带来远处河流的景色。树木中有一个偏远的分层亭子，为拜访的家人和朋友提供了一个休息的地方。

218—219页图：从生活馆朝北方向，可以看到远处风景如画的玛格丽特河。

左下图：西侧庭院的那片绿油油的草坪，是构成庭院景观唯一的元素。

对页上图：位于西澳大利亚天然丛林地带的乡村别墅。

对页下图：入口走廊。

英格玛乡村住宅 澳大利亚，玛格丽特河

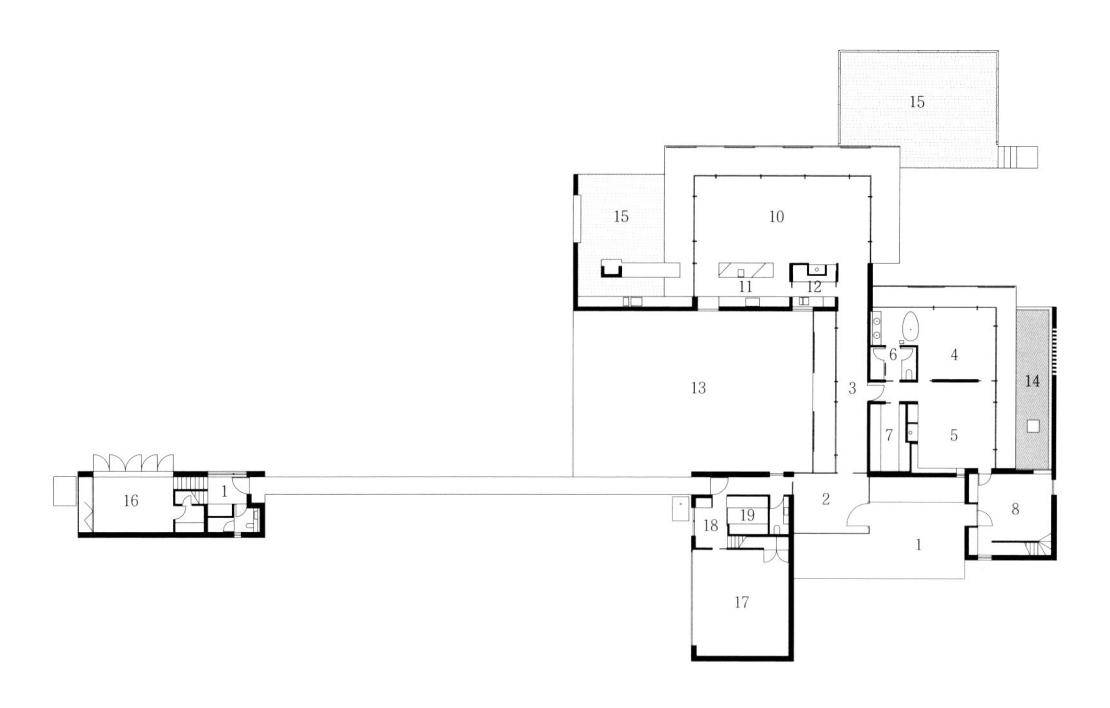

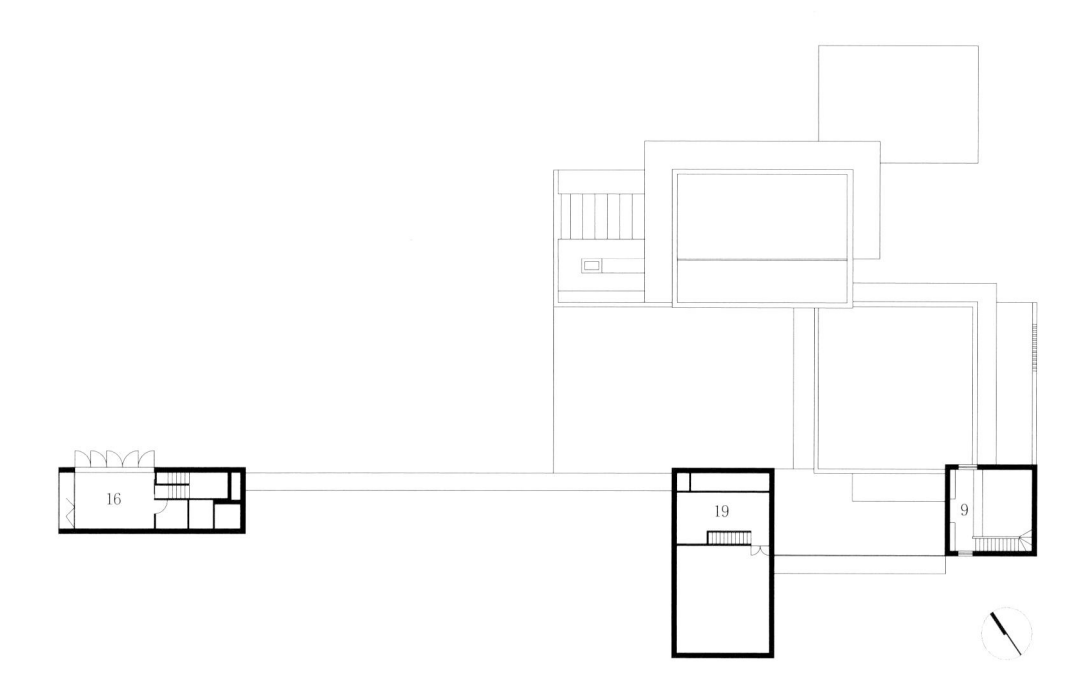

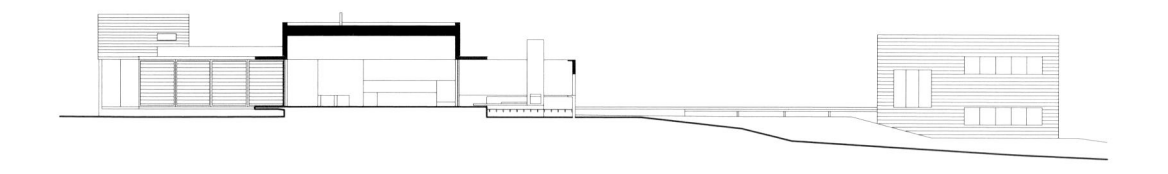

左侧图：（自上而下）首层平面图；上层平面图；剖面图。

1) 入口
2) 前厅
3) 长廊
4) 主卧室
5) 动物收养所
6) 浴室
7) 衣帽间
8) 书房
9) 书房夹楼
10) 起居室
11) 厨房
12) 洗碗池
13) 西侧庭院
14) 池塘
15) 木质平台
16) 客房
17) 车库
18) 洗衣房
19) 储藏室

下方图： 场地工作模型。

右上图： 阳台百叶细部。

右下图： 客房建筑的百叶窗口。

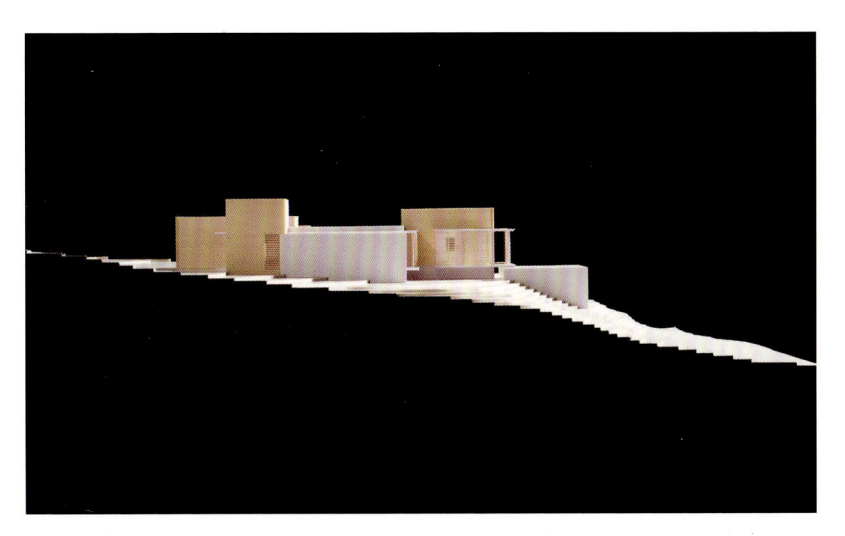

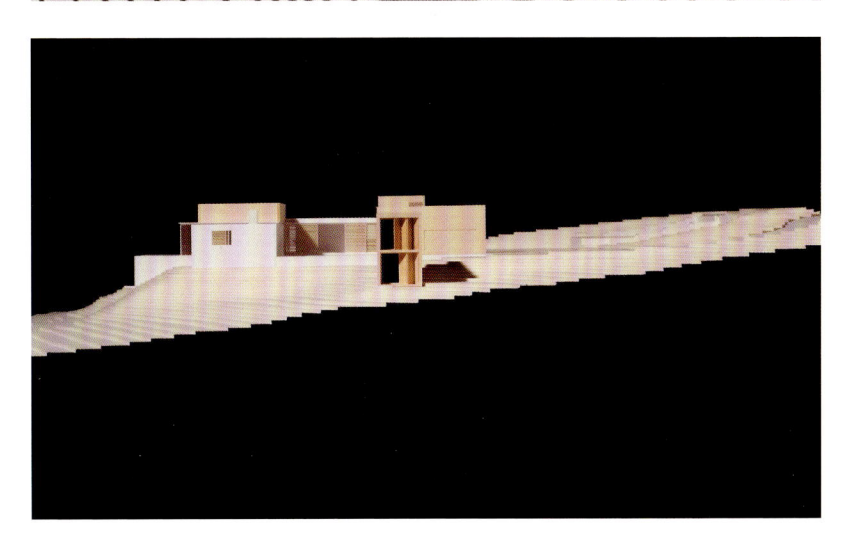

英格玛乡村住宅 澳大利亚，玛格丽特河

上方图： 从西侧庭院草坪的游廊向客房建筑望去。

上方图及右侧图： 客房建筑是独立的，但在物理上与主楼相连。

英格玛乡村住宅 澳大利亚，玛格丽特河 225

城市套房公寓（Urban Suites）
新加坡
2007—2013

这个住宅开发项目位于新加坡中央商务区和乌节路购物带的边缘，目标是服务住在城市附近的年轻专业人士。我们的方案是对周围高层建筑和保存精美的店屋的深思熟虑的回应。

三座塔楼包含160套公寓和5套顶层公寓，其位置优化了视野，并创造了注入自然光线的开放空间。塔楼包含两间、三间和四间卧室的混合公寓，内部规划灵活，可以将两间公寓合二为一。

垂直的交通空间将每个公寓分隔开来，增强了塔楼外观的纤细感。此外，每个塔的清晰和简单的体量通过由两种不同类型的屏幕组成的屏幕框架来加强，它们的位置取决于后面的功能。一种屏幕提供遮阳功能，另一种屏幕为更私密的空间提供隐私，如浴室。复杂的第二层在视觉上延伸了内部空间，与外部形成了柔和的过渡。

在地面上，一个公共平台将游泳池和娱乐设施抬升到外面繁忙的街道之上。这个平台提供了一个宁静的环境，坐落在树冠下，包括一棵从原始场地保存下来的贡贡树。每座塔楼的顶部都有一个带私人泳池的景观露台。这些都被开放的棚架遮挡了阳光，并提供了壮丽的城市景色。

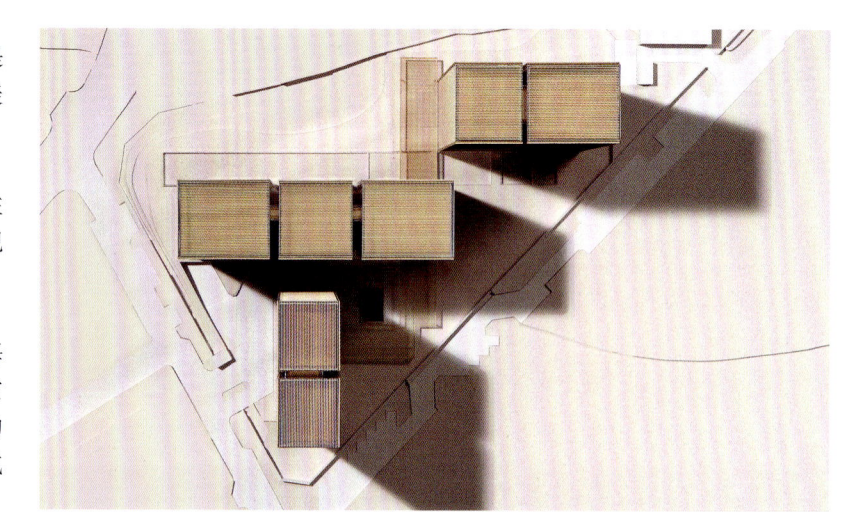

上方图： 工作模型。

左侧图： 该项目包括三座连接的住宅塔楼，靠近一个管理区。

对页图： 从凯恩山路回望。

URBAN SUITES

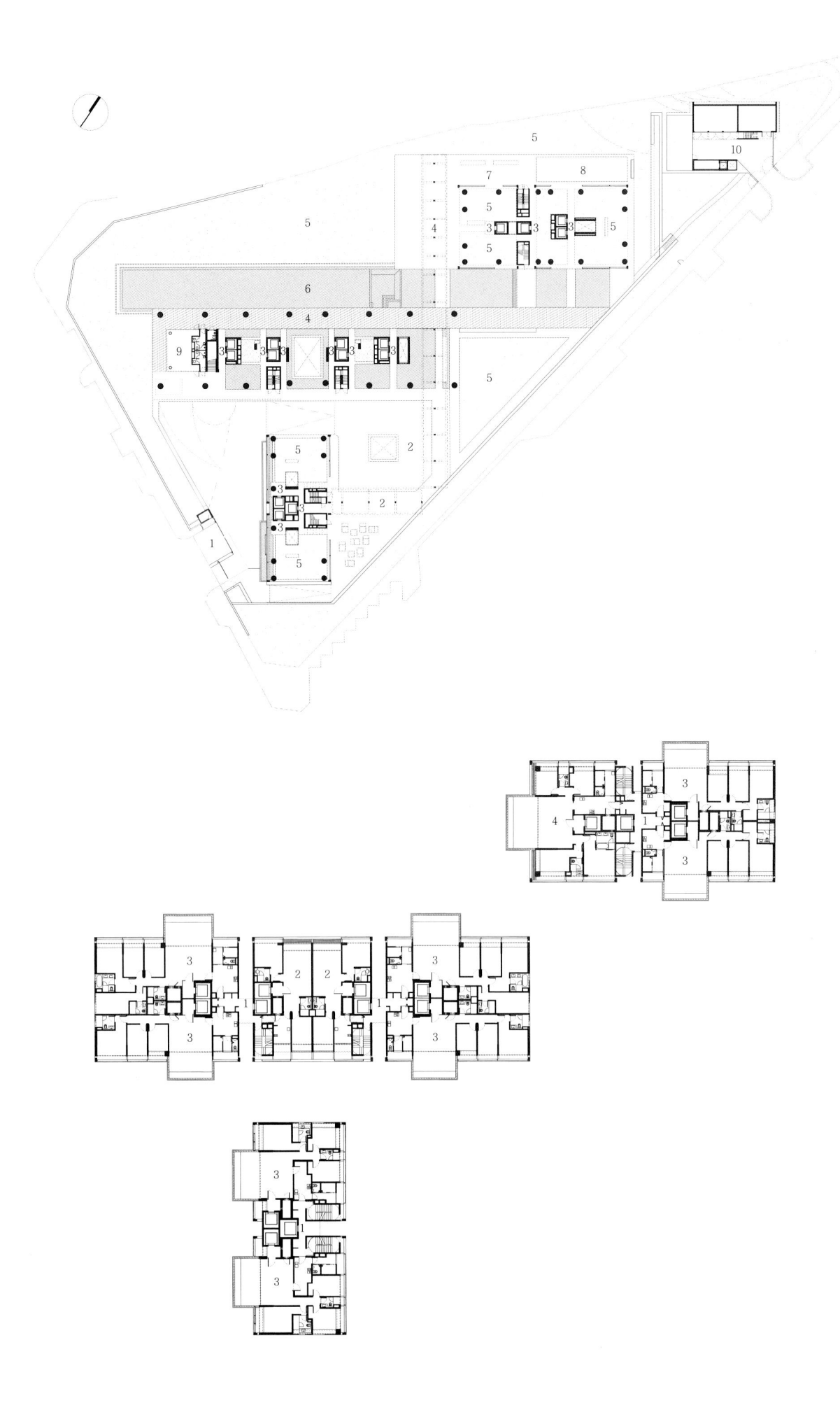

左侧图：首层平面图。

1) 入口
2) 入口庭院
3) 电梯大堂
4) 露天平台
5) 景观
6) 游泳池
7) 烧烤
8) 儿童游乐区
9) 休息室
10) 变电站和垃圾处理站

左侧图：标准层平面图。

1) 电梯大厅
2) 双卧室公寓
3) 三卧室公寓
4) 四卧室公寓

上方图： 每个住宅塔楼的通高底层空间都与木步道和倒影池相连。

圣淘沙湾七棕榈住宅（Seven Palms Sentosa Cove）

新加坡
2007—2013

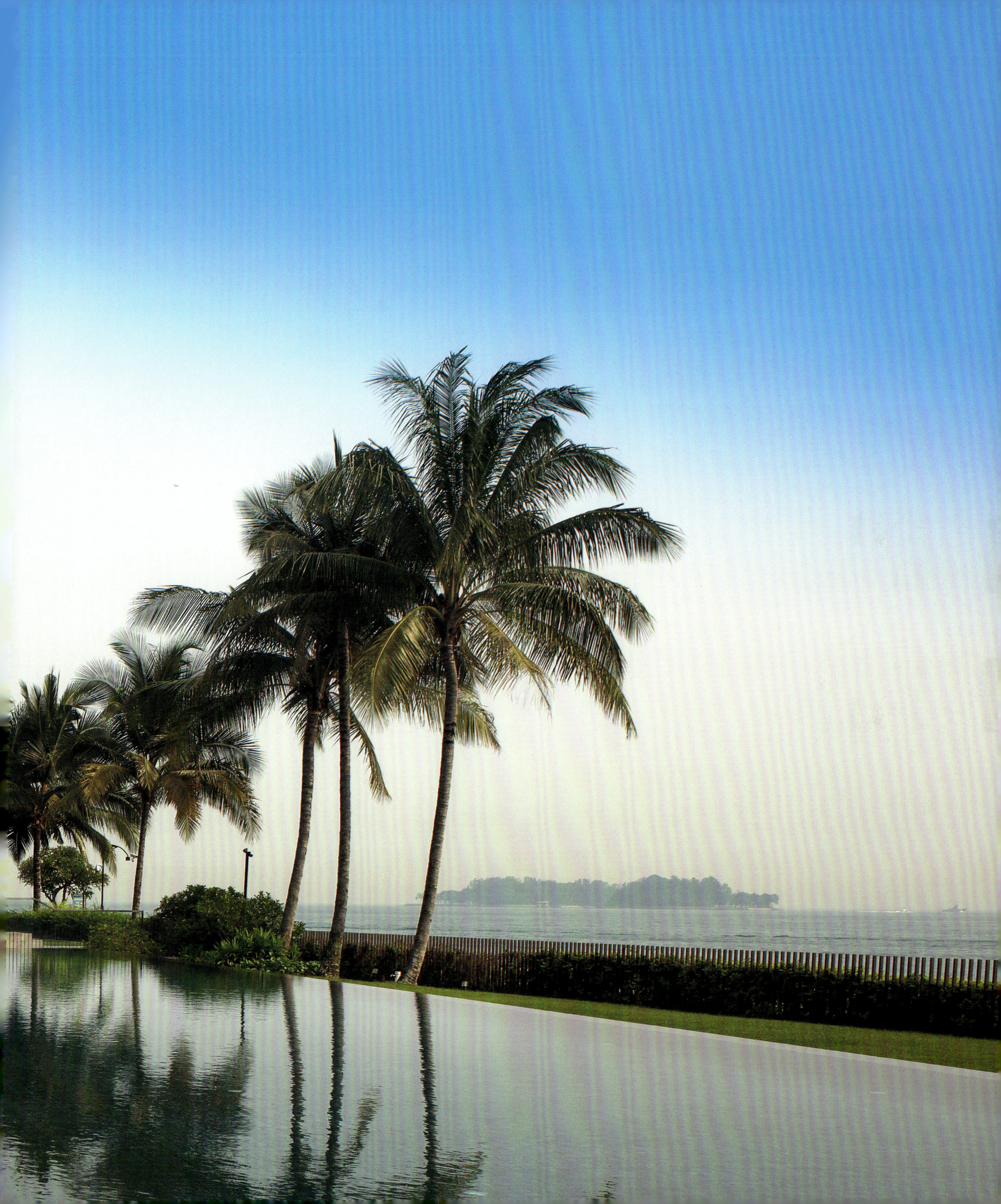

230—231页图:穿过中央椰林,眺望大海。

在新加坡迷人的圣淘沙岛,我们开发了一个住宅项目,为三幢四层楼高的海滨高档住宅公寓楼。开发本公寓住宅楼的目的,是让居民能在繁忙的工作之余,去海边度假胜地,体验拂面而来凉爽的海风,享受海边清凉、安静的闲暇时光。公寓住宅楼的一侧,通向受保护的丹戎海滩;另一侧面对繁忙的新加坡海峡航道。公寓住宅楼内共有41套公寓,从每套公寓内,都可以看到不远处风景如画的大海美景。

我们修建的包括三幢公寓楼的建筑群,围绕在一个大庭院的椰子树林周围,这种简朴、怀旧的建筑风格,禁不住让人想起早年东南亚沿海一带的种植园。视野可以一直延伸到一个无边无际的游泳池。游泳池位于椰子树林和另外一侧陆地边界之间,宽度延伸40米,在视觉上,与远处的海洋连成一片。在建筑群的另一个方向,一个30米宽的地下建筑,作为居民户外休息室,通向海滩的周围僻静的观景走廊。"海滩俱乐部"有通往海滩的入口,并通过借用远处的沙子和椰子树景观模糊边界的意识。

这些公寓面积,在230~430平方米之间,适合居民在热带气候下舒适地生活。

我们的设计,最大限度地增加交叉对流通风,减少对空调的依赖,卧室窗户,完全向海滨和椰子树林围成的庭院开放。公寓楼的立面,由一排排旋转的木材板条、滑动的铝百叶窗和穿孔的铝屏风组成。居民可以通过调节这些装置,来控制室内的环境温度,调整他们的视野范围和隐私空间。

某些室内空间的使用,也存在类似的灵活性,它们可作为备用房间,通常在非正式场合时开放。宽阔的滑动门和隔断墙,把生活空间与阳台和卧室分隔开,同时也创造了一个上、下连通的纵向空间。每套住宅公寓,有一个伸出的交替平面,置于一个双层高的空间上方,下方修建了一个私人半遮挡、半露天的小型游泳池。游泳池面向海滩,从私密的电梯大厅,可以一目了然。游泳池的一侧,是引人注目的沙色花岗岩墙体,从视觉上,将外部空间引入生活区,内、外部空间的边界瞬时变得模糊不清。

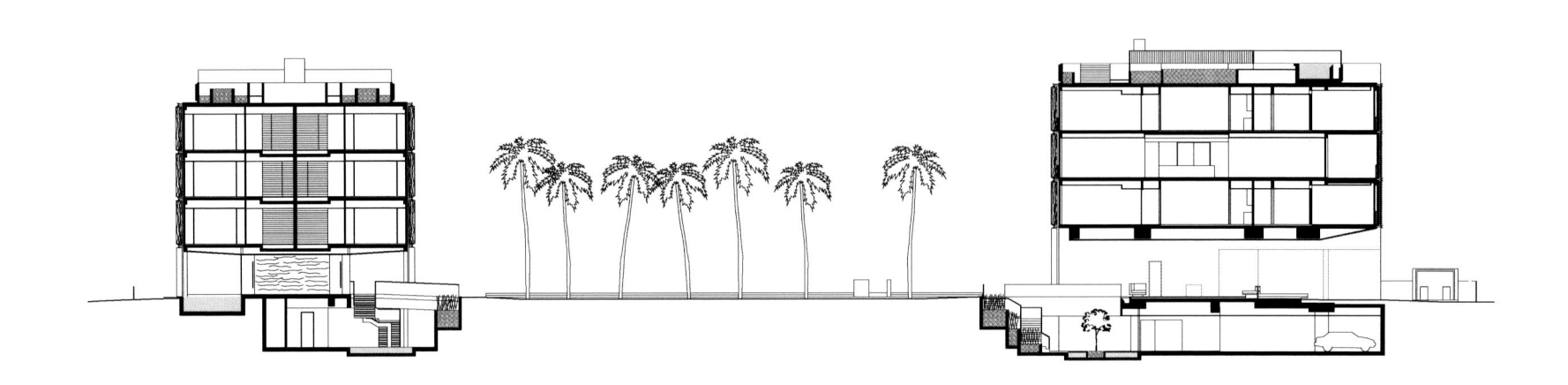

上方图:剖面图。

下方图: 从椰林俯瞰公共休息室的景色。

右侧图: 总平面图。

1) 入口
2) 椰树林
3) 游泳池
4) 公共休息室/健身房
5) 公寓
6) 丹戎海滩
7) 海洋

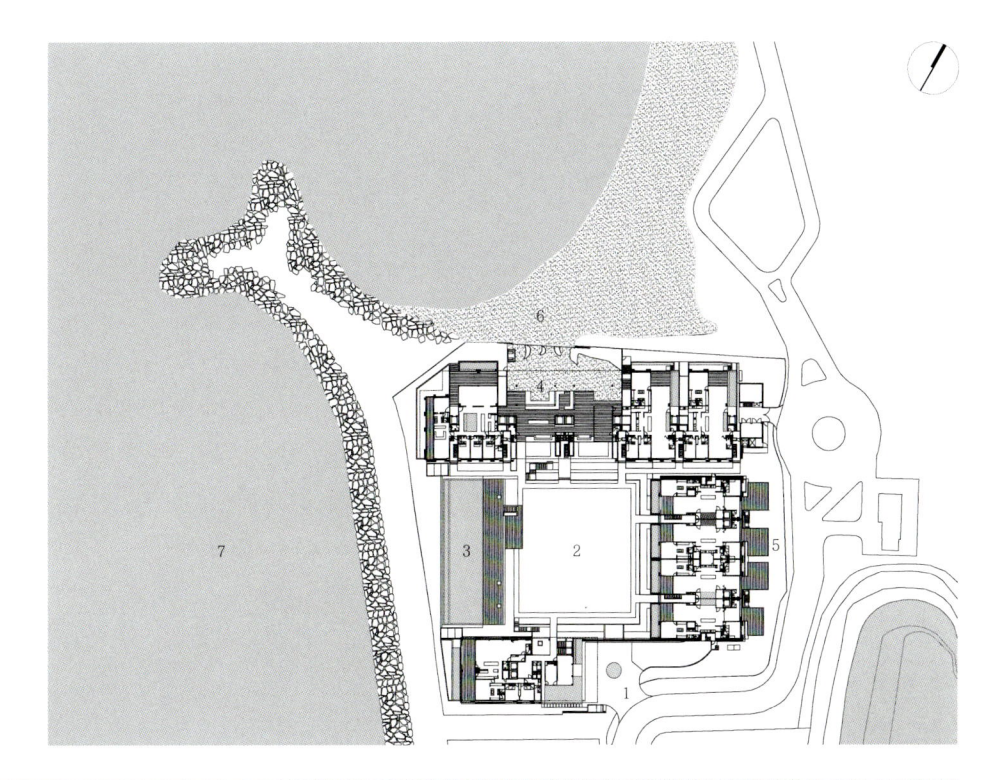

圣淘沙湾七棕桐住宅 新加坡

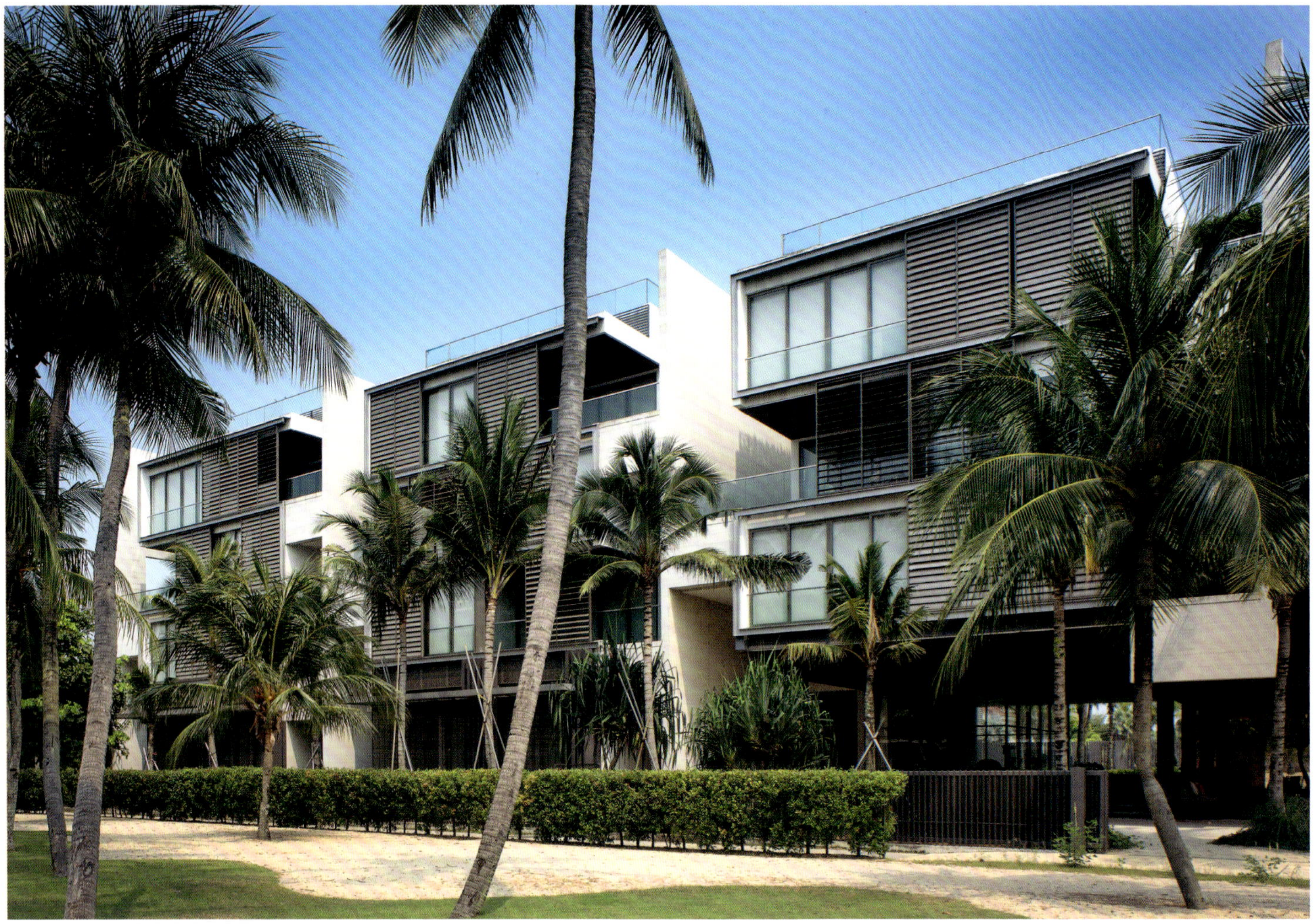

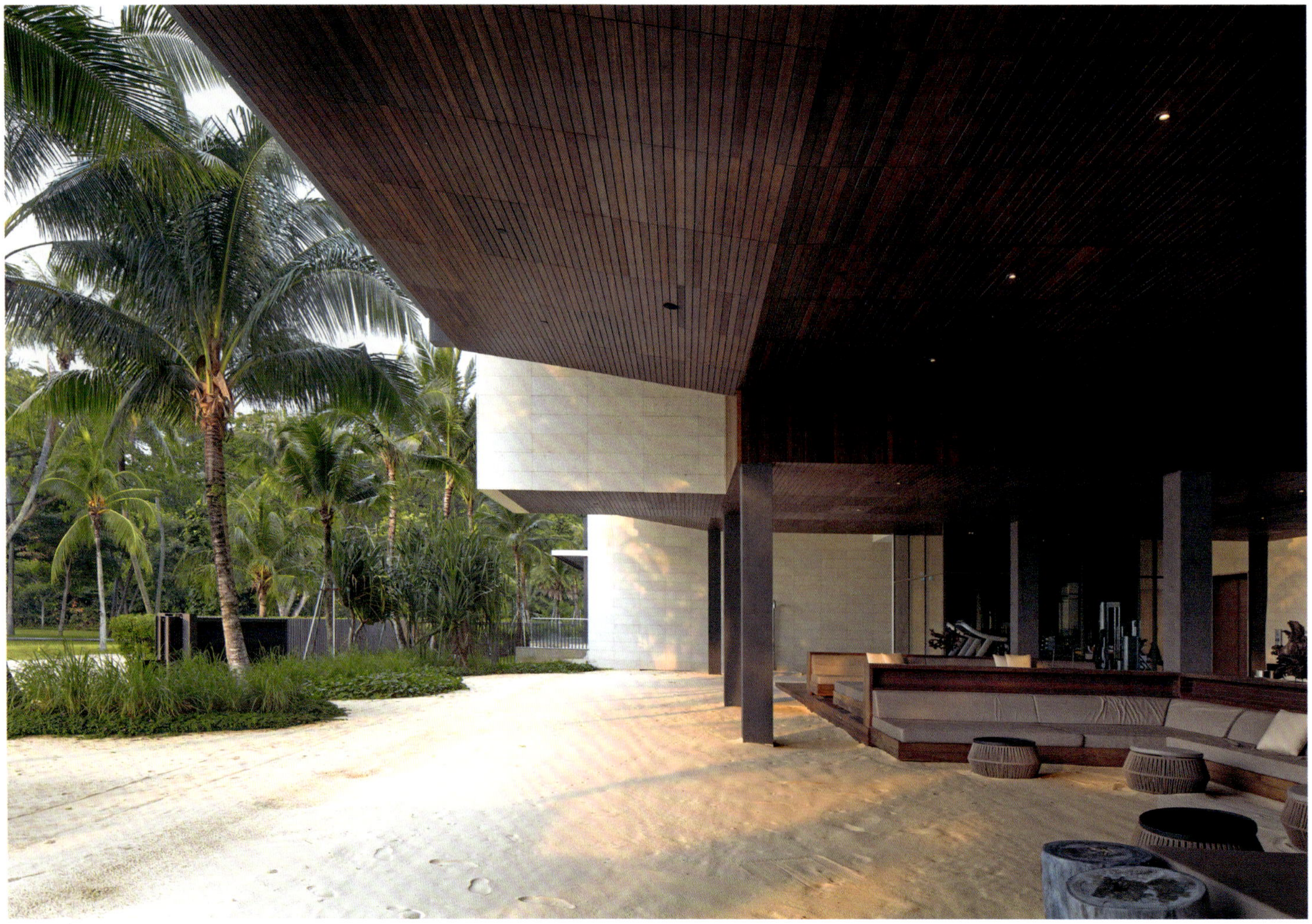

对页上图: 朝西北的公寓可以俯瞰邻近的丹戎海滩。

对页下图: 公共休息室向丹戎海滩开敞。

左下图: 木格栅细部。

下方图: 每套公寓都包括一个隐蔽的环形游泳池。

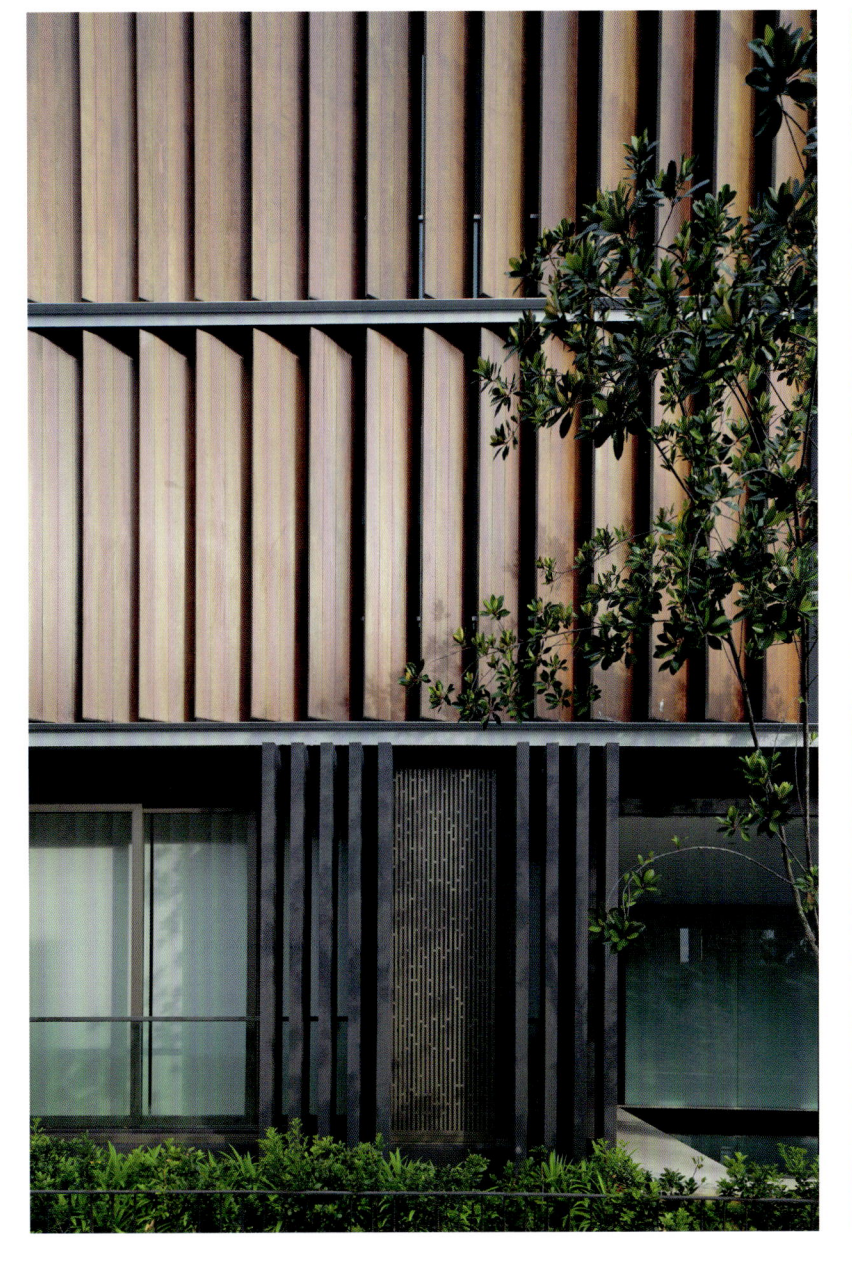

圣淘沙湾七棕桐住宅 新加坡

安缦巴杜酒店（Amanbadu）
约旦，迪本
2008—至今

我们创建的这片外形典雅古朴、造型优美的度假胜地，位于约旦西北部，靠近历史名城杰拉什市。它坐落于迪本郁郁葱葱的森林保护区边缘，隐蔽于叙利亚阿勒颇古老的松树林中。

目前，我们修建的度假村，包括30套豪华套房、24套别墅，其他客房辅助设施，包括餐厅、图书馆、会议室、游泳池、咖啡厅、加热游泳池和水疗中心，于2013年前完工。这片别墅群的建筑风格富有强烈的现代感，设计灵感主要来自约旦当地传统——采用砖石修建的一种独特的立方体形式。考虑到该地区原有的自然景观和考古遗址，影响到使用建筑材料的种类和颜色的局限性，我们尽可能就地取材，广泛使用当地石材——用于室内外的空间建筑和装修。

我们设计的独立别墅群，坐落于一个中央庭院和一个50平方米的室外恒温游泳池周围。每一栋住宅公寓，都包括三个酒店豪华套房，一个客厅和一个餐厅，以及一个专用的服务性建筑。对于这些居住空间，我们采取了不同的组合方式，一方面，充分保护客人的隐私，另一方面，容纳花草树木形成的自然景观。我们尽可能保留庭院内原有的树木，最大限度地开阔周围森林的视野，同时，保持室内装饰风格简约、典雅，与周围的宁静的环境协调一致。另外，覆盖在地板上的色彩鲜艳、图案精美的地毯，以及其他配套家具的设计，无一例外地充分考虑和结合了当地的民族特色，展现出当地传统编织工艺的多样性和丰富性。

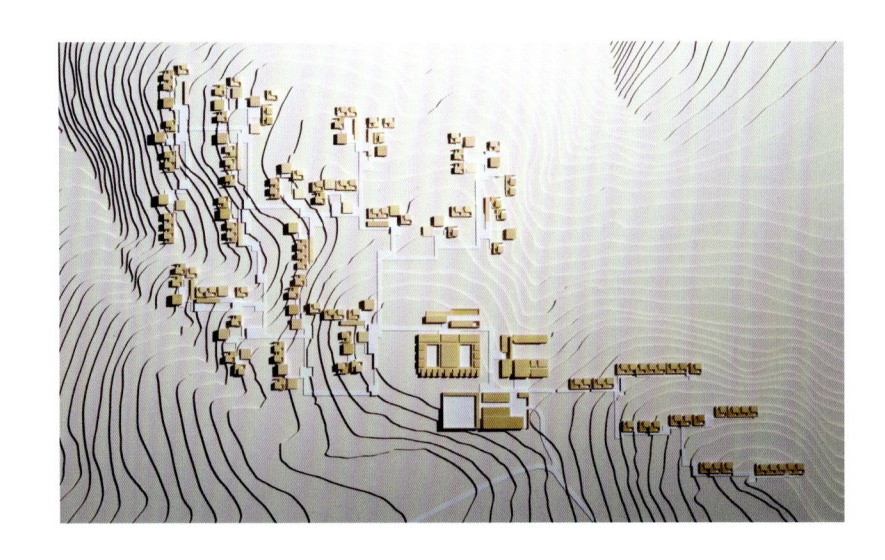

上方图：整体规划的工作模型。　　右侧图：建筑被小心翼翼地安置在阿勒颇松树林中。

安缦巴杜酒店 约旦，迪本

左上图：别墅由成群的酒店套房模块组成。

左下图：每栋别墅都围绕一个带游泳池的中央庭院进行设计。

右侧图： 本地石材用于室内和外部饰面。玻璃纤维增强混凝土屏幕让人想起当地的先例，但没有公开使用伊斯兰的几何元素。

下方图：（从中图和右图起）室内装饰简单而均匀，强调了空间和日光的品质。

底端左图： 典型别墅平面图。

1）别墅入口
2）庭院
3）游泳池
4）客房
5）起居室
6）后勤服务空间

底端右图： 标准客房平面图。

1）卧室
2）庭院
3）露天平台
4）浴室

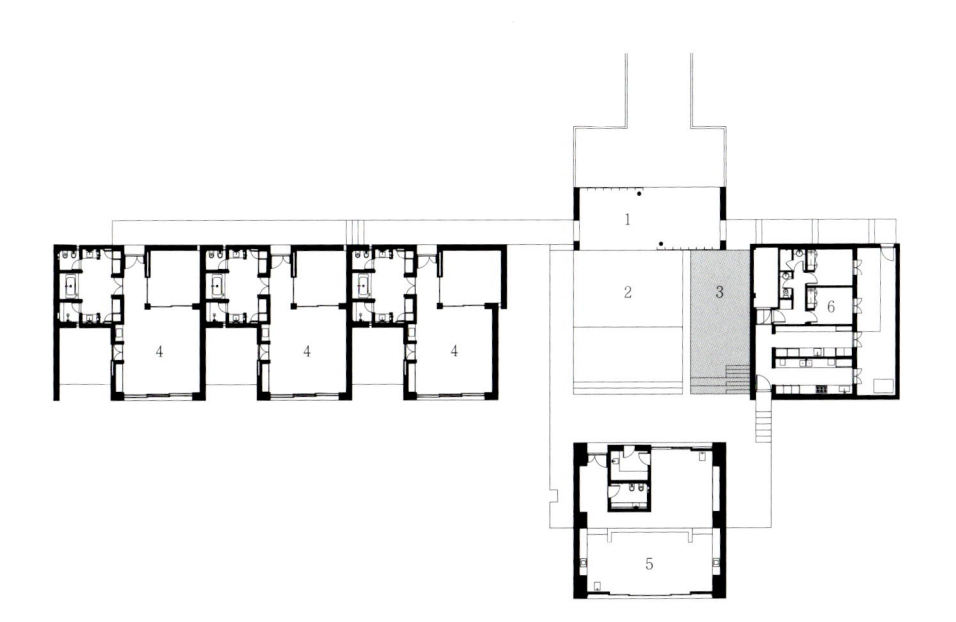

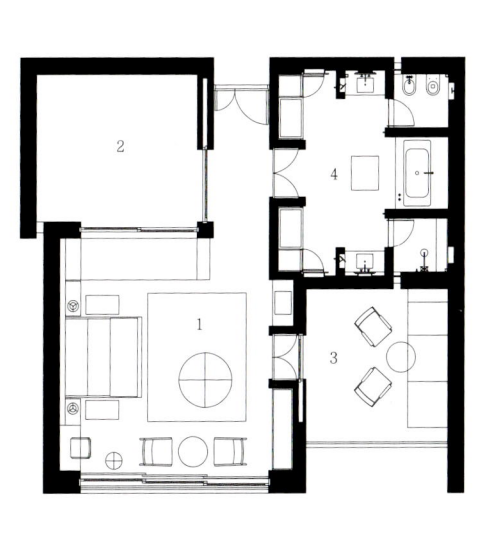

安缦巴杜酒店 约旦，迪本　239

COMO珍宝酒店和大教堂广场（COMO the Treasury and Cathedral Square）

澳大利亚，珀斯
2008—2016

　　在过去长达七年的时间里，我们荣幸地接受以下几个委托项目：在澳大利亚西部首府珀斯设计和建筑三个独立的场馆：珀斯市图书馆和广场；COMO珍宝酒店和大卫麦肯齐司法中心；码头街，它位于珀斯市中央商务区。教堂广场，是珀斯市非常重要的公共活动场所。这里是早期欧洲各国移民在西澳大利亚移居和集聚地，也是各种重要的市政管理机关、宗教建筑的所在地。这些宗教建筑在澳大利亚已经有二百多年的历史。这些历史悠久的国家建筑，以前是邮政总局和市政办公建筑群。在过去的几十年里，这些政府机构已经被迁往一些选定的新地址。我们作为获得重建和改造此建筑项目竞标的联合企业一部分，希望在尽可能最小程度拆除旧建筑的情况下，增添新的开发项目。昔日的国家建筑，已经被改建成一家五星级精品豪华大酒店，称为COMO珍宝酒店。该建筑工地还需要修建一座名为大卫麦肯齐司法中心的新办公楼，一个辅助建筑，以及位于珀斯图书馆下方的地下停车场。

　　本项目由克里·希尔先生亲手操刀设计，作为献给故乡的礼物。他独特的建筑风格和精美的艺术鉴赏力，令人惊叹不已，已充分体现在由国家建筑改造成的一个世界级豪华酒店的作品中。我们的整体设计理念是创造低调、奢华、永恒和优雅的酒店居住空间。我们尽可能地保持原始房间的完整性。而上层的居住空间，经过精心装修，打造出48间别具一格的豪华客房。每间套房的内饰风格简洁明快，一律采用独特、清新的淡色调材料，以唤起平静、祥和的气氛。但是，在走廊和公共空间，我们则采用了暗色调的装修材质，形成对比。这种截然不同的对比色调，为客人创造了一种在旅行中的感觉，犹如他们穿过黑暗、神秘的过道、走廊，最后，瞬间到达温暖、舒适、静谧的客房。应用同样的设计理念，我们修建了游泳池和健身房，把它们巧妙地整合在邻近的附属建筑物的上层空间内。

　　底层空间和地下室均具有通透性和开放性，作为零售和餐饮的空间，方便顾客，向公众全面开放。在建筑中心位置的邮政大厅，我们修建了一个中央拱廊，连接其他公共设施及东侧的一个豪华大酒店。一个构思新颖的屋顶餐厅，为公众展示了周围建筑物及更广阔的城市景色。顾客还可以近距离欣赏修复后的铜屋顶、石板屋顶和波纹铁质屋顶，以及天窗和铸铁屋顶的装饰性花边。作为一个外观简约、朴素美观的玻璃体，其内部开放式的餐厅为顾客提供了风景如画的天鹅河，以及天鹅河以南一望无际的湖光山色。

　　新的办公大厦、附属建筑被设计成外观简洁、美观大方的玻璃体量。在大卫麦肯齐司法中心办公大厦的低层空间，修建一系列砖石廊道，延伸到周围的传统建筑空间。由于新插入的建筑物，在砖石砌体建筑物的流动玻璃大厅内人头攒动，尽现川流不息的行人运动。

下方图: 首层平面图。

对页图: 邮政厅经过修复和重建，成为一个公共的"城市房间"。

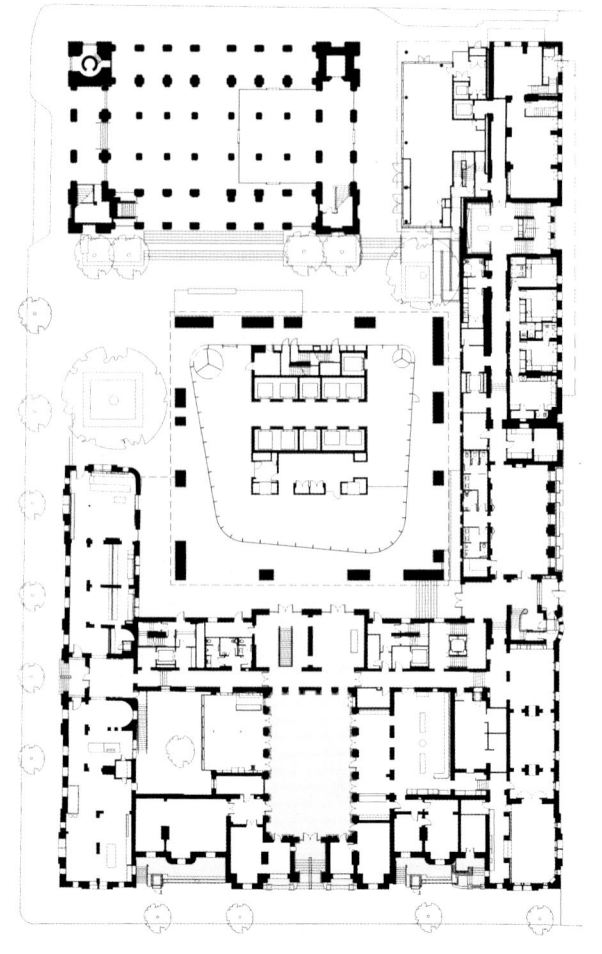

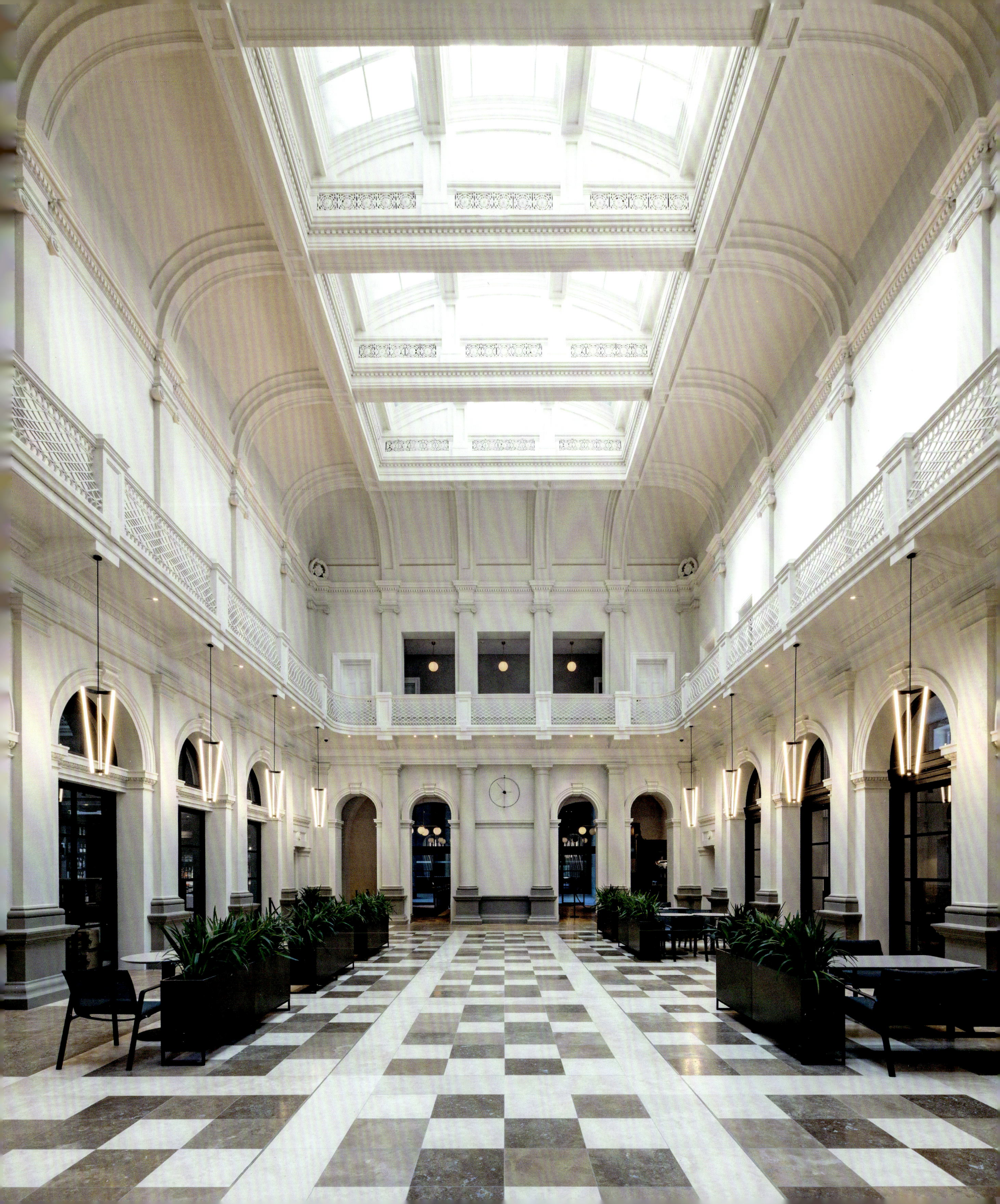

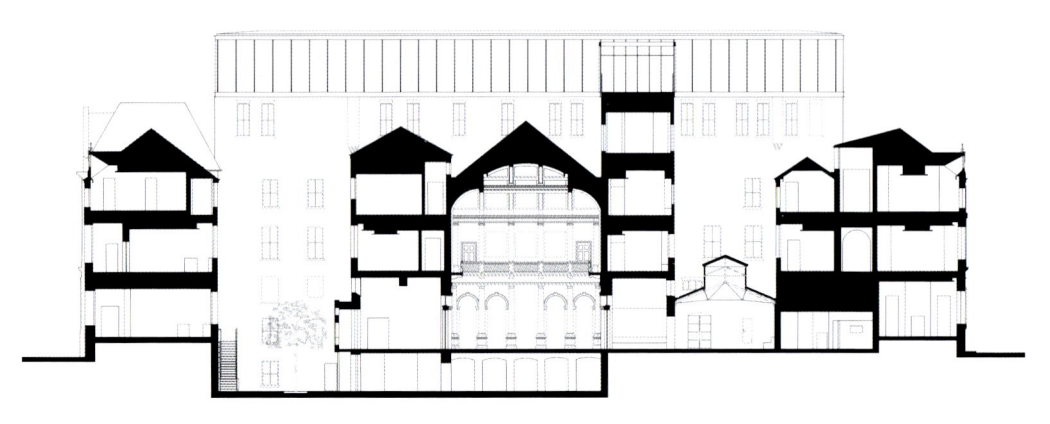

左侧图：剖面图。

上图: 完全修复的州大厦,后面是隐秘的大卫·马尔科姆司法中心。

右图: 国家大厦的双层阳台作为酒店房间的户外空间有了新的用途。

中图和最右图: 为了恢复现有建筑的复杂特征并反映其历史背景,建筑师进行了广泛的研究。

COMO珍宝酒店和大教堂广场 澳大利亚,珀斯 243

顶端图: 当代和历史的结构一起定义了大教堂广场空间。

左上图: 办公大楼远离街道,突出了传统建筑。

右上图: 办公大楼的石头基座从较低的楼层延伸到传统建筑。

下方图: 剖面图。

右侧图: 新增加的建筑部分是抽象的、隐性的体量,并没有与历史结构竞争。

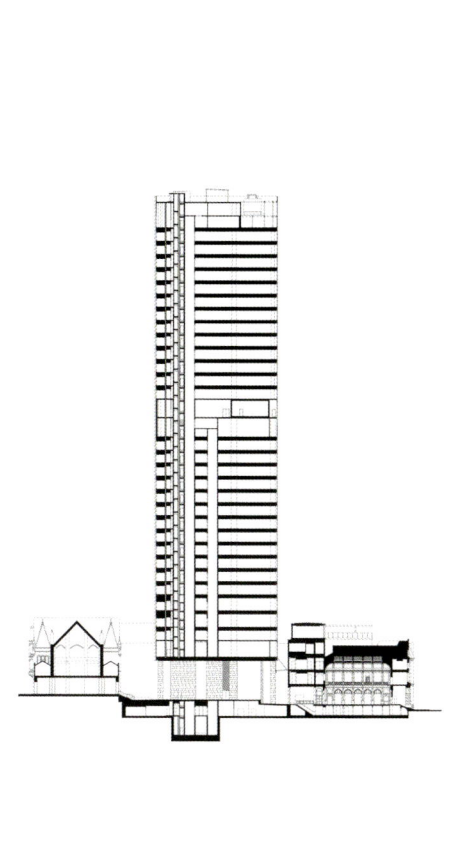

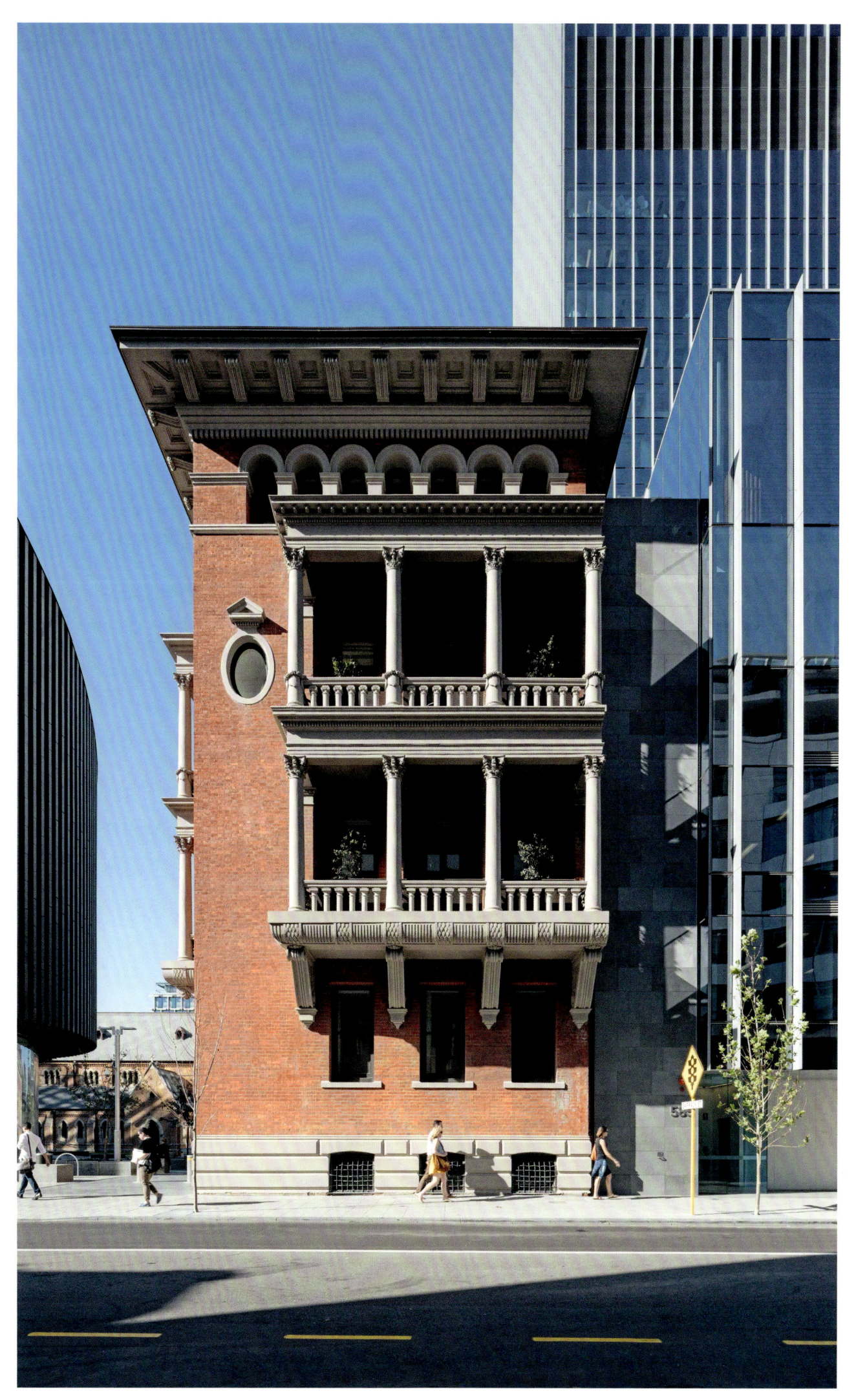

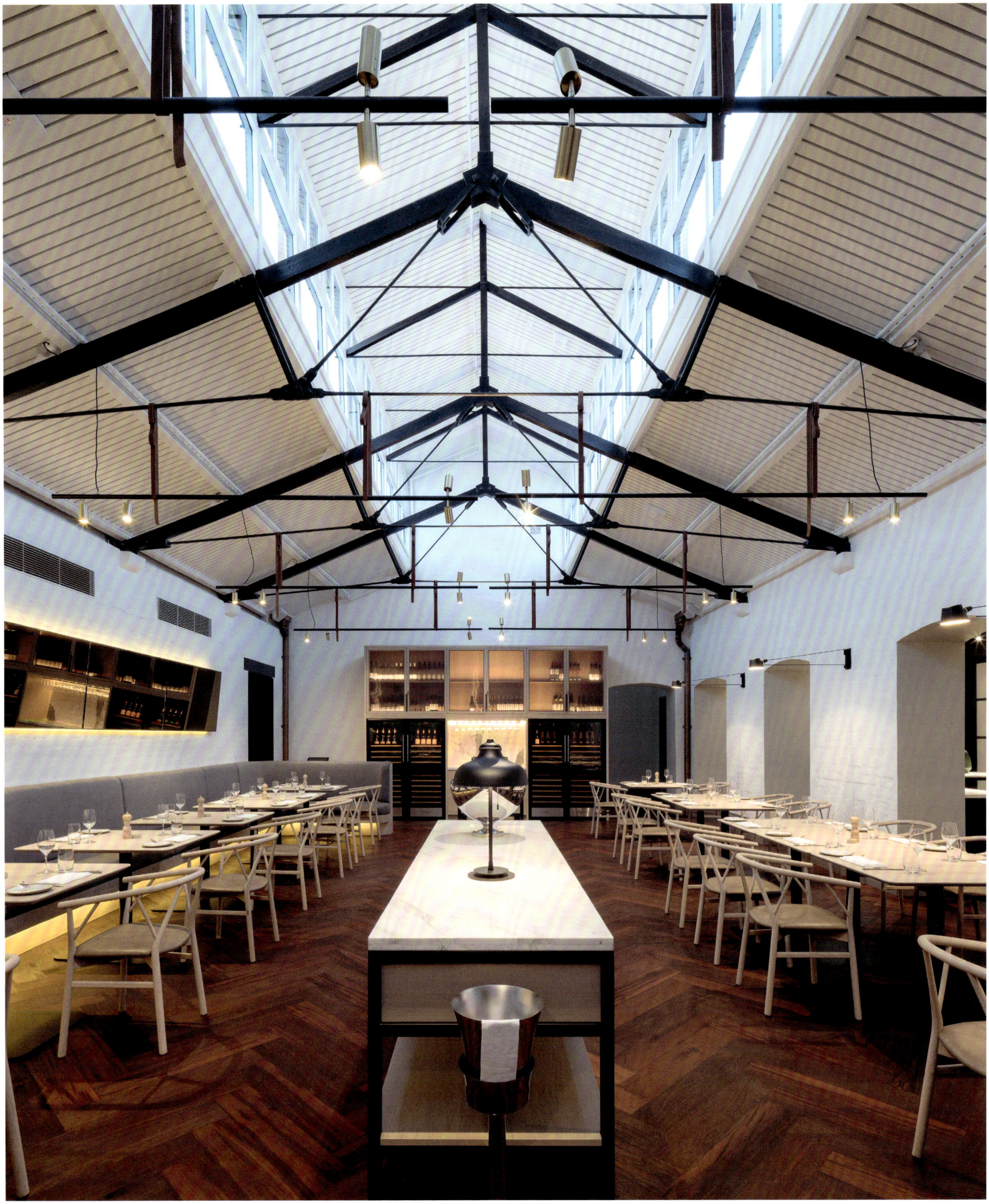

右侧图： 邮政大厅和豪华酒店之间的过渡空间。

下方图： 走廊在公共空间和客房之间形成了一种大气的对比。

右下图： 楼梯间内新插入的建筑部分是相对隐性的，暗示了楼梯间以前的建筑元素。

对页图： 酒店内的豪华餐厅。

COMO珍宝酒店和大教堂广场 澳大利亚，珀斯

左下图： 简单的材料被精心组合，创造出各种各样的客房空间。

右下图： 二层楼转角处平面图。

1）入口
2）休息大厅
3）卧室
4）餐厅
5）更衣室
6）浴室
7）淋浴间

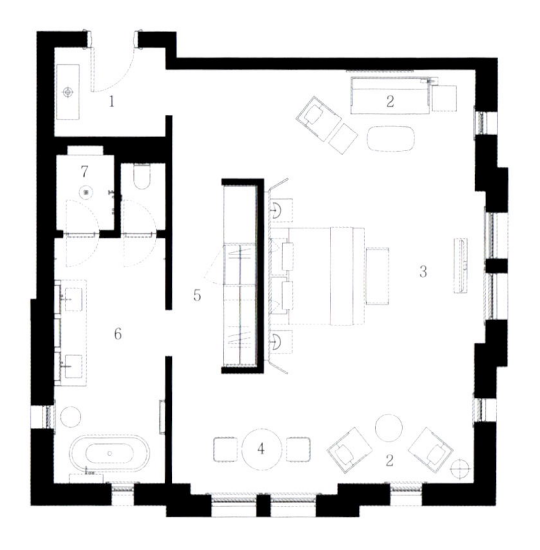

下方图：角落里的客房使用了现有的建筑元素，突出了体量，为房间提供光线。

拉·阿尔加拉博萨乡间住宅（La Algarrabosa）

西班牙，安达卢西亚
2010—2019

"La Algarrabosa"一词，源于西班牙语，意为欧洲角豆树。我们在房屋周围种植了枝繁叶茂的角豆树，还有那一望无际的橄榄园。那种令人感到无以名状的舒畅、扑面而来的果香，形成一种独特的风景和风情。该乡村住宅位于西班牙南部安达卢西亚山村，不远处有一片绵延起伏的丘陵和山谷，土地干燥，戈壁滩岩石散布，一旦遭遇席卷而来的大风，就飞沙走石、黄沙漫天。

山村里幸存的两座建筑物，坐落于成熟的橄榄种植园中心，从一座小山的山顶，我们可以俯瞰这座乡间住宅。我们将现存的建筑物和树木，巧妙地整合到设计中，提供这样一个宝贵的起点，从这里开始，把新的住宅植根于这片神奇而又令人敬畏的土地上。我们设计的新建筑与庄园周围环境形成对比，并将其布局捕捉一系列戏剧性的景观，这是其空间展开的体验。

整幢房屋的组织和建筑，充分借鉴了该地区的传统建筑，其厚实的白色墙壁和庭院围成了远离周围环境隐蔽的私人居所。在拉·阿尔加拉博萨，一面S形的白色围墙，勾勒出了两个开放的庭院，它们都被周边L形的一片客房围绕。第一个庭院，朝向翻修后的庄园，周围是卧室。在第二个庭院内，修建了诸多的公共区域，包括厨房、客厅、餐厅和图书馆。从这个庭院，我们可以看到整个庄园的全景，包括餐厅、露台和大型的游泳池。

庭院的墙壁，被大型可移动的屏风巧妙地穿插，隔开一些空间，勾勒出广阔的远景。在其他的地方，有更协调的视野，而可移动的隔板、屏风能阻挡恶劣的天气，保护建筑物免受狂风暴雨的侵袭。在两个庭院的两侧，是一个轻型遮阳篷屋顶，为人行长廊提供挡风、避雨、遮阳作用。

我们采用当地的建筑材料，充分借鉴当地独特的建筑风格：在内、外部空间的地面，用石灰石铺设地砖；粉刷白色砖石墙，用整齐的岩石块堆叠低矮的石围墙；用黏土烧制的半圆形瓦片砌成斜屋顶……这些传统的材料，衬托在一系列复杂的现代材料中，如玻璃、钢制品和细木工板条，使建筑物富有鲜明的现代风格。

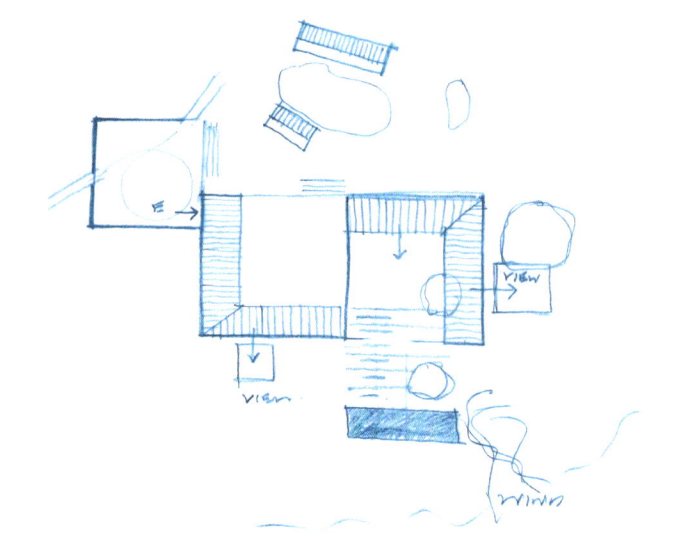

对页图：每个庭院的角落都可以看到周围的自然景观。

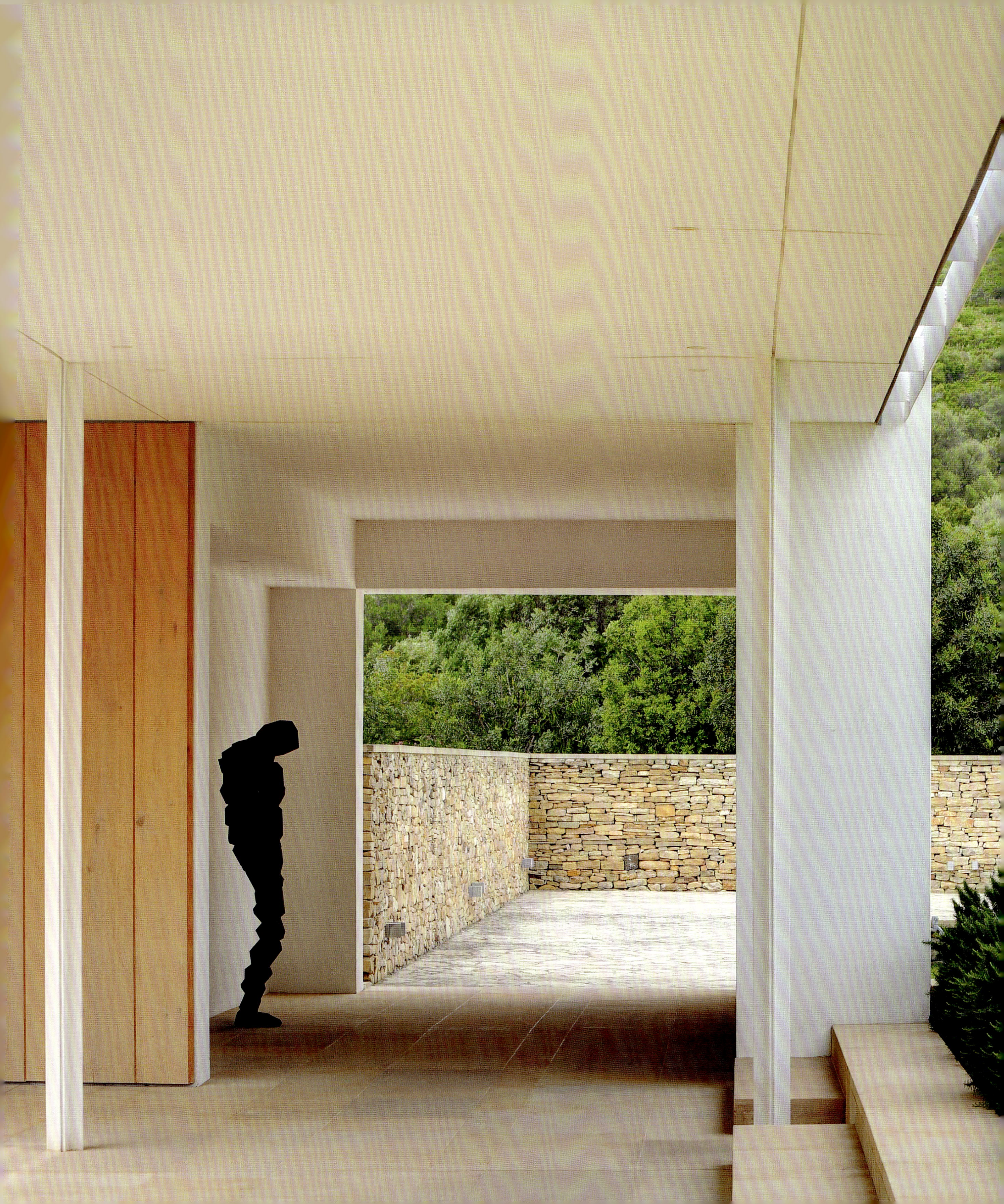

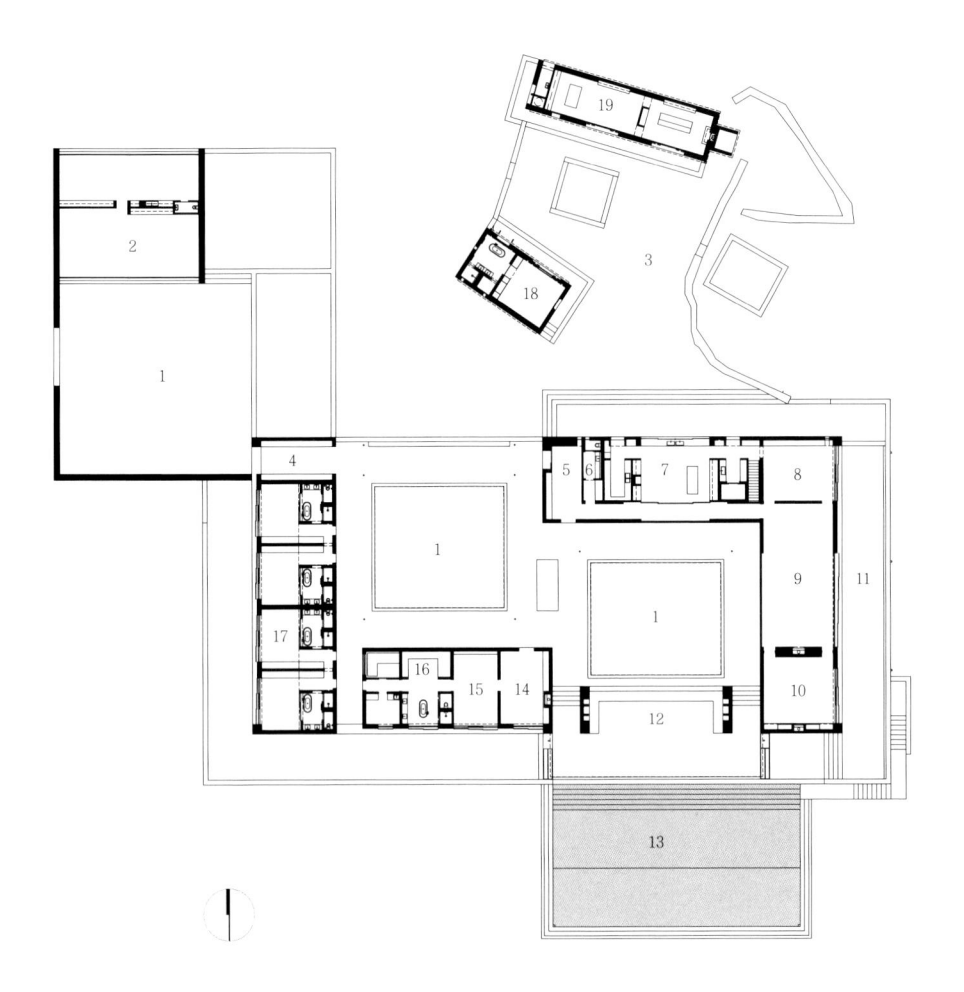

左侧图：首层平面图。

1) 庭院
2) 车库
3) 橄榄树林
4) 入口
5) 门厅
6) 衣帽间/盥洗室
7) 厨房
8) 餐厅
9) 起居室
10) 图书馆
11) 露天平台
12) 户外餐厅和游泳池露台
13) 游泳池
14) 家庭娱乐室
15) 主卧室
16) 主浴室和衣橱
17) 套房
18) 客房
19) 酒窖

下方图：东侧庭院和水池的横剖面图。

对页上图：从房子向北望向周围的山丘。

对页下图：南立面细部。

254—255页图：东侧庭院有带壁炉的主凉廊和向南开放的游泳池。

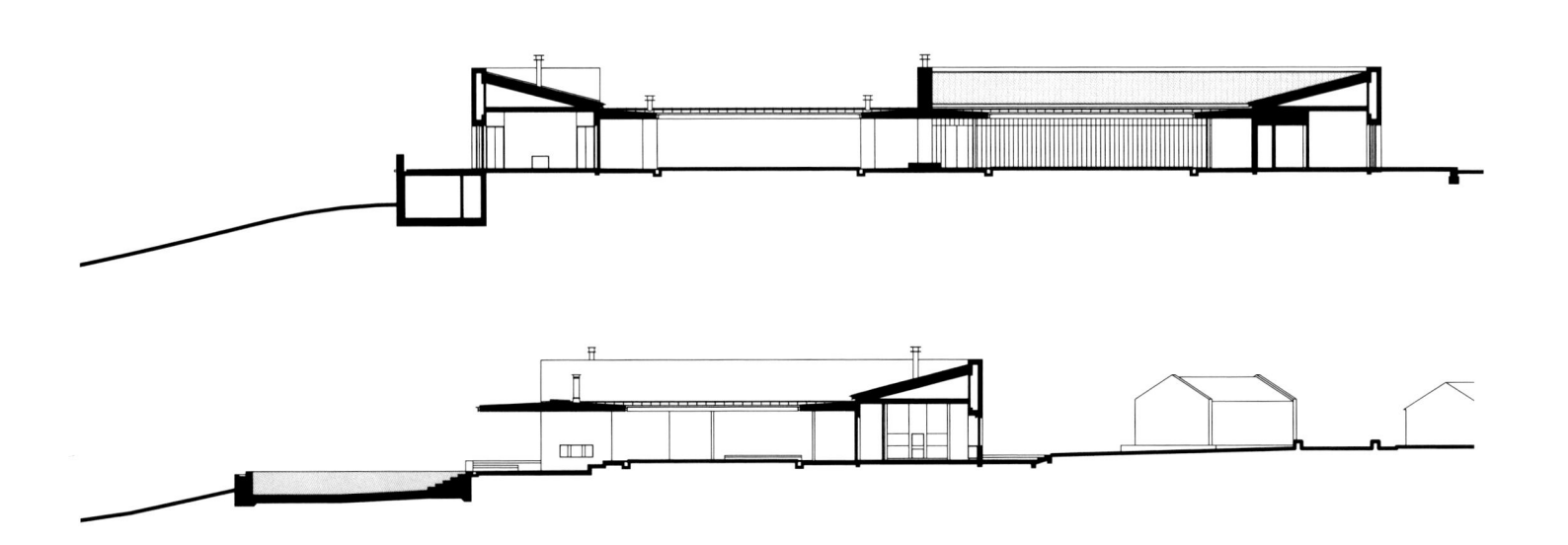

拉·阿尔加拉博萨乡间住宅 西班牙，安达卢西亚

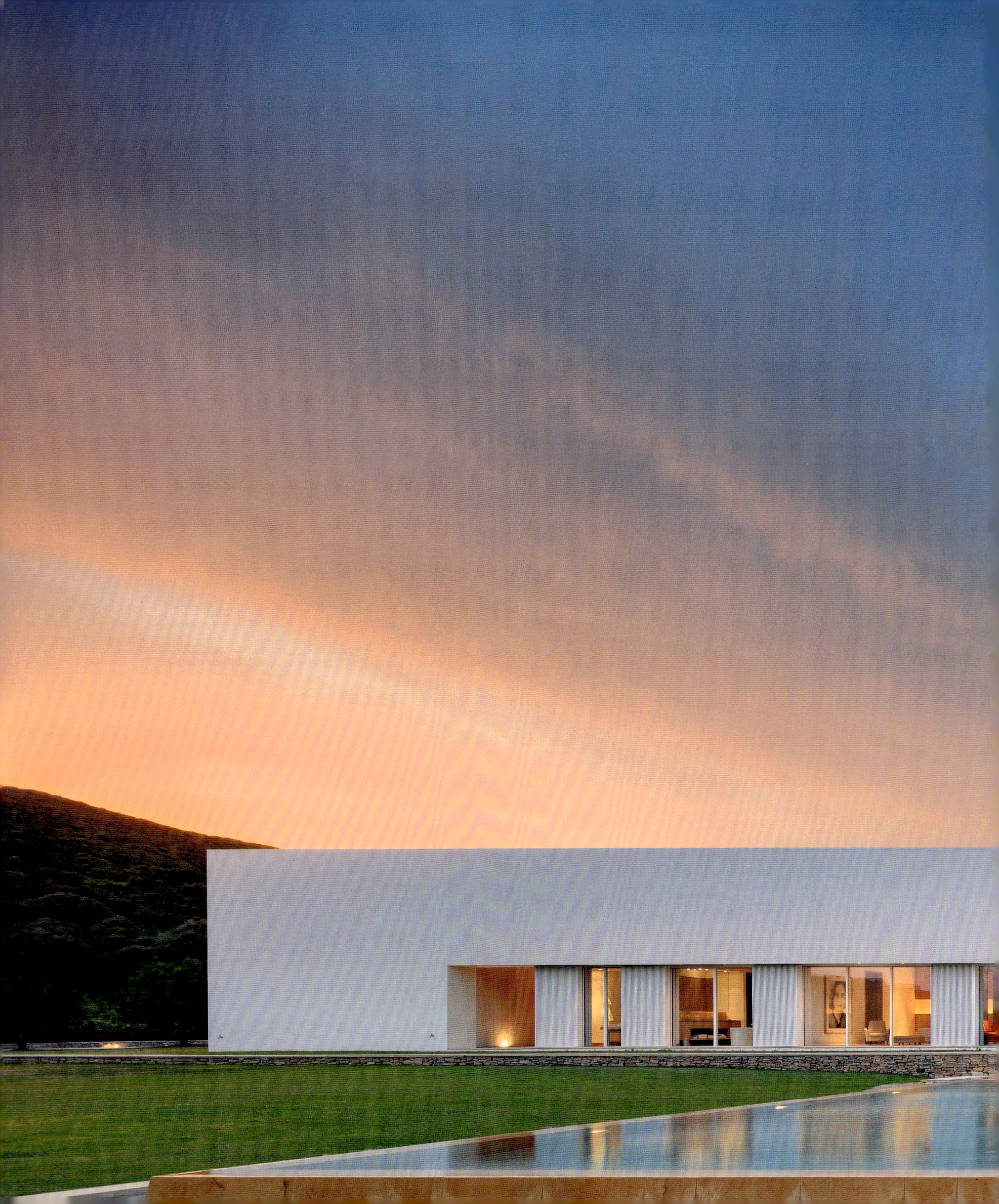

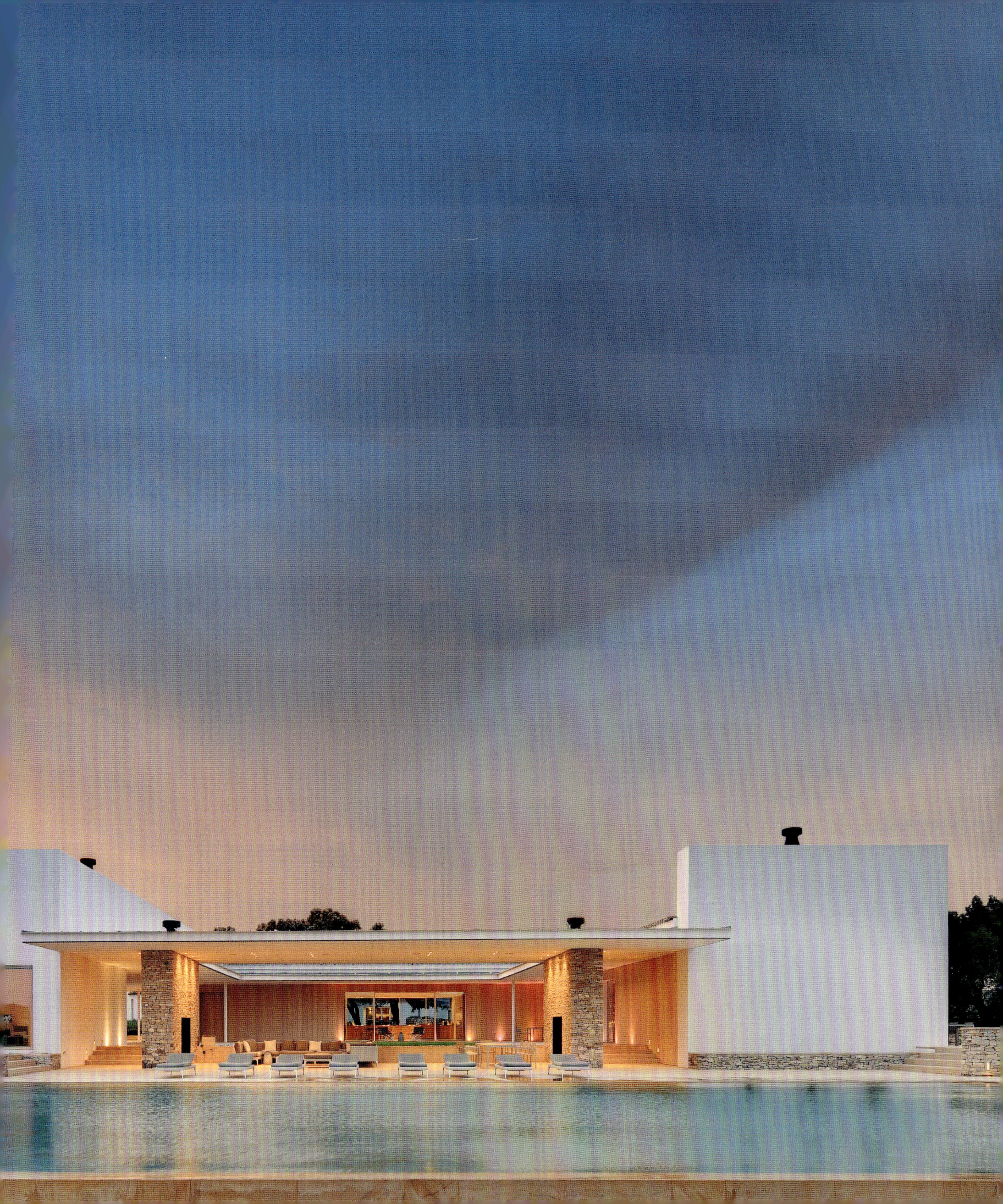

顶端图： 每个内部庭院的墙壁都用木材做内饰。

上方图： 主客厅通向外部露台和内部庭院。

对页图： 传统的白色砖石墙和堆砌的田野石形成了当代建筑的围护结构。

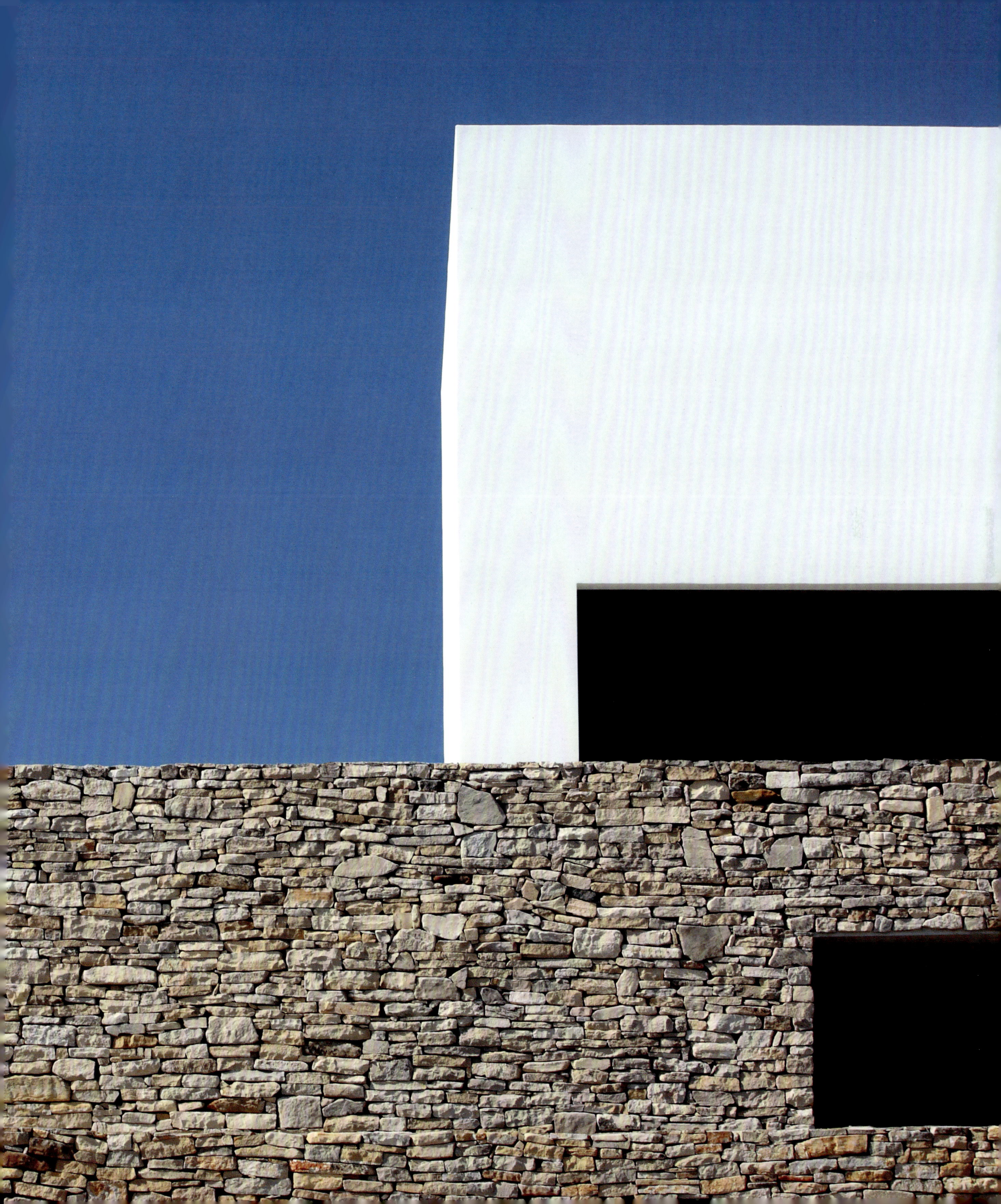

青岛涵碧楼酒店（the Lalu Qingdao）
中国，青岛
2010—2014

中国山东省青岛涵碧楼，是拥有162间豪华套房和客房的开发项目，坐落于与青岛隔海相望、美丽的黄岛凤凰山麓风景秀丽的半岛上。海边这片崎岖不平的花岗岩海岸，是由浩瀚的海洋和非凡的人工力量共同塑造而成的。这里遍布着人工岩石水池，以前是用来种植海参的。

这座以设计闻名、交融着中西方艺术之美的青岛涵碧楼，主要建筑群位于半岛与大陆的交汇处，是该项目发展规划的主要核心。我们设计了强烈的正交形式，将建筑固定在其上，提供通往场地其他部分的通道。从海边的公路上看，这座建筑显得很低矮。它被庭院和林荫道分割，提供了远处海洋的视野，体量由两部分连接。与悬崖和岩石融合的是一个梯田石基座，包含所有公共功能，包括零售、餐厅、水疗中心、宴会厅和俱乐部等。所有这些空间都可以欣赏到一览无余的海景。在它们上面，客房是简单的盒子，包裹着半透明的铜网面板，这种材料非常适合海洋条件。这些面板让人联想到堆放在岸边的集装箱。

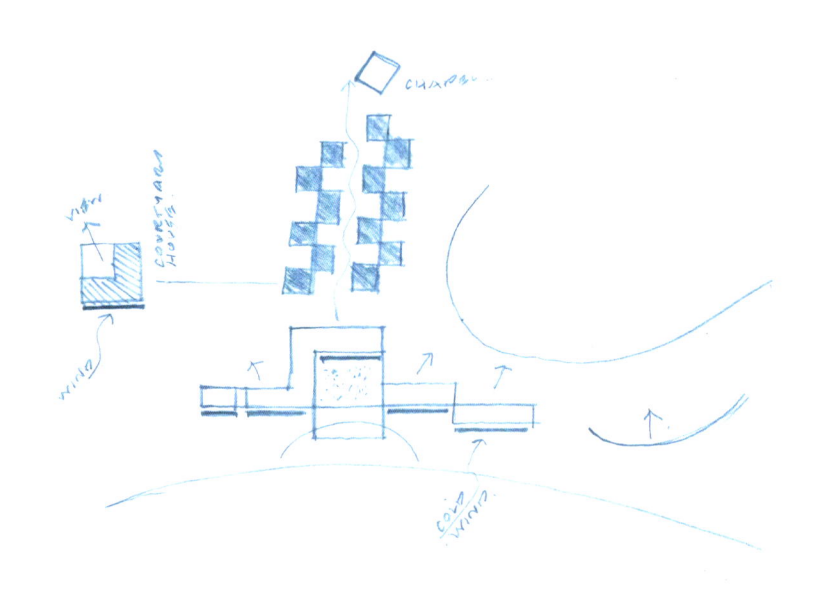

对页图：进入豪华酒店的入口前院。

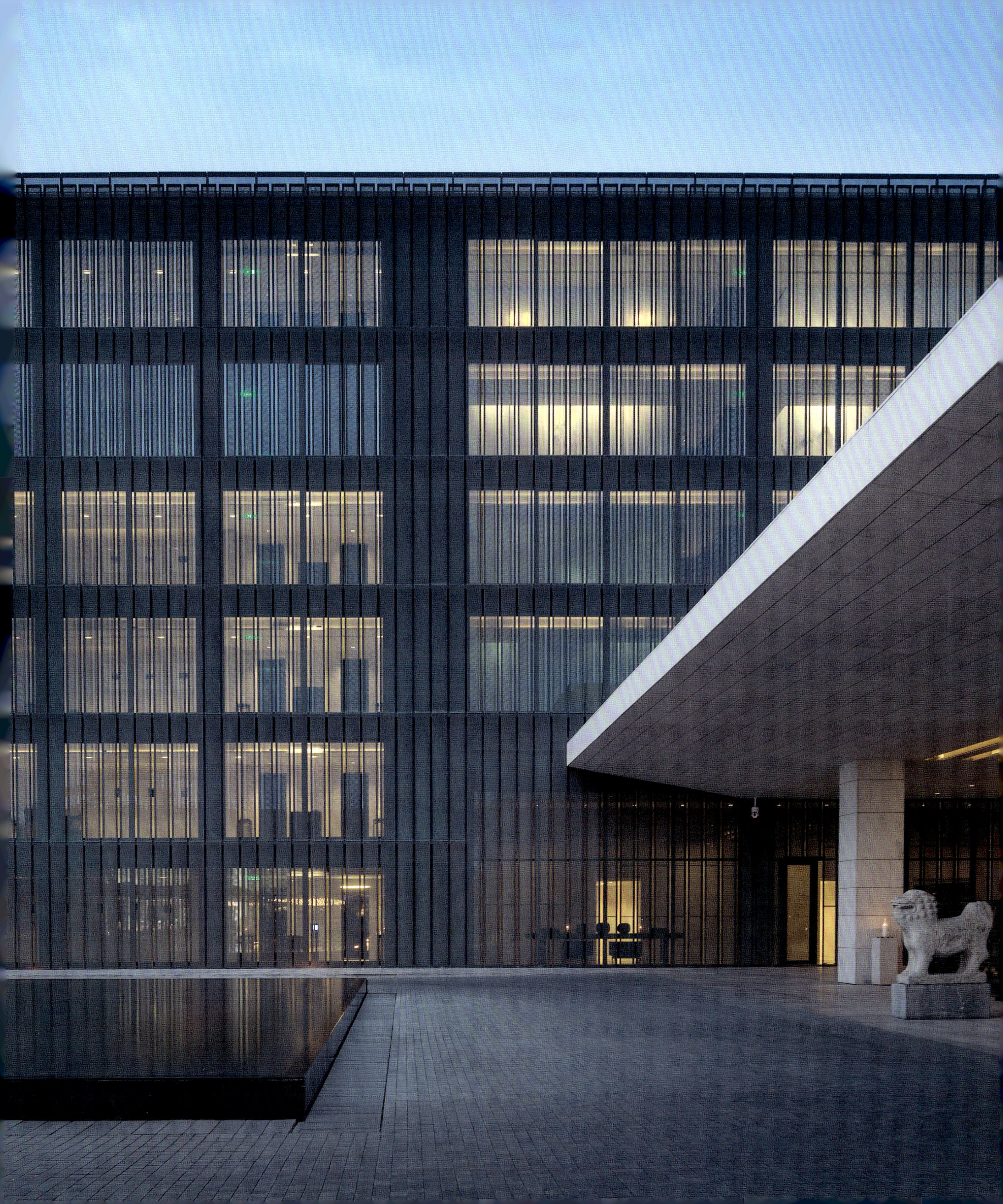

作品精选 1989—2021

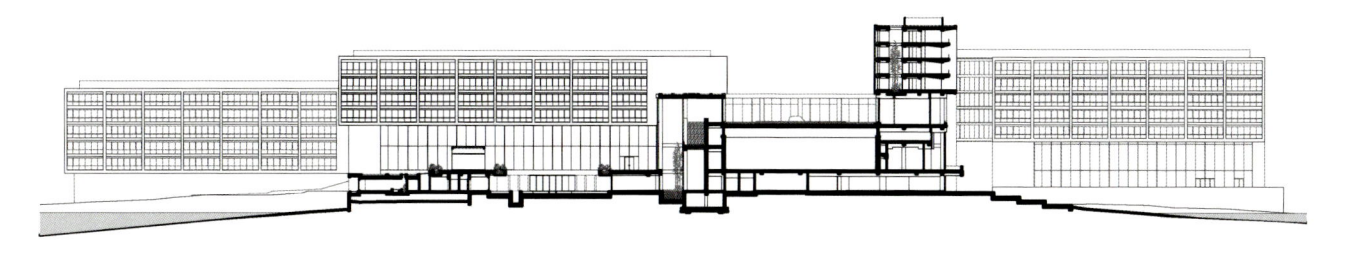

对页图：场地工作模型。

右侧图：剖面图。

顶端图：青岛涵碧楼酒店、半岛别墅和公寓的鸟瞰图。

青岛涵碧楼酒店 中国，青岛　261

左侧图：这是主要的公共区域建筑，上面设置有客房。

下方图：入口处的景观庭院。

对页图：水疗中心建筑。

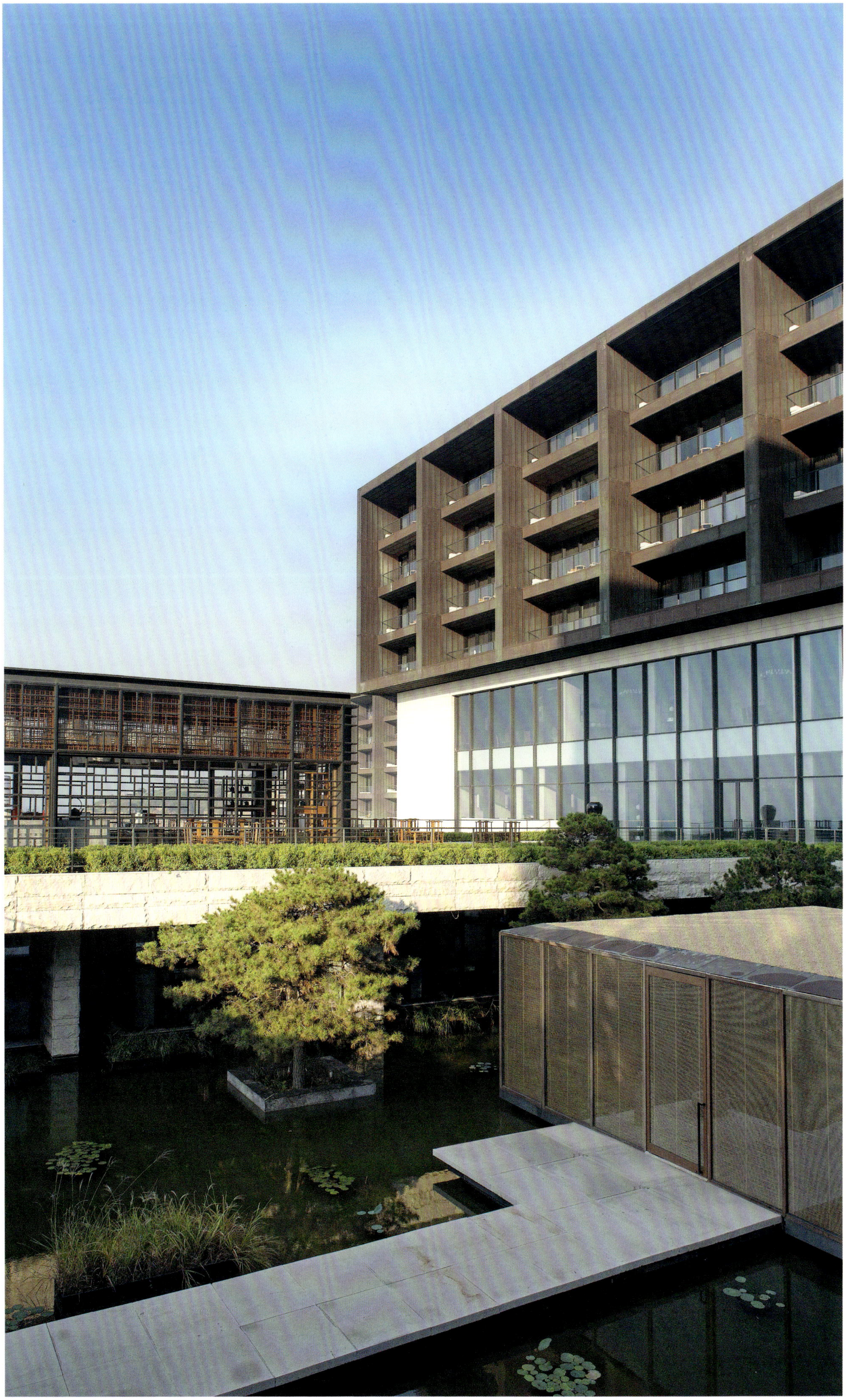

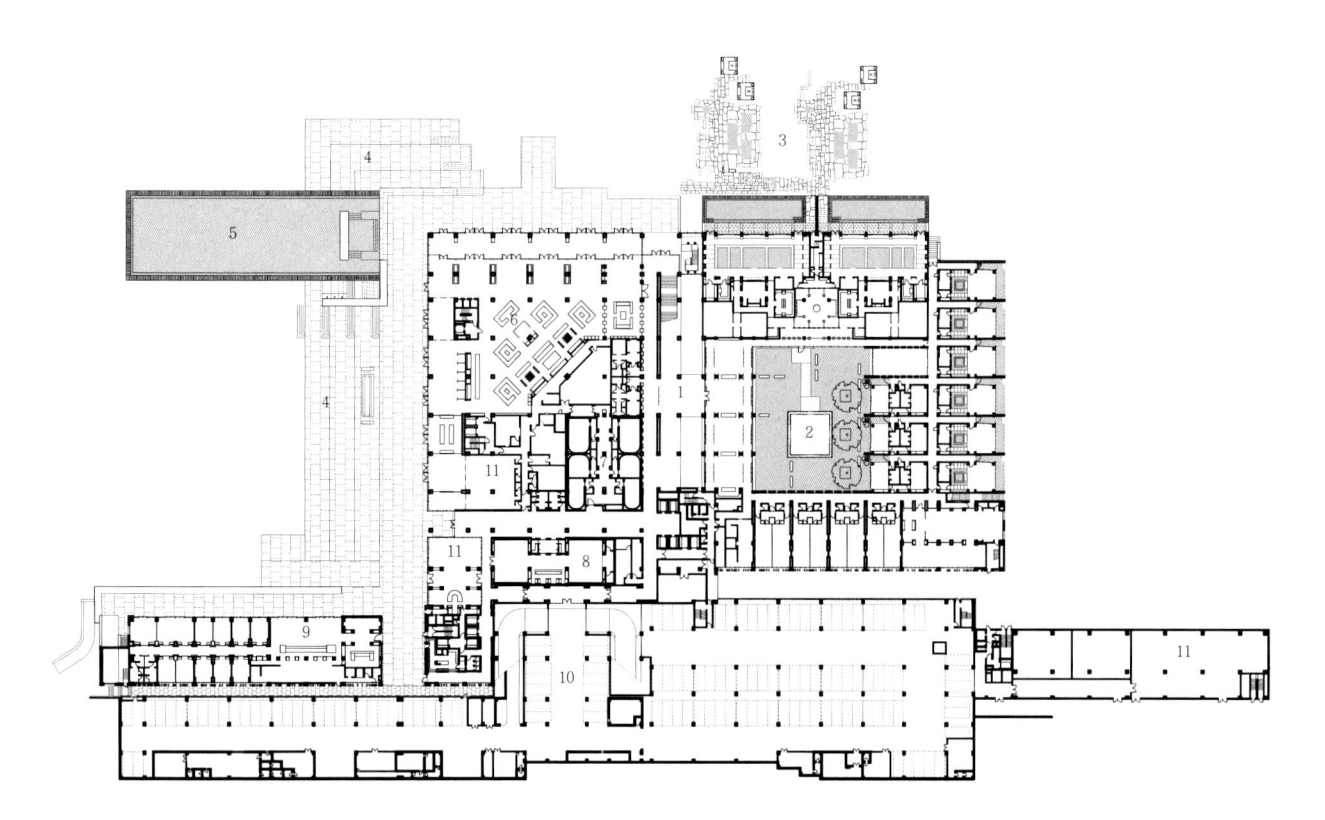

左上图： 一层平面图。

1) 游廊
2) 水疗中心
3) 温泉
4) 海滩露台
5) 游泳池
6) 24小时餐厅
7) 卡拉OK歌厅
8) 酒吧
9) 日本餐馆
10) 停车场
11) 后勤服务空间

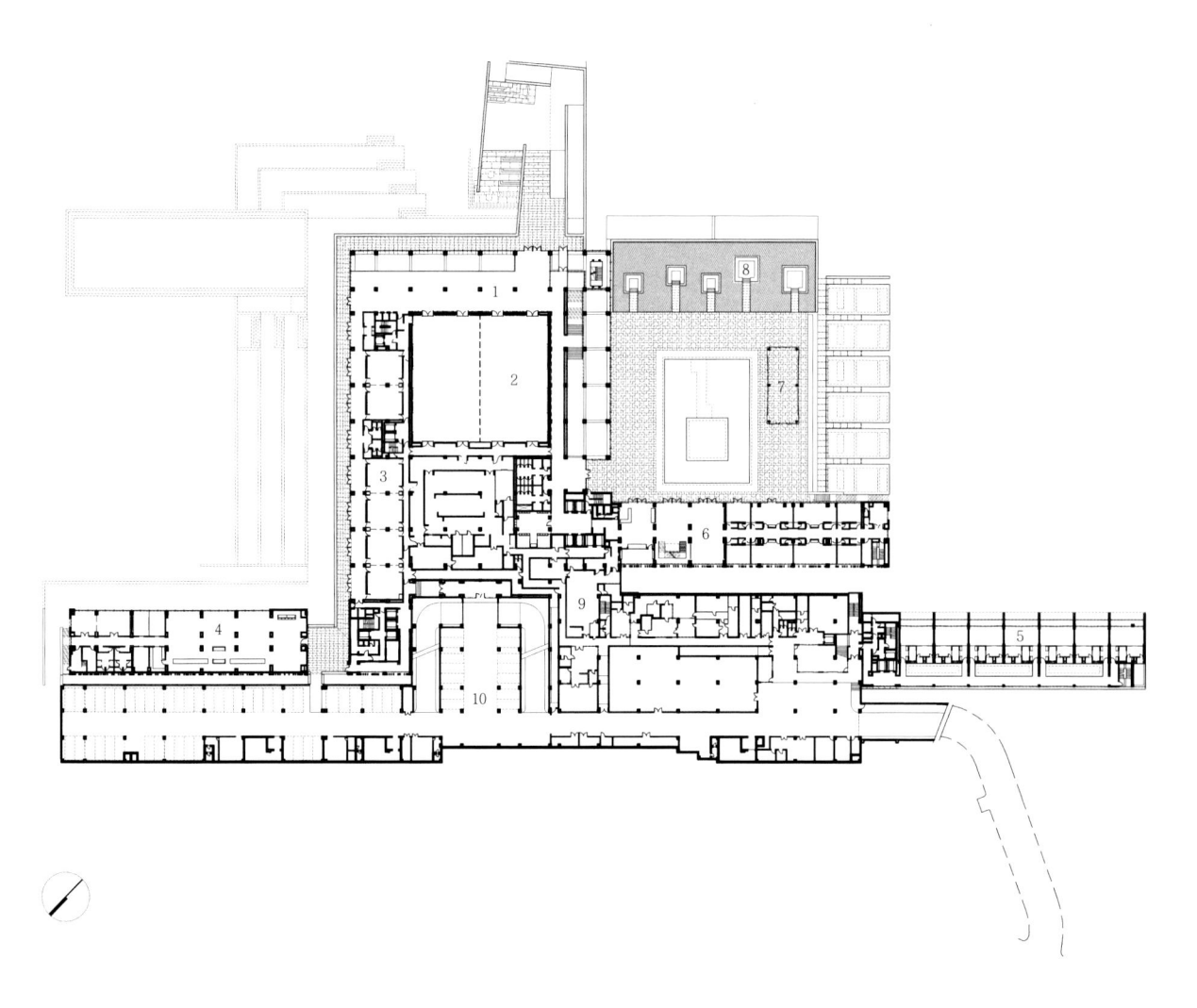

左下图： 二层平面图。

1) 建筑预设功能区
2) 舞厅
3) 接待室/会议室
4) 拉鲁俱乐部
5) 客房
6) 中餐馆
7) 茶馆
8) 水疗中心
9) 后勤服务空间
10) 停车场

右侧图： 茶馆建筑。

右下图： 沉水休息室位于茶馆附近，可以俯瞰大海。

青岛涵碧楼酒店 中国，青岛 265

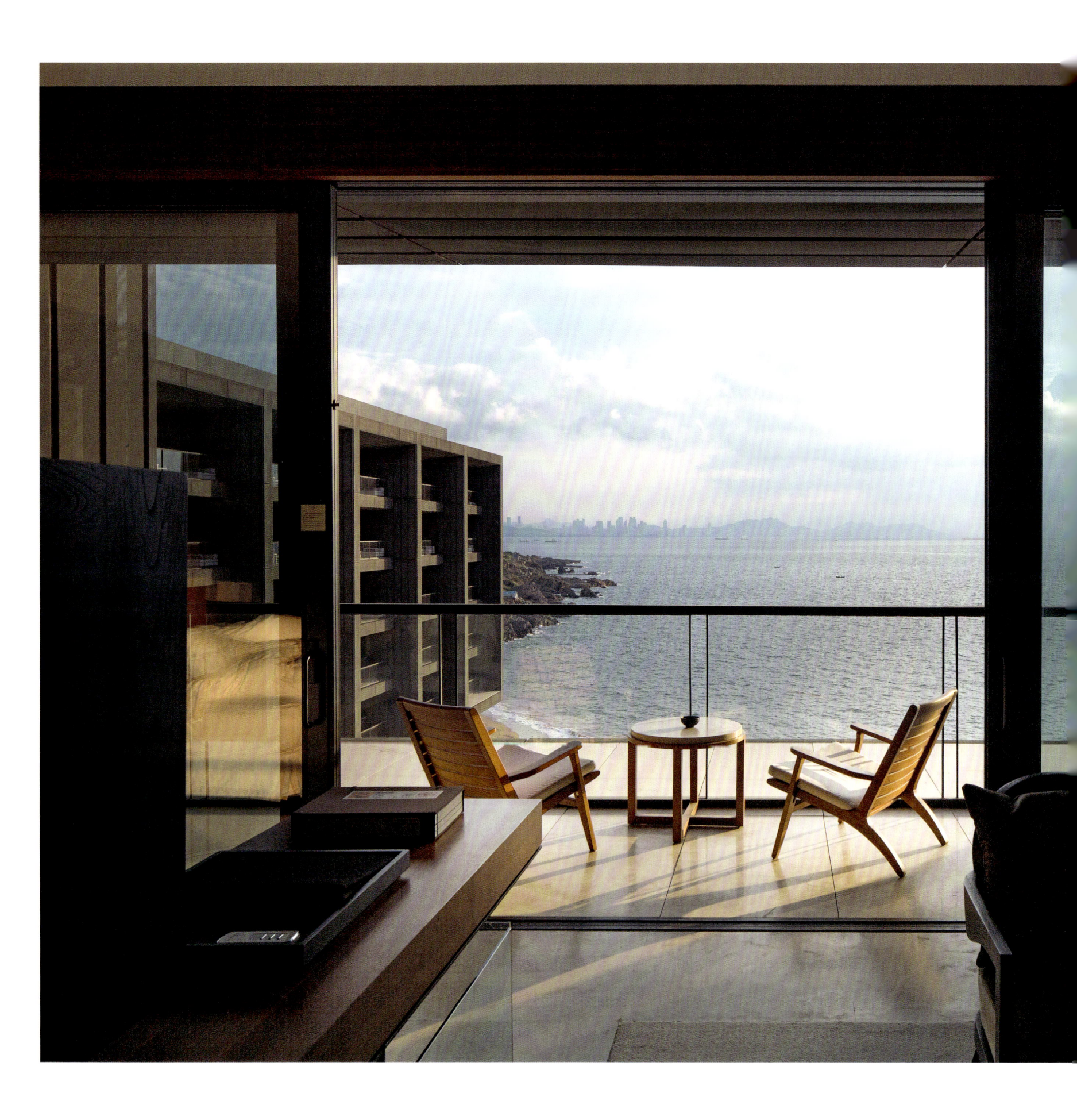

上方图： 所有的客房都面朝大海，有些可以看到隔着海湾的青岛的景色。

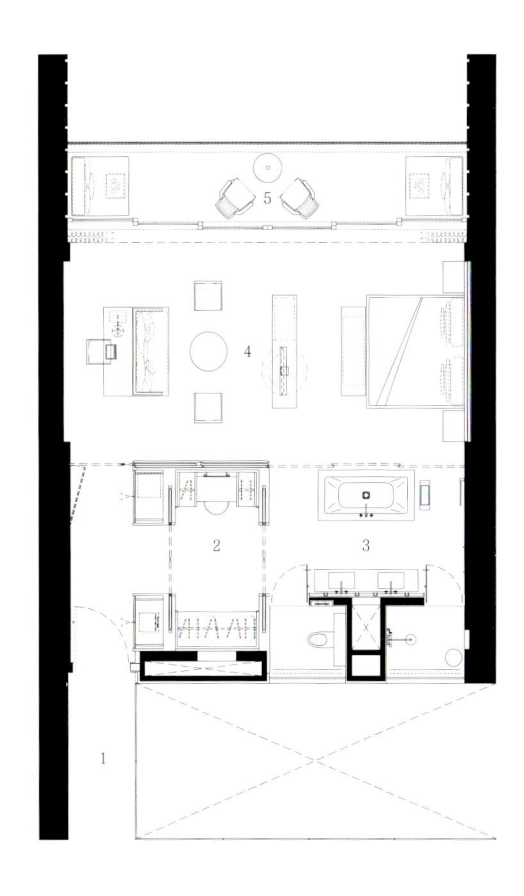

左侧图： 客房平面图。

1）入口
2）更衣室
3）浴室
4）卧室
5）阳台

下方图： 客房内景。

268—269页图： 酒店建在既有半岛的场地上。

青岛涵碧楼酒店 中国，青岛

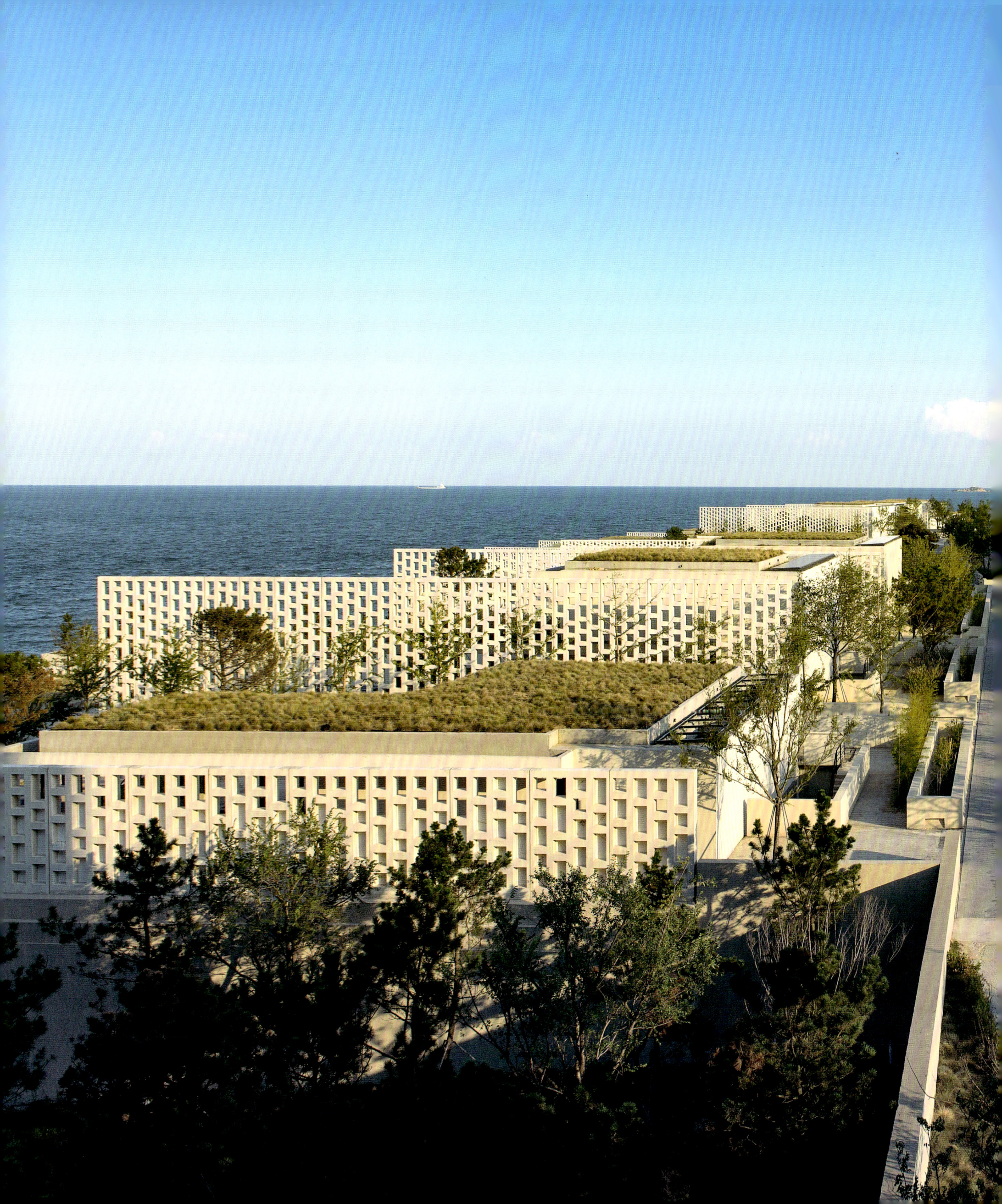

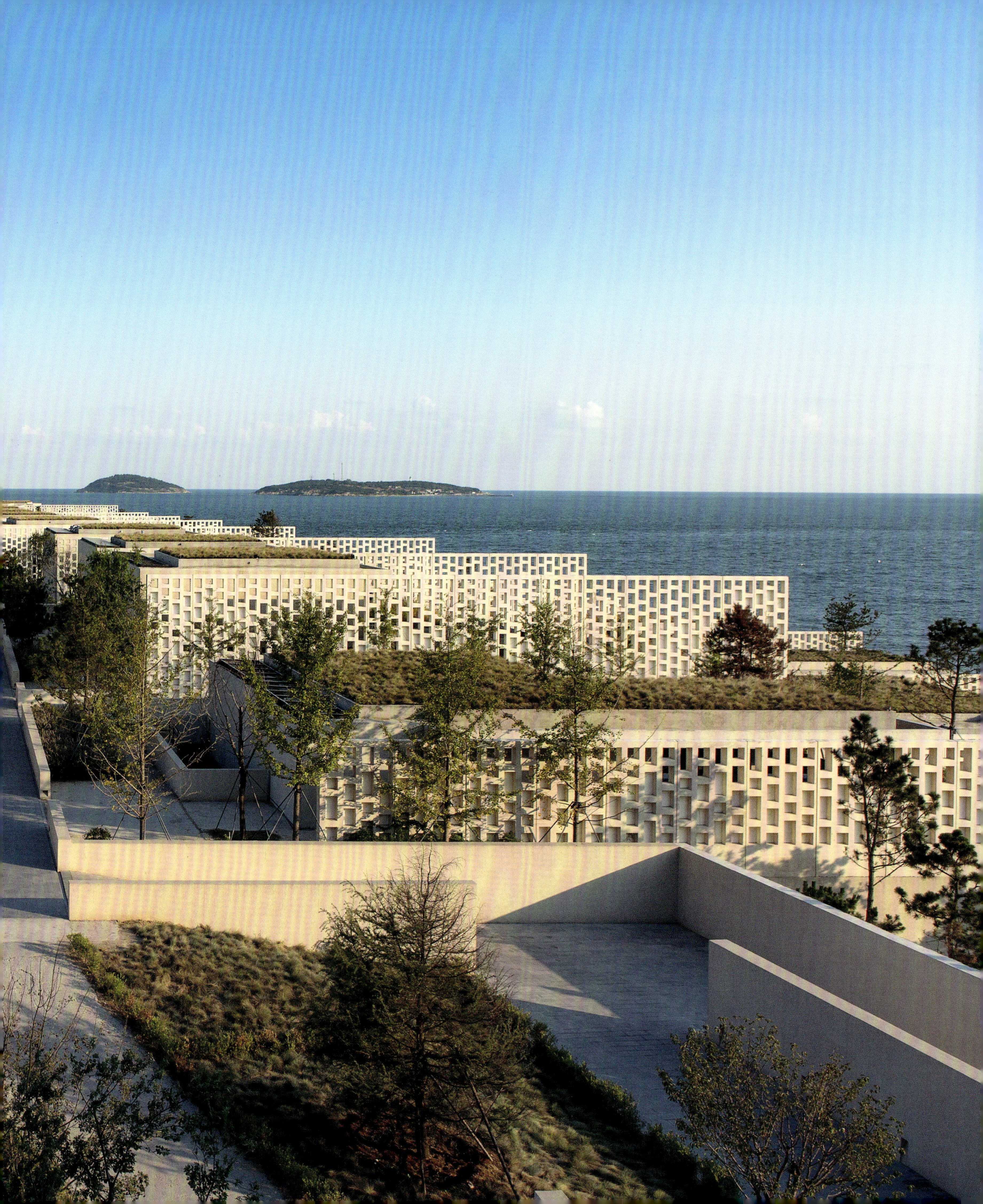

珀斯图书馆大楼与广场（City of Perth Library and Plaza）
澳大利亚，珀斯
2011—2015

我们设计的图书馆大楼，位于珀斯市最杰出的遗产保护古建筑之中。它的下方为一个大型地下停车场。它的圆柱形设计及上部剖面由对角线截断定义，是对这个复杂城市场地的回应。不同寻常的形式让冬天的阳光进入现有的公共广场，并给图书馆一个适当的规模，以适应其周围的环境。它也作为一个离散的对象，为辖区增加了独特的市民身份。

图书馆大楼的外立面由玻璃板和石鳍构成。这些特质通过图书馆大楼的外立面得到加强，它坚固而透明，并为形式提供轻盈和精致。翅片还提供了遮阳与隔热功能，并创造了一个环保高效的立面。在一层，混合的石头和玻璃表皮脱落，露出一个透明的入口门厅，从视觉上连接到街道和广场。

在整座图书馆大楼内部，引人注目的大型公共旋转木楼梯，置于建筑物表层和每个楼层空间之间。三层楼高的大型阅览室，自然而然地成为整座建筑物的核心。在阅览室巨大的天花板上，雕刻着一幅由珀斯市委托西澳大利亚艺术家安德鲁·尼科尔斯（Andrew Nicholls）创作的大型画作。五层高的图书馆大楼，其中三层都可以瞻仰这幅巨大的作品。这幅精细的作品《喜悦与保护》是对莎士比亚著作《暴风雨》形象的诠释，探讨了书籍在知识传递中的重要性。

我们采用带孔金属表层复合装饰板，巧妙地形成且隐藏某些建筑服务设施空间，并产生良好的隔音效果。我们成功将传统和数字标识相结合的导向系统，融合、集成到室内空间。游客从一层楼缓步进入上层空间，会感受到藏书馆尤为安静，充满了学术氛围。在图书馆大楼的最上层，修建了一个宽敞户外露台，从这里，我们可以俯瞰下方的公共广场和南边的遗产建筑。

图书馆大楼的第五层是儿童图书馆，它围绕在一个双层高的冬景花园周围。在冬景花园的中心位置，种植着一棵枝繁叶茂的绿树，可以让人想起早期祖先在树荫下给围坐在一起的孩子们讲故事的情景。阅览室内配备淡色调木制书架、桌椅，再配以柔和的光线，烘托出学术气氛。

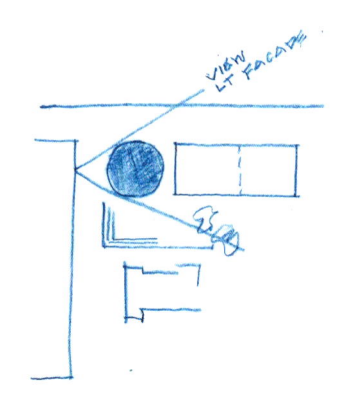

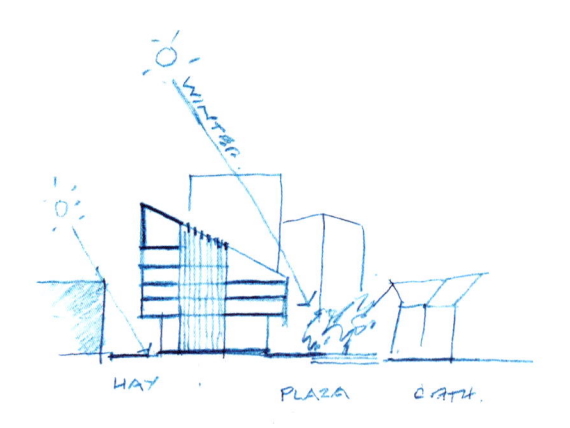

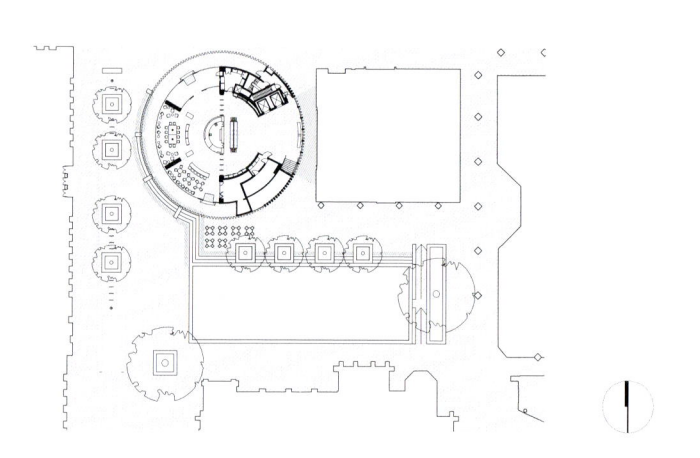

上方图：总平面图。

对页图：图书馆的圆柱形提供了一个独特的市民身份认同。

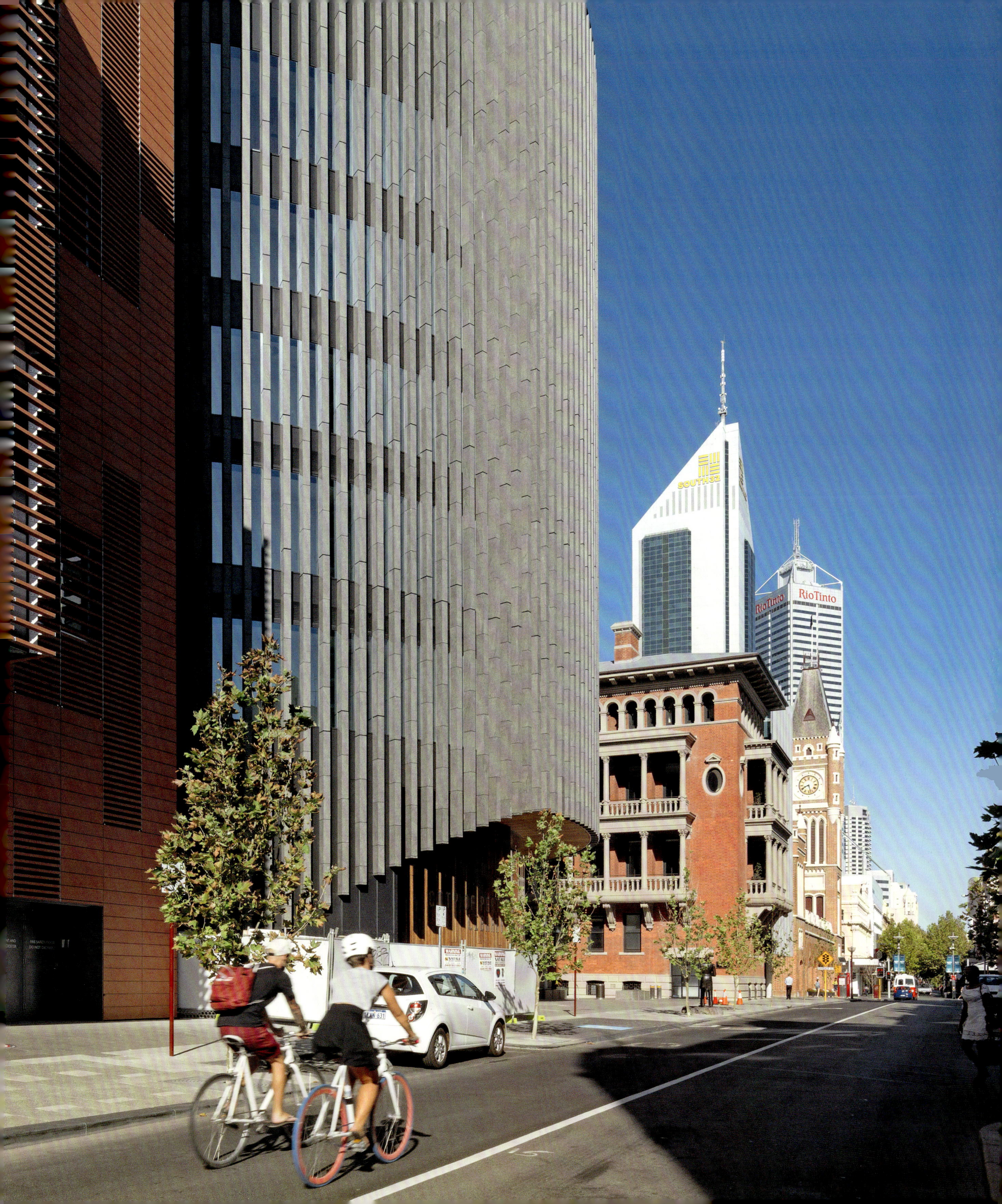
SOUTH32
Rio Tinto
Rio Tinto

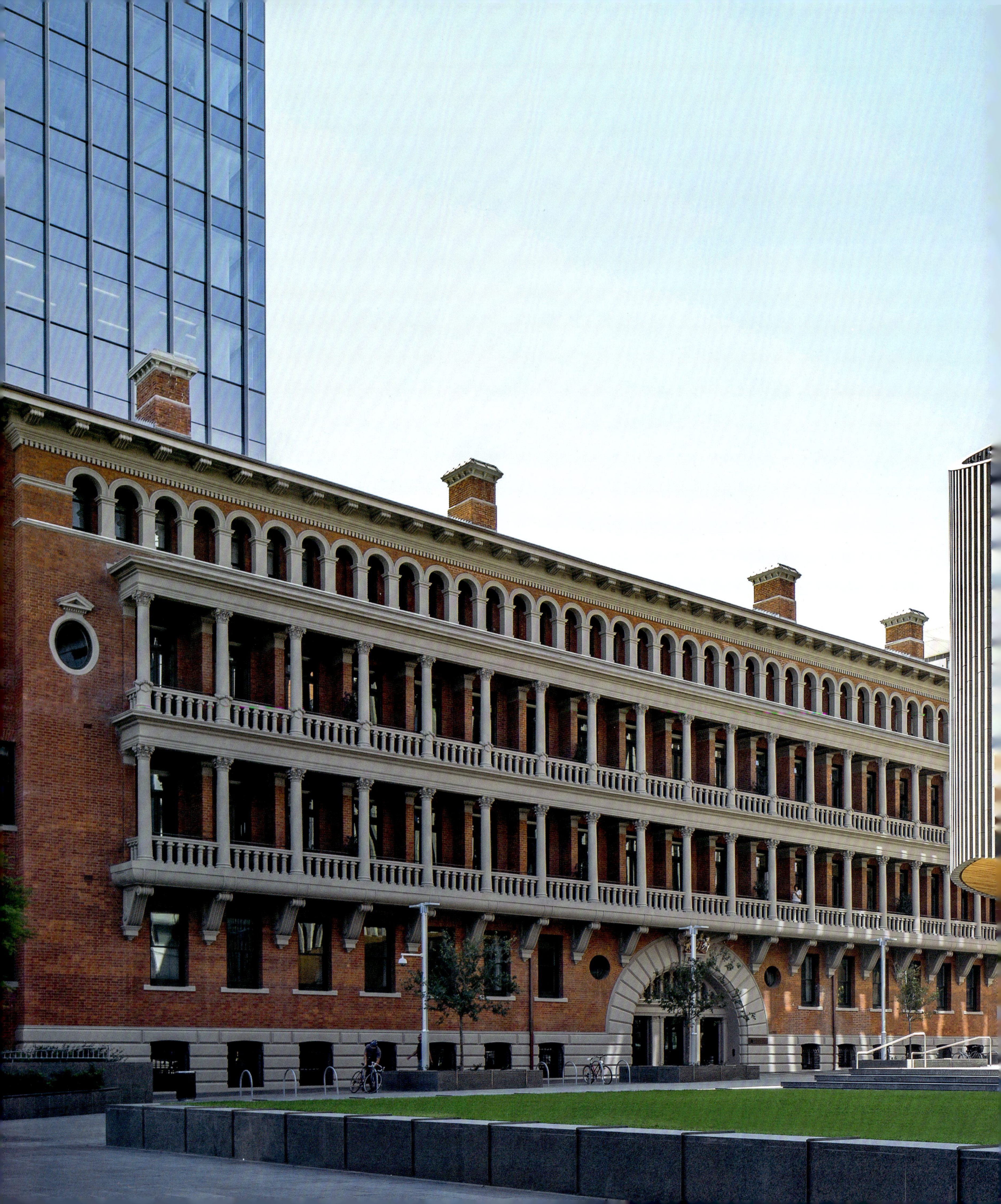

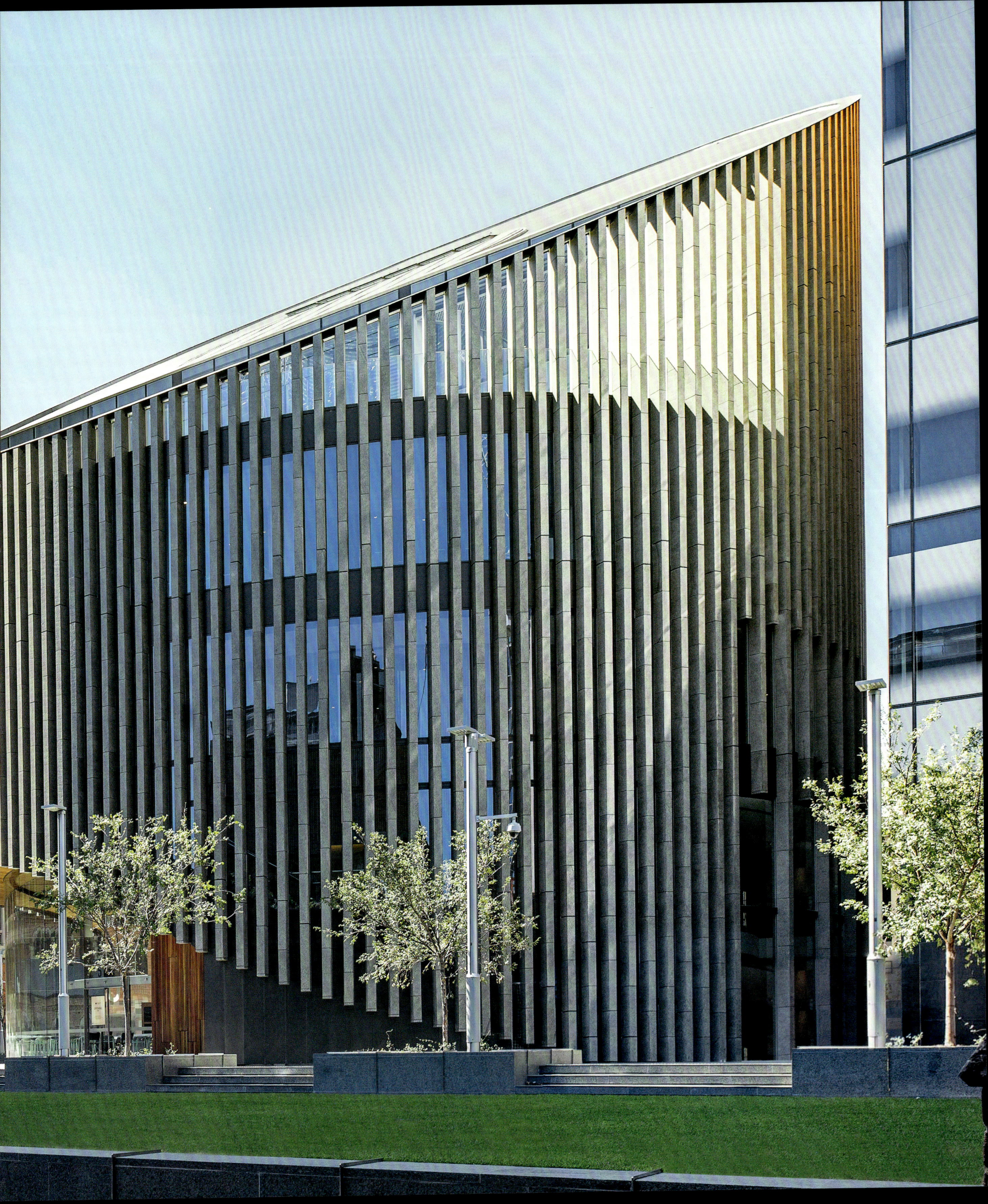

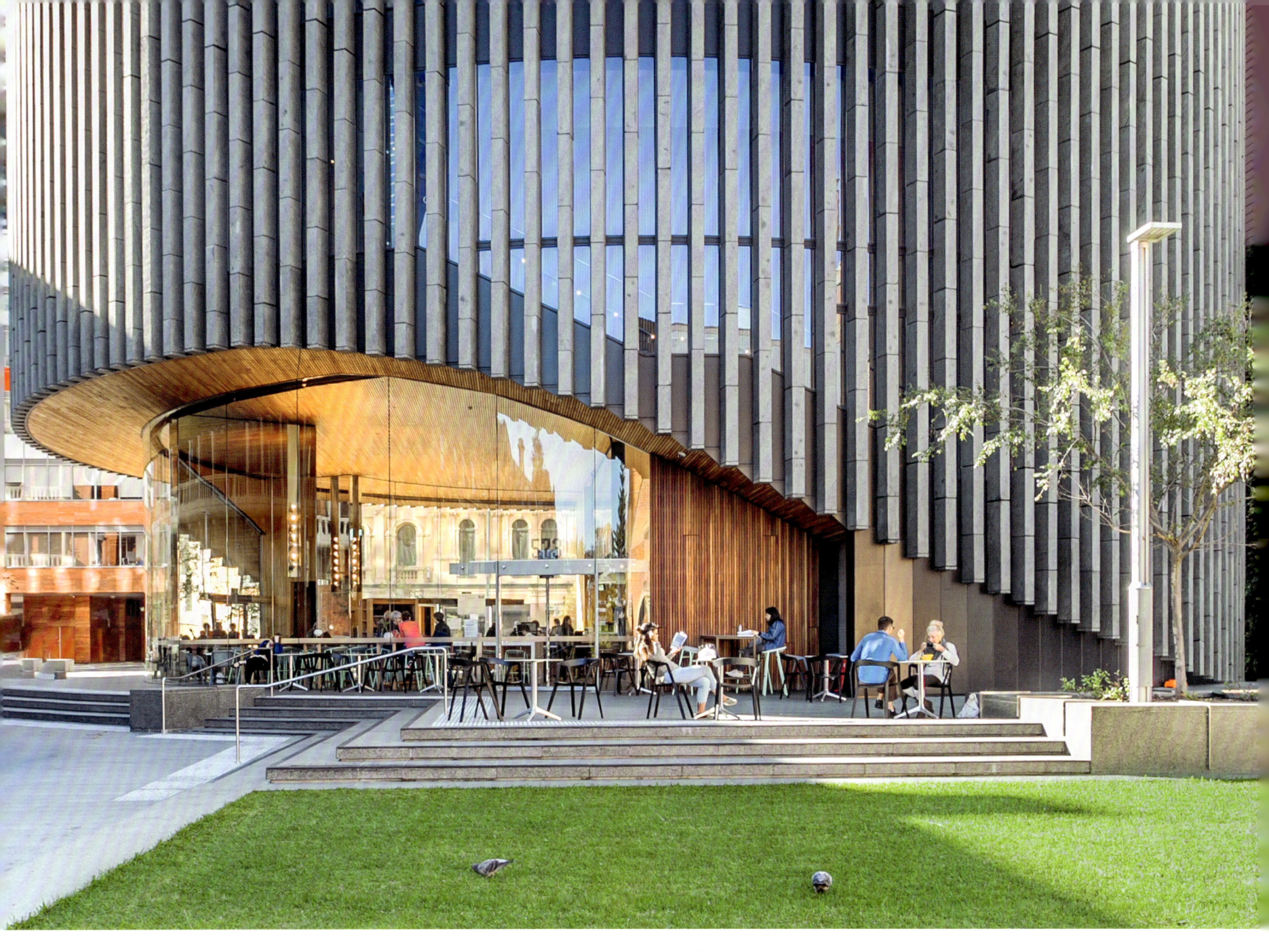

272—273页图： 该项目涉及在城市中心创建一个新的公共草坪。图书馆被截断的形式让冬天的阳光洒在草坪上。

上方图： 石头和玻璃立向上剥离，显现了一楼的一个透明入口和咖啡馆。

左侧图： 建筑的圆柱形使人们能够看到辖区内重要建筑的主要景观。

274　作品精选 1989—2021

上方图： 首层平面图。

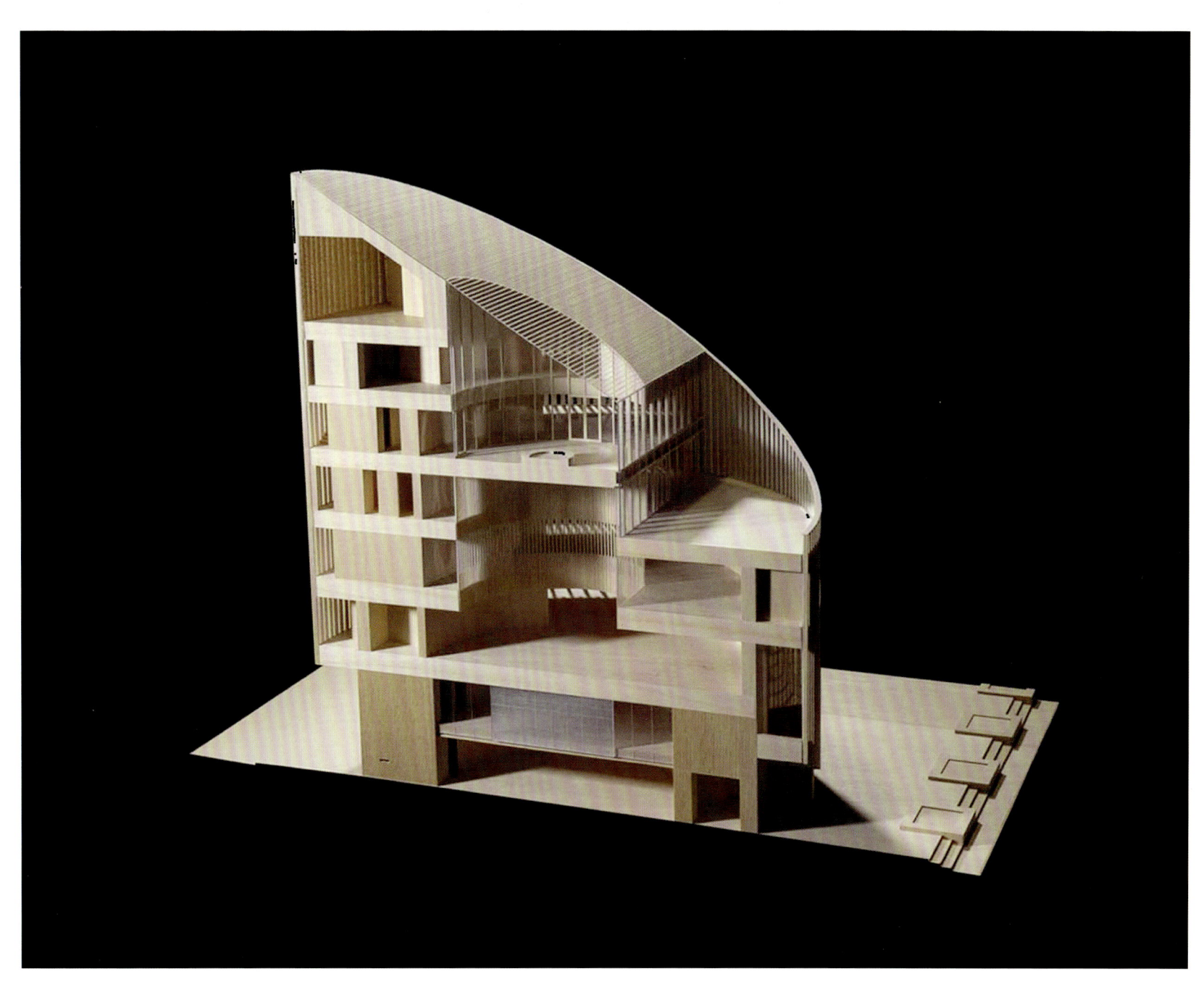

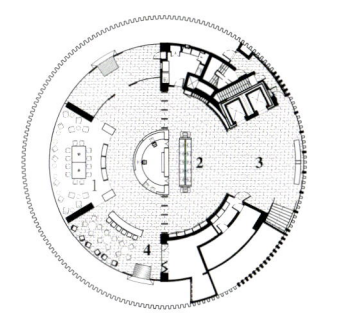

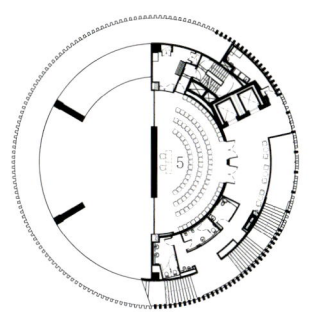

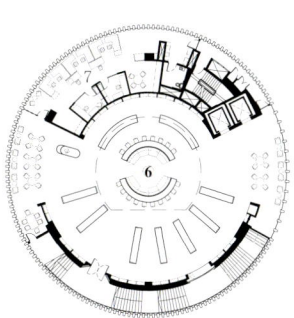

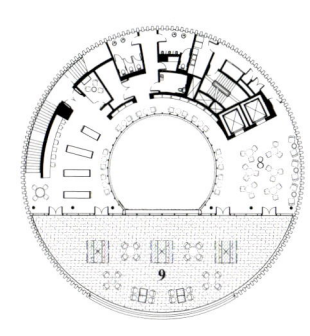

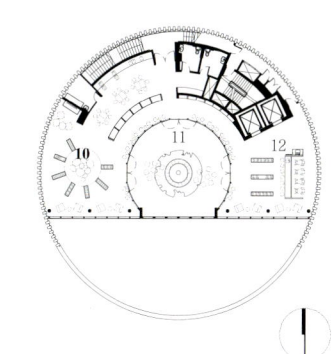

1) 期刊社
2) 顶端
3) 展览馆
4) 咖啡馆
5) 多功能活动厅
6) 藏书馆
7) 工作人员办公室
8) 功能活动区
9) 户外露台
10) 儿童故事屋
11) 儿童户外活动区
12) 儿童阅览室

顶端图： 工作模型的剖面视角。

右侧图： 工作模型的立面视角。

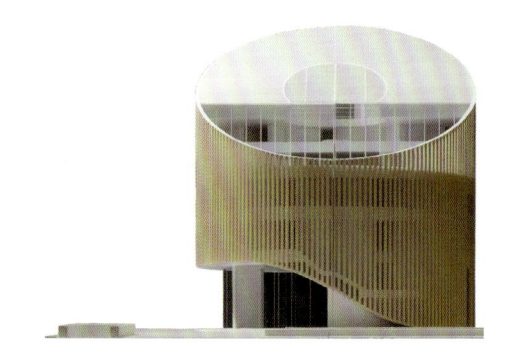

珀斯图书馆大楼与广场 澳大利亚，珀斯

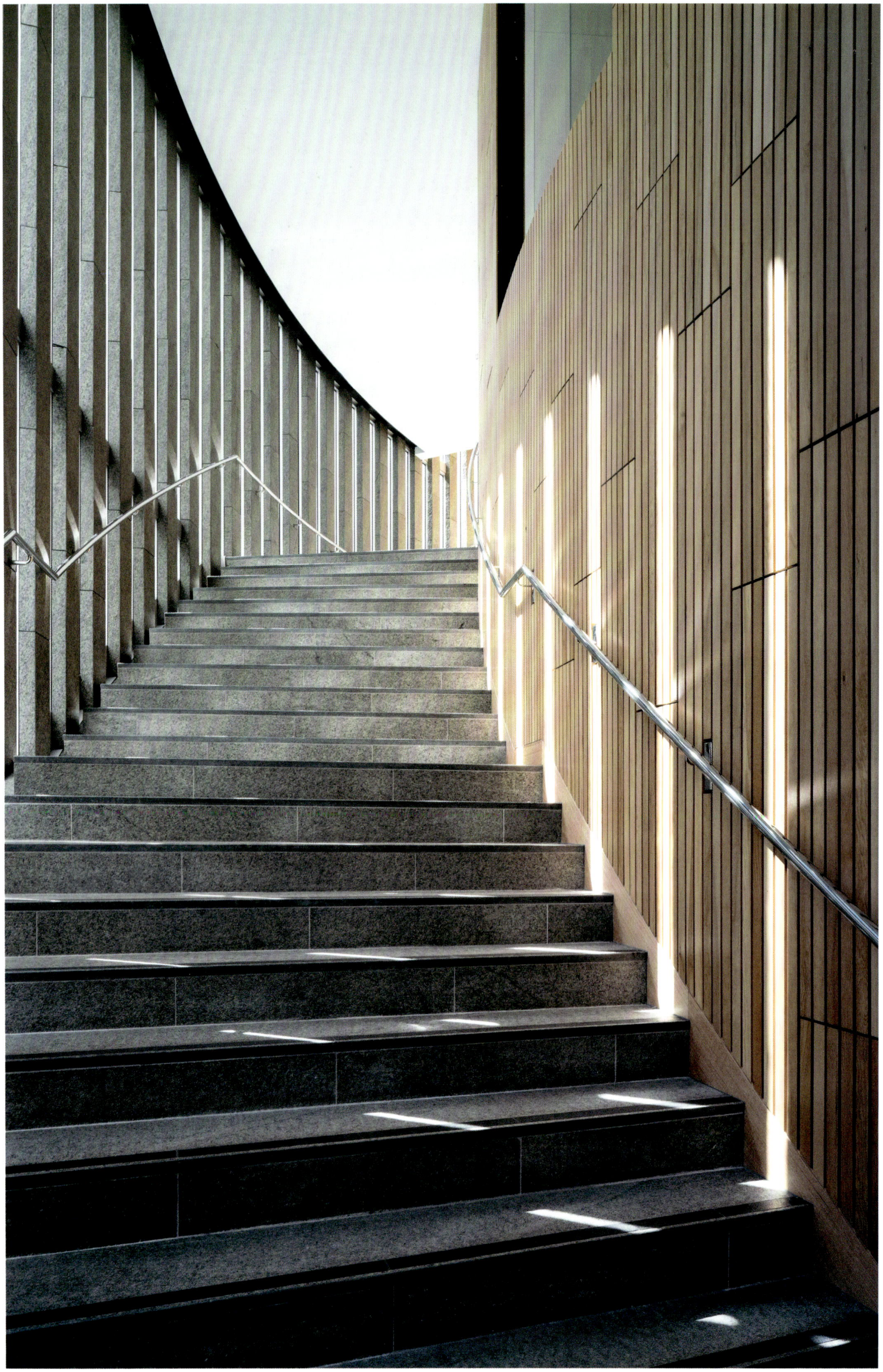

对页图： 主要的公共楼梯环绕着建筑的周边，连接着所有的楼层。

右侧图： 儿童图书馆大楼位于五层。

下方图： 儿童图书馆布置在通高的冬景花园周围，花园中心有一棵树。

珀斯图书馆大楼与广场 澳大利亚，珀斯

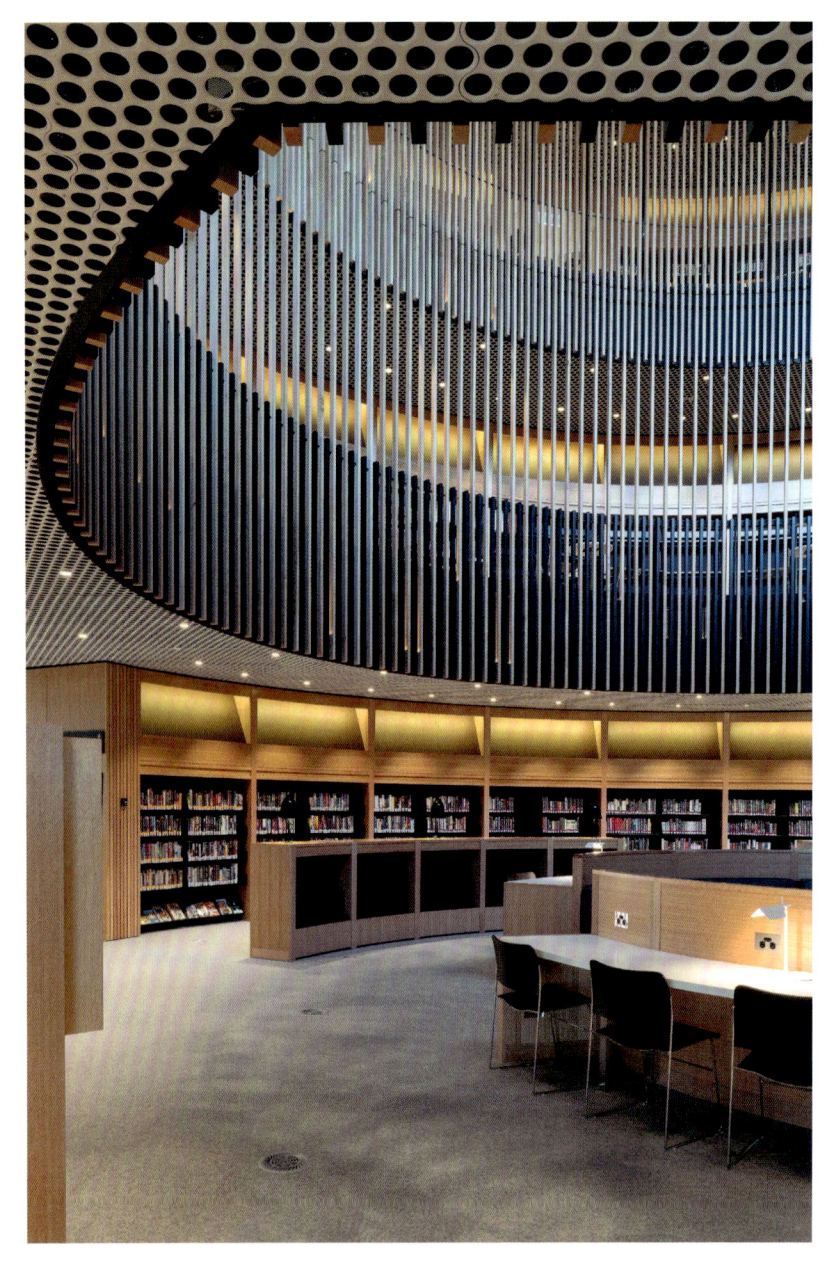

左侧图：主要藏书的收藏空间，位于三层楼以上，通过阅览室的中央空间连接。

下方图：此空间实现了楼层之间的对望。

上方图： 阅览室天花板上的艺术品是安德鲁·尼科尔斯的《喜悦与保护》，描绘了西澳大利亚的濒危动植物。

右侧图： 阅览室上方的空间由垂直的木格栅来限定。天窗照亮了空间和艺术品。

珀斯图书馆大楼与广场 澳大利亚，珀斯　279

安缦养云酒店（Amanyangyun）
中国，上海
2011—2018

由于中国江西省一座大坝的修建工程，导致水位上涨，促使人们付出巨大的努力来拯救受到威胁的明清两朝古代房屋和成熟的樟树。一共26座古建筑和1万棵樟树从江西省被迁往上海，创造了一个隐秘于成熟香樟林内的现代艺术村落和乡村度假胜地。

我们严格监督此项目的每一个环节，从项目的总体规划到室内精装修。我们将古代精华与现代风格完美地融合在一起，我们的构想是，基于对真实性的坚持，以安缦度假村的综合发展、创造归属感为目标，包括修建安缦酒店，修建与修缮43栋别墅和一个文化中心。

这个规模庞大度假村，以不同的工程规模和速度，逐步进行和展开：从铺设林荫大道到修建酒店的花园景观，最后到装修幽静私密的庭院套房。这一大片乡间别墅群，如同亭台楼阁一样，集中分布在季节性景观庭院的内部和周围，而一条条人行小径，也减缓了车辆的通行。本项目总体规划的核心部分，是一棵挺拔威严的"国王树"，它生长在一片碧绿草坪上，临近最精美的古建筑之一楠书房。楠书房是该项目开发的重要的文化中心。其他大量的房间，都作为独立别墅花园中的私人生活空间。

别墅中豪华套房的设计，是本项目开发关键的建筑模块。设计师将一个个套房巧妙地穿插在两个私人庭院的一系列空间中。外观呈现倾斜的屋顶和高大的房屋，禁不住让人联想起中国的传统建筑，但室内装修具有现代风格，如白色的天花板，配以淡色橡木家具和地板。

我们聘请了当地技术熟练的工匠，这些古老的房屋被重新修复，内部装修采用现代的建筑风格。我们采用当地高质量的现代建筑材料和创新的工程技术，尽可能保留古建筑基本构造。多孔砖屏风，能增加日光的穿透性，而不减少立面的整体特征。我们也增添和表达了具有现代建筑风格的新元素，例如，为房间配备了一定数量美观、精致的家具，以及与当地工匠合作开发的精美艺术品。

右侧图：入口前院。

安缦养云酒店 中国，上海

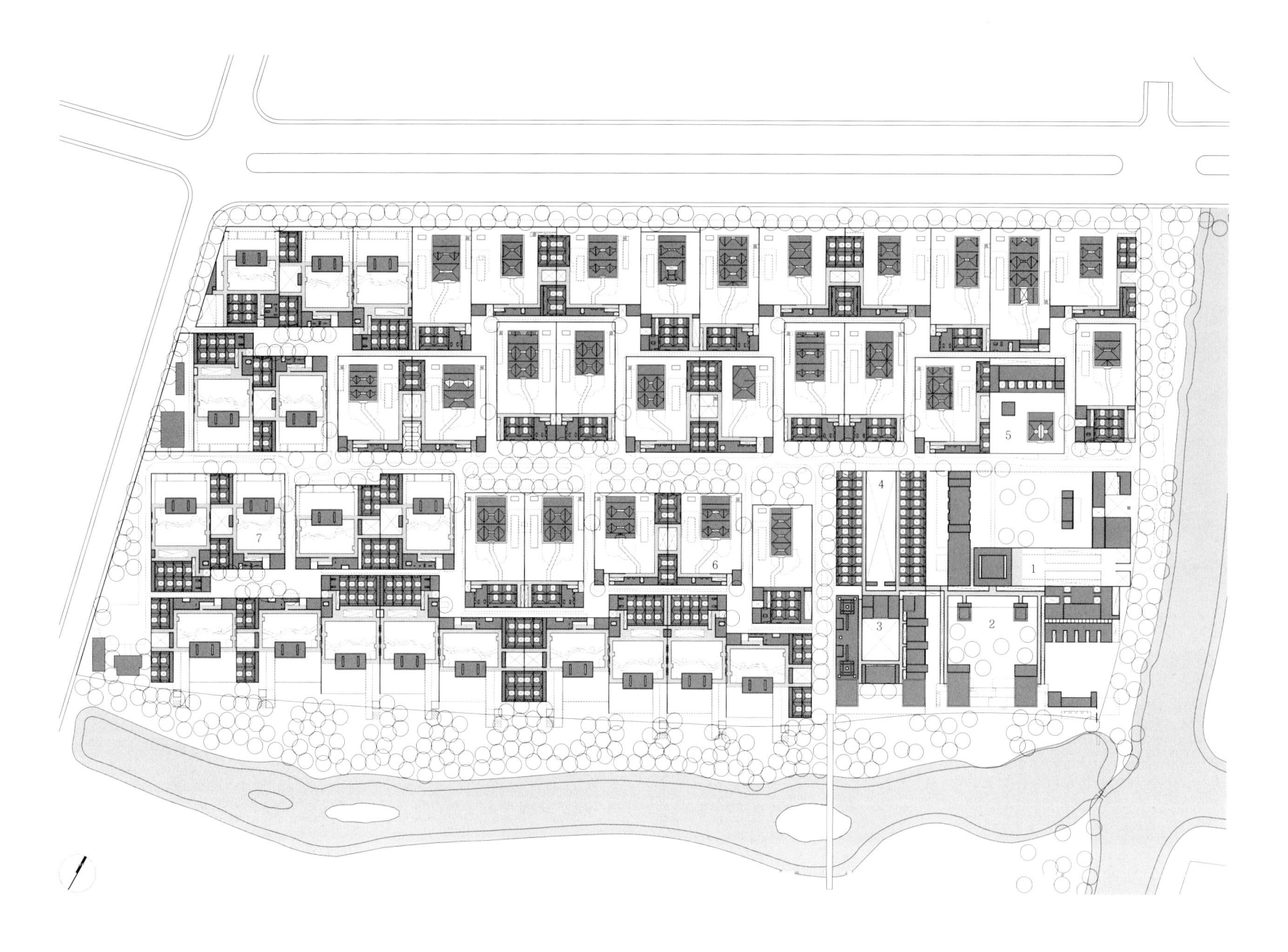

我们采用当地自然建筑材料，通过有限的色调、精心设计的空间、细节和光影效果，创造了丰富多样的视觉体验。引人注目的镂空砂岩墙体不仅能增加对流通风，调节私密性空间，还能呈现美轮美奂的几何图形和阴影模式。

当客人入住酒店时，迎接客人的是，由优质楠木制成的格栅。楠木曾经用于中国古代的宫廷建筑和传统家具制作。柔和光影投射的空间、木材的清香，与精湛的传统工艺结合在一起，确定了安缦养云成为一个深深扎根于中国的度假胜地的地位。

本项目属于养云村落古建筑修复庞大建筑工程项目的第一部分，我们目前仍然继续开发这个项目。在总体规划中，本项目重要的组成部分包括修建一处高等文化教育中心。

上方图：总体规划图。

1) 酒店入口
2) 酒店公共区域
3) 水疗中心和健身房
4) 客房
5) 楠书房
6) 标准的古老别墅客房
7) 标准的新建别墅客房

对页上图：古色古香的房子坐落在有围墙的花园中。

对页下左图：通往私人别墅的入口处

对页下右图："国王树"和楠书房夜景。

安缦养云酒店 中国，上海

284　作品精选 1989—2021

对页上图： 楠书房是该项目最引人注目的文化中心。

对页下图： 古老的建筑构件被仔细地编目，并由一组熟练的工匠修复。

顶端图： 套房内的起居室。

上方图： 在客房外错位拼接的镂空石围墙细部结构。

左侧图： 客房里华丽的地毯、简约美观的台灯和手工艺术品。

安缦养云酒店 中国，上海　285

上方图： 豪华套房内景。

左下图： 客房浴室内景。

右下图： 客房别墅工作模型。

上方图： 古老别墅的客房内景。

左下图： 新建别墅内的套房剖面图。

右下图： 位于古老别墅下面的地下室，被装修成了一间美术画廊。

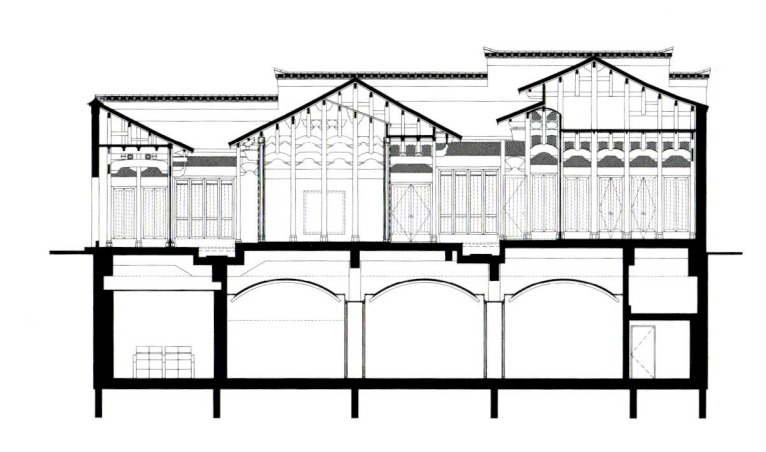

安缦养云酒店 中国，上海

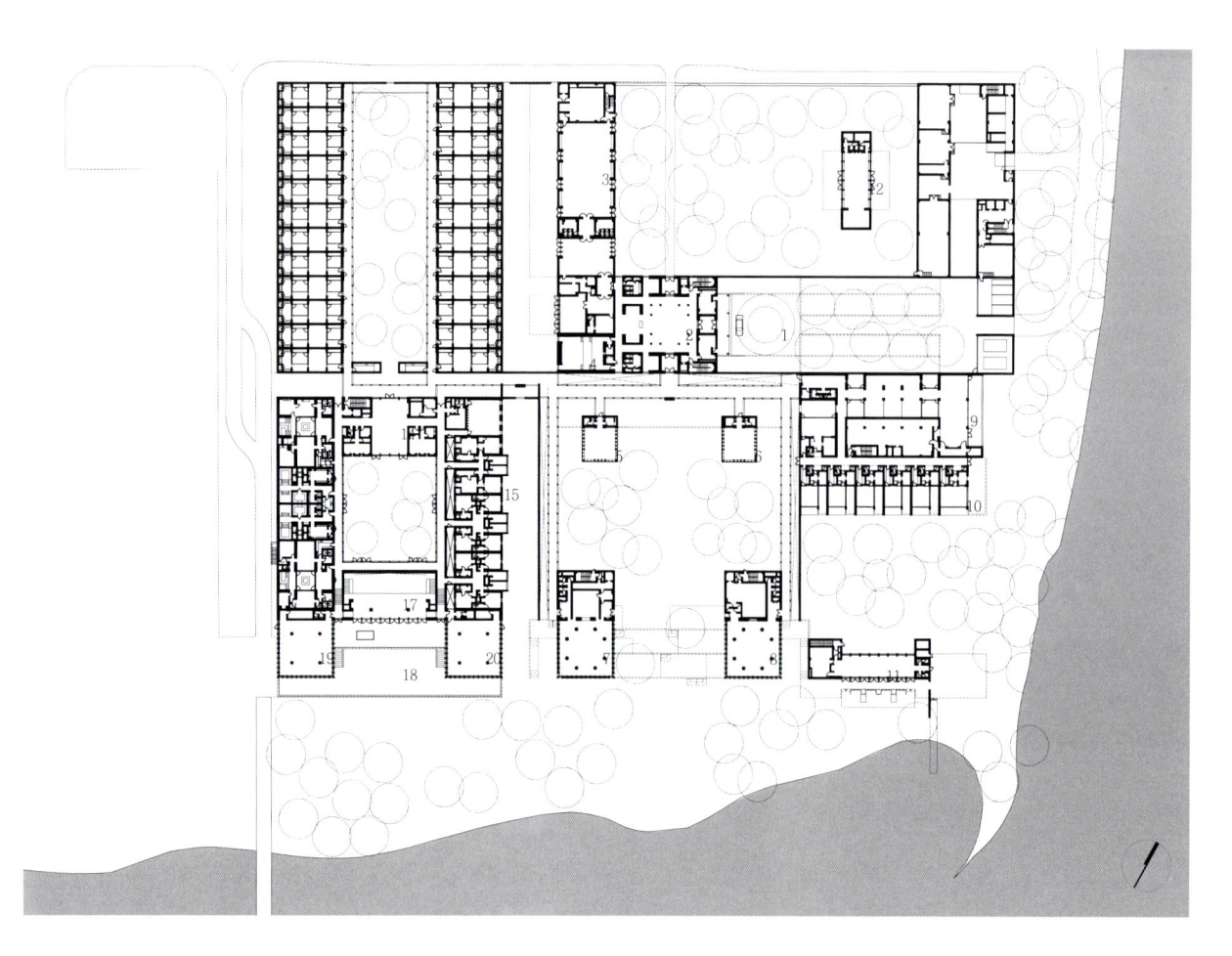

左侧图: 酒店平面图。

1) 入口庭院
2) 大堂
3) 宴会厅
4) 电影院
5) 酒吧
6) 零售商店
7) 俱乐部休息大厅
8) 全天候餐厅
9) 中餐馆
10) 私人餐厅
11) 湖边的咖啡馆
12) 野谷户外活动中心
13) 后勤服务空间
14) 水疗中心接待处
15) 治疗室
16) 诊疗室
17) 室内游泳池
18) 室外游泳池
19) 健身房
20) 瑜伽/普拉提室

下方图:（从顶图起）酒店全景的工作模型;主要大厅朝向湖面的南向立面图;主要大厅的剖面图。

上方图： 花园由有盖的连接通道和承重石墙构成。

右侧图： 水疗中心入口庭院的框景视野。

安缦养云酒店 中国，上海

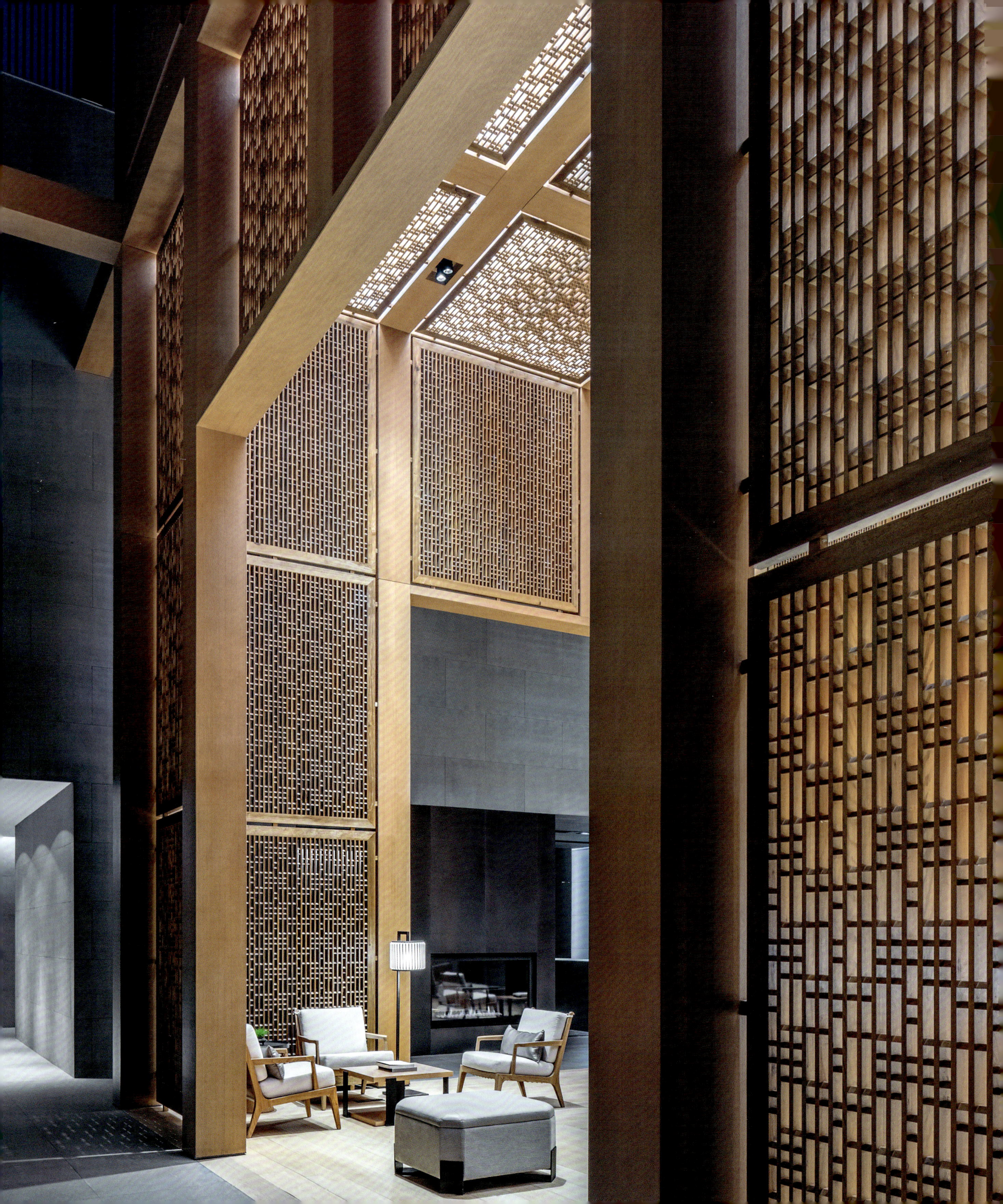

对页图： 舒适典雅的客厅，"盒子里的盒子"，木雕镂空的门窗，以及外层围绕的花岗岩墙体。

右上图： 古老别墅内陈设的台灯细部。

右下图： 餐厅和酒吧的外观。

安缦养云酒店 中国，上海

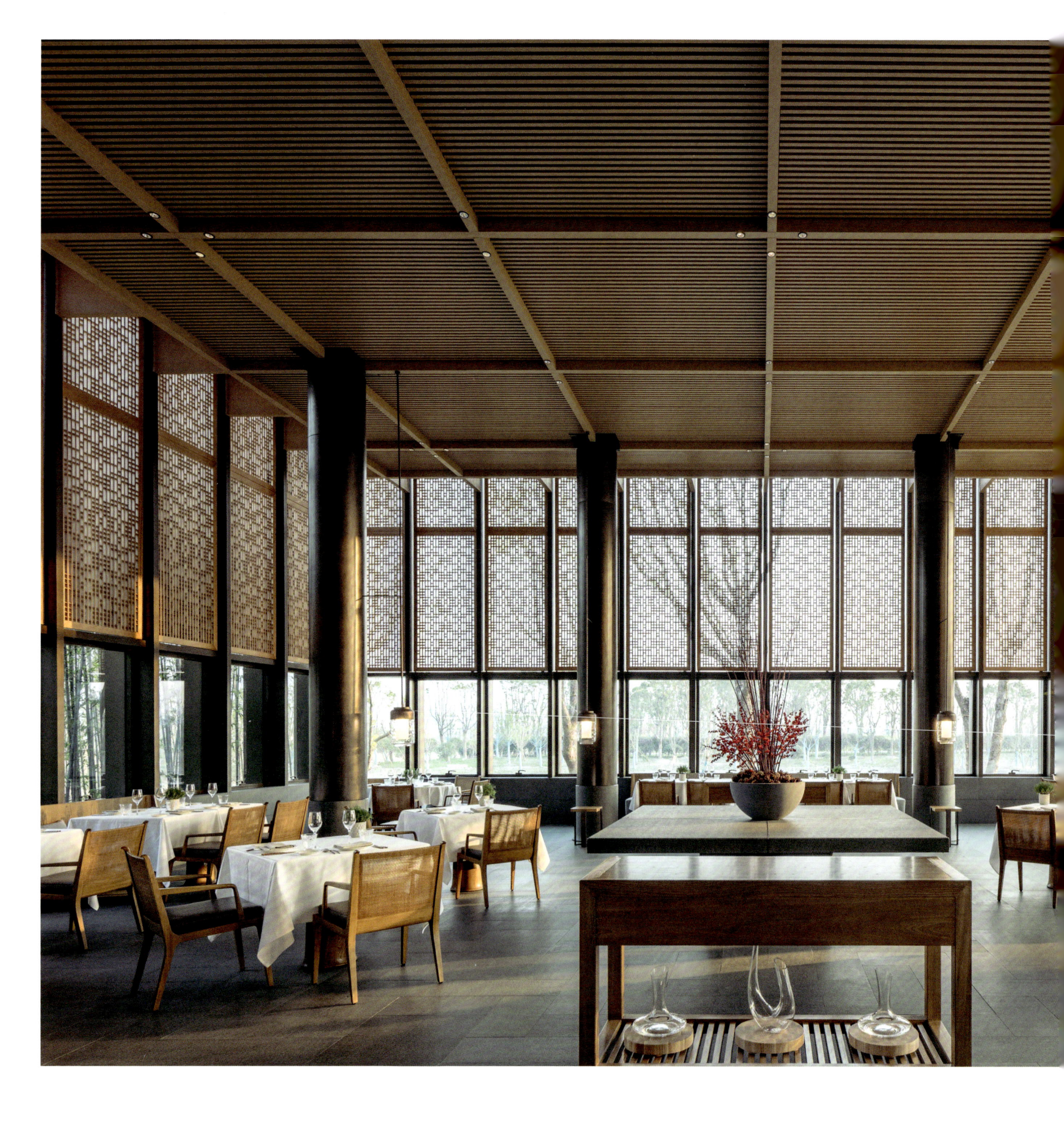

上方图：面向湖面和森林公园的中餐馆。

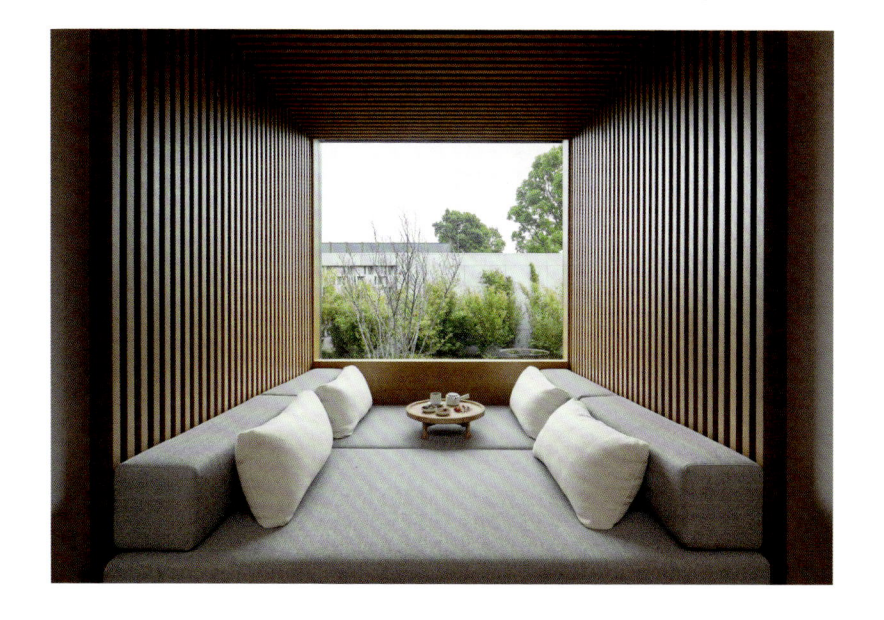

上中图：精雕细琢的楠木网格屏风。

上方图：游客在水疗中心，似乎置身于一个冥想花园。

顶端图：环境清幽雅静的中餐馆内的半私人餐厅。

安缦养云酒店 中国，上海

独一无二迪沙鲁海岸酒店（the One & Only Desaru Coast）
马来西亚，柔佛州（Johor）

2011—2020

在柔佛州，沿着马来西亚东南部有一段110公顷寂静的海岸线，有一片25公顷的开阔地，这是很久前海岸高尔夫球场球道的所在地。最近，该球场经过了重新改造。该酒店位于翠绿的雨林和未被开发的海滩之间，包围在雨林中，与沿海公路隔开，唤起了人们对马来西亚传统村落怀旧的感觉。沿着海岸线的陆地边缘绿树成荫，形成了天然的与世隔绝的世外桃源，它保护酒店免受从中国以南海面吹来的季风侵袭。

我们对酒店的设计源自对海边这片天然、独特的宁静的东南亚的热带雨林情有独钟。我们的设想是，最大限度地保护现存的天然森林，保存开放性空间，同时将新建筑物沿着场地纵向排列，所有建筑物都面向海岸，俯瞰一望无际、绿草如茵的草坪。

我们的设计理念，在酒店中心的前院变得显而易见、一目了然。在开放性大厅的北侧和南侧，我们在坚固的石头地基上修建了两个通高的楼阁凉亭，增加了主要的公共设施，成为公共活动空间。在一个巨大的公共活动区域内，引人注目的亮点，是一个50多米长的宝石蓝色的户外游泳池，景色壮丽，好似通过树林的空隙无限延伸至天空与海洋。沿着一个宽阔的石楼梯，向下穿过平坦的砖石基座，再经过阶梯座位区到达下方的游泳池和草坪，给人一种置身于剧院观赏精彩演出的感觉。

酒店整体建筑及配套设施完善，富有现代风格，令人愉悦放松，同时蕴含传统建筑中的秩序感或层次感。尤其是我们对开放的公共建筑采用了高体量、木材包层和黑色钢框架搭建的设计方案，促进了建筑风格向简约化和轻盈化转化。相比公共建筑，套房建筑则以沙的形式风格固定在场地上，如沙色石墙与露台，还有人行道。

穿梭雨林的人行道，蜿蜒曲折，穿过茂密的雨林和围成的庭院，四通八达，一直通往会议中心、客房和温泉水疗中心。从这段长途旅程中，两种截然不同、互补的景观在不断地变化。一种是出现在外围的、阴影的、自然的景观。而另一种是内部花园式的景观，充满了靓丽的热带雨林色彩，这些色彩被引入建筑物及周围庭院和小径的设计之中。

46座单层的豪华套房，如同独立的、小型、封闭的平层公寓。每一处套房，都由各种连接内、外部空间的不同的风格凉亭组成，围绕着一个中央庭院和游泳池，所有这些占地面积大约130平方米。浴室和卧室之间，被庭院隔开，保证了两者拥有完全独立、开放的空间，以实现各自良好的自然通风、对流。我们修建的套房，面向海滩，呈开放式，阳台与卧室相连，带有独特的窗台，窗户安装了精美的旋转木屏风，这个巧妙的设计，参考了东南亚热带地区当地传统住宅的建筑风格。

左侧图： 鸟瞰酒店全景，北边为一大片绿树环抱的公共活动区域。

对页图： 酒店户外的大型游泳池。

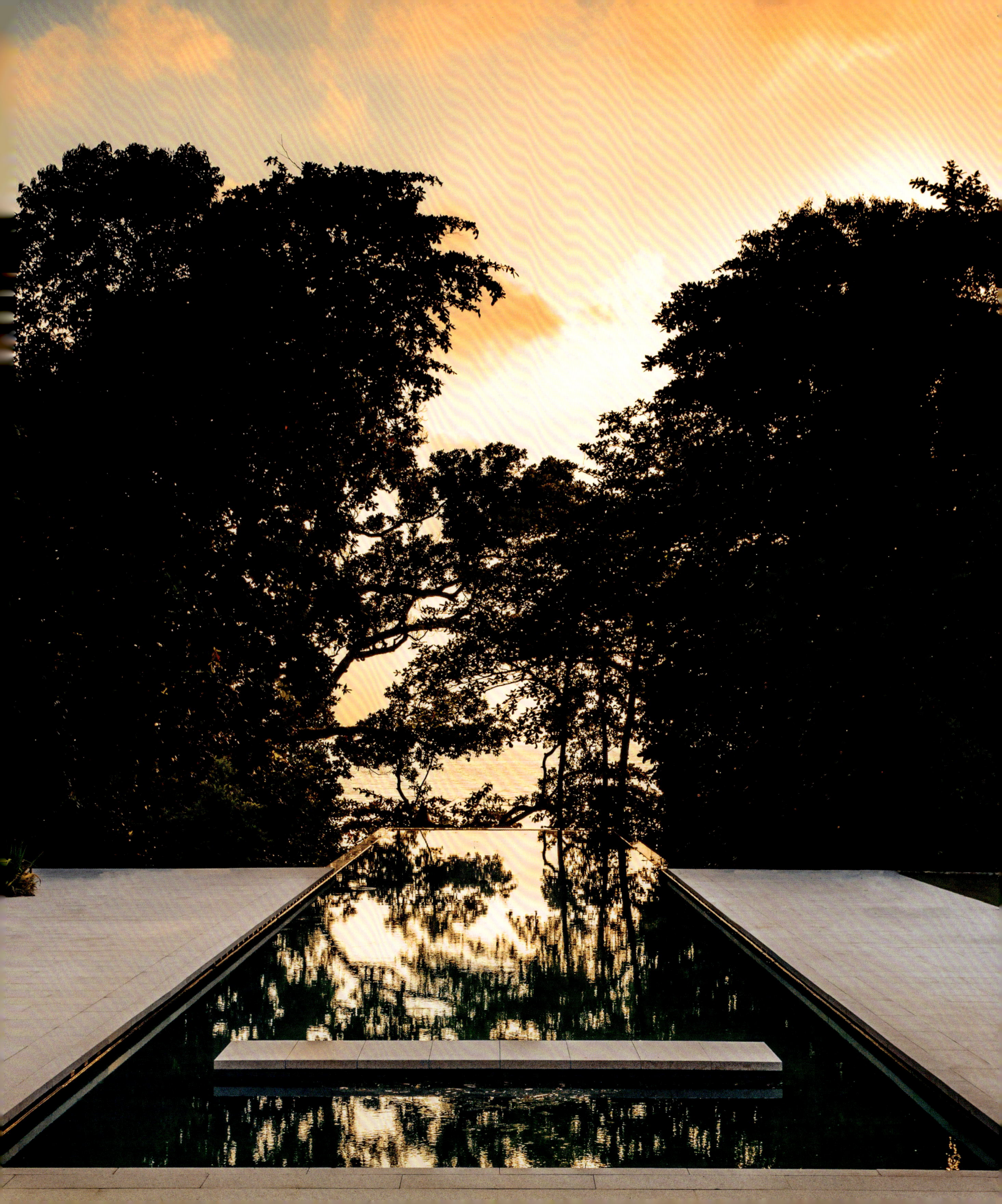

下方图： 俱乐部会所剖面图。

底部图： 整体规划图。

1) 俱乐部会所
2) 水疗中心
3) 俱乐部套房
4) 海滩俱乐部
5) 休闲娱乐会馆
6) 别墅

对页上图： 越过一层的酒吧望去。

对页下图： 从面向大海的海洋套房望向庭院草坪。

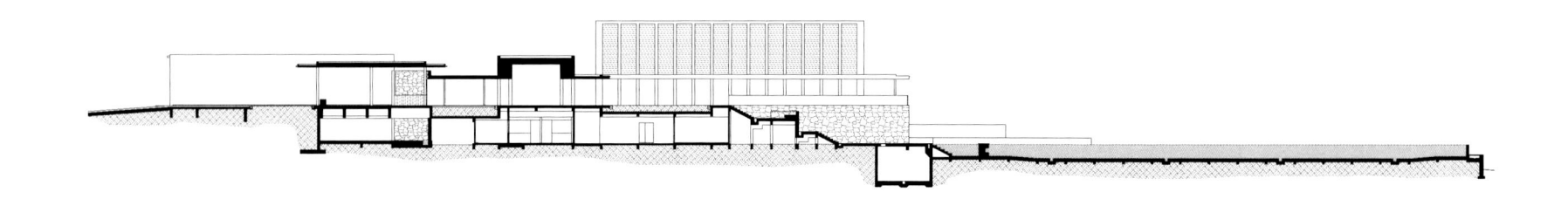

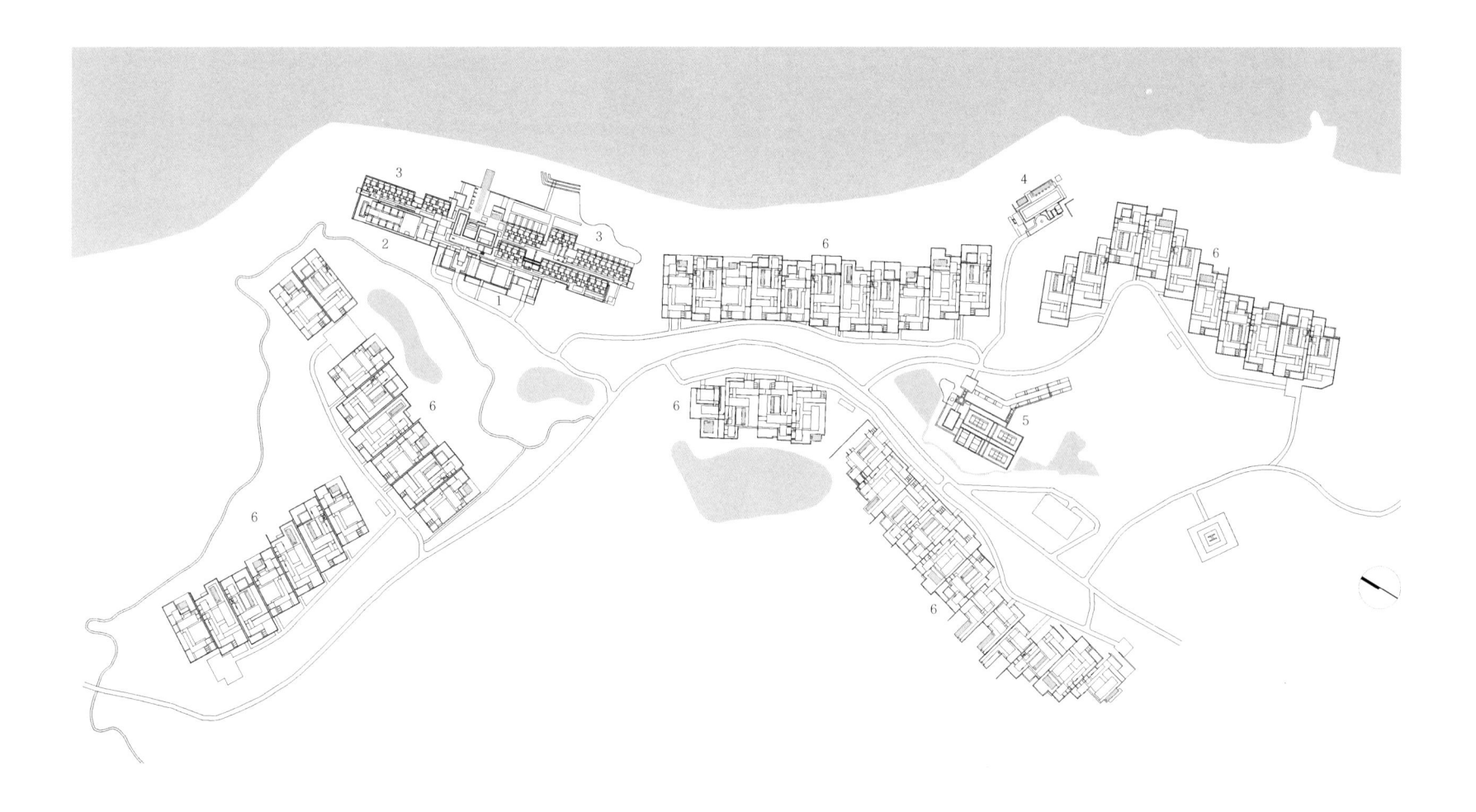

独一无二迪沙鲁海岸酒店 马来西亚，柔佛州

顶端图： 面向大海的海洋套房，分为上、下两层空间。

左上图： 客房入口。

右上图和对页图： 套房，卧室外水池。

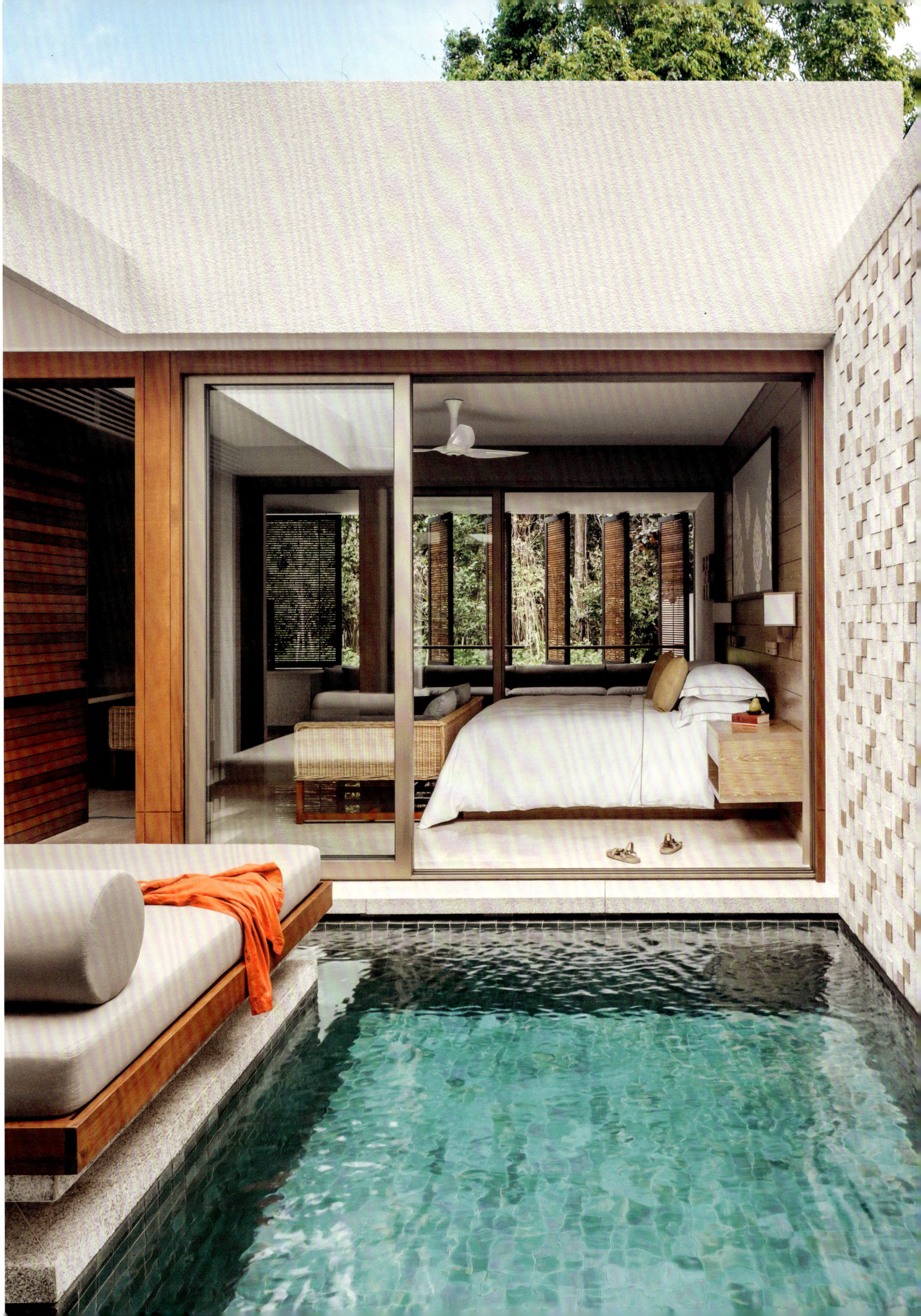

上方图：别墅客房。

右上图：别墅客房的格栅墙。

右下图：上层客房。

对页图：豪华别墅内滑动的木格栅隔墙。

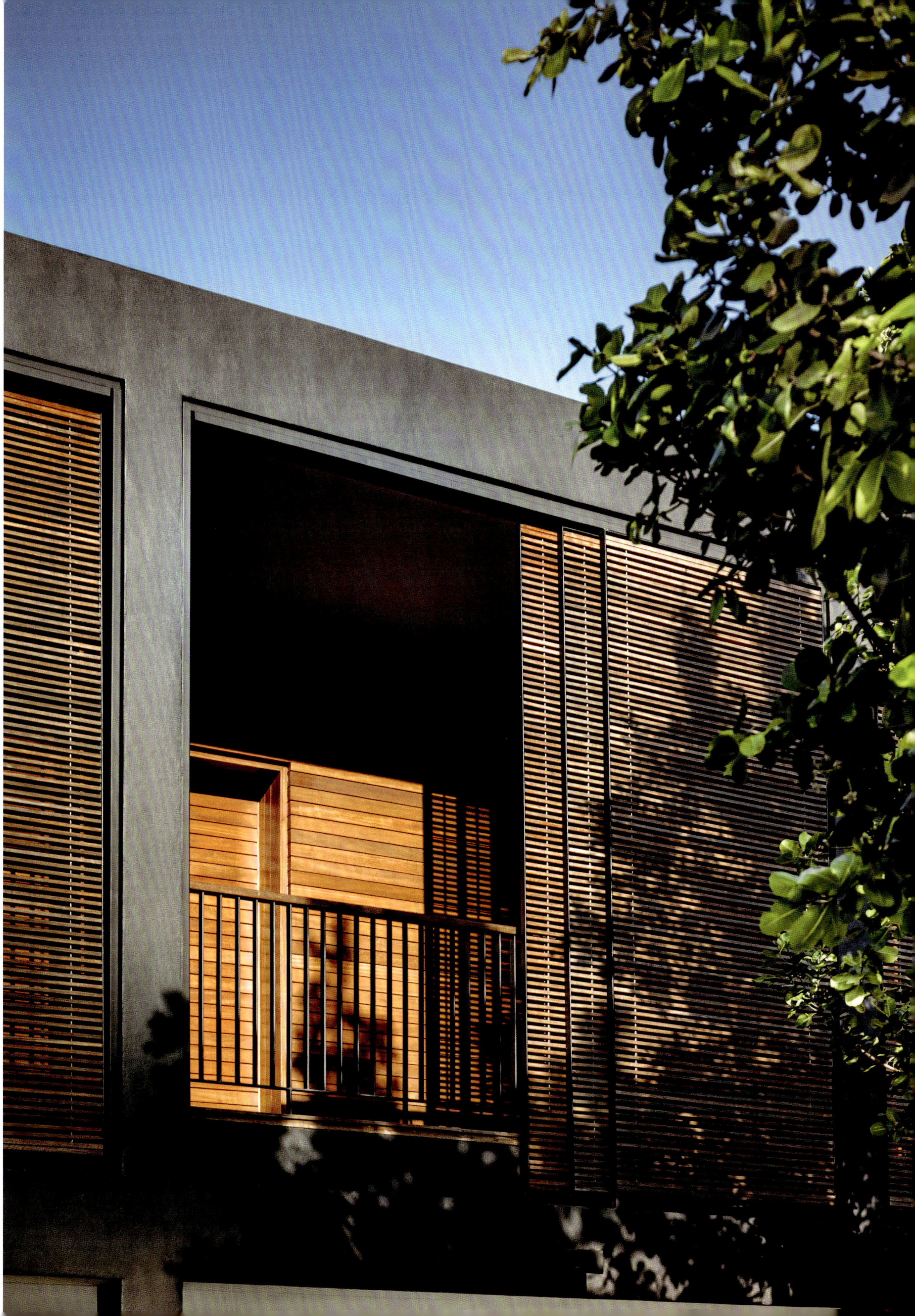

安缦伊沐酒店（Amanemu）
日本，伊势
2012—2016

伊势著名的国家公园，位于日本本州岛东南海岸的三重县。该地区以山势崎岖陡峭、风景秀丽而闻名。我们受托于世界著名的日本房地产开发商三井房地产公司，对公园内的海滨度假胜地进行总体规划和设计。

在这个占地130公顷的场地内，坐落着以前废弃的建筑物和积累的基础设施，在著名的景观设计师Akihiro Shinoda卓有成效的工作和密切合作下，我们进行了精心的修缮和改造。新铺设的道路和新修缮的建筑物，围绕在现存的树木周围，并引入了大量的新植物，以创造一种远离尘世的隐居感。该酒店修建了拥有独立温泉、充满乡村风情的24间套房和4栋双卧室别墅，一个开放的公共区域和一个温泉水疗中心，其中包括一个传统温泉。

独特的单层大屋顶凉亭是对日本传统明卡农舍的当代诠释，灵感来自江户时期"民家"建筑形制。在这座精心打造的酒店内，每间农舍均有一个覆盖当地传统的银灰色木炭砖瓦的巨大陡峭的斜屋顶；建筑立面低矮的瓦屋面和黑色的日式杉木外墙，以现代的方式演绎了日本民间建筑。农舍独特的外观与天然木材板条的暖色调形成了鲜明的对比。浅色的藤条百叶窗，营造出一种质朴宁静的氛围；色调柔和的、简约舒适的家具，呈现季节性色彩的变化。室内家具和配件大多都是定制的。起居室和卧室空间敞阔通透，推开房间的轻质滑动门，门外碧海蓝天。进入直通的宽敞露台，可眺望远方。

右侧图：接待建筑。

安缦伊沐酒店 日本，伊势

经过深思熟虑的美学延伸到公共空间，其中温柔的弯曲的木材天花板有对比鲜明的白色、金色和自然饰面。一年四季，不同季节性的花卉景观，被引入这些空间，可享四季更迭的自然之美。提升室内的装饰效果，得益于一系列精美的日本艺术和手工艺品，包括奈良的传统陶瓷罐，它们摆放在不同位置显现不同的室内装饰效果，还有用于装饰墙壁的精美雕刻的日本传统木屏风。在水疗中心的走廊上，有折叠的日本江户时代的浴衣面料；在别墅的内部，用宽腰带手工艺人山口源北精心编织的一系列纺织品装饰。

酒店的温泉水疗中心，建在位于场地的一个单独的角落。安缦伊沐水疗中心日式温泉浴池，以附近一眼温泉补给，饱含颇具疗愈功效的矿物营养。客人可以在温泉花园中，享受传统温泉疗愈身心的非凡体验。此处宛如一处疗愈身心的安宁圣所，客人可享受逃离城市生活后避世休憩的闲适。

上方图： 从主要的公共区域远望英虞湾。

右侧图： 游客长廊的细部。

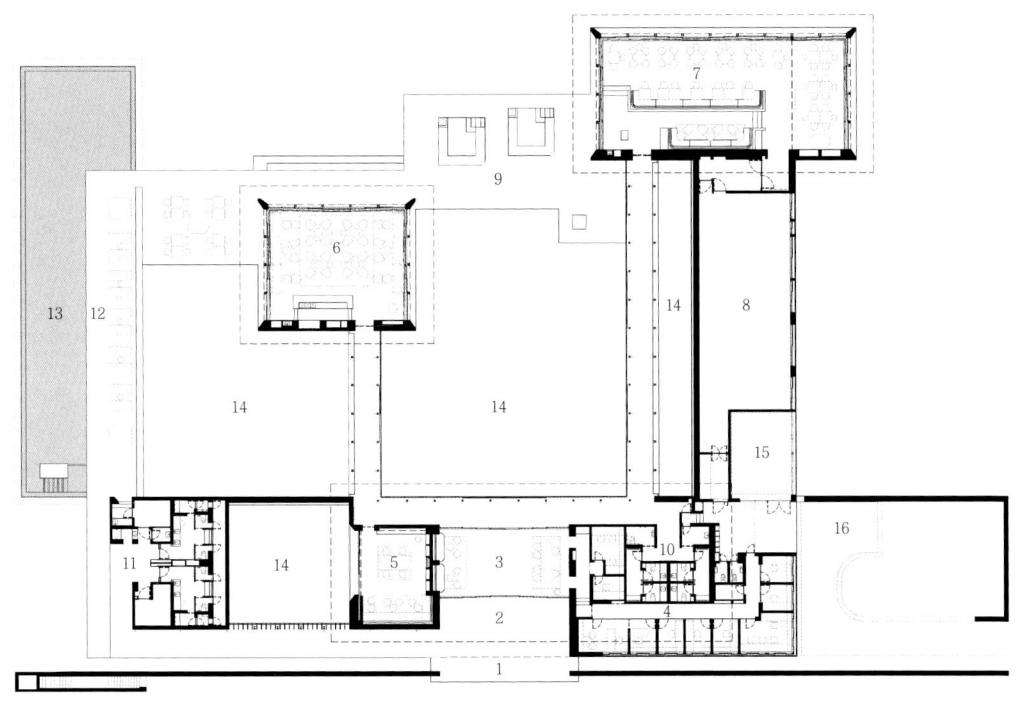

上方图： 整体规划图。

1) 入口建筑
2) 后勤服务空间
3) 公共活动区
4) 水疗中心与温泉
5) 单卧室套房
6) 双卧室别墅

左侧图： 公共活动区平面图。

1) 入口庭院
2) 入口
3) 服务台
4) 前台
5) 图书馆
6) 休息大厅
7) 餐厅
8) 厨房
9) 阳台
10) 盥洗室
11) 更衣室
12) 露天泳池甲板
13) 游泳池
14) 庭院
15) 后勤服务空间
16) 服务吧台

安缦伊沐酒店 日本，伊势 305

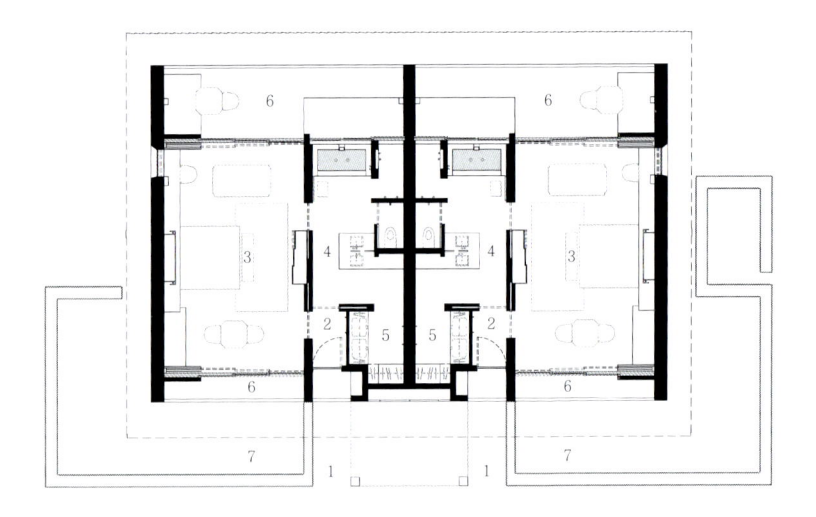

顶端图： 在典型的客房内，享受饱含矿物营养的温泉浸浴，尽享疗愈身心的非凡体验。

上方图： 典型单卧室套房的平面图。

1）入口庭院
2）入口
3）卧室
4）浴室
5）衣帽间
6）阳台
7）庭院

对页图： 别墅内典型的客房室内。

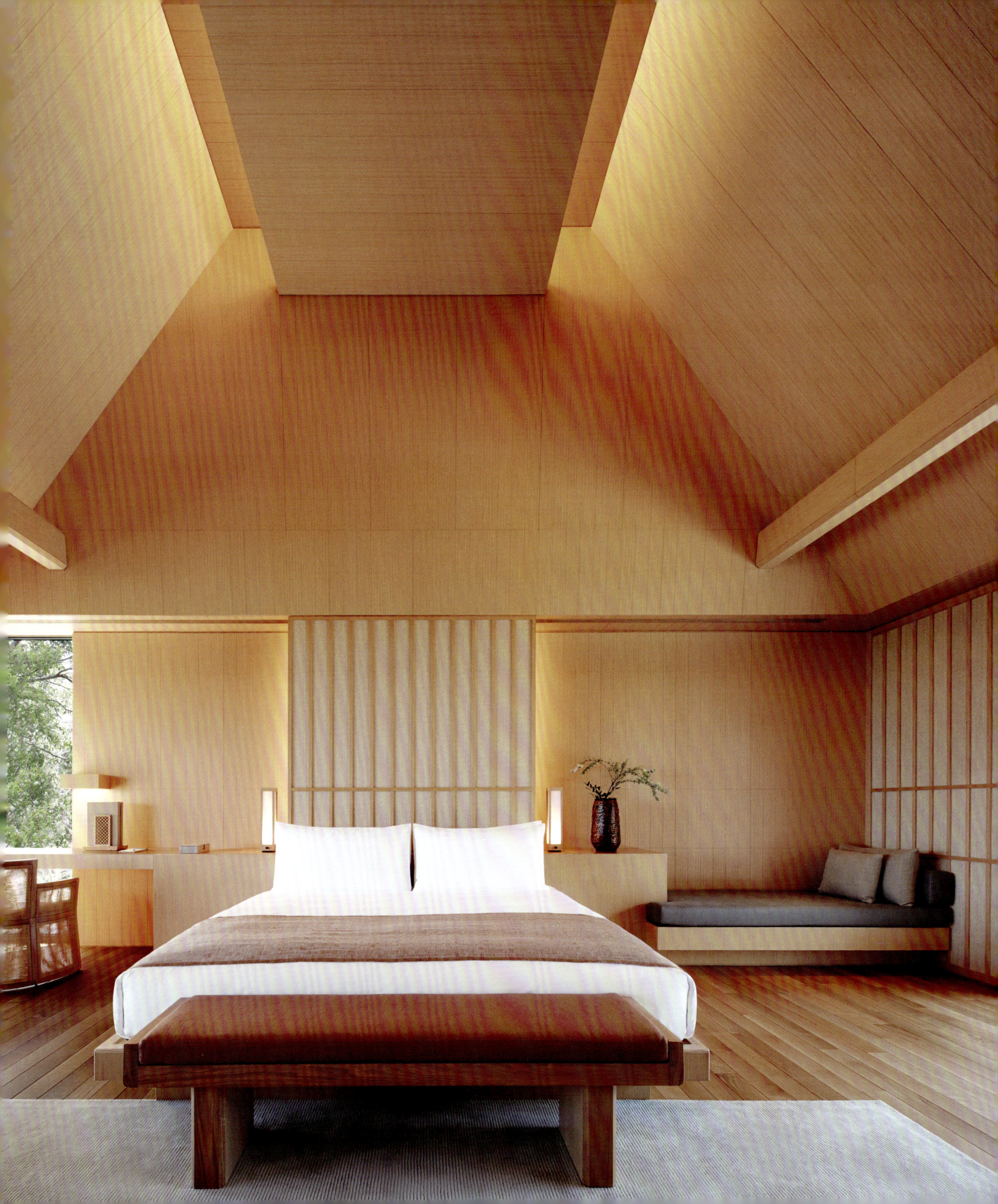

上方图：双卧室别墅内优雅、简约的起居室。

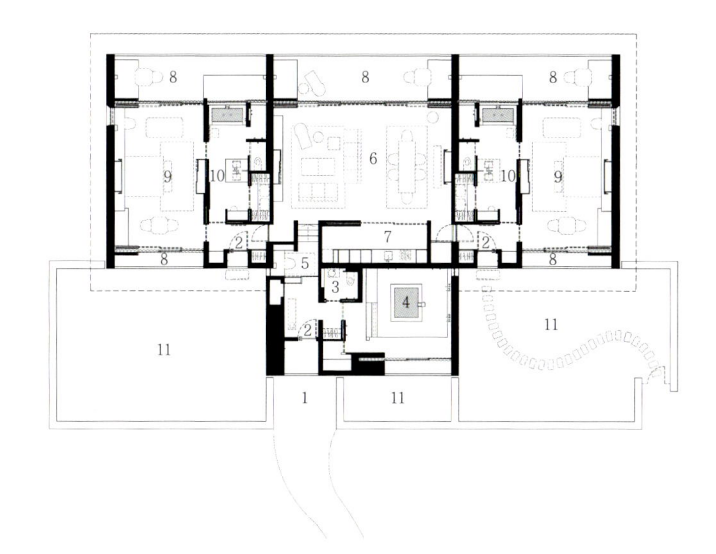

上方图： 双卧室别墅平面图。

1) 入口庭院
2) 入口
3) 盥洗室
4) 温泉
5) 书房
6) 起居室/餐厅
7) 厨房
8) 阳台
9) 豪华套房
10) 浴室
11) 庭院

下方图： 双卧室别墅的卧室内景。

安缦伊沐酒店 日本，伊势

最左图： 温泉水疗中心的日式温泉浴池。

左图： 通往温泉水疗中心的人行道。

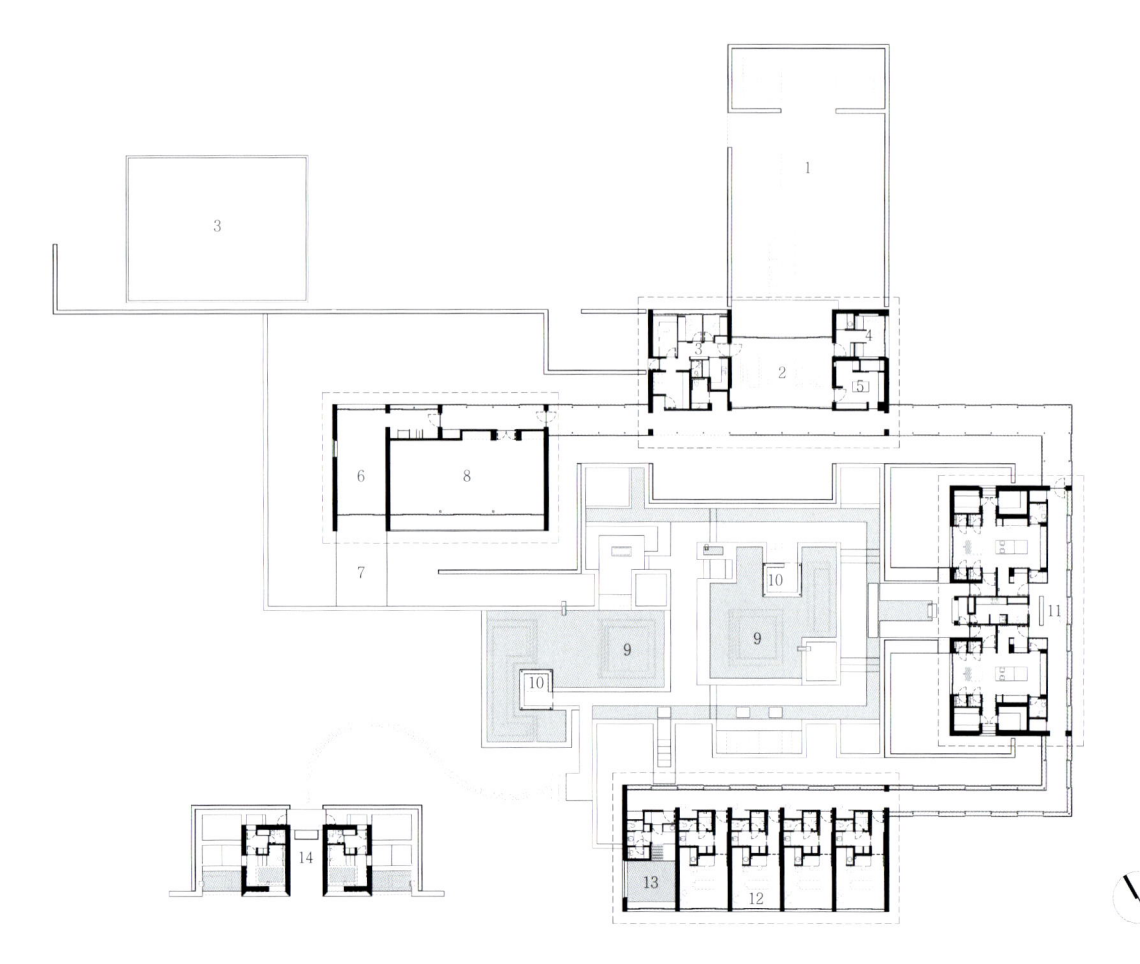

左侧图： 温泉水疗中心平面图。

1) 入口
2) 服务台
3) 后勤服务区
4) 美容中心
5) 精品店
6) 瑜伽室
7) 瑜伽室休息平台
8) 健身房
9) 富矿温泉浴池
10)) 楼阁亭台
11) 水疗馆
12) 医务室
13) 水中按摩馆
14) 温泉水疗馆

上方图：走进如梦幻的温泉水疗中心。

瓦雅鲁普市政广场（Walyalup Civic Centre）
澳大利亚，弗里曼特尔（Fremantle）
2013—2021

这座位于西澳大利亚的港口城市弗里曼特尔市新的市政中心广场，是一次国际建筑设计竞赛的获胜作品。弗里曼特尔市位于澳大利亚的西南部，它是珀斯最繁忙的渔港和集装箱船码头，也是著名的观光胜地、历史名城。城市小巧玲珑、结构紧凑，它以"淘金时代的仓库"著称，小镇鲜有摩天大楼，大部分建筑物只有两层或三层楼高。由于弗里曼特尔市位于原住民Whadjuk Nyoongar的聚居区，因故这座城市也被称为瓦雅鲁普。该项目坐落于这片传统的土地上，因此得名瓦雅鲁普市政广场。

我们的设计方案，包括会议厅、办公空间、图书馆，以及周围景观，如公共草坪、露天广场和巷道等。本项目的开发，也为开发邻近一座建于1887年的古老市政厅提供了契机。开发的新建筑物，与市政中心广场的位置和风格类型遥相呼应。本项目，既是低调内敛的市政建筑，也是一个向公众开放的公共设施，还是市民参与公共事务的办公场所。在建筑物的屋顶，包裹着一层连续的多孔金属顶棚，为内部的办公室空间提供遮阳庇荫，同时，这种材料耐久的和短暂的两种截然不同的风格和特性惊人地结合在一起，融入建筑物的立面，别具匠心，令人叹为观止。此外，围绕在建筑物周边的三层高阳台，为建筑物提供了天然的保护屏障。

在广场的中心，大片绿茵茵倾斜的草坪，创造了一个宽敞的、开放的、景色美丽的公共空间，淡化了绿色景观和建筑物之间的界限，将大自然与建筑物巧妙地融合在一起。考虑到气候原因，我们把这座建筑物修建成了一个北向的城市公共设施和建筑，以抵挡冬季凛冽的南风侵袭。在广场中心的这片草坪，不仅用于市民和游客日常休闲和娱乐的休憩之地，也经常作为大型活动和音乐会的公共活动场所。在整座建筑物的底部，是面向市民开放的公共图书馆。它坐落在一个连续的楼板上，通过采光井，朝向东、西方向自然采光。

我们另外一个奇思异想是，从一侧屋顶平面向下延伸到倾斜的草坪上，在中心广场建造一个大型的阳光房，阳光充足，作为最佳的公共阅览室，供市民和游客阅读书刊之用。这间宽敞明亮的阳光房，既可以阻挡夏日里的炎炎烈日，也能在雨季，为前来读书的市民遮风挡雨。在草坪的顶部，矗立着一个造型新颖、风格独特的石墙建筑物——一个优美的椭圆形圆柱体，这座如同"公民鼓"的大型综合会议厅，寓意着透明、开放，确保政府行使的每一项民主程序，对公众来说，都是公开的和透明的。

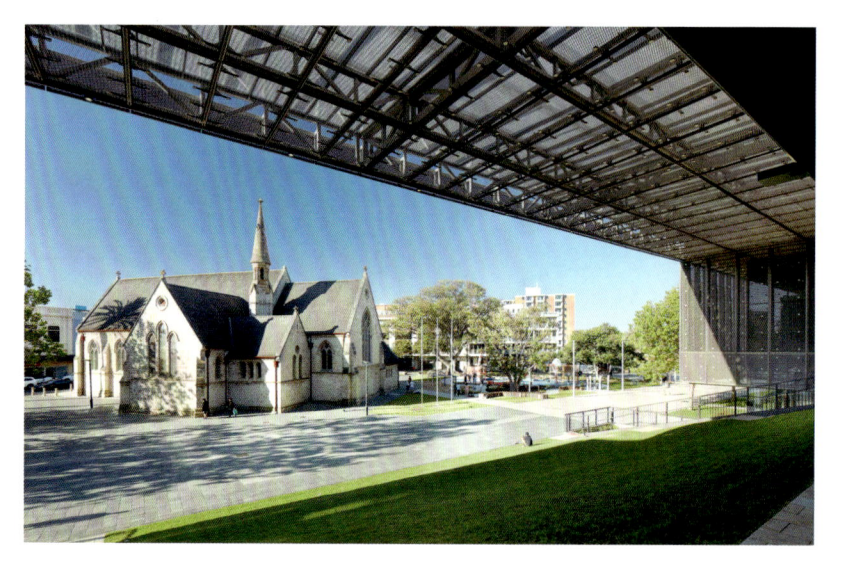

顶端图：建筑平面中心的倾斜草坪，创造出一个宽敞而可用的公共空间。人们可以简单地享受这个绿地空间，或者作为活动和音乐会观众的看台来使用。

中部图：从草坪上俯瞰周围的景色。

上方图：城市肌理鸟瞰图
对页图：立面细部。

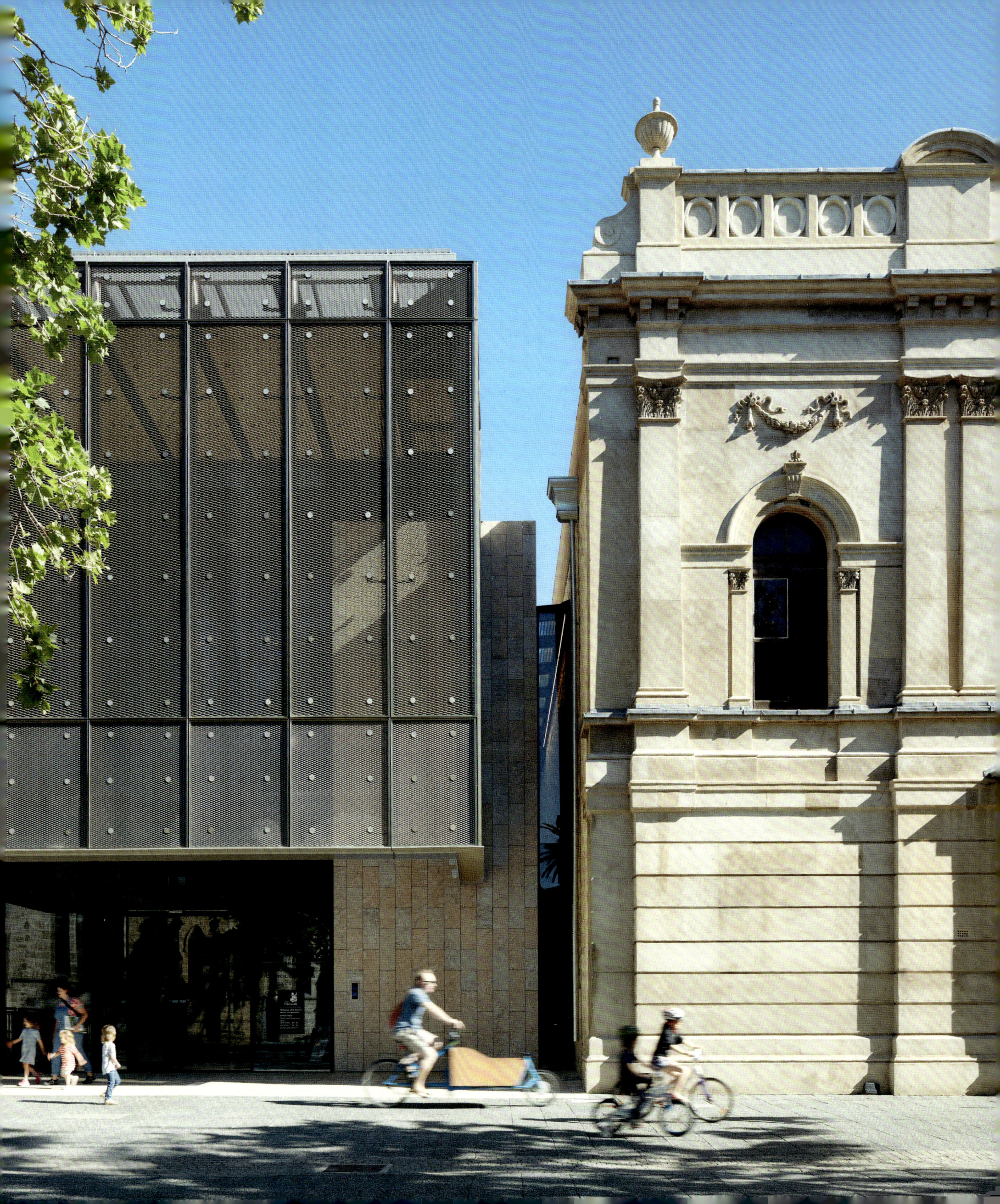

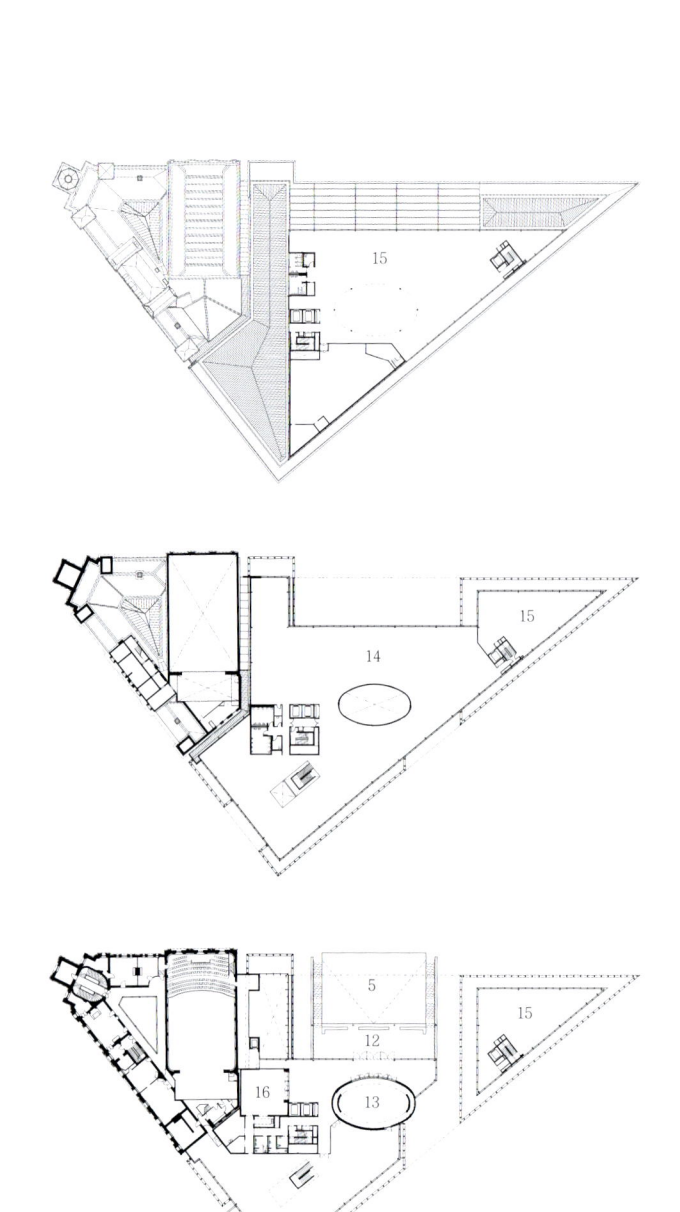

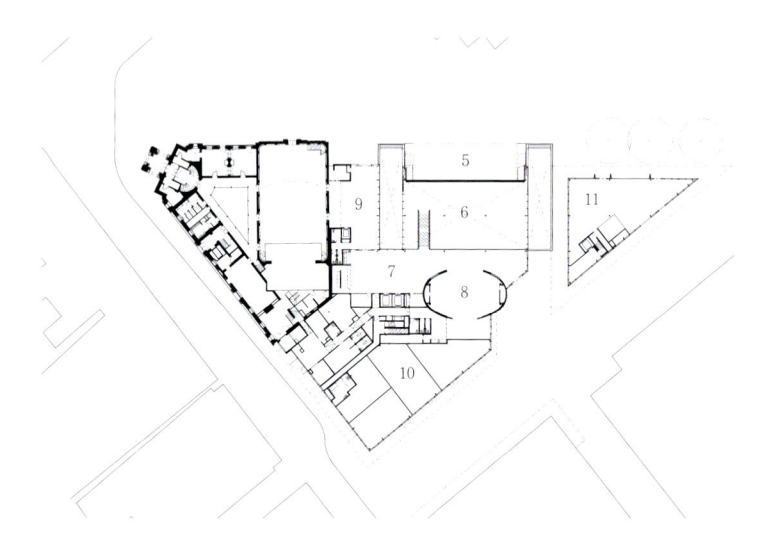

左侧图（自底端起）：地下层平面图；首层平面图；一层平面图；二层平面图；三层平面图。

下方图：穿过图书馆、阳台和草坪的横剖面图。

底部图：二层挑高的阳台成为西南立面的造型元素。

1) 多功能厅
2) 图书馆
3) 景观庭院
4) 工作间
5) 草坪
6) 图书馆下方的挑空
7) 游客服务中心
8) 阅读区/休息区
9) 门厅
10) 零售商店
11) 咖啡厅/快餐厅
12) 室外平台
13) 议会会议厅
14) 议会办公室
15) 办公室
16) 会议室

顶部左图：一条走廊穿过建筑中心，与北部公共空间的一条小巷连接起来。

顶部右图：庭院空间为地下一层的图书馆提供了自然采光和通风。

上方图：一个"石鼓"体量将建筑固定在地面上，"石鼓"中包含了议会厅。

瓦雅鲁普市政广场 澳大利亚，弗里曼特尔

右侧图（自顶端而下）：层次通透的图书馆空间；接待大厅；儿童图书馆；图书馆位于草坪下方的挑高空间中。

对页图：图书馆室内空间颇为宽敞。

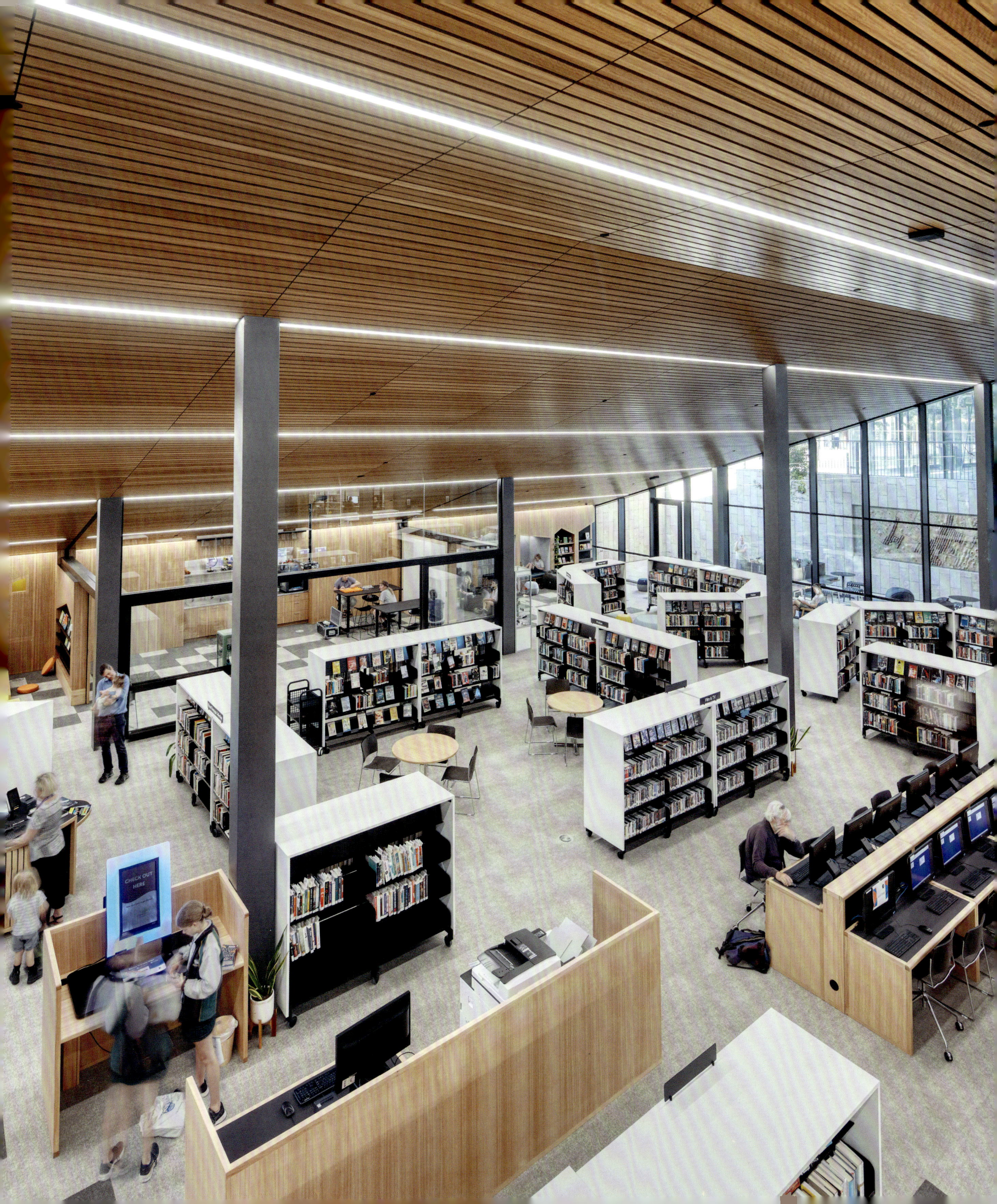
CHECK OUT HERE

福雷斯特学者公寓楼（Forrest Hall）
澳大利亚，克劳利（Crawley）
2014—2021

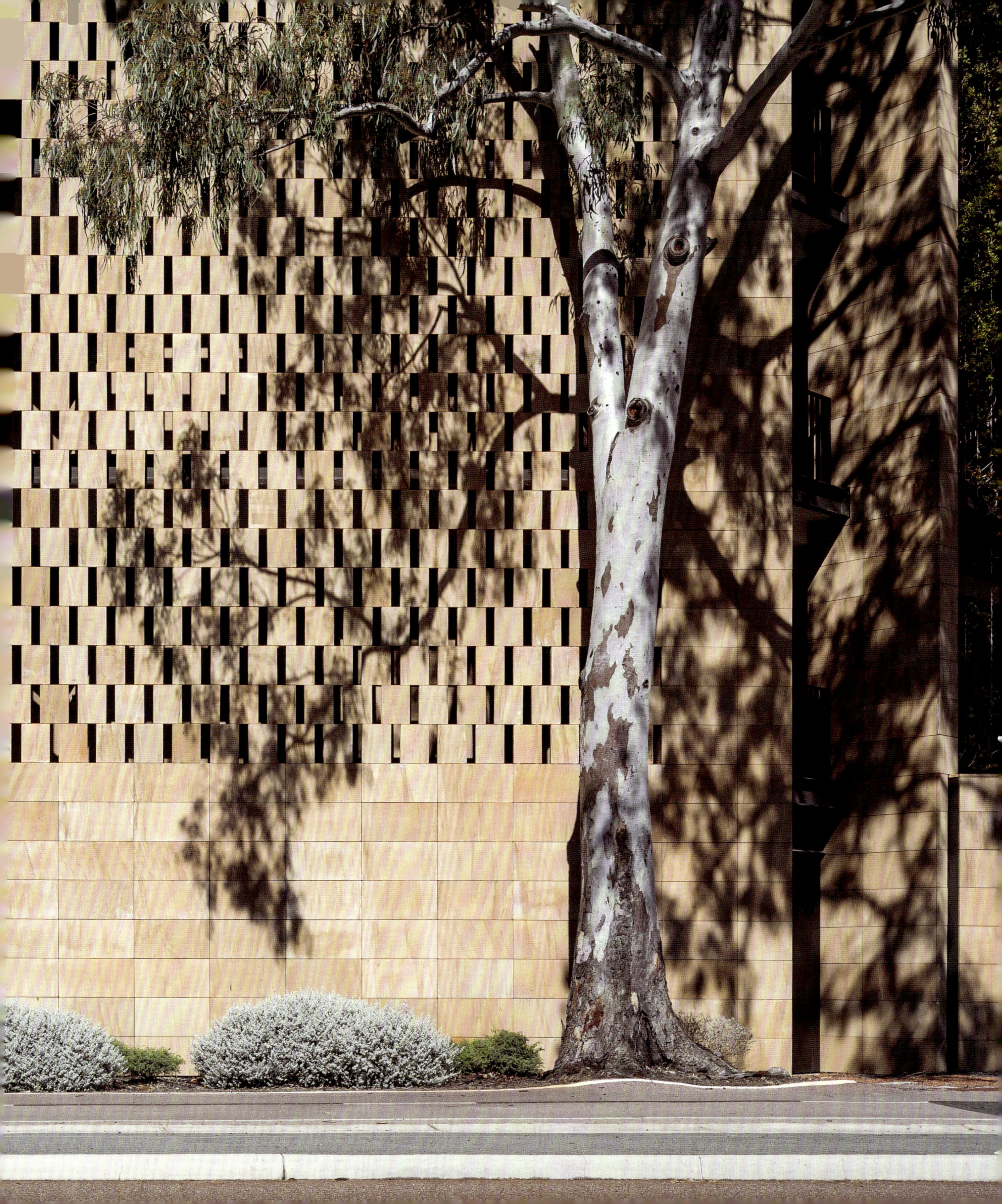

位于西澳大利亚大学克劳利校区的福雷斯特学者公寓楼，是一个高质量的学者公寓，专门为获得福雷斯特研究奖学金的优秀学生和访问学者提供住宿。在8年多的时间里，该项目的设计分为两个阶段。

该住宅综合体，位于校园的东边，坐落于南部天鹅河和北部繁忙的主干道之间。首先，我们仔细斟酌、确定该建筑体量的合适规模，避免校园主要入口处的景观遭到任何破坏。

随后，在一个公共广场，我们设计了一条通往美丽的天鹅河和学校建筑群入口的、简便易行的人行道。在一片桉树灌木林围成的低洼地下车辆通道，可见光线穿过枝繁叶茂的小树林。公共露天广场，将整个建筑群划分为独立的两个区域：学生区和学者区。学生楼内的社交活动，主要集中在楼内蜿蜒上升的回廊周围，以此激发该学生区的学术氛围。学者楼的社交空间，主要集中在第一层楼的学术空间。从朝向天鹅河的户外露台，我们可以看到一望无际的天鹅河美景，大群的鹈鹕在河面上飞翔，河滩上栖息着海鸥。

我们发现，许多现存的建筑物墙体，都使用了当地坚固耐用的黄砂岩建造，因此，在该项目中，我们也将砂岩作为新建综合建筑群主要的建筑材料。在建筑立面上，可见几何图案精美的镂空石屏风遮蔽光线，过滤噪声，使通往住宿公寓的走廊，保持良好的自然通风、对流。

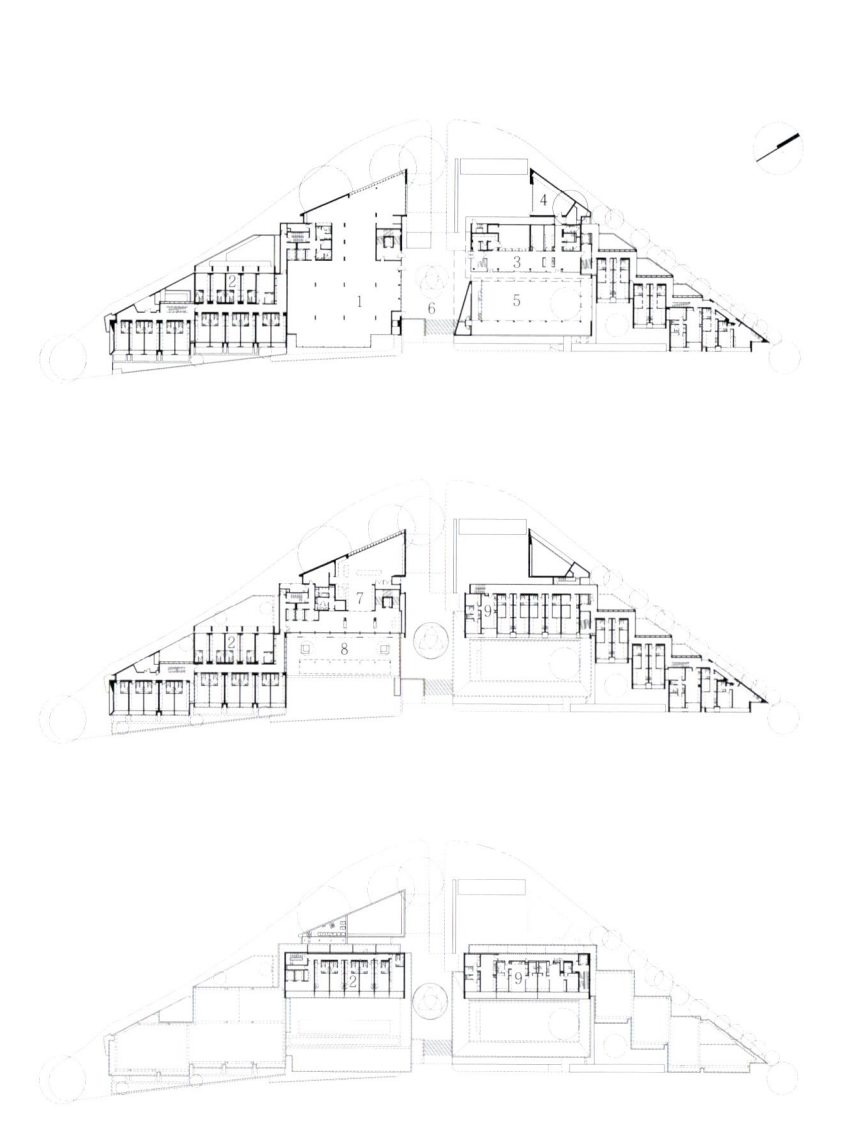

318—319页图：坚固结实的黄砂岩墙体，能阻挡来自周围道路上的噪声干扰。

下方图：建筑物由不同的造型风格的体量组合。

左下图（自上而下）：一层平面图；三层平面图。

1) 科研办公室
2) 短期住宿的宿舍楼
3) 学生宿舍楼的大堂及休息室
4) 图书馆及资料中心
5) 回廊
6) 入口广场
7) 大堂和休息大厅
8) 户外露台
9) 学生宿舍楼

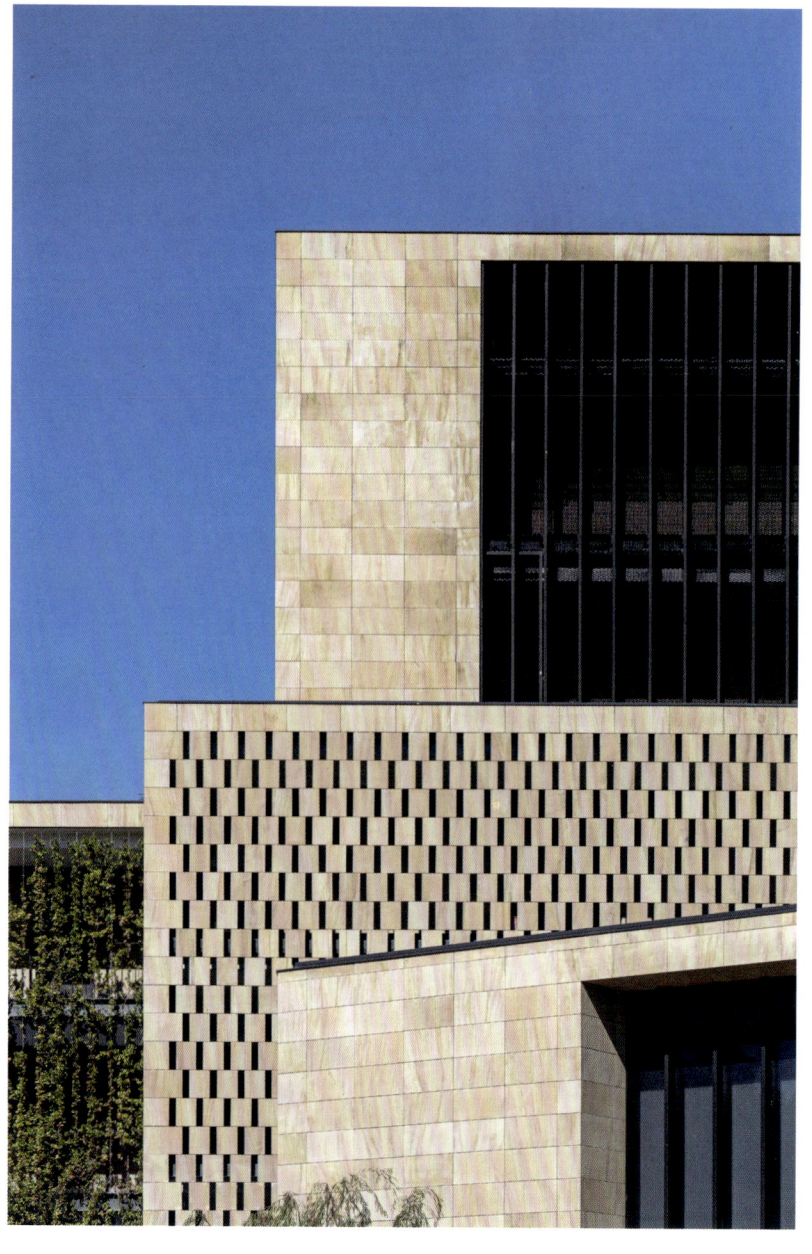

顶端图： 从圣乔治学院向北，眺望福雷斯特公寓楼。

左上图： 学生宿舍楼分布在中央回廊的周围，从所有的宿舍楼，均可俯瞰南边天鹅河的美丽风光。

右上图： 在灌木林环绕的低洼处、隐蔽的地下车辆通道，光线穿过枝繁叶茂的树林。

福雷斯特学者公寓楼 澳大利亚，克劳利 321

左上图： 从车辆通道到主入口的视觉连接。

右上图： 石质屏风将强烈的阳光过滤进交通空间。

对页上图： 从窗明几净的休息大厅，可以望见回廊，远眺天鹅河。

对页下左图： 在建筑物的一层，接待国内外学者的会议室。

对页下右图： 图书馆可以眺望窗外绿树环抱的幽静花园。

福雷斯特学者公寓楼 澳大利亚，克劳利

基尔马诺克海滩公寓（Kilmarnock）
澳大利亚，科特斯洛（Cottesloe）
2015—2019

美丽的科特斯洛海滩，位于珀斯市西郊最著名的沿海地区，以景色优美而闻名。基尔马诺克公寓大楼坐落于科特斯洛海滨的郊区，我们设计了10套公寓，以及完善的室内配套设施。我们的建筑物，定位在科特斯洛海滨的郊区，考虑到了珀斯市目前正在积极鼓励提高住宅密度。

公寓楼坐落在一个大街区的街角，通过采用邻近物业而缩进距离和减小住宅规模，临街而建。我们设计的住宅公寓，造型优美独特，线条简约明快，犹如投放在砂岩基座上两个并排的、三层高的白色体块。白色体量由垂直和水平条带包裹成风格迥异的长方体几何构件，巧妙地形成上层公寓的阳台。通过这些阳台，可以俯瞰周围房屋的屋顶、附近的诺福克岛松树林荫道，还有枝繁叶茂的松树。在公寓楼的南立面和西立面，安装了可移动的铝屏风，自由调控卧室和起居室的私密性，防止来自西边强烈的阳光直射，以及呼啸海风的侵袭。与此相反，在大堂内，我们设计了通高的玻璃窗户，使自然光线能够自由通过，散射进入室内，保证大堂内充足的采光。我们精心选择了当地材料、木格栅，它们遍及公寓楼，还有室内坚固的钢楼梯，以及平整光洁的浅灰色石板地面。

在公寓楼内部，有高大的天花板、通高的玻璃墙，保证室内采光充足，还有南北方向的自然通风。公寓楼顶层的两个住宅单元，由宽敞明亮的公共餐厅隔开。而一层的单元有沿着边界的一系列体量演绎和悬臂创造的庇护庭院。在公寓楼后方修建有庭院景观。在西向、南向立面附近，树木将底层公寓与街道分隔开来。公寓楼的配套辅助功能设施，如停车、房屋设施/服务、存储和废物处理，均被安置在地下室空间。引人注目的是屋顶太阳能光伏发电系统，它们为公共服务提供了无穷无尽的电力资源供应。在住宅公寓周围，开发了花园景观。远处海滩有一望无际的沙丘松林。

上方图： 嵌入式深阳台和可操作的屏风，调控卧室和生活区的私密性，同时阻挡强烈的西照阳光和呼啸的海风。

326—327页图： 两个白色公寓楼，如同坐落于黄砂岩基座上的两个白色体块。

对页图： 新建的公寓楼，通过采用邻近物业而缩进距离和减小住宅规模，临街而建。

基尔马诺克海滩公寓 澳大利亚，科特斯洛

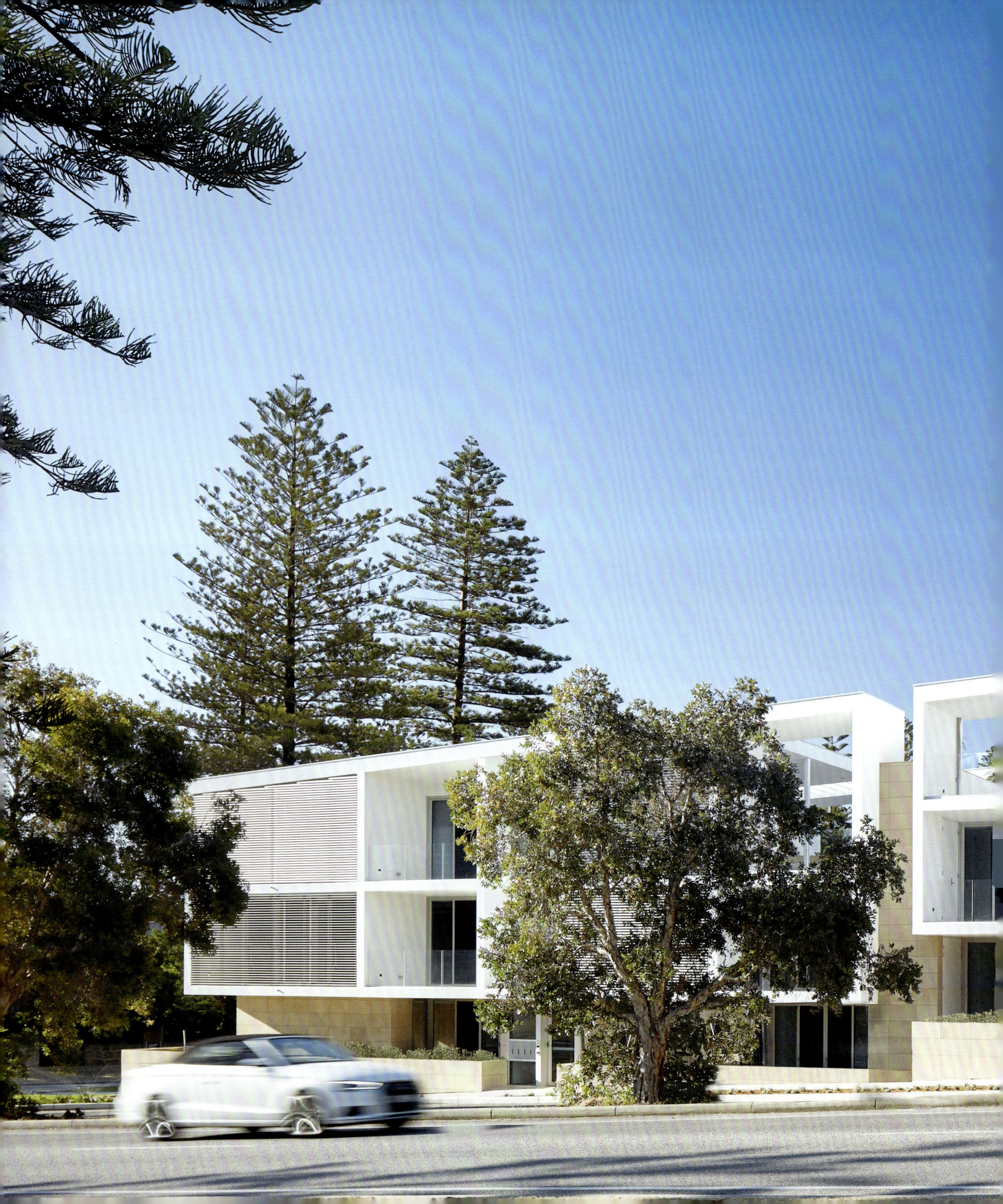

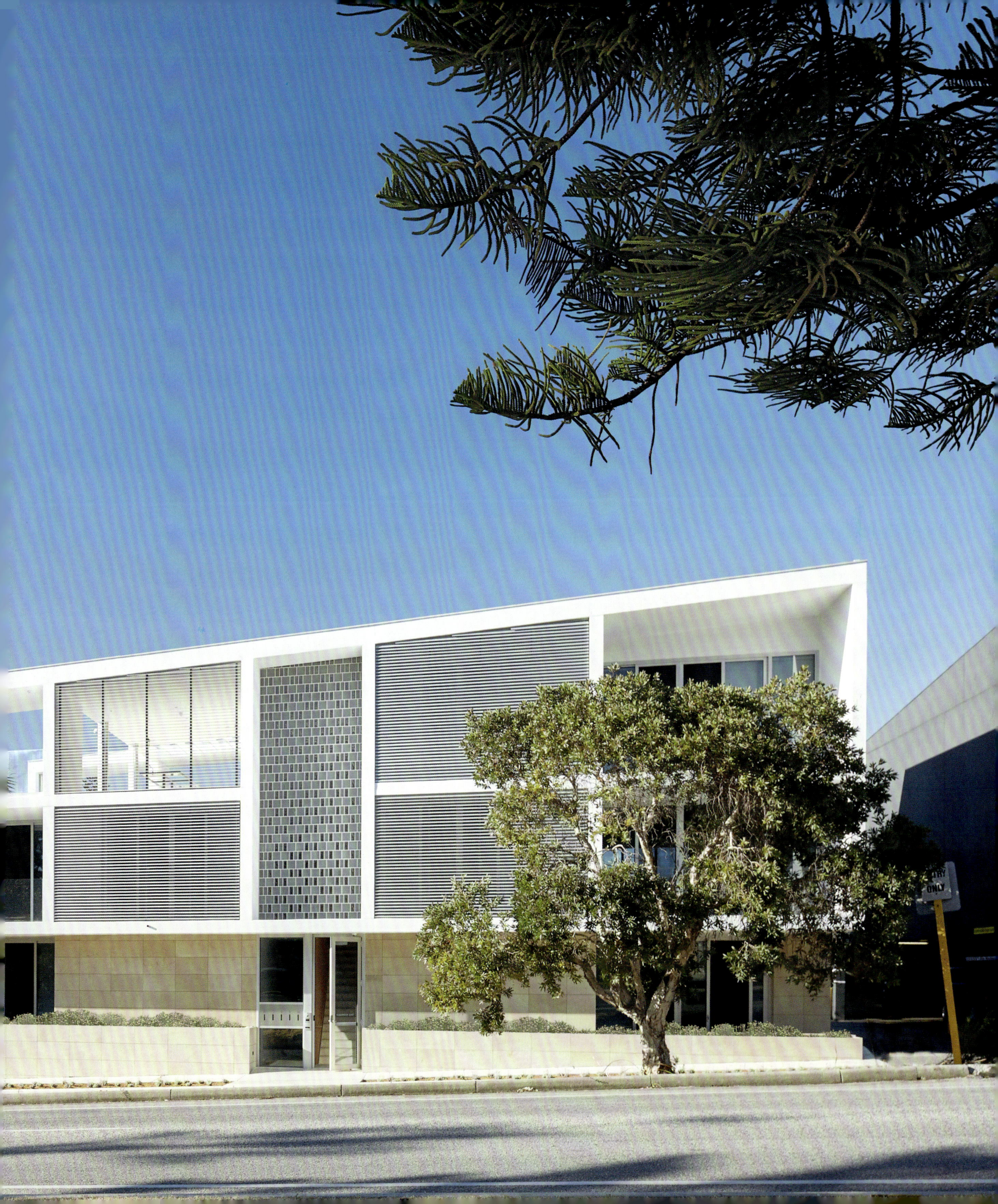

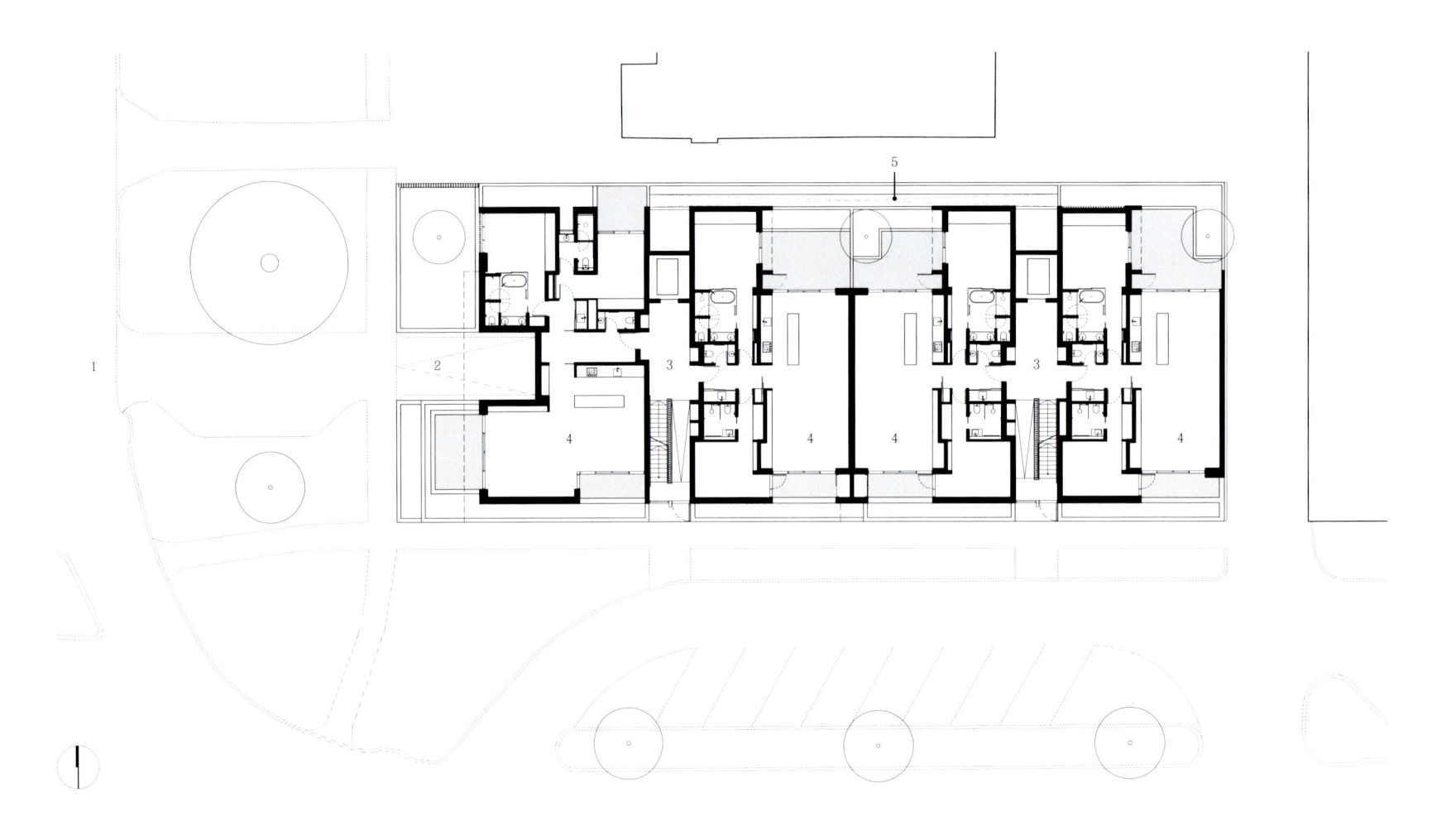

上方图： 首层平面图。

1）主要街道
2）停车场入口
3）门厅
4）双卧室公寓
5）采光井

左侧图： 从第2层楼公共餐厅的户外露台俯瞰远处诺福克岛。

对页图： 与公寓楼外部材料形成鲜明对比的色调，将建筑物与风景秀丽的海滩连接起来。

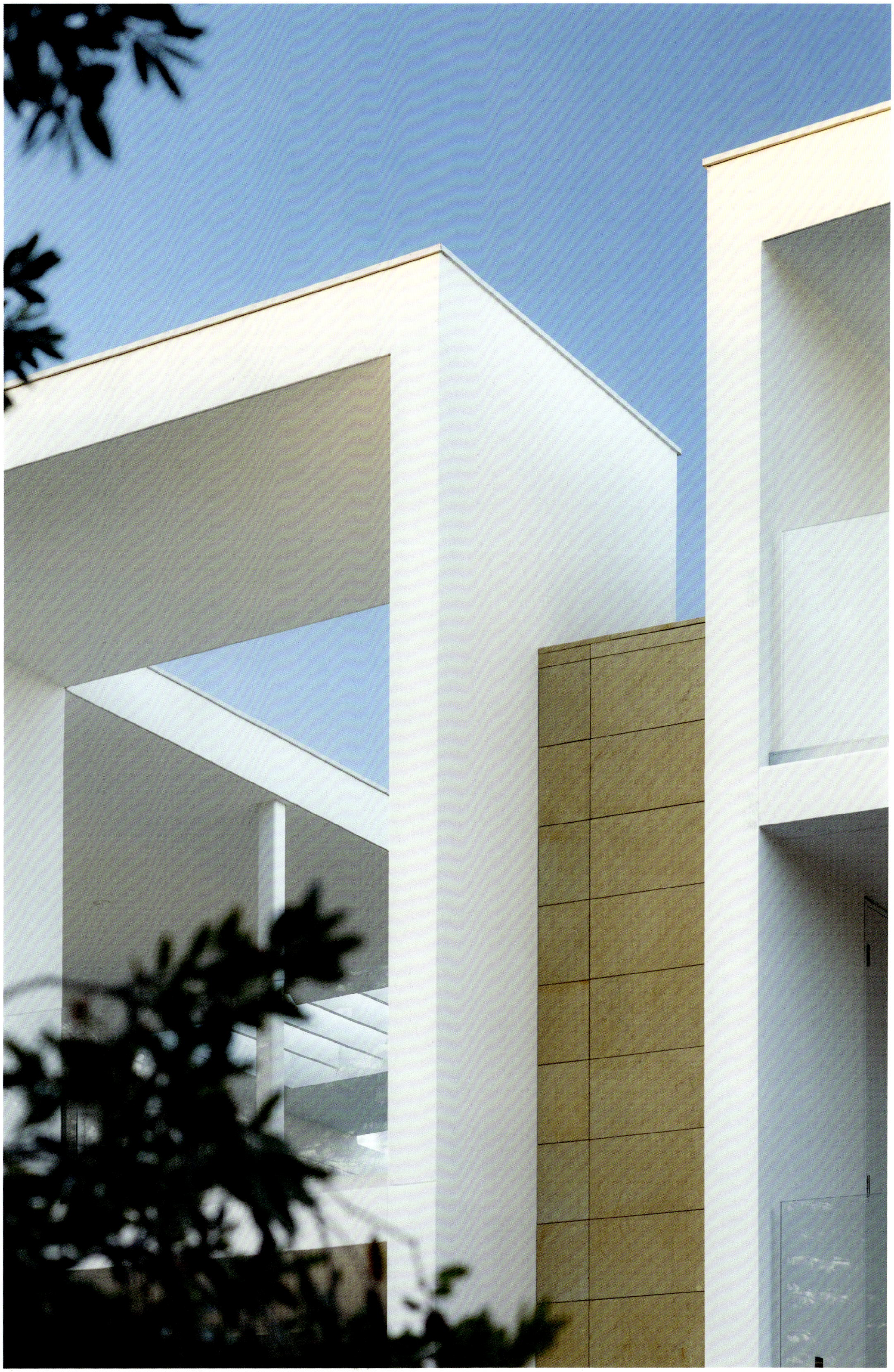

滨海古宅民俗度假村（the Beach House）
澳大利亚，科特斯洛
2016—2019

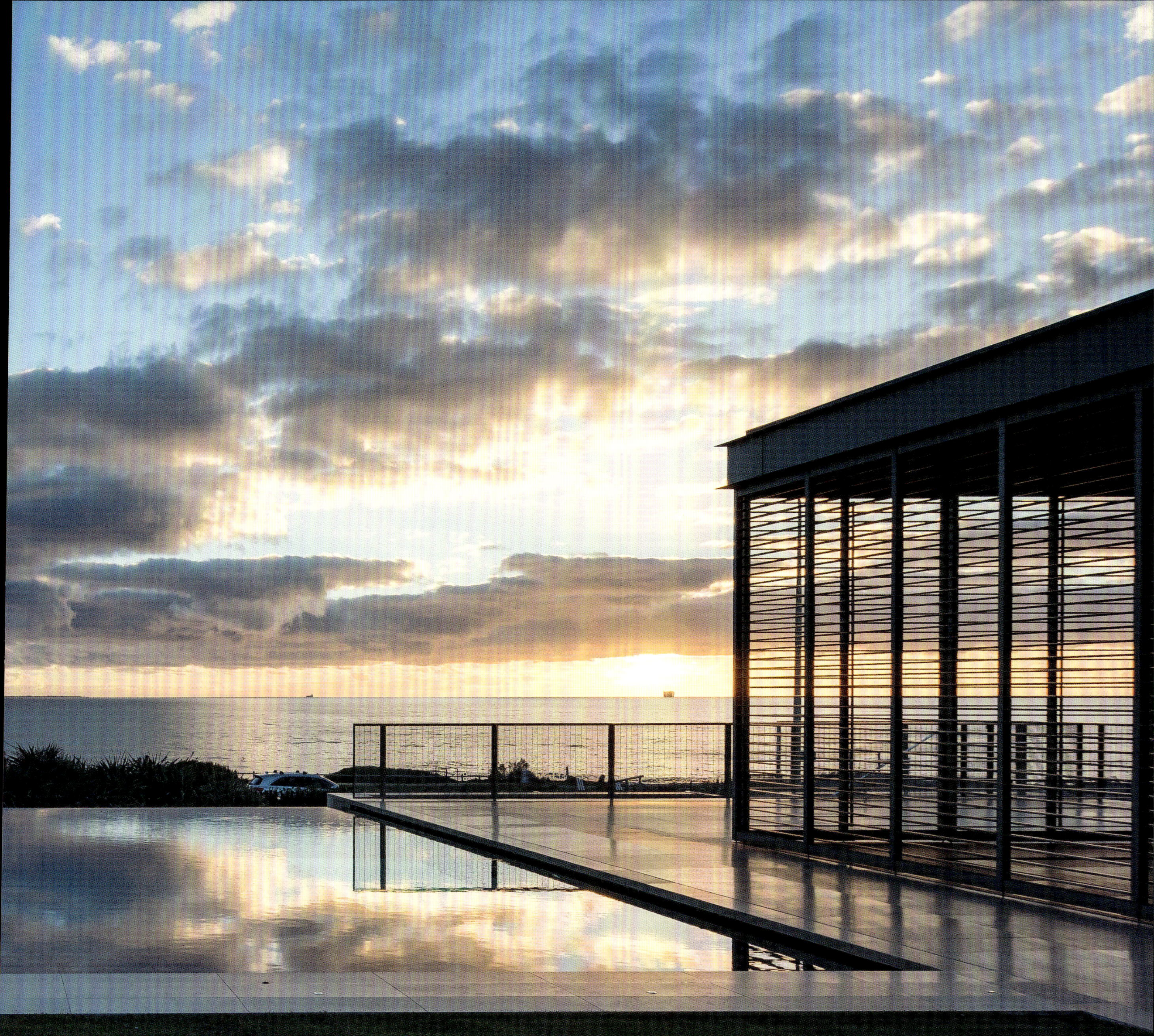

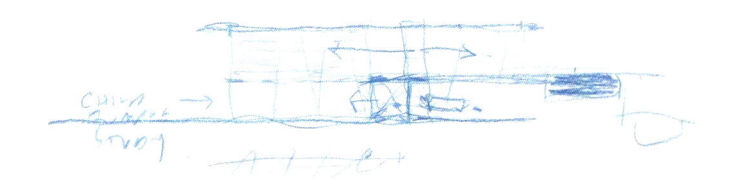

在澳大利亚历史名城珀斯市附近，有一个沿海遗址中心，它是一个著名的古宅遗址。我们开发这片滨海遗址的目的，是保存这座历史古建筑，同时创造一个现代风格的多功能活动空间。

这些新增额外的空间，被认为是为遗产别墅修建更广阔的景观环境。在古建筑周围，我们精心布置了开放的花园、优美的自然景色，凸显古宅的高贵典雅，也将西边浩瀚无垠的印度洋的美景深深吸引到花园景观中。西边的一系列亭子可以欣赏海景，同时也定义了新的生活空间的花园房间，每个朝向都是为了优化冬季的阳光。同时，每间花园客房，均面向冬季温暖的阳光。一个凸出的景观平台，连接了主要的亭台，并为户外生活提供了一个升高的活动空间。东面在布满绿色植被屋顶花园的周围布置了弧形挡土墙。

水被当作连接古建筑、海洋和天空的纽带，将自然编织进居所体验的每一个方面。一个清澈见底的大型游泳池，位于两座双层长方体的亭台楼阁的社交空间之间，而在地势较低的西侧庭院中，是另一个游泳池，可以跳水和游泳。新建筑物的外墙主要由石料砌成。铝制百叶窗，能调节室内光线强度，也能调控客房的私密性。

寂静的庭院和美丽的花园，既是宁静冥想的佳境，也可作为举办各种舞会和家庭聚会等娱乐活动的大型公共场所。这个花园，位于建筑场地的东南部。随着时光的流逝，这座美丽的景观花园，将会淡化现代生活空间和沿海景观之间的界限。

330—331页图： 两个凸起的亭子围绕着一个中央泳池布置，可以欣赏印度洋美景。

上方图：从双层亭台楼阁的顶层生活馆远望历史古建筑遗址景观。

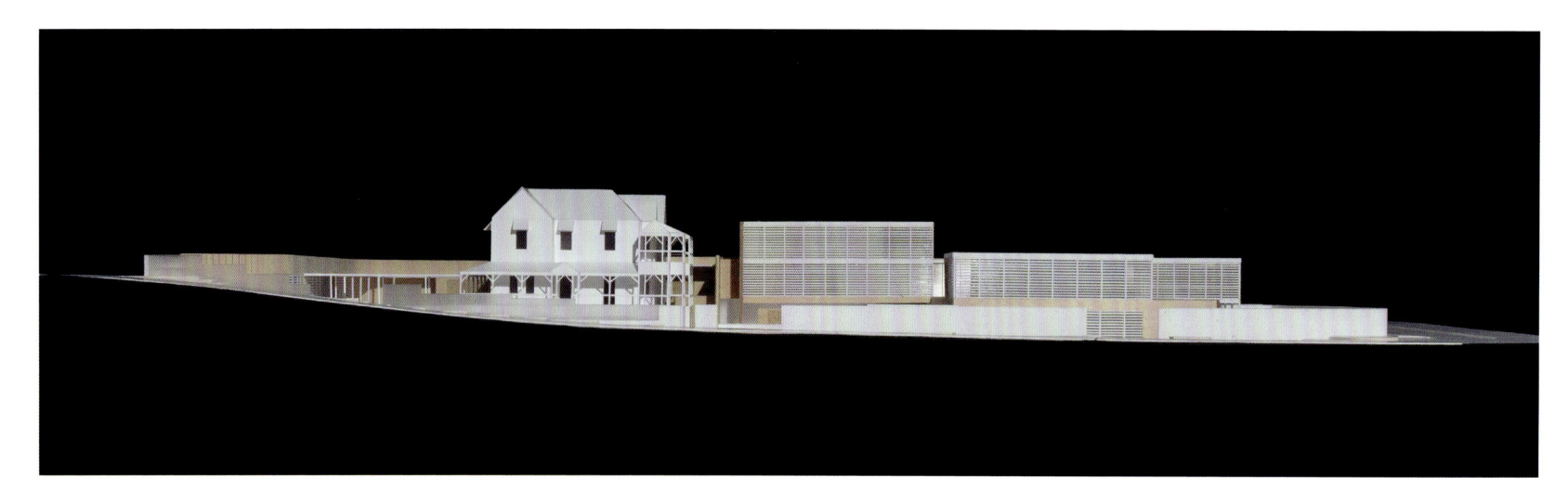

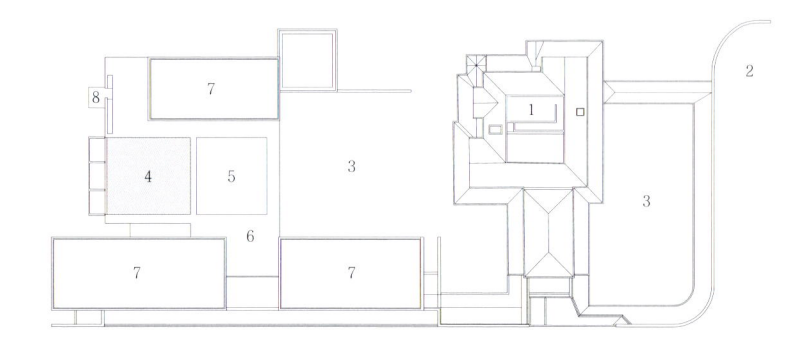

左侧图： 屋顶平面图。

1）传统古建筑遗址
2）屋顶花园
3）庭院
4）游泳池
5）草坪
6）基座
7）凉亭
8）游泳池平台

顶端图： 工作模型的立面视角。

左上图： 在古宅西边的庭院，提供了一个宁静的花园环境。

右上图： 水面映照出倒影。

对页上图： 铝百叶窗能提供开阔的视野、调节私密性，以及过滤太阳光。

对页下图： 在地势较低的西侧庭院里，有一个游泳池。

滨海古宅民俗度假村 澳大利亚，科特斯洛

左侧图： 在宽敞明亮的长廊内，太阳光透过天窗，照亮了整个走廊空间。

对页图： 沿着主楼梯间上行的台阶；光线透过一个纵向狭长的格栅天窗。

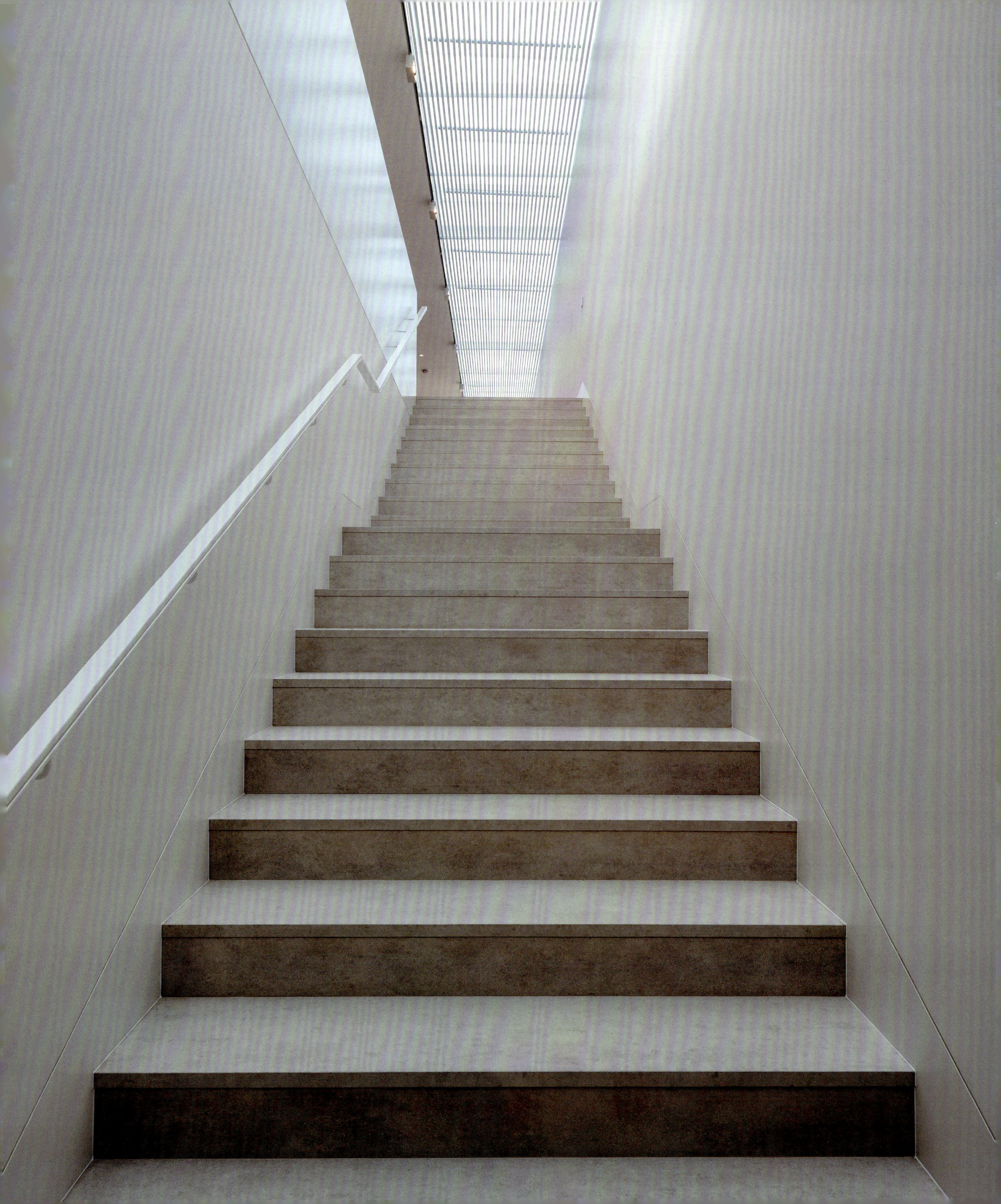

马尔代夫丽思卡尔顿酒店（the Ritz Carlton Maldives）
马尔代夫，法里群岛（Fari Islands）
2016—2021

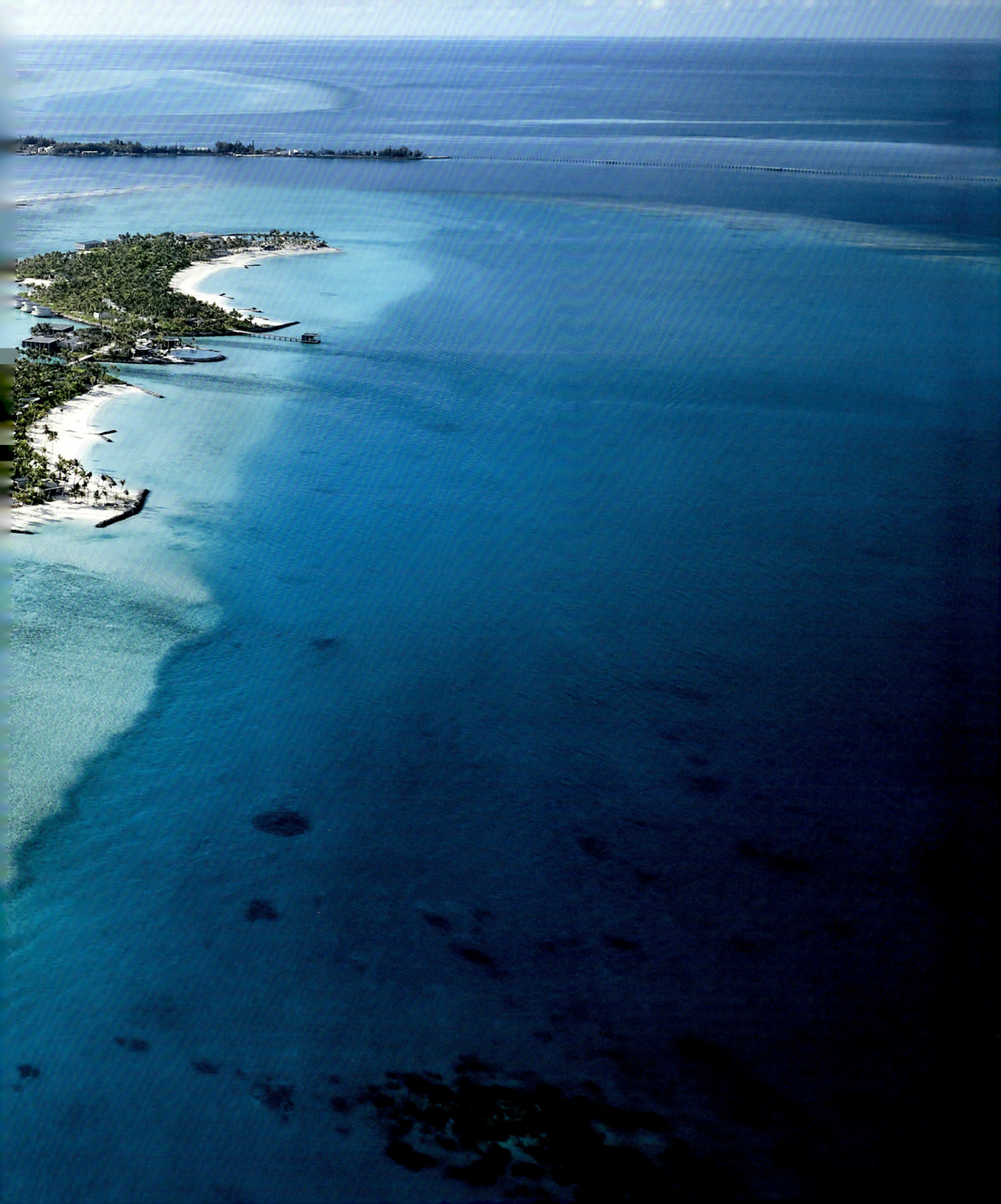

338—339页图： 为该度假村的鸟瞰图，引人注目的是椭圆形、风景优美、独特的水岛（依次是绿树成荫的北岛、中岛和南岛三个岛屿）。

右侧图：（从顶图起），入口凉亭楼阁的鸟瞰图；北岛的鸟瞰图；北岛内三卧室别墅的鸟瞰图；北岛单卧室陆地别墅的鸟瞰图。

马尔代夫丽思卡尔顿酒店，是位于法里群岛的五星级度假村，沿着北马累环礁的东部海岸坐落于4个人工岛屿组成的群岛上。已故设计大师克里·希尔的创作灵感来源于海洋、海风、海浪和贝壳等自然元素。度假村内的一座座建筑物，在碧蓝的浅滩上，以现代简约风格的圆形建筑布局呈现。每个岛屿上的别墅客房，都以南北为纵向轴线排列布局。

设计大师一个最为别出心裁的构想，就是将度假胜地的一座座别墅整齐排列在总体规划的一条椭圆形的环线上，以鼓励游客沿环岛公路尝试探索长达两公里的环岛链，以领略沿途风景秀丽的海滩。位于最北端的是一个外形为椭圆形、风景秀丽的水岛，我们采用当地优质的木材板条，在此修建了码头和别墅。水岛连接着北岛，岛上有郁郁葱葱的森林和短暂的休息空间。在中岛，拥有最豪华、最精致的异国风味餐厅，以及直径为33米的圆形主游泳池，池旁有酒吧。所有体育活动和休闲娱乐中心都位于南岛，包括潜水中心、海滩小屋、健身房、瑜伽馆、网球场、儿童俱乐部和水疗中心，等等。岛上的建筑群，被设计成一个个造型独特、风格简约优雅的几何单体形式，集合在一起，融入总体规划中。在北岛、南岛、水岛周围，一共有85套造型风格独特的贝壳形单卧室别墅。独一无二的别墅群，被排列成椭圆形环岛链，沐浴在马尔代夫明媚的阳光下，同时也溶解了它们的可感知质量。

别墅客房内部的设计和装修，我们均采用当地天然的建筑材料，色调简单明快，内饰简约低奢、美观大方。客房内的各种家具、地毯、织物和艺术品，均为专门定制，独一无二。我们不仅借鉴和融合了当地的工艺传统风格，也与国际知名艺术家通力合作。大多数公共区域，采用时尚、简约、淳朴的风格。我们的设计理念是，尽可能减少度假村的开发对珊瑚礁的自然生态系统产生的任何破坏。别墅客房的室内装修简约低奢、典雅舒适，采用当地优质木材，一种交叉层压木材板条作为墙壁和屋顶的内衬，而另外一种胶合层压木材板条，则用于室内承重立柱的装修。

下方图： 整体规划图。

1) 码头入口
2) 休息大厅
3) 全天候餐厅/零售商店
4) 中餐馆
5) 泳池酒吧
6) 游泳池
7) 日本餐馆
8) 水疗中心
9) 海边小屋
10) 儿童俱乐部
11) 健身房/瑜伽馆/游艺室
12) 网球场
13) 潜水中心
14) 潜水码头
15) 后勤服务区/工作人员宿舍
16) 港口
17) 三人间别墅
18) 可供休闲的私密空间
19) 后勤服务空间

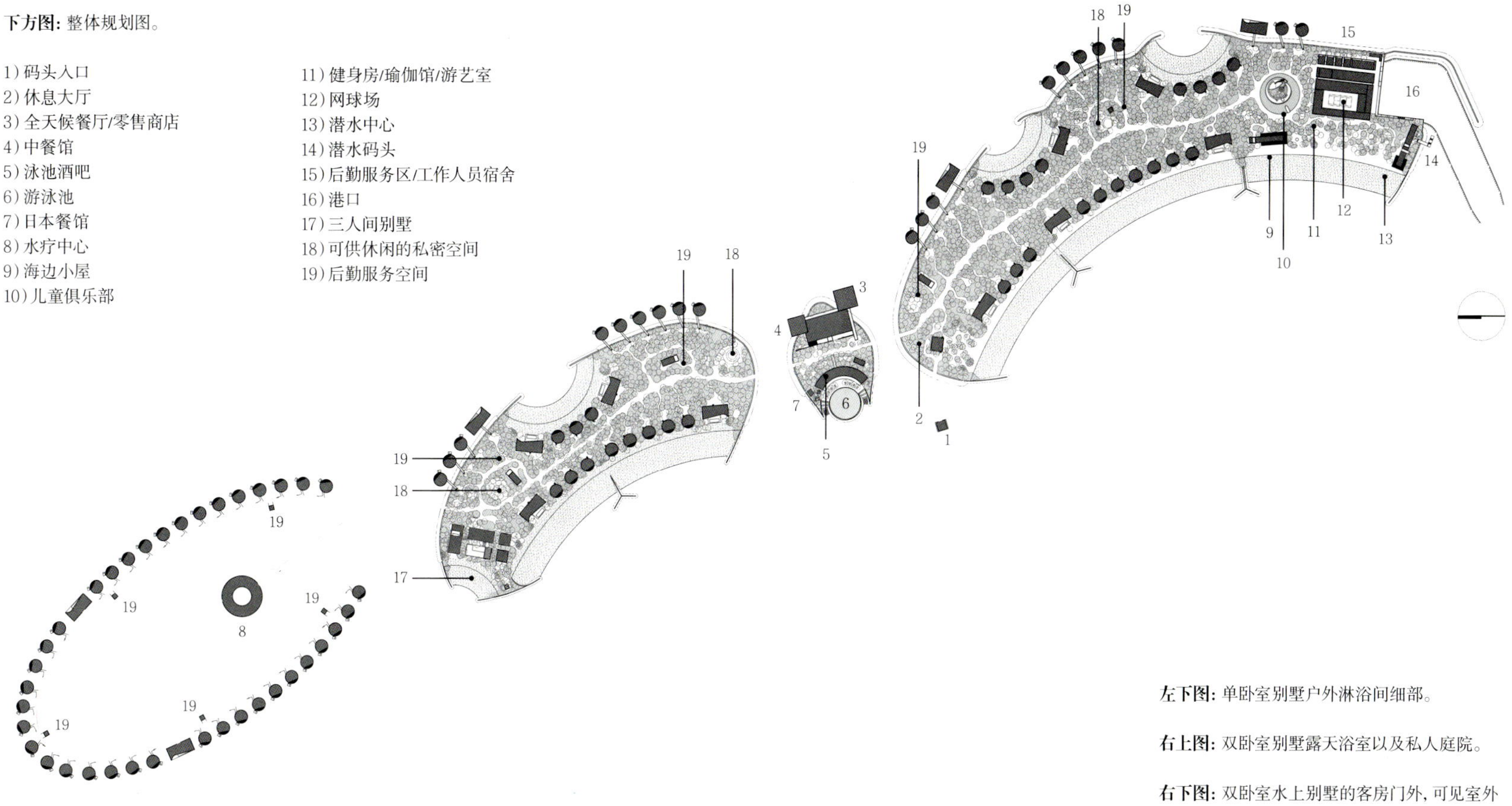

左下图： 单卧室别墅户外淋浴间细部。

右上图： 双卧室别墅露天浴室以及私人庭院。

右下图： 双卧室水上别墅的客房门外，可见室外泳池边宽大的木制平台。

马尔代夫丽思卡尔顿酒店 马尔代夫，法里群岛 341

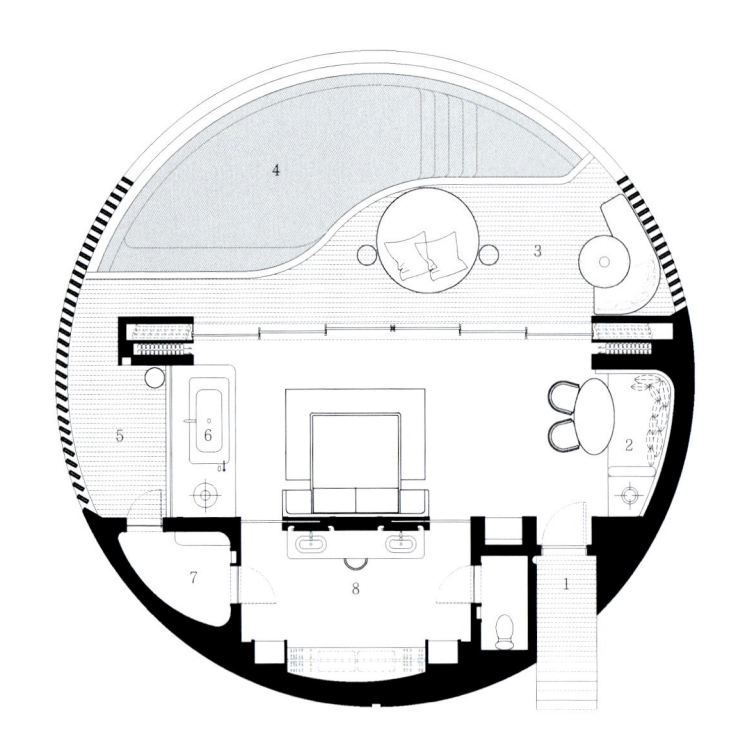

左侧图： 单卧室水上别墅的平面图。

1）入口
2）休息大厅
3）游泳池平台
4）游泳池
5）户外淋浴间
6）浴室
7）淋浴间
8）盥洗室/衣帽间

下方图：（左、右两图）圆柱形水上别墅工作模型。

底部图： 面向大海的圆弧形户外游泳池。

对页上图： 远眺坐落于南岛的北向单、双卧室别墅。
对页下图： 南岛双卧室水上别墅的主卧室内景。

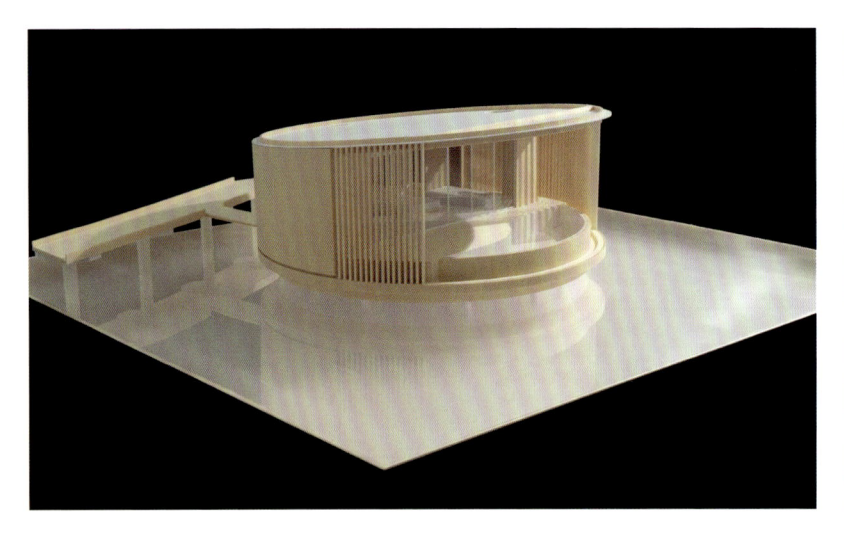

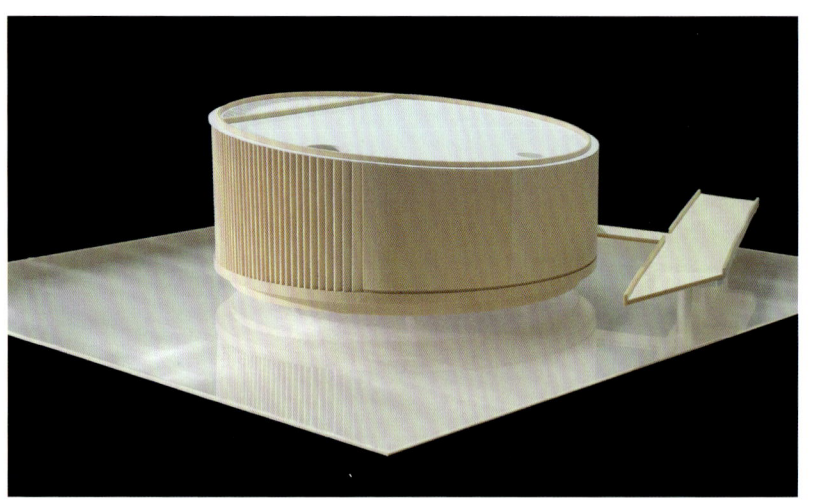

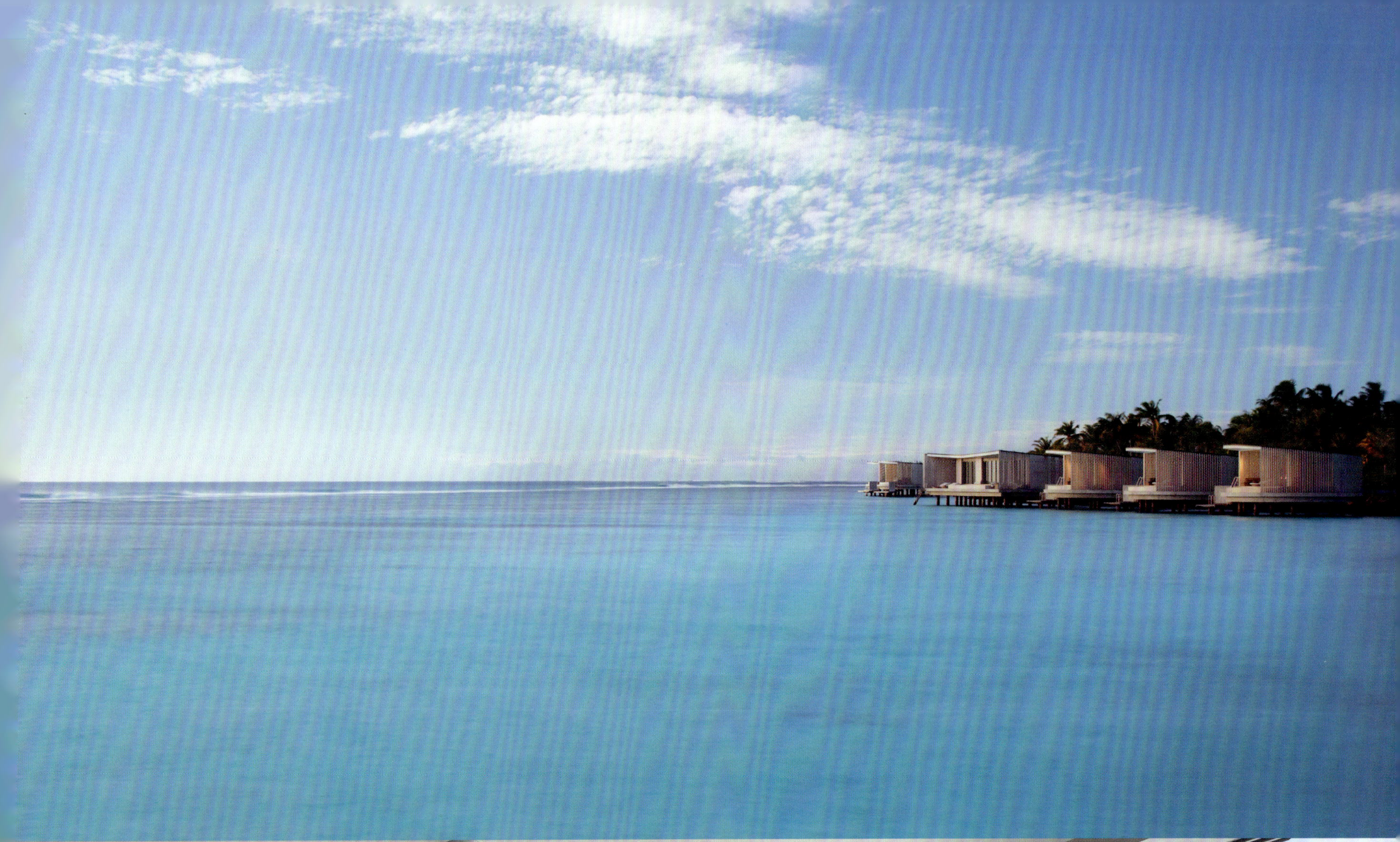

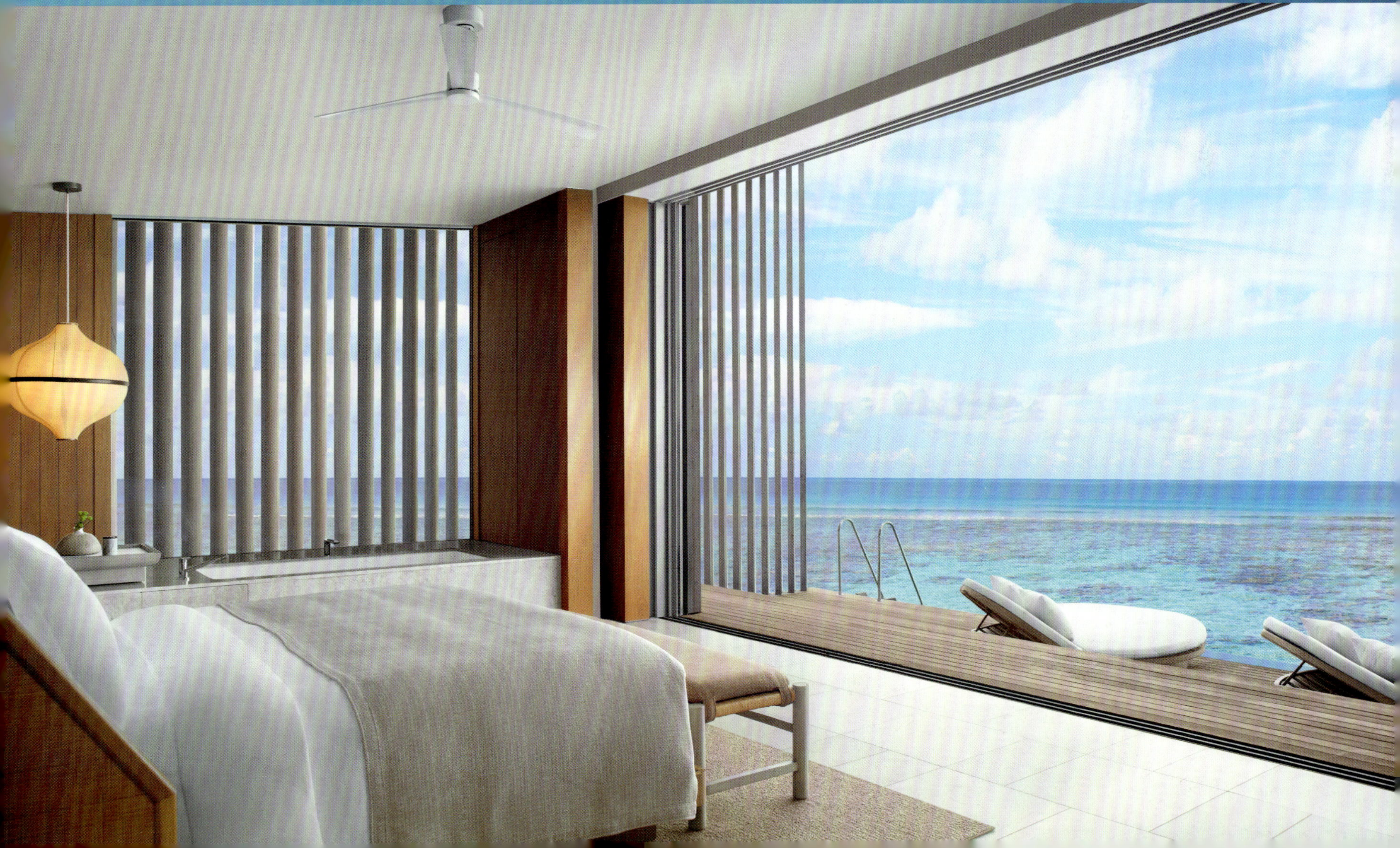

下方图： 中岛的工作模型。

底部图： 全天候餐厅。

右侧图： 全天候餐厅和中餐厅平面图。

1) 入口庭院
2) 中国式花园
3) 中餐厅
4) 全天候自助餐厅
5) 全天候楼阁餐厅
6) 零售商店
7) 后勤服务区

下方图： 中餐厅内景。

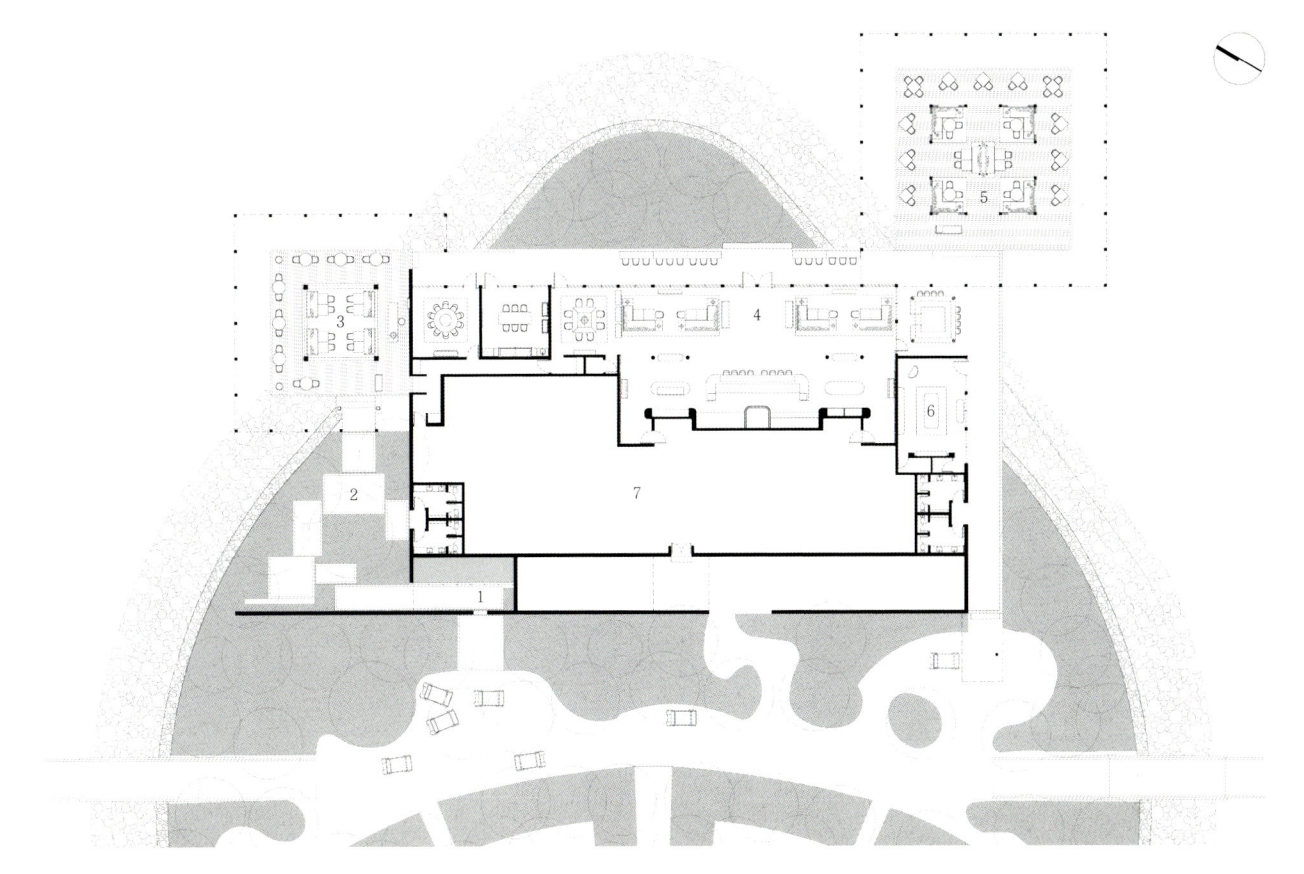

马尔代夫丽思卡尔顿酒店 马尔代夫，法里群岛 345

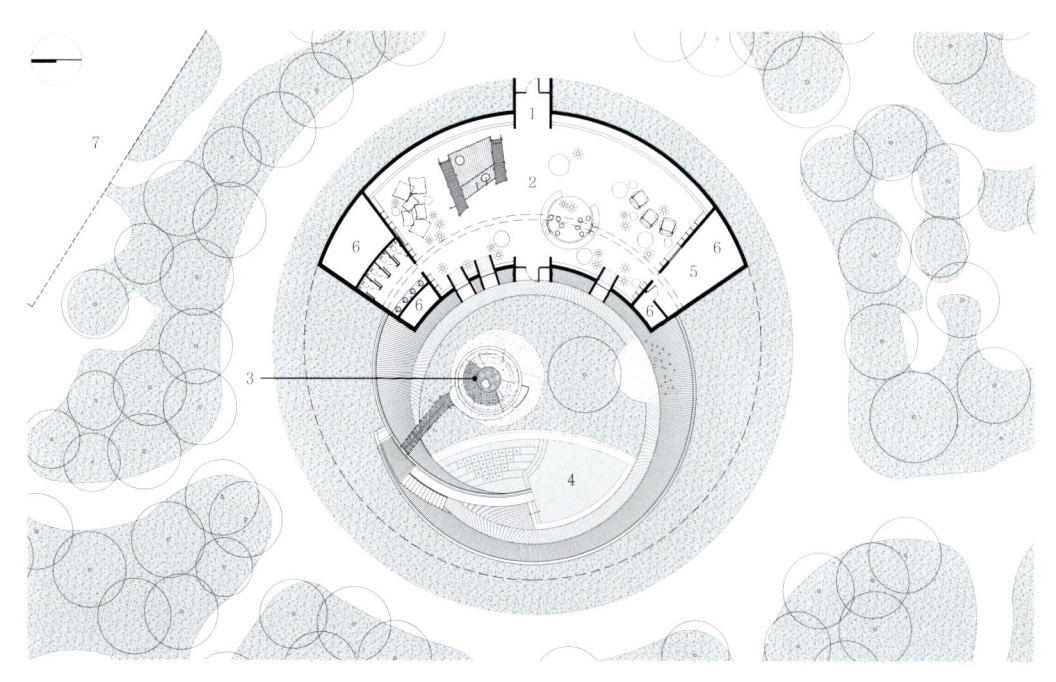

左上图：儿童俱乐部鸟瞰图。

左中图：儿童俱乐部游戏空间的内景。

左下图：儿童俱乐部的平面图。

1）入口
2）户内活动区
3）户外娱乐区
4）跳水游泳池
5）办公室
6）后勤服务区
7）网球场

右侧图： 游泳池和泳池酒吧平面图。

1) 游泳池旁酒吧
2) 游泳池
3) 厨房
4) 日本餐馆
5) 服务区
6) 后勤服务区

下方图： 游泳池边的酒吧。

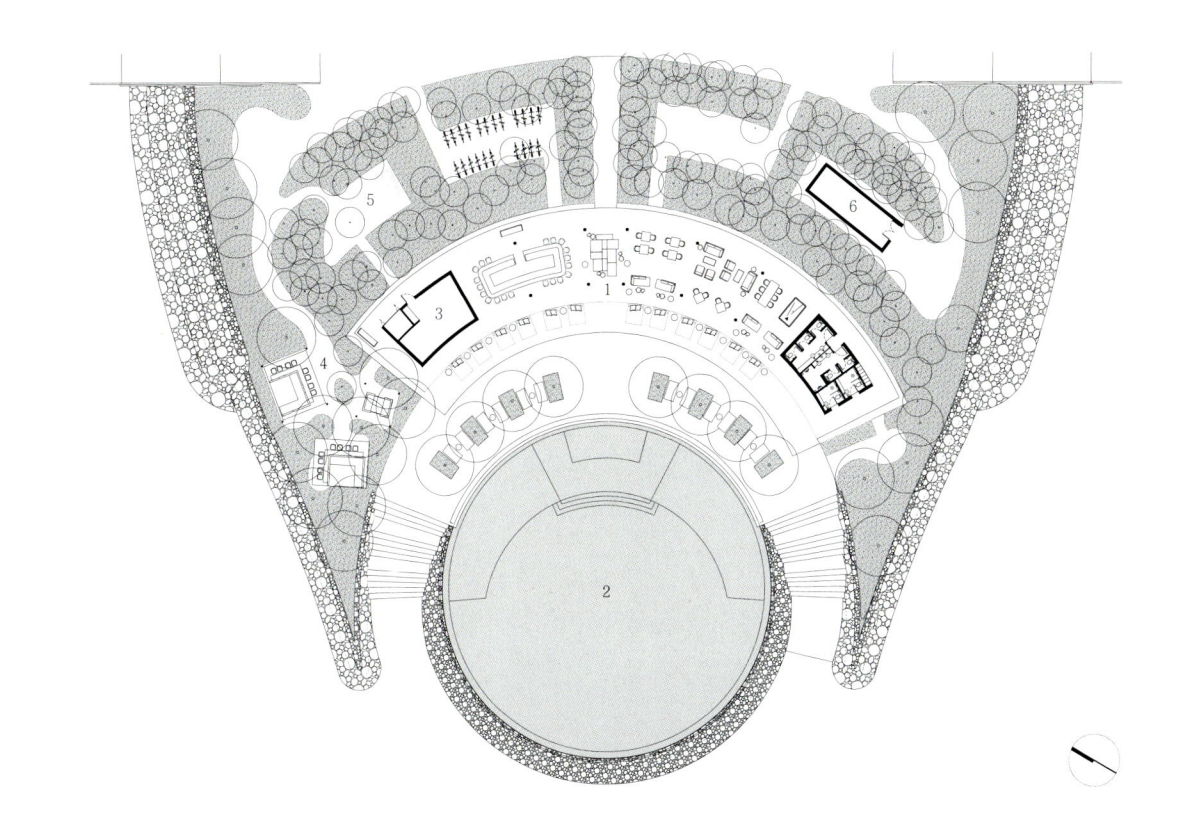

马尔代夫丽思卡尔顿酒店 马尔代夫，法里群岛

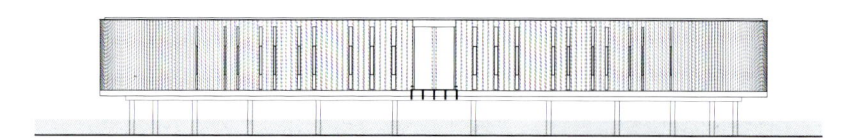

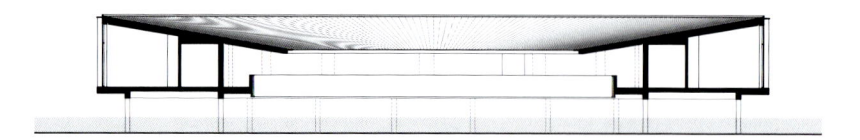

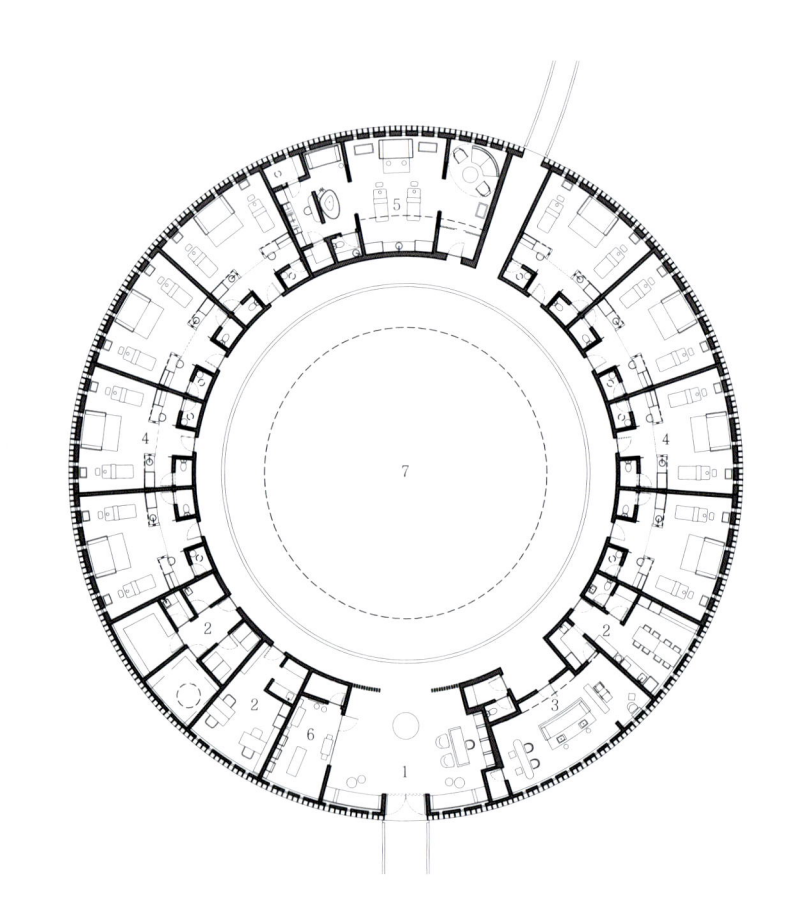

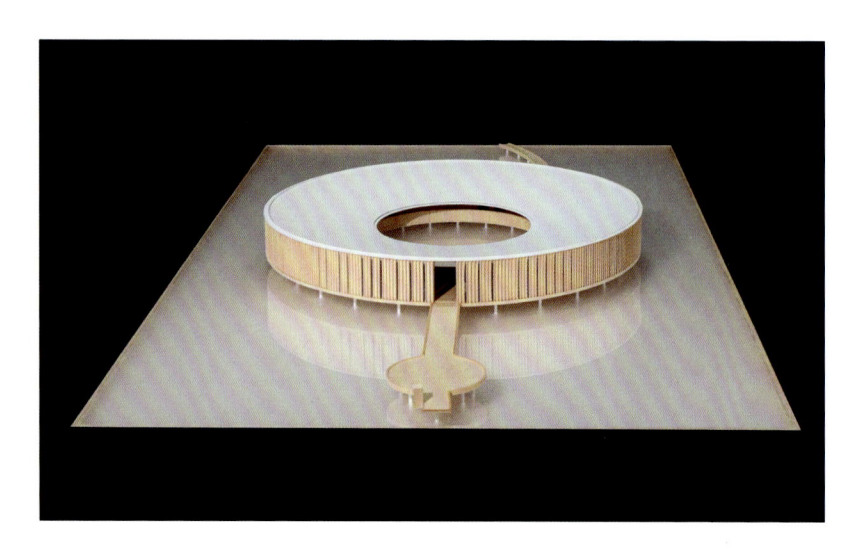

左上图：水疗中心的立面图和剖面图。

左中图：水疗中心·平面图。

1）大堂/接待大厅
2）后勤服务区
3）美甲和发廊
4）标准治疗室
5）豪华套房
6）零售商店
7）水景花园

左下图：水疗中心的工作模型。

上方图： 水岛的水疗中心和水上别墅套房鸟瞰图。

右侧图： 通往岛内外的人行通道。

马尔代夫丽思卡尔顿酒店 马尔代夫，法里群岛 349

西澳大利亚大学土著研究学院（Bilya Marlee, School of Indigenous Studies, University of Western Australia）
澳大利亚，克劳利
2017—2020

这个校园的主楼，为研究西澳大利亚有关土著居民遗留下来的宝贵历史和文化资料，提供了一个设备和条件完善的学术性研究基地。它被命名为土著研究学院，原意为"天鹅之河"的意思。该大型研究机构，属于西澳大利亚大学克劳利分校的一部分。该分校位于尼昂加尔地区，开设了土著研究学院、土著医疗和牙齿健康中心，以及土著健康中心等机构。在该学院的主建筑内，铺设了无线网络，为校园里当地的土著学生提供在线网络学习的条件。

该建筑场地，邻接环绕校园的一条主要步行路线，坐落于风景如画的天鹅河和西边广阔的自然景观之间，周围绿树环抱，部分高大挺拔的美叶古桉树，早在建校之前，就已经在此扎根落地、生长多年了。我们经过精心设计和规划、创建了三种不同的校园景观，以进一步美化校园环境。第一，在主入口处，我们修建了一个标志性的空间，巧妙地将庆祝当地古老的尼昂加尔人日历中6个不同季节的主题花园纳入其中。第二，设计了一个新的、倾斜的景观平面，为开放的户外学习提供了一个最佳场所，由此，可以自由俯瞰不远处的道路。第三，创建了一个安静的冥想花园。

我们选用的建筑材料，采用了当地一系列冲积色的砖石和陶土，创作灵感来自古老的尼昂加尔人著名艺术家的作品。我们的设计团队，在项目实施的每一个阶段，均与土著研究学院的主要研究人员密切合作，共同研究方案，不断解决问题。同时，整个设计团队，还与文化顾问和研究尼昂加尔人中资深的元老Richard Walley OAM博士密切合作，将当地古老的文化叙事巧妙地融入建筑设计中。尤其重要的是，我们引入了天鹅巢的概念。这是一个黑天鹅出生、繁衍的地方，它们世世代代在此养育后代，这里成为黑天鹅赖以生存的一个安全的栖息之地。室内装修的色调，巧妙地参考和融合了周围自然界丰富多彩的色彩，进一步加强了室内与室外的美叶桉树木之间的联系。

在建筑内部，公共社交空间和学生学习空间，尽可能安排建筑物较低的两层空间，以便学生可以很容易地进出，自由通过。而行政办公室和学术研究中心，则设置于更上层的空间。主建筑物内，包含了封闭和开放性的办公空间，以及灵活的学习空间，以便适应各种不同的教学方式和手段。入口大厅，四通八达，连接主楼与其他主要公共区域和流通区域。这个大厅最具特色的是一件引人注目的艺术品，名为黑天鹅，由尼昂加尔艺术家莎莉伊根创作，描绘了一只美丽的黑天鹅。整个内部空间都经过精心装修和布局，以保证采光充足、空气对流，以及与室外自然景观的视线联系。

左侧图：总平面图。

1) 天鹅河
2) 比亚玛丽建筑
3) 正式的前院
4) 主题花园
5) 草坪
6) 美叶古桉树庭院
7) 哈科特大道
8) 大学校园周围

对页图：在主建筑物的整体立面装饰色彩斑斓的赤陶土色的木格栅，与周围的自然景观融为一体。

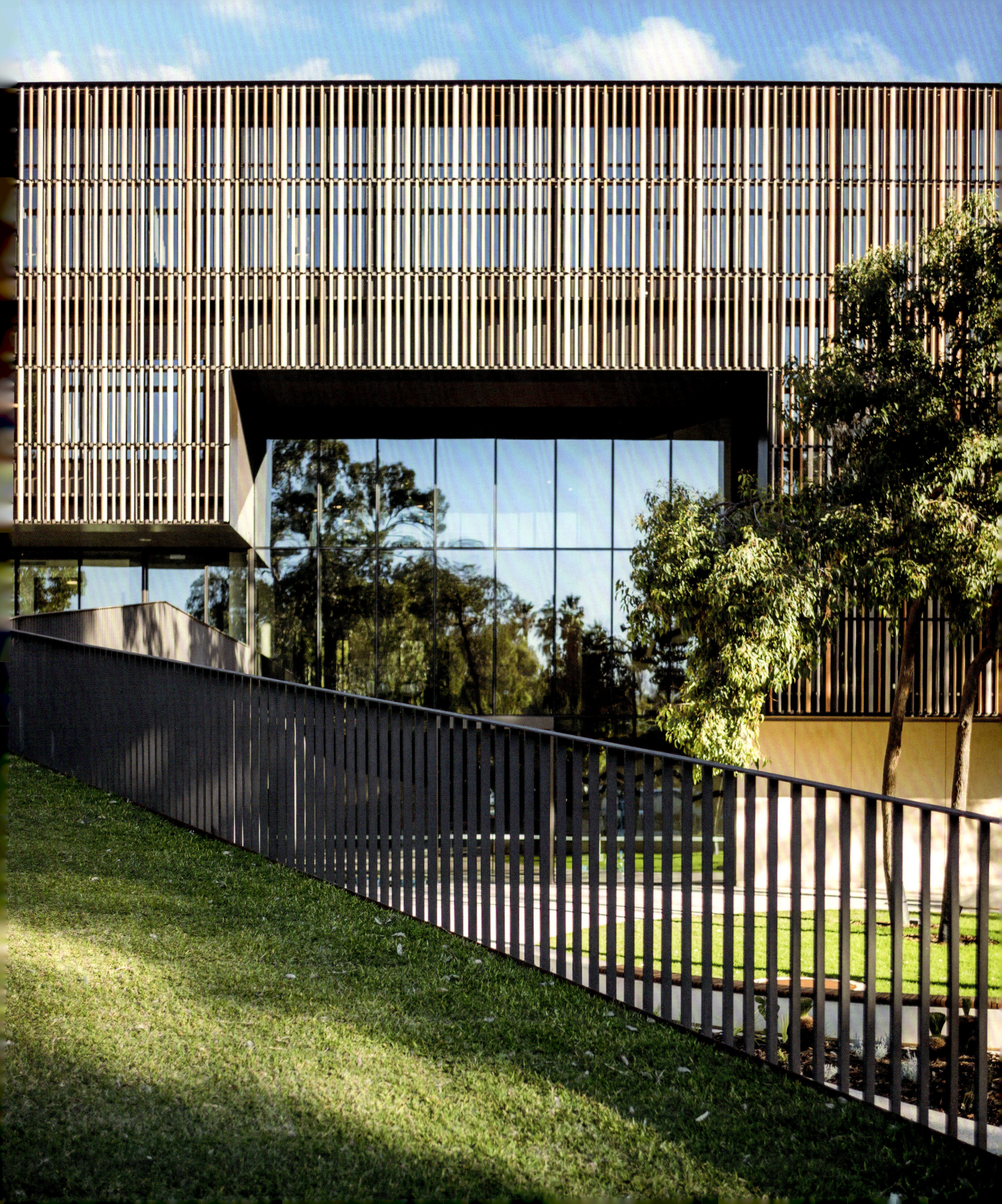

右侧图：（从顶部起）三层平面图；二层平面图；
一层平面图；地下一层平面图。

1) 入口兼社交场所
2) 教学兼学习场所
3) 非正式学习场所
4) 公共厨房
5) 行政部门
6) 会议室
7) 办公室/咨询的房间
8) 研究机构
9) 安静的阅览室
10) 学生安全出口
11) 植物
12) 空地

下方图： 主建筑物回应场地中的美叶桉树。

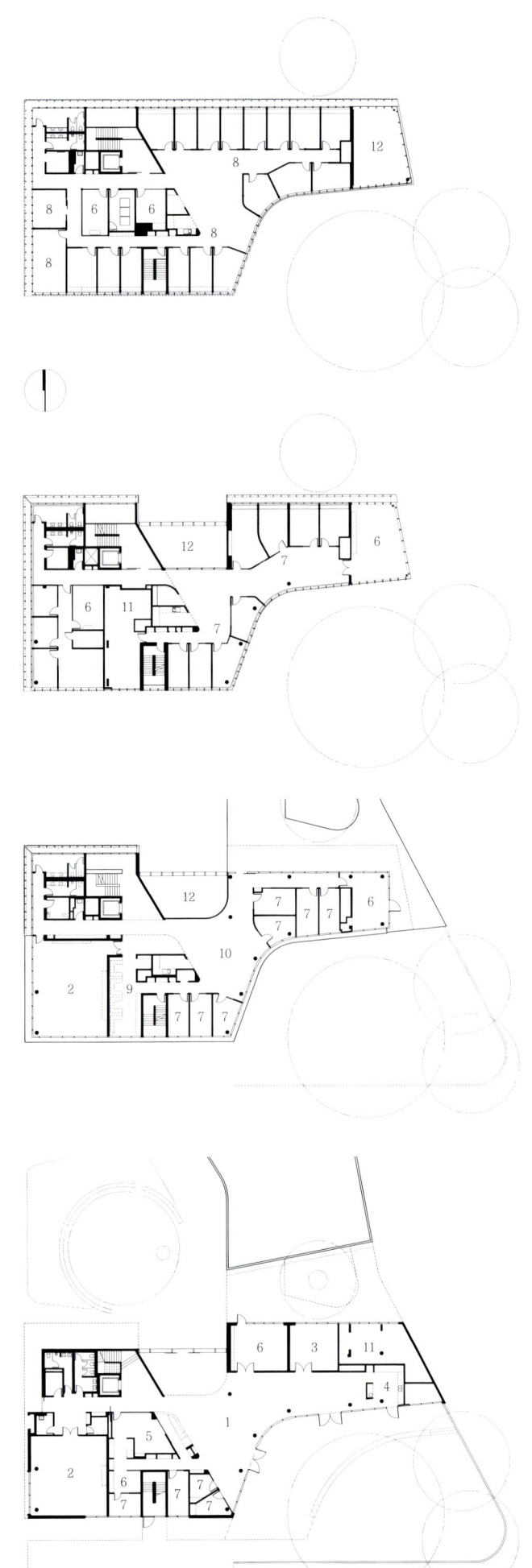

上方图：学院象征性的前院，围绕6个不同风格的季节性花园和草坪。

右侧图：精致美丽的赤陶色板条木屏风，遮挡来自北方和西方强烈的太阳光。

西澳大利亚大学土著研究学院 澳大利亚，克劳利

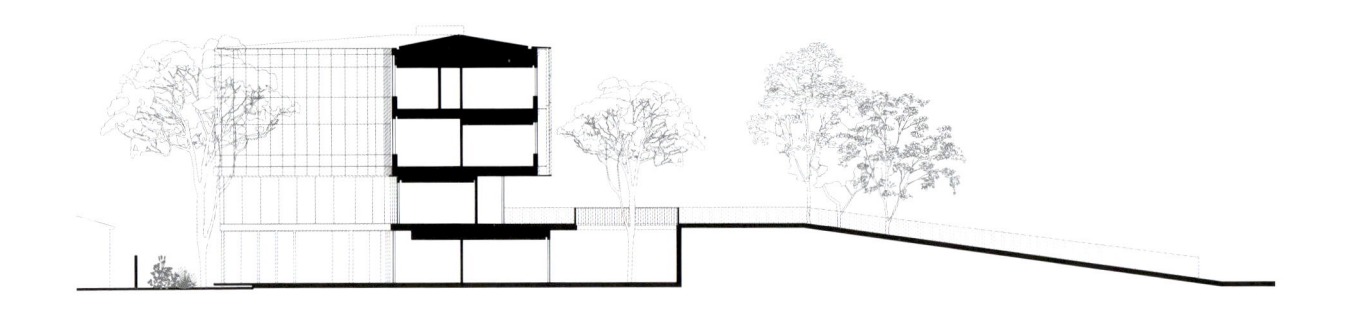

顶端图： 透过主建筑物的窗户眺望树木产生的视觉联系。

上方图： 横穿草坪、美叶桉树庭院、建筑物的剖面图。

对页图： 在主建筑物周围，环绕着美叶桉树，其中一部分生长历史可追溯到修建大学校园之前。

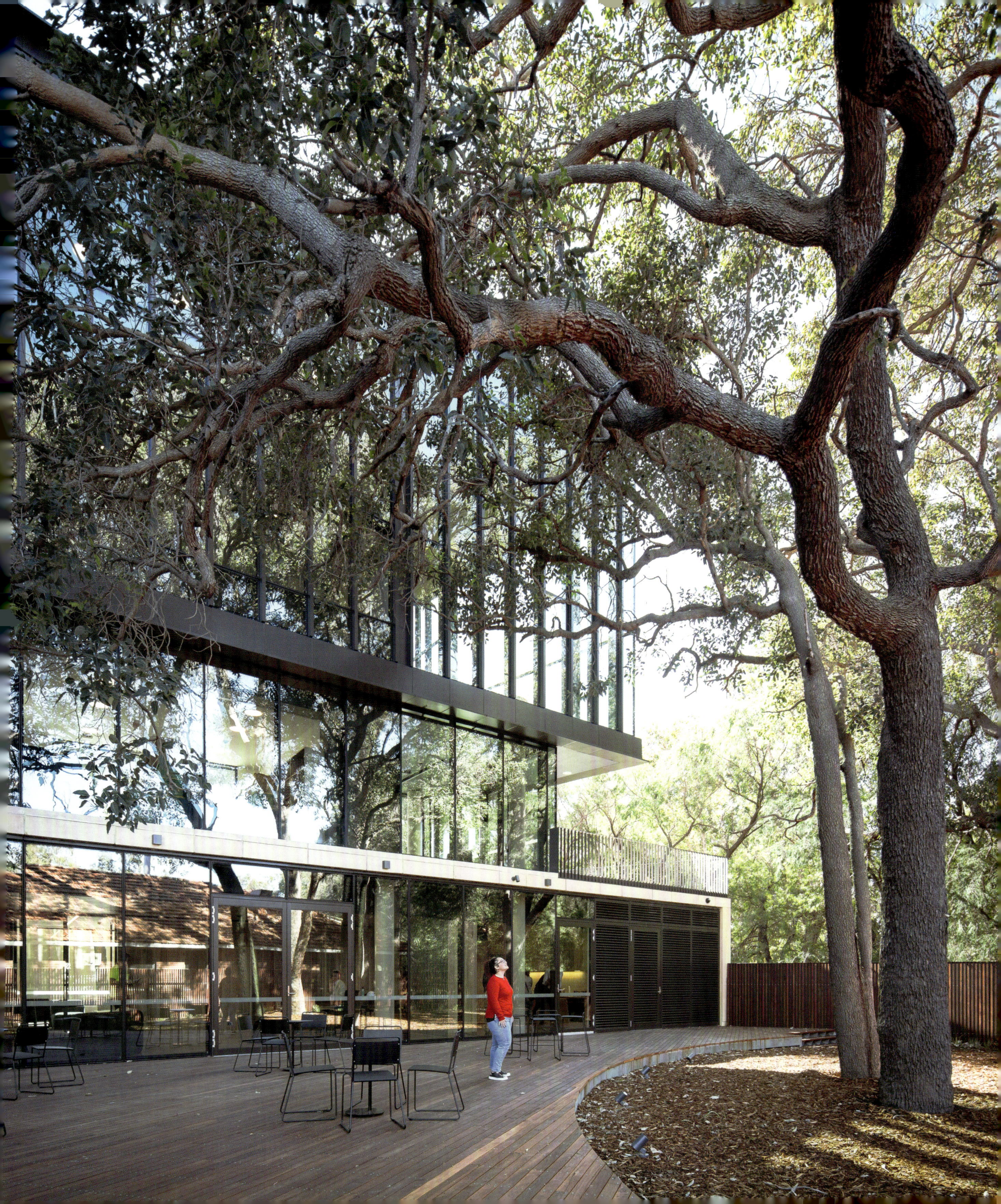

上方图： 熏制的桉树和马里木清晰地表达了透明、相互连接的入口空间的主要内部体量。

右上图： 莎莉伊根的艺术作品黑天鹅挂在接待大厅。

右下图： 精致的细木工定义了接待区，并为后面的行政办公室提供了遮挡。

西澳大利亚大学土著研究学院 澳大利亚，克劳利

左下图： 在楼梯与窗户之间的空间，为学生提供安静学习的场所。

右上图： 我们采用当地优质的桉木，精心打造室内各种精美家具。

右下图： 步入主楼的入口大厅，这里已经成为最受学生欢迎的公共活动空间。

左上图：淡雅柔软的湖蓝色布艺长椅，衬托出安静的学术氛围。

左下图：安静的学习空间拥有自然采光。

右下图：一层会议室的四周环绕着桉树的景色。

西澳大利亚大学土著研究学院 澳大利亚，克劳利

农舍（Farmhouse）
澳大利亚西南地区
2017—2020

位于澳大利亚西南部的一个大农场，围绕着果园和葡萄园，坐落于风景如画的山中，周围的景色，随着季节的变化而变化。一代又一代人的当地人在此隐居。这个世外桃源的农舍，坐落在山坡上，靠近山脊，居高临下。就像在其他农田常见的那样，我们在山顶，保留了当地特有的美叶桉树和澳洲桉树林，以保护农舍、防止侵蚀。该项目，就是在这种地理环境条件下和一定的范围内进行设计和施工。

我们修建度假村的首要原则，是进一步改造庭院。首先，我们搭建简易小凉亭，围绕在农舍的周围，保护它免受狂风暴雨的袭击，同时也能享受冬日温暖的阳光。在建筑物立面，我们采用了精美的木框玻璃幕墙，在周围美丽的景色映衬下，在明亮的阳光反射下，熠熠生辉。外观呈现矩形的二层高楼阁，简约、美观大方，既具有现代风格，也具有淳朴的乡土气息，坚固而又富有质感。精致的木质百叶窗，通过自由调节视野宽度，以保护私密空间，调节光线的强弱，利于通风换气。

在中央庭院周围，左右两侧的客房阁楼，作为一系列单独家庭居住空间和小型生活空间，而公共活动空间，位于正对面的中央阁楼。在这个中心阁楼中，我们设置了公共生活和餐饮服务空间，在这里，大家共同庆祝农场和附近种植园的大丰收，感恩他们收获的新鲜蔬菜和粮食。室内装修和家具设计风格简约低奢，温馨舒适；充分采用当地木材进行加工制作，加强了室内空间与大自然的天然联系。

左侧图：周围的山丘上点缀着成熟的红杏树。
下方图：从西南客房俯瞰农作物。
对页 上图：从中央庭院远眺公共活动空间。
对页 下图：木框玻璃幕墙上反射出落日余晖。

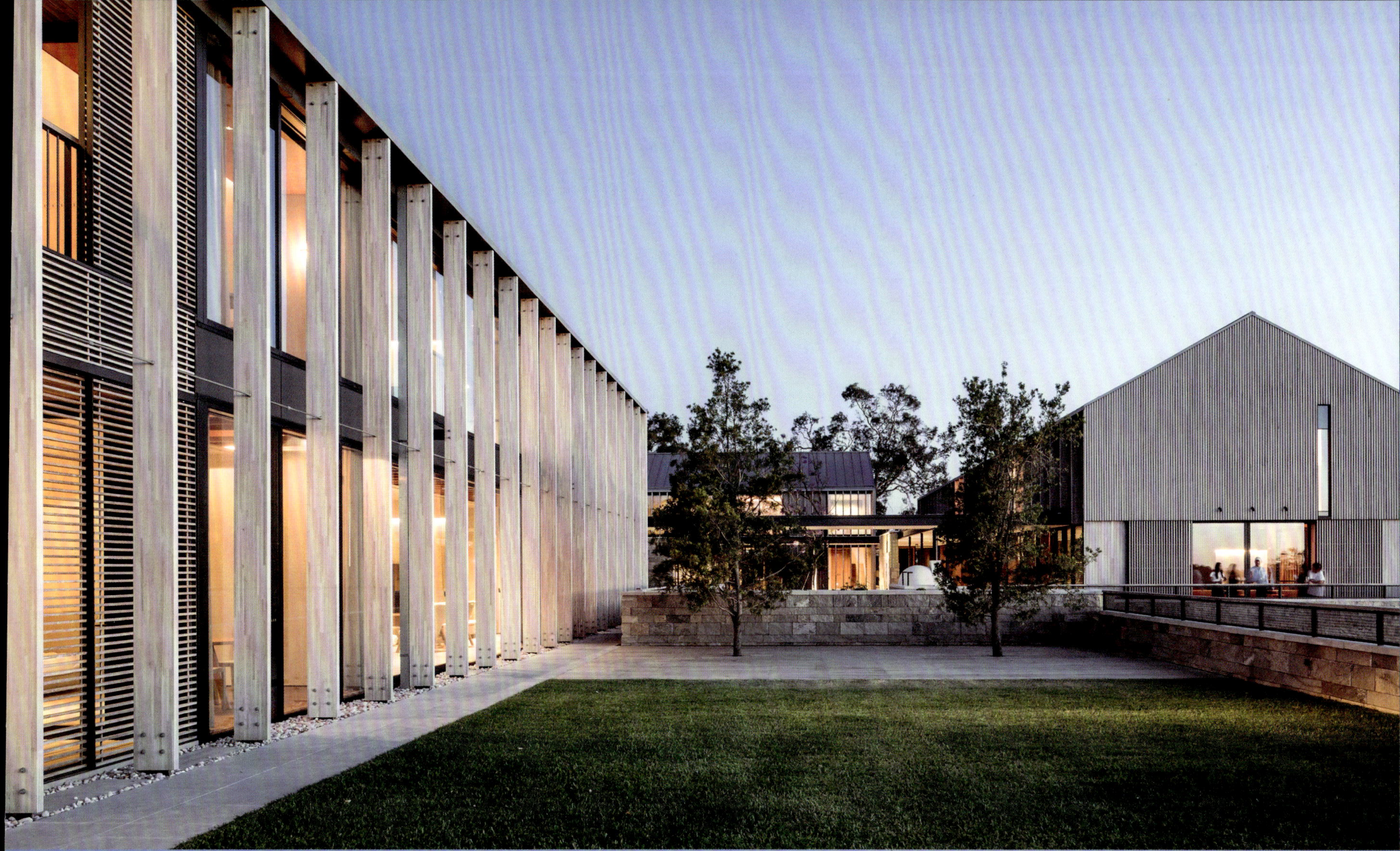

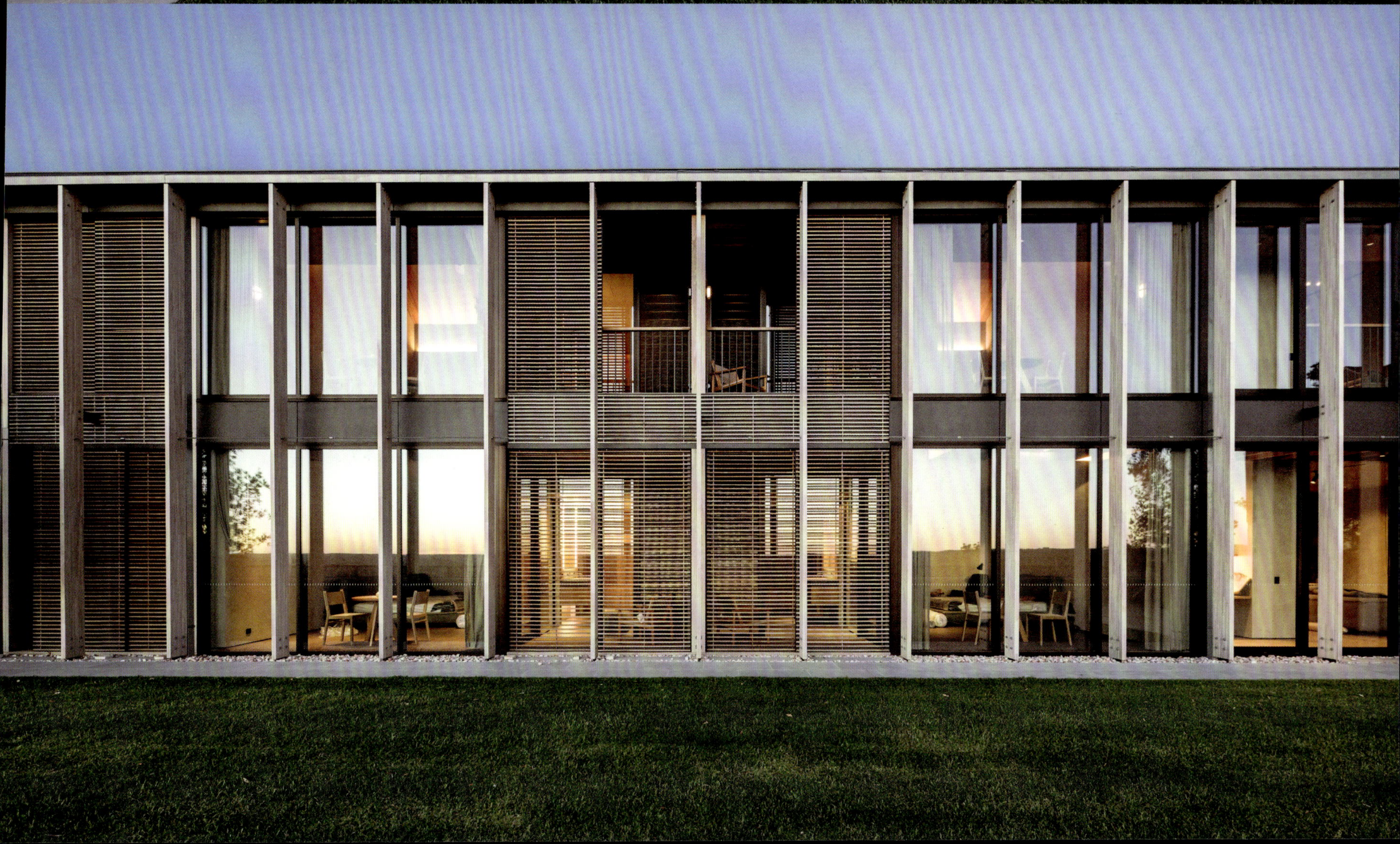

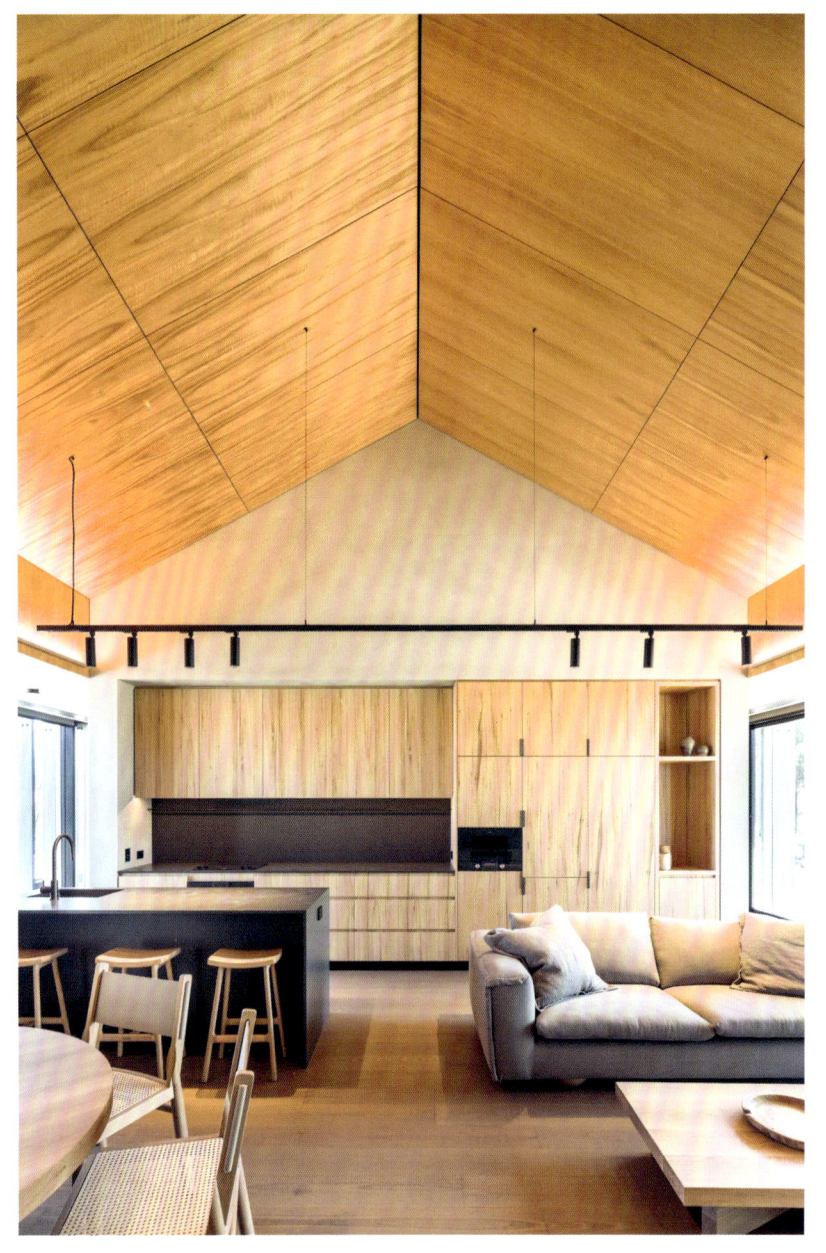

左上图：在客房楼阁内的起居室，从内饰墙壁到天花板上，原生木材散发出清香、温暖的气息。　　**左下图**：在中心建筑中的厨房。　　**右上图**：从位于餐厅一侧的沙发回望公共厨房。

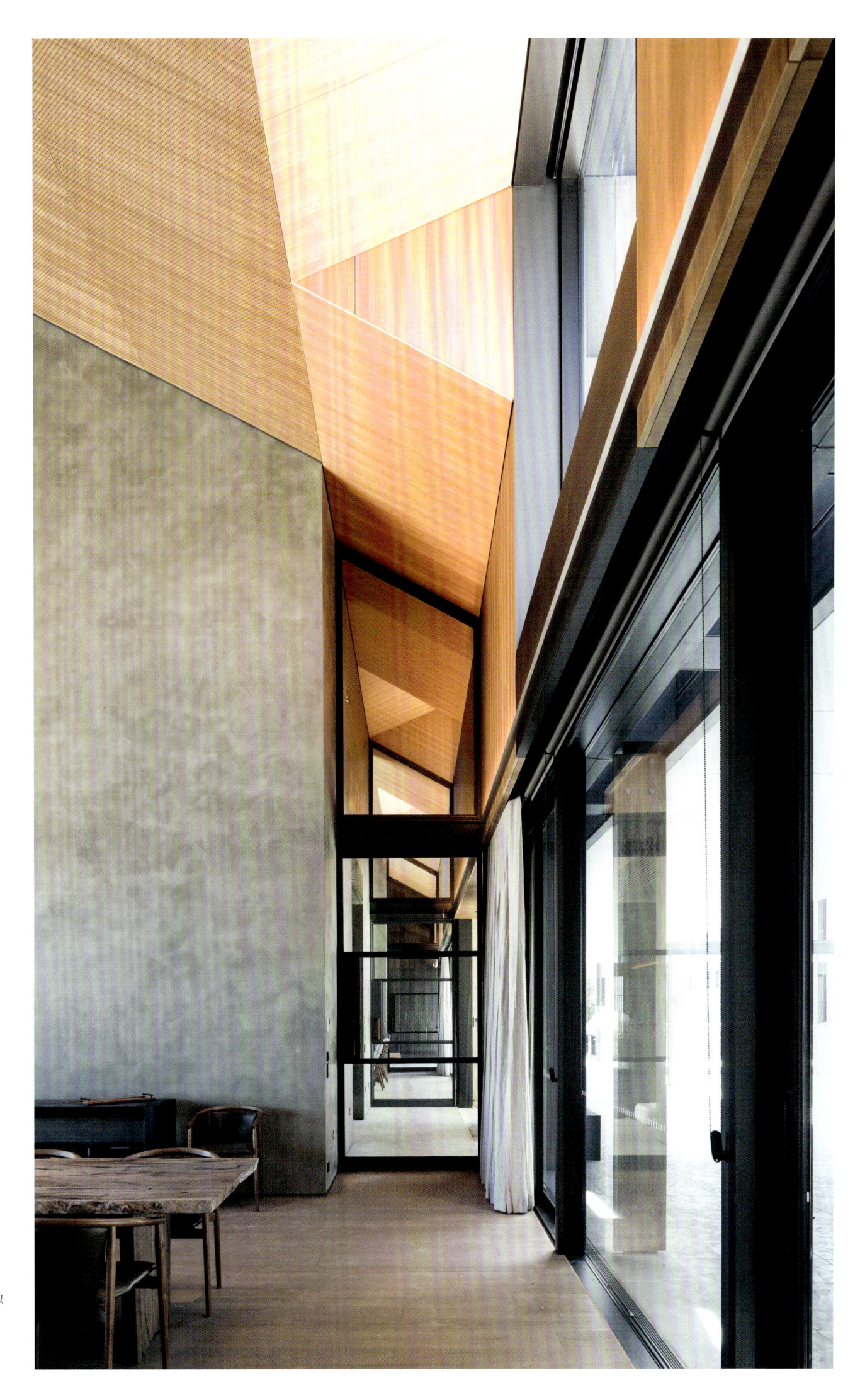

对页右下图：整体规划图。

1) 入口庭院
2) 庭院
3) 公共活动空间
4) 客房楼阁
5) 游泳池
6) 农作物种植园

右侧图：沿着中央阁楼内的过道向前望去，可以看到两个不同的公共空间之间的连接通道。

尚未落成的
项目

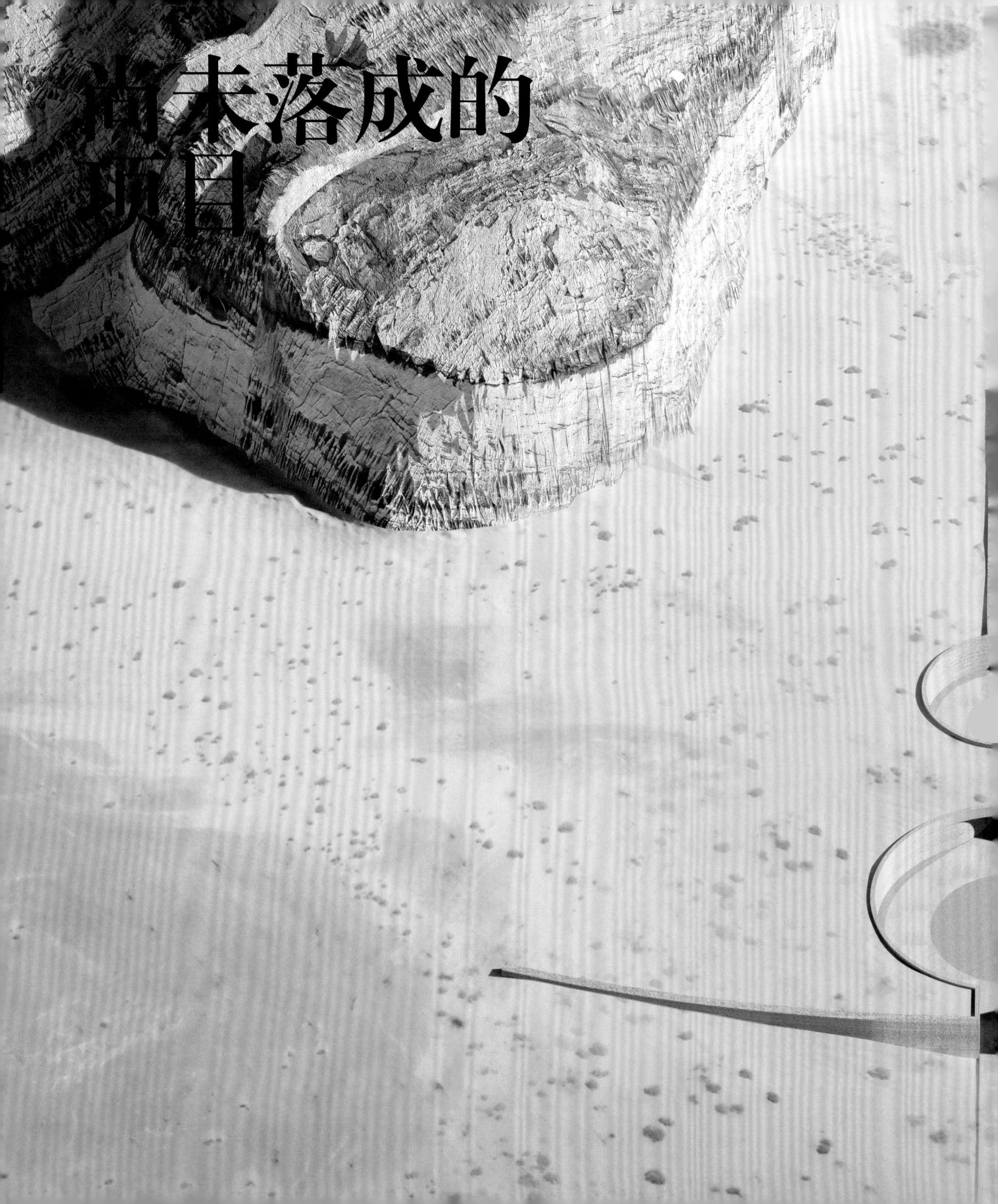

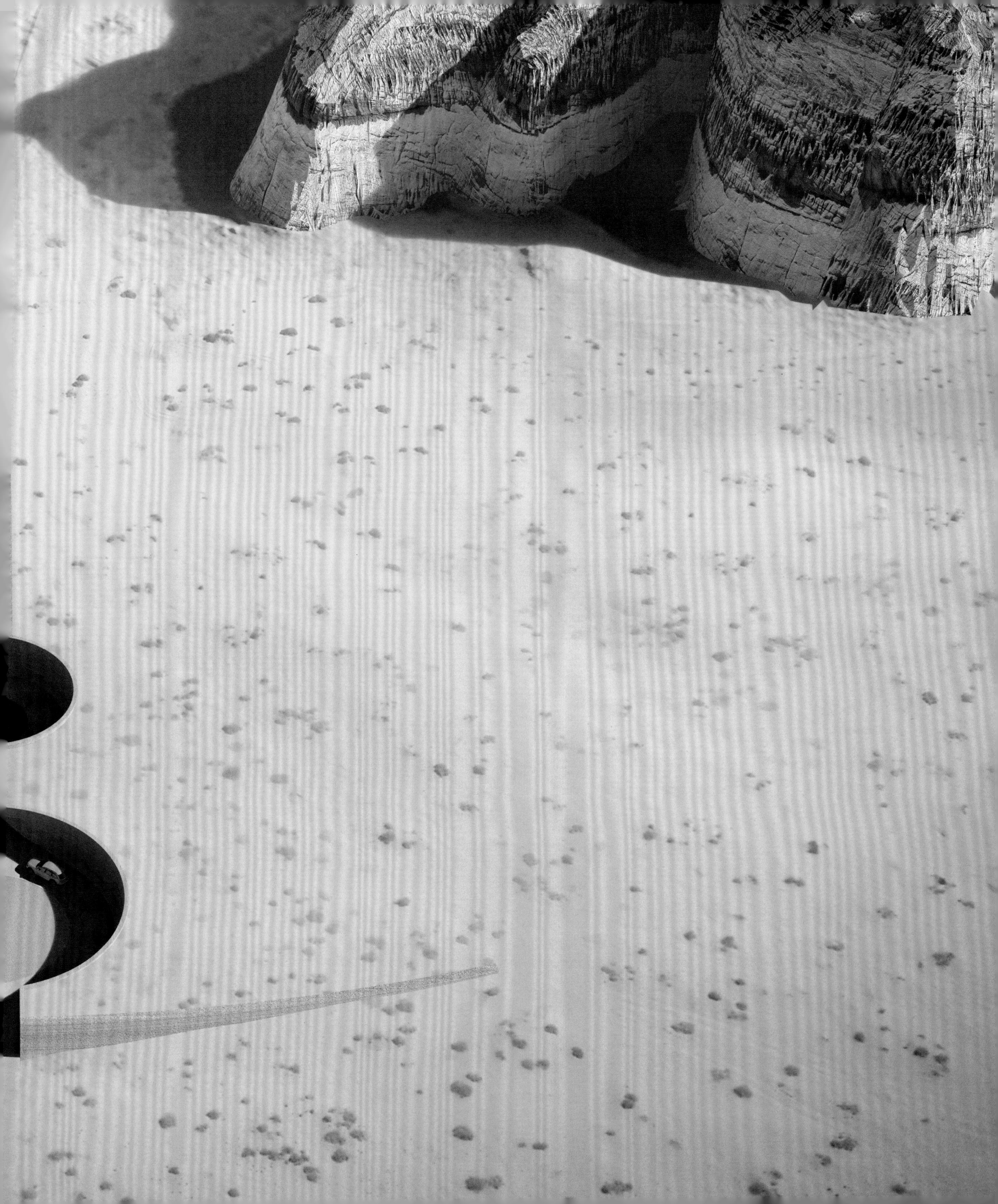

印第安纳茶馆（Indiana Teahouse）
澳大利亚，科特斯洛
2019
参与竞赛

科特斯洛海滩，是当地土著居民和更广泛的西澳大利亚社区重要的文化遗址。海滩拥有一望无际的纯白色沙滩、低矮茂密的灌木林、石灰岩，以及从印度洋升起的陡峭的沙丘，是珀斯市早期土著居民最熟悉的内容。围绕该项目，我们举办了一场别开生面的创意竞赛，目的是选择最佳的设计方案，解决基地存在的问题，包括取代印第安纳茶馆的可能性，因为一个现存的陈旧建筑，不仅遮挡视线，而且只能提供非常有限的公共空间和设施。

我们的构想是，希望充分利用海洋及其塑造的环境，作为融入塑造新建筑物的元素。新修建的白色建筑物，造型独特，外观优雅美观，如同雕塑般优美的曲线体量，盘旋在一系列的公共景观露台之上。这座白色的弧形建筑物，采用纯净的白色混凝土、沙色的石料和当地的木材，辅以结实耐用的沿海植物，共同修筑搭建而成，与周围科特斯洛美丽的自然景观，巧妙地融为一体。

这座建筑物独一无二的弯曲造型，不仅拓展了视野，也创造了最佳观景平台。登高远眺，海阔天空，浩瀚无际的海洋美景，尽收眼底。这种独特的设计构思，一方面，延伸、拓展了观景视野，另一方面，与周围弧形弯曲的景观墙完美地融合为一体。这是一个真正意义上的"圆弧形建筑"，我们从各个方向均可以欣赏它清新脱俗的美丽。

全天候的游泳池，修建在一个个地势偏低的庭院中。从这里，我们可以瞭望海洋，清澈的海水映照着湛蓝的天空，在神秘的光和反射下，呈现海天一色美景。

右侧图： 这座曲线优美的白色楼阁，与周围清美而秀丽的自然景观融为一体。它不仅开阔了观景视野，同时也增设了开放性公共活动空间。

下方图（自左而右）： 首层平面图；二层平面图；三层平面图；四层平面图。

1) 游泳池
2) 健身房和水疗中心
3) 食品和饮料商店
4) 家庭式餐馆
5) 酒吧
6) 意大利风味冰淇淋店
7) 高档精致餐厅
8) 多功能活动厅

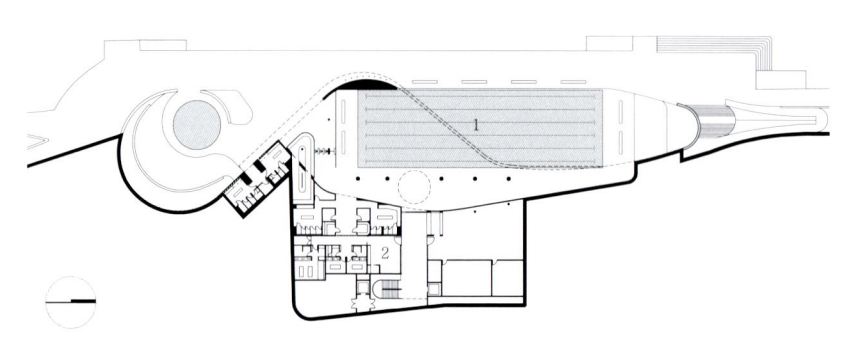

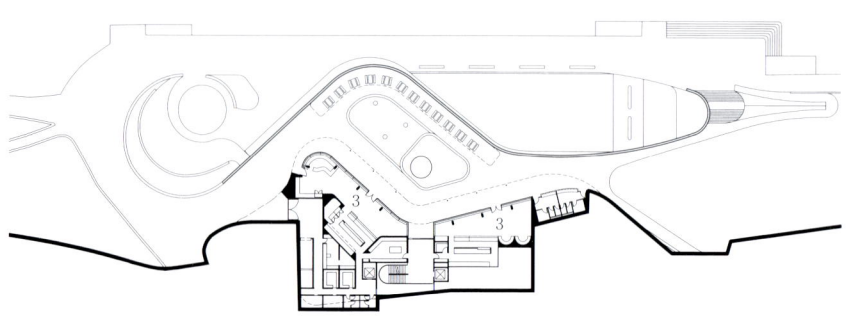

印第安纳茶馆 澳大利亚，科特斯洛

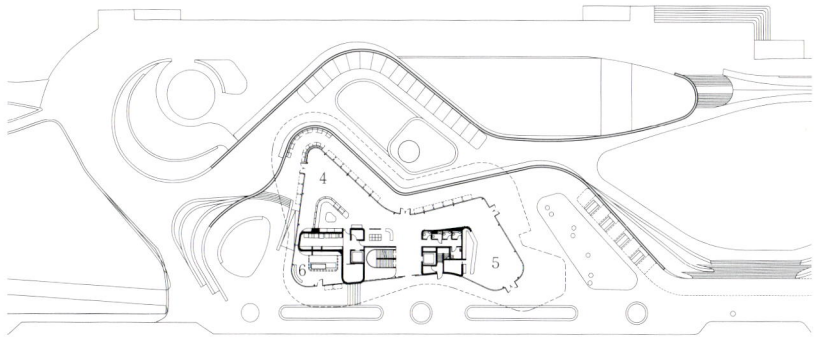

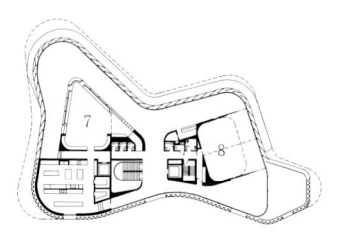

环形码头一号（One Circular Quay）
澳大利亚，悉尼
2009—

　　这座位于澳大利亚悉尼、世界上最独一无二的海滨公寓大厦，在设计竞赛中获得一致好评。该建筑物，位于悉尼中央商务区北端的环形码头一侧，拥有无与伦比的悉尼港湾和码头的独特景观。公寓大楼，坐落于悉尼市两大标志性建筑——悉尼歌剧院和海港大桥之间。这个项目，是对这座城市有限的居住空间的一定补充和扩增。

　　我们的设计构想，是修建一座优雅、透明的公寓塔，为悉尼市美丽的港湾增添一抹绚丽的光彩。公寓楼建造在坚固的砂岩地基上，建筑物的周围是公共区域，港湾周围的摩天大楼鳞次栉比、耀眼夺目。我们采用砂岩作为地基，依据了建筑场地的地质构造，也参考了悉尼遗产建筑的砂岩立面方面的资料。这座公寓楼，被设计成一个摩天塔楼，周围有四个立面，每个立面的室内、外装修均采用同等的规格、质量和标准。每个立面均选用了优质的材料构筑，保证清晰度、比例和光线的良好调控。

　　在公寓大楼的内部，主要修建了大量的、不同规格的住宅单元，在底层设有入口大厅和零售商店。底层通高的入口大厅，宽敞明亮，大厅内有零售商店，它的气氛渲染了整座建筑物临街立面的功能空间。考虑到最大限度地保证采光时间和强度，我们将新建公寓楼内的客房朝向北立面，以此作为客户居住的主要空间。它的双重垂直循环核心结构，保证了公寓内房间的宽敞和自由通风。

上方图：独一无二的铰接式立面结构，能自由调节室内自然光线，更加开阔视野。

右侧图：总平面图。

最右图：从美丽的悉尼湾俯瞰环形码头。

左侧图：从西北方向观察工作模型。该建筑物由两个不同的体块构成，一个是上方白色的玻璃悬臂塔，另一个是下方的砖石塔，二者完美地搭配组合，巧妙地融为一体。

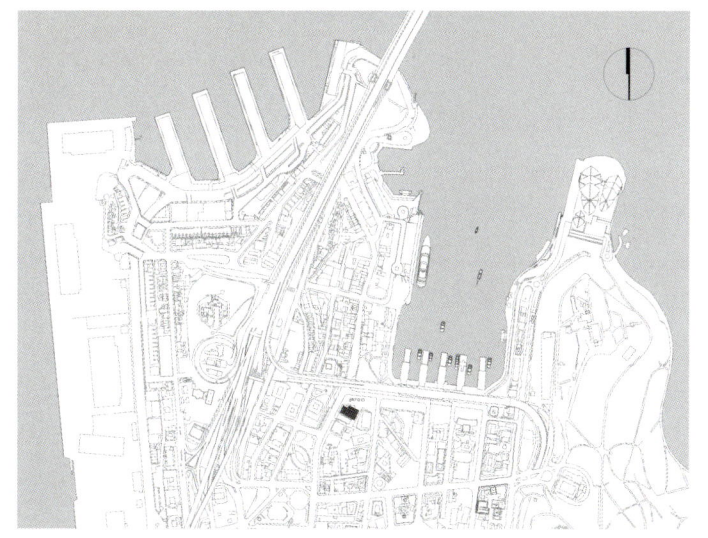

环形码头一号 澳大利亚，悉尼 369

达摩双塔（Dharma Towers）
印度尼西亚，雅加达（Jakarta）
2016—

位于印尼首都雅加达的达摩双塔——办公塔楼和住宅公寓塔楼，坐落于达摩旺萨的达摩酒店的庭院之内。雅加达达摩豪华酒店，始建于1997年，是拥有100间豪华套房的星级酒店。这座位于雅加达繁华的市中心的豪华酒店，周围环绕着郁郁葱葱的热带绿色植物园，被誉为大都市清新幽静的花园大酒店。这两座雄伟高大的办公塔楼和住宅公寓塔楼，高达25层，矗立于达摩酒店庭院的东部。我们的设计构想，借鉴了印度尼西亚雅加达当地丰富的传统装饰艺术精髓，以及现代主义建筑风格，创造了钢架连接立面，以适应当地特有的热带雨林气候。

住宅公寓塔楼立面阳台的铝制百叶窗呈正交网格，便于调节大楼内的光线强弱变化，而现代稳固的钢架结构，形成了构建公寓住宅楼的整体框架。通高的入口大厅，外墙覆盖着结实精美的灰色玄武岩，一条建筑通道，与后方的塔楼连接在一起，也延伸到庭院景观中。

办公塔楼的每一层，都带有一个灵活的办公套间，从每个方向都能享受同等的光线和开阔的视野。新颖独特的无框遮阳窗，巧妙地隐藏在建筑立面中，保持空气自然地对流通风，提供健康和通透的工作环境。

住宅公寓塔楼内，修建了85个豪华住宅单元，还有开放性的生活空间区。在卧室内，透过从天花板到地板的大落地玻璃窗，整座城市五彩缤纷的景色尽收眼底。而水平的百叶窗，可调节室内的光线强度，保护浴室的私密性。

新的建筑场地总体规划，将扩展现有的酒店庭园，创建一个更广阔的、如同公园般美丽的绿色花园。一个下沉式庭院、游泳池、竹园，增加了户外活动场所，令人心旷神怡。此外，最引人注目的是，一座有高大落地玻璃窗的宽敞明亮、富丽堂皇的餐厅阁楼，游客云集于此，营造了一个充满活力的中心。

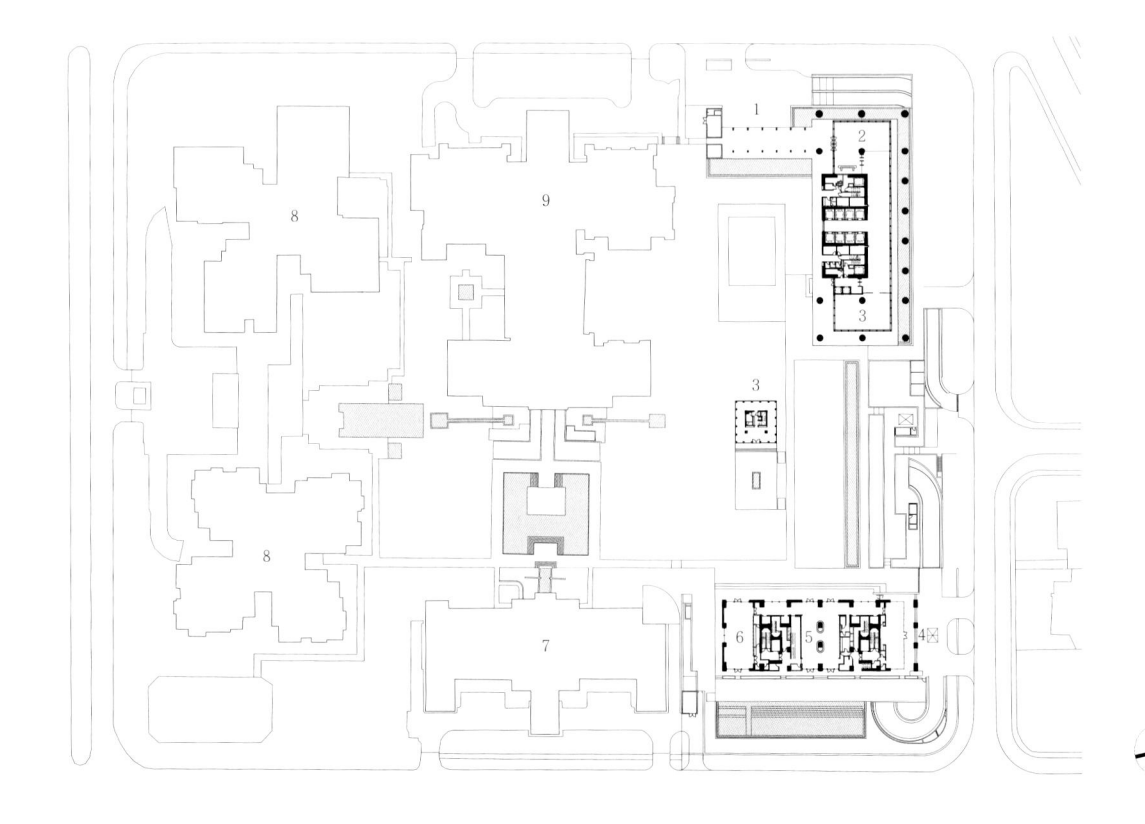

左侧图：整体规划图。

1）办公室入口
2）大堂
3）咖啡馆
4）车辆送客通道
5）休息大厅
6）多功能活动厅
7）俱乐部
8）公寓大楼
9）酒店

上方图: 右侧住宅公寓塔楼和左侧办公塔楼外景。

右侧图: 庭院内的咖啡馆位于中央花园内。

达摩双塔 印度尼西亚,雅加达

伊丽莎白西码头（Elizabeth Quay West）
澳大利亚，珀斯
2016—

该项目，赢得了一个国际设计竞赛大奖。它旨在开发珀斯市商务中心海滨地区的公寓式酒店和住宅公寓。我们的设计，将私人和公共空间截然分开，同时，最大限度增加街道社区层面的公共活动。它也为住宅公寓和酒店提供了高质量、高标准、完善的配套设施和服务。

开放式的公共活动区域，被设计成一个四层楼高的低矮平台，由坚固的钢架结构支撑，承受竖向和水平荷载。公共区域，包括底层一个封顶的、宽敞通透的广场，内设零售商店，出售各种商品。这个四通八达的广场，设计独特，作为闻名遐迩的伊丽莎白码头的前门，无论对于首次前来旅游观光的游客还是当地居民来说，它都可作为一个宽敞明亮的公共活动空间，也可作为一个清晰的码头入口。在繁忙的珀斯港口，新修建了一条封顶的人行巷道，与码头平行排列，不仅有效地缓解了码头交通拥挤的状况，也呈现出这座海滨城市生态、交通环境的多样化。

新修建的两座简约而优雅的现代风格建筑，包括公寓大楼、酒店和酒店式公寓。客房位于第五层楼，居高临下，可以俯瞰附近公园和更广阔的城市景色。

公寓大楼的占地面积小，能最大限度地增加光线投射到公共活动空间的面积。公寓大楼外观高大雄伟，既能扩大视野范围，也能减少室内公共交通或流通空间的占地面积。面积大的公寓单元，位于楼层的拐角处，以便最大限度地增加交叉对流通风，开阔东、西两个方向的视野。公寓大楼的正立面朝向南边，可以俯瞰不远处浩瀚无垠的天鹅河壮丽景色。

登上大楼顶部的观景廊台，透过四周的落地玻璃窗，不仅能俯瞰远处风景秀丽的天鹅河美景，也可以欣赏这座美丽港市的全景，令人心旷神怡。楼顶的大型观景廊台，巧妙地将公共区域延伸到珀斯市重要的建筑物顶部，意在将公寓大楼演变为一个重要的旅游观光景点。

右侧图： 剖面图。

对页图： 在摩天大楼顶层，四周为落地玻璃窗的大型公共空中观景廊台，可俯瞰珀斯市全景，以及远处波澜壮阔的印度洋美景。

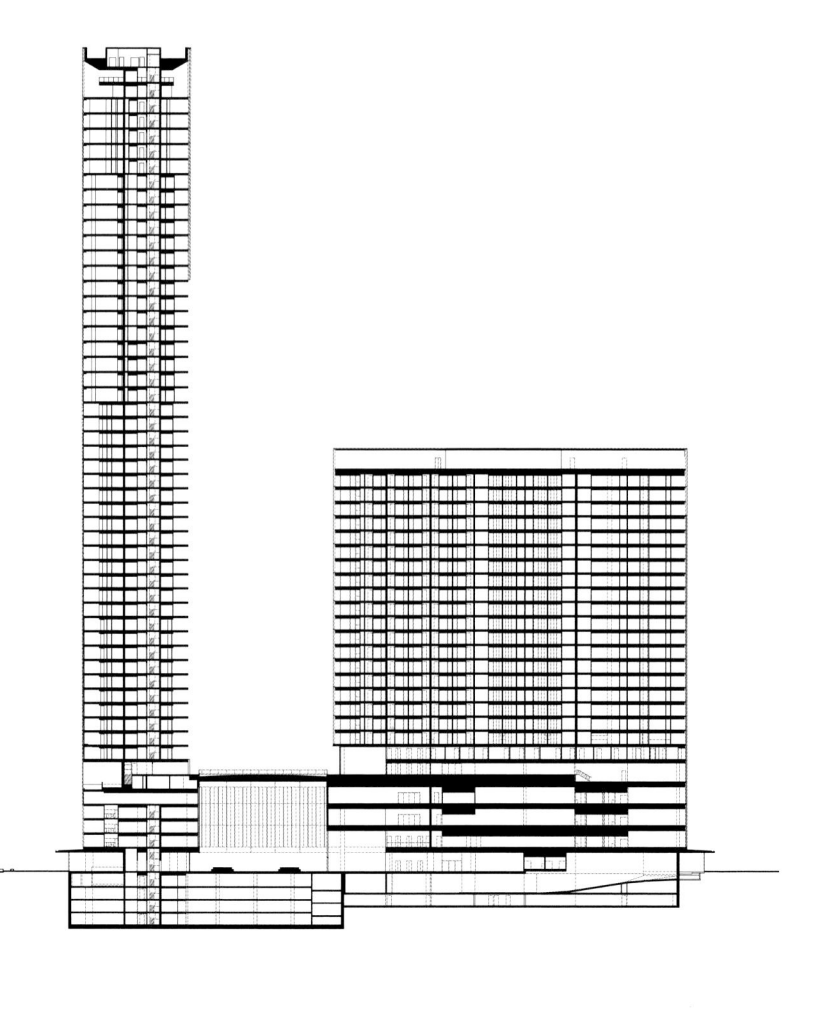

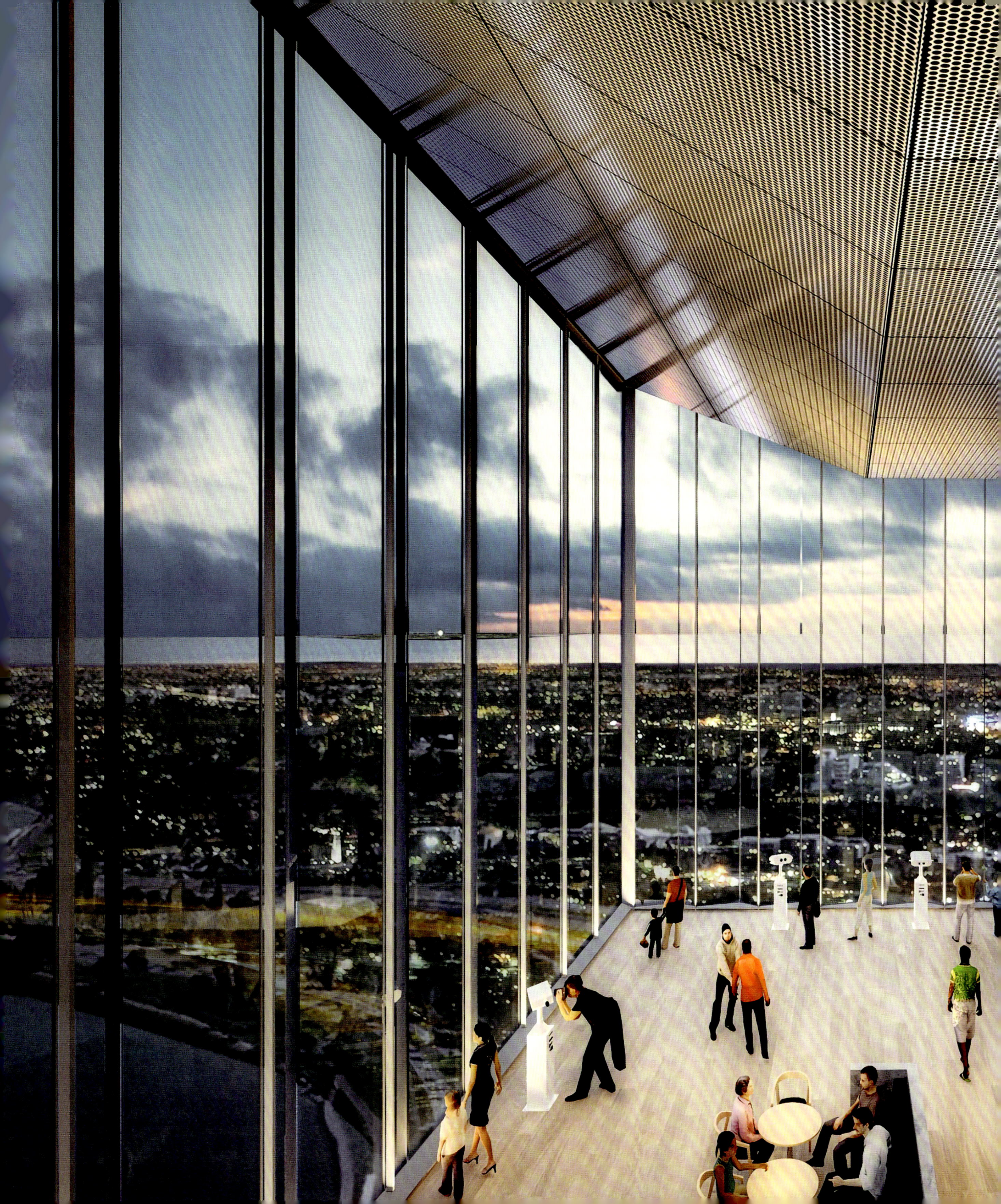

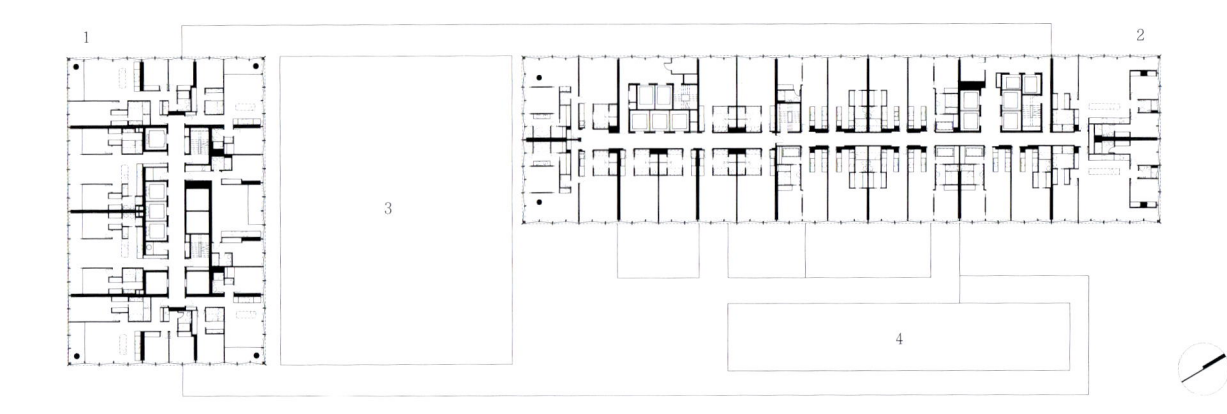

左侧图： 第6层楼平面图，展示了酒店和住宅公寓两种不同类型的混合。

1) 公寓
2) 公寓和酒店客房
3) 下方的公共广场
4) 游泳池

下方图： 体块的分离允许太阳进入码头，同时一个强大的平台体块定义和激活公共领域。

右侧图： 这条巷道分割了大城市的街区，也有效地分流了行人。

下方图： 在整体规划的中心位置，我们修建了中心广场，不仅成为焦点，也是一个公众聚集最佳场所。

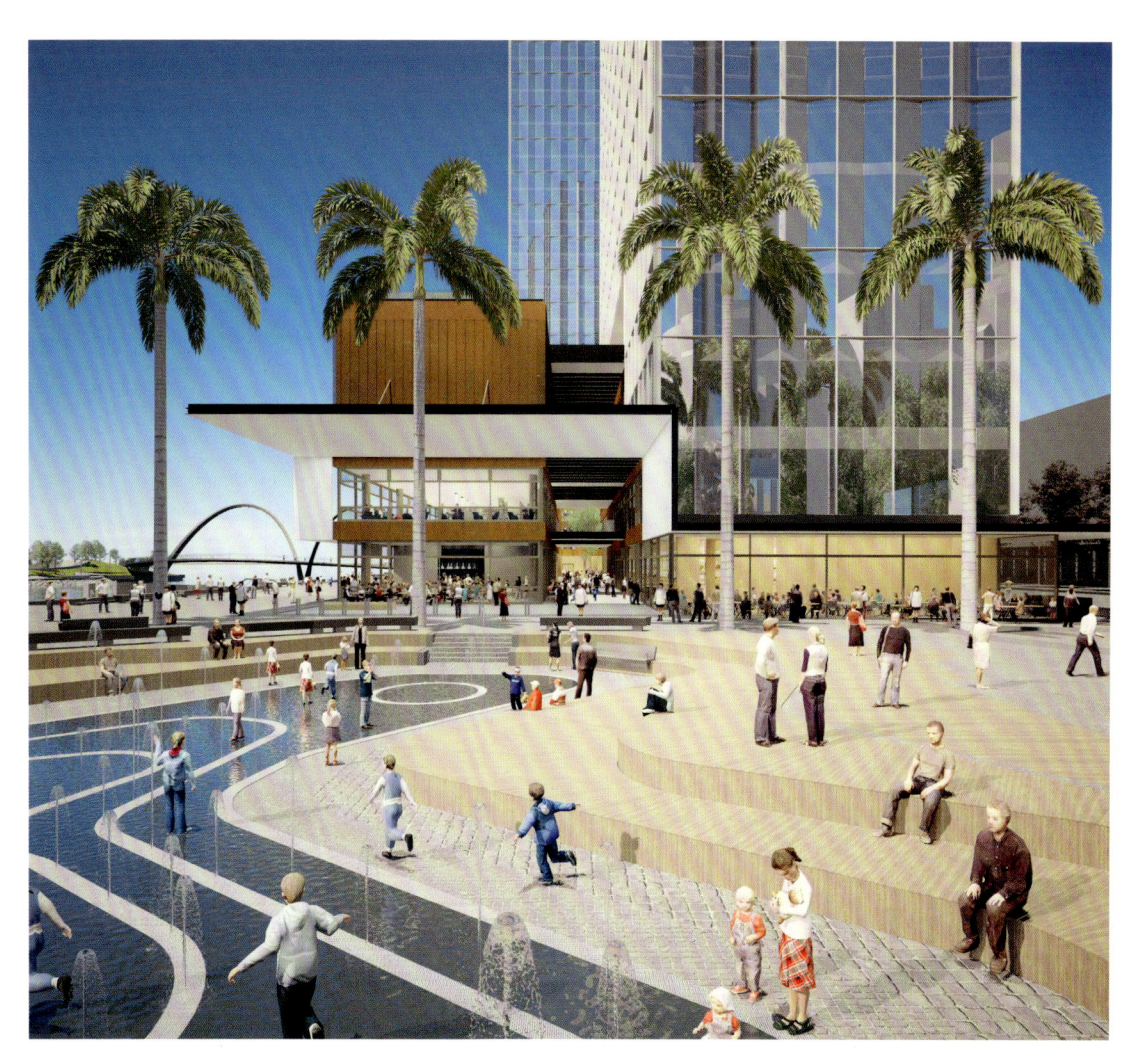

伊丽莎白西码头 澳大利亚，珀斯

朗特里乡间酒店（Resort Hotel, Langtry Farms）
美国，加州纳帕谷（Napa Valley）
2017—

我们起初的设计理念是，在传统的森林小屋中，融入现代元素，修建一个具有现代风格的度假村。这个独一无二的度假胜地，由分散排列在山脊上的一座座小型、单层的林中小屋组成。建筑场地的选址，主要考虑度假村正立面朝向南边，远眺纳帕山谷美丽的自然景色。我们的设计构想是，减少项目开发对原生态土地和环境的破坏，保护乡村周围的原始森林和种植园的自然风景。

我们对大片山地，进行了认真的实地勘察、选址、研究现存的地势地貌特征，保证待开发的项目与现有的地形和地质结构协调一致，二者和谐共存。我们修建的建筑物，立面朝南，以增加冬季温暖阳光的照射，宽大的屋檐为夏季的炎炎烈日遮挡阳光。

在豪华客房内，安装宽大的落地玻璃窗，视野开阔，可以饱览远处起伏翠绿的山谷丘陵，以及纳帕谷绿树成荫的种植园，风景如画，令人陶醉。宽阔的阳台和户外露台，使楼阁亭台向外开放，提供开放性的户外活动平台。

小客房造型美观、风格独特，简洁的线条与纯天然的优质材料完美地融合在一起，那支撑的石基台、坚实的夯土墙和翠绿的绿色屋顶，犹如一个冥想花园或庙宇寺院。设计师别具匠心的设计，将林中小屋巧妙地融入周围的自然环境中。

干净的线条和可持续的自然材料，如石头底座、夯土墙和绿色屋顶，使得建筑自然融入景观中，让客人沉浸在乡村的美景中。

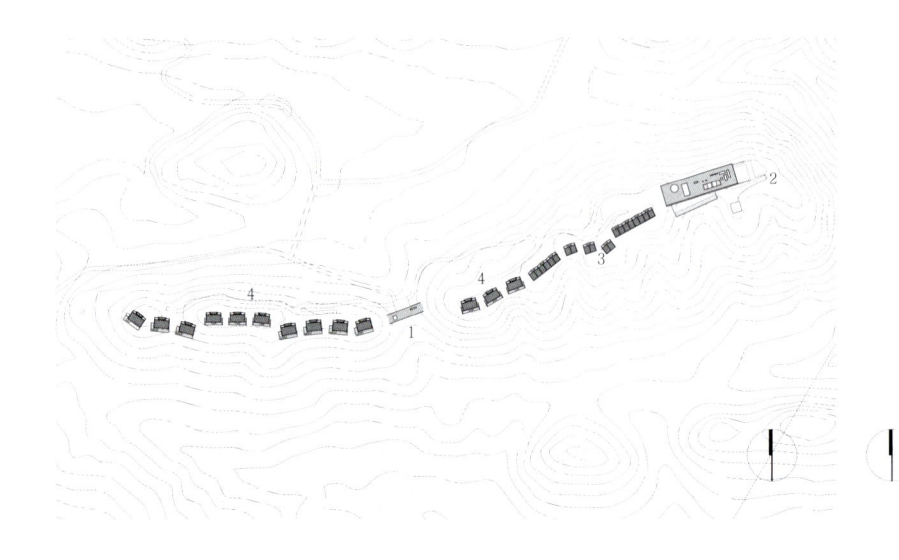

上方图： 南向的客房，沿着基地的山脊依次散开，可眺望远处纳帕山谷。

左侧图： 酒店整体规划图。

1）入口凉亭
2）公共区域
3）豪华套房
4）双卧室乡村小屋

对页图： 豪华套房的内景。

朗特里乡间酒店 美国，加州纳帕谷

度假酒店和别墅（Resort Hotel and Villas）
泰国，苏梅岛（Ko Samui）
2017—

　　泰国的苏梅岛，以前是与世隔绝的世外桃源，在花岗岩海岸上排列着大片椰林。它起源于种植园，后逐步发展成为泰国除普吉岛之外另一个最受欢迎的沙滩度假岛屿。我们开发的项目，是设计一个占地20公顷的森林海滩度假村。这一大片私人海滩，位于苏梅岛北部一个幽静的山谷附近。该度假村的设计，包括两部分：一部分为度假酒店，包括50个独立的豪华套房，沿山谷排列，面朝大海；另一部分为20个独立的私人豪华别墅。

　　我们的总体规划与设想，在很大程度上，强调新的建筑群，适应场地周围原生态的地形、地势与地貌。公共区域的建筑群，围绕在中心的入口大厅周围，主要借鉴了东南亚热带国家许多村庄常见的长屋民居风格，充满奇异的民族传统色彩。这个公共活动空间——长屋楼阁，横跨在建筑场地内的中央山谷，如同悬挂在山谷上的一座吊桥。在公共区域的下方，为一个景观花园，再向下延伸，到达一个大型游泳池，最后，一直向外扩展到洁白纯净的海滩。

下方图：场地工作模型。

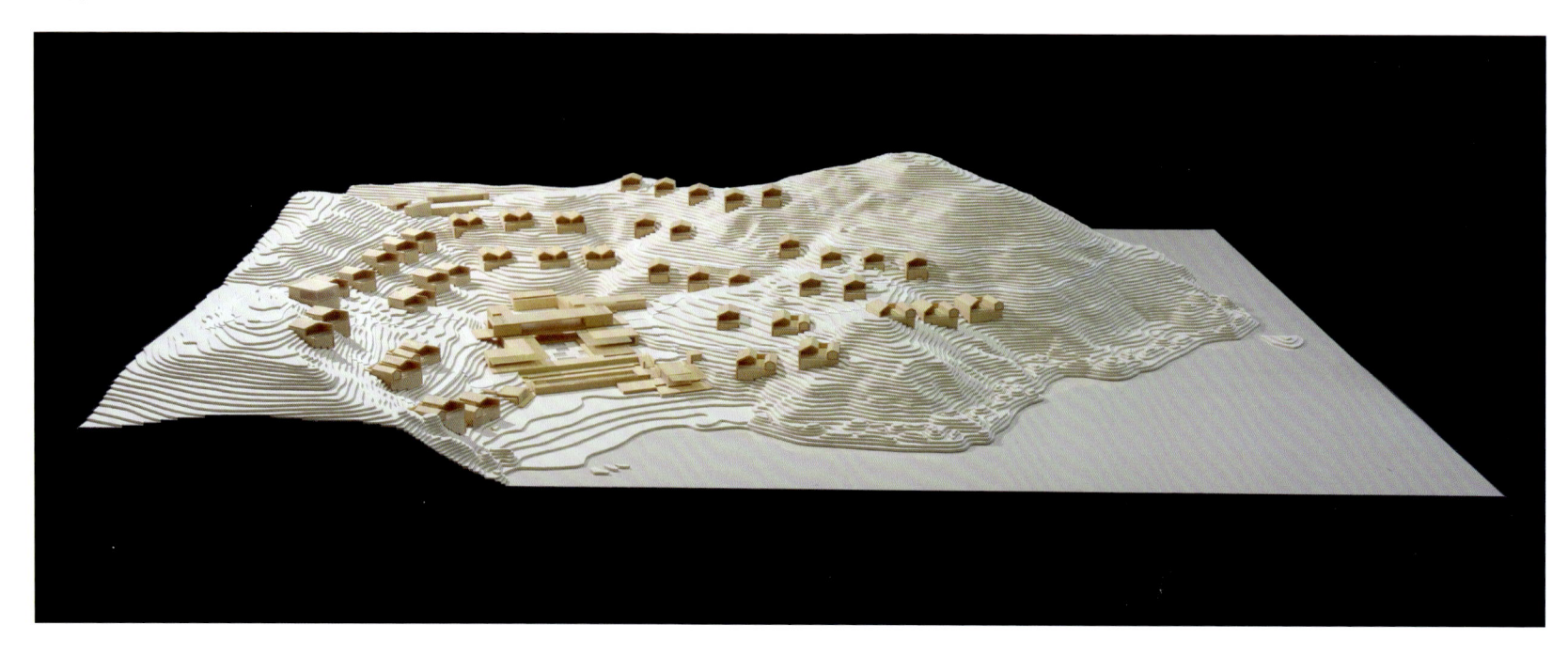

上方图： 透过椰树林、海滩，瞭望度假村内公共区域。

右侧图： 带游泳池的别墅的平面图。

1) 入口
2) 浴室
3) 卧室
4) 游泳池和露天平台

度假酒店和别墅 泰国，苏梅岛

宁格罗海滩灯塔度假村（Ningaloo Lighthouse Resort）
澳大利亚，埃克斯茅斯（Exmouth）
2017—

对页上图：乡间别墅回应了周围的地貌环境。

对页下图：阳台结构提供了保护游人免受强烈阳光照射的空间，并定义了交通路线。

位于澳大利亚西海岸的宁格罗海岸，在2011年被联合国教科文组织列入《世界遗产名录》。它拥有世界上最长的近海珊瑚礁，它是稀有野生动植物的家园，是多种多样生物重要的栖息地。该度假村，修建于僻静的宁格罗海岸线临近陆地的边缘，位于埃克斯茅斯半岛北部，宛如一座人间仙境。这个古遗址复杂的地貌景观，既可见古河流冲刷而成的壮观峡谷，也拥有宁格罗的珊瑚礁、清澈蔚蓝的海水，以及洁白纯净的沙滩，它以截然不同的地形地貌之融合闻名于世。该开发项目完整地保留了当地土著人美丽的传说和故事，以及欧洲移民的历史遗产，其中包括一间灯塔守护人曾经居住的简陋门房。

我们的设想是，通过此项目的开发，为来自世界各地观光的游客，提供一流的住宿条件和服务，同时，为游客创造更多的机会，去充分体验西澳大利亚西北部崎岖不平的海角山地，领略风光旖旎的印度洋沿海风光。我们对该度假村的整体构思设想是围绕一个简约、美观大方的自然景观进行规划和布局的。在建筑场地平坦的地面上，一部分曾经遭到毁坏的场地，经过精心修整和重建，现已完全恢复，栽种了大片绿树成荫的桉树和木麻黄树。在这个防风绿洲中，较大型的别墅建筑群设计，主要参考了当地传统的民居建筑风格，包括宽阔的阳台、宽大的屋檐遮雨棚和木制的遮阳百叶窗，在水平大屋顶上，覆盖着简洁美观、隔热隔音、防腐蚀的钣金板。我们对简陋的古遗址灯塔守护人门房，进行了精心的修整、装修、焕然一新，它将作为整个度假胜地的中心。在它周围增设了豪华餐厅、大型游泳池，以及开放性"乡村绿地"，为大型社交聚会和公众活动提供最佳的娱乐活动场所。一座座独栋别墅坐落于山脊上，占据了最佳的地势，登高远眺，周围浩瀚无垠的印度洋美景一览无余。

该度假村的露营地，星星点点散落在整个建筑场地东南部一个幽静偏僻的小山谷里。这个小山谷的露营地，还将修建度假村必需的主要基础配套设施、物流仓储、员工宿舍，以及存放船只的库房，等等，所有这些后勤辅助设施将支持整座度假村的日常工作和正常的经营活动。我们计划在小山谷露营地的后勤服务区域内，修建一些造型简约古朴、富有当地传统民俗风格的乡间民宿小屋。除此之外，我们将计划修建四通八达的人行步道、木板桥及曲径通幽的林间小径，将分散的露营地与度假村的主建筑群巧妙地融合与贯通在一起。

顶端图：总平面图。

上方图：度假村别墅坐落于地势高的山脊，可远眺印度洋。

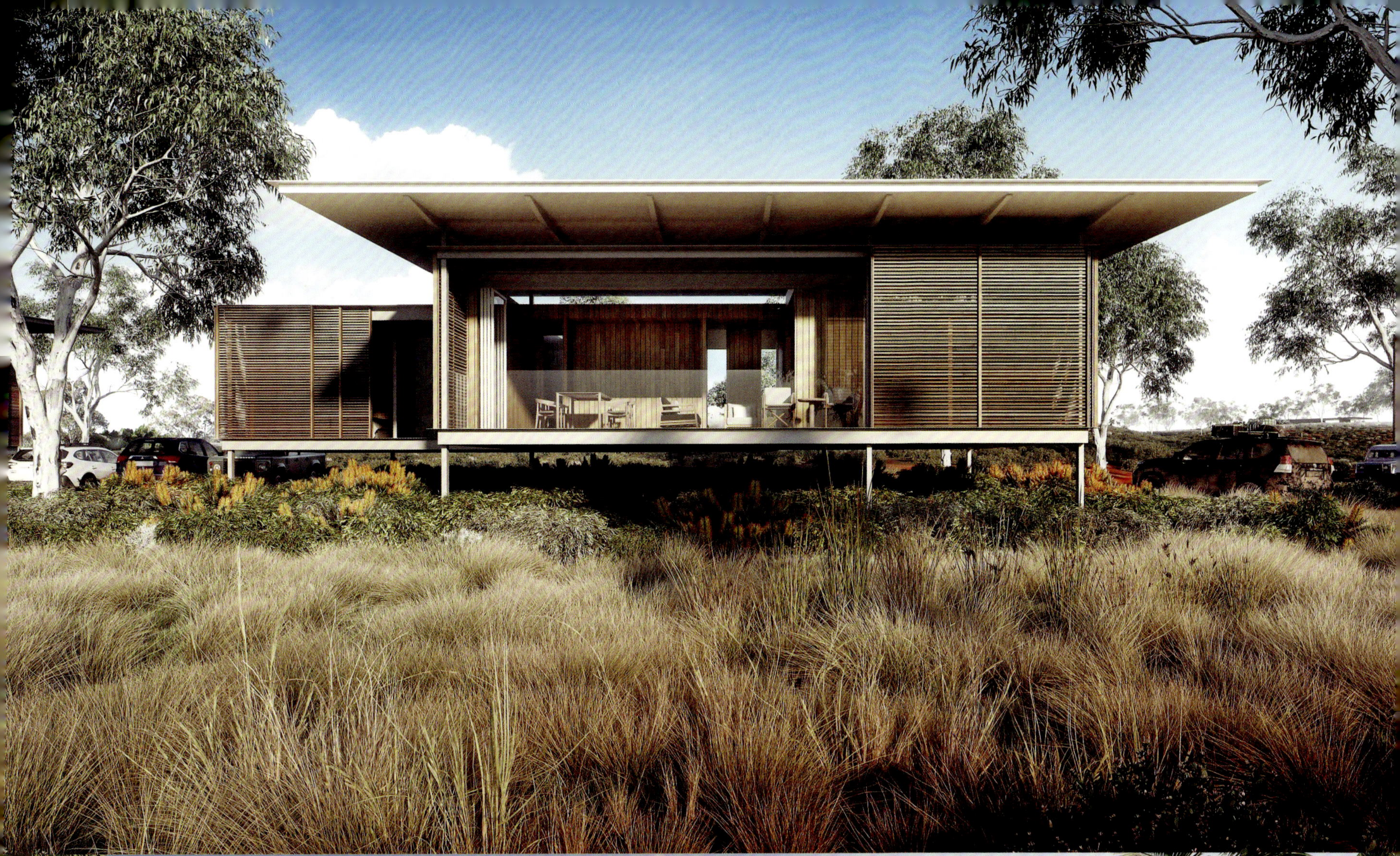

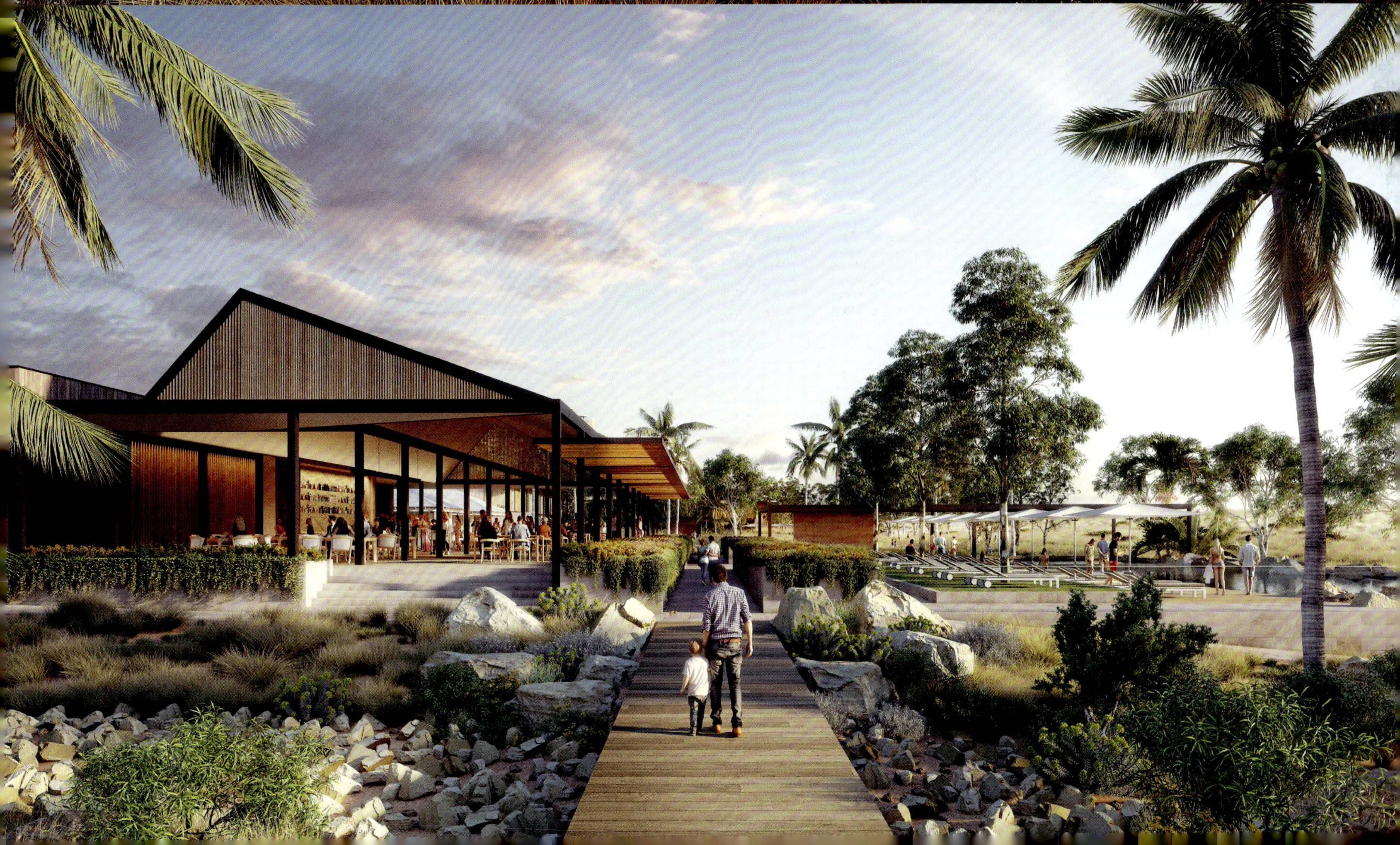

龙池度假酒店（Resort Hotel, Longchi）
中国，四川
2019—

我们设计的四川龙池度假酒店，坐落于一个风景秀丽的小山村，山谷周围环绕着茂密的苍松翠柏。早在20世纪20年代，就有人发现，这里有一个杜鹃花种植园，隐蔽在山间溪流中，还有一个龙池湖。

我们的总体规划是，在山谷中，精心设计一些风格独特、外形简约的林间小屋，与周围茂密的森林、重叠的群山融为一体，似乎在很久以前，它们就一直存在于这个风景优美的山谷中。我们采用当地盛产的石材构筑建筑物墙体，坚实耐用，朴实无华。现代极简风格的几何造型与四周自然环境，交相辉映，浑然一体，彰显人类对自然界的敬畏之情。

室内装饰设计的关键元素，在于保持自然风的交叉通风、对流，吸收充足的日光，居住环境舒适温馨，同时，客人能够观赏到窗外不同季节树木的色彩变化，赏心悦目、心旷神怡。室内的装修，我们采用了当地优质的建筑材料。自然的纹理、柔和均一的色调，富有美感，其设计灵感均来自周围的五彩缤纷的自然环境。借鉴中国传统文化、民俗和建筑风格，精心设计室内装修、家具、艺术品，独特的中式建筑形式，必将激发我们对传统文化的认同感和热爱。

我们还希望能努力打造一个更为完整的旅程，将旅游观光景点，由此地一直延伸到龙池周围风光秀丽的国家森林公园，让游客久久地沉浸在寂静的山野丛林那迷人的景色中，流连忘返。

上方图： 总平面图。

1) 酒店公共活动区域
2) 客房
3) 别墅
4) 图书馆兼茶馆、画廊
5) 博物馆
6) 熊猫中心馆

右侧图：从豪华套房的内部向外眺望，可以看到森林和山谷。

下方图：度假村内的豪华套房如同搭建在深山密林里的矩形小木屋，四周环绕着茂密的松柏森林。

龙池度假酒店 中国，四川

巴瑟尔顿表演艺术和会议中心（Busselton Performing Arts and Convention Centre）

澳大利亚，巴瑟尔顿（Busselton）
2019—

像澳大利亚的许多其他城镇一样，巴瑟尔顿的文化基础设施不够完善。我们希望通过该项目，修建一个规模宏大的综合性大剧院，提供更多的表演空间，以及一系列的大型会议设施，来弥补这一缺憾。我们的设计方案是在一个国际性建筑设计大赛中获奖的作品。

我们的方案是在被邀参加比赛中被选中的。该项目位于主要街道的北端，沿着南半球最长的木材防波堤的轴线。在历史上，该地非常优质的硬木木材被运输到全球各地。

该项目的规划，以高度的实用性和功能性为宗旨，确保高效率地运营和使用。这个表演艺术中心的设计，呈现简约、时尚的现代风格，最大限度地增强了建筑物的灵活性和适应性。在表演艺术中心之外，增设露天开放性的活动空间，通常也作为辅助性表演空间的一部分。

表演艺术中心设计的构思和理念，注重环境与建筑物之间的天然联系，强调剧院与场地的规模和环境，以及周围景物相互呼应。这座富丽堂皇的表演艺术中心，内部结构井然有序，四通八达，既能通往附近的历史古建筑，也能与港口处的码头相互连接。在表演艺术中心邻街正立面前方，沿着主要街道方向一字排开的木柱廊，等距分割剧场门前入口空间；而西立面上独一无二的横向V字形倾斜玻璃窗，使直射的阳光发生偏移，折射进入大厅内。

在表演艺术中心邻街正立面的入口处，透过落地大玻璃门，可见大厅内宽敞明亮，陈设内饰一目了然。入口也为前来观看演出的观众，提供了清晰可见的导向目标。

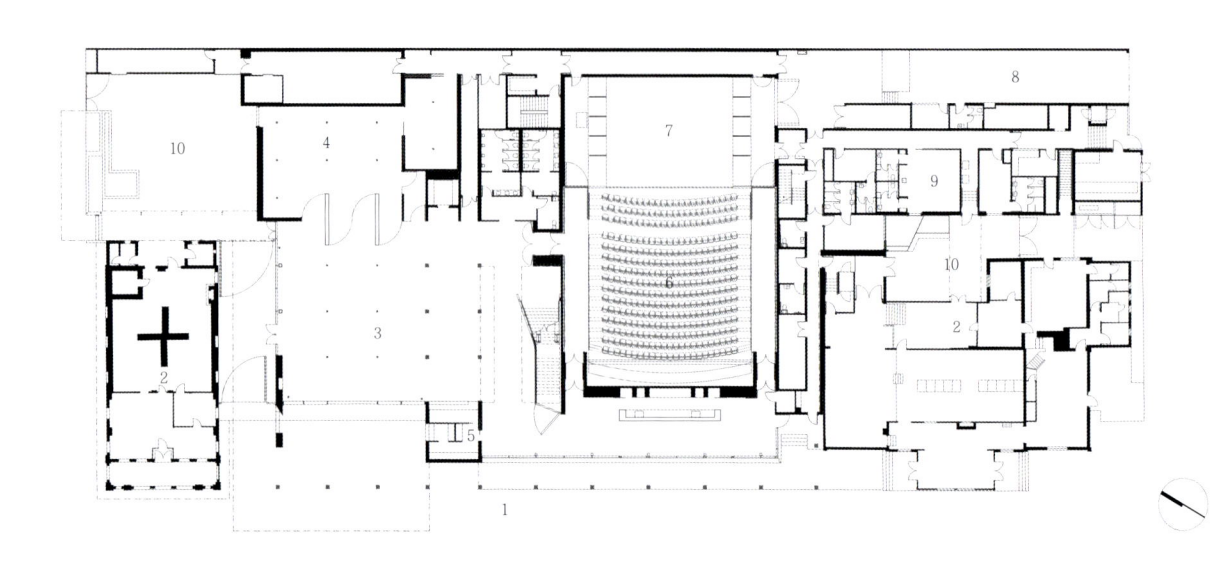

上方图：酒店入口。

左侧图：首层平面图。

1) 主要街道
2) 历史古建筑
3) 入口大厅
4) 画廊
5) 售票处
6) 剧场
7) 舞台
8) 货物存放空间
9) 后勤服务空间
10) 庭院

顶端图: 这座木制表演艺术中心,对建筑场地的规模和环境表现出尊重的态度。

左上图: 剧院的入口大厅。

右上图: 在入口大厅的一侧,一座精美的木制主楼梯形成了独特的视觉连接。

巴瑟尔顿表演艺术和会议中心 澳大利亚,巴瑟尔顿

布洛克曼酒庄（Brockman Winery）
澳大利亚，考厄拉莫（Cowaramup）
2020—

新修建的酒庄和葡萄酒的销售区域，位于玛格丽特葡萄种植园中，邻接茂密的原始森林。山间有清澈的小溪，还有乡村大坝。这里景色优美，气候温和湿润，空气清新宜人。

我们经过周密的思考，将葡萄酒酒庄定位在一个地势较低的洼地，将重力作用巧妙地应用于酿酒的工艺过程。在平面图上，我们在酒庄上方增加了一个景观平面，以减缓酒庄这种大型建筑产生的视觉冲击，同时也提供了一个开放的公共服务空间。

同样，葡萄酒的销售区域和餐厅的服务区，隐藏在一个坡地的景观平面上。在这个与世隔绝的地方，漫山遍野生长着绿白相间的奇花异草，有当地独特的莎草，还有翠绿的青草，景色清新宜人。葡萄酒的销售区域和餐厅，位于一个造型优美、风格简约的木制亭阁内，朝向风景优美的湖区，视野开阔，冬季还可享受温暖的阳光。酒庄入口处的人行长廊，通往两个景区；一个是远处风景秀丽的湖区，另一个是北边重新绿化、绿树成荫的自然环境。在酒庄和服务区域的周围，我们砌筑了结实而坚固的土墙，它们与当地传统的砖红土和下方的石灰岩地层融合，交织成一道奇异、亮丽的风景线。

该项目进一步探索了建筑物和景观环境的交叉融合，弱化了建筑物与周围不同环境之间的差异。

上方图：庭院内的景观。

右侧图： 这家造型美观、清静优雅的餐厅，坐落于一片幽静的小树林中。

布洛克曼酒庄 澳大利亚，考厄拉莫

388　尚未落成的项目

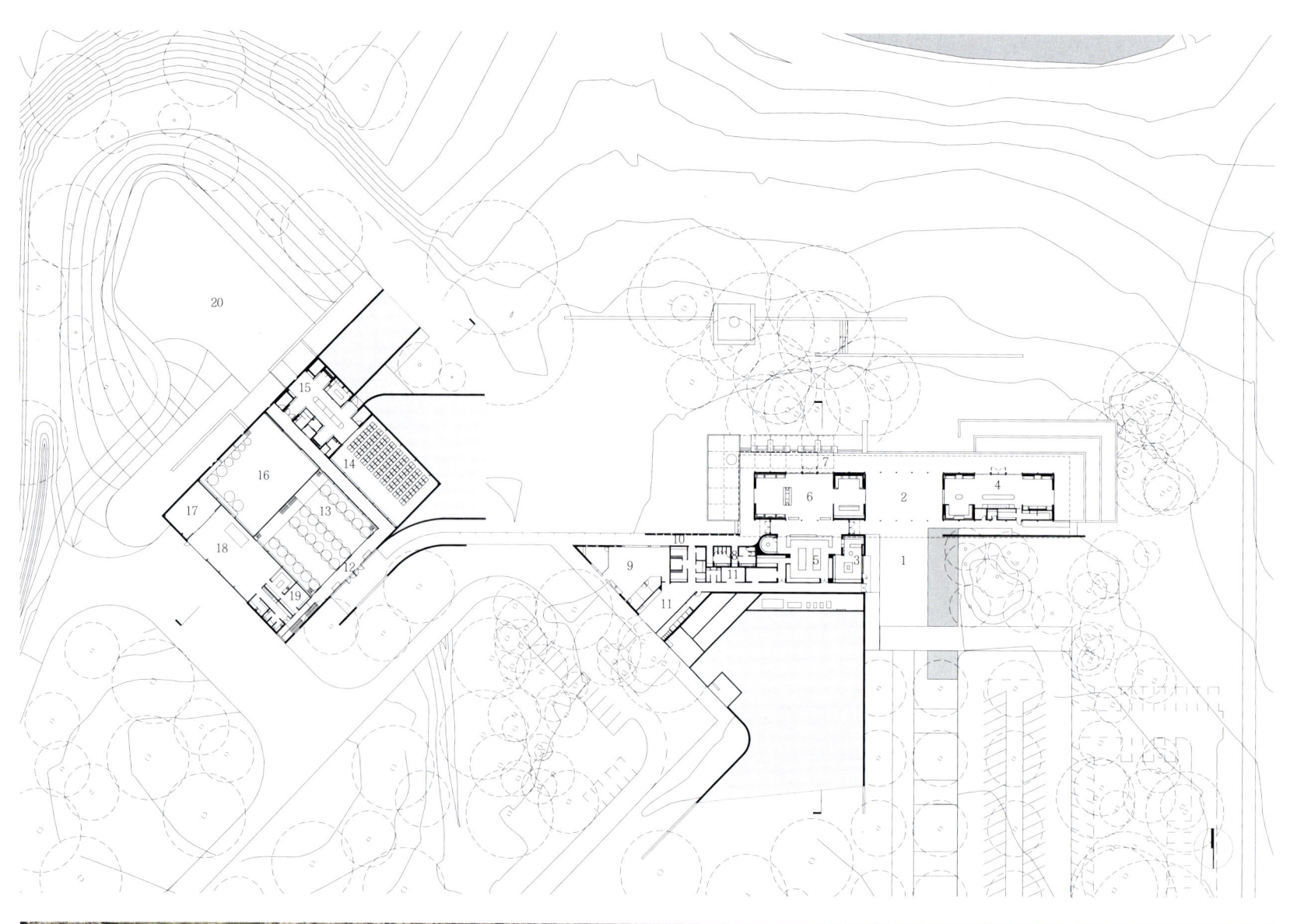

对页上图：首层平面图。

1）入口处
2）入口长廊
3）储酒地窖
4）葡萄酒的销售区域
5）厨房
6）餐厅
7）户外餐厅
8）卫生间
9）办公室
10）人行长廊
11）屋后的商店
12）酒庄入口
13）葡萄酒发酵区
14）存放橡木桶的酒窖
15）品酒室
16）葡萄酒酿造区
17）冷却室
18）葡萄加工区
19）办公室
20）户外杂物院

对页下图：这个项目弱化了建筑与景观的边界。

右上图：酒庄入口细部。

右中图：从餐厅望远处的湖面。

右下图：品酒空间。

布洛克曼酒庄 澳大利亚，考厄拉莫　389

神奇的小酒庄（Small Wonder Winery）
澳大利亚，卡伊娜（Kayena）
2020—

澳大利亚塔斯马尼亚州塔玛尔河的一个葡萄酒庄，租赁期满，等待新业主继续新一轮的开发和继续经营。酒庄的新业主委托我们，重新开发这座位于朗塞斯顿市附近的小型葡萄酒庄和酒庄的销售区域。

我们开发该项目的理念，是可持续性地发展酒庄未来的事业，并能最大限度地保留当地动、植物构成的风景秀丽的自然景观。我们的总体规划是，修建一个新的葡萄酒销售区域，包括风格古朴的石砌墙体斜屋顶建筑群（餐厅、品酒室和广告宣传的教育基地）。我们的设计，充分参考了当地传统的历史古建筑风格与特色。穿过酒庄的销售区域，进入一个花园庭院，迎面是一个酒庄，由三座风格迥异、外形互补的建筑物组合而成。

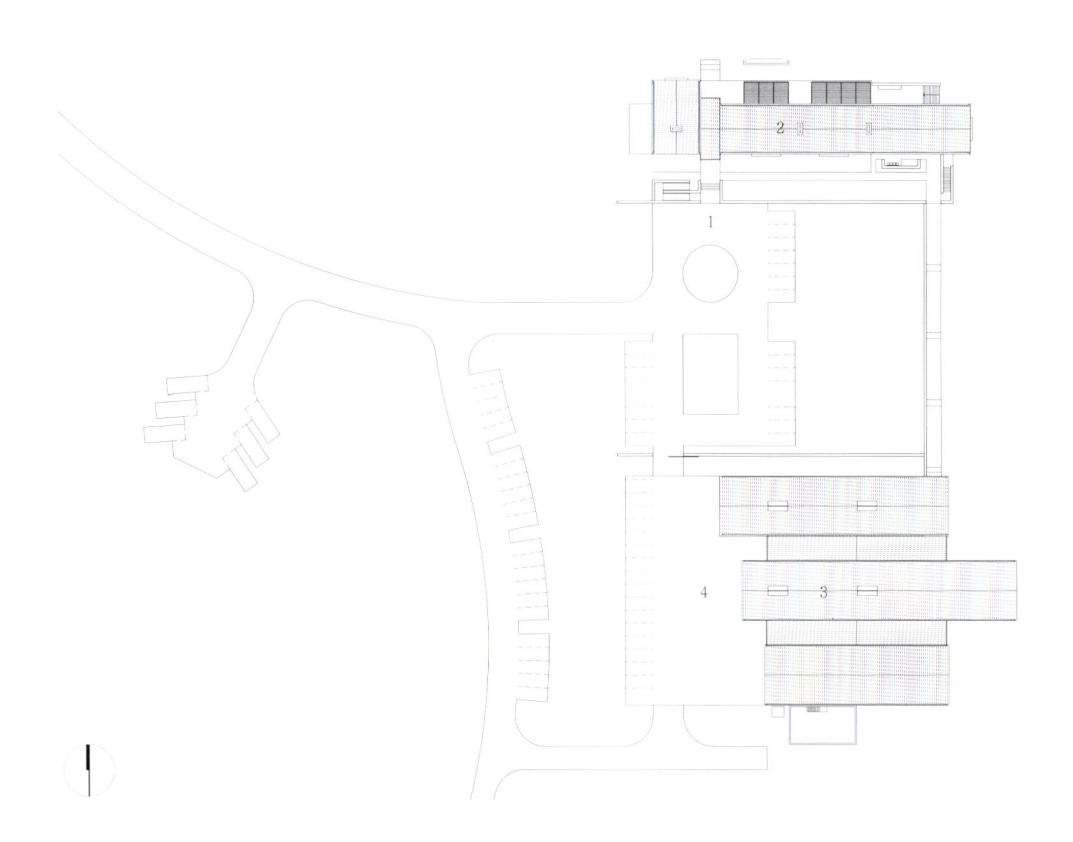

上方图： 主要品酒室的室内空间。

左侧图： 总平面图。

1) 入口处
2) 酒庄的销售区域
3) 酒庄
4) 服务性杂物院

对页上图： 从北边的大片葡萄园瞭望酒庄销售区域。

对页下图： 酒庄销售区域的入口处。

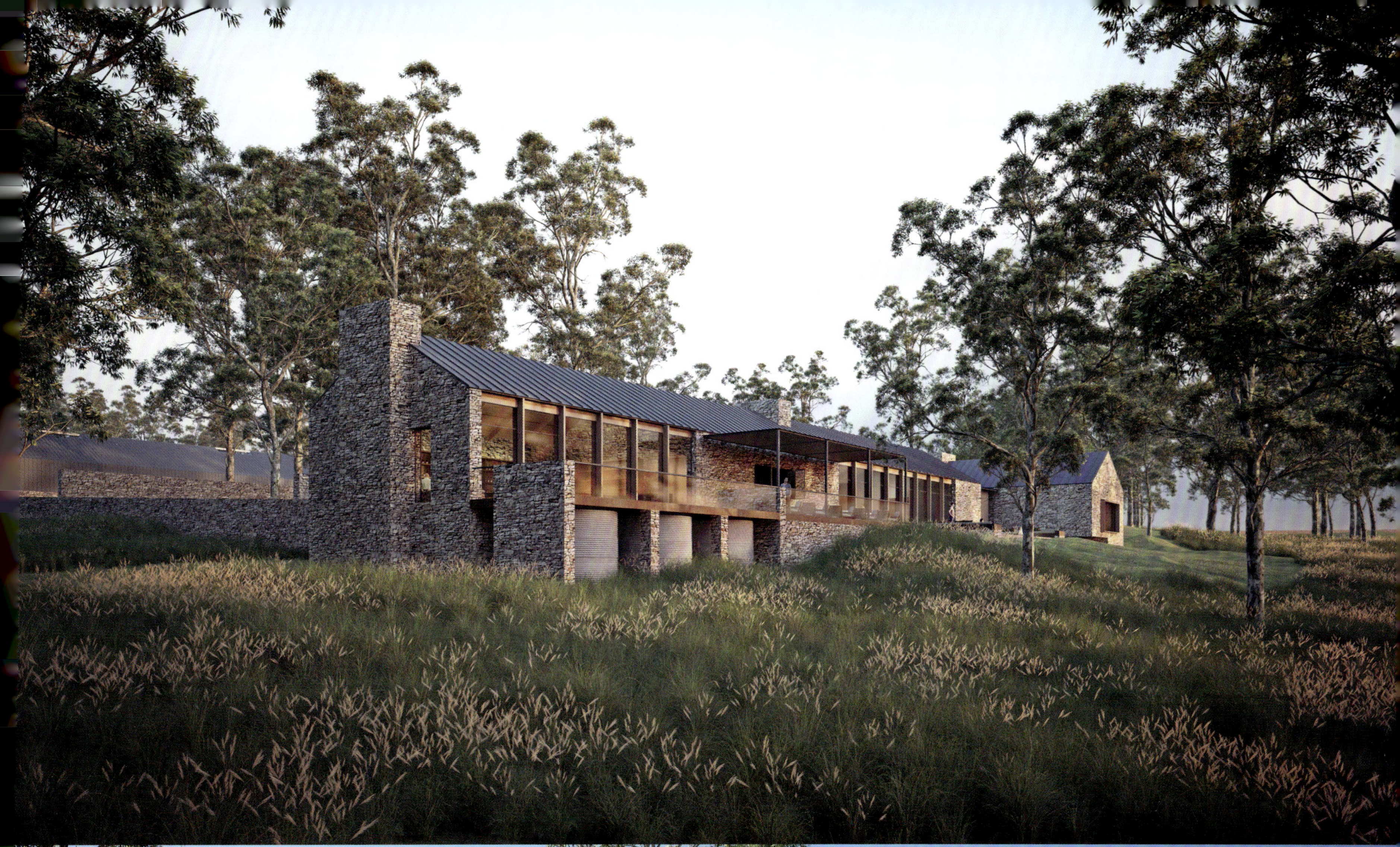

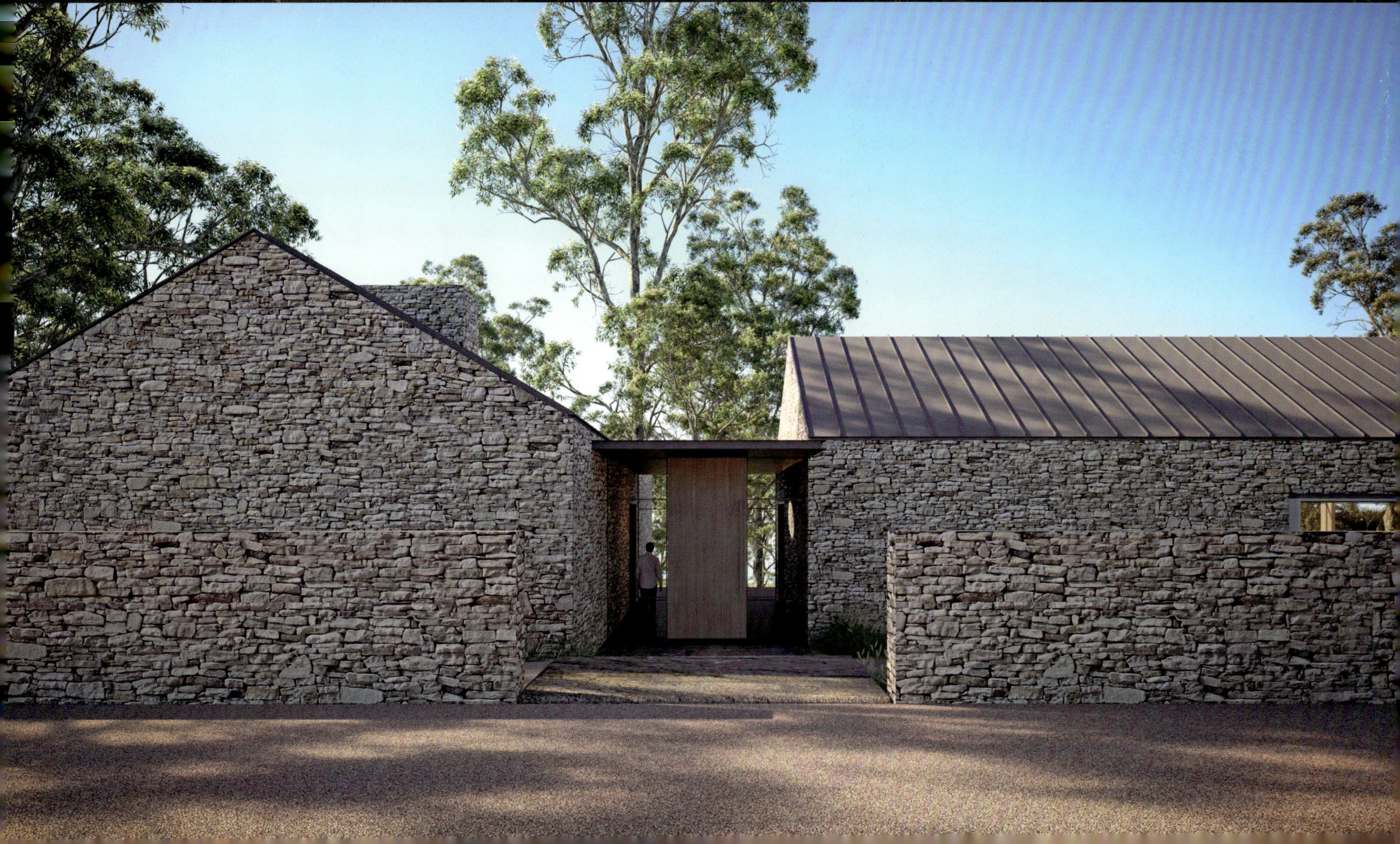

安缦黑格拉酒店（Aman, Hegra, Al'Ula）
沙特阿拉伯（Saudi Arabia）
2020—

该酒店坐落于黑格拉考古遗址附近的一个风蚀砂岩峡谷，这里已经被纳入联合国教科文组织世界遗产名录。

我们总体规划的构想是将沙漠酒店精心选址定位，选择一条追溯古老的游牧民族足迹，带游客旅行在一望无际的沙漠中，体验丰富的考古遗址、复杂的地质地貌和建筑物周围自然的环境多样性。在特色景观区域，我们为建筑周围创造独特的绿化环境，通过优化现有的果园、移除风折腐木，改善沙漠寸草不生、干旱的自然环境。

我们设计了一种奇特的入住前的活动，来使游客体验发现新大陆般令人激动的瞬间。我们从一条粗糙的崎岖小路穿过沙漠，通往一个高达70米的岩石山。从沙漠地面上的一个裂隙将游客带入一个地下的圆形空间，这是一个过渡空间，在这里沙漠似乎不复存在，头顶被蓝色的海湾所替代，游客的视线被吸引到上方完美的湛蓝色天空圆盘。一个挖掘出来的岩洞作为入口处的休息大厅，凉风习习，内衬皮革制作的屏风的气味会让人瞬间联想起骆驼队的沙漠之旅。

该项目由30栋别墅构成，别墅内分别设有单卧室、双卧室和三卧室别墅。别墅线条简单明快，优美的几何造型与高大岩石的雕塑背景相得益彰、融为一体。

室内和室外房间的布局和装饰巧妙地引入了室外的景物，捕捉精心设计的景观，激发出一系列暴露和遮蔽、轻盈和坚固等的鲜明对比的感受。每个别墅都被设计出各种各样的微环境气候。由石墙围成的卧室，在烈日下的白天，凉爽、通透、微风轻拂，在寒冷的夜晚，散发出白天存留的暖气。

在沙漠的干旱地区，缺水少雨，水资源是非常稀有的、珍贵的。我们将珍贵的水源引入沙漠酒店内的渠道和游泳池供水。碧绿的沙漠草和郁郁葱葱的果树为庭院增加了花香，绿色草坪，树荫婆娑，创造了名副其实的"天堂花园"，与周围明亮、干旱的景观形成鲜明的对比。

公共空间主要聚集在最高的岩石上层的北部，在那里的凹室中，生长着耐寒的本地树木，为主游泳池遮阳庇荫。接待大厅、精品店和祈祷室都是庄重肃穆；在雕塑室，日光透过狭小的开口进入室内，平添了寂静和沉思遐想的神秘氛围。相比之下，在主餐厅的周围，围绕着三个窗户，分别可以瞭望黑格拉广袤无垠的平原、美妙的沙漠日出、奇形怪状的岩石，以及郁郁葱葱的花园。

建筑物场地西边的多层果园，为水疗中心和特色餐厅提供了郁郁苍苍、绿意盎然的遮荫环境。温泉中心是一种非常珍贵的半地下水温泉的水疗场所，这里的温泉融合了陆地的凉爽及从天空撒落的一道道温暖的阳光，水质富含矿物质，温润顺滑。

左下图：黑格拉考古遗址和附近沙漠度假胜地的鸟瞰图。

下方图：进入度假村的西侧入口。

对页图：进入度假村的南侧入口。

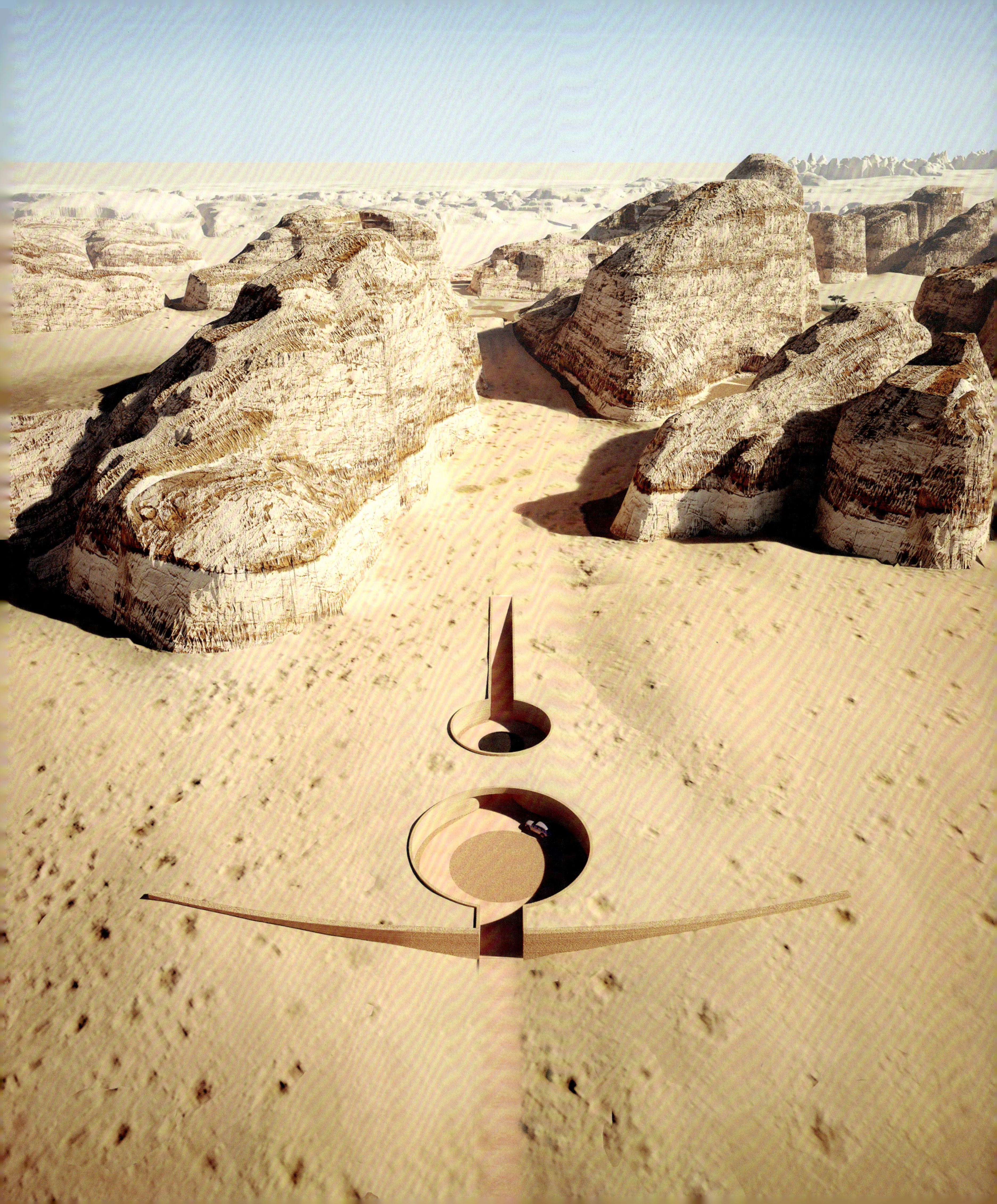

底部图：现场研究模型。

394　尚未落成的项目

对页图： 整体规划图。

1) 南门入口
2) 公共活动区域
3) 单卧室别墅
4) 双卧室别墅
5) 三卧室别墅
6) 皇家别墅
7) 水疗中心
8) 特色餐厅
9) 户外活动中心
10) 儿童俱乐部
11) 西侧通道
12) 静思冥想室
13) 宴会厅

右侧图： 公共空间平面图。

1) 入口处
2) 连接空间
3) 入口处
4) 入口大厅
5) 看日落的休闲大厅
6) 看日落的屋顶
7) 绿树成荫的露天平台
8) 全天候餐厅露天平台
9) 精品屋

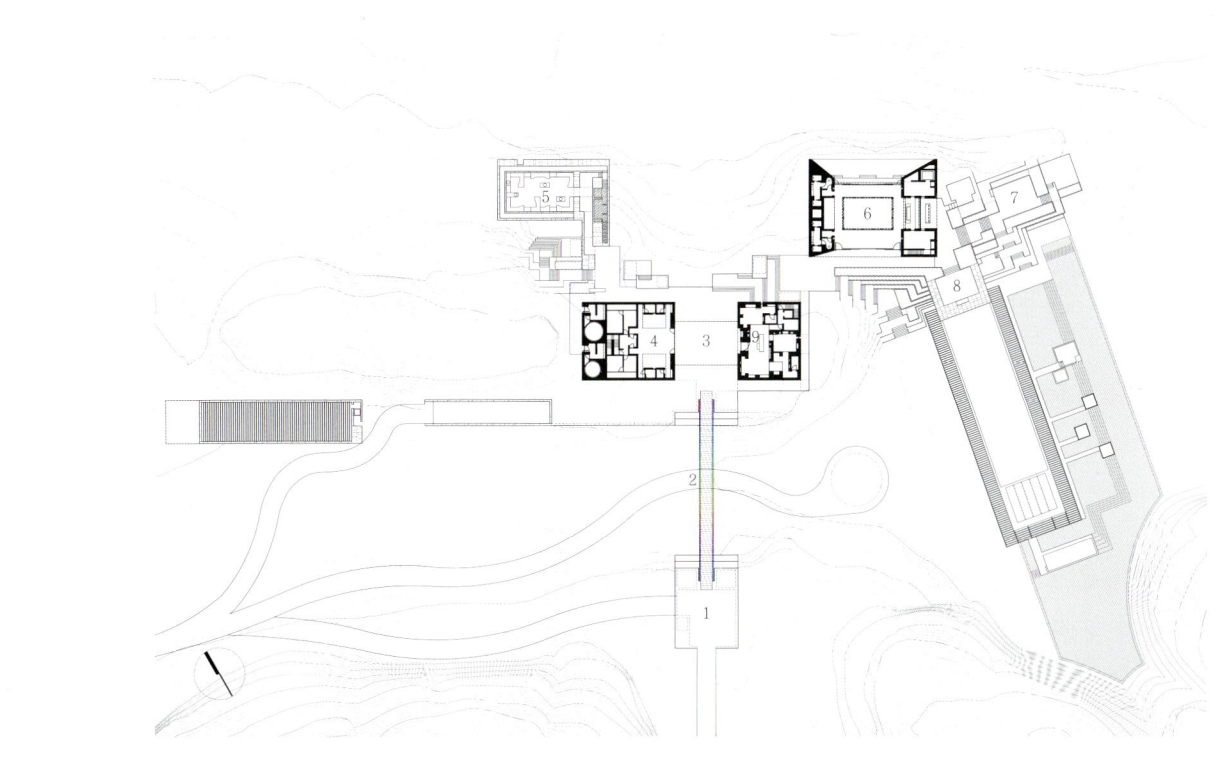

上方图： 游泳池酒吧外景。

右上图： 屋顶日落露台位于酒吧上方。

右下图： 度假村的精品商铺。

安缦黑格拉酒店 沙特阿拉伯

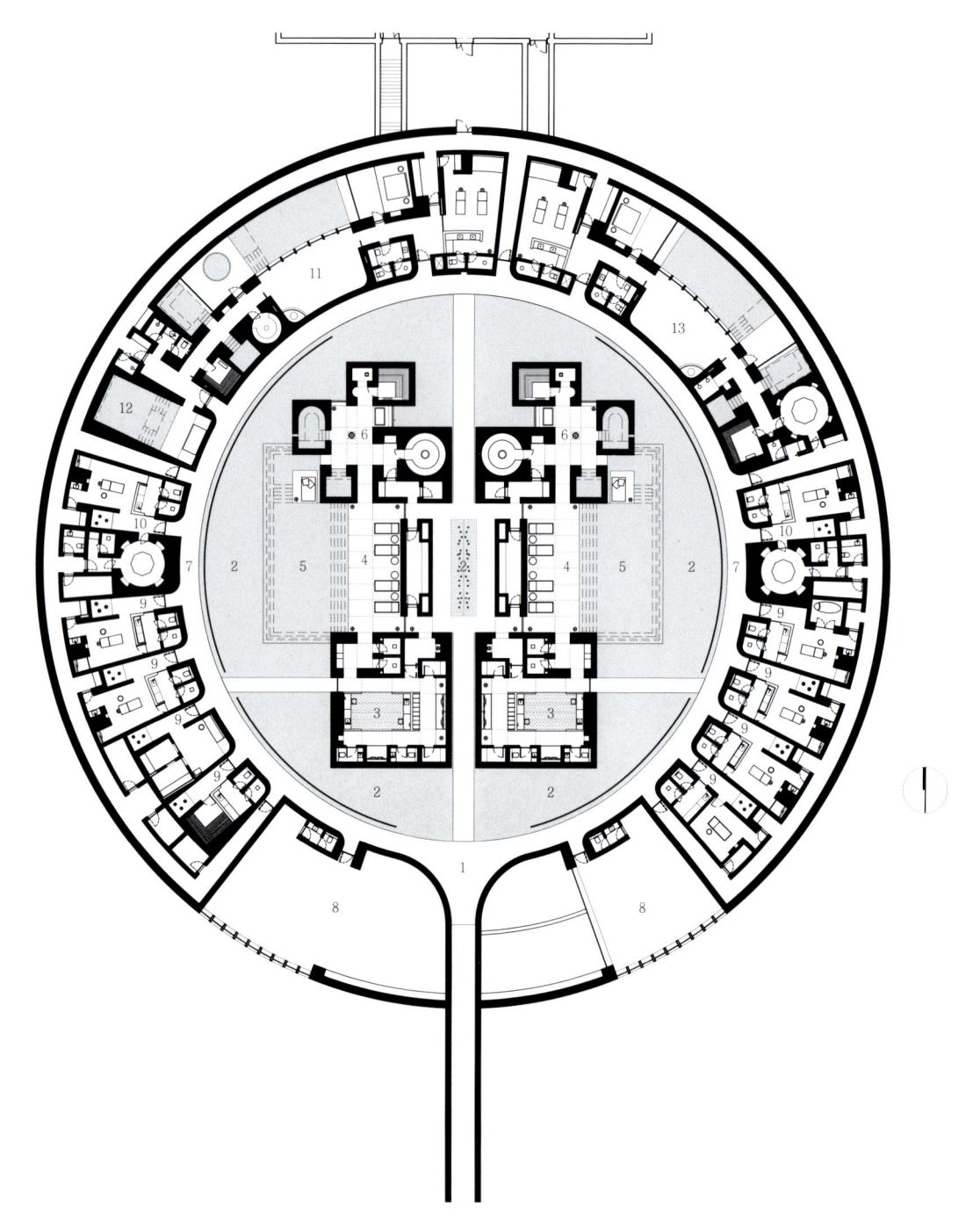

左侧图： 水疗中心平面图。

1) 门厅
2) 水景花园
3) 更衣室
4) 休息室
5) 游泳池
6) 水疗中心
7) 美术馆
8) 健身房
9) 治疗室
10) 土耳其浴室客房
11) 日式水疗中心别墅
12) 水下指压按摩
13) 摩洛哥水疗中心别墅

左下图： 水疗中心的入口

右下图： 邻近西侧入口处建筑的果园。

396　尚未落成的项目

顶端图：水疗池。　　上方图：露天活动空间。

安缦黑格拉酒店，沙特阿拉伯

上方图： 双卧室别墅的起居室。

右侧图： 客房平面图。

1）入口
2）露台
3）游泳池
4）庭院
5）起居室
6）豪华套房
7）浴室

最右图： 客房的工作模型。

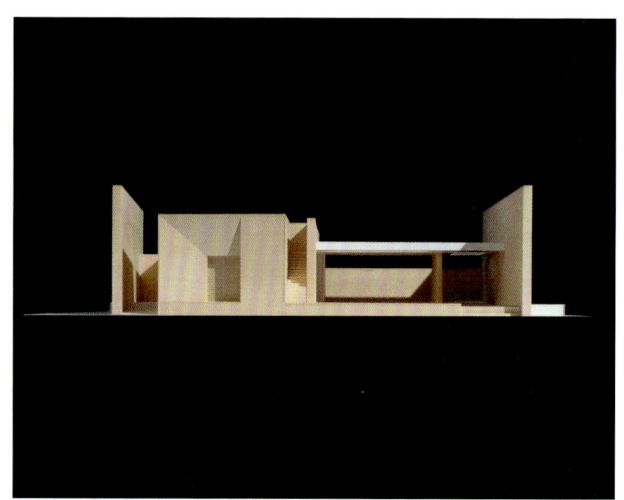

398　尚未落成的项目

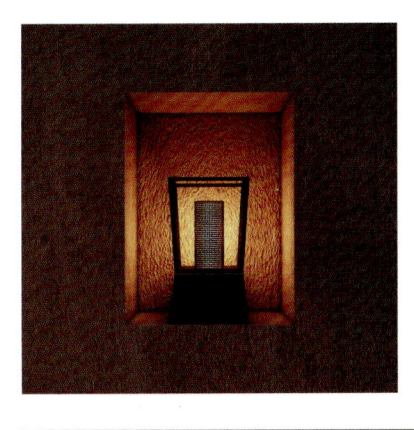

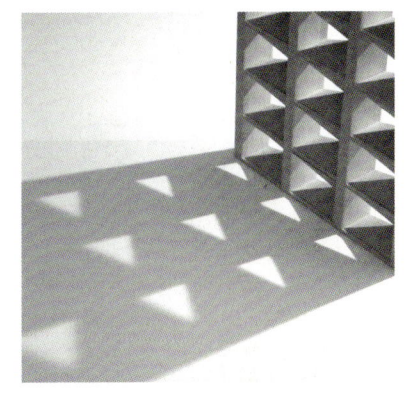

左上图（两幅）：豪华套房内的灯笼。

上方图：木格栅设计的工作模型。

左侧图：客房内景。

下方图：客房的庭院。

安缦黑格拉酒店 沙特阿拉伯　399

项目年表

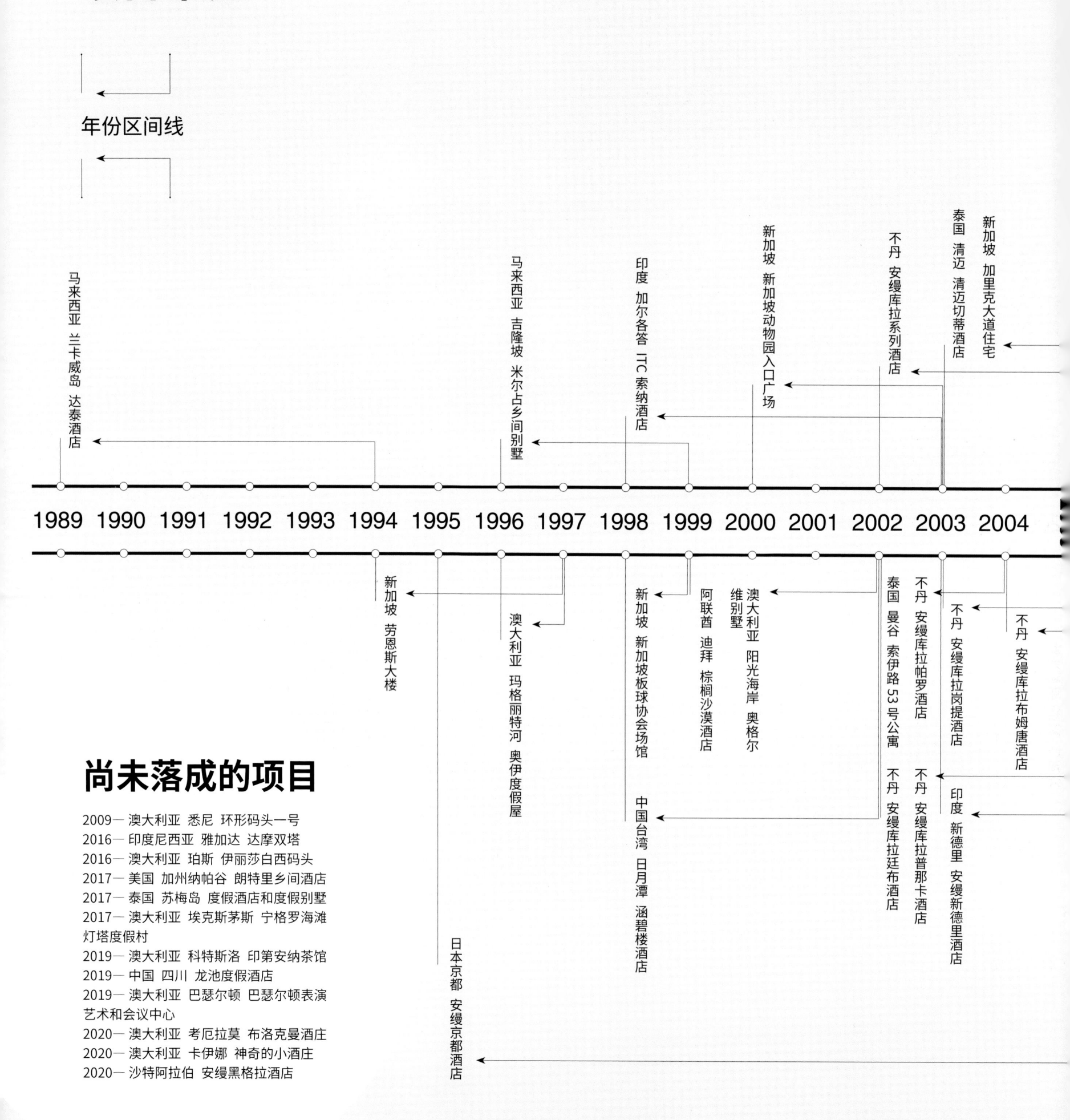

年份区间线

时间轴上方项目（按年份）

- 1989 马来西亚 兰卡威岛 达泰酒店
- 1994 马来西亚 吉隆坡 米尔占乡间别墅
- 1996 印度 加尔各答 ITC 索纳酒店
- 1999 新加坡 新加坡动物园入口广场
- 2002 不丹 安缦库拉系列酒店
- 2003 泰国 清迈 清迈切蒂酒店
- 2003 新加坡 加里克大道住宅

时间轴（年份）

1989　1990　1991　1992　1993　1994　1995　1996　1997　1998　1999　2000　2001　2002　2003　2004

时间轴下方项目（按年份）

- 1995 新加坡 劳恩斯大楼
- 1997 澳大利亚 玛格丽特河 奥伊度假屋
- 1999 新加坡 新加坡板球协会场馆
- 2000 阿联酋 迪拜 棕榈沙漠酒店
- 2000 澳大利亚 阳光海岸 维别墅 奥格尔
- 2002 泰国 曼谷 索伊路53号公寓
- 2002 不丹 安缦库拉廷布酒店
- 2002 不丹 安缦库拉帕罗酒店
- 2003 不丹 安缦库拉岗提酒店
- 2004 不丹 安缦库拉布姆唐酒店
- 2004 印度 新德里 安缦新德里酒店
- 中国台湾 日月潭 涵碧楼酒店
- 日本京都 安缦京都酒店

尚未落成的项目

2009— 澳大利亚 悉尼 环形码头一号
2016— 印度尼西亚 雅加达 达摩双塔
2016— 澳大利亚 珀斯 伊丽莎白西码头
2017— 美国 加州纳帕谷 朗特里乡间酒店
2017— 泰国 苏梅岛 度假酒店和度假别墅
2017— 澳大利亚 埃克斯茅斯 宁格罗海滩灯塔度假村
2019— 澳大利亚 科特斯洛 印第安纳茶馆
2019— 中国 四川 龙池度假酒店
2019— 澳大利亚 巴瑟尔顿 巴瑟尔顿表演艺术和会议中心
2020— 澳大利亚 考厄拉莫 布洛克曼酒庄
2020— 澳大利亚 卡伊娜 神奇的小酒庄
2020— 沙特阿拉伯 安缦黑格拉酒店

时间轴

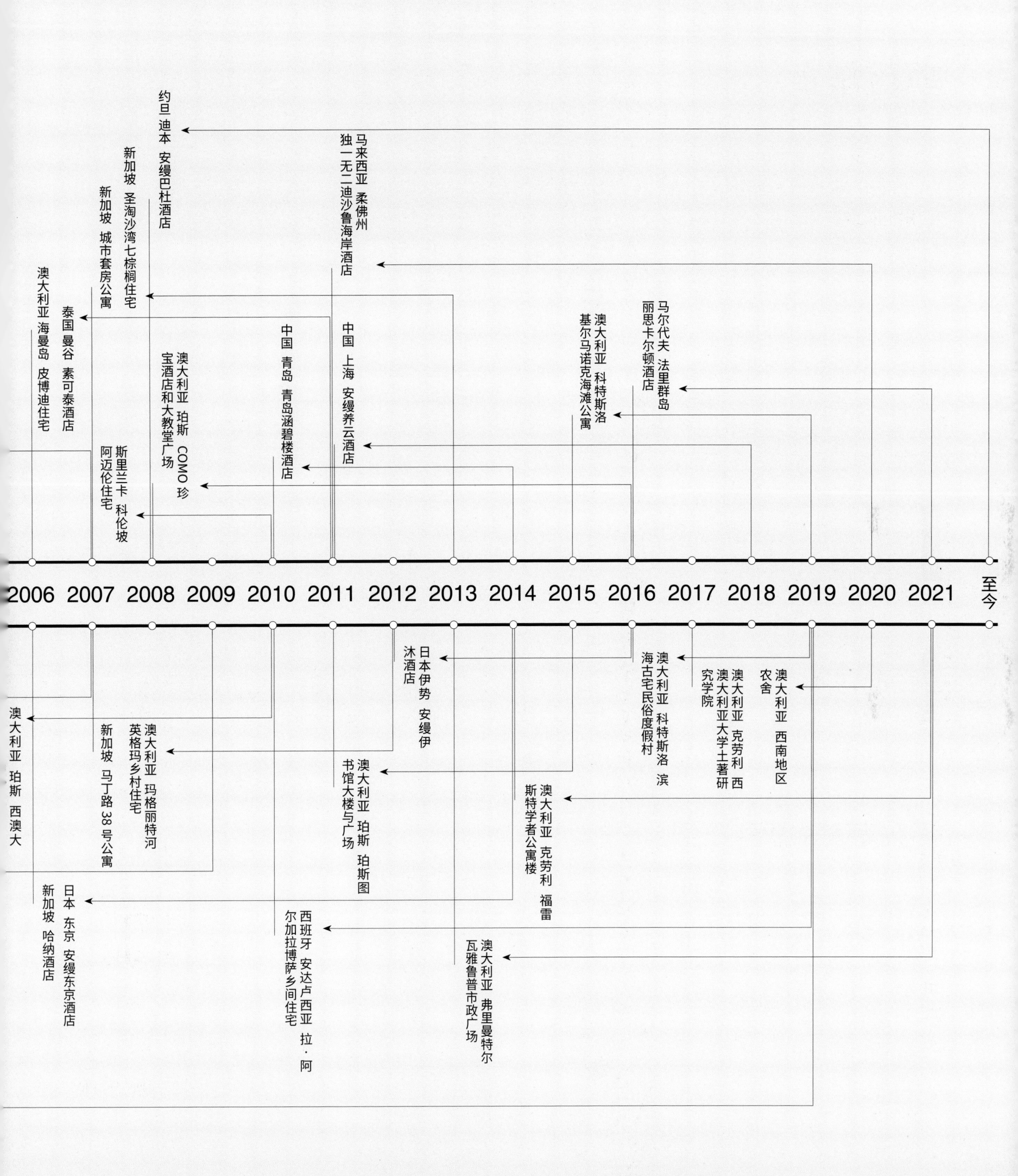

上半部分（按年份）

- **2006** 澳大利亚 海曼岛 皮博迪住宅
- **2007** 泰国 曼谷 素可泰酒店
- **2008** 新加坡 圣淘沙湾七棕榈住宅 / 新加坡 城市套房公寓 / 约旦 迪本 安缦巴杜酒店
- **2009** 斯里兰卡 科伦坡 阿迈伦住宅
- **2010** 澳大利亚 珀斯 COMO 珍宝酒店和大教堂广场
- **2011** 中国 青岛 青岛涵碧楼酒店
- **2012** 中国 上海 安缦养云酒店
- **2013** 马来西亚 柔佛州 独一无二迪沙鲁海岸酒店
- **2015** 澳大利亚 科特斯洛 基尔马诺克海滩公寓
- **2016** 马尔代夫 法里群岛 丽思卡尔顿酒店

下半部分（按年份）

- **2006** 澳大利亚 珀斯 西澳大
- **2007** 新加坡 马丁路 38 号公寓 / 日本 东京 安缦东京酒店 / 新加坡 哈纳酒店
- **2009** 澳大利亚 玛格丽特河 英格玛乡村住宅
- **2013** 日本 伊势 安缦伊 沐酒店
- **2014** 澳大利亚 珀斯 珀斯图书馆大楼与广场 / 西班牙 安达卢西亚 拉·阿尔加拉博萨乡间住宅
- **2016** 海古宅民俗度假村
- **2018** 澳大利亚 科特斯洛 滨 / 澳大利亚 克劳利 西 澳大利亚大学土著研究学院 / 澳大利亚 克劳利 福雷 斯特学者公寓楼 / 澳大利亚 弗里曼特尔 瓦雅鲁普市政广场
- **2019** 澳大利亚 西南地区 农舍

2006 2007 2008 2009 2010 2011 2012 2013 2014 2015 2016 2017 2018 2019 2020 2021 至今

1979
金巴兰湾度假酒店，印度尼西亚巴厘岛
未建成项目
该项目位于巴厘岛南部，是拥有275间客房的度假酒店。在施工期间被暂停，后来因故被拆除。

1980—1986
达尔文中心，澳大利亚达尔文
该项目位于澳大利亚最北端首府达尔文市的市中心。其整体有两个主要组成部分：一个拥有275间客房的酒店和一个配备会议设施的表演艺术中心。表演艺术中心包括两个剧院，即1100个座位的剧场和拥有250个座位的实验性剧院。港口的办公楼经过全面修复，已纳入酒店的公共区域。

1982
凯悦·柯品托酒店，印度尼西亚乌戎·巴东
未建成项目

1983
杜固·普亚塔马办公室，印度尼西亚雅加达
设计竞赛参赛作品，荣获第一名。
未建成项目

1986—1990
遗产酒店与港口办公建筑，澳大利亚布里斯班
这家高层酒店位于布里斯班河畔，毗邻布里斯班市植物园。它的两侧体量设置为单面走廊空间，以使275间客房都能看到布里斯班河的景色。场地中，被列入遗产名录的港口办公室被完全修复，并纳入酒店的公共空间来使用。

1986
柯蒂斯岛度假村，澳大利亚北柯蒂斯岛
未建成项目

1987—1991
博福特圣淘沙岛酒店，新加坡
该酒店坐落在新加坡南部圣淘沙岛占地23英亩的公园里。酒店拥有275间客房。整体建筑位于一系列相互连接的低层建筑中，面向城市和繁忙的新加坡海峡，充分利用了周边景观的优势。该建筑参考了新加坡的许多英国军事建筑遗址。这些军事建筑是因新加坡以前作为驻军岛屿而留下的。

1987—1991
素可泰酒店，泰国曼谷
这家拥有275间客房的豪华酒店，位于曼谷市中心的沙顿（Sathorn）地区。通过一条狭窄的巷道可通达至酒店的入口。巷道两旁为运河。这里的运河曾经遍布整个城市。酒店的功能空间沿着一系列内部连通建筑体量来布局，其建筑风格明显参考了泰国的建筑传统，但设计手法内敛克制。庭院空间提供了一个平静的场所，人们仿佛能够暂时躲避周围的噪声和喧嚣。

1989—1992
安缦努沙酒店，印度尼西亚努沙杜瓦
该项目是为安缦创始人埃德里安·泽查设计的第一家小型豪华酒店。这座拥有30间客房的度假酒店坐落在山坡上。从这里可以俯瞰努沙杜瓦海滩和巴厘岛国家高尔夫俱乐部。巴厘岛国家高尔夫俱乐部内现在包含几座私人住宅。

1989—1994
达泰酒店，马来西亚兰卡威岛
见P36—39

1990
伯纳姆比奇斯乡村酒店，澳大利亚丹德农
未建成项目
本方案提出将一幢列入文物名录的房屋改建为小型豪华酒店，并配备全新的会议和餐厅设施。

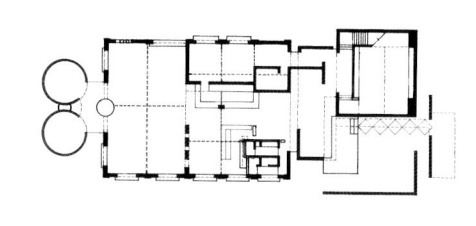

1990—1992
阿拉伯银行住宅，新加坡
本项目对一座建于20世纪50年代的住宅进行了扩建，并增建了一个游泳池。

1990
埃尔西度假村，澳大利亚罗珀河
未建成项目
本方案拟在罗珀河畔占地一百万英亩的埃尔西车站（Elsey Station）内建一座安缦度假胜地。埃尔西车站也是珍妮·冈恩（Jeannie Gunn）的小说《有情天地》（*We of the Never Never*，1908）描述过的一个场景。

1991—1993
阿尔伯特国王公园住宅，新加坡
这里最初的住宅建于20世纪40年代，是为一位著名的新加坡医生和他的家人建造的。他的儿子成了一名演员，后来他委托工作室为他本人的家庭修建一个独立的住宅。该项目得到了新加坡建筑师协会的肯定和赞扬。

1992
新加坡美国学校整体规划，新加坡
未建成项目
在五年的时间里，事务所参与了当时新加坡最大的国际学校的设计工作。该项目为在勿兰岛（Woodlands）北部完成一个新的K-12校园的整体规划。在整个项目中，K-12校园的规划方案达到了设计的较高水平。

1992—2018
阿米蒂奇山住宅，斯里兰卡哈普古拉
见P29—33

1992—1994
切迪万隆酒店，印度尼西亚万隆
该项目是通用酒店管理公司（General Hotel Management）在新一轮系列酒店计划中，为品位较高的四星级的客人设计的第一家豪华酒店。酒店坐落在一个陡峭的斜坡场地上，其建筑设计部分借鉴了从20世纪30年代以来，万隆当地装饰艺术运动留下的遗产。它现在被称为万隆帕德玛酒店（Padma Hotel），内部空间已经经历了彻底改造。

1992—1994
巴利纳酒店，印度尼西亚巴厘岛
该项目是通用酒店管理公司的第一家三星级酒店。这家拥有60间客房的经济型酒店，位于巴厘岛东海岸的坎迪达萨（Candi Dasa）。酒店有两层住宅建筑，一个餐厅建筑单体和一个带游泳池的中央草坪构成了酒店的公共活动区域。现在它被称为阿丽拉·曼吉斯酒店（Alila Manggis）。

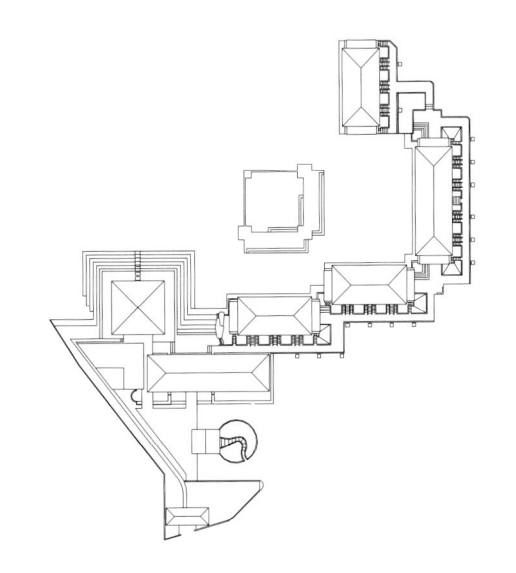

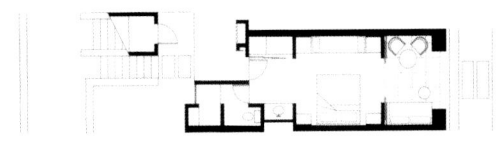

1993—1994
布莱尔路店屋，新加坡
该项目位于新加坡中国城边缘的保护区内，是对第二次世界大战前海峡华人店屋的翻新和改造。

1993—1998
杰伊林科·塞朗银行大厦，斯里兰卡科伦坡
这个海滨综合开发项目包含了塞朗银行总部和一座公寓楼。

1994—1997
民才坡住宅，新加坡
业主拥有一个大家庭，有四个成年的儿子，他们都希望和退休的父母住在一起。

1994
安瓦尔住宅，印度尼西亚彭杜克英达
未建成项目
该项目是雅加达郊区住宅区的家庭住宅。

1994—1998
安缦普罗度假酒店，菲律宾巴拉望岛

1994—1998
澳大利亚驻新加坡高级官员的官邸，新加坡

1994—1995
普莱温泉公寓（Pulai Springs Apartments），马来西亚柔佛州新山市
未建成项目
该项目包括几座位于高尔夫球场开发区内的中型住宅塔楼。

1994—1997
劳恩斯大楼（Genesis），新加坡
见P40—43

1994—1996
乌布切蒂酒店（the Chedi Ubud），印度尼西亚吉安雅佩艳艮
这家四星级度假酒店坐落在巴厘岛中部的一座山脊上，从中可以俯瞰爱咏河（Ayung River）。它现在更名为阿利拉乌布度假酒店（Alila Ubud）。

1995—2000
唐式住宅（Tong House），澳大利亚阿鲁恩
该项目原是为一群朋友设计三座度假住宅，但是，最终只完成了唐式住宅。

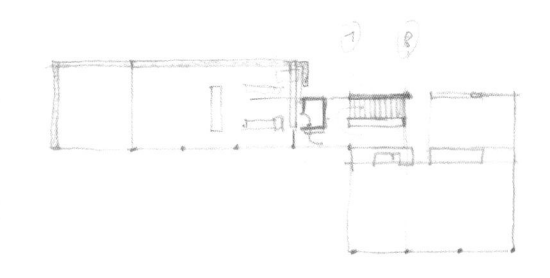

项目年表　403

1995
沃尔克利夫度假村（Wallcliffe Resort），澳大利亚玛格丽特河
未建成项目
该项目毗邻历史悠久的沃尔克利夫宅基地。项目方案为建造一个拥有24座单体建筑的豪华度假村。

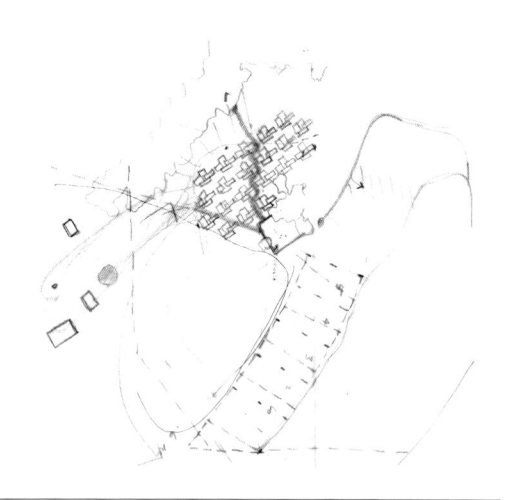

1995—1999
诗阁服务公寓（the Ascott），印度尼西亚雅加达
该项目是位于雅加达市中心的一座中高层服务公寓楼。

1995—1999
诗阁服务公寓（the Ascott），马来西亚吉隆坡
该项目是位于吉隆坡市中心附近的槟榔路（Jalan Pinang）的一座中层住宅公寓大楼，现在被称为基拉那住宅（Kirana Residence）。

1995
格纳若泊坡度假酒店（Gnarabup Serai），澳大利亚格纳若泊坡
未建成项目
方案计划在西澳大利亚玛格丽特河美丽的普雷韦利海滩附近，修建一座豪华的海滨度假酒店。

1995—2019
安缦京都酒店（Aman Kyoto），日本京都
见P124—141

1995—1998
香港银行住宅大厦（Hong Kong Bank Residential Compound），印度尼西亚科芒
该项目是印度尼西亚首都雅加达南部的一个住宅大厦，由7个住宅单元组成，专供银行高级职员居住。

1996
利多切蒂酒店（the Chedi Lido），印度尼西亚茂物
未建成项目
该项目计划在印度尼西亚首都雅加达南部的山麓建造一座豪华的四星级度假酒店。

1996—1997
奥伊度假屋（Ooi House），澳大利亚玛格丽特河
见P44—49

1996—1997
克吕尼山住宅（Cluny Hill House），新加坡
这座美丽的乡间住宅于2011年被拆除，成为这个城市国家地价急剧上涨的牺牲品。

1996—1997
沃尔克利夫路5号住宅（Wallcliffe Lot 5 House），澳大利亚玛格丽特河
未建成项目
这座私人住宅被设计成两个并列的凉亭，一个是钢框架和玻璃，另一个是砖石结构，可以俯瞰玛格丽特河和邻近的国家公园。

1996—1999
米尔占乡间别墅（Mirzan House），马来西亚吉隆坡
见P50—53。

1996
弗里曼特尔切蒂酒店（the Chedi Fremantle），澳大利亚弗里曼特尔
未建成项目
该项目计划将历史港口城市弗里曼特尔的一座废弃停车场被改造成一个充满活力的城市酒店。该项目在全球经济危机期间被放弃。

1996
阿里巴格海滨住宅和俱乐部，印度阿里巴格
未建成项目
该项目计划建造一座美丽的滨海住宅和设施完善的俱乐部，成为孟买南部最受欢迎的度假胜地。

1996—2000
汉普郡公园（Hampshire Park），马来西亚吉隆坡
这两座中等高度的住宅楼，坐落于马来西亚首都吉隆坡市中心敦拉扎克地区的汉普郡公园。

404　项目年表

1997
冲绳度假酒店（Okinawa Resort Hotel），日本冲绳岛
未建成项目
该项目位于冲绳县首府那霸附近的沿海地区，旨在为前来观光的游客提供遍布奇形怪状岩石岬角的海景。独一无二的岩石海岬美景也是建筑场地一部分。

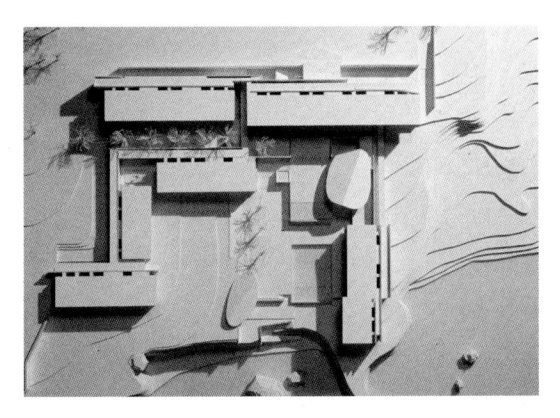

1997—1999
唐式住宅（Tong House），新加坡
该项目是一所家庭式的庭院住宅。其内部设有举办音乐演奏会的开放性活动空间。在建筑物的屋顶覆盖着绿色的石板，排列在两个相连的建筑结构中，搭建出了几个美丽的庭院，以及风景优美的景观花园。

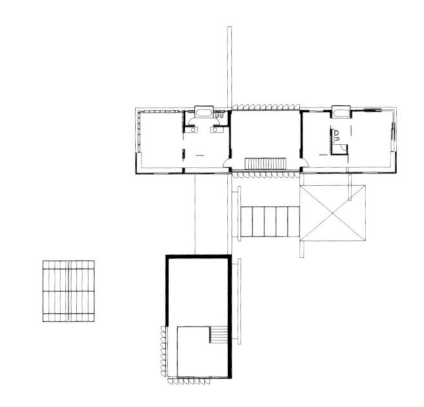

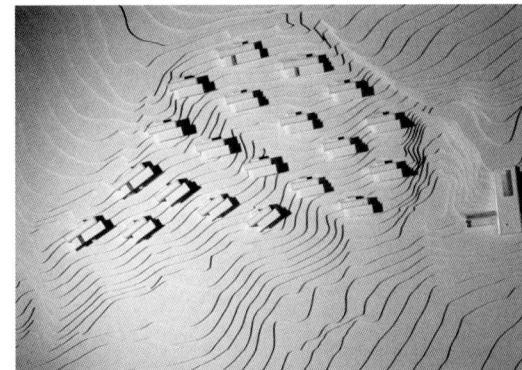

1997
哥达巴鲁市整体规划（Kota Bharu Masterplan），马来西亚吉兰丹州
未建成项目
该项目计划完成吉兰丹首府中心的新商业发展的整体规划。

1997
航运公司总部大厦（Konsortium），马来西亚巴生
未建成项目
该项目计划修建马来西亚一家航运公司的总部大厦。

1997—2003
安缦柏树度假酒店（Aman Cypress），日本兵库县
未建成项目
该项目计划设计一个新的豪华酒店和俱乐部会所，坐落于郁郁葱葱的柏树松林中。修剪整齐的柏树遍布于高尔夫俱乐部的场地周围。

1998—1999
新加坡板球协会场馆（Singapore Cricket Association Pavilion），新加坡
见P54—57

1998—2002
涵碧楼酒店（the Lalu），中国台湾
P58—67

1998—2003
ITC索纳酒店（ITC Sonar），印度加尔各答
见P68—79

1999—2002
棕榈沙漠酒店（Desert Palm），阿联酋迪拜
见P80—85

1999—2002
奥格尔维别墅（Ogilvie House），澳大利亚阳光海岸
见P86—91

2000—2003
新加坡动物园入口广场（Singapore Zoo Entrance Plaza），新加坡
见P92—97

2000
安缦戈西克度假酒店（Aman Göcek），土耳其戈西克
未建成项目
该项目原计划修建于土耳其南部沿海城镇戈西克一个高处的前采石场。从这里可以俯瞰费提耶海湾的壮丽景色。设计师希望把它设计成一个村落社区，包括一个豪华度假村、一座座独立的住宅，以及一个商业中心。

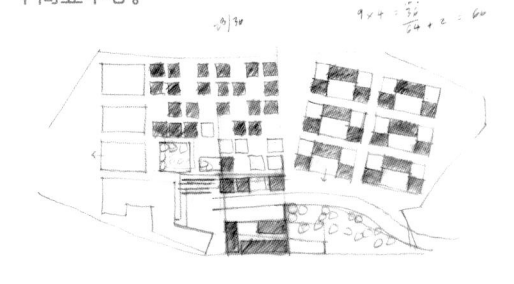

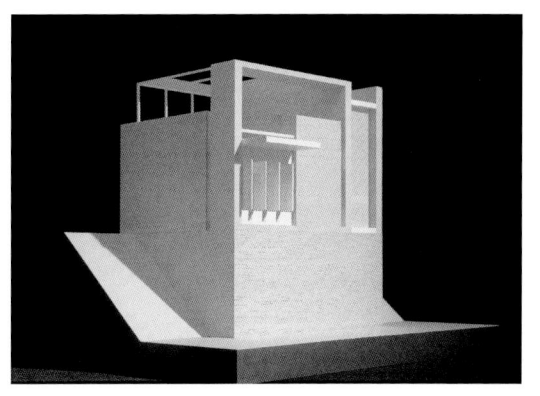

项目年表　405

2000—2004
安缦维拉海滨酒店（Amanwella），斯里兰卡加勒
这家拥有30间套房的度假酒店，坐落在陡峭的山坡上，俯瞰着令人惊叹的私人海滩。每个套房都被设计成一个独立的住宅，由高高的砖石围墙包围，并由三个简单的空间组成：一个带有私人游泳池的入口庭院，以躲避季风；封闭的卧房和浴室；还有面向大海的阳台。度假村的公共区域被安置在简单而优雅的亭子中，屋顶用当地制作的黏土瓦片覆盖。

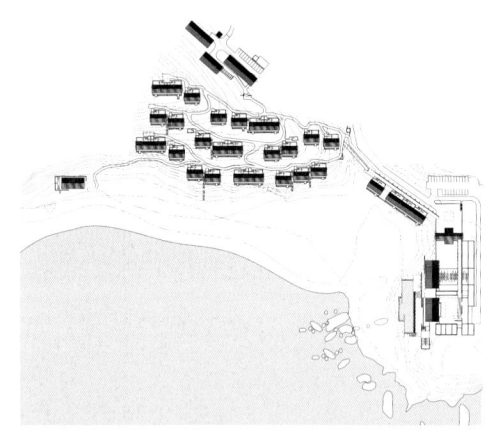

2000
木麻黄海滩度假村（Casuarina Beach Resort），澳大利亚木麻黄海滩
未建成项目
该项目计划开发住宅、公寓和度假酒店的不同混合用途的建筑群，以增加更大的私人住宅空间。

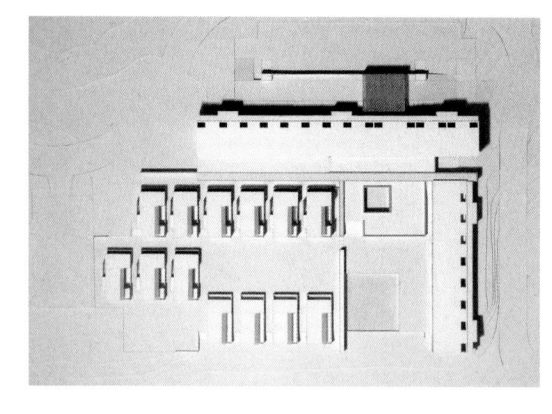

2001
谷德住宅楼（Good Residence），澳大利亚图拉克
未建成项目
这是墨尔本市近郊街角处一座内向型住宅楼。

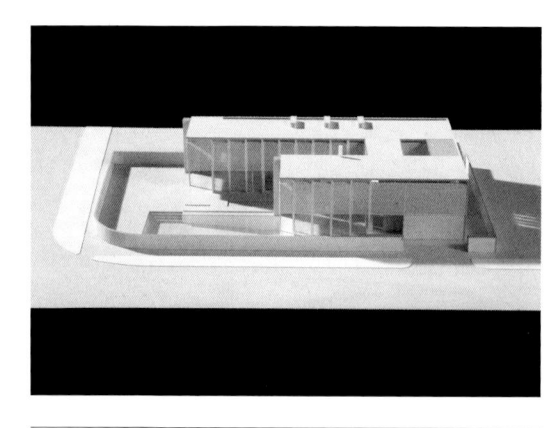

2001—2003
特里古博夫别墅（Triguboff House），澳大利亚悉尼
这座位于悉尼沃克卢兹海滨郊区的私人住宅，可以俯瞰景色最为壮观的悉尼港。

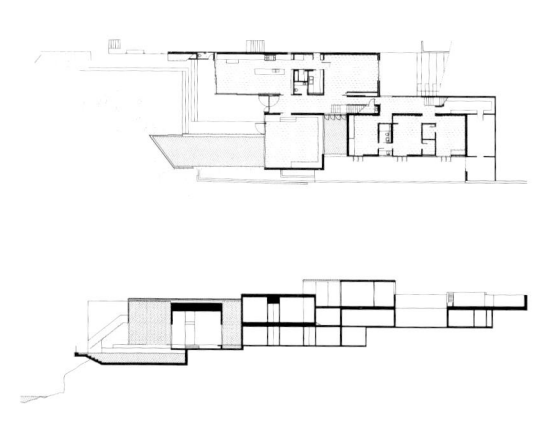

2001—2004
安缦加勒酒店（Amangalla），斯里兰卡加勒
本项目修复了东亚现存最古老的酒店建筑——原新东方酒店。它位于联合国教科文组织列入名录的加勒堡遗址（Galle Fort），是荷兰指挥官的住所，最初建于1683年。经过多年的研究、记录和修复，包括收集幸存的家具和整理财产的历史，这些建筑在2004年印度洋海啸后不久重新开放，并成为原堡垒内的一个重要的社会中心。

2001
重建海滨酒店（Ocean Beach Hotel Redevelopment），澳大利亚科茨洛
设计竞赛一等奖，未建成项目
该项目设计方案为国际设计竞赛的获胜作品，该项目计划将珀斯海滨郊区的一个地标性物业重新开发为中低层住宅，由于居民的反对，最终被取消了。

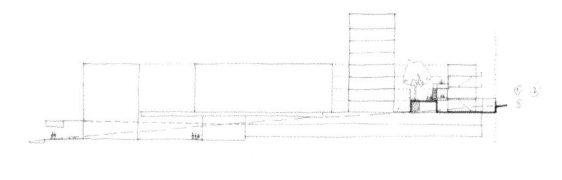

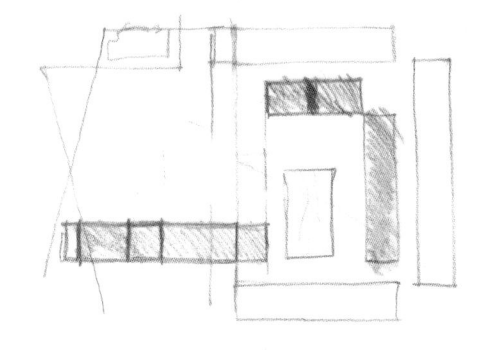

2001
米尔占住宅（Mirzan House），加拿大温哥华
未建成项目
该项目是位于基斯兰奴海湾郊区的私人住宅，在这里可以俯瞰温哥华海港。

2001—2003
安缦新加坡酒店（Aman Singapore），新加坡
未建成项目
该项目定位为新加坡城内的度假酒店，设计有旋转的平面和双容积的泳池露台。项目最终被放弃，后来变成了哈纳共管公寓（Hana Condominium）。

2002—2004
索伊路53号公寓（Soi 53 Apartments），泰国曼谷
见P98—101

2002
东京国际住宅（International House），日本东京
未建成项目
该项目计划重新开发六本木部分（Roppongi）场地，为日本"国际之家"的学者提供居住设施。这个私人的、非营利性的组织，促进了日本和其他国家人民之间的文化交流和知识合作。

2002—2007
安缦库拉系列酒店（Amankora），不丹
见P102—123

2002—至今
帕斯卡利住宅（Paspaley House），澳大利亚达尔文
未建成项目

2002—至今
安缦萨拉（Amansara），柬埔寨暹粒
柬埔寨前王子住宅（Villa Princière）位于暹粒，靠近联合国教科文组织世界遗产吴哥窟（Angkor）。皇家招待所被重新设计成安缦的豪华度假村。第一阶段于2003年完成，包括12间套房和客房设施。2004年，又增加了12间泳池套房、一个水疗中心和第二个游泳池。2019年，该项目开始进行第三阶段的工作。

2003—2005
清迈切蒂酒店（the Chedi Chiang Mai），泰国清迈
见P142—149

2003—2009
安缦新德里酒店（the Aman, New Delhi），印度新德里
见P156—165

2003—2005
加里克大道住宅（Garlick Avenue House），新加坡
见P150—155

2003—2005
素宛·科玛儿童村（Sovann Komar Children's Village），柬埔寨金边
部分建成
该项目以柬埔寨语"金孩子"的意思命名，由一位美国慈善家资助，旨在为年轻孤儿建立寄养家庭。该项目的整体规划提供了六个住房组和社区设施。第一批七幢房子建在城市南部面向湄公河的一块场地上。

2004—2006
佩拉利亚社区保健中心，斯里兰卡佩拉利亚
2004年印度洋海啸发生后，希尔建筑事务所无偿帮助一家私人援助组织在南部省的沿海地区设计和建造了这个项目。该地区在灾难中遭到了严重破坏。一系列连接的经济、适用的单层建筑定义了院子里的四个花园，它位于繁忙的沿海公路和主要的南北铁路线之间。该中心是私人和政府健康诊所的基地，也是提供医疗和教育项目的非政府组织的基地。

2004—2012
安缦卡夫塔特（Aman Cavtat），克罗地亚卡夫塔特
部分建成
该项目是位于杜布罗夫尼克南部的一个村庄的小酒店，它可俯瞰港口小镇卡夫塔特和周围的达尔马提亚海岸线。该设计与陡峭的山坡场地相结合，灵感来自城镇历史中心建筑之间的阶梯巷道。该项目尚未完成。

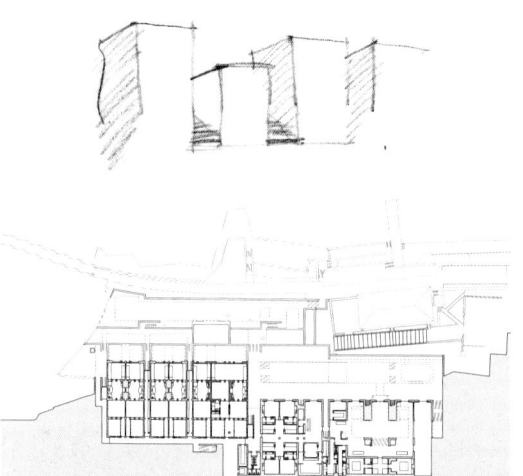

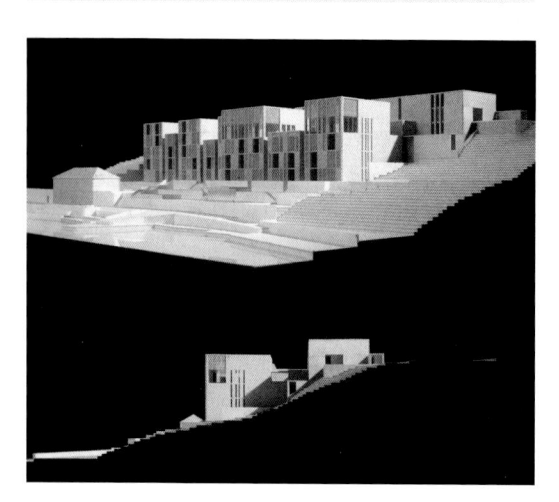

2004
谈遂·蔡住宅（Tan Sri Chua Residence），马来西亚吉隆坡
未建成项目

2005
和平港（Peace Haven），斯里兰卡坦加勒
未建成项目
该项目为坦加勒北部海滨的度假酒店和住宅开发项目。

2005—2006
新南威尔士大学亚洲校区（UNSW Asia Campus）
新加坡竞赛一等奖，未建成项目
新加坡新南威尔士大学新校区的整体规划围绕着具有标志性元素的景观构建：郁郁葱葱的森林沟壑，作为与学术建筑网格的对比。

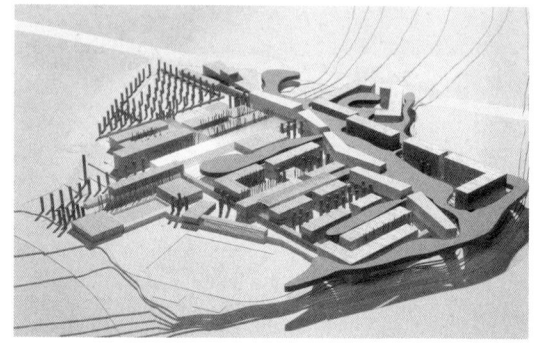

408　项目年表

2005—2010
西澳大利亚国家剧院中心（State Theatre Centre of Western Australia），澳大利亚珀斯
澳大利亚竞赛一等奖
见P166—179

2005
神户平松酒店（Kobe Hiramatsu Hotel），日本神户
未建成项目
该项目为在历史悠久的渣打银行大楼内设计的小型酒店，主要用于婚宴。

2005
安缦宇美（Amanumi），日本千叶
未建成项目
该项目位于东京东北部千叶县，是一个朝向太平洋的开发项目，包括酒店、住宅和水疗中心的整体规划。

2006—2014
哈纳酒店（Hana），新加坡
见P192—195

2006—2008
埃勒斯顿的游泳池和客房（Ellerston Pool and Pavilion），澳大利亚猎人谷
在历史悠久的埃勒斯顿古村落猎人谷的附近，我们开发了一个外形独特的椭圆形游泳池，还有隐秘的客房建筑。

2006—2011
皮博迪住宅（Peabody House），澳大利亚海曼岛
见P180—185

2006—2011
素可泰酒店（The Sukhothai Residences），泰国曼谷
见P186—191

2006
度假村与蓝色峡谷乡村俱乐部（Resort, Blue Canyon Country Club），泰国普吉岛
未建成项目
该项目计划将一个新的度假住宅区和公寓住宅区，修建在一片景色优美的热带丛林中。在这里，有一个东南亚久负盛名的高尔夫球场，也是举办高尔夫球锦标赛比赛的最佳场地。

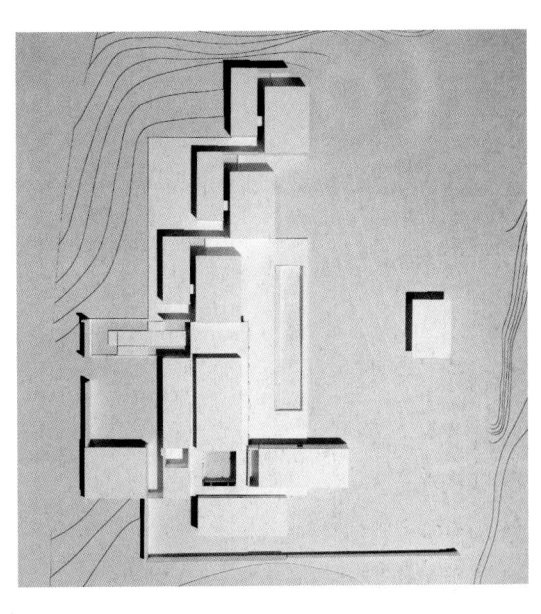

2006—2014
安缦东京酒店（Aman Tokyo），日本东京
见P196—207

2006—2010
莫根家族住宅（Morgon Family House），澳大利亚拜伦湾。未建成项目
这座大型度假住宅原计划为墨尔本一个四代同堂的大家族设计。这片占地25英亩的滨海陆地，从前是一大片绿油油农田，其中也包括一公里长的洁净迷人的海岸线。遗憾的是，经过当地议会漫长的审批程序后，客户不得不卖掉了这块地，因为他们的需求已经发生了变化，不再希望修建这座住宅。

2006—2007
台北切蒂酒店（the Chedi Taipei），中国台湾
未建成项目
该项目原计划修建一座带有公共区域的小型城市酒店，拟选址于一条狭长河流的一侧河畔。

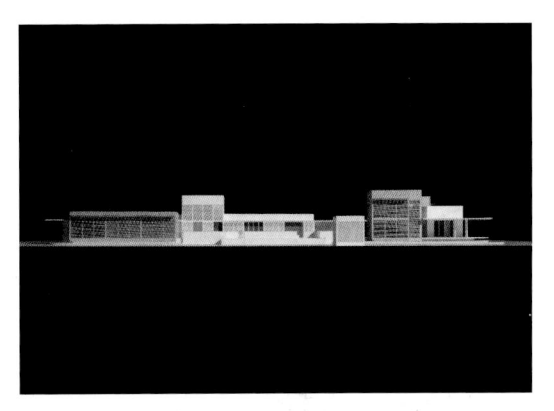

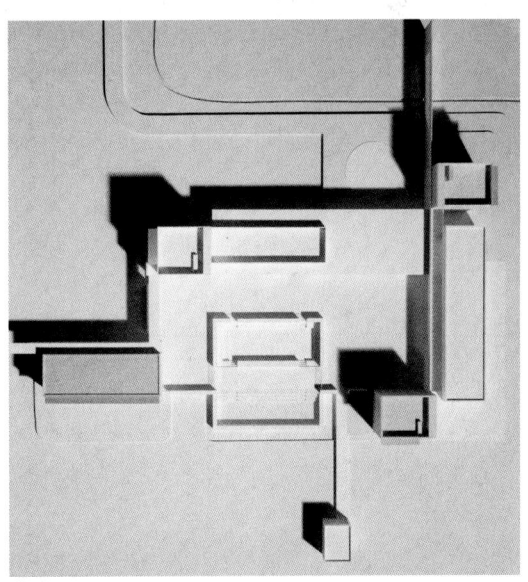

2007—2010

雷顿海滨公寓，澳大利亚弗里曼特尔

该项目坐落于风景秀丽的雷顿海滨。中层高度的住宅楼阁，视野开阔，可以眺望远处波涛汹涌的印度洋。柔软的白色沙滩、洁净迷人的漫长海岸钱，一览无余。

2007—2010

阿迈伦住宅（Amalean House），斯里兰卡科伦坡

见P208—211

2007—2012

英格玛乡村住宅（Ingemar），澳大利亚玛格丽特河

见P218—225

2007—2008

马丁路38号画廊，新加坡

这个临时画廊，不仅用于寄售艺术品，也举办一些重要的社交聚会。宽敞明亮、富丽堂皇的主画廊大厅，是采用当地的混凝土筑造而成的。

2007—2012

马丁路38号公寓（Martin No. 38），新加坡

见P212—217

2007—2010

拉巴特住宅（Rabat Residence），摩洛哥拉巴特

未建成项目

该项目计划在市区幽静的外交工作区域设计一座大型的度假住宅。住宅被设计为一座座相互连接、有一层高和两层高的客房楼阁，围绕在中央景观庭院的周围。景观庭院被分隔成一系列风格各异的私人花园，这些风景秀丽的景观花园依次构成了住宅客房的室外空间。

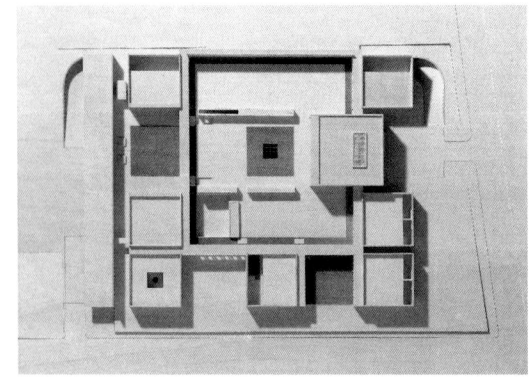

2007—2013

城市套房公寓（Urban Suites），新加坡

见226—229

2007—2013

圣淘沙湾七棕榈住宅（Seven Palms Sentosa Cove），新加坡

见P230—235

2008—

加勒堡酒店（Galle Fort Hotel），斯里兰卡加勒堡

该项目计划在世界遗产加勒古堡新修建一座拥有28间套房的酒店，并对历史上荷兰驻军司令长官住宅的遗址重新进行修复、改造，使其成为公共活动区域。

2008—

塔尔佩海滩俱乐部，斯里兰卡塔尔佩

2008—2017

佩卡住宅（Peca House），澳大利亚弗里曼特尔

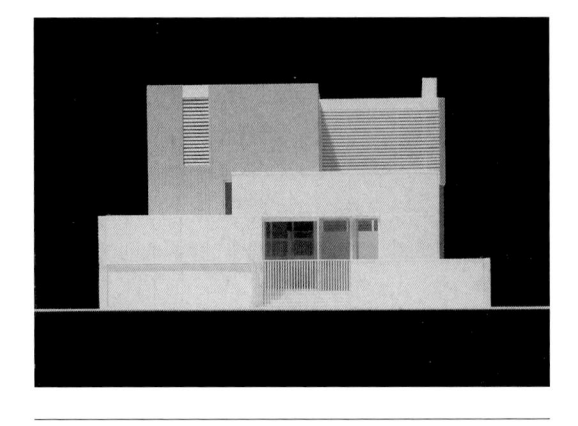

2008—

宾德林帕拉德住宅公寓大厦（Bindaring Parade Apartments），澳大利亚克莱蒙特

2008
达拉国王阿卜杜拉二世表演艺术中心（Darat King Abdullah II Performing Arts Centre），约旦阿曼
约旦建筑设计竞赛获奖作品，未建成项目
该设计方案旨在修建一个海军旗舰表演场地，同时也是一个大学校园，以培养、教育各类人才，将不同宗教的社会团体团结在一起。本项目的设计理念优先考虑建筑与城市自然景观、内在特征与本质的相互融合。

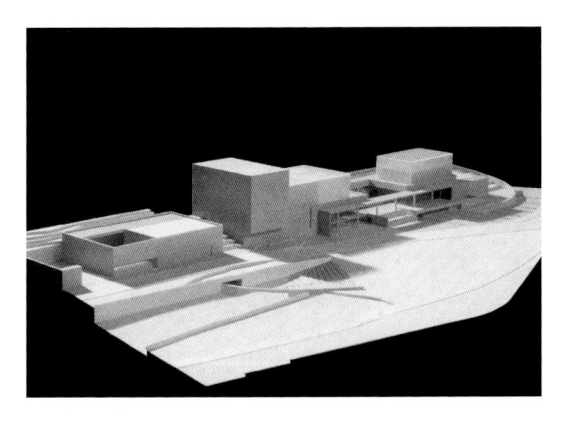

2008—2012
安缦努沙住宅（Amanusa Villas），印度尼西亚努沙杜瓦
该项目设计了10座独立的豪华型度假住宅，位于景色优美的巴厘岛海滩。

2008—2016
COMO珍宝酒店和大教堂广场（COMO the Treasury and Cathedral Square），澳大利亚珀斯
见P240—249

2008
新南威尔士大学能源技术大楼（UNSW Energy Technology Building），澳大利亚悉尼
竞赛获奖作品，未建成项目
该项目原计划在澳大利亚悉尼新南威尔士大学肯辛顿校区修建一座新的建筑物，即能源技术大楼，由三部分组成：实验室、教学设施和学术办公室。

2008—2011
斯旺伯恩住宅（Swanbourne House），澳大利亚斯旺伯恩
这座住宅位于一个公园的对面。它的造型简约典雅、线条明快，呈现具有现代风格的矩形几何结构。住宅楼阁为三层楼高，附带一个屋顶的大露台。进入一层的入口，通向几间更隐蔽私密的卧室。在一层以上是开放性的主要生活空间，从这里可以俯瞰风景秀丽的公园。在低层空间还包含了一个豪华客房和一个清澈见底的游泳池。

2008—
安缦巴杜酒店（Amanbadu），约旦迪本
见P236—239

2008—2015
大卫·马尔科姆司法中心（David Malcolm Justice Centre），澳大利亚珀斯
该项目是为了响应当地市政府的一项重大招标项目，重建和修复位于珀斯市中央商业区圣乔治露台的国家建筑。该项目设计的关键是，将现代风格插入新建筑物，并将之分离和清晰地表达在建筑场地内。这些插入的新建筑，呈现出一系列简单的玻璃体量，巧妙地放置在传统的古建筑物周围的空间中。这座崭新的摩天办公大楼是最重要的一个现代风格建筑物，它静静地矗立在传统的古建筑物后方，既风格朴素，又雄伟壮观。较低楼层的墙体由一系列砖石元素组成，与国家遗产建筑古老而坚实的砖石结构相得益彰。

2009—2010
阿杰朗皇家军事学院（Royal Military Academy），约旦阿杰朗
未建成项目
约旦皇家哈希姆法院聘请事务所为1500名工作人员和学员设计一个大型综合性军事研究生院。该项目设计的整体规划是，将学习和生活空间的建筑巧妙地放置在沿着山顶的山脊方向的一条宽阔林荫大道两侧。建筑群造型新颖独特，呈现线条优美的几何形状，并采用当地的材料进行覆层抹面。但是，令人遗憾的是，由于该地区局势动荡不稳定，该项目无法继续进行下去。

2009—2011
切蒂俱乐部（the Chedi Club），埃及开罗
未建成项目
这个开发项目，包括一个四星级豪华酒店、一些独立的豪华住宅和一个新的马球俱乐部。它们位于埃及开罗阿布西尔的金字塔和一个马球俱乐部的附近。

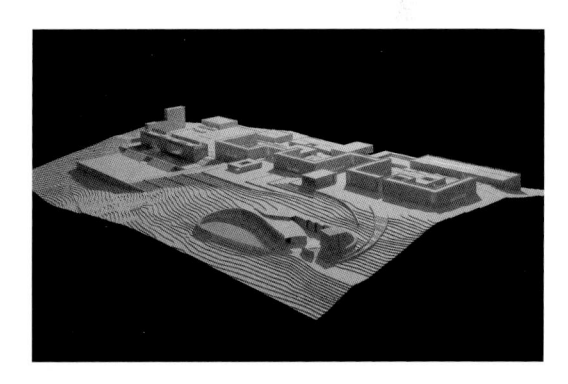

2009
环形码头，澳大利亚悉尼
设计竞赛参赛作品，荣获第一名。
见P368—369

2010—2014
青岛涵碧楼酒店（the Lalu Qingdao），中国青岛
见P258—269

2010—2019
拉·阿尔加拉博萨乡间住宅（La Algarrabosa），西班牙安达卢西亚
见P250—257

2010—
安缦二世谷（Aman Niseko），日本新雪谷町
该项目要设计一个大型的现代化滑雪胜地，位于日本最著名的大岛北海道，包括一个豪华的酒店、一大片

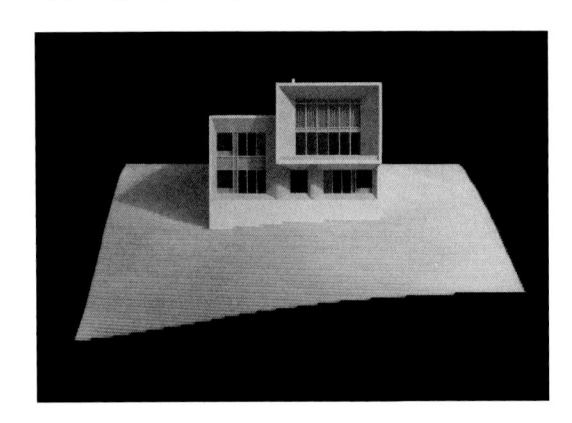

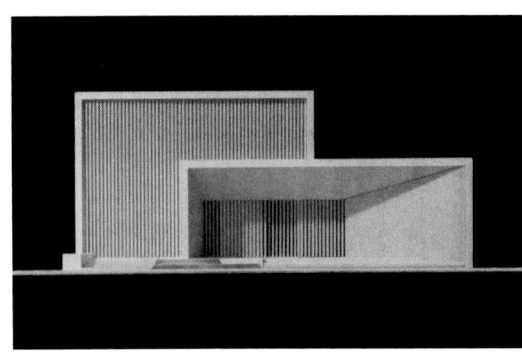

独立的私人住宅，以及在北海道原有滑雪俱乐部内重新购置和增加的新俱乐部设施。

2010—2013
缪尔公寓住宅楼，澳大利亚海曼岛

2010—2012
海曼岛海滨度假酒店，澳大利亚海曼岛
该项目的设计构想是，从套房的阳台能眺望景色迷人的珊瑚海和一望无际灵群岛的美景。每个豪华套房均由三个部分组成；在舒适典雅的卧室和洁净的浴室空间之间，有一个长廊和清澈见底的中央游泳池。套房分布在两座建筑物中，采用当地优质木材

搭建，外形新颖独特，富有当地民族特色，以彰显独一无二的风格。

2011—2013
尼维斯岛海滩住宅（Nevis Beach House），尼维斯岛圣基茨和尼维斯
该项目受客户委托，对其原有的海滨住宅进行彻底重建。新修建的单层住宅，坐落于一个平缓的斜坡草坪上，在一个现存的花园庭院内。

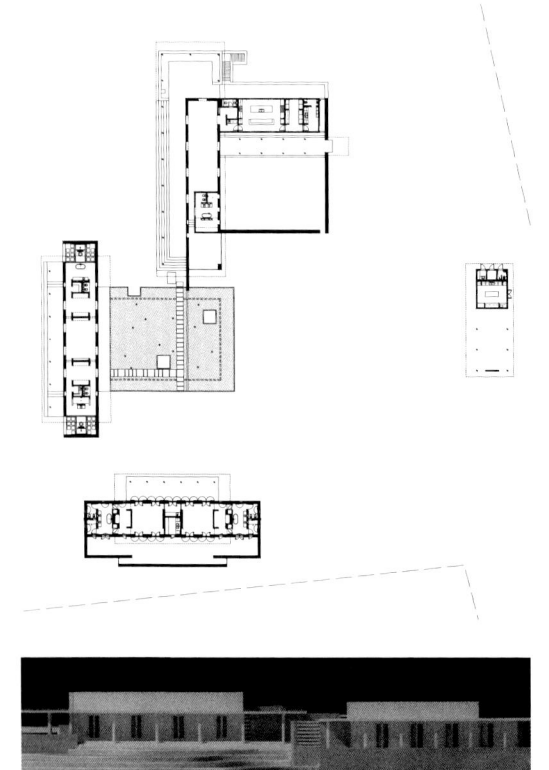

2011
安曼切蒂酒店（the Chedi Amman），约旦安曼
未建成项目
该项目原计划在约旦首都安缦市古老的中心区域，设计一个新的豪华酒店，毗邻罗马时期的圆形竞技场。豪华酒店拟建于主要建筑场地上方的山脊上。

2011—2020
独一无二迪沙鲁海岸酒店（the One & Only Desaru Coast），马来西亚柔佛州
见P294—301

2011
丰田总部大楼，澳大利亚珀斯
参与竞赛。未建成项目
从这个项目的设计风格，线形结构和突出的悬臂梁体量，可以确定，这个项目的工业背景。建筑物周围的围护墙结构，由轻巧灵活的垂直遮阳板层围成，它们能够巧妙地分隔出不同的体量和流通空间。

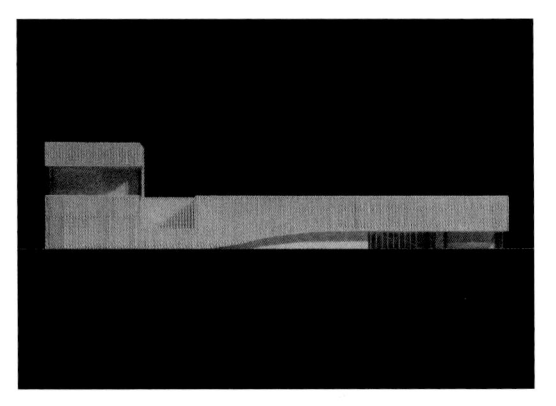

2011
UTS托马斯街教学大楼，澳大利亚悉尼
参与竞赛。未建成项目
悉尼科技大学科学学院的新教学楼的设计方案，包括重新设计此校园内花草树木的绿化面积和花园景观，美化校园的自然环境。这是一系列开发项目的一部分，旨在改善大学校园的教学条件和设施，提升大学的国际形象和声望。

2011—2015
珀斯图书馆大楼和广场，澳大利亚珀斯
国际建筑竞赛一等奖作品
见P270—279

2011—2018
安缦养云酒店，中国上海
见P280—293

2011—2015
北京河饭店，中国北京延庆
未建成项目
该项目原计划在北京郊区延庆一个规划的社区附近、河边空地，修建一个综合性的大酒店。

2012
朗阁高尔夫住宅，马来西亚吉隆坡
未建成项目

2012
沙漠度假村（Desert Resort），卡塔尔布鲁克
参与竞赛，未建成项目
该项目的整体规划，是通过创建一个在沙漠的地下世界，呼应这个偏远而奇特的半岛绵延起伏的地形。三个大的环形绿洲，为水疗中心、酒店和植物园提供了优美的自然环境。弯弯曲曲、四通八达的小路，通往一座座独立的豪华住宅和隐蔽的套房。住宅和客房沿着海岸沙丘的弧线延伸、排列，视野开阔，远处那一望无际、波澜壮阔的海景一览无余。

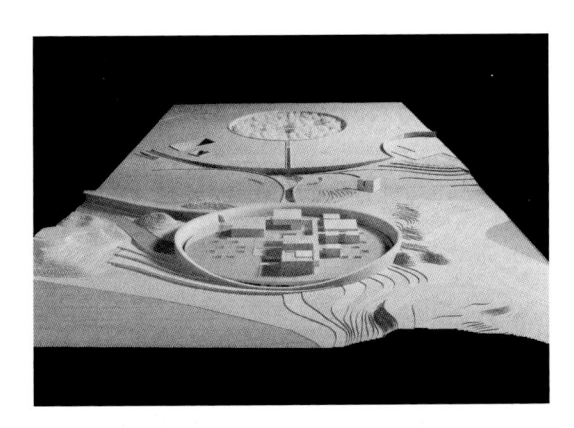

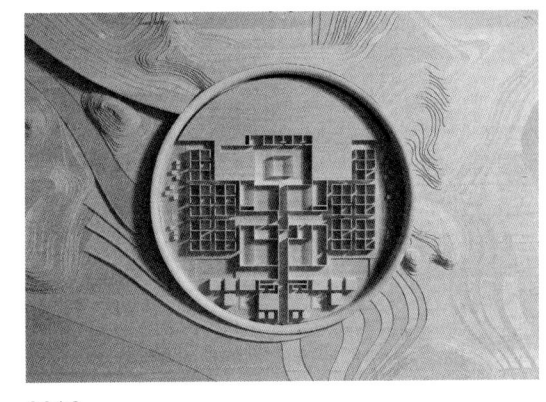

2012—
峭壁度假村（The Crag Resort），马来西亚槟城山
该项目位于历史悠久的本德拉山崖，从这里可以俯瞰2008年被列入世界文化遗产的槟城乔治敦。该度假村由三处相连的房产组成，分别是峭壁酒店（the Crag）、里奇蒙酒店（Richmond）和艾吉科姆酒店（Edgecumbe）。本项目的整体规划，包括以峭壁酒店为中心，修建一座豪华度假村和几处独立的住宅。峭壁酒店，这座古老的酒店，是由沙奇兄弟早在19世纪末就已经建造而成的。目前，计划将这座酒店进一步修缮、复原，完成对其保护工作。

2012—2016
安缦伊沐酒店（Amanemu），日本本州岛伊势
见P302—311

2012—2013
苏特拉住宅开发（Sutera Point Residential Development），马来西亚哥打基纳巴卢市
未建成项目

2012—2013
西澳大利亚大学土著文化博物馆（Aboriginal Cultures Museum），澳大利亚克劳利
未建成项目
伯恩特收藏博物馆是世界上最重要的土著居民和托雷斯海峡岛民艺术和人工制品收藏博物馆之一。该项目的开发目的是为展览、保存和存储这些珍贵的文物材料，而专门建造一个大型综合性博物馆。原计划将博物馆修建在毗邻西澳大学的一个显著位置。博物馆的设计方案是与古老的尼昂加尔族后代继续研究和记录珍贵土著文化材料的著名学者们共同协商制定的。我们设计的博物馆围绕在一个中央圆形花园庭院周围，花园由覆盖耐火钢板和砂岩墙的外层形成围墙分割。

2013—2017
码头街3号办公大楼（3 Pier Street），澳大利亚珀斯
参与竞赛
该项目位于西澳大利亚州亚珀斯市圣乔治大教堂旁，圣乔治大教堂是珀斯市最优秀的建筑遗产之一。该项目是设计一座毗邻圣乔治大教堂的新的办公大楼。新办公大楼的设计方案来自国际建筑设计比赛中的获胜作品。该项目除了新办公大楼以外，还包括在大教堂周围建立一个具有开放性空间的花园庭院，目的是与更广阔的城市空间形成开阔的物理和视觉连接。新办公大楼被柔和、弯曲、透明的玻璃立面截断，这使得早晨明媚的阳光可以照射教堂东侧的彩色玻璃窗户，保证了室内光线充足。

2013
俊达鲁普表演艺术和文化中心（City of Joondalup Performing Arts and Cultural Facility），澳大利亚俊达鲁普市
参与竞赛。未建成项目

2013—
罗斯莫恩住宅公寓楼（Rossmoyne Residences），澳大利亚珀斯

2013—2014
巴兰加鲁酒店，澳大利亚悉尼
未建成项目

2013—2014
塞泰酒店（the Setai），黑山共和国斯维蒂斯特凡
未建成项目

项目年表　413

2013—
马桥二期工程（Maqiao Phase 2），中国上海
该项目集豪华酒店、大型公寓住宅、百货零售，以及办公大楼为一体，是安缦养云酒店的延续。该项目关注公众运动和健康新型的构思理念，受到社会各界名流广为青睐。

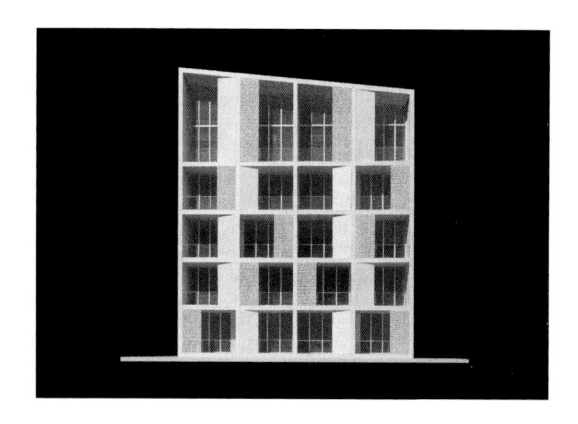

2013—2017
松树公寓住宅（Pine Court Residence），澳大利亚科特斯洛
该项目是对当地遗留下来的一个重要的古宅遗产的翻修和扩建。该项目的目的是保留、展示和保存重要的传统古建筑结构。设计方案为在原基地的后方，朝北向的方向进行扩建，修建了一个舒适优雅的生活阁楼，由现代风格的钢结构廊柱架构、支撑。

2013
马林商业街公寓大楼，澳大利亚科茨洛
未建成项目

2013
拉伦戴尔度假村和住宅（Larundel Resort and Villa），澳大利亚卡格里
未建成项目

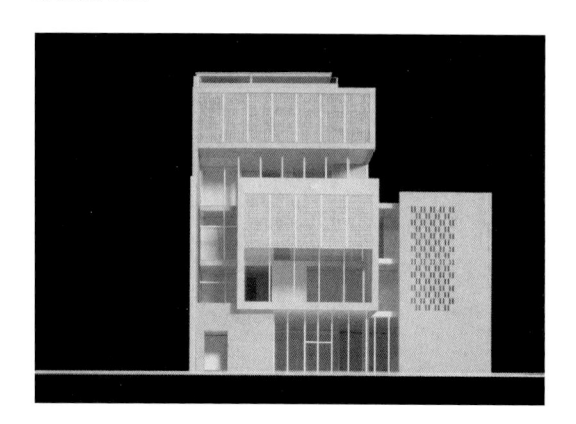

2013—2021
瓦雅鲁普市政广场（Walyalup Civic Centre），澳大利亚弗里曼特尔
见P312—317

2013—2017
新东方酒店（Mandarin Oriental），黎巴嫩贝鲁特
参与竞赛，未建成项目
事务所成功地赢得了国际建筑设计大赛的大奖，这项大奖，是要求在黎巴嫩首都贝鲁特市中心，修建一个豪华大酒店。该项目要在一个独立的建筑场地上修建一个城市大酒店、一个公寓住宅楼，以及零售商店等。

2014—2015
新南威尔士州现代美术馆，澳大利亚悉尼
参与竞赛，未建成项目

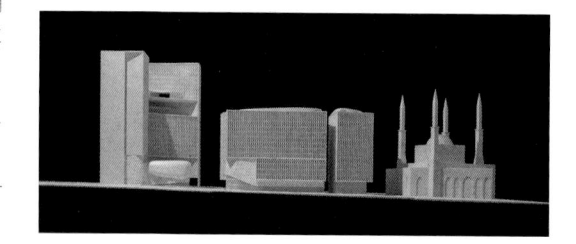

事务所受邀参加并幸运地入围澳大利亚新南威尔士州现代美术馆扩建项目的国际设计大赛。

2014—2016
七棕榈树度假村，印度尼西亚塔巴南
未建成项目
该项目计划在大型沿海渔场修建一个豪华滨海度假

414　项目年表

村，包括一个度假酒店和散落的独立豪华住宅。从这里，游客可以欣赏巴厘岛最著名的、最神圣的海神古庙，它始建于16世纪，坐落在海边一块巨大的岩石上。

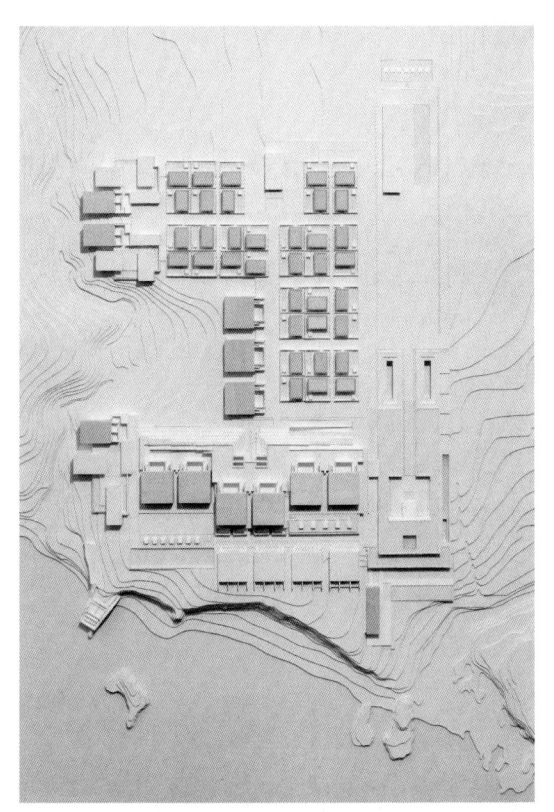

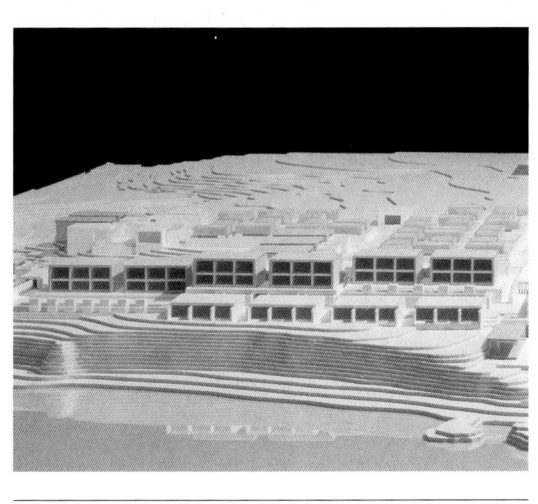

2015—2016
拉蒂纳安吉酒店（Patina Anji），中国浙江
未建成项目
这座位于中国安吉县风景优美的度假村，围绕着郁郁葱葱的翠竹，竹叶飘香，沁人心脾。它离繁华的大都市上海仅有两个小时的路程。这座独一无二的竹林度假村，主要由豪华酒店、公寓住宅，以及社区活动设施三部分独立的空间组成。

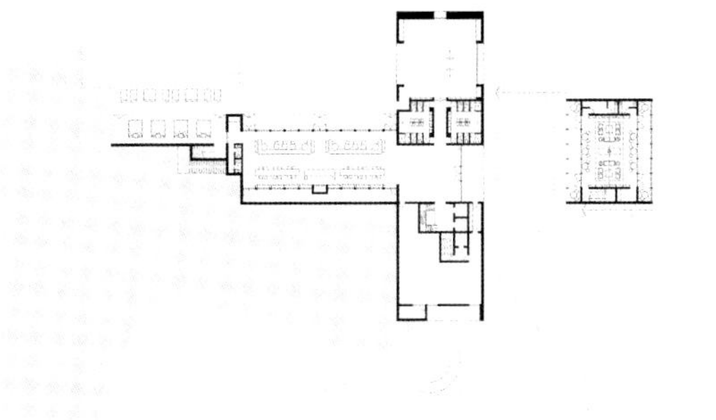

2015—
兰尼米德综合项目开发，马来西亚槟城
该项目由综合性高层公寓住宅大楼、豪华酒店和办公大楼组成。整体建筑以历史悠久的兰尼米德酒店为中心。该酒店位于槟城首府乔治城新关仔角地区的滨海开发区。

2015—2019
基尔马诺克海滩公寓（Kilmarnock），澳大利亚科特斯洛
见P324—329

2014—2021
福雷斯特学者公寓楼（Forrest Hall），澳大利亚克劳利
见P318—323

2014—2016
拉蒂纳马尔代夫酒店，马尔代夫卡夫环礁
未建成项目

2015—2018
海曼岛住宅，澳大利亚海曼岛

项目年表　415

2015—2016
楠书房画廊（Nan Shufang Gallery），中国上海
该项目位于上海新天地，是一个零售和展览画廊。目前它位于场地上的一个现有建筑内。

2015
木偶剧院（Spare Parts Puppet Theatre），澳大利亚弗里曼特尔
未建成项目
这个公益项目探索了为澳大利亚旗舰木偶剧院公司提供一个新的表演艺术中心。

2016—
伊丽莎白西码头（Elizabeth Quay West），澳大利亚珀斯
参与竞赛
见P372—375

2016—2018
圣路易斯地产新项目整体规划（St Louis Estate Masterplan），澳大利亚克莱蒙特

2016—
达摩双塔（Dharma Towers），印度尼西亚雅加达
见P370—371

2016—2021
马尔代夫丽思卡尔顿酒店（the Ritz Carlton Maldives），马尔代夫法里群岛
见P338—349

2016—2018
康堤湖监狱重建，斯里兰卡康堤市
部分建成
该规划目的是，对康提湖市中心历史悠久的基尔马诺克监狱遗址，进行进一步开发。第一阶段工程，在监狱围墙外，修建一个大型的公共活动前院，已经完工。

2016—
康利塔式公寓住宅楼，马来西亚吉隆坡
在吉隆坡市中心，正在建造一座52层高的摩天公寓住宅楼。塔楼设计的主要目标是，在有限的土地上，为人口拥挤的城市提供更多舒适的居住空间。该项目的选址和设计方案，充分考虑到周围的公园绿地和城市特有的景观，利用优美的自然景色，美化住宅楼周围的环境。

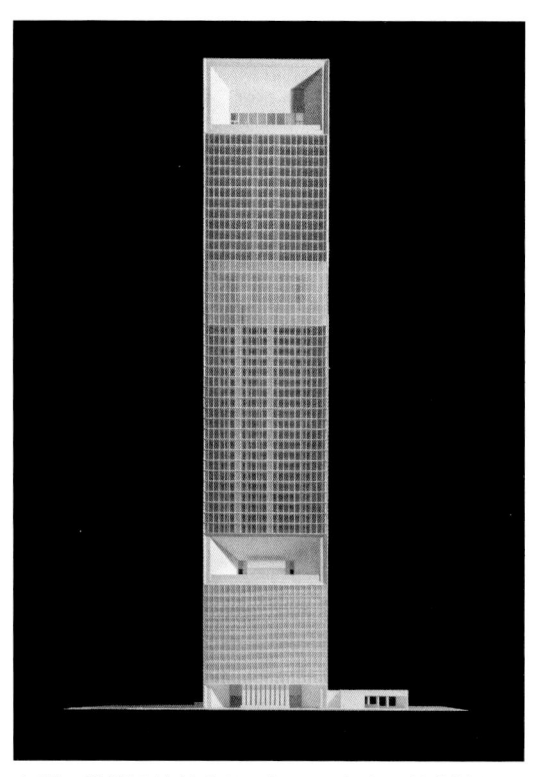

2016
红十字会大厦（Red Cross House），新加坡
参与新加坡设计竞赛，未建成项目

2016
邮政总局改造（General Post Office），澳大利亚悉尼 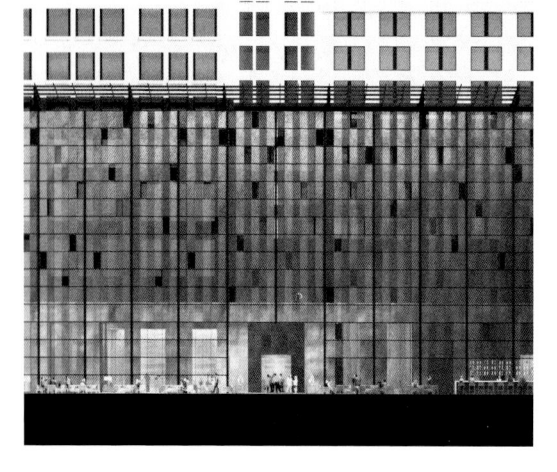
参与新加坡设计竞赛，未建成项目
事务所受邀为澳大利亚悉尼马丁广场的前邮政总局大楼内部主要的中庭空间，进行室内改造和装修。

2016—2017
奈良度假村（Nara Resort），日本奈良

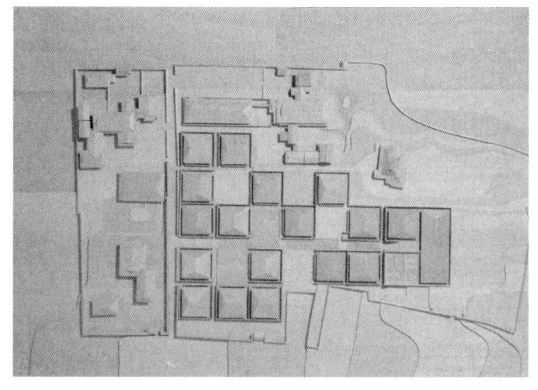

参与日本设计竞赛，未建成项目
该项目计划在日本文化之都奈良修建一座日式豪华度假酒店，服务来自世界各地的游客。

2016—2019
滨海古宅民俗度假村（the Beach House），澳大利亚科茨洛
见P330—337

2017—
度假酒店和度假别墅（Resort Hotel and Villas），泰国苏梅岛
见P378—379

2017—2020
西澳大利亚大学土著研究学院（Bilya Marlee, School of Indigenous Studies, University of Western Australia），澳大利亚克劳利
见P350—359

2017—2020
农舍（Farmhouse），澳大利亚西南地区
见P360—363

2017
新加坡动物园与生态酒店
参与新加坡设计竞赛，未建成项目

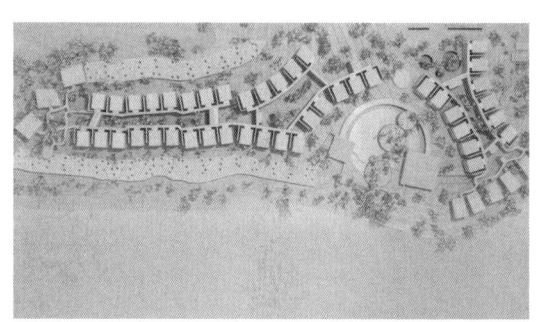

该项目位于新加坡动物园附近风景如画的湖边，计划设计一个独特的酒店。这是可持续发展的一个良好范例，旨在保护以前一绿树成荫的森林绿地，防止自然生态环境遭到任何破坏。

2017—
普洱市的整体规划，中国云南

2017—
朗特里乡间酒店（Resort Hotel, Langtry Farms），美国加州纳帕谷
见P376—377

2017—
度假村和住宅开发项目（GHM Tengchong），中国云南
该开发项目位于云南省保山腾冲市山谷内，其中包括修建豪华度假村以及公寓住宅。设计师的设计灵感来自云南当地独一无二、风景秀丽的乡村自然景色。围绕自然环境中清澈见底的温泉，设计师设计了温泉度假村，修建了一系列的温泉度假和健康疗养的配套设施。设计师充分采用当地的传统建筑材料——优质的木材，用一种预制胶合木(胶合层压木材)搭建房屋，以尽量减少建筑施工对周围自然的生态环境的不利影响。

2017
藻岩山度假村（Moiwa Village），日本北海道
未建成项目
该项目的整体规划是，在位于日本北海道著名的二世古藻岩山的大型滑雪场，修建一座豪华大酒店和大型度假中心，服务来自世界各地的滑雪爱好者。

2017—2018
西北客栈，澳大利亚明德鲁车站

2017—
宁格罗海滩灯塔度假村（Ningaloo Lighthouse Resort），澳大利亚埃克斯茅斯
见P380—381

2018—
马桥三期公寓住宅（Maqiao Phase 3），中国上海

该项目是继上海安缦养云酒店项目之后，延伸出的第三期工程。该项目主要涉及修建多处公寓住宅大楼。它的设计方案包含中国的悠久历史和丰富的传统文化元素。

2018—
迪恩街圣路易斯房地产开发项目（Dean Street Apartments），澳大利亚克莱尔蒙特

2018
埃文代尔房地产开发项目（Avondale Estate），澳大利亚新南威尔士州
未建成项目

2019—
乌卢拉公寓住宅大楼（Wulura Residence），澳大利亚亚林加普

项目年表 417

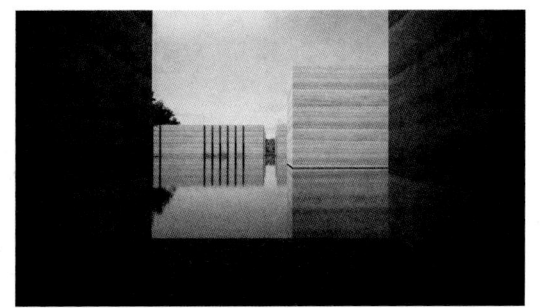

2019—
公园道2号公寓住宅楼和豪华酒店开发项目，美国檀香山
该项目的设计目标是，在位于美国檀香山的阿拉莫那购物中心附近，开发一个多层住宅公寓大楼和豪华酒店。

2019—
茶博物馆整体规划，中国云南

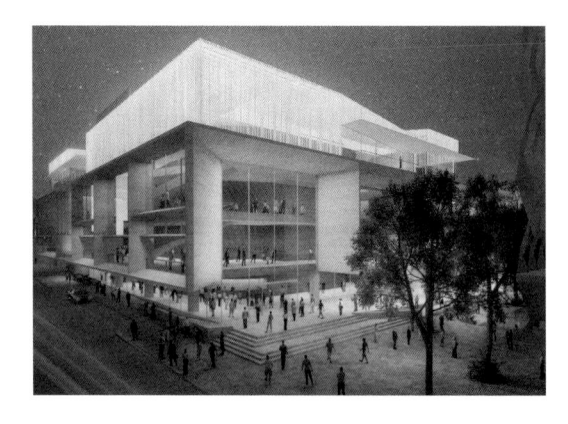

本项目拟开发一个大型的花园型办公区域，其中包括修建20个公司的办公大楼，以及围绕在中心的一个致力于茶文化的大型博物馆。

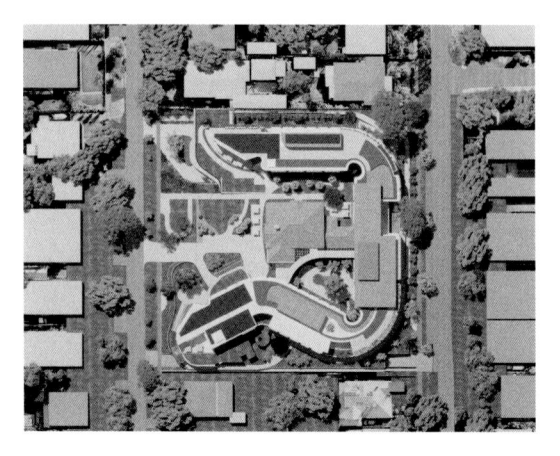

2019
布里斯班市新的表演艺术中心，澳大利亚布里斯班
参与澳大利亚科勒克设计竞赛，未建成项目
事务所受布里斯班市科勒克公司（Kirk）委托，参加一个设计大型剧院的竞赛。该剧院将修建于著名的昆士兰表演艺术中心区域内，它是澳大利亚法定艺术机构，也是亚太地区最知名的表演艺术中心，已经收录于世界遗产名录，毗邻景色优美的布里斯班河。

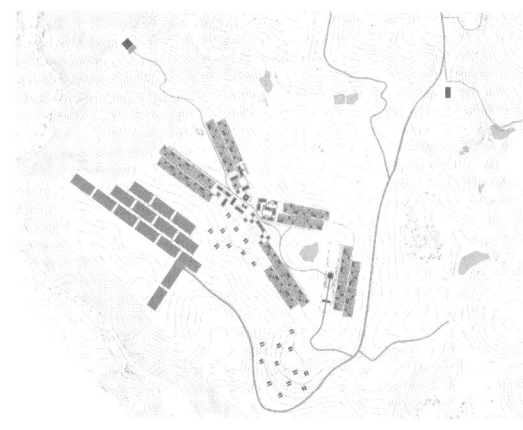

2019—
伍德赛德老年护理机构，澳大利亚弗里曼特尔

2019—
普洱茶镇综合开发（Pu'er Tea Town），中国云南
该项目为一个大型综合性开发项目，其整体规划战略是，开发一个基于云南珍贵茶文化的混合性多用途的建筑群，包括修建一个大型开放性城市广场、公寓住宅大楼、豪华大酒店、会议中心以及表演艺术中心。

2019—
巴瑟尔顿表演艺术和会议中心，澳大利亚巴瑟尔顿
见P384—385

2019—
龙池度假酒店（Resort Hotel, Longchi），中国四川龙池

见P382—383

2019—
印第安纳茶馆（Indiana Teahouse），澳大利亚科特斯洛
见P366—367

2019
黑尔学校剧院（Hale School Theatre），澳大利亚珀斯
参与竞赛

2019—2020
东珀斯发电站，澳大利亚珀斯
未建成项目

418　项目年表

2019—
哈佛大学中国艺术媒体实验室上海分（HCAMLAB Shanghai），中国上海
该项目是美国哈佛大学中国艺术媒体实验室（CAMLAB）位于上海的分部，旨在通过透视中国日新月异现代学术成就，来传播和弘扬中国的艺术、历史和优秀的传统文化。该项目被设计成一个迷你的小型大学校园，其中包括学生宿舍等校园配套设施，坐落于举世瞩目、景色优美的上海安缦度假村的森林公园内。

2019—
思日落艺术文化中心（Sunset Arts and Cultural Precinct），澳大利亚达尔基

2020—
安缦黑格拉酒店（Aman, Hegra, Al'Ula），沙特阿拉伯艾尔乌拉
见P392—399

2020—2021
运动医学矫形诊所，新加坡

2020—
布洛克曼酒庄（Brockman Winery），澳大利亚考厄拉莫
见P386—389

2020—
萨拉托加公寓住宅开发项目（Saratoga Residential Development），美国威基基
该项目设计了一座大型的高层豪华酒店和配套的公共设施，另外包括一个茶道中心，位于美国夏威夷檀香山风景秀丽的威基基区。

2020—
凯特姐姐养老院（Sister Kate's Residential Care），澳大利亚珀斯

2020—
史密斯海滩度假酒店和豪华住宅（Smiths Beach Resort Hotel and Villas），澳大利亚亚林格普

2020—
达克斯顿路72—76号店屋（72—76 Duxton Road），新加坡
这是一个旧店屋的修复和改造项目，三个20世纪30年代古老的店屋，位于新加坡中部保护区达克斯顿路72—76号。经过精心的修缮和改造后，将焕然一新。

2020—
神奇的小酒庄（Small Wonder Winery），澳大利亚卡伊娜
见P390—391

2021—
圣基尔达路448号公寓住宅开发项目（448 St Kilda Road Residential Development），澳大利亚墨尔本

注：该项目年表中的图是随机排，与文字说明无关。

序言作者简介

杰弗里·伦敦（Geoffrey London）是西澳大利亚大学建筑学名誉教授，曾任建筑系主任和校长。他是墨尔本大学的教授研究员，莫纳什大学的兼职教授，澳大利亚建筑师协会（AIA）终身研究员，澳大利亚建筑师协会西澳大利亚州（WA）建筑师协会分会前主席，以及新西兰建筑师协会的荣誉研究员。此前，他曾担任维多利亚州政府建筑师（2008—2014年）和西澳大利亚政府建筑师（2004—2008年）。他写了大量与当代建筑实践有关的文章。

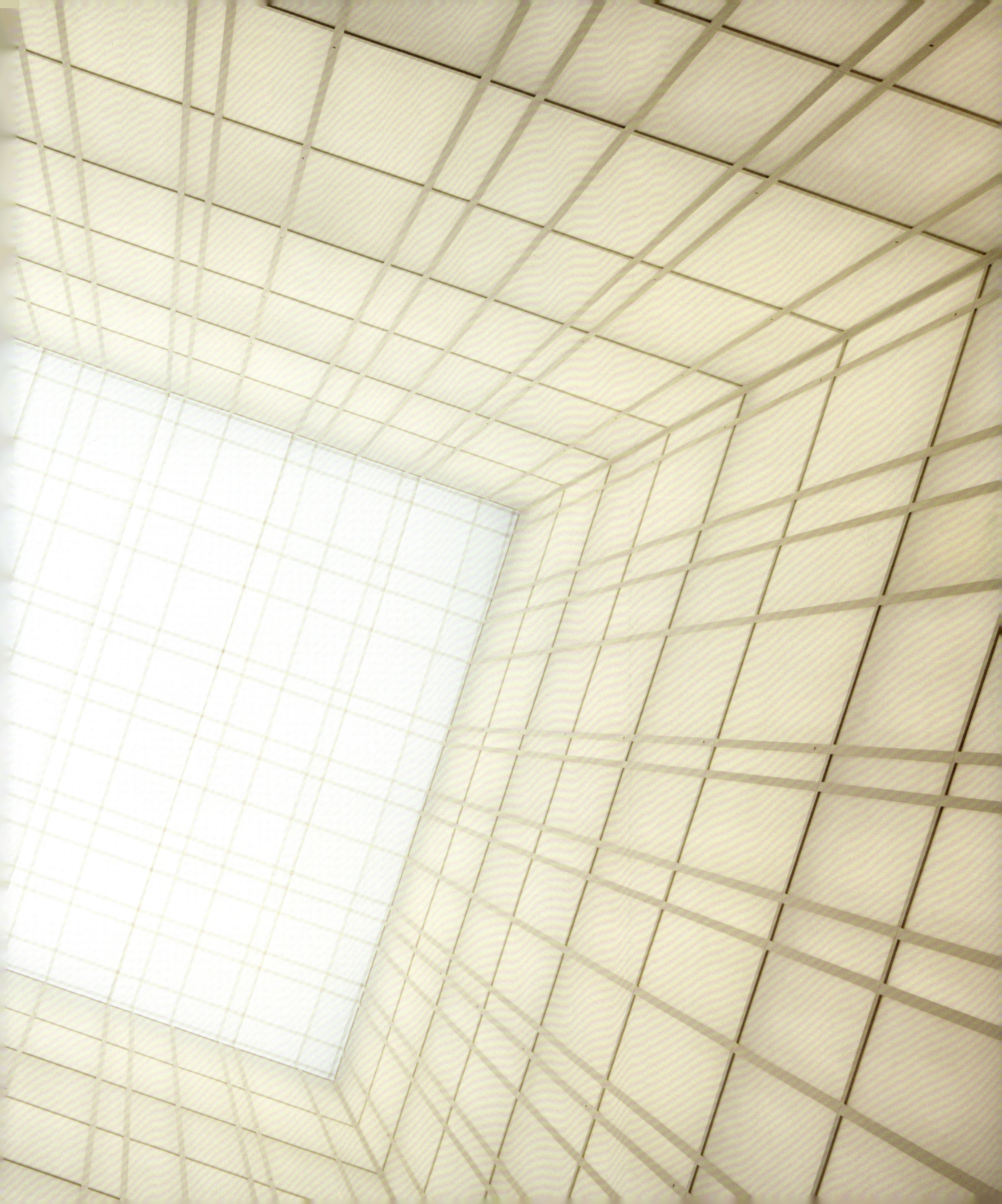

工作室成员

Directors
Tanuj Goenka | Justin Hill | Patrick Kosky | Angelo Kriziotis | Bernard Lee | Seán McGivern

Senior Associate
Tan Cheng Ling

Associates
Gertjan Groen | Michael Na | Anna Siefert | Isabelle Vergnaud

Singapore
Jamila Ali | Grace Basilio | Alan Bajamundi | Charmaine Boh | Gabriel Choon | Cheah Yit Eet | Ujjwala Goenka | Leena Goh | Ham Yen Wei | Sulaini Jonied | Tunisha Kapadia | Carol Lee | Bryan Lim | Keith Lim | Ken Lim | Steven Lim | Low Yee Lyn | Yukari Maki | Neo Keng Heng | Ng Xing Ling | Christian Bencke Nielsen | Desmond Ong | Meiska Priscita | Nick Puah | Ivan Resha Satriatama | May Sieow | Tan Fock Jee | Shawn Tan | Daniel Tay | Natalie Ward | Anthony Wee | Iring Yeap | Cheryl Yeo

Fremantle
Dean Adams | Sarah Ashburner | Jasmine Bailey | Kasia Boguslawska-Bradley | Timothy Bradley | Jack Bradshaw | Ryan Brown | Amma Bunting | James Campbell | Nick Derickx | Miranda Geiger | Mann Giang | Rohan Golestani | Nazilla Jongejan | Lena Lena | Devang Mawjee | Siobhan McQueen | Anna McVey | Ingrid Mende | Kate Moore | Martin Mulchrone | Anthony Murphy | Lan Nguyen | Gillian Perry | Levi Phillips | Alexandra Quick | Luke Ravi | Glenn Russell | Christopher Shaw | Chloe Siinmaa | Tara Slade | Thomas Smith | Lee Kheng Teoh | Luke Thatcher | Stejara Timis | Jacintha Walker

Previous. Ceiling lantern, Aman Tokyo.

项目合作者

Founding Director
Kerry Hill AO

Directors
Robert Allen | Simon Cundy | Bruce Fell-Smith AM

Associates
Yvette Adams | Timothy Bradley | Terry Fripp | Richard Hassell | Ross Logie | Wong Mun Summ

Singapore
Vichen Abhichartvorapan | Juliana Ahmad | Zulhijan Ahmad | Nadine Alwill | Aditi Amalean | Wendy Annakin | Au Hong In | Ratnawati Bahrawi | Therese Barkley | Ernesto Bedmar | Pankaj Bhagwat | Angela Bruton | Tim Buckingham | Donovan Bumanglag | Cecilla Burris | Perla Calara | Paul Carmody | Dino Chai | Edwin Chai | Chai Joon Ho | Michael Chan | Chaivanich Chavalit | Cheong Chin Hwa | Cheong Mun Yee | Cheong Yew Kuan | Philip Chiang | Chin Kin Keong | Barnaby Chiverton | Ivy Choo | Choo Leh Cheng | Magdalene Choo | Chua Bee Leng | Daniel Chua | Stephen Chua | Chua Teck Chuan | Dominic Chung | Kanoa Chung | Chung Teck Keong | Max Clark | Patrick Collins | Julian Coombes | Grahame Cruickshanks | Joakim Dalqvist | Albano Daminato | Rodney De Souza | Cliona Dempsey | Mark Dendy | Matt Derrick | Alistair Drummond | Stephen Duddy | Martin Dufresne | Tsutomu Emi | Paul Empson | Todor Enchev | Diana Espejo | Lucy Feast | Faezan Kamis | Lydia Fong | Paul Gannicott | Lisa Garriss | Laure Geneste | Alan Gillard | Martin Goh | Goh Wei Kiat | David Gowty | Josephine Gowty | Adam James Grasso | Adam Guernier | Grace Gumarang | Josephine Harkins | Penny Hay | Richard Ho | Ho Sai Tuck | Christine Hoe | Hsu Hsia Pin | Charles Hulse | Richard Hutchinson | Rossitza Iordanova | Azlina Ismail | Cedric Jaccard | Andrew James | Dodie James | Sharon Jansen | Jaqueline Joseph | Peter Joseph | Jocelyn Kee | Hugo Keene | Suresh Keswani | Sapna Khattar | Gaurang Khemka | Derek King | Peter Kirkness | Juliana Koeslidya | Anand Krishnan | Kuan Lai Peng | Genevie Kwok | Lai Teck Chuan | Timothy Lanigan | Lenie Laxamana | Christopher Lee | Patrick Lee | Reno Lee | Russell Lee | Lee Sey Leng | William Lee | Selina Leong | Sueann Leow | Liang Wei Siong | Alan Lim | Lim Chee Hong | Christine Lim | David Lim | John Lim | Joyce Lim | Karen Lim | Lim Yin Shi | R Loh | Lok Tai Lih | Natalie Louey | Gregory Low | Hans Maes | Osman Mahmud | Mak Ai Ling | Kim Martin | Nailah Masagos | Nishida Masakaze | Mohd Sani Masrop | Jeffrey Matsuki | Christie McKanna | Richard Middleton | Louise Millin | Debashis Mitra | Anita Morandini | Philip Morton | Kevin Murakami | Mario Neves | Mylene Ng | Than-Uyen Ngoc Nguyen | Linday Nishii | Fiona Nixon | Johnny Oh | Tomoko Oki | Alex Ong | Ong Cheng Cheng | Shirley Ong | Ken Ooi | Duncan Payne | Alessandro Perinelli | Aaron Peters | Anoma Pieris | Daphne Pok | Poo Lee Ming | David Pryor | Radilah Raamad | Rahim Rahman | Ali Reda | Deirdre Renniers | Gerry Richardson | Mark Ritchie | John Sagar | Suraj Sahai | Joanne Saleem | Siti Hawa Salleh | Rayna Sam | Henry Sauerbier | Christophe Schaffer | Victor Seah | Kim Sehyeon | Paul Semple | Jessie Seow | Sharon Sidhu | Robert Sie | Corrado Signorotti | Russell Sim | Josephine Simon | Shinta Siregar | Benjamin Smestad | Aswin Soengkono | Michael Soh | Soon Kar Paik | Belinda Chan Stewart | Batdron Sudirman | Sulaiman Tukijan | Diedre Sullivan | David Sutton | Tah Kong Han | Alvin Tan | Felix Tan | Jonathan Tan | Stephanie Tan | Tay Soo Min | Tean Bee Theng | Lionel Teh | Belinda Teo | Ellen-Mary Terrill | Irene Thung | Peter Titmus | Toh Yiu Kwong | Anatoly Travin | Kristian van Schaik l Steve Velegrinis | Marco Vittino | Ranjit Wagh | Amy Wallace | David Wallar | Anat Watanesk | Daniel Watt | Marc Webb | John Williams | Lindsay Williams | Cathleen Wing Kee | James Wiseman | Daniel Wong | Francis Wong | Joseph Wong | Kerry Wong | Alicia Worthington | Julia Woyyannan | David Yang | Jeffrey Yeung | Gary Yip | Dean Yusny | Zarrabida Sutowo | Dean Zhou

Fremantle
Elizabeth Armstrong | Jacqueline Armstrong | Emily Berry | Lindsay Bond | Suzanne Bosanquet | Lucy Bothwell | Rhys Bowring | Ben Braham | Caron Brown | Grace Brown | Chin Siew Chin | Jonathan Choy | Lucy Dennis | Zac Evangelisti | Asher Galvin | Terry Galvin | Phivo Georgio | Robin Gregson | Tim Hancock | Anna Hii | Rowena Hockin | Helge Jensen | Kristen Kay | Timothy Kerr | Aaron King | Beomjin Kwon | Valeria La Pegna | Felicity Lam | Hsiaowah Lam | Tim Lannigan | Reg Lark | Lee Kheng Teoh | Maricel Marbus | Helena Nikola | Thomas O'Brien | Chan Ong | Daniel Ong | Ong Si Chang | Kendall Onn | Jessica Perry | Jasmine Pummer | Nicholas Putrasia | Courtney Rollison | Joseph Santoro | Gaia Sebastiani | Javad Seyedi | Richard Stone | William Stuart | Ashley Stucken | Emily Sullivan | Angeline Tan | Carl Tappin | Felicity Toop | Heloise Tremblay-Dube | Nina van der Grinten | Finn Warnoch | Bianca Wesson | Trent Woods | Andrew Yang

模型制作

在超过二十五年的时间里，制作建筑实体模型一直是克里·希尔建筑事务所在探索建筑匠作设计的一个重要的工作内容。除了模型制作师肯恩·林先生承担了大量模型制作工作以外，工作室其他设计师们也一直在参与此项工作。事务所不断鼓励设计师制作建筑模型，并通过建立这些实体模型，从整体规划到建筑细部组件，进一步丰富和充实最初的设计理念。建筑模型本身就可以成为迷人的物体。在建筑建造完成，模型成为现实之前，建筑师可以通过模型捕捉到建筑物的内在精神，同时不同阶段的模型也能记录下完整的设计工作历程。带着这样的精神，克里·希尔建筑事务所的建筑师们为他们的项目，专门设计了不同风格类型的家具、织物、物体、照明装置和配件。制作建筑模型是后期建筑工程实践的基础。在后期的工程项目中，建筑师也需要经常回溯前期的设计图纸和早期制作的模型。

左下图： 肯恩·林先生。

右下图： 新加坡工作室中的建筑模型。

对页图： 模型、物体、家具、体量原型、书本、图纸和钢笔。所有这些都成为克里·希尔建筑事务所探索历程的重要见证。

426—427页图： 卡塔尔布鲁克沙漠度假村建筑模型。

模型制作 425

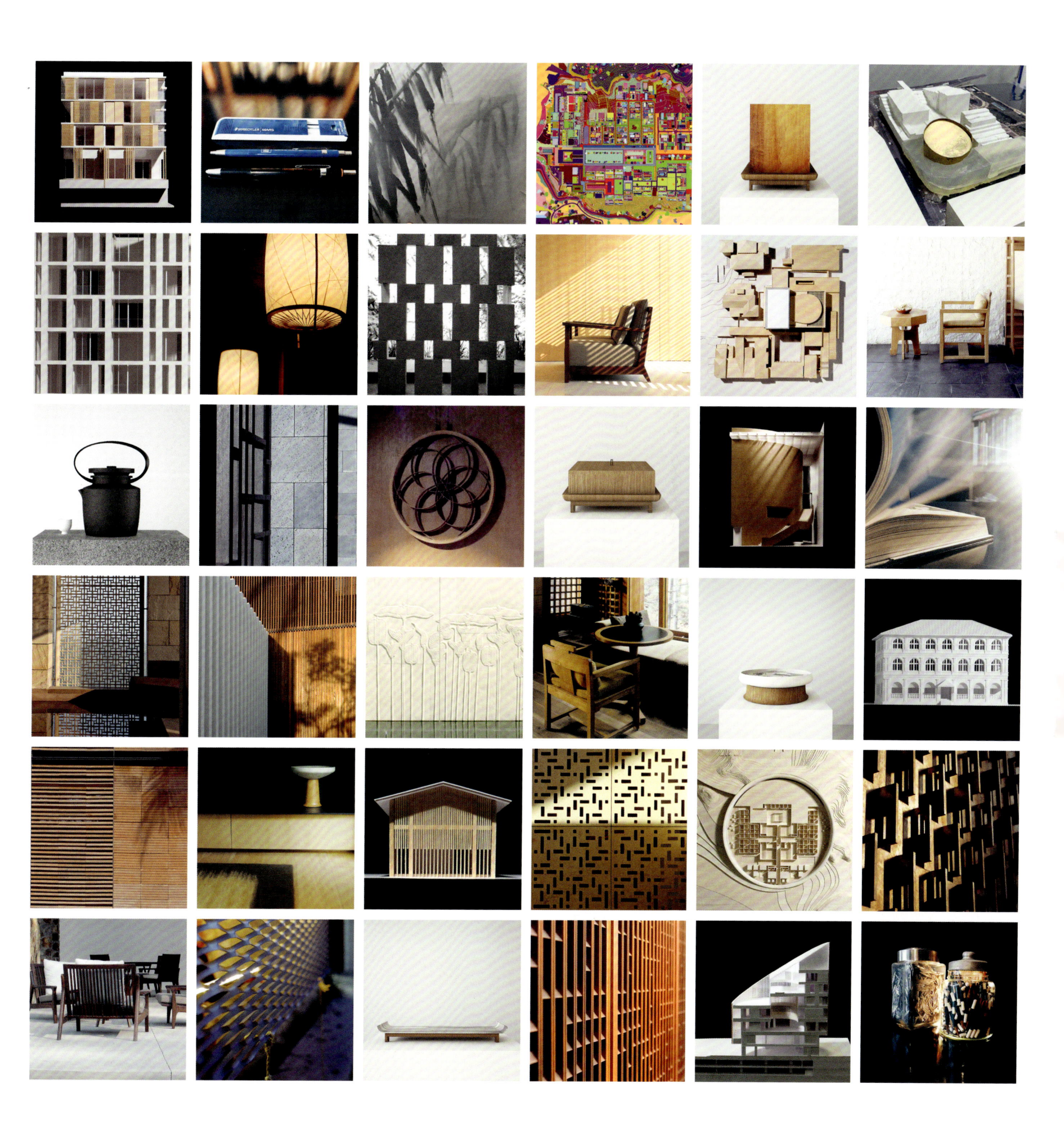

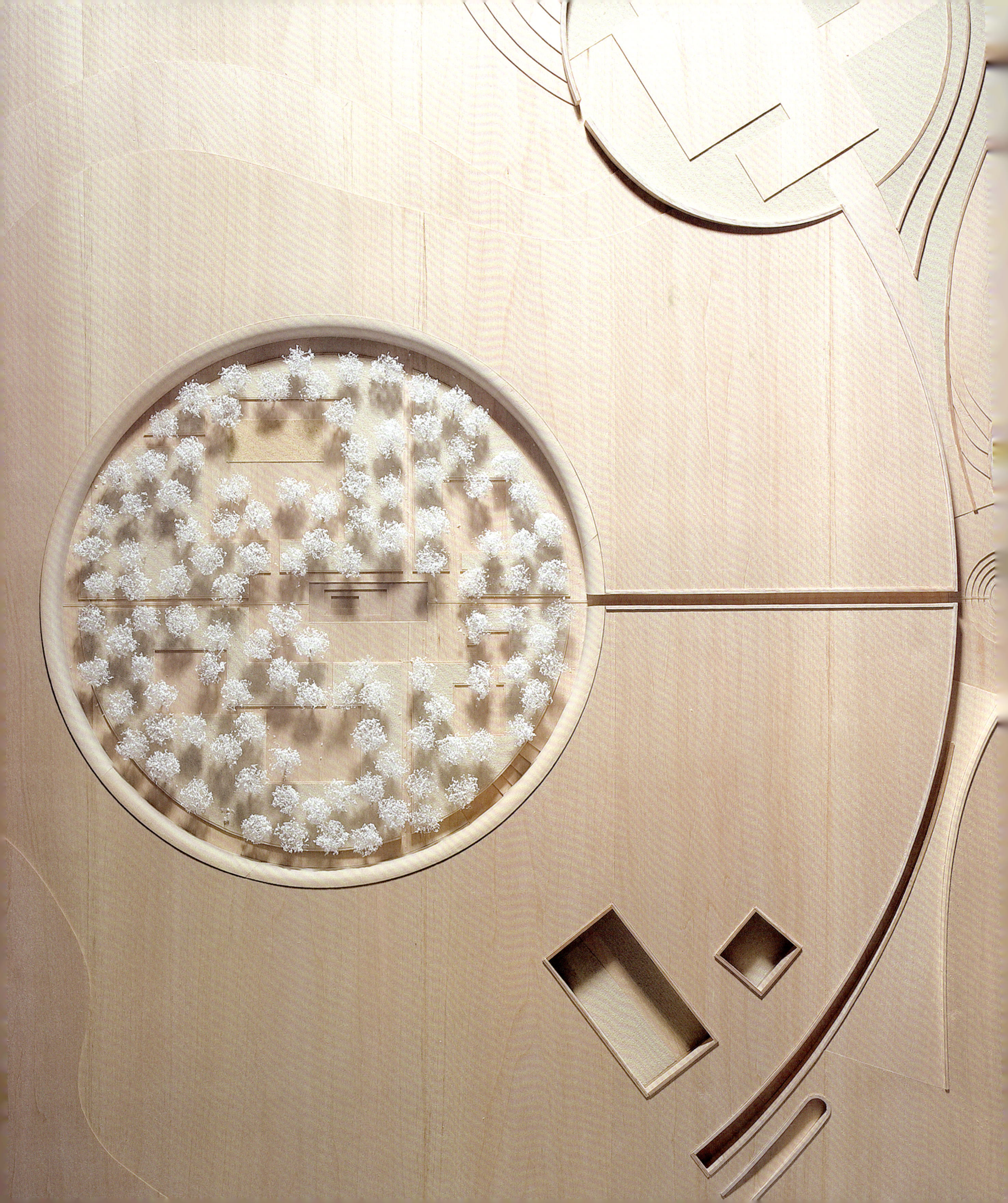

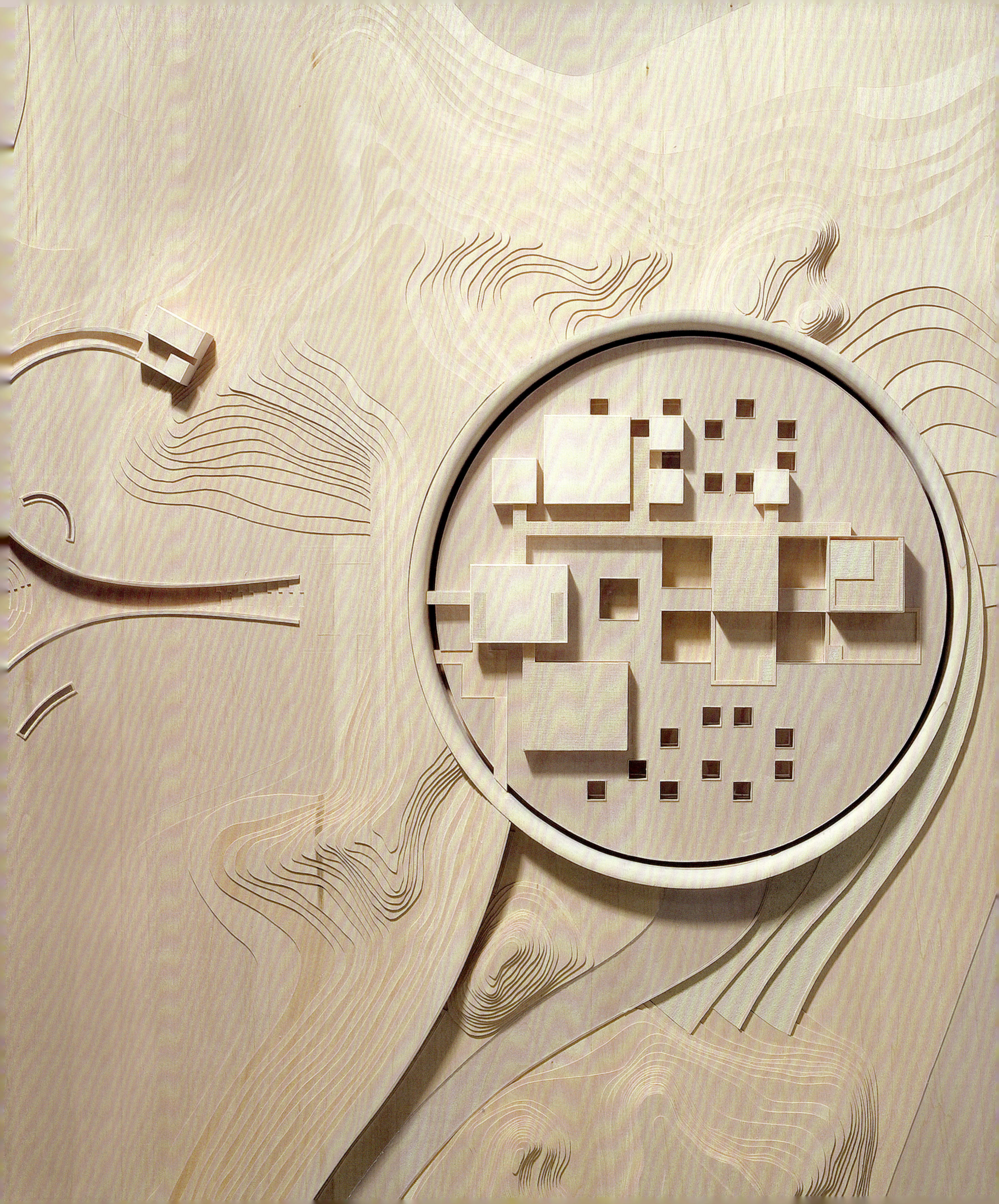

参与展览

匠造现代主义——克里·希尔建筑事务所四十年的风雨历程展
中国上海安缦养云酒店，中国上海
2019

新书发布会
马丁路38号画廊，新加坡
2013

国际室内设计作品展
中国台湾
2011

全球的终点：重新出发
东藤画廊（Toto Galley Ma），日本东京
2010

生活在现代：澳大利亚建筑作品展
德意志建筑中心（Deutsches Architektur Zentrum），德国柏林
2007

参与展览 429

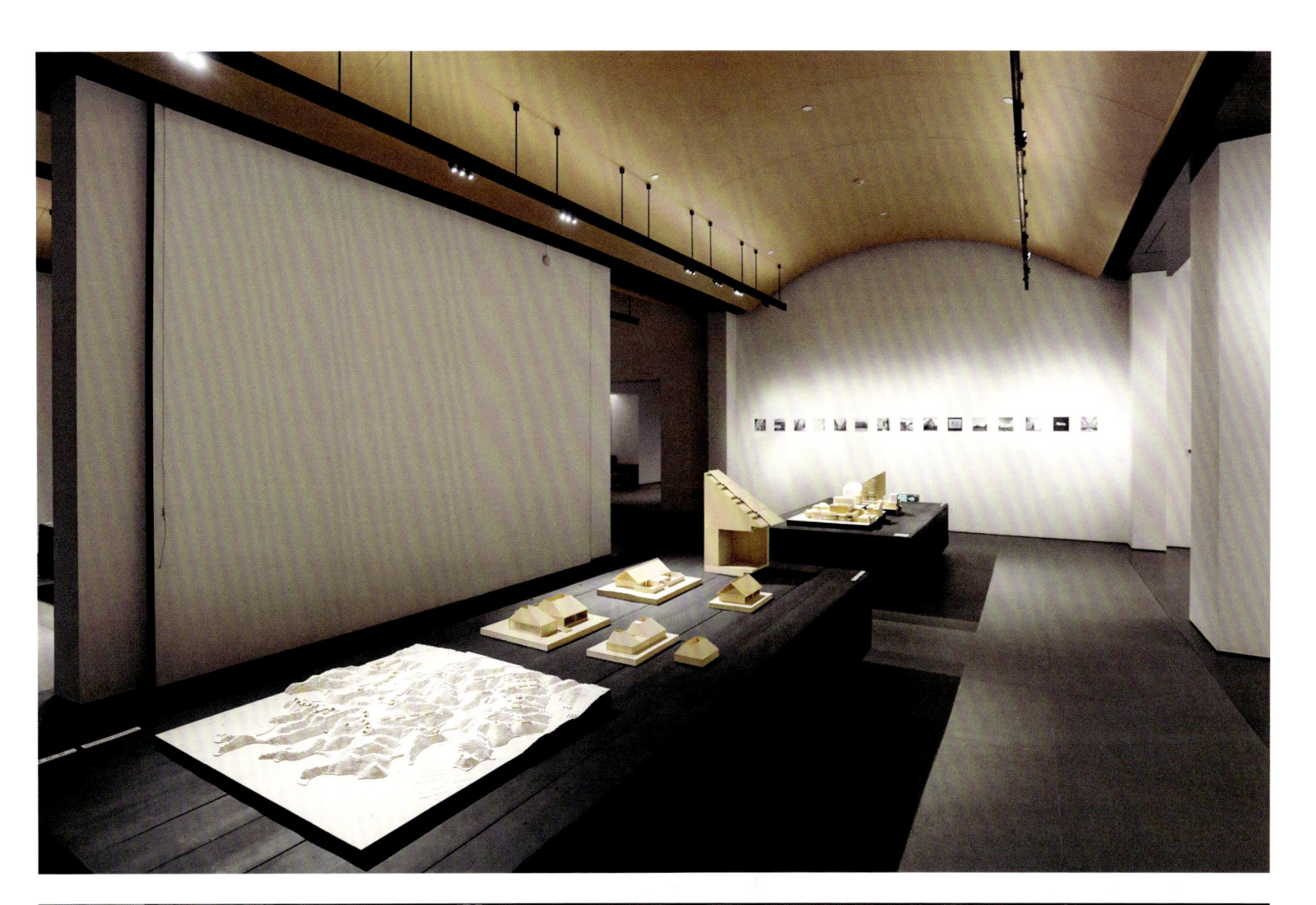

项目获奖

President's Design Award, Singapore

2012 Design of the Year
Martin No. 38, Singapore

2011 Design of the Year
State Theatre Centre of Western Australia

2010 Designer of the Year
Kerry Hill

Singapore Institute of Architects
Architectural Design Awards

2020 Design Award, Commercial Architecture
Aman Kyoto, Japan

2020 Design Award, Interior Architecture
Aman Kyoto, Japan

2019 Design Award, Commercial Architecture
Amanyangyun, Shanghai, China

2019 Honourable Mention, Interior Architecture
Amanyangyun, Shanghai, China

2017 Building of the Year
Amanemu, Japan

2017 Design Award, Commercial Architecture
Amanemu, Japan

2016 Design Award, Interior Architecture
Aman Tokyo, Japan

2016 Design Award, Residential Architecture
Hana, Singapore

2016 Honourable Mention, Interior Architecture
City of Perth Library, Australia

2016 Honourable Mention,
Institutional Architecture
City of Perth Library, Australia

2016 Honourable Mention,
Commercial Architecture
the Lalu, Qingdao, China

2014 Design Award, Residential Architecture
Urban Suites, Singapore

2012 Residential Project of the Year
Martin No. 38, Singapore

2012 Building of the Year
Martin No. 38, Singapore

2011 Honourable Mention,
Commercial Architecture
the Aman, New Delhi, India

2008 Design Award, Commercial Architecture
the Chedi Chiang Mai, Thailand

2006 Design Award, Commercial Architecture
Soi 53 Apartments, Bangkok, Thailand

2006 Honourable Mention,
Residential Architecture
Garlick Avenue House, Singapore

2004 Honourable Mention, Public Architecture
Entrance to the Singapore Zoo Gardens

2001 Design Award, Recreational Buildings
Singapore Cricket Association Pavilion

1998 Design Award, Overseas Projects
Ooi House, Margaret River, Australia

1998 Honourable Mention, Mixed Developments
Genesis, Singapore

1996 SIA-ICI Colour Award for Interiors
Visa International Tenancy, Singapore

1995 Design Merit Award, Overseas Projects
the Chedi Bandung, Indonesia

1995 Honourable Mention, Overseas Projects
the Datai, Langkawi, Malaysia

1991 Honourable Mention,
Alterations & Additions
8 King Albert Park, Singapore

1991 Honourable Mention,
Commercial Architecture
the Beaufort Sentosa, Singapore

1987 Design Merit Award, Public Architecture
the Darwin Centre, Australia

Australian Institute of Architects

2006 RAIA Gold Medal
Kerry Hill

**Australian Institute of Architects
National Awards**

2017 The Jørn Utzon Award for International
Architecture
Amanemu, Japan

2015 Australian International Architecture Award
Aman Tokyo, Japan

2011 The Emil Sodersten Award for Interior Architecture
State Theatre Centre of Western Australia

2011	the International Award Amankora, Bhutan	2016	Award for Commercial Architecture the Lalu Qingdao, China	2016	the Mondoluce Lighting Award COMO the Treasury
2010	Commendation, International Award the Aman, New Delhi, India	2016	Award for Interior Architecture the Lalu Qingdao, China	2016	Commendation for Interior Architecture COMO the Treasury
2006	the International Award Soi 53 Apartments, Bangkok, Thailand	2015	Australian International Architecture Award Aman Tokyo, Japan	2016	Colorbond Award for Steel Architecture the State Buildings
2006	Commendation, International Award ITC Sonar Bangla Hotel, Kolkata, India	2015	Award for Residential Architecture Seven Palms Sentosa Cove, Singapore	2016	Commendation for Interior Architecture City of Perth Library and Plaza
2003	the Robin Boyd Award Ogilvie House, Sunshine Coast, Australia	2015	Award for Interior Architecture Aman Tokyo, Japan	2013	the Marshall Clifton Award, Residential Architecture Campbell House
1998	Commendation, Residential Architecture Ooi House, Margaret River, Australia	2014	Award for Residential Architecture the Sukhothai Residences, Bangkok, Thailand	2013	Award for Residential Architecture Ingemar, Margaret River
1997	the International Award Genesis, Singapore	2014	Commendation for Residential Architecture Urban Suites, Singapore	2013	the Mondoluce Lighting Award Campbell House
1994	the International Award the Datai, Langkawi, Malaysia	\multicolumn{2}{l}{Australian Institute of Architects Western Australia Chapter}	2011	Jeffrey Howlett Award, Public Architecture State Theatre Centre of Western Australia
1993	the International Award Amanusa, Bali, Indonesia	2021	Julius Elischer Award, Interior Architecture Bilya Marlee, University of Western Australia	2011	Julius Elischer Award, Interior Architecture State Theatre Centre of Western Australia
1990	the President's Award Port Office Building, Brisbane, Australia	2019	Commendation for Multiple Housing Kilmarnock	2011	Mondoluce Lighting Award State Theatre Centre of Western Australia
\multicolumn{2}{l}{Australian Institute of Architects International Chapter}	2016	the George Temple Poole Award City of Perth Library and Plaza and the State Buildings	2011	Harold Krantz Award for Multiple Residential Beachside Leighton
2021	Award for Commercial Architecture the One & Only Desaru Coast, Malaysia	2016	the Jeffery Howlett Award, Public Architecture City of Perth Library and Plaza	1998	Award of Merit Ooi House, Margaret River
2020	Award for Commercial Architecture Aman Kyoto, Japan	2016	the Margaret Pitt Morison Award, Heritage Architecture the State Buildings	\multicolumn{2}{l}{Australian Institute of Architects Queeensland Chapter}
2020	Commendation for Interior Architecture Aman Kyoto, Japan	2016	Wallace Greenham Award, Sustainable Architecture Mirvac OTB Tower, COMO the Treasury & Annex	2003	the Robin Dods Award, Residential Ogilvie House, Sunshine Coast
2019	Award for Commercial Architecture Amanyangyun, Shanghai, China			2003	Individual House Award, Residential Ogilvie House, Sunshine Coast
2019	Commendation for Heritage Architecture Amanyangyun, Shanghai, China	2016	Architecture Award, Commercial Architecture Mirvac OTB Tower, COMO the Treasury & Annex	2003	Regional Commendation, Building of the Year Ogilvie House, Sunshine Coast
2017	Award for Commercial Architecture Amanemu, Japan			1991	the Commercial Award Port Office Building, Brisbane
2017	Award for Interior Architecture Amanemu, Japan				

1990 the Heritage Award, Building Conservation
Port Office Building, Brisbane

Aga Khan Award for Architecture
2001 the Aga Khan Award for Architecture
the Datai, Langkawi, Malaysia

ALIA Library Design Awards
2017 Public Libraries Winner
City of Perth Library, Australia

ARCASIA Awards for Architecture
2015 Multiple Family Residential Complexes,
Honourable Mention
Urban Suites, Singapore

Architectural Digest
2020 Great Design Awards
Aman Kyoto, Japan

Ahead Global
2020 Regeneration Award
Amanyangyun, Shanghai, China

Ahead Asia
2019 Hotel of the Year Award
Amanyangyun, Shanghai, China

2019 Hotel Conversion
Amanyangyun, Shanghai, China

2019 Visual Identity Award
Amanyangyun, Shanghai, China

2019 Guestrooms
Amanyangyun, Shanghai, China

Australia by Design
2017 Season 1, First Place
City of Perth Library

Building and Construction Authority Green Mark, Singapore
2008 Gold
Urban Resort, Singapore

Condé Nast Traveler
2020 the Hot List
Aman Kyoto, Japan

Design Anthology
2019 Certificate of Recognition
Amanyangyun, Shanghai, China

Far Eastern Memorial Foundation
2003 Far Eastern Outstanding Architectural Design
the Lalu,（Sun Moon Lake）Taiwan，China

FIABCI
2004 Prix d'Excellence Winners
the Lalu,(Sun Moon Lake)Taiwan,China

Gourmet Traveller Australian Hotel Guide Awards
2016 Hotel of the Year Award
COMO the Treasury, Perth

2016 New Hotel of the Year Award
COMO the Treasury, Perth

Heritage Council of Western Australia
2016 State Heritage Council, Adaptive Reuse
the State Buildings, Perth

2016 the Gerry Gauntlett Award
the State Buildings, Perth

Intergrain Timber Vision Awards
2017 the Commercial Interior Award
City of Perth Library

Prix Versailles
2020 World Award, Hotel Category
Aman Kyoto, Japan

2020 Central Asia & the Northeast Award
Aman Kyoto, Japan

2018 Best Hotel Worldwide Award
Amanyangyun, Shanghai, China

2018 Best Exterior
Amanyangyun, Shanghai, China

The Kenneth F. Brown Asia Pacific Culture and Architecture Design Award, University of Hawai'i at Mānoa
2002 Honourable Mention
The Lalu,（Sun Moon Lake）Taiwan，China

1995 Design Award
the Datai, Langkawi, Malaysia

Travel + Leisure Australia
2007 Travel Innovators Awards

Wallpaper Design Awards, UK
2020 Best New Hotel Award
Aman Kyoto, Japan

2016 Best Hotel Award
Aman Tokyo, Japan

Western Australian Master Builders Awards
2017 Best Office Building
Church House, Perth

World Architecture Festival
2012 Housing Category Winner
Martin No. 38, Singapore

文章著述

多年来，克里·希尔建筑事务所的作品发表出版不少。本书是继《克里·希尔：匠造现代主义》（Kerry Hill: Crafting Modernism）一书出版之后的续作。《克里·希尔：匠造现代主义》一书是关于设计实践的专著，主要整理了克里·希尔建筑事务所1992年到2012年之间的项目。而本书涵盖了克里·希尔建筑事务所2021年之前的所有作品和项目。

其他收录了克里·希尔建筑事务所设计实践的专著包括：《建筑巴厘岛:热带精品度假村的诞生》（Architecture Bali: Birth of the Tropical Boutique Resort）、《1990年以来的印度建筑》（Architecture in India Since 1990）、《超越巴瓦：亚洲季风地区的现代主义杰作》（Beyond Bawa: Modern Masterworks of Monsoon Asia）、《新亚洲住宅》（the New Asian House）、《新亚洲风格:新加坡的当代热带生活》（New Asian Style:Contemporary Tropical Living in Singapore）、《热带亚洲建筑新方向》（New Directions in Tropical Asian Architecture）、《马来西亚新住宅》（the New Malaysian House）、《新加坡新住宅》（the New Singapore House）、《二十一世纪世界建筑（费顿图集）》（the Phaidon Atlas of 21st Century World Architecture）、《当代世界建筑（费顿图集）》（the Phaidon Atlas of Contemporary World Architecture）、《珀斯建筑简史》（A Short History of Perth Architecture）、《热带现代住宅》（the Tropical Modern House）、《热带度假胜地》（Tropical Resorts）、《热带静修所》（Tropical Retreats）和《当代世界住宅：当代建筑方向》（World House Now:Contemporary Architectural Directions）。

克里·希尔建筑事务所的设计实践也时常出现在世界各地的建筑杂志上，包括纸质版期刊、在线版期刊。其中包括：《A+U建筑与城市主义》（A+U Architecture & Urbanism）、《建筑文摘（德国）》［Architectural Digest（Germany）］、《澳大利亚建筑研究》（Architecture Australia）、《建筑评论》（the Architectural Review）、《建筑评论（澳大利亚）》（Architectural Review-Australia）、《卡萨·布鲁特斯》（Casa Brutus）、《美食家与旅行者》（Gourmet Traveller）、《枢纽》（Hinge）、《印度建筑师和建筑商》（the Indian Architect and Builder）、《室内设计》（Interior Design）、《纪念建筑》（Monument）、《夸特斯杂志》（Qantas Magazine）、《新加坡建筑师》（the Singapore Architect）、《壁纸》（Wallpaper）、《意愿》（Wish）等刊物。

项目索引

Armitage Hill
Project Team: Kerry Hill with Amila De Silva, David Gowty, Steven Lim, Aswin Soengkono, Deepal Wickremasighe
Main Contractor: Sireka Engineering

the Datai
Project Team: Philip Chiang, Kerry Hill, Angelo Kriziotis, Steven Lim, Gerry Richardson, Wong Mun Summ
Architect in Association: Akitek Jururancang Sdn Bhd
Main Contractor: Peremba Construction

Genesis
Project Team: Kerry Hill, Peter Joseph, Karen Lim, Steven Lim, Ali Reda
Main Contractor: Pekson Construction & Engineering

Ooi House
Project Team: Robert Allan, Albano Daminato, Kerry Hill, Rowena Hockin
Main Contractor: Innovest Construction

Mirzan House
Project Team: Simon Cundy, Kerry Hill, Christopher Lee, Mark Ritchie, Isabelle Vergnaud
Architect in Association: GDP Architects
Main Contractor: Shimizu Corporation

Singapore Cricket Association Pavilion
Project Team: Kerry Hill, Angelo Kriziotis, Karen Lim, Steven Lim, Gerry Richardson
Main Contractor: Hern Yang Construction

the Lalu
Project Team: Simon Cundy, Mark Dendy, Todor Enchev, Justin Hill, Kerry Hill, Sulaini Jonied, Peter Kirkness, Angelo Kriziotis, Christine McKanna, Felix Tan, Daniel Watt
Architect in Association: Tai Architect & Associates
Main Contractor: the Shining Group

ITC Sonar
Project Team: Yvette Adams, Albano Daminato, Todor Enchev, Terry Fripp, Lisa Garriss, Justin Hill, Kerry Hill, Sulaini Jonied, Gaurang Khemka, Christopher Lee, Ross Logie, Anita Morandini, Mylene Ng, Ali Reda, Gerry Richardson, Paul Semple, Tan Fock Jee
Architect in Association: Kalyan Biswas Architects
Main Contractor: Ahluwalia Contracts

Desert Palm
Project Team: Simon Cundy, Paul Gannicott, Lisa Garriss, Tanuj Goenka, Kerry Hill, Ali Reda, Deirdre Renniers
Architect in Association: Archon
Main Contractor: Albwardy Engineering

Ogilvie House
Project Team: Bob Allen, Simon Cundy, Terry Fripp, Kerry Hill, Mark Ritchie

Singapore Zoo Entrance Plaza
Project Team: Paul Gannicott, Martin Goh, Justin Hill, Kerry Hill, Steven Lim, Ross Logie
Main Contractor: Kojin Contracts

Soi 53 Apartments
Project Team: Yvette Adams, Paul Gannicott, Justin Hill, Kerry Hill, Hans Maes
Architect in Association: Architects 49
Main Contractor: Thai Obayashi

Amankora
Project Team: Albano Daminato, Matt Derrick, Tanuj Goenka, Ujjwala Goenka, Justin Hill, Kerry Hill, Sulaini Jonied, Louise Millin, Tomoko Oki, Marco Vittino
Architect in Association: Gandhara Designs
Main Contractors: Lakhi Construction (Paro, Gangtey), Singhe Construction (Thimphu, Punakha), Bhutan Builders (Bumthang)

Aman Kyoto
Project Team: Yvette Adams, Alan Bajamundi, Simon Cundy, Paul Empson, Justin Hill, Kerry Hill, Sulaini Jonied, Patrick Kosky, Angelo Kriziotis, Ken Lim, Michael Na, Mario Neves, Alex Ong, Henry Sauerbier, Benjamin Smestad, Isabelle Vergnaud, Alicia Worthington
Architect in Association: Toyo Architects & Engineers Office
Main Contractor: Shimizu Corporation

the Chedi Chiang Mai
Project Team: Yvette Adams, Simon Cundy, Justin Hill, Kerry Hill, Patrick Kosky, Karen Lim, Victor Seah, Marc Webb
Architect in Association: Tandem Architects
Main Contractor: Ritta Company

Garlick Avenue House
Project Team: Justin Hill, Kerry Hill, Patrick Kosky, Steven Lim, Victor Seah, Soon Kar Paik
Main Contractor: Milliard

the Aman, New Delhi
Project Team: Albano Daminato, Tsutomo Emi, Terry Fripp, Justin Hill, Kerry Hill, Sulaini Jonied, Sapna Khattar, Patrick Kosky, Ross Logie, Debashis Mitra, Tomoko Oki, Paul Semple, Radha Sood, Tan Fock Jee
Architect in Association: Mohit Gujral, Design Plus Architecture
Main Contractor: Ahluwalia Contracts (India)

State Theatre Centre of Western Australia
Project Team: Dean Adams, Elizabeth Armstrong, Rhys Bowring, Ryan Brown, Chin Siew Chin, Simon Cundy, Albano Daminato, Terry Galvin, Phivo Georgiou, Justin Hill, Kerry Hill, Patrick Kosky, Bernard Lee, Helena Nikola, Richard Stone, William Stuart, Angeline Tan, Tan Cheng Ling, Nina van der Grinten, Andrew Yang
Main Contractor: John Holland

Peabody House
Project Team: Dean Adams, Suzanne Bosanquet, Simon Cundy, Terry Fripp, Kerry Hill, Patrick Kosky, Si Lam, Angeline Tan
Main Contractor: Hutchinson Builders

the Sukhothai Residences
Project Team: Todor Enchev, Kerry Hill, Sulaini Jonied, Angelo Kriziotis, Ross Logie, Mario Neves, Henry Sauerbier, Paul Semple, Tan Cheng Ling, Mark Webb, Joseph Wong
Architect in Association: P.S. Architects, MN & Associates
Main Contractor: Ritta Company

Hana
Project Team: Kerry Hill, Sulaini Jonied, Angelo Kriziotis, Steven Lim, Mario Neves, Tan Cheng Ling, Joseph Wong
Main Contractor: Shimizu Corporation

Aman Tokyo
Project Team: Yvette Adams, Justin Hill, Kerry Hill, Hsu Hsia Pin, Sulaini Jonied, Valeria La Pegna, Mylene Ng, Alex Ong, Anna Siefert, Benjamin Smestad, Belinda Stewart, Cathleen Wing Kee, Alicia Worthington
Architect in Association, Engineers: Taisei Design Planners Architects & Engineers
Main Contractor: Taisei Corporation

Amalean House
Project Team: Yvette Adams, David Gowty, Penny Hay, Justin Hill, Kerry Hill, Karen Lim, Alessandro Perinelli, Belinda Stewart
Architect in Association: Team Architrave
Main Contractor: Galaxy

Martin No. 38
Project Team: Goh Wei Kiat, Justin Hill, Kerry Hill, Bernard Lee, Lim Chee Hong, Steven Lim, Henry Sauerbier, Paul Semple, Ellen-Mary Terrill, Amy Wallace
Main Contractor: Daiya Engineering & Construction

Ingemar
Project Team: Rhys Bowring, Simon Cundy, Asher Galvin, Terry Galvin, Kerry Hill, Aaron King, Valeria La Pegna, Felicity Lam
Main Contractor: Wholagan Building Inspiration

Urban Suites
Project Team: Cheah Yit Eet, Kanoa Chung, Justin Hill, Kerry Hill, Hsu Hsia Pin, Rossitza Iordanova, Juliana Koeslidya, Bernard Lee, Steven Lim, Richard Middleton, Henry Sauerbier
Main Contractor: Shimizu Corporation

Seven Palms Sentosa Cove
Project Team: Justin Hill, Kerry Hill, Angelo Kriziotis, John Lim, Mario Neves, Than-Uyen Ngoc Nguyen, Alessandro Perinelli, Paul Semple, Aswin Soengkono, Tan Cheng Ling, Kristian van Schaik, Cathleen Wing Kee
Main Contractor: Daiya Engineering & Construction

Amanbadu
Project Team: Yvette Adams, Alan Bajamundi, Tanuj Goenka, Adam Grasso, Penny Hay, Justin Hill, Kerry Hill, Sulaini Jonied, Juliana Koeslidya, Mario Neves, Aswin Soengkono
Architect in Association: Khammash Architects
Main Contractor: Ammoun Jordan Construction

COMO the Treasury and Cathedral Square
Project Team: Dean Adams, Jacqueline Armstrong, Jasmine Bailey, Alan Bajamundi, Lucy Bothwell, Rhys Bowring, Ben Braham, Ryan Brown, Simon Cundy, Terry Fripp, Asher Galvin, Terry Galvin, Mann Giang, Gertjan Groen, Kerry Hill, Patrick Kosky, Angelo Kriziotis, Valeria La Pegna, Si Lam, Lee Kheng Teoh, Lena Lena, Ken Lim, Seán McGivern, Helena Nikola, Levi Phillips, Jasmine Pummer, Nicholas Putrasia, Gaia Sebastiani, Christopher Shaw, Belinda Stewart, Tan Fock Jee, Heloise Tremblay-Dube, Andrew Yang
Project Architect (David Malcom Justice Centre & Annex): HASSELL
Heritage Architect: Palassis Architects
Construction Managers: Mirvac & Built

La Algarrabosa
Project Team: David Gowty, Justin Hill, Kerry Hill, Angelo Kriziotis, John Lim, Michael Na, Mario Neves
Architect in Association, Structural and Electrical Engineers: Inasetec
Main Contractor: B. Solis

the Lalu Qingdao
Project Team: Paul Empson, Diana Espejo, Adam Grasso, Kerry Hill, Angelo Kriziotis, Mak Ai Ling, Michael Na, Alex Ong, Duncan Payne, Benjamin Smestad, Alicia Worthington
Architect in Association: Local Design Institute
Main Contractor: China Construction Third Engineering Bureau (Shandong)

City of Perth Library and Plaza
Project Team: Dean Adams, Jaqueline Armstrong, Rhys Bowring, Ryan Brown, Simon Cundy, Kerry Hill, Patrick Kosky, Lee Kheng Teoh, Ken Lim, Martin Mulchrone, Michael Na, Helena Nikola, Levi Phillips, Gaia Sebastiani, Anna Siefert, Tara Slade, Emily Sullivan, Tan Cheng Ling, Heloise Tremblay-Dube, Kristian van Schaik, Andrew Yang
Main Contractor: Doric Group

Amanyangyun
Design Team: Yvette Adams, Aditi Amalean, Alan Bajamundi, Tim Bradley, Cheah Yit Eet, Tanuj Goenka, Adam Grasso, Justin Hill, Kerry Hill, Sulaini Jonied, Lenie Laxamana, Lim Chee Hong, John Lim, Ken Lim, Mylene Ng, Nick Puah, Benjamin Smestad, Tan Cheng Ling, Tan Fock Jee, Lionel Teh, Anatoly Travin, Kristian van Schaik, Isabelle Vergnaud, Cathleen Wing Kee, Alicia Worthington
Architect in Association, Civil, Structural, M&E Engineers: East China Architectural Design & Research Institute
Main Contractor: Shanghai Construction Group
Interior Contractor: Gold Mantis, Shanghai Construction Group
Façade Contractor: Shanghai Issey Engineering Industrial Ltd

the One & Only Desaru Coast
Project Team: Alan Bajamundi, Terry Fripp, David Gowty, Justin Hill, Kerry Hill, Rossitza Iordanova, Angelo Kriziotis, Lenie Laxamana, John Lim, Ken Lim, Steven Lim, Michael Na, Mario Neves, Mylene Ng, Nick Puah, Ivan Satriatama, Belinda Stewart, Tan Fock Jee, Ranjit Wagh, Cathleen Wing Kee
Architects in Association: GDP Architects/Alma Architects
Main Contractor: Malaysian Resources Corporation Berhad/DDS/Jalex Sdn Bhd/SSSB

Amanemu
Project Team: Alan Bajamundi, Albano Daminato, Paul Empson, Justin Hill, Kerry Hill, Sulaini Jonied, Lenie Laxamana, Bernard Lee, Lim Chee Hong, Ken Lim, Michael Na, Mario Neves, Henry Sauerbier, Belinda Stewart
Architect in Association: Kanko Kikaku Sekkeisha Inc.
Main Contractor: Sumitomo Mitsui Construction Co. Ltd

Walyalup Civic Centre
Project Team: Dean Adams, Ryan Brown, Simon Cundy, Nick Derickx, Gertjan Groen, Kerry Hill, Nazilla Jongejan, Patrick Kosky, Lee Kheng Teoh, Seán McGivern, Martin Mulchrone, Lan Nguyen, Levi Phillips, Jasmine Pummer, Nicholas Putrasia, Alexandra Quick, Christopher Shaw, Anna Siefert, Emily Sullivan
Main Contractor: Pindan Construction and the City of Fremantle

Forrest Hall
Project Team: Dean Adams, Lucy Bothwell, Jack Bradshaw, Lucy Dennis, Gertjan Groen, Anna Hii, Kerry Hill, Patrick Kosky, Lena Lena, Maricel Marbus, Seán McGivern, Lan Nguyen, Kendall Onn, Levi Phillips, Jasmine Pummer, Nicholas Putrasia, Gaia Sebastiani, Chris Shaw, Ashley Stucken, Emily Sullivan, Stejara Timis, Jacintha Walker
Main Contractor: JAXON Construction and ADCO Constructions

Kilmarnock
Project Team: Dean Adams, Rhys Bowring, Ryan Brown, Simon Cundy, Terry Galvin, Kerry Hill, Patrick Kosky, Lee Kheng Teoh, Lena Lena, Seán McGivern, Levi Phillips, Gaia Sebastiani, Christopher Shaw
Main Contractor: JAXON Construction

the Beach House
Project Team: Dean Adams, Sarah Ashburner, Jack Bradshaw, James Campbell, Simon Cundy, Mann Giang, Anna Hii, Kerry Hill, Nazilla Jongejan, Patrick Kosky, Lee Kheng Teoh, Lena Lena, Seán McGivern, Lan Nguyen, Levi Phillips, Nicholas Putrasia, Glenn Russell, Gaia Sebastiani, Chloe Siinmaa, Ashley Stucken, Emily Sullivan, Michael Taylor-Hare, Jacintha Walker
Main Contractor: Built

the Ritz Carlton Maldives
Project Team: Alan Bajamundi, Kasia Boguslawska-Bradley, Faye Calara, Nick Derickx, Tanuj Goenka, Leena Goh, Sulaini Jonied, Tunisha Kapadia, Bernard Lee, Ken Lim, Alex Ong, Desmond Ong, Nick Puah, Benjamin Smestad, Alicia Worthington, Cheryl Yeo
Architect in Association: Gedor Consulting
Main Contractor: Sanken Overseas
Interiors Contractor: Zinta (H.K.) Design Engineering Limited
Prefabrication: Venturer Timberwork

Bilya Marlee, School of Indigenous Studies, University of Western Australia
Project Team: Jasmine Bailey, James Campbell, Simon Cundy, Gertjan Groen, Anna Hii, Kerry Hill, Patrick Kosky, Lee Kheng Teoh, Seán McGivern, Kate Moore, Levi Phillips, Jasmine Pummer, Glenn Russell, Anna Siefert, Jacintha Walker
Main Contractor: BADGE Constructions

Farmhouse
Project Team: Jasmine Bailey, Jack Bradshaw, Ryan Brown, Simon Cundy, Lucy Dennis, Miranda Geiger, Kerry Hill, Patrick Kosky, Lee Kheng Teoh, Maricel Marbus, Seán McGivern, Kate Moore, Martin Mulchrone, Levi Phillips, Nicholas Putrasia, Luke Ravi, Joe Santoro, Anna Siefert, Chloe Siinmaa, Ashley Stucken, Stejara Timis
Main Contractor: Perkins Builders

Indiana Teahouse
Project Team: Dean Adams, Jack Bradshaw, Nick Derickx, Rohan Golestani, Gertjan Groen, Patrick Kosky, Beomjin Kwon, Lee Kheng Teoh, Seán McGivern, Levi Phillips, Nicholas Putrasia, Glenn Russell, Anna Siefert, Ashley Stucken, Emily Sullivan

One Circular Quay
Project Team: Lucy Bothwell, Jack Bradshaw, Ben Braham, Ryan Brown, Simon Cundy, Asher Galvin, Miranda Geiger, Mann Giang, Gertjan Groen, Kerry Hill, Patrick Kosky, Bernard Lee, Lena Lena, Seán McGivern, Siobhan McQueen, Chang Ong, Daniel Ong, Kendall Onn, Nicholas Putrasia, Gaia Sebastiani, Chris Shaw, Anna Siefert, Tan Cheng Ling, Felicity Toop
Executive Architect: Crone Architects

Dharma Towers
Project Team: Ujjwala Goenka, Ham Yen Wei, Justin Hill, Kerry Hill, Angelo Kriziotis, Mylene Ng, Desmond Ong, Henry Sauerbier, Benjamin Smestad, Anatoly Travin, Natalie Ward, Alicia Worthington
Architect in Association: Airmas Asri
Main Contractor: Shimizu Corporation

Elizabeth Quay West
Project Team: James Campbell, Simon Cundy, Lucy Dennis, Nick Derickx, Mann Giang, Gertjan Groen, Anna Hii, Kerry Hill, Patrick Kosky, Seán McGivern, Lee Kheng Teoh, Levi Phillips, Joe Santoro, Anna Siefert, Stejara Timis, Jacintha Walker
Main Contractor: D&C Corporation

Resort Hotel, Langtry Farms
Project Team: Alan Bajamundi, Charmaine Boh, Leena Goh, Justin Hill, Kerry Hill, Bernard Lee, Meiska Priscita
Architect in Association: Verse Design Los Angeles

Resort Hotel and Villas
Project Team: Leena Goh, Justin Hill, Tan Cheng Ling, Shawn Tan, Kristian van Shaik
Architect in Association: Dhevanand Co. Ltd

Ningaloo Lighthouse Resort
Project Team: Dean Adams, Rhys Bowring, Jack Bradshaw, Rohan Golestani, Gertjan Groen, Kerry Hill, Patrick Kosky, Lee Kheng Teoh, Seán McGivern, Martin Mulchrone, Levi Phillips, Nicholas Putrasia, Glenn Russell, Emily Sullivan, Stejara Timis

Resort Hotel, Longchi
Project Team: Alan Bajamundi, Charmaine Boh, Justin Hill, Bernard Lee, Meiska Priscita, Tan Fock Jee, Shawn Tan, Iring Yeap
Architect in Association: ECADI

Busselton Performing Arts and Convention Centre
Project Team: Sarah Ashburner, Jack Bradshaw, Nick Derickx, Gertjan Groen, Patrick Kosky, Lee Kheng Teoh, Devang Mawjee, Seán McGivern, Siobhan McQueen, Kate Moore, Lan Nguyen, Levi Phillips, Jasmine Pummer, Glenn Russell, Joseph Santoro, Anna Siefert, Chloe Siinmaa, Tara Slade, Ashley Stucken, Emily Sullivan

Brockman Winery
Project Team: Sarah Ashburner, Tim Bradley, Jack Bradshaw, James Campbell, Nick Derickx, Miranda Geiger, Patrick Kosky, Seán McGivern, Kate Moore, Levi Phillips, Alexandra Quick, Luke Ravi, Anna Siefert, Tara Slade, Ashley Stucken

Small Wonder Winery
Project Team: Grace Basilio, Kasia Boguslawska-Bradley, Cheah Yit Eet, Justin Hill, Angelo Kriziotis, Nick Puah, Natalie Ward
Architect in Association: Edwards + Simpson

Aman, Hegra, Al'Ula
Project Team: Alan Bajamundi, Grace Basilio, Tim Bradley, Gabriel Choon, Tanuj Goenka, Leena Goh, Sulaini Jonied, Ken Lim, Michael Na, Christian Bencke Nielsen, Ivan Satriatama, Erika Tan, Isabelle Vergnaud, Natalie Ward, Iring Yeap, Cheryl Yeo
Architect in Association, Structural/Mechanical Engineer: KEO International Consultant: KEO International Consultants

图片索引

All images © Kerry Hill Architects unless otherwise stated.

T= top, R= right, L= left, M= middle, B= bottom, TR= top right, TL= top left, MT= middle top, MB= middle bottom, BR= bottom right, BL= bottom left

Yvette Adams
Page 237; 238B; 239

Courtesy of Aman
Page 102; 106; 108B; 112; 113BL; 115L; 123; 406BR

Reiner Blunck
Page 87

Brett Boardman
Page 29

Tim Bradley
Page 284BR; 291B; 399

Anthony Browell
Page 181; 412M

Wayne Chasan
Page 251; 253B; 254–257

Christopher Cypert
Pages 338–340; 341R; 342B; 343; 344B; 345–347; 349

Nick Derickx
Page 341L

Martin Farquharson
Page 18L; 45–49

Jorge Ferrari
Page 81; 84–85

Robert Frith – Acorn Photo
Page 2; 6–7; 23L; 25L; 168L; 170; 175; 177T; 178L; 179T; 312–314; 316MT & B; 317; 324; 326–327; 329; 352; 353B; 354; 356–357; 358L & TR; 359BL & R

Mitsumasa Fujitsuka
Page 428B

Tanuj Goenka
Page 120; 122; 238T

Rio Helmi
Page 15L; 402R; 403M

Justin Hill
Page 31; 408L & MT; 428M

Kerry Hill
Page 13B; 103BR; 126

Peter Jarver
Page 13L; 402L

Adrian Lambert – Acorn Photo
Pages 166–167; 169; 172–173; 178B; 179B

Joseph J. Lebon
Page 24L; 253T

Bernard Lee
Page 311

Li Jie
Page 285T; 286T

Lian Xiao Ou
Page 21BL; 280–281

Albert Lim K.S.
Page 16BL; 17; 18M & B; 19L; 21TL; 22B; 37–44; 50–55; 57–69; 71; 73T & B; 74–79; 83; 92–101; 110L; 121B; 146; 151–155; 157–165; 174T; 186–191; 192–195; 213–217; 226B; 227; 229–231; 233–235; 259; 261–263; 265–266; 268–269; 403L; 404–405; 407M; 408MB & R; 409M; 410MT

Jon Linkins
Page 18R; 89–91

Ian Lloyd
Page 13R; 402M

Geoff Lung
Page 119L

Angus Martin
Page 19M; 23R; 26–28; 30B; 168R; 176; 177B; 182–183; 184B; 185; 209; 211T; 218–221; 223R; 224–225; 241–249; 271; 276–277; 278T; 279T; 406TL & TR; 410L; 411M

Nacása & Partners Inc.
Page 428T; 429B

Masao Nishikawa
Pages 302–303; 310

Sohei Oya / Nacása & Partners Inc.
Pages 4–5; 21B third; 124–125; 128–129; 130T; 131–135; 136B; 137–141; 197; 199–200; 202–207; 283BR; 293B; 304T; 306–309; 420–421

Rupert Peace
Page 22TL; 294–295; 297T; 298BR; 299; 300L & BR; 301

Richard Powers
Pages 142–145; 147–149; 406BL; 407R

Nick Puah
Page 297B; 298T & BL; 300TR; 429T

Putragraphy
Page 274T

Nicholas Putrasia
Page 20; 24M & R; 34–35; 272–273; 274B; 278B; 279B; 315; 318–323; 325; 328; 330–337; 351; 353T; 355; 358BR; 359TL; 360B; 361–363

Hubert Raguet
Page 392

Luke Ravi
Page 360T

Dion Robeson
Page 22TR

Glenn Russell
Page 9

Dominic Sansoni
Page 23M; 211B

Henry Sauerbier
Page 21TR; 304B

Richard Se
Page 107BR; 116L; 117; 121T

Shanghai Guyin Real Estate
Page 2; 283BL; 284BL; 285M & B; 286BL; 287B; 289; 291T; 293T & M

Shining Group
Page 267

Shinkenchiku-Sha
Page 16T & BR; 105; 107L & TR; 108T; 109; 110R; 111; 113T & BR; 114; 115R; 116R; 118; 119R

Aswin Soengkono
Page 14; 30T; 32

State Library of Western Australia
Page 12

Sui Sicong
Page 283T; 284T; 287T; 290; 292

Tan Hock Beng
Page 15M

Luke Bartholomew Tan
Page 11; 20L; 72; 73M; 88; 127; 130B; 136T; 174B; 184T; 210; 223L; 226T; 236; 260; 275; 286BR; 288; 342T; 344T; 348; 368; 378; 394; 398; 406M; 409L & R; 410MB & TR; 411TL & BR; 412L & B; 413–414; 415L & MB; 416; 424R; 426–427

Kheng Teoh
Page 316T & MB

Aaron Zhang
Page 424L

Zhang Lijun
Page 21B second

Page 425
1st row left to right, Luke Bartholomew Tan, Nick Puah, Isabelle Vergnaud, KHA, KHA, Gertjan Groen
2nd row left to right, Luke Bartholomew Tan, Sohei Oya / Nacása & Partners Inc., Gertjan Groen, Shining Group, Luke Bartholomew Tan, Shinkenchiku-Sha
3rd row left to right, KHA, Sohei Oya / Nacása & Partners Inc., Shanghai Guyin Real Estate, KHA, Luke Bartholomew Tan, Nick Puah
4th row left to right, Albert Lim K.S., Albert Lim K.S., Courtesy of Aman, Masao Nishikawa, Luke Bartholomew Tan
5th row left to right, Shinkenchiku-Sha, Shanghai Guyin Real Estate, Albert Lim K.S., Jorge Ferrari, Luke Bartholomew Tan, KHA, Albert Lim K.S.
6th row left to right, Justin Hill, Nicholas Putrasia, KHA, Shanghai Guyin Real Estate, Luke Bartholomew Tan, Nick Puah

致谢

本书中每一个项目的完成，都离不开众多参与者的共同努力。我们感谢多年来合作过的所有业主，在世界各地帮助我们实施这些项目的同事们，当然，还有克里·希尔建筑事务所的所有员工。无论是过去还是现在，四十年里，他们一直与事务所并肩奋斗在这令人兴奋的设计旅程中。

如果没有克里·希尔先生的悉心指导和持之以恒的努力，本书所收录的工程项目都是不可能完成的。希尔先生的设计崇尚卓越，而且总是着眼于未来。他一直以不同的方式指导着我们这些还在从业的建筑师们。这本专著也回顾了克里·希尔先生多年来的远见卓识。

非常感谢杰弗里·伦敦先生为本书撰写的评论文章，也感谢他在写作中所给予的支持和专业分析，以及与我们之间的探讨和思考。

当然，如果没有泰晤士与哈德逊出版公司（Thames & Hudson）的大力支持，特别是卢卡斯·迪特里希（Lucas Dietrich）工作中展现出的精神和信念，这本专著也不可能如期付梓。我们也非常感谢来自伦敦的海伦·范索普（Helen Fanthorpe）和奥古斯托·波纳尔（Augusta Pownall），是他们鼓励我们不断奋斗在这条路上；感谢新加坡的贾斯汀·庄（Justin Zhuang）先生，他不仅学识渊博而且耐心地帮助我们收集不同的信息和文字资料，自告奋勇承担起整理、编辑资料的工作；感谢约翰·杰维斯（John Jervis）先生，我们在他的评论中也欣赏到他的智慧和探究。

非常感谢彼得·道森（Peter Dawson）先生为本书设计出如此精美的装帧。一路上，我们非常享受你的陪伴。彼得，感谢你的鼓励，我们才得以完成这本书的编纂。

也要感谢我们工作室里参与本书编纂的人，特别是新加坡的尼克·普阿（Nick Puah）以及所有对文章写作、图片摄影等过程做出过贡献的人：安吉洛（Angelo），贾斯汀（Justin），伯纳德（Bernard），帕特里克（Patrick），斯恩（Seán）和塔努（Tanuj）。

2页图：西澳大利亚国家剧院中心。

4—5页图：安缦东京酒店。

6—7页图：西澳大利亚大学土著研究学院

9页图：澳大利亚科特斯洛滨海古宅民俗度假村

说明：

读者须知，本书中的建筑平面图遵循不同的楼层系统，这取决于项目的设计和委托区域。有些平面图使用地面表示街道层，也有些平面图则从第一层开始。

版权专有　侵权必究

图书在版编目（CIP）数据

克里·希尔建筑事务所作品与项目全集 / 澳大利亚克里·希尔建筑事务所著；杨安琪译 .-- 北京：北京理工大学出版社，2024.7

书名原文：Kerry Hill: Complete Works

ISBN 978-7-5763-3696-2

Ⅰ.①克… Ⅱ.①澳… ②杨… Ⅲ.①建筑设计 – 作品集 – 世界 – 现代 Ⅳ.① TU206

中国国家版本馆 CIP 数据核字 (2024) 第 056396 号

北京市版权局著作权合同登记号　图字：01-2024-0448
Published by arrangement with Thames & Hudson Ltd, London
KHA/Kerry Hill Architects: Works and Projects © 2022 Thames & Hudson Ltd, London
Text © 2022 Thames & Hudson Ltd, London
Introduction © 2022 Geoffrey London
For a full list of illustrations, see the picture credits on page 438.
Consultant Editor: Justin Zhuang
Designer: Peter Dawson, www.gradedesign.com
This edition first published in China in 2024 by Beijing Zhongjiangong Publications Co., Ltd, Beijing
Simplified Chinese Edition © 2024 Beijing Zhongjiangong Publications Co., Ltd

责任编辑：申玉琴		**文案编辑**：申玉琴	
责任校对：刘亚男		**责任印制**：李志强	

出版发行	/ 北京理工大学出版社有限责任公司
社　　址	/ 北京市丰台区四合庄路 6 号
邮　　编	/ 100070
电　　话	/ (010) 68944451（大众售后服务热线）
	(010) 68912824（大众售后服务热线）
网　　址	/ http://www.bitpress.com.cn

版 印 次	/ 2024 年 7 月第 1 版第 1 次印刷
印　　刷	/ 广东省博罗县园洲勤达印务有限公司
开　　本	/ 787 mm × 1092 mm　1/8
印　　张	/ 55
字　　数	/ 843 千字
定　　价	/ 698.00 元

图书出现印装质量问题，请拨打售后服务热线，负责调换